高等学校计算机信息技术基础课规划教材

信息技术应用基础教程

主编　吴长海　陈　达

中国医药科技出版社

内容提要

按照教育部高等教育司制定的《普通高等学校计算机基础课程教学大纲》的要求，并为了适应当前高等学校新生在计算机及信息处理技术方面不断提高的要求，我们编写了《信息技术应用基础教程》及配套辅助教材《信息技术应用基础实验教程》。全书共分7章，包括信息技术基础知识、Windows XP操作系统、Word 2003应用、Excel 2003应用 PowerPoint 2003应用、数据库 Access 2003应用及VB程序设计基础等。本书充分结合学生的知识结构与特点，并考虑非零起点的学生和学生来源的差别，强调计算机信息技术的基础知识和计算机及信息技术实践操作能力的训练，在内容上应用示例学习的方法，贯穿技术性、应用性和示范性。本书内容全面，实践性强，习题内容丰富。本书主要供大学非计算机专业本、专科的学生使用，是高校学生和其他读者学习掌握计算机信息技术基础知识及操作的一本较好的学习及辅导教材，也可以作为全国计算机等级考试（一级和二级VB程序设计）的培训教材和其他计算机信息技术基础知识学习与操作的参考用书。

图书在版编目（CIP）数据

信息技术应用基础教程/吴长海，陈达主编．—北京：中国医药科技出版社，2012.10
高等学校计算机信息技术基础课规划教材
ISBN 978-7-5067-5645-7

Ⅰ.①信…　Ⅱ.①吴…②陈…　Ⅲ.①电子计算机-高等学校-教材　Ⅳ.①TP3

中国版本图书馆 CIP 数据核字（2012）第 210407 号

美术编辑　陈君杞
版式设计　郭小平

出版　中国医药科技出版社
地址　北京市海淀区文慧园北路甲22号
邮编　100082
电话　发行：010-62227427　邮购：010-62236938
网址　www.cmstp.com
规格　787×1092mm 1/16
印张　28
字数　550千字
版次　2012年10月第1版
印次　2014年2月第3次印刷
印刷　北京市密东印刷有限公司
经销　全国各地新华书店
书号　ISBN 978-7-5067-5645-7
定价　58.00元

编委会

前　言

21世纪将是以信息技术和生物技术为核心的科技进步与创新的世纪，也将深刻地改变着人类的生产和生活方式。当今，计算机信息技术已经渗透到各个科学领域。可以说，没有计算机信息技术，就没有现代化，掌握计算机信息技术的基本知识和基本操作，现在已经成为各行各业、特别是我们高校毕业生的必备条件。

高校学生在毕业后的工作中都离不开计算机及信息技术的基本应用，利用计算机可以对文字、表格、图形、图像、声音等数据进行处理，也就是信息技术在日常办公事务中的文字表格应用、各类常规数据信息的检索管理、多媒体基础知识以及计算机网络的基本应用等。

本书是根据教育部制定的《普通高等学校计算机基础课程教学大纲》，由长期从事计算机基础及信息技术教学工作的一线教师，根据他们多年的教学经验而编写的。在编写过程中，作者力求做到概念准确、语言清晰、易学易用、通俗简明。

本书以 Windows XP 为操作平台，介绍了包括信息技术基础知识、Windows XP 操作系统、Word 2003 应用、Excel 2003 应用、PowerPoint 2003 应用、数据库 Access 2003 应用、及 VB 程序设计基础知识等众多的计算机及信息技术知识内容。

本书在编写中存在的不足与错误之处，敬请广大读者和同行批评指正。

编　者

2012 年 6 月

目录 *CONTENTS*

1 信息技术基础知识

1.1 信息技术概念

21世纪是信息化的崭新时代，信息技术的应用更是日新月异、突飞猛进，给人类社会带来了前所未有的变革，同时也对我们提出了更高的要求。如何应用信息科学的原理和方法对信息进行综合的研究和处理，已成为科学技术水平的一个重要标准。

信息与物质、能量被并称为构成世界的三大要素，其原因有以下几点。

（1）自然界和人类社会自古至今无时无处不存在着信息。因为有了信息，物质和能量才有其千差万别的性质和状态；因为有了信息的传递和交换，物质才有运动，能量才有转换，客观世界才有了时空的延展和组织的秩序；复杂的生物化学反应过程一直贯穿着信息的传递和交换；自然界的和谐与秩序、生物链的相关与制约，无不表现出信息传递与交换的巨大作用。

（2）人类社会离不开信息的传递和交换。人类社会是一个复杂系统，人的一切行为和社会活动，都要依靠信息的传递和交换。如果没有信息传递与信息交换的功能，无论是作为一个个体，还是一个组织或整个社会，都会陷于瘫痪甚至崩溃。

（3）大脑是人类的重要信息处理器官。

（4）信息处理、传递与交换，需要载体。信息是客观事物存在方式或无能运动状态的反映和表述。

1.2 数据与信息

数据是指某一目标定性、定量描述的原始资料，包括数字、文字、符号、图形、图像以及它们能够转换成的数值等形式。信息是向人们或机器提供关于现实世界新的事实的知识，是数据、消息中所包含的意义。

信息是客观事物属性的反映，是经过加工处理并对人类客观行为产生影响的数据表现形式。数据是反映客观事物属性的记录，是信息的具体表现形式。任何事物的属性都是通过数据来表示的。数据经过加工处理之后成为信息；而信息必须通过数据才能传播，才能对人类有影响。例如，一组数据1，3，5，7，9，11，13，15，如果对它进行分析便可以得出它是一组等差数列，能够比较容易地知道后面的数字，那么它便是一条信息，是有用的数据；而数据1，3，2，4，5，1，41，看似不能告诉我们任何东西，便不算是信息。

信息是较宏观的概念，它由数据有序排列组合而成，能传达给读者某个概念方法。数据是构成信息的基本单位，离散的数据没有任何实用价值。由此可知数据与信息的联系和区别如下。

（1）信息与数据是不可分离的。信息由与物理介质有关的数据表达，数据中所包含的意义就是信息。信息是对数据解释、运用与解算，即使是经过处理以后的数据，只有经过解释才有意义，才成为信息。就本质而言，数据是客观对象的表示，而信息则是数据内涵的意义，只有数据对实体行为产生影响时才成为信息。

（2）数据是记录下来的某种可以识别的符号，具有多种多样的形式，也可以加以转换；但其中包含的信息内容不会改变，即不随载体的物理设备形式的改变而改变。

（3）信息可以离开信息系统而独立存在，也可以离开信息系统的各个组成和阶段而独立存在；而数据的格式往往与计算机系统有关，并随载荷它的物理设备的形式而改变。

（4）数据是原始事实，而信息是数据处理的结果。

（5）知识不同、经验不同的人，对于同一数据的理解，可得到不同信息。

1.3 信息处理

由于信息通常加载在一定的信号上，对信息的处理总是通过对信号的处理来实现，信息处理往往和信号处理具有类同的含义。进行信息处理的主要目的如下。

（1）提高有效性的信息处理。根据信宿的性质和特点，压缩信息量的各种方法都属于这一类。例如，通过过滤、预测、信源编码和阈变换等方法，就可以在一定程度上压缩频带、压缩动态范围、压缩数据率。在允许一定失真条件下，信息率－失真理论是这类信息处理技术的理论基础。

（2）提高抗干扰性的信息处理。为了提高抗干扰的能力，针对干扰的性质和特点，对载荷信息的信号进行适当的变换和设计。例如，通过过滤和综合来消除画面的条纹干扰或孤立斑点；通过适当的设计使信号具有较强的相关性来抑制随机噪声的干扰；通过对信号附加适当的剩余，使信号具有发现和纠正错误的能力等。

（3）改善主观感觉效果的信息处理。这类技术主要应用在图像处理方面。例如，通过灰度变换和修正，通过频率成分的加重和调整来改善图像的质量；为了便于观察图像各个部分的差别，把灰度差转换为色彩差，形成假彩色图等。此外，广播中的立体声处理也是改善主观感觉效果的信息处理技术。

（4）识别和分类的信息处理。这是信息处理技术发展较快的一个分支，通常称为模式识别。这种方法的要点是根据用户要求，合理地抽取模式的特征，然后根据一定的准则来对模式进行识别和分类。具体实现的方法主要有两类：①基于模式的统计特征和统计推断理论的统计识别方法，要求先抽取模式的特征，得到原始的特征空间，然后把它变换到低维空间，并根据一定的准则，如最小均方误差准则、最大熵准则等，对它进行分类（线性分类或非线性分类，后者具有较好的分类效果，但比较复杂）。②基于模式结构特征和文法推理的文法识别方法，要求先选取模式的元素（即结构特性），然后进行文法分析和推断，通过样板匹配的方法，按照相似度准则来识别模式。目前，数码识别、文字识别、语声识别和特定图形（如指纹、染色体、癌细胞等）的识别等都取得了较大进展。

（5）选择与分离的信息处理。通常从内容随时增减变动的数据库中有选择地提取信息，或情报检索和文字加工等，都属于信息选择。另外一类是分离信息，如在多数人交谈的环境中，只选取一个人的讲话。这需要有发话者的语声识别器。例如，利用基频和音调等特征来识别出选择的对象，然后再将有关信息提取出来。在场景识别中，为了从背景中将活动物体图像分离出来，可以仿照蛙眼识别活动目标的原理，通过侧抑制方法来实现。

信息处理一般是对电信号进行的处理，但也有对光信号、超声信号等直接进行处理的。在图像处理中，通常采用串行处理。为了适应复杂图像实时处理等需要，还要研究并行处理的技术。在计算机技术不断发展的基础上，如能加上对事物的理解、推理和判断能力，信息处理的效果就会有更大的改进。

信息处理的一个基本规律是“信息不增原理”。这个原理表明，对载荷信息的信号所做的任何处理，都不可能使它所载荷的信息量增加。一般来说，处理的结果总会损失信息，而且处理的环节和次数越多这种损失的机会就越大，只有在理想处理的情况下，才不会丢失信息，但是也不能增加信息。虽然信息处理不能增加信息量，却可以突出有用信息，提高信息的可利用性。随着信息理论和计算机技术的发展，信息处理技术得到越来越广泛的应用。

1.4 信息化的特征

社会的信息化，也就是信息社会。信息化是人类社会进步发展到一定阶段所产生的一个新阶段。它的实质是在信息技术高度发展的基础上实现社会的信息化。信息化可以从下面几个方面来叙述。

（1）信息化是在计算机技术、数字化技术和生物工程技术等先进技术基础上产生的。

（2）信息化使人类以更快、更便捷的方式获得并传递人类创造的一切文明成果，它将提供给人类非常有效的交往手段，促进全人类之间的密切交往和对话，增进相互理解，有利于人类的共同繁荣。

（3）信息化是人类社会从工业化阶段发展到一个以信息为标志的新阶段。与工业化不同，信息化不是关于物质和能量的转换过程，而是关于时间和空间的转换过程。在信息化这个新阶段里，人类生存的一切领域，如政治、商业，甚至个人生活中，都是以信息的获取、加工、传递和分配为基础。

信息资源毫无疑问已成为第一战略资源，信息化也就理所应当地处于最突出的战略地位。信息化是从有形的物质产品创造价值的社会向无形的信息创造价值的新阶段的转化，也就是以物质生产和物质消费为主，向以精神生产和精神消费为主的阶段的转变。信息化可概括为“四化”和“四性”。

1.4.1 信息化的四化

（1）智能化　知识的生产成为主要的生产形式，知识成了创造财富的主要资源。这种资源可以共享，可以倍增，可以“无限制地”创造。这一过程中，知识取代资本，人力资源比货币资本更为重要。

（2）电子化　光电和网络代替工业时代的机械化生产，人类创造财富的方式不再是工厂化的机器作业，有人称之为“柔性生产”。

（3）全球化　信息技术正在取消时间和距离的概念，信息技术的发展大大加速了全球化的进程。随着因特网的发展和全球通信卫星网的建立，国家概念将受到冲击，各网络之间可以不考虑地理上的联系而重新组合在一起。

（4）非群体化　在信息时代，信息和信息交换遍及各个地方，人们的活动更加个性化。信息交换除了在社会之间、群体之间进行外，个人之间的信息交换日益增加，以至将成为主流。

1.4.2 信息化的四性

（1）综合性　信息化在技术层面上指的是多种技术综合的产物，它整合了半导体技术、信息传输技术、多媒体技术、数据库技术和数据压缩技术等。在更高的层次上它是政治、经济、社会、文化等诸多领域的整合。人们普遍用协同（synergy）一词来表达信息时代的这种综合性。

（2）竞争性　信息化进程与工业化进程不同的一个突出特点是，信息化是通过市场和竞争推动的，政府引导、企业投资、市场竞争是信息化发展的基本路径。

（3）渗透性　信息化使社会各个领域发生全面而深刻的变革，它同时深刻影响物质文明和精神文明，已成为经济发展的主要牵引力。信息化使经济和文化的相互交流与渗透日益广泛和加强。

（4）开放性　创新是高新技术产业的灵魂，是企业竞争取胜的法宝。参与竞争，在竞争中创新，在创新中取胜。开放不仅是指社会开放，更重要的是心灵的开放。开放是创新的心灵开放，开放是创新的源泉。

1.5 信息编码与数据表示

在日常生活中，人们最常用和最熟悉的就是十进制数。而在计算机内部，数据的计算和处理，都是采用的二进制数、八进制数和十六进制数。在这里，我们简单介绍十进制数、二进制数、八进制数和十六进制数，以及它们之间的相互转换。

1.5.1 进位计数制规则

现实生活中，人们用十进制计数法时，使用了十个数字符号 0、1、2、3、4、5、6、7、8、9，这些数字符号称为数码。其进位规则是“逢十进一”，借位规则为“借一当十”。十进制中数码在数中所处的位置不同，它所代表的数值就不同。例如，547.125 这个数：可以按其各位的权值展开如下：

$$547.125 = 5 \times 10^2 + 4 \times 10^1 + 7 \times 10^0 + 1 \times 10^{-1} + 2 \times 10^{-2} + 5 \times 10^{-3}$$

上式称作十进制数 547.125 的按权展开和式。

1.5.2 进位制之间的转换

同一个数可以用不同的进位制来表示，那么就带来了不同进位制数之间的转换的问题。本节主要介绍进位数制之间的转换。

1.5.2.1 任意进制数与十进制数之间的转换

任意进制数与十进制数之间的转换只须将其按权展开和式，进行相加求和，就可以得到相应的十进制数。

【例1】 求 $(1110)_2=(?)_{10}$

解：$(1110)_2=1\times 2^3+1\times 2^2+1\times 21+0\times 2^0$

$=8+4+2+0=(14)_{10}$

【例2】 求 $(1110)_8=(?)_{10}$

解：$(1110)_8=1\times 8^3+1\times 8^2+1\times 8^1+0\times 8^0$

$=512+64+8+0=(584)_{10}$

【例3】 求 $(1110)_{16}=(?)_{10}$

解：$(1110)_{16}=1\times 16^3+1\times 16^2+1\times 16^1+0\times 16^0$

$=4096+256+16+0=(4368)_{10}$

1.5.2.2 十进制数与二进制数之间的转换

（1）十进制整数转换成二进制整数　十进制整数转换为二进制整数的方法：把被转换的十进制整数反复地除以2，直到商为0，所得的余数（从末位读起）就是这个数的二进制表示。简单地说，就是“除2取余法”。

例如，将十进制整数（156）10 转换成二进制整数的方法如下：

2	156	----------余0
2	78	----------余0
2	39	----------余1
2	19	----------余1
2	9	----------余1
2	4	----------余0
2	2	----------余0
	1	----------余1

于是，$(156)_{10}=(10011100)_2$。

知道十进制整数转换成二进制整数的方法以后，十进制整数转换成八进制或十六进制就很容易了。十进制整数转换成八进制整数的方法是“除8取余法”，十进制整数转换成十六进制整数的方法是“除16取余法”。

（2）十进制小数转换成二进制小数　十进制小数转换成二进制小数是将十进制小数连续乘以2，选取进位整数，直到满足精度要求为止。简称“乘2取整法”。

例如，将十进制小数 $(0.8125)_{10}$ 转换成二进制小数的方法如下：

```
  0.8125
×)     2
  1.6250        取整数，1
  0.6250
×)     2
  1.2500        取整数，1
  0.2500
×)     2
  0.5000        取整数，0
×)     2
  1.0000        取整数，1      ↓
```

将十进制小数 0.8125 连续乘以 2，把每次所进位的整数，按从上往下的顺序写出。于是，$(0.8125)_{10}=(0.1101)_2$

知道十进制小数转换成二进制小数的方法以后，十进制小数转换成八进制或十六进制小数就很容易了。十进制小数转换成八进制小数的方法是“乘 8 取整法”，十进制小数转换成十六进制小数的方法是“乘 16 取整法”。

十进制数既有整数，又有小数转换成二进制数时，要将十进制数的整数部分和小数部分分别进行转换，最后将结果合并起来。

1.5.2.3 二进制数与八进制数、十六进制之间的转换

由于二进制与八、十六进制数之间存在特殊的关系，即 $8^1=2^3$，$16^1=2^4$，因此，每位八进制数可用 3 位二进制数表示，每位十六进制数可用 4 位二进制数表示，转换方法就比较容易。

（1）二进制数转换成八进制数　转换方法是：将二进制数从小数点开始，整数部分从右向左 3 位一组，小数部分从左向右 3 位一组，不足三位用 0 补足即可。

例：将 $(11110101010.11111)_2$ 转换为八进制数的方法如下：

```
011    110    101    010  .  111    110
 ↓      ↓      ↓      ↓       ↓      ↓
 3      6      5      2   .   7      6
```

于是，$(11110101010.11111)^2=(3652.76)^8$

（2）八进制数转换成二进制数　方法为：以小数点为界，向左或向右每一位八进制数用相应的三位二进制数取代，然后将其连在一起即可。

例：将 $(5247.601)_8$ 转换为二进制数的方法如下：

```
 5      2      4      7   .   6      0      1
 ↓      ↓      ↓      ↓       ↓      ↓      ↓
101    010    100    111  .  110    000    001
```

于是，$(5247.601)_8=(101010100111.110000001)_2$

（3）二进制数转换成十六进制数　二进制数的每四位，刚好对应于十六进制数的

一位（$16^1=2^4$），其转换方法是，将二进制数从小数点开始，整数部分从右向左4位一组，小数部分从左向右4位一组，不足四位用0补足，每组对应一位十六进制数即可得到十六进制数。

例：将二进制数（111001110101.100110101）$_2$转换为十六进制数。

解：1110　0111　0101 . 1001　1010　1000

　　↓　　↓　　↓　　↓　　↓　　↓

　　E　　7　　5　.　9　　A　　8

于是，$(111001110101.100110101)_2=(E75.9A8)_{16}$

（4）十六进制数转换成二进制数　方法为以小数点为界，向左或向右每一位十六进制数用相应的四位二进制数取代，然后将其连在一起即可。

例：将（7FE.11）$_{16}$转换成二进制数。

解：　7　　F　　E　.　1　　1

　　↓　　↓　　↓　　↓　　↓

　　0111　1111　1110　.　0001　0001

于是，$(7FE.11)_{16}=(11111111110.00010001)_2$

1.5.3 常见的信息编码

1.5.3.1 BCD码（二——十进制编码）

BCD（Binary Code Decimal）码是用若干个二进制数表示一个十进制数的编码，BCD码有多种编码方法，常用的有8421码。表1－1是十进制数0～9的8421编码表。

表1－1　十进制数与BCD码的对照表

十进制	二进制	八进制	十六进制	BCD
0	0	0	0	0000
1	01	1	1	0001
2	10	2	2	0010
3	11	3	3	0011
4	100	4	4	0100
5	101	5	5	0101
6	110	6	6	0110
7	111	7	7	0111
8	1000	10	8	1000
9	1001	11	9	1001
10	1010	12	A	0001 0000
11	1011	13	B	0001 0001
12	1100	14	C	0001 0010

续表

十进制	二进制	八进制	十六进制	BCD
13	1101	15	D	0001 0011
14	1110	16	E	0001 0100
15	1111	17	F	0001 0101
16	10000	20	10	0001 0110
。	。	。	。	。
(255) D	(11111111) B	(377) O	(FF) H	(0010 0101 0101) BCD

8421 码是将十进制数码 0 ~ 9 中的每个数分别用 4 位二进制编码表示，8、4、2、1 这种编码方法比较直观、简要，对于多位数，只须将其每一位数字按表 1 – 3 中所列的对应关系用 8421 码直接列出即可。例如，十进制数转换成 BCD 码如下：

$(1209.56)_{10} = (0001\ 0010\ 0000\ 1001.0101\ 0110)_{BCD}$

8421 码与二进制之间的转换不是直接的，要先将 8421 码表示的数转换成十进制数，再将十进制数转换成二进制数。例如：

$(1001\ 0010\ 0011.0101)_{BCD} = (923.5)_{10} = (1110011011.1)_2$

1.5.3.2. ASCII 码

在计算机系统中，字符编码必须确定标准。英文字符的编码是以当今世界上使用最广泛的编码 ASCII 码为标准的。这是一种七位的二进制代码。这种编码是由美国国家标准学会（ANSI）提出的，后由国际标准组织（ISO）确定为国际标准字符编码。ASCII 码全称是：美国国家信息交换标准代码（American Standard Code for Information Interchange）。它用七位二进制数表示一个字符，共定义了 128 个字符，包括 10 个阿拉伯数字、52 个英文大小写字母、32 个标点符号和运算符以及 34 个控制码。如表 1 – 2 所示。

表 1 – 2　ASCII 字符编码

$b_7b_6b_5$ \ $b_4b_3b_2b_1$	000	001	010	011	100	101	110	111
0000	NUL	DLE	空格	0	@	P	、	p
0001	SOH	DC1	!	1	A	Q	a	q
0010	STX	DC2	"	2	B	R	b	r
0011	ETX	DC3	#	3	C	S	c	s
0100	EOT	DC4	$	4	D	T	d	t
0101	ENQ	NAK	%	5	E	U	e	u
0110	ACK	SYN	&	6	F	V	f	v
0111	BEL	ETB	′	7	G	W	g	w
1000	BS	CAN	(	8	H	X	h	x
1001	HT	EM	)	9	I	Y	i	y

续表

$b_4b_3b_2b_1$ \ $b_7b_6b_5$	000	001	010	011	100	101	110	111
1010	LF	SUB	*	:	J	Z	j	z
1011	VT	ESC	+	;	K	[	k	{
1100	FF	FS	,	<	L	\	l	|
1101	CR	GS	−	=	M	]	m	}
1110	SO	RS	.	>	N	^	n	~
1111	SI	US	/	?	O	_	o	DEL

表中 34 个控制符，注释如下。

NUL（空白） SOH（序始） TEX（文始） ETX（文终）
EOT（送毕） ENQ（询问） ACK（应答） BEL（告警）
BS（退格） HT（横表） LF（换行） VT（纵表）
FF（换页） CR（回车） SO（移出） SI（移入）
DLE（转义） DC1（设控 1） DC2（设控 2） DC3（设控 3）
DC4（设控 4） NAK（否认） SYN（同步） ETB（组终）
CAN（作废） EM（载终） SUB（取代） ESC（扩展）
FS（卷隙） GS（勘隙） RS（录隙） US（元隙）
SP（空格） DEL（删除）

ASCII 码在存储时占一个字节，有 7 位 ASCII 码和 8 位 ASCII 码两种，7 位 ASCII 码称为标准 ASCII 码，8 位 ASCII 码称为扩充 ASCII 码。

1.5.3.3 汉字的编码

我国用户在使用计算机进行信息处理时，一般都要用到汉字，因此，必须解决汉字输入输出以及汉字处理等一系列问题。国标 GB 2312－80 规定了汉字信息交换用的基本图形字符及其二进制编码，这是一种用于计算机汉字处理和汉字通信系统的标准交换代码。1981 年 5 月，我国国家标准总局颁布了《信息交换用汉字编码字符集》（GB 2312－80），简称国家标准汉字编码，也叫国标码。

GB 2312－80 中规定了信息交换用的 6736 个汉字和 682 个非汉字图形符号（包括几种外文字母、数字和符号）的代码。又根据所使用频率、组词能力以及用途大小将 6763 个汉字分成一级常用汉字 3755 个和二级汉字 3008 个。每个汉字占用二个字节。

此标准的汉字编码表有 94 行、94 列。其行号称为区号，列号称为位号。双字节中，用高字节表示区号，低字节表示位号。非汉字图形符号置于 1 至 11 区，一级汉字 3755 个置于第 16 至 55 区，二级汉字 3008 个置于第 56 至 87 区。信息产业部和国家质量技术监督局在 2003 年 3 月 17 日联合发布 GB 18030－2000《信息技术信息交换用汉字编码字符集基本集的扩充》，GB 18030－2000 包括 27533 个汉字，该标准从 2001 年 9 月 1 日起执行。

1.6 我国信息人才的培养

信息化人才是随着信息技术与信息产业发展而形成的一类特殊的人才群体，是推动我国信息化发展的动力，是我国信息化建设最宝贵的资源，重视信息化人才培养、提高我国工作人员的信息素养和信息技能是我国信息化建设的迫切任务。

近年来，我国信息化人才的培养逐步受到重视，力度也在加大。高校作为向社会输送信息化人才正在发挥巨大的作用，据不完全统计目前信息产业从业人员中有70%以上来自高校及科研机构的培养，这批人才对加快我国信息化进程发挥重要作用。前几年，全国高等学校设有信息类相关专业点2 000多个，在校生百万余人。不少的大专院校设有计算机科学学院，部分高校还建立了软件学院等。随着科技经济的迅猛发展，加上改革开放的不断深入及我国成功加入世贸组织，从而信息工作的内涵和外延都发生了深刻的变化，服务领域的拓展、市场经济的形成、现代信息技术的广泛应用以及国外信息领域的迅速发展给我国信息事业带来了新的挑战。21世纪初国家信息化测评中心的调研报告显示，我国信息化人才资源指数仅为13.43，信息化人才建设的压力很大。在这种形势下，我国信息化人才培养显得难以适应要求，当前主要有以下几个方面的问题。

1.6.1 信息化人才数量紧缺

据不完全统计我国在今后相当长的一段时间内，每年至少存在100万计算机应用专业人才的缺口和20万软件人才的缺口，从2005年到2009年，中国IT行业以18.5%的年复合增长率高速增长。但是各大专院校信息人才的培养有限，故此，供不应求，特别是高层次复合型信息人才是我国目前最急需、最短缺的人才。其他专业的本、专科生分配较难，而信息领域的本、专科生相对就业就较容易，信息领域的研究生就更为抢手。博士生也就较难求了。在信息化发展势头的带动下，信息化人才缺乏已经成为制约信息产业发展的重要因素。

1.6.2 信息化人才结构不够合理

人才素质较弱一方面缺乏高端技术专家和复合人才，另一方面也缺乏低端技术人才和熟练技能人才。紧缺人才中软件人才结构呈现两头小、中间大的橄榄型结构，不仅缺乏一大批能从事基础性工作的人才，更缺乏既懂技术又懂管理的软件人才。由于政策倾斜力度不够，我国高校信息人才教育滞后，投资不足，相关院校和专业较少，虽然招生规模在逐步扩大，但本、专科与研究生教育的协调发展不够，造成了普通高等教育对信息人才的培养上，存在着重数量轻质量、重知识传授轻创造能力培养的现象，使本来短缺的信息人才很难提高个人素质。现有信息人才的继续教育方面存在着重文凭轻素质、重学历轻高层次内容研究的现象，并且在办学过程中普遍规模小、方式少，致使现有从事信息工作的人员素质偏低、知识老化、创新意识不强。在信息化建设中，最缺的就是那种处于管理专业和计算机专业中间地带、精通计算机同时又非常了解管理专业的综合性人才，这种人在管理部门非常难得也非常需要。随着信息技术与信息产业的发展，信息化人才的培养机制有待于进一步的调整和完善。

1.6.3 信息化人才培养模式需要改进

目前信息化人才的技术水平一般要依靠各正规院校的学历教育，主要集中在本科阶段。据不完全统计，中国当前软件从业人员76%以上来自于各高校和科研机构的计算机与软件相关专业，来自职业技术学院及各社会培训机构的软件从业人员尚不足总数的24%。而国外的经验值得我们借鉴，如印度软件产业的快速发展给我们有很大的启示，在印度软件人才的培养模式中，占据主导地位的是职业教育，而非学历教育。在教学方面，采取的办法是让学生先从动手能力的培养开始，在做的过程中，如遇到问题，再以此问题为基点去学习专业理论，边实践边理论的学习，无疑对几乎千篇一律是从理论到实践的一种创新，同时在我们对信息化人才的培养模式上有的借鉴。我国在现有信息人才中，高层次信息人才较少，普遍业务水平较低，高层次的复合型信息人才严重短缺。新兴的产业因高层次专业人才缺乏，导致有些工作无法开展。

1.6.4 信息化人才严重外流

由于我国信息产业发展起步较晚，加上体制不健全，用人机制不灵活，待遇低，工作环境差，还不具备提供各种实验的条件，人才严重外流，工作相对滞后。美国等发达国家通过托福考试、移民、合作攻关、科学旅游、企业和研究机构招聘等优惠政策和手段，千方百计招揽挖掘信息人才，造成我国信息人才严重外流。最新统计显示，自1978年改革开放至2002年底，中国已有超过58万人出国留学（不包括公私出国经商和旅游的中国人），其中公派留学生为6万多人，目前共有15万多人回国工作（其中公派生为5万多人），另外16万多人毕业后在国外就业，约27万人正在海外就读。那么，就这个数字来说，我国留学人员流失比例达到了近50%。

这几年留学人数激增，今年有可能突破30万人。截至2008年，中国已经派出接近140万留学生，居世界之最。目前，我估计留学生累积总数达到了150万人。去年的数据显示，归国留学人员却只有39万，滞留在海外的留学生已经超过百万，无论数量还是比例都是世界罕见，这可是我国的精英人才。中国留学生学成不归的占留美学成人员总数的85%。在此环境下，信息人才被层层截流。目前华人已产成为美国硅谷中的中流砥柱，支撑着美国高科技产业、信息业的蓬勃发展。随着国际间人才竞争的升级，我们面临着人才外流的严重危机。

习题

一、单项选择题

1. 国家标准编码GB 2312－80中规定一级汉字总数为（　　）个。

   A. 6763　　B. 3088　　C. 3755　　D. 9771

2. 在实践活动中，管理和处理信息所采用的手段、方法、技巧称为（　　）。

   A. 信息科学　　B. 信息处理　　C. 信息技术　　D. 信息管理

3. 计算机中所有信息的存储都采用（　　）。

A. 十进制　　B. 十六进制　　C. ASCII 码　　D. 二进制

4. 常用随时间变化的电磁波被称为（　　）。

A. 信息　　B. 消息　　C. 信号　　D. 数据

5. 与十六进制数 AF 等值的十进制数是（　　）。

A. 175　　B. 176　　C. 177　　D. 188

6. 下面数据中最小的是（　　）。

A. 26H　　B. 35O　　C. 47D　　D. 1011B

7. 下列不能用作存储容量单位的是（　　）。

A. Byte　　B. MIPS　　C. kb　　D. Gb

8. 下列一组数据中的最大数是（　　）。

A. $(227)_8$　　B. $(1FF)_{16}$　　C. $(1010001)_2$　　D. $(789)_{10}$

9. 十进制数 0. 6531 转换为二进制数为（　　）。

A. 0. 100101　　B. 0. 100001　　C. 0. 101001　　D. 0. 011001

10. 按 16 × 16 点阵存放国标 GB 2312 – 80 中一级汉字（共 3755 个）的汉字库，大约需占存储空间（　　）。

A. 1Mb　　B. 512kb　　C. 256kb　　D. 128kb

11. 与十进制数 100 等值的二进制数是（　　）。

A. 0010011　　B. 1100010　　C. 1100100　　D. 1100110

12. 在微型计算机中，应用最普遍的字符编码是（　　）。

A. ASCII 码　　B. BCD 码　　C. 汉字编码　　D. 补码

13. 二进制数 01100100 转换成十六进制数是（　　）。

A. 64　　B. 63　　C. 100　　D. 144

14. 在计算机内部，数据是以何种形式加工、处理和传送的（　　）。

A. 二进制码　　B. 八进制码　　C. 十六进制码　　D. 十进制码

15. 对于 R 进制数来说，其基数能用的数字符号个数是（　　）。

A. R – 1　　B. R　　C. R + 1　　D. 2R

16. “美国信息交换标准代码”的简称是（　　）。

A. EBCDIC　　B. ASCII　　C. GB2312 – 80　　D. BCD

17. 关于基本 ASCII 码在计算机中的表示方法，准确的描述应是（　　）。

A. 使用 8 位二进制数，最右边一位为 1

B. 使用 8 位二进制数，最左边一位为 1

C. 使用 8 位二进制数，最右边一位为 0

D. 使用 8 位二进制数，最左边一位为 0

18. 数字字符 2 的 ASCII 码为十进制数 50，那么数字字符 5 的 ASCII 码为十进制数（　　）。

A. 52　　B. 53　　C. 54　　D. 55

19. 已知英文大写字母 G 的 ASCII 码为十进制数 71，那么英文大写字母 W 的 ASCII

码为十进制数（　　）。

A. 84　　B. 85　　C. 86　　D. 87

20. 如果表示 0 到 99999 的十进制数，使用二进制最少要（　　）位。

A. 16　　B. 18　　C. 17　　D. 100000

21. $(24.6)_8$ =（　　$)_{10}$

A. 36. 75　　B. 10. 5　　C. 40. 5　　D. 20. 75

22. 两个八进制 $(7)_8$ 和 $(4)_8$，相加后得（　　）。

A. $(10)_8$　　B. $(11)_8$　　C. $(13)_8$　　D. 以上都不对

23. 两个十六进制数 7E5 和 4D3 相加后得（　　）。

A. $(BD8)_{16}$　　B. $(CD8)_{16}$　　C. $(CB8)_{16}$　　D. 以上都不对

24. 下列（　　）的表示法是错误的。

A. $(131.6)_{16}$　　B. $(532.6)_5$　　C. $(1001)_2$　　D. $(234.7)_8$

25. 十进制 84 等于（　　）。

A. $(10100100)_2$　B. $(224)_8$　　C. $(054)_{16}$　　D. $(1210)_4$

26. $(153.513)_{10}$ =（　　$)_8$

A. 267. 54　　B. 352. 5　　C. 231. 406…　　D. 以上都不对

27. 最少用（　　）位二进制数表示任一四位长的十进制数。

A. 10　　B. 14　　C. 13　　D. 16

28. 十进制数 215 对应的十六进制数为（　　）。

A. B7　　B. C6　　C. D7　　D. EA

二、填空题

1. 基本的 ASCII 码包含（　　）个不同的字符。
2. 8 位无符号二进制数能表示的最大十进制数为（　　）。
3. $(110.011)_2$ =（　　$)_{10}$
4. $(1001.001)_2$ =（　　$)_{10}$
5. 将下列十进制数转换为二、八、十六进制以及 8421BCD 码。

①123. 25　　②252. 625

6. $(126.72)_8$ =（　　$)_2$
7. (25BC. AD) 16 =（　　$)_2$
8. $(110110.1101)_2$ =（　　$)_8$ =（　　$)_{16}$
9. $(101101.1001)_2$ =（　　$)_8$ =（　　$)_{16}$

三、判断题

1. 消息就是数据。（　　）
2. 当今构成世界的三大要素：物质，能量，信息。（　　）
3. 信息化的四化包括智能化、电子化、全球化和非群体化。（　　）

4. 信息处理就是数据处理。(　　)

5. 消息是用文字、符号、数值、语言、音符、图形、图像、视频等数据表述的主观思维活动。(　　)

6. 汉字的内码是 ASCII 码（　　）

7. 信息高速公路是指在高速公路上传输信息。(　　)

8. 社会的信息化，也就是信息社会。(　　)

9. 信息处理的一个基本规律是“信息不增原理”。(　　)

10. 数据是原始事实，而信息是数据处理的结果。(　　)

2 计算机操作系统

操作系统相当于计算机软硬件资源的总调度管理员，它协调计算机系统的工作。目前主流的微机操作系统是美国 Microsoft 公司推出的 Windows 系列，其中 Windows XP 由于优化了网络功能，在现今的网络时代备受瞩目。本章即以 Windows XP 操作系统为例介绍操作系统的主要功能和基本使用方法。

2.1 操作系统

2.1.1 操作系统基本概念

操作系统是计算机系统中最基本的系统软件，它是随着计算机的发展逐步形成并发展起来的。操作系统是控制和管理计算机软硬件资源，以尽量合理有效的方法组织多个用户共享多个资源的程序的集合。

在计算机系统中，操作系统位于硬件和用户之间，一方面，它能向用户提供接口，方便用户使用计算机；另一方面，它能管理计算机软硬件资源，以便合理、充分地利用它们。

操作系统的职能是负责系统中软硬件资源的管理，合理地组织计算机的工作流程，并为用户提供一个良好的工作环境和友好的使用界面。

2.1.2 操作系统的基本功能

下面从资源管理的角度来简单介绍操作系统的基本功能：处理机管理、文件管理、存储器管理、设备管理。

2.1.2.1 处理机管理

处理机管理是操作系统的基本管理功能之一。通常把一个正准备进入内存的程序称为作业。当这个作业进入内存之后，即称之为进程。处理机管理分为作业管理和进程管理两个阶段。

在交互式操作环境下，作业管理的主要功能是把用户的作业送入内存投入运行，所以此时的作业调度是由用户决定的，一旦将作业送入内存，便由进程管理负责其运行的安排。进程管理的主要功能是把处理机分配给进程及协调各个进程之间的相互关系。

在 Windows XP 环境下，打开任务管理器就可以观察到进程的运行情况。

例 1　执行 Windows 系统中的画图和 Office 办公软件 Word 两个应用程序，然后观察任务管理器中应用程序和进程列表的变化情况。

为便于对比，首先关闭所有的应用程序窗口。通过任务管理器对应用程序启动前后的“应用程序”和“进程”选项卡进行观察。

操作步骤如下：

①按 Ctrl + Alt + Del 组合键，弹出 Windows 任务管理器界面。选择“应用程序”选项卡，如图 2 – 1（a）所示。因为没有执行应用程序，所以在“应用程序”选项卡中没有显示内容。选择“进程”选项卡，可以看到此时的进程列表，如图 2 – 1（b）所示。

②启动 Office 办公软件 Word 和 Windows 中的画图两个应用程序，再按 Ctrl + Alt + Del 组合键，弹出 Windows 任务管理器界面。选择“应用程序”选项卡，如图 2 – 2（a）所示。可以看到有两个应用程序正在执行。然后选择“进程”选项卡，可以看到此时的进程列表，如图 2 – 2（b）所示。可以看到多了两个进程列表（原为 17 个，现在是 19 个）。

其中显示的列表项 mspaint. exe 进程，就是 Windows 画图程序，列表项 WINWORD. EXE 进程，就是 Office 办公软件中的 Word 程序。

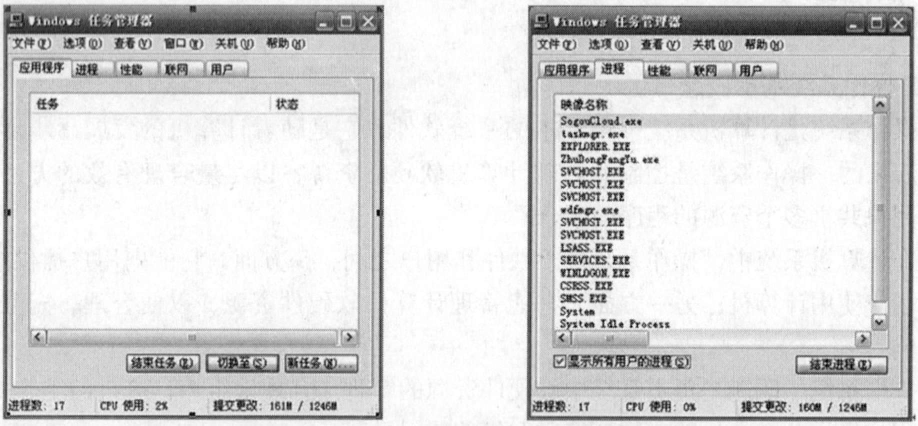

（a）“应用程序”选项卡　　　　（b）“进程”选项卡

图 2 – 1　未执行应用程序时“任务管理器”窗口

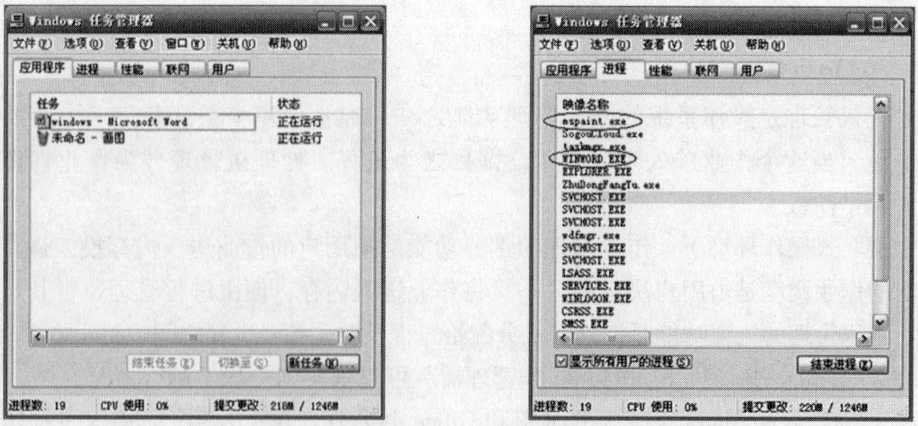

（a）“应用程序”选项卡　　　　（b）“进程”选项卡

图 2 – 2　执行应用程序时“任务管理器”窗口

2.1.2.2 文件管理

在计算机中，大量的数据和信息是通过文件存储和管理的。文件系统负责管理文件，并为用户提供对文件进行存取和共享的手段。

计算机中的文件是指按一定格式存储在外存储器（如磁盘等）上的相关信息的集合。磁盘上有大量的文件，为了便于管理，必须将文件分类进行组织管理。在 Windows XP 中，采用树形结构的文件夹形式组织和管理文件。下面介绍在 Windows XP 中，文件和文件夹的命名规则及相关属性。

（1）文件的命名规则　在 Windows 中，系统对于文件是按名存取的，所以每个文件必须有一个文件名。而且在同一文件目录下的文件不能够同名。文件名一般由主文件名和扩展文件名组成，它们之间用英文的句点“.”分隔。格式为：

<主文件名> [.扩展文件名]

在 Windows 中的文件命名的一般规则如下：

①文件名最多可使用 255 个字符，

②文件名中除开头外可以有空格，但仍不能包含某些特殊的符号，如:?、/、、*、“、<、>、| 等。

③文件名中如果有多个“.”时，则最后一个“.”后面的字符为文件的扩展名。

④文件可以没有扩展名（此时分隔符“.”也不需要有），但原则上不要使用这样的形式的文件名，因为这将导致使用文件操作带来许多不必要的麻烦。

（2）文件类型和相应的图标　文件的类型主要由文件的扩展名来识别。Windows XP 注册了一些常用的文件类型。这些被注册了扩展名的文件在窗口中列表显示时，将显示相应的图标。不同类型的文件在 Windows XP 中对应不同的文件图标。如 Microsoft Word 类型文件对应  图标样式；Microsoft Excel 类型文件对应  图标样式。而没有注册的文件类型和没有使用扩展名的文件，其显示的图标均为  图标形式。表 2-1 是常见的 Windows XP 注册的文件类型及显示的图标。

表 2-1　Windows XP 中的常用文件类型及显示的图标样式

文件类型	文本文件	Word 文档文件	Excel 数据表文件	PPT 幻灯片文件	WinRAR 压缩文件	BMP 格式图片文件	JPG 格式图片文件	MP_3 格式音乐文件
图标								

（3）文件目录（文件夹）　在 Windows XP 中是以文件夹（相当于目录的概念）的形式对磁盘中的文件进行组织和管理。文件夹就是将相关文件分门别类存放在一起的有组织的实体。一个文件夹中可以包含一个或多个文件，也可以包含一个或多个下一级文件夹，从而构成树状层次结构。文件夹同样也必须有一个名称，其命名方法与文件一样，但文件夹通常不使用扩展名。

在 Windows XP 环境下，打开“资源管理器”就可以观察到文件夹的结构情况了。

例2　浏览D：盘的文件夹及其下级文件夹“我的文档”文件夹中的下属文件夹和文件。

①选择“开始” - “程序” - “附件” - “Windows资源管理器”命令。

②打开“资源管理器”窗口后，分别单击文件夹列表框中的“我的电脑”“D:”盘图标，在窗口中展开D：盘文件夹。

③再单击文件夹列表框中的“我的文档”文件夹，就可以看到显示的文件列表，如图2-3所示。

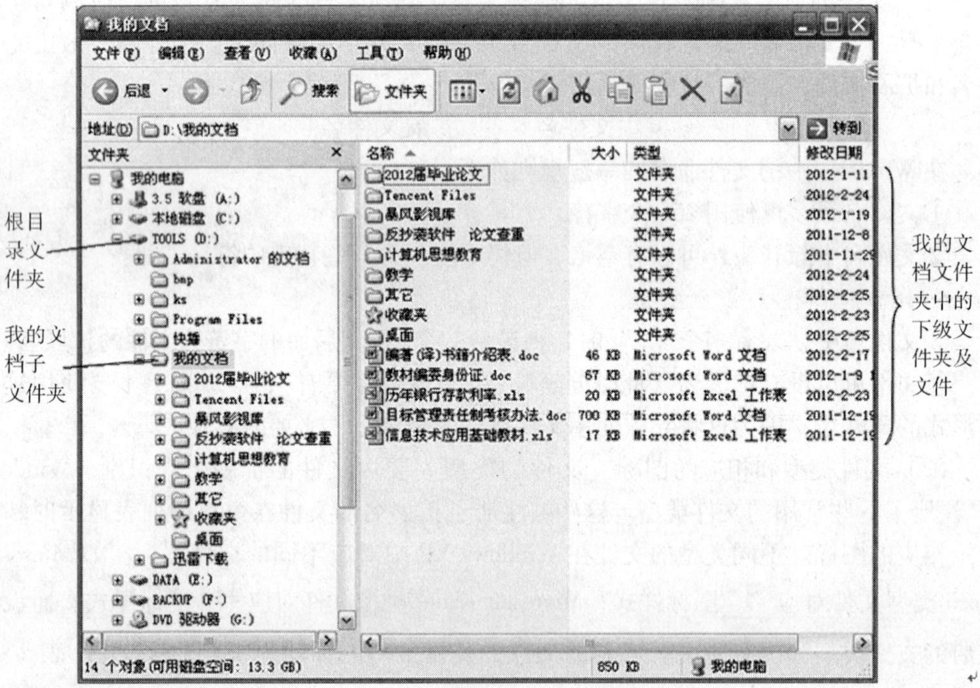

图2-3　“我的文档”文件夹结构

2.1.2.3 存储器管理

操作系统中的存储器管理是指对主存（又称为内存）的管理，它是操作系统的重要功能之一。存储管理的主要功能有内存的分配与回收、地址变换、扩充内存及存储保护等。

2.1.2.4 设备管理

设备管理主要的功能是管理输入、输出设备，支持中断技术、通道技术、虚拟设备技术和缓冲技术等。

除此之外，根据任务处理方式，操作系统可以分为单任务操作系统、多任务操作系统、单用户操作系统、多用户操作系统、分时操作系统、实时操作系统、批处理操作系统等。

根据计算机的形态，操作系统可以分为个人计算机操作系统、工作站操作系统、网络操作系统、主机操作系统等。

我们使用的WindowsXP操作系统属于单用户、多任务操作系统。

2.2 Windows XP 操作系统

2.2.1 Windows XP 简介

中文Windows XP是Microsoft公司在Windows 2000和Windows ME的基础上于2001年底推出的新一代视窗操作系统，Windows XP比原来的Windows版本操作系统增加了许多新的功能。

Microsoft公司为满足不同用户的需要，推出了三个版本的Windows XP系列操作系统，分别是Windows XP Home Edition（Windows XP家庭版），Windows XP Professional（Windows XP专业版）和Windows XP 64 - bit Edition（Windows XP 64位版）。

Windows XP家庭版具有全新的视觉设计是最好的数字媒体平台。

Windows XP专业版除具有Windows XP家庭版的优点外，具有更高的安全性，包括可以加密文件和文件夹的保护业务数据的能力，并可以支持多CPU的计算机。

Windows XP 64位版具有Windows XP的核心功能，另外是基于Intel Itanium处理器系列，可以提高内存存取速度，并且有超浮点运算能力，适用于要求最严格的技术计算任务。

2.2.2 安装 Windows XP

Windows XP的安装共有3种常见的方式。

（1）升级　从现有的Windows升级到Windows XP。升级会将所有文件设置和程序转移到Windows XP上，并且可以升级后直接在Windows XP上运行。在升级安装之后，不会全部覆盖原有的操作系统文件，因此在需要的时候还可以卸载Windows XP还原到原来的操作系统上运行。在升级安装时，从Windows 98直到Windows 2000各版本的操作系统都可以升级到Windows XP专业版；从Windows 98到Windows ME可以升级到Windows XP家庭版。

（2）全新安装　让安装的Windows XP与当前的Windows版本共存，此时系统创建一个双项或多项引导的系统，用户在启动机器时可以选择要运行的操作系统，用户也可以通过在“控制面板”中的“系统”选项的“系统属性”对话框中的“高级”标签下来设置默认的操作系统和启动顺序。

（3）干净安装　从头开始安装Windows XP，并将其作为惟一的操作系统。

2.2.3 启动与退出 Windows XP

2.2.3.1 启动 Windows XP

当计算机成功地安装了Windows XP之后，就可以使用Windows XP了，方法是启动计算机之后，Windows XP将自动启动。

启动计算机之前首先查看一切硬件、电源线、数据线连接是否正常。然后先打开显示器电源，再按下计算机电源开关，则计算机开始启动，WindowsXP会自动启动。

如果Windows XP选择的是全新安装，则可以根据系统提示的界面，用户根据要求选择相应的操作系统。

在启动 Windows XP 后，屏幕出现如图 2－4（a）所示的登录界面。

在第一次启动 Windows XP 时，登录界面只有一个用户 Administrator。登陆后，可以根据需要建立多个用户账户，添加其他的用户名。此后在登录界面中就可以选择自己的用户名账户登陆进入 Windows XP 系统，如图 2－4（b）所示的登录界面。

（a）首次登陆 Windows XP 系统

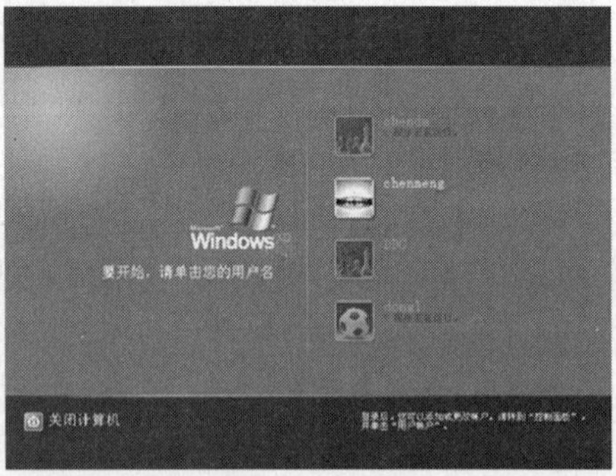

（b）建立多个用户账户后登陆 Windows XP 系统

图 2－4　Windows XP 登录界面

2.2.3.2 退出 Windows XP

在启动计算机时，Windows XP 则会自动启动，当退出 Windows XP 时，计算机也将自动关闭主机电源。因此，正常的关闭计算机首先是保存数据、退出运行的应用程序，再退出 Windows XP，最后关闭显示器电源。

退出 Windows XP 的操作是单击“开始”按钮，选择“关闭计算机”命令，弹出如图 2－5 所示“关闭计算机”对话框，在其中选择“关闭”按钮。

图 2－5　“关闭计算机”对话框

另外两个按钮的功能是：

（1）待机（或休眠）是为暂时不使用计算机，但不想关闭计算机，以便再次使用时，能快速进入需要的工作状态。这两种状态都与计算机的电源管理选项的设置有关，通过设置可以降低任何计算机设备或整个系统的耗电量。

（2）重新启动是先关闭计算机，再自动开机两个步骤。

2.2.3.3 设置启动顺序

如果用户采用全新安装 Windows XP 操作，则用户计算机可能就有多个操作系统，如 Windows 2000、Windows XP 等。那么用户每次在启动计算机时都将会显示一个启动列表，用户可以选择一个要使用的操作系统，此列表有一定的等待时间和默认的启动系统，用户必须在指定的时间内及时选择，否则将以默认操作系统来启动计算机。在 Windows XP 中，用户可以更改该列表的等待时间和默认的操作系统。具体操作是：

（1）在“控制面板”的“性能和维护”中选择“系统”，然后打开“系统属性”对话框。

（2）选择“高级”选项卡，再在“高级”选项卡中的“启动和故障恢复”选项组中选择“设置”按钮，打开如图2－6所示“启动和故障恢复”对话框。

（3）选择“默认操作系统”下拉列表框中的某种操作系统作为该计算机启动的默认的启动系统。同时又可以利用微调框，调整启动时的等待时间。

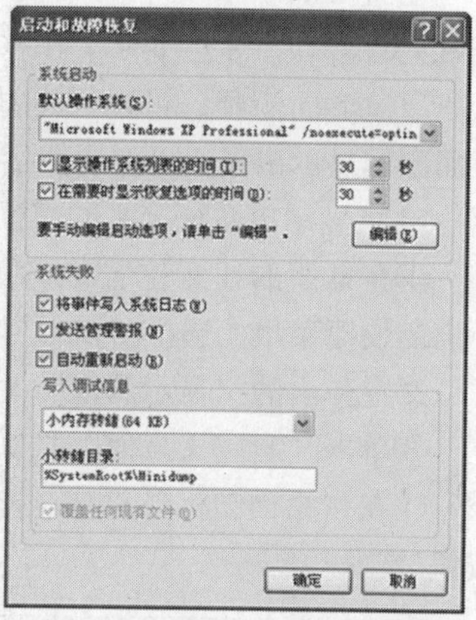

图2－6 “启动和故障恢复”对话框

2.3 Windows XP 基本操作

Windows XP 是 Microsoft 公司推出的操作系统，它是在 Windows NT 操作系统的基础上研制开发出来的，并添加了许多新的功能，具有更高的安全性。下面主要介绍 Windows XP 的一些基本操作。

2.3.1 Windows XP 的桌面

Windows XP 登录后，屏幕上较大的区域背景称为“系统桌面”，也可简称为“桌面”，如图2－7所示。在屏幕底部有一条狭窄条带，称为任务栏；在计算机上做的每一件事情都显示在称为窗口的框架中；可以一次随意打开很多的窗口，还可重新调整它们的大小、向四周移动或以任意顺序重排；如图2－8所示的桌面上打开了“我的文档”文件夹、Win Rar 压缩文件软件和“图片收藏”文件夹3个窗口。

如果是第一次启动到桌面，在任务栏的消息通知区域（右端）将出现一个“漫游 Windows XP 的“气球”提示信息，单击这个“气球”的任一处，将打开“漫游 Windows XP”的 Web 页面，可以单击各个链接查看关于 Wilndows XP 基础知识、安全保护、数字媒体、家庭办公、电子商务等方面的简单介绍。

图2－7 第一次启动 Windows Xp 的桌面背景

图2－8 打开多个窗口

2.3.2 桌面项目

第一次启动 Windows XP 时，用户将只看到右下角的一个图标——回收站，如图 2－7 所示。可以将计算机中要删除的文件放到这里。

在 Windows XP 中，为了使桌面整洁美观，一些常用的系统图标如“我的电脑”、“我的文档”、“网上邻居”和“Internet Explorer”等，如图 2－9 所示，都被隐藏起来了。通过下面步骤，可以把这些系统定义的桌面图标显示出来，以方便使用。

图 2－9 系统定义的桌面图标

(1) 显示出系统定义的桌面图标

①在桌面的任意位置单击鼠标右键，从弹出的快捷菜单上选择“属性”选项。

②在弹出的“显示属性”对话框中选择“桌面”选项卡。

③单击“自定义桌面”按钮，出现“桌面项目”对话框，如图 2－10 所示。

④在“桌面图标”栏中，选中需要显示的桌面图标名称复选框，然后按“确定”按钮。

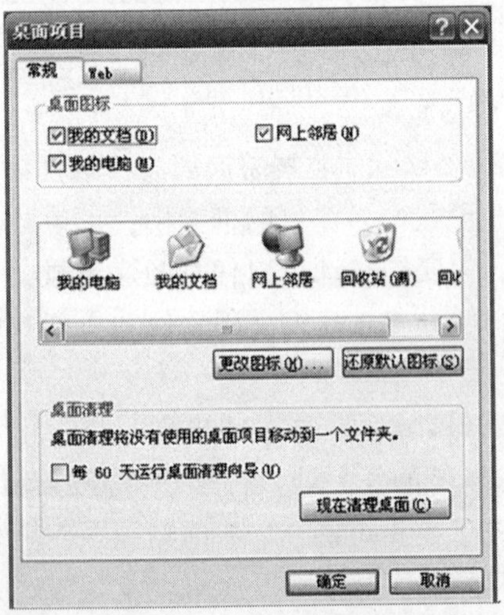

图 2－10 桌面项目对话框

⑤再次单击“显示属性”对话框的“确定”按钮，相应的桌面图标就显示在桌面上了。

(2) 在桌面上显示出这些系统定义的图标有如下作用。

①“我的电脑”：管理本机资源，在其中可以进行磁盘、文件、文件夹的文件操作。另外在“我的电脑”中还可以打开“控制面板”、“网上邻居”、“回收站”。

②“我的文档”：可以打开用户存放个人文件的文件夹。

③“网上邻居”：可以利用和管理网络资源。

④“回收站”：用来存放被删除了的文件、文件夹的地方。“回收站”中的文件可以被还原或被清除（彻底删除），“回收站”文件被清除后无法恢复。

⑤“Internet Explorer”：用来访问 Internet 上的资源，俗称“上网”。

桌面上除系统定义的一些图标外，还可以自定义建立一些快捷方式图标。快捷方式图标是指将一些常用的应用程序、文件或文件夹的图标放在桌面上，通过鼠标的双击来快速启动它。创建新的快捷图标的操作方法，将在后面进行介绍

一般来说，桌面上的系统图标和快捷方式图标可以放在桌面上任意位置，但如果图标太多，随意放置就会显得有些杂乱。因此在 Xindows XP 下，缺省设置是将这些图标按“对齐到网格”方式排列在桌面上。

如果用户希望按自己喜好的某种方式和位置排列桌面图标，可以按下面方式操作：

在桌面上单击鼠标右键，在快捷菜单上指向“排列图标”项，出现子菜单，如图2－11所示。可以看到，“对齐到网络”项处于选中状态，这时无论如何拖动图标，它们都会显示在虚拟桌面网格的交叉点上。将“对齐到网络”项前的“√”单击取消后，就可以在桌面上任意位置处放置图标了。

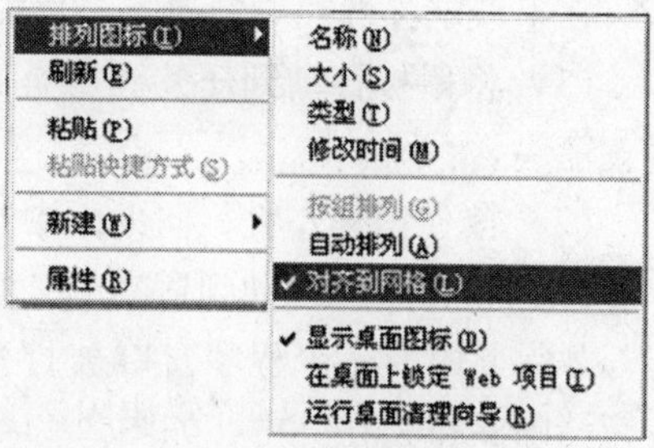

图2－11　对齐到网格使图标整齐

也可以在图2－11所示的菜单中选择“自动排列”选项。选择“自动排列”方式，则无论鼠标把桌面的图标拖放到什么位置，图标都将自动回到桌面左部，并整齐地从左到右竖行排列。

2.3.3 任务栏

任务栏一般出现在桌面的下方，它由“开始”按钮、“应用程序”栏和“通知”栏组成，如图2－12所示。

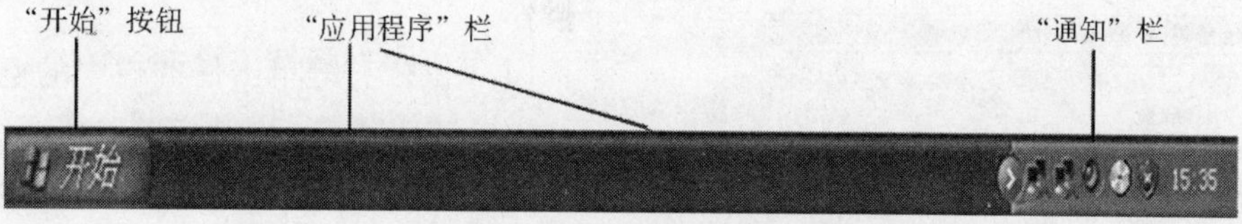

图2－12　任务栏

（1）“开始”按钮　单击“开始”按钮可以打开“开始”菜单。

（2）“应用程序”栏　显示已经启动的应用程序名称，在图2－12中是空的，说明没有启动任何应用程序。

（3）“通知”栏　显示时钟等系统当时的状态。

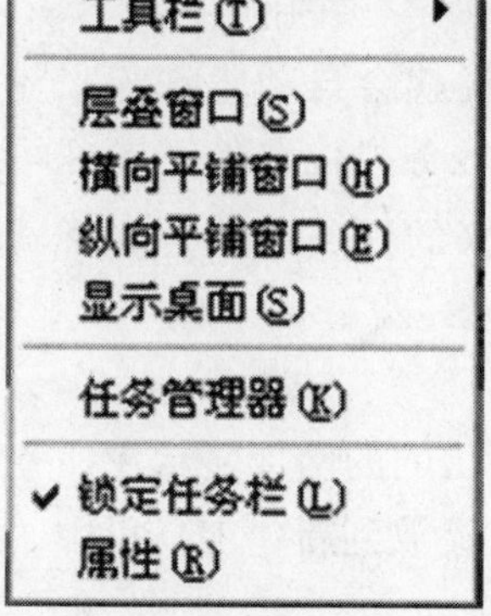

图2－13　锁定任务栏

任务栏的基本操作主要包括：移动任务栏、改变任务栏尺寸、隐藏任务栏等。

2.3.3.1 移动任务栏

默认情况下任务栏是锁定的，即不可以移动的。如果要将任务栏移动到屏幕的其他位置，如右侧，可以执行如下操作。

（1）用鼠标右键单击任务栏，在弹出的菜单中取消对“锁定任务栏”的选择，如图2－13所示。

（2）单击任务栏的空白区，并按住鼠标左键不放。

（3）拖动鼠标到屏幕的右侧时，松开鼠标左键，这样就将任务栏移动到屏幕的右侧了。通常，用户习惯将任务栏放置在屏幕的底部。

2.3.3.2 改变任务栏的尺寸

在未锁定任务栏的情况下，可以改变任务栏的尺寸，可以执行如下操作。

（1）将鼠标移动到任务栏与桌面交界的边缘上，此时鼠标的形状变成了一个双向垂直箭头。

（2）按住鼠标左键，向桌面中心方向拖动鼠标，任务栏会随之而变大。

（3）将任务栏拖动到适当的大小时，松开鼠标左键即可。

如果此时有多个程序窗口被打开，任务栏尺寸变大后，可以看到各个窗口任务栏按钮清晰的排列在其中，如图 2－14 所示。

2.3.3.3 隐藏任务栏

可以看到，无论打开什么窗口，任务栏总是完整地显示在屏幕上，保证了任务栏随时可见和可操作；然而当它的尺寸比较大时，例如图 2－14 所示的那样，就占用了太多的屏幕空间，使得用户对屏幕其他地方的操作十分不便。因此，用户希望有时候能够将任务栏隐藏起来。要隐藏任务栏，可以执行如下操作：

图 2－14　扩大的任务栏

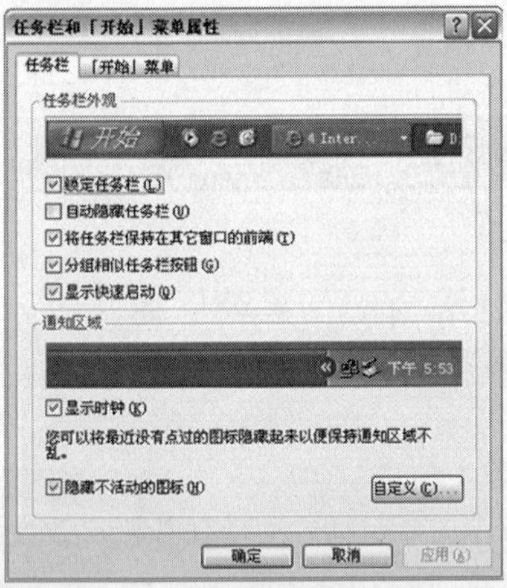

图 2－15　“任务栏和开始菜单属性”对话框

（1）鼠标右键单击任务栏中的空白处，打开一个快捷菜单，如图 2－13 所示。

（2）单击这个菜单中的“属性”命令，打开“任务栏和开始菜单属性”对话框，如图 2－15 所示。其中“自动隐藏任务栏”复选框没有被选中，这就表示此时任务栏总能够出现在屏幕上。

（3）单击选中“自动隐藏任务栏”复选框。

（4）单击“确定”按钮。

这样，任务栏就会自动隐藏起来。如果希望重新调出任务栏位置处于屏幕的底部，那么只要将鼠标移动到屏幕的底部停留一会，隐藏起来的任务栏就会重新显示出来。

2.3.3.4 新建工具栏

使用新建工具栏可以帮助用户将常用的文件夹或者经常访问的网址显示在任务栏上，而且可以单击直接访问它。例如，将“我的文档”文件夹放到新建工具栏中，执行如下操作。

（1）鼠标右键单击任务栏的空白处，打开一个快捷菜单，如图 2－13 所示。

（2）单击“工具栏”级联菜单中的“新建工具栏”命令，打开“新建工具栏”对话框，如图2－16 所示。

（3）在“文件夹”编辑栏中直接输入想要添加的文件夹名称或网址。如果不清楚需要添加的文件夹的位置，可以在上面的文件夹列表框中选择。此处我们直接选择“我的文档”文件夹，并单击“确定”按钮，这个文件夹就添加到了“新建工具栏”中了，如图2－17所示。

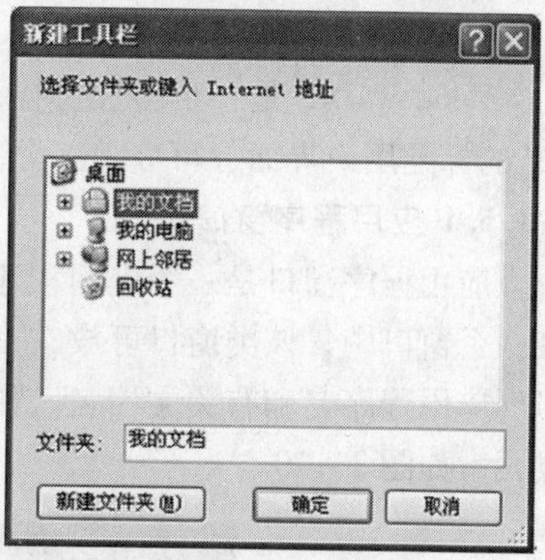

图2－16　“新建工具栏”对话框

在 My Document 工具栏中，这个文件夹中的文件以图标的形式显示了出来，单击这些图标就可以直接打开相应的文件。由于受空间的限制，不是所有文件都能列出。单击工具栏右侧的一个带有两个向右箭头的按钮，就会出现一个列表。在这个列表中列出了所有文件的图标，如图2－18所示。

图2－17　新添加的“My Document”工具栏

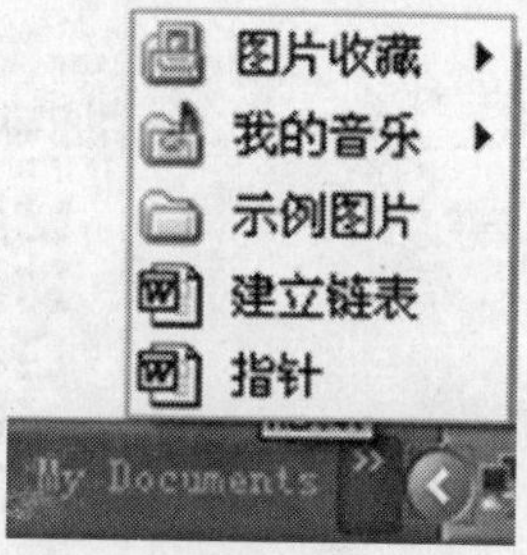

图2－18　Document 工具栏列表

2.3.4 开始菜单

在 Windows XP 中，用户绝大部分的操作工作都从“开始”菜单开始。在任务栏的左侧有一个“开始”按钮，单击它可以打开“开始”菜单，如图2－19所示。也可以利用键盘打开“开始”菜单，方法是同时按下“Ctrl＋Esc”键即可。

Windows XP“开始”菜单提供了更多的自定义选项。它可以显示谁已登录，并可以自动地将使用最频繁的程序添加到菜单顶层，使得用户访问经常使用的程序的过程变得更加迅速，有助于提高工作效率。

“开始”菜单中的各主项菜单的主要功能说明如下。

（1）所有程序　启动安装在 Windows XP 中的应用程序。

（2）我最近的文档　记录最近打开过的文档。用户可以选择之后的级联菜单中的“文件名”命令，来打开对应的文档。

（3）控制面板　对 Windows XP 进行系统设置。

（4）搜索　查找文件、文件夹或用户等。

（5）帮助和支持　为用户提供操作系统帮助。

（6）运行　通过输入程序名来启动应用程序。

图2－19　“开始”菜单

（7）关闭计算机　用于退出 Windows XP，并关闭计算机。

2.3.5 窗口与对话框

Windows XP 是一个多任务操作系统，可以同时启动若干个任务。窗口是 Windows XP 的标准用户界面，可分为三类，即应用程序窗口、文档窗口和对话框窗口。

2.3.5.1 应用程序窗口

应用程序窗口是一个应用程序运行时的人机界面，程序的数据输入和结果输出都在一个窗口中，该类窗口可放在桌面上的任意位置，在应用程序窗口顶部的标题栏会出现应用程序名和有关文档名。如图 2－20 所示为“资源管理器”窗口，其窗口的组成元素如图 2－20。

图 2－20　标准窗口

（1）控制按钮　控制按钮是位于窗口左上角的图标。单击该按钮即打开控制菜单。通过控制菜单可以改变窗口的大小、窗口的位置及关闭窗口。

（2）标题栏　标题栏位于窗口第一行，用于显示正在运行的应用程序名称。如果在桌面上同时打开多个窗口，当前窗口（即用户正在操作的窗口，也称为活动窗口）的标题栏显示蓝色，其他窗口标题栏显示灰色。

（3）菜单栏　菜单栏位于标题栏下面，用于显示当前运行的程序所提供的功能。通过鼠标单击菜单项或按住 Alt 键加对应菜单项后面的字母键，可以选择菜单项中的功能。

（4）工具栏　工具栏在菜单栏下面。在工具栏中列出了一系列工具按钮。单击这些按钮，就能执行相应的操作。

（5）地址栏　地址栏用于输入文件夹名、用户想要到达的 Web 页地址等。输入完成后，按回车键就能到达指定的文件夹或 Web 页。在“资源管理器”窗口的地址栏中，主要是用于显示系统当前所处的文件夹位置。

（6）状态栏　状态栏位于窗口底部，用于显示窗口的状态（如对象个数和可用空间等信息）。

（7）最大化、最小化、关闭和恢复窗口按钮　标题栏最右边有三个按钮，其中顺序为“最小化”按钮、“最大化”按钮和“关闭”按钮。当窗口处于最大化状态时，“最大化”按钮将变为“恢复”按钮。

（8）工作区　窗口的内部区域称为工作区或工作空间。工作区中的内容可以是对象图标，还可以是文档内容，随窗口类型的不同而不同。当窗口无法显示所有内容时，工作区中将出现水平滚动条和垂直滚动条。

2.3.5.2 文档窗口

文档（Document）是指 Windows 应用程序所生成的文件。文档窗口是应用程序中向应用程序显示文档文件的窗口。文档窗口共享应用程序窗口的菜单栏，如 Word 生成的文稿、画图程序生成的画图文件等。

2.3.5.3 窗口的基本操作

窗口的基本操作有最大化、还原、最小化、移动窗口、改变窗口的大小及滚动窗口等。可以使用窗口标题栏中的控制菜单来实现，又可以通过鼠标操作来完成。

2.3.5.4 多个窗口的操作

当运行有多个应用程序时候，将在任务栏上显示有多个按钮。可以在任务栏上单击来选择切换各个窗口操作。

2.3.5.5 对话框

对话框是一种特殊的窗口，它是系统和用户进行信息交流的一个界面。一般来说，对话框与窗口的区别是，对话框没有菜单栏、工具栏等大型组件，而是一些特别具有针对性的选择按钮之类，且对话框不能改变其大小。图 2－21 是一个典型的 Word 中“段落”对话框。

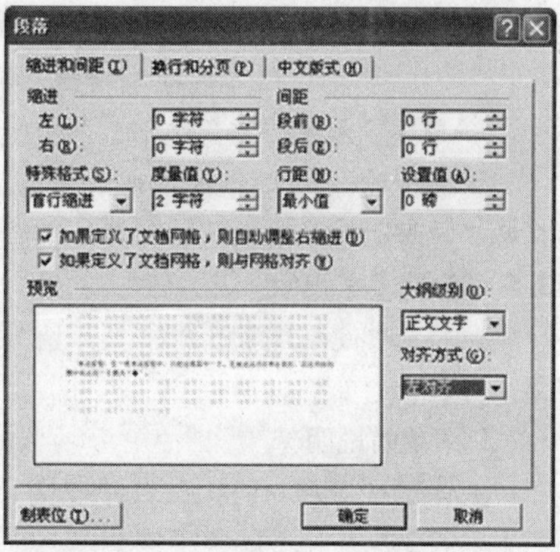

图 2－21　段落”对话框。

2.3.6 应用程序的启动及退出

2.3.6.1 启动程序

启动应用程序，执行程序来完成某项工作任务是我们使用计算机的主要工作任务。在系统 Windows XP 中，主要有三种启动应用程序的方法。

（1）通过“开始”菜单启动应用程序　这是 WINDOWS XP 操作系统执行应用程序的最常用的一种方法。在“开始”菜单的“所有程序”级联菜单中，几乎包括了所有安装在计算机中的应用程序快捷方式图标。可以通过直接单击选择所要启动的应用程序图标来启动相应的应用程序。如：要打开“资源管理器”应用程序，可以在“所有程序”子菜单的“附件”子菜单中单击“Windows 资源管理器”命令，即可打开该应用程序。

（2）在“资源管理器”中启动应用程序　从“资源管理器”里可以浏览所有的文

件夹及应用程序，因此，要打开某个应用程序，只要在“资源管理器”中找到该程序的图标，双击就可以将其打开。一般应用程序的可执行文件的扩展名是.exe。如果已利用某应用程序建立了文档，在“资源管理器”窗口中双击这样的文档，首先打开该应用程序，然后打开该文档。对系统中安装的任何应用程序，总可以通过“资源管理器”找到它的可执行文件，然后用鼠标双击该文件来启动它。这样的可执行文件通常以.exe或.com为扩展名。

（3）用桌面快捷图标启动应用程序　如在桌面上建立放置了应用程序的快捷方式，则可在桌面上通过双击该快捷方式，打开该应用程序。也可在桌面上右击该快捷方式，然后在弹出菜单中执行“打开”命令来启动该应用程序。

2.3.6.2 退出应用程序

正常退出应用程序，可以通过单击其窗口的“关闭”按钮，或选择“文件”菜单中的“退出”命令来完成。

但有时候，由于某种原因系统处于半死机状态，关闭应用程序的命令不能响应，此时通过正常的方法无法关闭应用程序，只能采用结束任务的方法来终止不正常应用程序。操作方法如下。

（1）按下组合键“Ctrl + Alt + Del”，打开一个“Windows 任务管理器”对话框。（三键组合键的操作方法是：先按下前面两个键不放，然后按第三个键）。

（2）在“应用程序”选项卡的列表框中选择要终止的应用程序名。

（3）单击“结束任务”按钮，应用程序关闭。

如果按上述方法，按组合键“Ctrl + Alt + Del”不能打开“Windows 任务管理器”对话框，计算机也无法进行任何其他操作，可以关闭电源，重新启动计算机。

2.3.7 菜单的基本操作

Windows 中有各类菜单，如“开始”菜单、文件夹窗口菜单、应用程序菜单和快捷菜单等，介绍如下。

2.3.7.1 菜单的说明

（1）灰色菜单项　普通的菜单项用黑色字符显示，用户随时可以执行；灰色菜单项的菜单表明当前还不能使用该菜单。

（2）带有“…”的菜单项　执行该菜单项后，会弹出一个“对话框”，要求用户输入相应的信息或改变某些设置。

（3）带有快捷键的菜单项　菜单项名称后的括号中带有下划线的字母是执行该命令的快捷键。菜单项右侧的组合键表示不用打开菜单就能执行该命令。

（4）带有▶符号菜单　菜单项的右侧带有▶符号，表示该菜单项带有级联菜单，在级联菜单中有若干子菜单命令。

（5）带有√符号菜单　这种菜单命令让用户在两种状态中选择切换。带√表示具有该项菜单功能，否则表示不具备该项功能。例如，在“资源管理器”窗口的“查看”菜单中，“状态栏”命令前出现√符号，表示在当前窗口中显示状态栏，如图2－22所示。

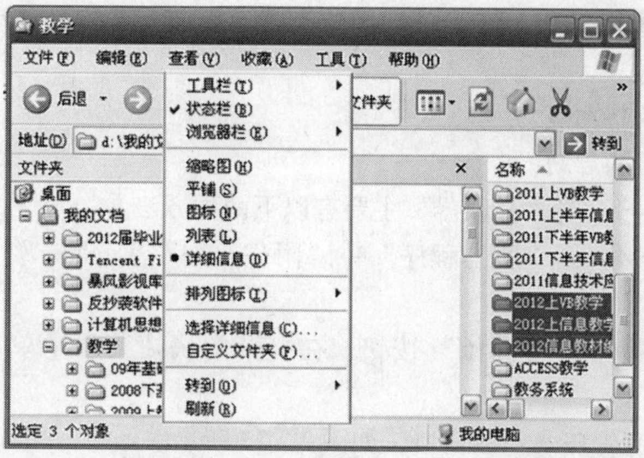

图 2－22　菜单说明

（6）带有●符号菜单项　表示该命令项已经选用。●符号菜单项表示在同组菜单中，只能有一个被选用。如图 2－22 所示，表示“查看”文件或文件夹的方式为“详细信息”方式。

（7）菜单分割线　有些菜单项之间用线条分开，形成若干菜单组。这种分组是按菜单的功能分组组合的，如图 2－22 所示。

2.3.7.2 使用菜单命令

（1）鼠标操作　直接用鼠标单击菜单栏中的菜单名，即可打开该菜单，然后可以从中选择要执行的菜单命令。

（2）键盘操作　如果使用键盘操作菜单，可以按 Alt 或 F10 键激活菜单栏，然后按菜单名后带下划线的字母激活某个菜单，再按命令后带下划线的字母，便可完成菜单的操作。

也可以按 Alt 或 F10 键激活菜单栏后，使用左、右箭头键移动到所需的菜单名上，按 Enter 键或向下箭头键打开菜单；再用上、下箭头键选择所需要执行的菜单命令，按 Enter 键执行。

（3）使用快捷菜单　当用户右击某个图标、桌面、图形或文本时，往往会弹出一个快捷菜单。快捷菜单中的菜单命令主要是针对其右击的对象设置的一些常用的功能命令。随着右击的对象不同，弹出的快捷菜单也不同。快捷菜单的使用方法与一般菜单相同。

2.4 Windows 资源管理器

资源管理一般是指对计算机中的文件、文件夹和磁盘驱动器的管理。在 Windows XP 中，我们使用“我的电脑”或“资源管理器”这两个工具来进行资源的管理。两个工具的管理操作方法基本一样。下面我们将主要介绍在“资源管理器”中是如何进行资源管理。

“资源管理器”是 Windows XP 一个重要的文件、文件夹管理工具，它将计算机中的文件、文件夹对象图标化，使得对它们的查找、复制、删除、移动等操作管理变得非常容易、非常方便。

2.4.1 资源管理器的基本概念

2.4.1.1 资源管理器的启动

启动“Windows XP 资源管理器”主要有以下两种方法。

（1）单击“开始”→“所有程序”→“附件”→“Windows 资源管理器”命令，进入资源管理器。

（2）用鼠标右键单击“开始”按钮，在打开的快捷菜单中单击“资源管理器”命令。

打开后的“资源管理器”的窗口，如图 2－23 所示。

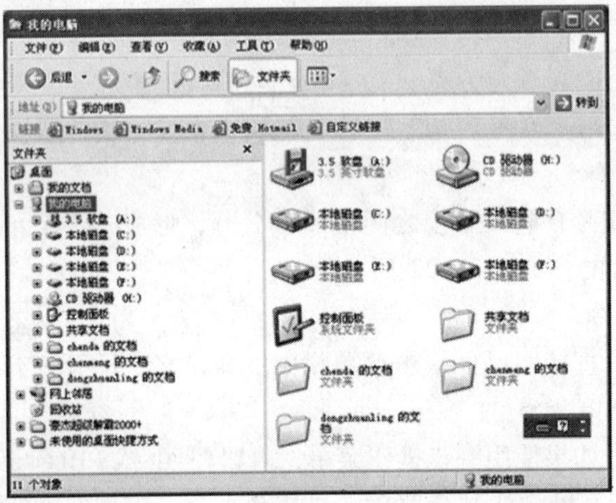

图 2－23　资源管理器”窗口

2.4.1.2“资源管理器”窗口

（1）“资源管理器”窗口的组成　“资源管理器”的窗口主要包括有“标题栏”、“菜单栏”、“工具栏”、“主体窗口”和“状态栏”等几个部分。

“资源管理器”的主体窗口分为两部分，左边的窗口称为“文件夹”窗口，它以树型目录的形式显示了计算机中的磁盘及文件夹结构；右边窗口称为“文件列表”窗口，在左窗口中被选定的磁盘或文件夹中的内容将显示在右窗口。

说明：通过启动“我的电脑”窗口，在工具栏中单击“文件夹”按钮，也可以转换成资源管理器的窗口形式

（2）工具栏的显示和隐藏　资源管理器窗口中有 3 个工具栏：“标准按钮”、“地址栏”及“链接”。其中“标准按钮”是最主要的操作用工具栏。用户可以根据需要调整各个“工具栏”的显示与隐藏，操作方法如下。

①单击“资源管理器”窗口中的“查看”菜单，打开一个下拉菜单。

②选择下拉菜单中的“工具栏”选项，打开“工具栏”级联菜单。

③单击级联菜单中的命令选项，当选项名前出现“√”符号时，则表示该选项已被

选中，对应的工具栏将出现在窗口中。再次单击相应的选项即可取消该工具栏的显示。

（3）自定义工具栏　为了方便用户操作，在“标准按钮”工具栏中设置有二十多种常用的工具按钮。初始状态工具栏中仅显示了少量的几种工具。用户可根据需要显示其他的工具按钮，操作方法如下。

①单击窗口中的“查看”→“工具栏”→“自定义”命令，打开“自定义工具栏”对话框窗口，如图2－24所示。

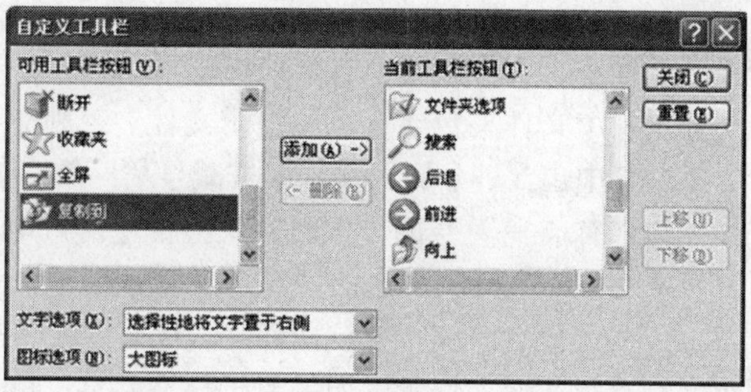

图2－24　“自定义工具栏”对话框

②在对话框左窗口中选择要添加的工具按钮图标，然后单击“添加”按钮，该按钮图标被添加显示在右窗口中。如上反复操作选择所要添加的全部按钮图标。

③对于不需要在工具栏中显示的工具按钮，可以在右窗口中选择后，将其删除。

④关闭对话框窗口后，可以看到所选择添加的工具按钮出现在工具栏中。

提示：为了操作的方便，用户最好将剪切、复制、粘贴、删除、撤消、文件夹选项及属性工具按钮添加到工具栏中。

（4）标准按钮的功能　在“标准按钮”工具栏中列出了部分菜单命令的快捷按钮，其主要按钮的功能如下。

①“后退”或“前进”按钮：单击此按钮，将返回到上一步操作时的驱动器或文件夹窗口，或前进到当前窗口的下一步窗口（如果使用过“后退”操作）。“后退”和“前进”按钮是根据访问的历史顺序来进行切换的，当用户进行了许多操作之后，就很难分辨所要找的文件夹是当前文件夹的前面还是后面，此时用户就可以单击这两个按钮右边的小三角按钮，在列出的选项中选取所要操作的窗口项目。

②“向上”按钮：它用于回到当前文件夹的上一级文件夹或磁盘窗口中，最顶层的窗口为桌面。

③“文件夹”按钮：单击此按钮，可将资源管理器窗口切换为“我的电脑”窗口形式。再单击此按钮，可返回到“资源管理器”窗口中来。

④“查看”按钮：单击此按钮右侧的向下小三角按钮，打开一个下拉菜单。其中列出了五种文件的排列方法，缩略图、平铺、图标、列表和详细信息。如果设置了文件夹属性为“图片”显示方式，还将出现“幻灯片浏览”排列方法。

⑤“撤消”按钮：该按钮的作用是取消程序中最近的操作。注意有些操作是不能撤消的，有些程序可以撤消多次操作，但有一个最大次数限制。

其他按钮如剪切、复制、粘贴、删除、撤消等将在后面对文件的操作中介绍。

2.4.2 资源管理器窗口的基本操作

“资源管理器”窗口由左右两个窗口组成。资源管理器的左窗口“文件夹”窗口以树型目录的形式显示文件夹结构；右窗口“文件列表”窗口显示在左窗口中被选择的磁盘驱动器或文件夹（也称为当前驱动器、当前文件夹）中的内容。此时，便可以对显示在右窗口中的内容进行各种操作。移动窗口中间的分隔条，可以调节改变左、右窗口的大小。

如果在左窗口单击选择一个文件夹时，右窗口中就显示该文件夹中所包含的文件和下一级子文件夹。如果一个文件夹包含有下一级子文件夹，则会在左窗口中该文件夹的左边显示一个方框，其中包含一个加号“+”或减号“-”号。

单击某个文件夹左边含有“+”号的方框时，就会在左窗口中展开该文件夹，即显示其中的所有下一级文件夹。文件夹左边的“-”号则表示已展开该文件夹的下级的文件夹。单击此“-”号，则会收缩折叠该文件夹。没有“+”号或“-”号的则表示该文件夹中不包含有下级文件夹。所以如果要折叠文件夹，可以单击文件夹左侧的“-”号；要展开文件夹，可以单击文件夹左侧的“+”号。如图2-25所示。

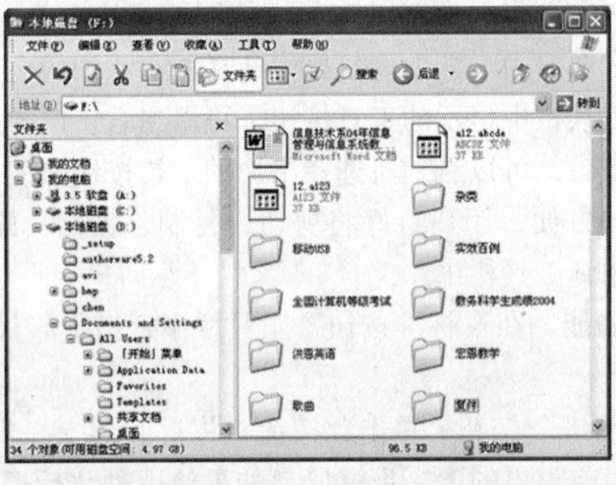

图2-25　文件夹展开和折叠时的“资源管理器”

请用户注意，单击文件夹左边的“+”号展开或“-”号折叠文件夹时，一般不会影响到在右窗口中显示的文件列表内容。但如果被折叠的文件夹是当前文件夹的上级文件夹，此时如单击被折叠文件夹左边的“-”号时，在右窗口将显示被折叠的文件夹中的文件列表。

在左窗口中选择文件夹和展开、折叠文件夹是两种不同的操作，请用户注意区别。

2.4.2.1 查看文件及文件夹

查看文件及文件夹是在资源管理器右窗口进行的。用户可以通过工具栏中的“查看”按钮或在“查看”菜单选择不同的方式来查看文件和文件夹。下面详细介绍“查看”按钮或“查看”菜单中的各个命令选项。

（1）缩略图方式　选择此种方式，系统将使窗口中的所有文件、文件夹对象均以很大的图标显示，这样显示的效果非常清楚。缩略图方式最大优点是可以将图像文件中的图像内容直接显示为图像缩略图，因而可以快速识别该文件或文件夹中的图像内容，如图 2－26 所示。

（2）平铺方式　平铺视图以较大图标显示文件和文件夹，并将显示文件的分类信息，如图 2－27 所示。例如，如果将文件按类型分类，则“Microsoft Word 文档”的字样将出现在 Word 文档的文件名下。

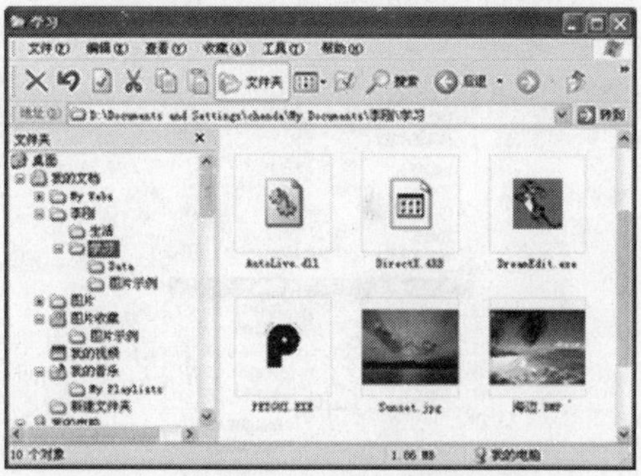

图 2－26　按缩略图方式查看文件

图 2－27　按平铺方式查看文件

（3）图标方式　选择此种方式，将使窗口中的所有对象均以小的图标来显示。文件名显示在图标之下，但是不显示分类信息，如图 2－28 所示。

（4）列表方式　该方式以文件或文件夹名列表显示文件夹内容，其内容前面为小图标。当文件夹中包含有很多文件，并且想在列表中快速查找一个文件名时，这种显示方式非常有用，如图 2－29 所示。

（5）详细信息方式　在此种显示方式下，对象以单列小图标的方式显示，同时在窗口中显示每个文件的详细信息，包括文件的名称、大小、类型和修改时间等内容。对于驱动器则显示其类型、大小和可用空间，如图 2－30 所示。

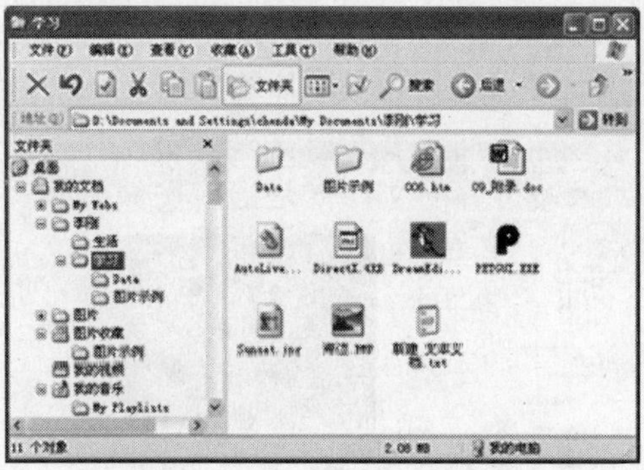

图 2－28　按图标方式查看文件图

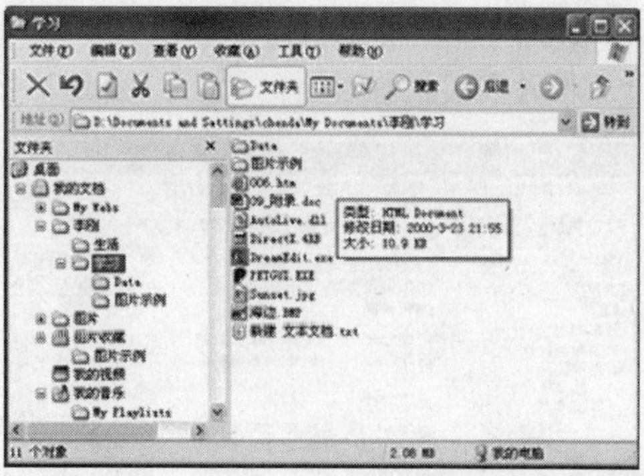

图 2－29　按列表方式查看文件

用户可根据自己的需要设定文件显示的信息内容，方法是单击“查看”菜单，选择“选择详细信息”命令，打开“选择详细信息”对话框。在其中选中需显示的信息项即可。

用户有时为了便于查看，可以调节各信息列的宽度。操作方法是：将鼠标指向列标题，并移动到列分界线上，直到鼠标指针变成双箭头；按住鼠标左键不放并左右拖动即可调节列的宽度。

当窗口中的图标太多时，用户可以利用“查看”菜单中“排列图标”级联菜单中的命令，按名称、类型、大小、修改时间或自动排列、按组排列等将图标排序，以便于查找所需的文件，如图 2－31 所示。

图 2－30　按详细信息方式查看文件

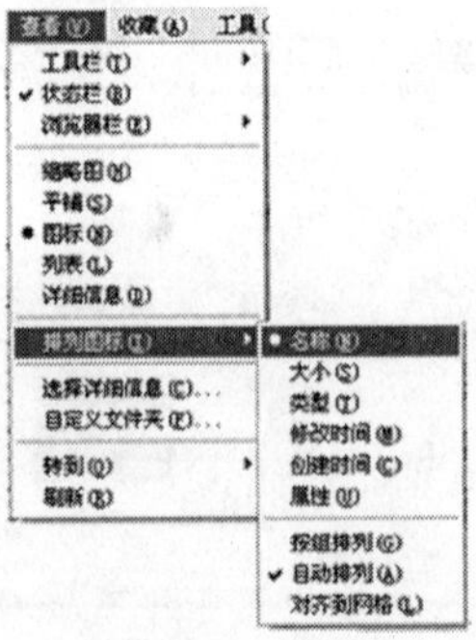

图 2－31　“查看”级联菜单子菜单

其中的“按组排列”允许您通过文件的任何细节（如名称、大小、类型或更改日期）对文件进行分组。例如，按照文件类型进行分组时，图像文件将显示在同一组中，Microsoft Word 文件将显示在另一组中，而 Excel 文件将显示在又一个组中，如图 2－32 所示。“按组排列”可用于“缩略图”、“平铺”、“图标”和“详细信息”视图方式。

说明：如果文件夹中存放的是 BMP、JPEG 等图像格式文件，可以使用下面第(6)种“幻灯片方式”浏览查看文件夹内容。

（6）幻灯片方式　该方式可用于图片文件夹中。图片以单行缩略图形式显示。可以通过使用左右箭头按钮滚动图片。单击一幅图片时，该图片显示的图像比其他图片大，如图 2－33 所示。要编辑、打印或保存图像到其他文件，请双击该图片，此时打开“图片和传真查看器”界面，如图 2－34 所示，并可进行相关图片的操作。

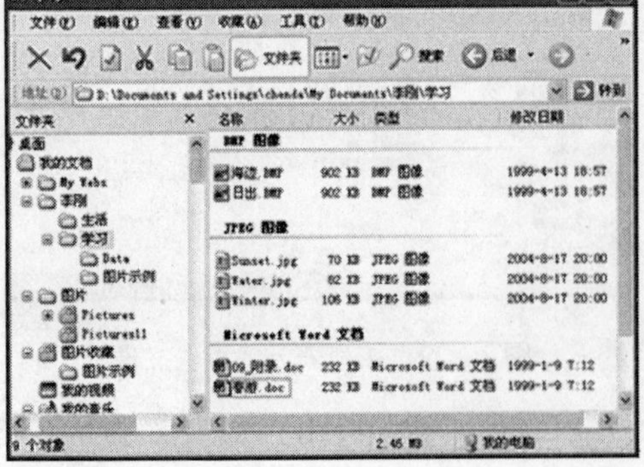

图 2－32　详细信息方式查看文件（按类型分组排列）

图 2－33　幻灯片方式查看文件

设置“幻灯片方式”浏览查看的方法是：在窗口中选定要设置“幻灯片方式”浏览的文件夹，单击“文件”菜单中的“属性”命令，打开文件夹“属性”对话框，如图2－35所示。用户单击“自定义”选项卡，在“用此文件夹类型作为模板”下拉列表框中选择“图片”或“像册”选项，单击“确定”按钮完成设置。

图2－34　图片和传真查看器

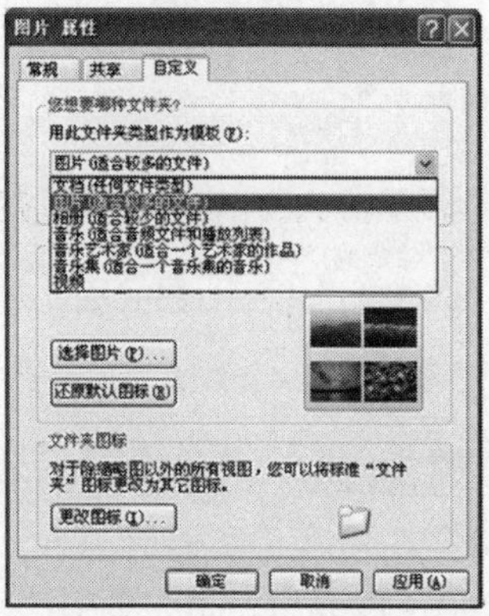

图2－35　设置“幻灯片方式”浏览

2.4.2.2 文件及文件夹的属性

无论是文件夹还是文件，都有属性，这些属性包括：文件的类型、位置、大小、名称、创建时间、只读、隐藏、存档、系统属性等。这些属性对于文件和文件夹的管理十分重要，因此用户必须要经常查看文件或文件夹的属性。

（1）文件夹的属性　首先在资源管理器窗口中用鼠标右键单击要查看属性的文件夹，打开一个快捷菜单。其次在快捷菜单中单击“属性”命令，打开文件夹的“属性”对话框，如图2－36所示。

在文件夹的“属性”对话框中，单击“常规”选项卡，可以了解到文件夹多方面的信息，包括：文件夹类型、文件夹的位置、文件夹的大小、文件夹内包括的文件夹个数和子文件夹的数目、文件夹的创建时间、文件夹可设置的属性等。这里介绍一下文件夹的可设置属性，文件夹的可设置属性包括。

①只读：设置了只读属性的文件及文件夹不能被更改或删除。

②隐藏：设置了隐藏属性的文件及文件夹，不能被看见。即能更好的受到保护。

③存档：某些程序利用此项属性来控制是否备份该文件或文件夹。

设置文件夹的“幻灯片方式”浏览方式就是在“自定义”选项卡中进行的。

（2）文件的属性　查看文件属性的方法与查看文件夹属性的方法完全一样。文件的属性有文件类型、打开方式、文件的位置、大小、创建、修改及访问的时间等；图2－37显示了一个文件的“属性”对话框。

2.4.2.3“文件夹选项”工具

在文件夹选项工具中，用户可以方便的自定义文件夹的打开视图方式及文件的一些显示方式。要打开“文件夹选项”工具，应执行如下操作。

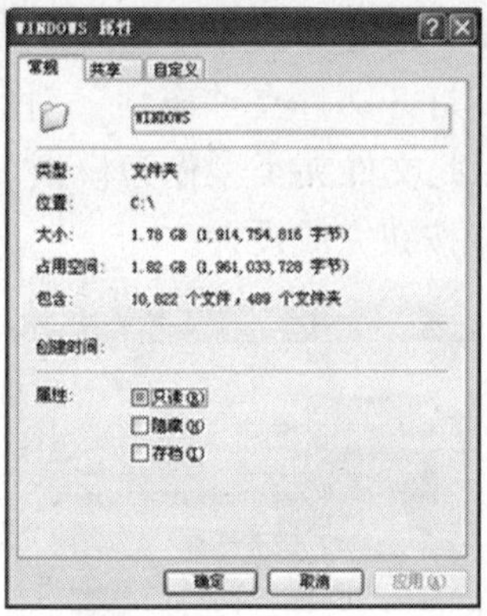

图 2-36　文件夹的属性

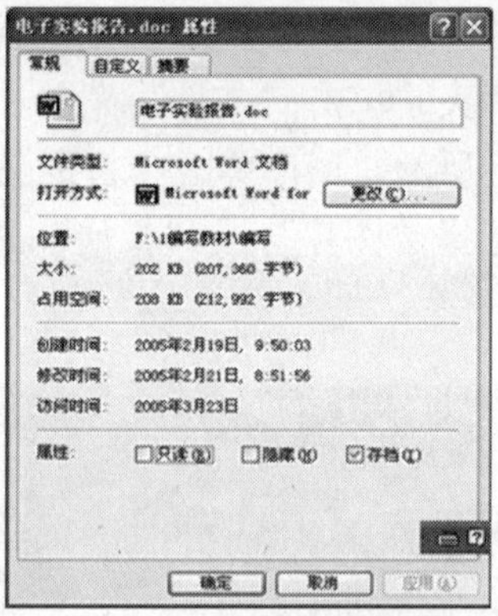

图 2-37　文件的属性

在资源管理器窗口单击“工具”菜单中的“文件夹选项”命令，打开“文件夹选项”对话框，如图 2-38 所示。由图可以看到，“文件夹选项”对话框包括“常规”、“查看”、“文件类型”和“脱机”四个选项卡。下面主要介绍“常规”和“查看”这两个选项卡。

（1）“常规”选项卡　“常规”选项卡是“文件夹选项”对话框的默认形式。

在“打开项目的方式”选项中，用户选定“通过单击打开项目（指向时选定）”表示此时用户鼠标指向文件或文件夹时选中它，单击就能打开它；当用户选定“通过双击打开项目（单击时选定）”，表示用户单击文件或文件夹时，选中它；双击时打开它。

（2）“查看”选项卡　“查看”选项卡对话框如图 2-39 所示。在“高级设置”复选框中，用户为了使屏幕的显示更加简洁，用户可以将一些已知类型文件的扩展名隐藏起来，这时用户可以选中“隐藏已知文件类型的扩展名”选项；有时为了安全起见，用户需要将一些重要的文件隐藏起来，这时用户可以选中“不显示隐藏的文件和文件夹”选项；当用户需要使用它们时，可以选中“显示所有文件和文件夹”选项；如果要在资源管理器中查看所选文件或文件夹的完整目录路径，可以选定“在标题栏中显示完整路径”选项。

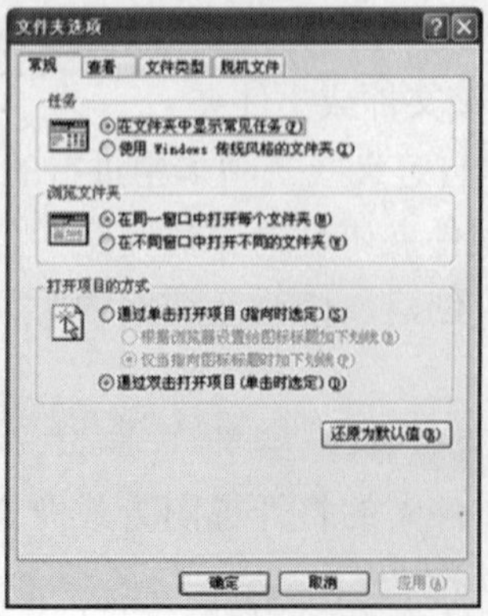

图 2-38　文件夹选项对话框

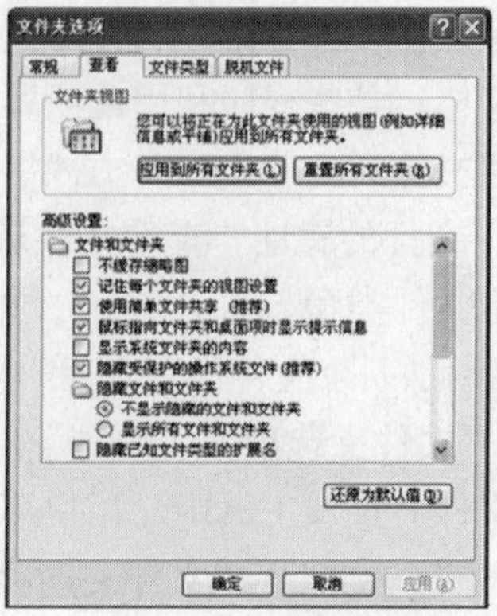

图 2-39　“查看”选项卡对话框

2.4.2.4 文件搜索

Windows XP 的“搜索助理”提供了查找文件的最直接的方法。如果要查找常规文件类型，或者记得要查找的文件或文件夹的名称，或者知道最近一次修改文件的时间，都可以使用“搜索助理”来帮助查找。如果只知道部分名称，则可以使用通配符来查找包含该部分名称的所有文件或文件夹。

如图 2－40 所示，单击“标准按钮”工具栏中的“搜索”按钮，打开“搜索助理”窗口，如图 2－41 所示。

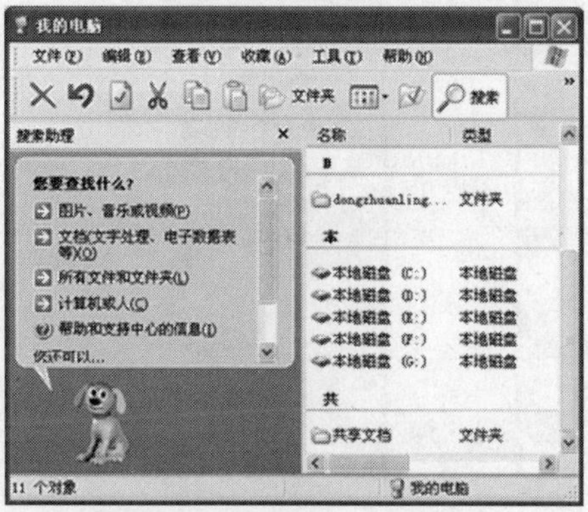

图 2－40 “搜索助理”窗口

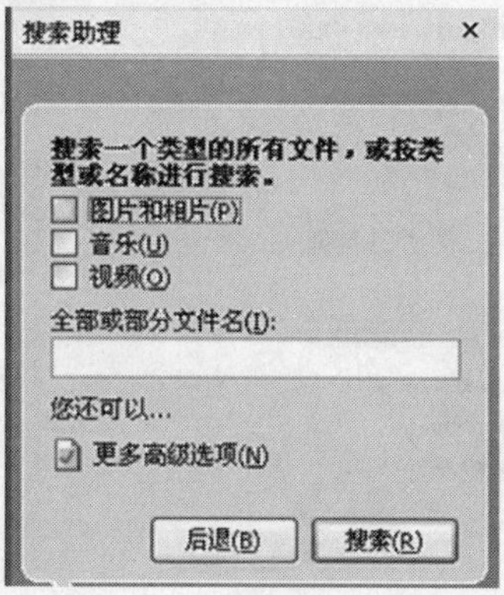

图 2－41 搜索选项

在搜索助理中，为了方便对文件的搜索，分成了三种类型：图片、音乐或视频文档。这里以搜索图片、音乐或视频文件为例，介绍如何进行文件的搜索。

（1）如果要利用搜索助理对图片、音乐或视频文件进行搜索，应执行如下操作。

①单击选择“图片和相片”、“音乐”或“视频”复选框。如果不选择，则默认是对这三种类型的文件都进行搜索。

②在“全部或部分文件名”文本框中输入要搜索的文件全名或包含的局部字符。值得注意的是，如果不输入文件名，则默认是对所有指定类型的文件进行搜索。文件名中可以使用通配符“?”和“*”。通配符“?”用于代替文件名中的任一字符；而通配符“*”则用于代替文件名中任意长度的字符串。如果要搜索多个文件名，那么在输入时还可以使用分号、逗号或空格作为分隔符。

③单击“搜索”按钮即可对计算机中的相应类型的文件按指定文件名进行搜索。搜索过程结束后，在资源管理器的右边窗口中会列出搜索结果。

（2）如果还想进行更详细的搜索设置，可以单击“更多高级选项”命令，如图2－42 所示。

①在“文件中的一个字或词组”文本框中可以输入要搜索的文件中包含的字符。

②在“在这里寻找”下拉列表中可以设定文件搜索的位置。

③如果知道该文件是何时进行修改的，可以单击“什么时候修改的”旁的下拉按钮，设定文件创建或修改的日期，如图 2－43 所示。

④如果知道要搜索的文件大小，可以单击“大小是”旁的下拉按钮，设定文件的

大小范围，如图 2－44 所示。

⑤单击“更多高级选项”旁的下拉按钮，可以对一些选项进行设定。其中选择“搜索子文件夹”复选框，以便在指定文件夹包含的各个子文件夹中进行搜索。选择“区分大小写”复选框，可以精确搜索匹配的文件。

当单击“搜索”按钮后，即可按照设定的条件进行相应的搜索。单击“停止”按钮可以退出搜索，但此时系统会提示是否退出，并可以选择已完成搜索，也可修改搜索条件，或者开始新的搜索。

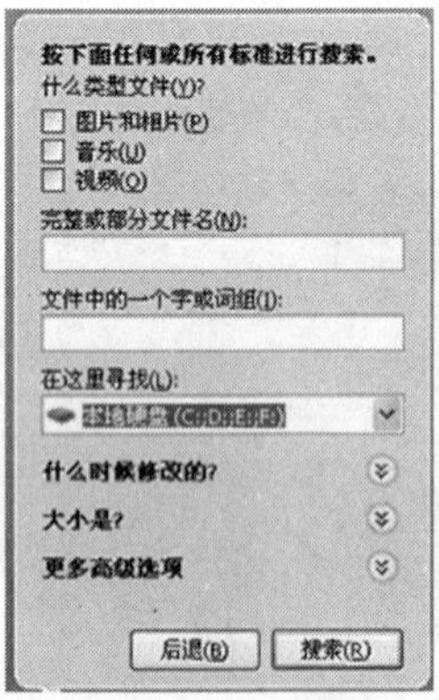

图 2－42　更多高级选项

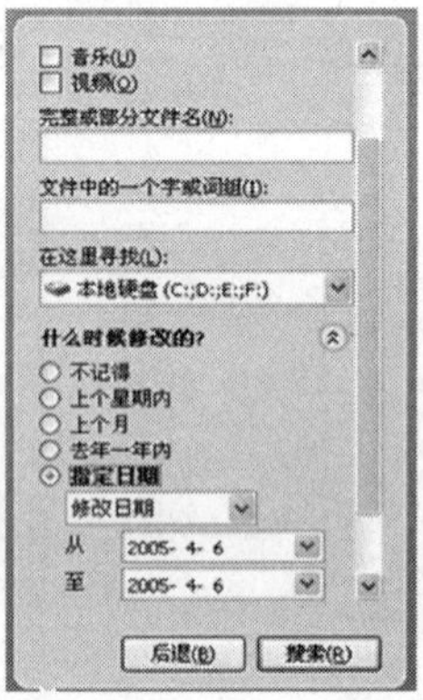

图 2－43　设定日期

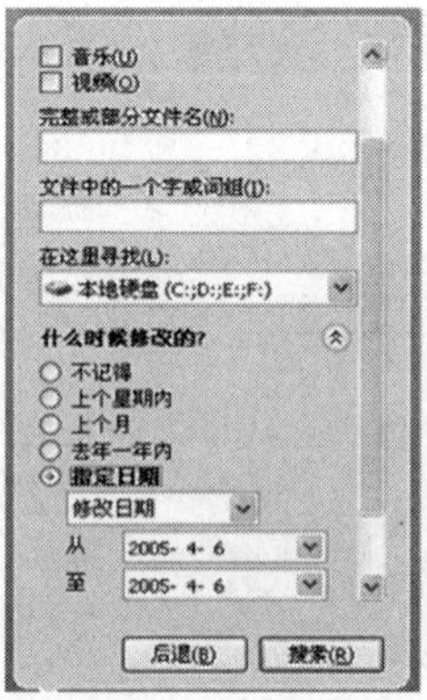

图 2－44　设定文件大小

2.4.3 文件及文件夹管理

管理文件和文件夹是“资源管理器”的主要功能。主要包括对文件或文件夹的选择、复制、移动、删除、重命名、属性等基本操作。由于采用树形结构组织计算机中的资源，因此操作起来非常方便。下面将介绍在文件及文件夹管理的各种操作方法。

2.4.3.1 选择文件和文件夹

在 Windows 中无论是打开文件、运行程序、删除文件还是复制文件，用户都必须先选定文件或文件夹。Windows 还允许同时选择多个文件或文件夹一起进行操作。

(1) 选择单个文件或文件夹　有以下 3 种方法：①单击要选择的文件或文件夹。②按“Home”或“End”键，可选择当前文件夹中的第一个或最后一个文件或文件夹。③按字母键，可选定第一个以该字符为“文件名或文件夹名”首字母的文件或文件夹。

例如，按字母“A”键，将选定以字母为 A 开头的第一个文件或文件夹。对以中文命名的文件或文件夹也有效，只是要输入文件名中的第一个“汉字”。

(2) 选定多个连续的文件或文件夹　用鼠标单击选择第一个文件，再按住“Shift”键，单击选择最后一个文件即可。

(3) 选定多个不连续的文件或文件夹　按住“Ctrl”键，用鼠标依次单击要选定的文件。

(4) 选择全部文件和文件夹　单击“编辑”菜单中的“全部选定”命令，可选择当前文件夹中的所有文件。

(5) 取消已选择的文件或文件夹　在被选中的文件或文件夹之外的窗口任意处单

击鼠标即可。

2.4.3.2 复制文件和文件夹

复制文件或文件夹是用户常用的操作。在 Windows 中，复制文件或文件夹有多种方法，可以用鼠标拖放来复制，也可通过菜单或工具栏来进行复制。

（1）用鼠标拖放进行复制的方法　①在右窗口中选择要复制的文件或文件夹，这时被选中的对象呈蓝色反白显示。②按住并拖动鼠标，指向要复制到的目标文件夹，这时目标文件夹会呈反白显示表示已经被选中了，释放鼠标完成操作。③当目标文件夹在“文件夹窗口”顶部以上或底部以下时，可以拖动鼠标指向窗口顶部或底部文件夹，再往上或往下移动，即可滚动显示其他文件夹，直到显示目标文件夹为止。④在鼠标的拖动过程中，光标的右下角会显示一个加号，这就表示现在执行的是复制操作，如果没有这个加号就表示执行的是移动操作。一般地，在不同的磁盘驱动器之间拖动文件是执行复制操作，如按着 Shift 键拖动是移动操作；而在同一磁盘驱动器之间拖动文件是执行移动操作，如按着 Ctrl 键拖动是复制操作。

（2）用“编辑”菜单中的命令来复制文件的方法　①选择要复制的文件或文件夹。②单击“编辑”菜单中的“复制”命令。③选中目标文件夹。④单击“编辑”菜单中的“粘贴”命令完成复制操作。

（3）利用工具栏中的工具按钮复制文件或文件夹　①选择要复制的文件或文件夹。②单击“工具栏”中的“复制”按钮。③选中目标文件夹。④单击“工具栏”中的“粘贴”按钮完成复制操作。

（4）使用“文件”菜单中的“发送”命令来复制文件。例如，若要将文件复制到移动磁盘 U 盘中时，可以如下方法操作。

①在驱动器中插入移动磁盘 U 盘，确认未被写保护。

②选择要复制的文件，然后选择“文件”菜单中的“发送”命令，出现级联菜单。

③再从其级联菜单中选择“移动磁盘 U 盘”命令，即可将文件复制到磁盘中。

如果目标文件夹中有要复制的文件同名的文件，则再复制文件时会打开“确认文件替换”对话框，如图 2－45 所示。用户可以根据两个文件的大小、日期和时间等信息来决定哪个文件要保留，以此来决定是否替换目标文件夹中的同名文件。

2.4.3.3 移动文件和文件夹

文件和文件夹的移动类似于文件和文件夹的复制。不同的是，执行完复制操作后，不仅在目标文件夹生成一个文件，而且在原来的位置上仍然有这个文件；而执行完移动操作后，仅仅在目标文件夹生成一个文件，原来的位置上就没有这个文件了。

上面曾经提到过，在同一磁盘驱动器里使用鼠标拖动可以进行文件移动操作，在不同磁盘驱动器之间按着 Shift 键拖动也是移动操作。除此之外，还可以使用鼠标右键、菜单命令和工具栏中的按钮来执行移动文件的操作。

（1）使用鼠标右键移动文件　①选择要移动的文件或文件夹。②在选定的文件或文件夹上按住鼠标右键，然后向目标文件夹拖动。③当拖动到目标文件夹时，释放鼠标，打开一个快捷菜单，如图 2－46 所示。④选择“移动到当前位置”命令，完成文件和文件夹的移动过程。

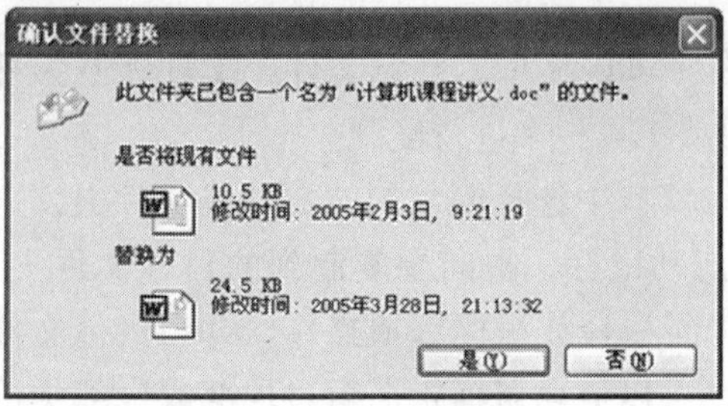

图 2－45　“确认文件替换”对话框

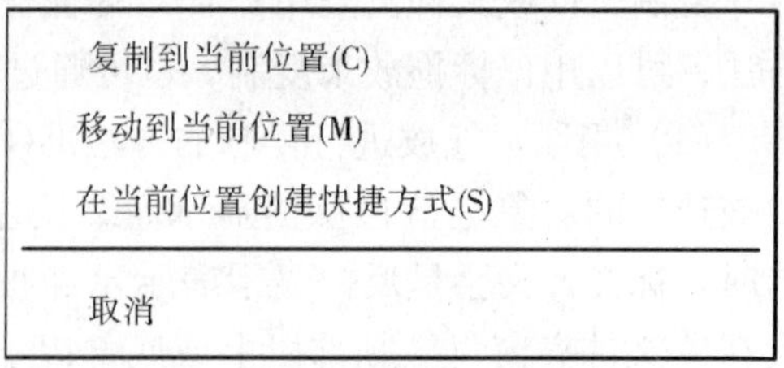

图 2－46　鼠标拖动法移动文件

（2）菜单命令移动文件和文件夹的方法　①选择要移动的文件或文件夹。②单击“编辑”菜单中的“剪切”命令。③选定目标文件夹。④单击“编辑”菜单中的“粘贴”命令。

（3）通过工具栏中的“移至”按钮工具来移动文件夹　①选择要移动的文件或文件夹。②单击工具栏中的“移至”按钮，打开“移动项目”对话框，如图 2－47 所示。③用户可以在窗口中通过滚动条来选择目标文件夹，或也可以单击“新建文件夹”按钮来创建新的目标文件夹。④单击“移动”按钮，完成了对文件的移动操作。

2.4.3.4 删除文件和文件夹

如果总是保留不需要的文件和文件夹，硬盘剩余可用的空间也就会越来越少，因此需要将无用的文件和文件夹删除。文件和文件夹的删除实际是将文件或文件夹移到回收站中。如果以后要用到此文件，用户可以将它从回收站还原到文件删除前的位置。用户应注意的是，删除一个文件夹时，将连同该文件夹中的所有文件和下层子文件夹一起删除。删除文件或文件夹的操作如下。

（1）在窗口中选择要删除文件或文件夹（可以是多个文件或文件夹）。

（2）鼠标右键单击要删除的文件，打开一个快捷菜单，如图 2－48 所示。

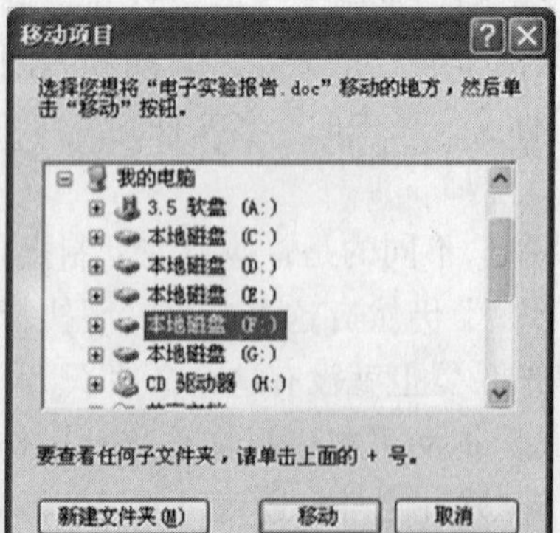

图 2－47　“移动项目”对话框

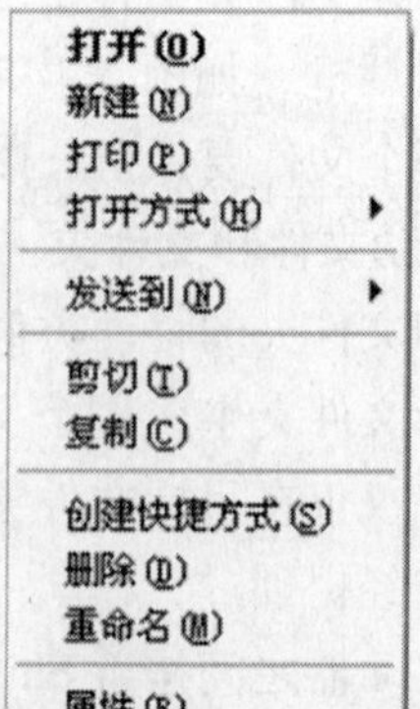

图 2－48　右击文件时打开的快捷菜单

（3）在快捷菜单中单击“删除”命令，打开一个确认消息框，如图 2－49 所示。

（4）单击“是”按钮，将文件删除送到回收站中。

（5）从软盘中或移动磁盘 U 盘中删除的文件将不会被送到回收站中，它们将被永久删除。

（6）如果用户在选择“删除”命令的同时按下了“Shift”键，则被删除文件将不进入回收站，即将永远被删除。此时在打开的“确认文件删除”消息框中单击“是”按钮，就永远的删除了该文件，如图 2－50 所示。

（7）其他 ①选择被删除文件或文件夹后，使用键盘上的“Del”键。②选择被删除文件或文件夹后，使用工具栏中的“删除”按钮。③选择被删除文件或文件夹后，单击“文件”文件菜单，选择“删除”命令。

执行删除操作后，文件或文件夹由原文件夹的位置移动到回收站文件夹中。用户如果确实要删除这些文件或文件夹，可以在回收站中进行删除操作，即可将文件或文件夹从硬盘上彻底删除。具体操作可参见回收站的使用方法。

图 2－49 “确认文件删除”消息框

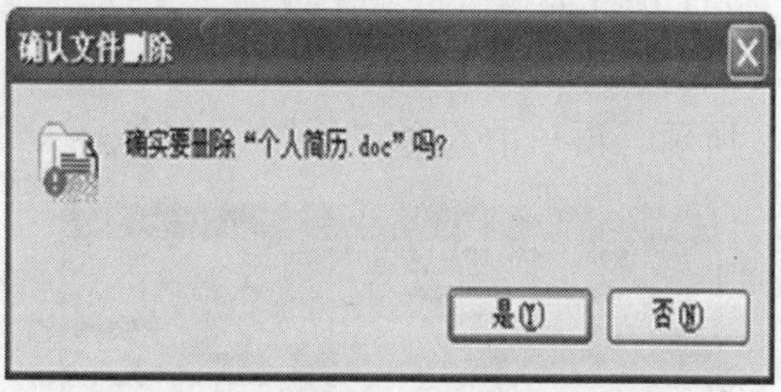

图 2－50 “确认文件删除”消息框

2.4.3.5 重命名文件

（1）在窗口中右击选择要改名的文件或文件夹，出现快捷菜单。

（2）在快捷菜单中选择“重命名”命令，文件名呈蓝色反白可更改显示。

（3）输入要更改的新文件名。

（4）在空白处单击或按回车键，就完成了文件的重命名。

（5）或者在选择文件后，在“文件”菜单中单击“重命名”命令，也可以执行文件改名的操作。

（6）如果同时选择了多个文件进行重命名的操作，只需输入更改其中的一个文件名称，而其他被选中的多个文件即可以同时被改名为“相同的名称”、但“序号”各不相同的一系列新文件名。

在对文件改名的时，用户应注意不要轻易改变文件的类型名，即扩展名，否则可能会导致改名后的文件不能使用。

提示：对文件的移动、删除或重命名操作，都只能在文件没有被别的应用程序使用的时候进行。如果这个文件正在被别的应用程序使用，就不能进行移动、删除或重命名操作。

2.4.3.6 回收站

在 Windows 中，回收站就类似于用户日常生活中的废纸篓。用户可以将不用的文件删除，即扔到回收站中。这样当用户误删除了文件，仍可以从回收站中将“扔掉”

的文件“捡”回来。但是回收站也不是万能的，如在软磁盘中删除的文件就不能从回收站恢复。此外，回收站是按文件或文件夹的删除先后顺序来存放的，当删除的文件越来越多，最终导致回收站满时，则最先被删除放入的文件或文件夹就会被“挤出”回收站，即被永久的删除。

(1)“回收站”窗口　在资源管理器左窗口中单击选择“回收站”图标（或双击桌面上的“回收站”图标），即可打开回收站窗口，如图 2－51 所示。

回收站中存放的是从硬盘中删除的文件和文件夹。在以“详细信息”方式浏览显示时，可以看到多了两列显示信息：“原位置”和“删除日期”，表明了文件删除前在硬盘中的位置及删除时的日期时间信息。

(2) 还原文件及文件夹　如果误删除了文件，这时用户可以将该文件或文件夹从回收站中恢复到原位置。如果要恢复被删除文件，应执行如下操作。

①选择要恢复的一个或多个文件。

②单击“文件”菜单中的“还原”命令；或者右击打开一个快捷菜单，如图 2－52 所示，再从中选择“还原”命令。从回收站中恢复文件到原来所处的位置。

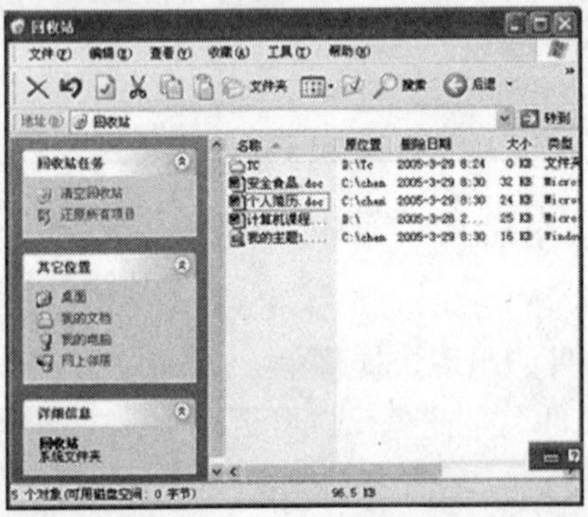

图 2－51　“回收站”窗口

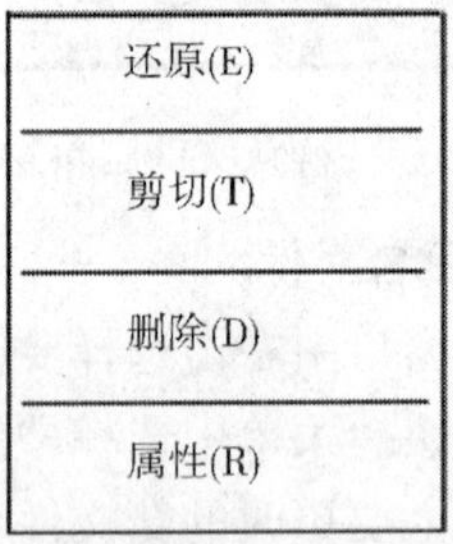

图 2－52　还原文件

(3) 在回收站中删除文件或清空回收站　如果确认回收站中某些文件已无用，可以将文件从回收站中删除，也可以选择清空回收站。

①在回收站中删除文件。选择要删除的文件或文件夹，右击打开快捷菜单，选择“删除”命令。在回收站中删除的文件，将彻底从硬盘上清除，不能再被恢复。

②清空回收站。在“文件”菜单中选择“回收站”→“清空回收站”命令，即可将回收站中全部文件及文件夹彻底从硬盘上清除。

(4) 调整回收站的大小　回收站只是一个存放硬盘上暂时不用的文件的“文件夹”，所以实际上它也需要占据部分硬盘存储空间。其空间的大小可以由用户自己设定。但如果设定的回收站太小，用不了太久，回收站就会被装满，此时再删除文件，回收站中先被删除的文件将被彻底删除，为新文件腾出空间。因此，回收站中的旧文件可能在几周或几个月后丢失。并且如果回收站空间太小而删除的文件又很大，该文件将直接彻底被删除，而不能进入回收站，也无法再从回收站中恢复它。

将回收站设置得很大也不是最佳选择，因为分配给回收站的空间不能再挪作他用，所以在出现硬盘空间紧张的情况，用户可以调整回收站的大小，释放硬盘上的更多空间。

如果要调整回收站的大小，应执行如下操作：①鼠标右击左窗口中的“回收站”图标，打开一个快捷菜单。②单击“属性”，打开“回收站属性”对话框，并选择“全局”选项卡，如图 2－53 所示。③向左拖动滑块缩小回收站的空间或向右增大空间。空间的大小是以硬盘空间的百分比显示的。④可以取消“显示删除确认对话框”复选框，以防止系统总是询问用户是否删除文件。⑤确认没有选中“删除时不将文件移入回收站，而是彻底删除”复选框。因为如果选择了该复选框，被删除的文件将彻底被删除而不能恢复。⑥单击“确定”按钮，确认当前的设置，关闭这个对话框。

用户如果不止有一个硬盘分区，那么可以分别设置每个硬盘的回收站属性，当然也可以所有的硬盘分区都使用相同的设置。

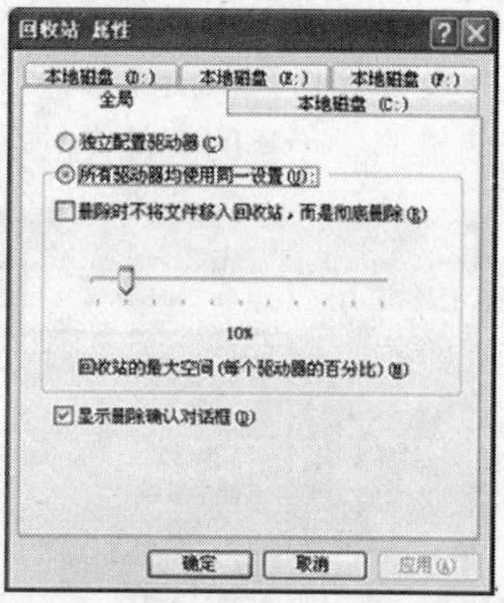

图 2－53 “全局”选项卡

2.4.3.7 创建文件夹及文件

在 Windows 中，可以通过文件夹来管理文件。通过将相互联系的一类文件放置到文件夹中，可以使得文件易于管理，并方便查找。下面介绍在 Windows 中创建文件夹及文件。

(1) 创建文件夹

①在左窗口中单击选择新建文件夹所处的上一级文件夹。例如，单击“我的文档”文件夹，打开该文件夹。打开“文件”菜单，单击“新建”级联菜单中的“文件夹”命令，建立一个临时名称为“新建文件夹”的新文件夹，如图 2－54 所示。输入新文件夹的名称，按回车键完成创建新文件夹。

②右击桌面上的空白处，打开一个快捷菜单，如图 2－55 所示。选择“新建”级联菜单，单击“文件夹”命令选项，在桌面出现一个新的文件夹。输入新文件夹的名称，按回车键完成创建新文件夹。

图 2－54 新建文件夹

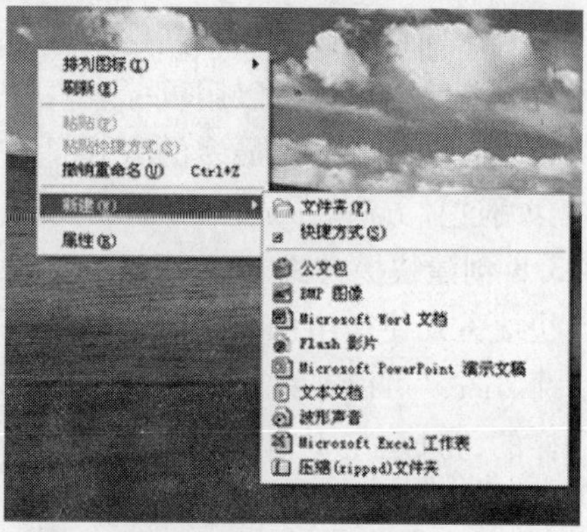

图 2－55 桌面快捷菜单

③在对话框中新建文件夹。当用户用应用程序编写文档时，在许多对话框中都有一个“创建文件夹”按钮，可以直接用来新建文件夹。这些对话框有“打开”、“保存”、“另存为”等对话框等。图2－56所示的是在记事本程序中单击“文件”菜单中的“打开”命令打开的“打开”对话框。该对话框包含了“创建新文件夹”按钮，单击该按钮即可在当前文件夹下建立下一个临时名称为“新建文件夹”的新文件夹，用户再输入要创建的文件夹的名称即可。

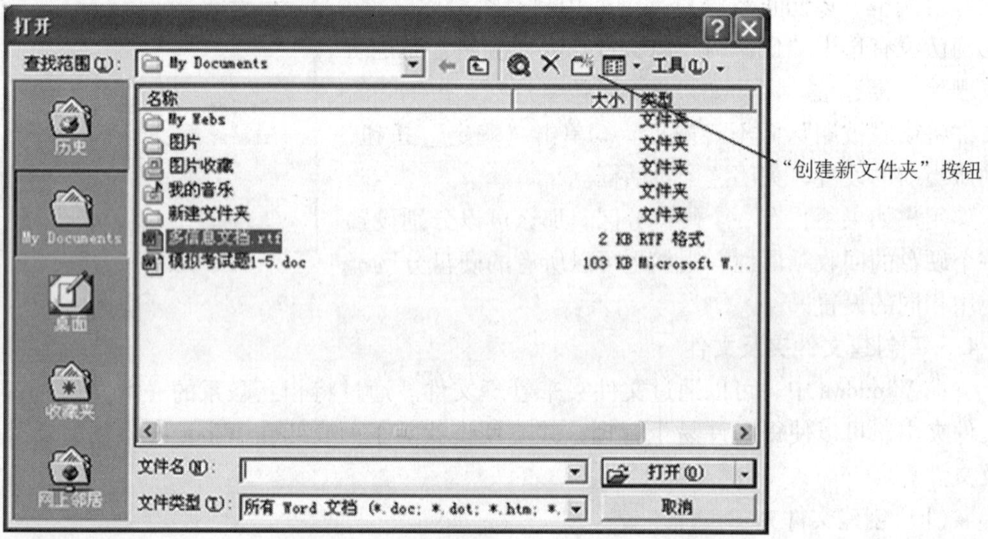

图2－56　用“创建文件夹”按钮新建文件夹

在对话框中创建文件夹有很大的好处，使得用户在打开、保存文件内容时不必再返回到资源管理器中去创建文件夹。

(2) 创建新文件　①在“资源管理器”左窗口中单击选择新建文件所处的上级文件夹，例如单击“我的文档”文件夹，打开该文件夹。单击打开“文件”→“新建”级联菜单中的某一类别的“文件”命令，如“Microsoft Word 文档”，在文件列表窗口中建立一个的新文件。输入新文件的名称，按回车键确定。②在桌面上也可以建立新文件，方法同在桌面上建立文件夹相同。

建立新文件后，可以用鼠标双击打开该文件，输入内容后再保存文件。

建立新文件，使用最多的方式是在应用程序中建立文件，将在后面的章节内容中详细介绍这种方法。

3.4.3.8 创建快捷方式

快捷方式使得用户可以快速启动程序和打开文档。Windows XP 许多地方都可以创建快捷方式。可以在桌面上，也可以在文件夹中。快捷方式图标和应用程序图标几乎是一样的，只是左下角有一个小箭头。快捷方式可以指向任何对象，如程序、文件、文件夹、打印机或磁盘等。创建对象的快捷方式的方法有以下几种。

(1) 选择并右击要创建快捷方式的程序或文件对象，从出现的快捷菜单中选择“创建快捷方式”命令，此时会在对象的当前位置创建一个快捷方式图标。如果选择快捷菜单中的“发送到”→“桌面快捷方式”命令，则将快捷方式创建在桌面上。快捷菜单中相应的命令如图 2－57 所示。

（2）使用拖放的方法。例如要在桌面上创建指向“控制面板”的快捷方式，先打开“我的电脑”窗口，用鼠标右键拖动“控制面板”图标到桌面上，释放鼠标右键，然后在出现的快捷菜单中单击“在当前位置创建快捷方式”命令。

如果在“我的电脑”窗口中没有显示“控制面板”图标，可以在资源管理器窗口“工具”菜单中的“文件夹选项”设置对话框中设置显示。

（3）用“创建快捷方式”向导。例如，要在桌面上创建一个文件的快捷方式，可在桌面的空白处右击鼠标，在弹出的快捷菜单中选择“新建”→“快捷方式”命令，出现“创建快捷方式”向导对话框，如图 2－58 所示。直接输入文件的位置或通过“浏览”按钮查找文件的位置，并根据向导的提示一步步完成创建工作。快捷方式可以被删除和改名，方法与一般文件相同。

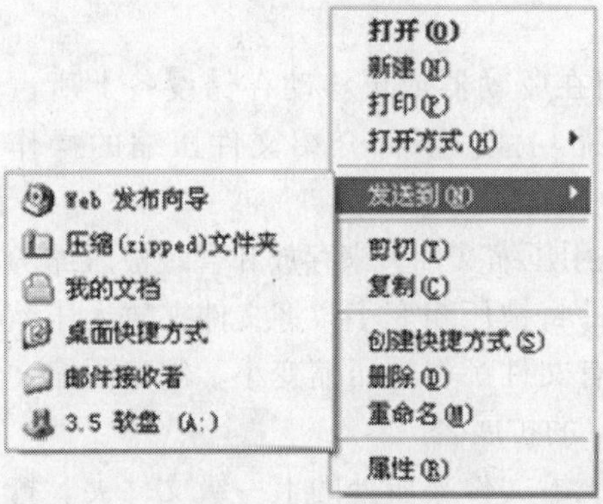

图 2－57　“发送到”→“桌面快捷方式”

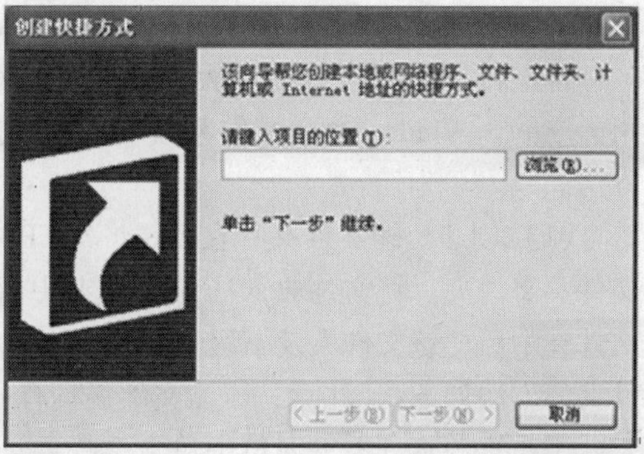

图 2－58　“创建快捷方式”对话框

3.4.3.9 文件和应用程序相关联

Windows XP 打开文件时，使用扩展名来识别文件类型，并建立与之关联的程序。

（1）新建文件与应用程序的关联　如果某个文件没有与之关联的应用程序，双击打开它时则会出现“打开方式”对话框（如图 2－59）。“程序”列表框中列出了所有已经在系统中注册的应用程序，可以在列表框中选择用来打开该文件的应用程序。

如果想每次都使用该程序打开这类文件，可以选择“始终使用选择的程序打开这种文件”选项，这类文件就和该程序建立了关联。

（2）修改文件与应用程序的关联　打开资源管理器“工具”菜单中的“文件夹选项”对话框，单击对话框中的“文件类型”选项卡，在此选项卡中用户可以对文件的关联进行删除、修改和添加等操作，如图 2－60 所示。例如，在注册类型列表框中选择“TXT 文本文档”，然后单击“更改”按钮，在出现的“打开方式”对话框中选择“写字板”图标，单击“确定”按钮完成 TXT 文件与“写字板”程序的关联。

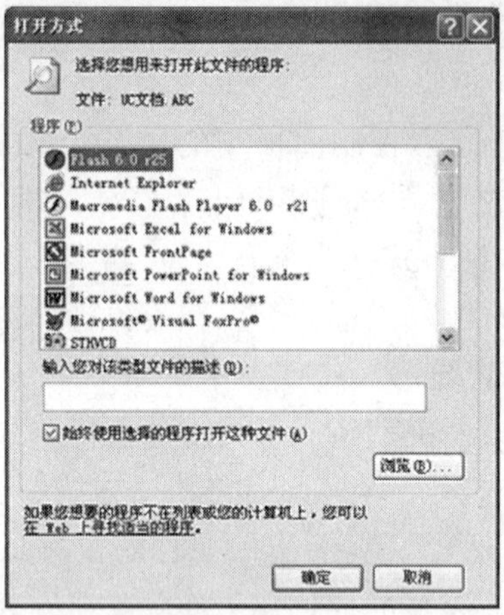

图 2-59 “打开方式”对话框

图 2-60 “打开方式”对话框

3.4.3.10 文件压缩功能

将文件压缩可以减小其大小，并可减小它们在驱动器或可移动存储设备上所占用的空间。Windows XP 操作系统自带了文件压缩功能。下面介绍文件压缩的操作方法。

（1）创建压缩文件夹　在 Windows XP 中，是用压缩文件夹来存放和管理被压缩的文件及文件夹。将文件放入压缩文件夹中后，文件将被压缩变小；将文件夹放入压缩文件夹中后，该文件夹及下级文件夹所包含的所有文件都将被压缩变小。创建压缩文件夹的方法如下：（注意，压缩文件夹具有“ZIP”的扩展名。）

①在资源管理器左窗口中单击选择要创建的压缩文件夹所处的上一级文件夹。打开“文件”菜单，单击“新建”级联菜单中的“压缩（zipped）文件夹”命令，如图 2-61 所示，建立一个压缩文件夹。压缩文件夹在外观上比普通文件夹多一条由上而下的“拉链”。为新压缩文件夹输入一个文件名，按回车键完成创建操作。此时建立的压缩文件夹是一个空文件夹，需要压缩文件或文件夹时可以直接用鼠标左键将其拖曳到压缩文件夹中。

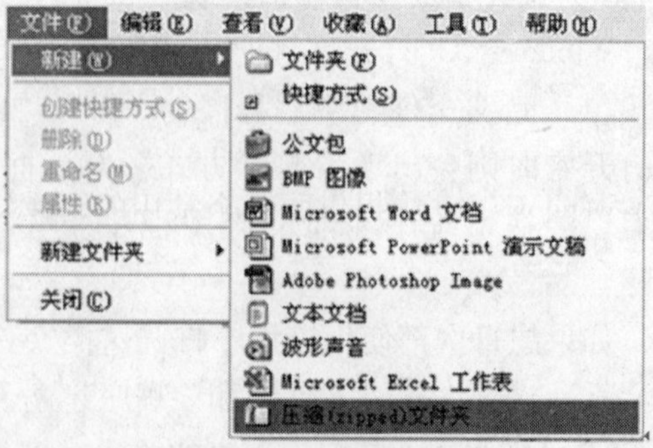

图 2-61 建立压缩文件夹菜单

②直接由要压缩的文件或文件夹来建立压缩文件夹，方法是用鼠标右键单击任何文件或文件夹，在出现的快捷菜单中指向“发送到”→“压缩文件夹”命令。这种方式可以直接将文件或文件夹压缩，新建立的压缩文件夹的名称为要压缩的文件或文件夹的名称。也可以一次选择多个文件或文件夹进行压缩，生成的压缩文件夹名称为多个文件名称中的一个。

（2）从压缩文件夹中释放文件　从压缩文件夹释放文件的操作如下。

①用鼠标右键单击压缩文件夹，出现“快捷菜单”。

②在菜单中选择“全部提取”命令，出现“提取向导”对话框。

③查找被压缩文件的释放路径位置，单击“下一步”→“完成”按钮，完成释放操作。

(3) 为压缩文件夹加密　用鼠标双击打开压缩文件夹，在窗口“文件”菜单中选择“添加密码”，在出现的提示框中输入密码并确认即可完成操作。

2.4.4 磁盘操作

2.4.4.1 磁盘格式化

磁盘是计算机系统中用于存储数据文件的主要设备。通常新磁盘在使用前必须先格式化（有些磁盘在出售前已被格式化过了)。格式化磁盘就是对磁盘的存储区域进行一定的规划，以便通过磁盘驱动器准确地记录和读取数据信息。格式化磁盘还可以发现磁盘中损坏的扇区，并标识出来，避免计算机向这些坏扇区上记录数据。

2.4.4.2 查看磁盘属性

在 Windows XP 中，用户可以随时查看任何一个磁盘的属性。磁盘的属性包括磁盘的空间大小、已用和可用空间以及磁盘的卷标信息。用户要查看磁盘的属性应按如下操作。

(1) 打开“我的电脑”窗口。

(2) 选定要查看的磁盘驱动器图标。

(3) 单击“文件”菜单中的“属性”命令，打开磁盘“属性”对话框。

①“常规”选项卡：在该选项卡中包含了当前驱动器的卷标，用户可以在“卷标”编辑框中更改驱动器的卷标。而且，在这个选项卡中还显示出了当前磁盘的类型、文件系统、已用空间和可用空间。对话框中还有一个圆饼图，上面标识出了已用和可用空间的比例。

②“工具”选项卡：单击对话框上的“工具”标签就可以打开“工具”选项卡。由图中可以看出，该选项卡由“查错”、“碎片整理”和“备份”三部分组成。用户利用它们可以对磁盘进行优化操作。

2.5 Windows XP 附件

Windows XP 中提供了几个常用的写作、画图等工具：“画图”、“写字板”等程序，它们位于“开始”→“所有程序”→“附件”级联菜单中。这几个应用程序的功能十分强大和有用，下面分别介绍它们的使用方法。

2.5.1“写字板”程序

“写字板”是 Windows XP 附件中提供的文字处理类的应用程序，在写字板中可以创建和编辑简单文本文档，或者有复杂格式和图形的文档。可以将“写字板”文件保存为文本文件、多信息文本文件（RTF）等。其中，纯文本文件是指文档中没有使用任何格式；RTF 文件则可以有不同的字体、字符格式及制表符。

2.5.1.1“写字板”窗口简介

启动“写字板”程序后，会出现“写字板”窗口，如图 2－62 所示。

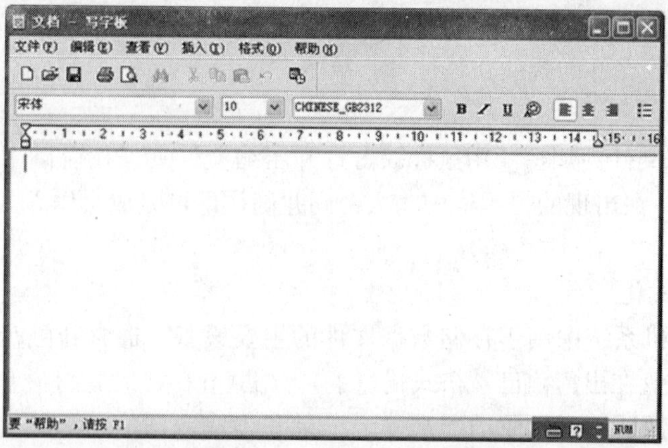

图 2－62　“写字板”程序窗口

2.5.1.2 新建一个文档

（1）启动“写字板”应用程序。

（2）按键盘的“Ctrl + Shift”键，选择输入法。

（3）输入文档的内容，如图 2－63 所示。

2.5.1.3 文档的编辑、排版及格式化

（1）设置文本自动换行　单击“查看”→“选项”命令，打开“选项”对话框。在“自动换行”栏中选择一种换行方即可。如图 2－64 所示

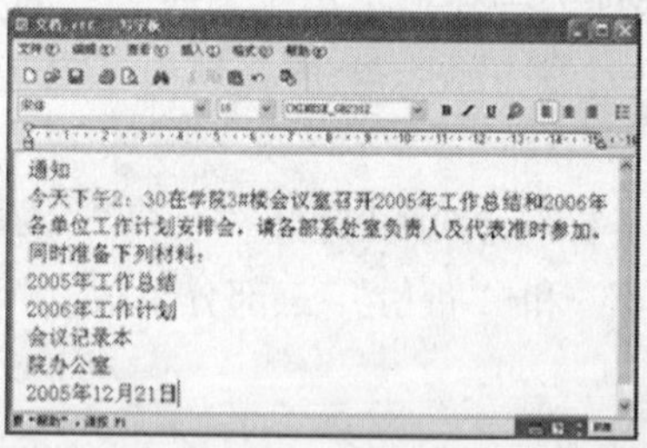

图 2－63　创建新文档

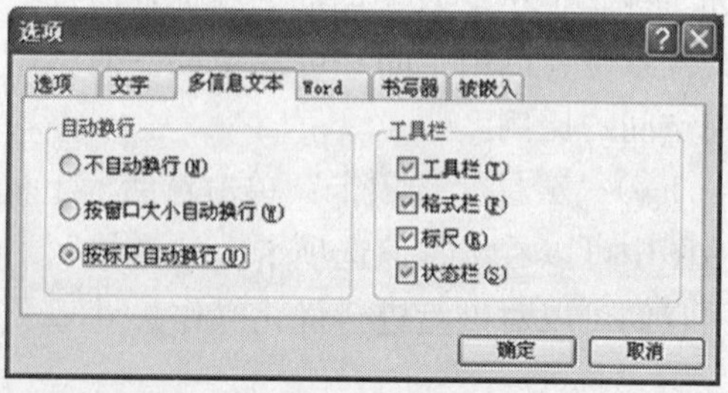

图 2－64　“选项”对话框

（2）设置段落缩进　首先在图 3－64 的“选项”对话框种设置“按标尺自动换行”，然后可以在文档窗口（如图 3－63 所示）拖动标尺上左右的 4 个段落缩进按钮对文档设置各种段落缩进方式。有四种缩进方式，首行缩进、悬挂缩进、左缩进、右缩进。

（3）设置文字的格式化　可以使用格式栏中的各个按钮，为文档中文字设置各种格式化效果。如字体、字号、粗体、斜体、颜色、对齐及项目符号等。方法是，首先用鼠标选择需要设置格式的文字或段落，然后在格式栏中单击选择对应的格式效果即可。

（4）复制文本　拖动鼠标选择要复制的文本内容；单击工具栏中的“复制”按钮

复制文本；将光标定位到目的位置后，单击工具栏中的“粘贴”按钮即可以完成复制操作。或者也可以在选择文本内容后，按着“Ctrl”键将文本内容用鼠标拖到目的位置。

（5）移动文本　拖动鼠标选择要移动的文本内容；单击工具栏中的“剪切”按钮；再将光标定位到目的位置后，单击工具栏中的“粘贴”按钮即可以完成移动操作。或者也可以在选择文本内容后，用鼠标将文本内容拖到目的位置。

2.5.1.4 保存新建的文档

用户创建了一个文档之后，一定要将它保存起来，以便今后查看和继续编辑。要保存上面创建的文档内容，应执行如下操作。

（1）单击“文件”菜单中的“保存”命令，打开“保存为”对话框。

（2）在“保存在”下拉列表框中选择文件的保存位置，默认为“我的文档”文件夹。

（3）在“文件名”编辑框中输入文件的名称，例如“文档”。

（4）在“保存类型”下拉列表框中选择文件的类型，例如“Rich Text Format”文档，如图 2-65 所示。

（5）单击“保存”按钮，保存这个文档。

2.5.1.5 打开已经保存的文档

单击“文件”菜单中的“打开”命令，出现“打开”对话框，如图 2-66 所示。然后在“查找范围”列表框中选择要打开文件的位置，在“文件类型”列表框中选择要打开文件的类型，然后在窗口中选择文件名并打开即可。

图 2-65　“保存为”对话框

图 2-66　“打开”对话框

2.5.1.6 退出“写字板”应用程序

结束文档编辑后可以退出“写字板”应用程序。要退出“写字板”应用程序只需单击“文件”菜单中的“退出”命令，或者直接单击标题栏右侧的“关闭”按钮。

2.5.2 画图程序

画图程序虽然是一个简单的图形应用程序，但它可满足大部分需要。在画图程序中绘制的图像可以嵌入在写字板文档、Word 文档或其他文档中，使文档图文并茂，更加新鲜有趣。

利用画图程序可以绘制线条和图形、在图片中加入文字、对图像进行颜色处理、对图进行局部处理和更改图像在屏幕上的显示方式等。画图程序主要处理的图像格式为位图文件，文件扩展名为 bmp。也可以处理扩展名为 jpg、gif 的其他类型图形格式文件。

2.5.2.1 画图程序介绍

要运行画图程序，只要单击“开始”按钮，指向“所有程序”→“附件”→“画图”。此时画图程序打开一个空白的画图文件，如图 2－67 所示。

画图程序窗口中，左边竖着的两排按钮是画图工具箱。左下部的红红绿绿的小方格是调色板，又称为“颜料盒”。

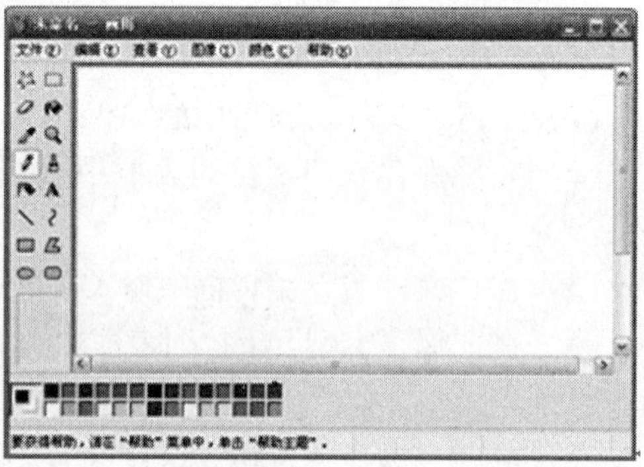

图 2－67　画图程序打开一个新空白画图文件

2.5.2.2 绘制线条和图形

在画图程序中可以绘制的线条和图形有：直线、曲线、任意曲线、圆、椭圆、矩形、正方形和多边形。

（1）画直线　单击工具项中的按钮：用鼠标左键画线时显示的是前景色，用鼠标右键画线时显示的是背景色。要画水平线、垂直线或 45 度斜线，请按下 Shift 键，同时拖动鼠标。

（2）画曲线　单击工具项中的按钮。画任一条曲线都可以操作鼠标三次来完成。操作一次画出的是直线；操作二次画出曲线，第三次可以调整曲线的形状。

（3）画圆或椭圆　单击工具箱中的按钮。如果要画圆，请在拖动鼠标时按住 Shift 键。

（4）画矩形和正方形　单击工具箱中的按钮。

2.5.2.3 在图片中添加文字

单击工具箱中的按钮，在工具箱中选择文字颜色，在图片编辑区域沿对角线拖动鼠标，创建一个文字框，然后选择字体、字号和字型。单击文字框内的任意位置，然后键入文字。

2.5.2.4 颜色处理

在画图程序中的颜色处理包括：用所选的颜色填充、使用刷子涂抹、用喷枪喷涂、自定义颜色、把彩色图转成黑白色、反转图片颜色、更改线条颜色、复制颜色等。

可以选择一种颜色填充画图文件中的区域或对象。

（1）颜色填充　单击工具箱中的按钮，然后在颜料盒中选一种颜色。单击要填充的区域或对象。要用前景色填充，用鼠标左键单击此区域。要用背景色填充，用鼠标右键单击此区域。

（2）复制颜色　画图程序还允许在不同图片区域或对象之间复制颜色，以使用画图取色笔工具。方法如下：单击工具箱中的取色笔工具；单击要复制其颜色的图形或图形上的某处的颜色；单击工具箱中的按钮；单击要换为这种颜色的对象和区域。

说明：当选择取色笔工具并单击选择某种颜色后，实际上就是执行了将这种颜色作为当前的前景颜色的操作，可以从颜料盒左边看出。如果选择取色笔工具并右击选择某种颜色后，执行的是将这种颜色作为当前的背景颜色的操作处理。

2.5.2.5 擦除操作

对于图片不满意的部分，可以用特定的颜色覆盖，称为擦除操作。擦除操作如下：单击工具箱中的橡皮按钮；要使用不同尺寸的橡皮，请在工具箱底部选择一种；橡皮擦除后的区域按背景色显示。要更改背景色，使用鼠标右键单击一种颜色；在要擦除的区域内拖动鼠标。

2.5.2.6 图片局部处理

某些情况下需要对图像进行局部处理，这些处理包括截取图像的一部分、复制图像的一部分、将图像的一部分保存到另一个位图文件等。

要裁剪一片矩形区域，请单击工具箱中的按钮，然后沿该区域的对角线拖动鼠标。要裁剪一块形状不规则的区域，请单击工具箱中的按钮，然后再沿此区域的边框拖动鼠标。在编辑菜单中选择“剪切”。要取消当前定义的区域，请在该区域外的任意位置单击鼠标。

2.5.2.7 复制图片

（1）单击工具箱中的或按钮，拖动鼠标，以定义要复制的区域。

（2）单击工具箱中的下部“不覆盖底色”工具（图2－68），复制的图片部分将不覆盖背景色，如选择覆盖底色”工具，复制的图片部分将覆盖背景色。

（3）在“编辑”菜单中选择“复制”命令。

（4）在“编辑”菜单中选择“粘贴”命令，复制的图形区域出现在画布左上角，有虚线区域框在其四周。

（5）将该复制区域拖动到目标位置。

（6）单击框外的任意区域，在其四周的虚线区域框消失，完成复制图形操作。

说明：如要粘贴某个对象的多个副本，可以重复上述的4至6操作过程。

复制图片，还可以在按住Ctrl键的同时，拖动粘贴对象到目的位置。

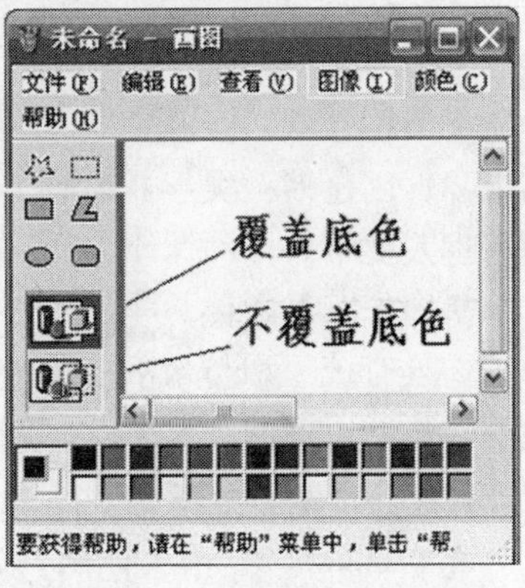

图2－68　“不覆盖底色”工具

2.6 控制面板

“控制面板”是一个包含了大量工具的文件夹，用户可以用其中的工具来调整和设置系统的各种属性。例如，设置系统的显示属性，安装新的软件和硬件，调整时间、日期等设置。

打开“开始”菜单，单击选择“控制面板”，便进入了“控制面板”窗口；用户也可以在“资源管理器”的左窗口中选择“控制面板”图标进入，如图2-69所示。

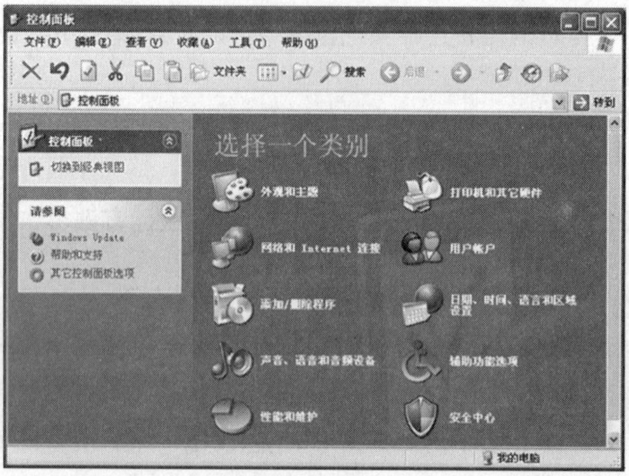

图2-69 “控制面板”窗口

2.6.1 外观和主题

作为一个计算机用户，肯定想让系统完全适合自己的使用习惯，想做到这点现在一点也不难，Windows XP提供了前所未有的调整功能。在Windows XP中，可调整的元素很多，显示外观、文件和文件夹外观、桌面、任务栏、字体、键盘、鼠标、多媒体、电源设置等都可以成为调整对象。通过学习本节内容，用户可以创造个性化的Windows XP，更加高效地利用Windows XP完成工作。

桌面是用户对系统进行操作的一种媒介，是操作系统的外观。正是Windows XP的工作桌面把计算机内的各部分硬件和软件、计算机的外部设备有机地联系在一起，通过Windows桌面，就能完成计算机的管理和设置、网络的连接和通信、文件和文件夹的管理、应用程序的使用等各项操作，轻松完成用户的工作。

桌面主题是图标、字体、颜色、声音和其他窗口元素的预定义的集合，它使用户的桌面具有统一和与众不同的外观。可以切换主题、创建自己的主题（通过更改某个主题，然后以新的名称保存）或恢复传统的Windows经典外观作为主题。

2.6.1.1 更改桌面主题

在Windows XP中，使用户有更大的调整设置的自由度和灵活性。可以使用户的Windows XP操作系统具有完全的个性化色彩，以满足用户的需要和工作方式。用户桌面的外观视觉和功能调整非常容易。

（1）选择“开始”→“控制面板”，打开“控制面板”窗口。

（2）从中单击“外观和主题”链接。

（3）在“选择一个任务”栏，单击“更改计算机的主题”项，此时打开了如图

2－70 所示的“显示属性”对话框，并显示“主题”选项卡。

（4）在“主题”下拉列表中可以选择其他主题。

（5）选定了新主题后，在“示例”中将显示新主题应用后的预览图。

（6）单击“应用”按钮或“确定”按钮，新主题就应用到了当前的系统中。

单击“另存为”按钮，可以使用新名称保存当前主题。系统会打开标准的“另存为”对话框并提示用户输入新的主题名称。

主题保存时，作为主题的一部分得到保存的特性包括的选项如表 2－2 所示。其中的控制面板项目指传统界面下的控制面板项目。

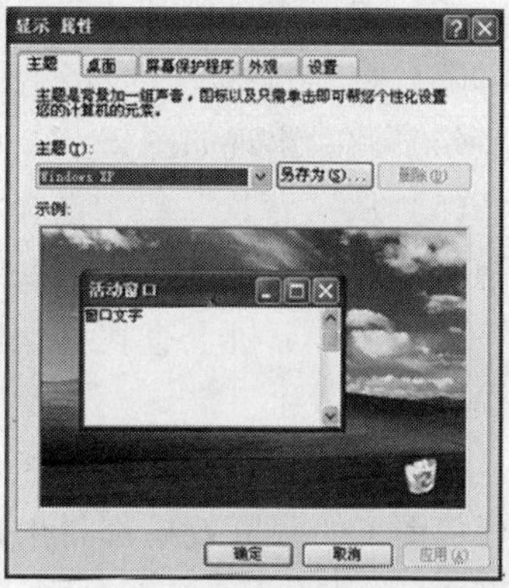

图 2－70　“显示属性”对话框

表 2－2　主题中保存的特性选项

控制面板	选项卡	项目
显示	桌面	“背景”、“位置”和“颜色”
显示	桌面	桌面图标（单击“自定义桌面”来更改图标）
显示	屏幕保护程序	“屏幕保护程序”
显示	外观	“窗口和按钮”、“配色方案”和“字体大小”
显示	外观	在“高级外观”对话框（单击"高级"）中的所有特性
鼠标	指针	“方案”或各个指针
声音及多媒体设备	声音	“声音方案”和“程序事件”

如果从“主题”下拉列表中选择的主题不是系统自带的，而是自己另存、创建的，或是第三方的，“删除”按钮可用，此时可以从系统中删除选中的主题。

Windows XP 中系统默认的主题是“Windows XP”。如果选择“Windows 经典”主题项，那么整个系统的外观显示就与 Windows 9x 系列或 Windows 2000 的显示情况差不多了。

目前，随着 Windows XP 的推出，Internet 上已经有大量的 Web 站点推出了与之配套的桌面主题供下载，有些主题非常有创意。

2.6.1.2 更改桌面背景

桌面的背景也可以称为“墙纸”，这是早期 Windows 系统中的称呼，因为其比喻得非常形象，一直沿用到现在。墙纸是可在桌面上显示的图片或图像，在 Windows 系统中的墙纸是用来装饰桌面用的。墙纸文件可以是图像文件或 HTML 文件，可以将多数图形文件，如位图（.bmp）、GIF（.gif）和 JPEG（.jpg）图像，用作墙纸。

其实，作为墙纸用的 HTML 文档是不可同步的，无法引入 Internet 上的实时内容。因此墙制纸是早期 Windows 版本的遗留产物，而下面要讲的桌面 Web 内容是墙纸的功能延伸，可以动态更新。

（1）选择“开始”→“控制面板”，打开“控制面板”窗口。

（2）单击“外观和主题”链接。

（3）在“选择一个任务”下，单击“更改桌面背景”链接。

（4）此时出现如图 2－71 所示的对话框。

图 2－71　更改桌面背景

（5）从“背景”栏中选择要更改的背景图片，这些图片是系统中内置或后来安装的，也可以单击“浏览”按钮在计算机上查找其他的图片文件或 HTML 文件作为背景图片。

（6）单击该列表中的墙纸时，墙纸以及用户所选的任何图案的预览效果都将出现在列表上面监视器的图形中。

（7）该“桌面”选项卡中还有“位置”设定，确定如何在桌面上显示所选墙纸。如果想把图像放在桌面的中央，请选择“居中”项。如果想把图像中的图案重复排列，请选择“平铺”项。如果想拉伸图片以适应桌面大小，请选择“拉伸”项。如果该选项不可用，可能是由于没有选择任何墙纸，也可能是选择了 HTML 页作为桌面墙纸的缘故。

（8）在“颜色”列表中可选择用于桌面的颜色，或可以自定义新的颜色。如果未选择背景，该颜色将覆盖整个桌面。如果选择了背景，并且在“位置”列表框中选择了“居中”项，则会用该颜色填充背景周围的空间。

（9）单击“自定义桌面”按钮可决定将在桌面上显示哪些项目。可以在桌面上添加或删除一些 Windows 程序的图标，并且可确定哪些图标将用来代表这些程序。运行“清理桌面向导”可将桌面上从不使用的图标删除。

（10）选择完毕，单击“应用”或“确定”按钮，背景图片就应用在桌面上了。

2.6.1.3 自定义桌面

（1）按上面更改桌面背景的步骤中执行步骤 2－9 后，将出现如图 2－72 所示的“桌面项目”对话框，并显示“常规”选项卡。

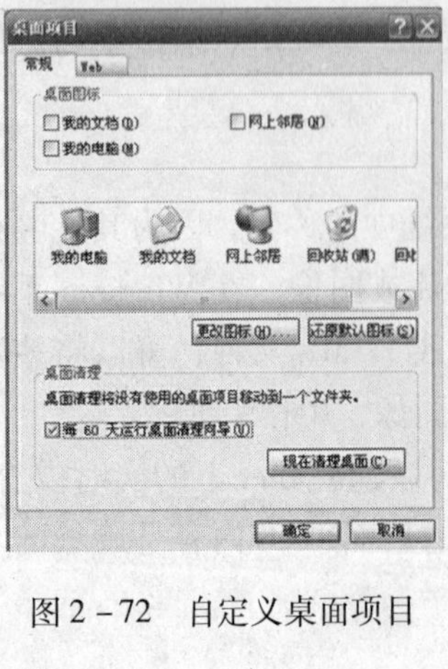

图 2－72　自定义桌面项目

（2）在“桌面图标”栏中，选择要在桌面上显示的图标。可显示为“我的电脑”、“我的文档”、“网上邻居”和“Internet Explorer”，直接选择其前面的复选框即可。

（3）选定一个桌面图标，并单击“更改图标”按钮，可以更改它。单击“还原默认图标”按钮，可以把更改后的桌面图标显示为默认值。

（4）在“桌面清理”栏中，可以运行桌面清理向导，将桌面上没有使用的项目移动到一个文件夹中，使桌面减少混乱程度。

（5）选中“每60天运行桌面清理向导”复选框，指定是否每隔60天就自动运行一次“清理桌面向导”，该向导允许用户从桌面删除在最近60天内未曾使用的图标。这不会在计算机中删除任何程序。

（6）单击“现在清理桌面”按钮，将出现“清理桌面向导”界面，单击“下一步”按钮，出现如图2－73所示的对话框，其中列出了桌面上的所有的快捷方式图标，并显示出其上次使用的日期。如果要清理某个图标，直接选中其前面的复选框。

（7）单击“下一步”按钮并单击“完成”按钮，就完成了清理工作。此时在桌面上创建了一个名为“未使用的桌面快捷方式”文件夹，专门用来放置不常使用的桌面快捷方式。

（8）选择“Web”选项卡，出现如图2－74所示的界面，在这里可以设置桌面上的Web内容，也就是把网页添加到桌面上。可以看到缺省状态下，网页列表中仅仅有“当前主页”一项，选中其前面的复选框，并单击“确定”按钮，那么桌面将会显示出Internet的当前主页状态。当前必须连接在Internet上，否则无法更新内容。

（9）如果要想添加新网页项目，可以单击“新建”按钮，然后在弹出的“新建桌面项目”对话框中的“位置”输入框输入URL。如果想在桌面上添加实时性内容，如股票接收机、标题新闻等，单击“访问画廊”按钮，可以访问Microsoft的Desktop画廊站点。从中选择需要的项目。

（10）可以单击“浏览”按钮选择项目，接着单击“确定”按钮，项目就被添加到了网页列表上。

（11）对于用户添加的网页，选中后单击“删除”按钮，可以从列表中删除它。

（12）选中列表中的网页，单击“属性”按钮，可以打开网页的属性对话框，对网页的计划划

（13）单击“同步”按钮，可以刷新显示桌面上的Web内容。

（14）“锁定桌面项目”复选框指定是否将放置在桌面上的Web内容窗口或项目锁定在原位置，不允许移动。选中复选框会在原位置锁定Web内容。如果希望能够移动Web内容，取消该复选框的选择。

（15）设置完毕，单击“确定”按钮。

图2－73　清理桌面上不常用的项目

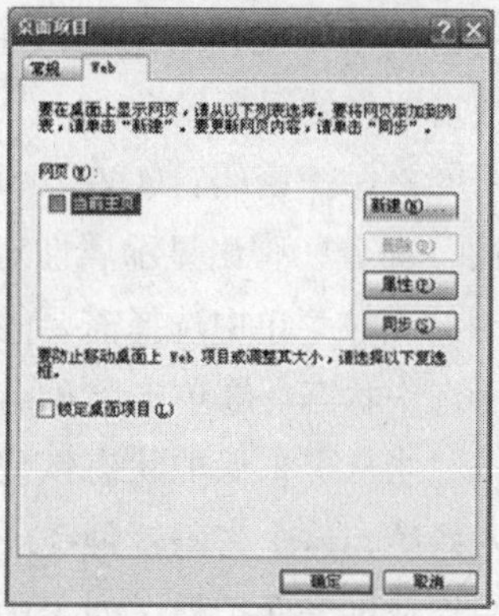

图2－74　在桌面上设置Web内容

Windows XP 的桌面允许用户将“活动内容”从 Web 页或 Internet 频道移到桌面上，而不要打开浏览器。例如，可以将内容不断更新的股票接收机放在桌面上的合适位置，或将用喜爱的联机报纸用作桌面墙纸。通过定期添加用户所需的项目，如新闻、天气预报、体育闻、股票接收机或需要放在手边的内容，可以将桌面变成真正属于自己的空间。用户甚至以添加自己创建的 Web 页作为桌面背景，现在的桌面已经完全可以反映用户的爱好和风格，成为用户实时与 Internet 连通的终端。

在 Windows XP 桌面上，可以显示如下内容：①实况性的、不断更新的信息，如天气预报、股票信息、体育新闻等。②企业内部的 Internet 上的页面。③有活动链接的 Office 文档。④计算机之间共同使用的，有利于协同工作的在网络或 Intemet 上的公共桌面。

2.6.1.4 屏幕保护程序

屏幕保护程序有两个作用，一是防止屏幕长期显示同一个画面，造成显像管老化；二是屏幕保护程序显示一些运动的图像或文字，隐藏计算机屏幕上显示的信息。当用户的屏幕在一定时间没有刷新后，屏幕保护程序会自动运行。

（1）屏幕保护设置　①选择“开始”→“控制面板”，打开“控制面板”窗口。②单击“外观和主题”链接。③在“选择一个任务”下，单击“选择一个屏幕保护程序”链接。④此时出现如图 2－75 所示的“屏幕保护程序”选项卡。⑤屏幕保护程序下拉列表中列出了 Windows XP 中提供的所有屏幕保护程序。如果用户安装了其他的屏幕保护程序也会显示在列表中。⑥从屏幕保护程序下拉列表中选中一个屏幕保护程序并单击“确定”或“应用”按钮，完成屏幕保护程序设置。

（2）屏幕保护程序密码设置　可以防止用户离开计算机时别人看到用户屏幕上的文件等需要保密的信息。设置了屏幕保护程序的密码后，屏幕保护程序运行时，按下任意键或移动鼠标，屏幕不会马上恢复，而是弹出密码输入框让用户输入密码，密码输入不正确无法恢复原来的屏幕显示。

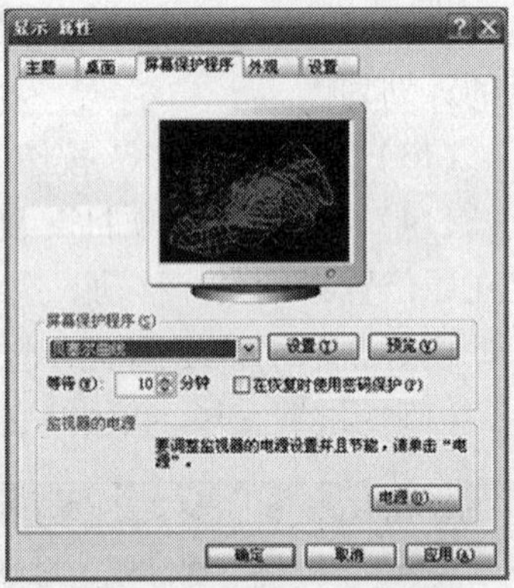

图 2－75　设置屏幕保护程序

启用屏幕保护密码：①在桌面上右键单击，并选择“属性”命令，弹出显示属性对话框。②打开屏幕保护程序选项卡。从“屏幕保护程序”栏的下拉菜单中选择需要的屏幕保护程序。确认“在恢复时使用密码保护”复选框处于选中状态。③单击“确定”按钮。

这样，当从屏幕保护状态恢复时，出现登录密码输入框，输入了正确的密码才能重新进入系统，这个密码就是登录到 Windows XP 的用户的密码。

当用户从屏幕保护程序列表中选择了一种屏幕保护程序时，选项卡中的屏幕状区域就会显示出小的预览图。为了得到更真实的效果，可以单击“预览”按钮，使得选定的屏幕保护程序立即执行，屏幕保护图像将扩大到全屏幕。对于具体的屏幕保护程序，用户还可以单击“设置”按钮，设置更细节的显示方式，如背景声音、动画显示速度等。还可以设置屏幕静止多长时间才启动屏幕保护程序的时间值，这个值在1～60分钟之间。

2.6.1.5 更改显示外观

还可以调整 Windows XP 中的各个窗口、对话框中的标题栏、菜单栏、按钮等的显示外观，这些设置的调整在显示属性对话框的“外观”选项卡中进行，“外观”选项卡如图2－76所示。

此选项卡的上半部分是对当前窗口和对话框的设置预览情况，如非活动窗口、活动窗口、菜单栏、标题栏和按钮等，下面的“窗口和按钮”、“色彩方案”、“字体大小”等栏位中的内容是可以变化调整的项目。可以从这3个下拉列表中选择要应用的窗口和按钮样式、色彩方案和字体大小。

除此之外，还可以设置一些特殊效果，单击“效果”按钮，将出现如图2－77所示的“效果”对话框，这里可以设置如下的效果。

（1）为菜单和工具提示使用下列过渡效果。下拉列表中列出了可用的转换效果。单击“滚 动效果”可使菜单、列表和工具提示滑进滑出；而单击“渐弱效果”则会使它们在打开时显示渐弱效果并在关闭时显示分散效果。

（2）使用下列方式使屏幕字体的边缘平滑。对于屏幕上的大字体，列出能提高其可读性的可用选项。对于桌面监视器，请选择“标准”项；对于大多数膝上型计算机和其他的平面监视器，请选择“清晰”项。

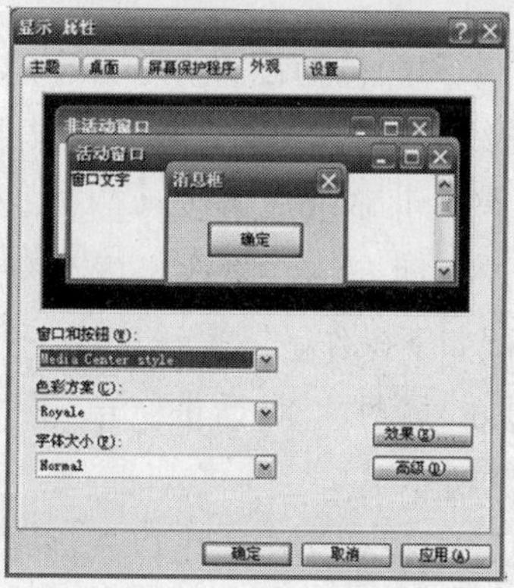

图2－76　更改显示外观

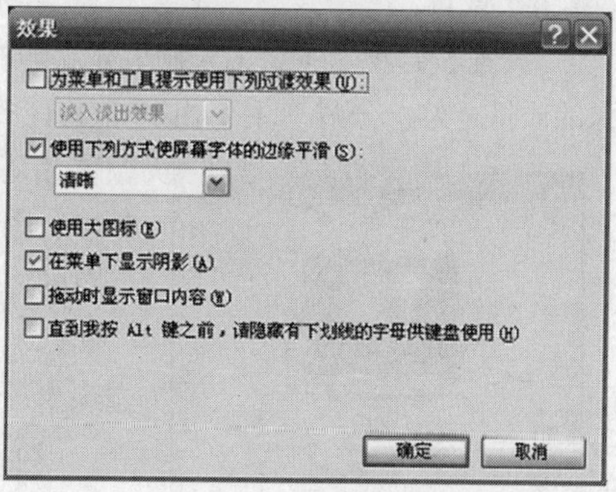

图2－77　设置显示效果

（3）使用大图标。指定是否使用大图标表示桌面上的文件、文件夹和快捷方式，在较低内存的计算机上，使用大图标会对性能产生轻微影响。

（4）在菜单下显示阴影。指定菜单是否投射出轻微的阴影，阴影能赋予菜单三维外观。

（5）拖动时显示窗口内容。指定移动或调整窗口大小时，是否显示窗口内容。清除该复选框时，移动窗口时只能看到轮廓。

（6）直到按 Alt 键之前，请隐藏有下划线的字母供键盘使用。指定是否取消键盘快捷方式的下划线（菜单和控件中的下划线字符）和输入焦点标识符（对象周围的由点组成的矩形），直到实际使用键盘开始在 Windows 中定位（通常用 ALT、TAB 或箭头键）时。

为了对外观进行精确地控制，在显示属性的“外观”选项卡上单击“高级”按钮，将出现如图 2－78 所示的对话框，可以精确地调整影响外观的各个元素。可以用鼠标在预览图上单击当前设置的各个部分，如非活动窗口、活动窗口、菜单栏、标题栏和按钮等，下面的“项目”、“字体”等栏中的内容相应发生变化，分别对应用户单击的项目的当前设置情况。用户可以调整这个项目的颜色、大小、字体等项目。

图 2－78　精确调整外观

桌面上的可调整显示元素可以直接从“项目”栏中的下拉菜单中选择。Windows 中可供修改的显示元素有：标题按钮、菜单、窗口、调色板标题、非活动的标题栏、非活动的窗口边框、工具提示、滚动条、滚动的标题栏、活动的窗口边框、立体对象、图标、图标间距（垂直）、图标间距（水平）、消息框、选定的项目、应用程序背景、桌面。这些项目的大小、颜色、字体（有些项目不可用）等都可以自定义。

2.6.1.6 设置

“设置”选项卡主要用来调节显示器的屏幕分辨率和颜色的设置。分辨率越高，图像的质量越好。分辨率主要由屏幕上有多少行扫描线，每行有多少个像素点来决定。颜色数是指一个像素点可显示成多少种颜色。颜色数越多，图像越逼真。下面介绍一下改变屏幕分辨率及颜色的方法，可执行如下操作。

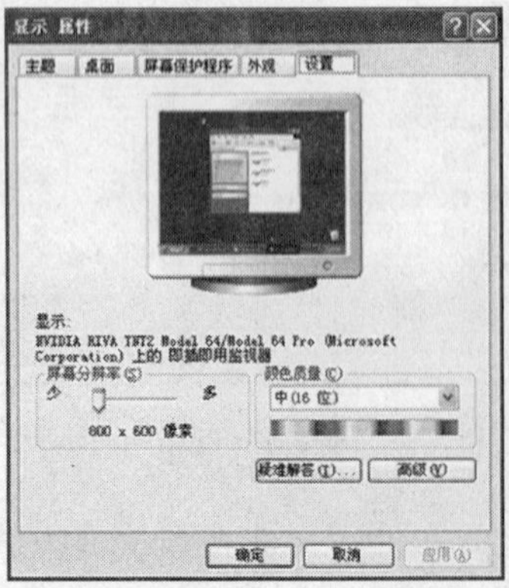

图 2－79　“设置”选项卡

（1）打开“显示 属性”对话框，单击“设置”选项卡。如图 2－79 所示。

（2）在“颜色”下拉列表中，可以选择多种颜色的显示模式；在“屏幕分辨率”标尺上可以拖拽滑块来改变分辨率的大小，一般的选择有 800×600、1024×768。

（3）单击“确定”按钮，完成设置。

说明：当设置改变了屏幕分辨率，完成设置“确定”以后，整个屏幕会出现短时间的“黑屏”状态。

2.6.2 鼠标属性

鼠标是在 Windows 中使用频率很高的设备，让鼠标的操作满足用户的使用习惯更是非常必要的。下面将介绍计算机中鼠标属性的设置及调整方法

单击“开始”按钮→“控制面板”→“打印机和其他硬件”→“鼠标”链接，打开“鼠标属性”对话框，如图 2－80 所示。

（1）“鼠标键”选项卡　可以设置改变鼠标键工作方式。

①选中“鼠标键配置”选项组中的“切换主要和次要的按钮“复选框”，即可以将鼠标键工作方式更改为左手习惯。注意，此时鼠标上的左右键功能已更换。

②拖动“双击速度”选项组中的“速度”滑块，即可以调整系统识别鼠标双击的速度。对鼠标使用比较生疏的用户，可以将“双击速度”调整慢一些。调整后，可以在滑块右侧的文件夹图标上进行测试。

（2）选择“指针”选项卡　可以设置更改鼠标指针方案以及单个事件鼠标指针的外观。

①从方案列表框中选中某套方案（例如“恐龙”），下面的列表框中就会显示该方案中各种事件所对应的鼠标指针外观。如图 2－81 所示。

②如果对所选方案中的某个指针形状不太满意，可以选中该指针，然后单击“浏览”按钮，在出现的“浏览”窗口中选择其他指针样式来替代该指针。

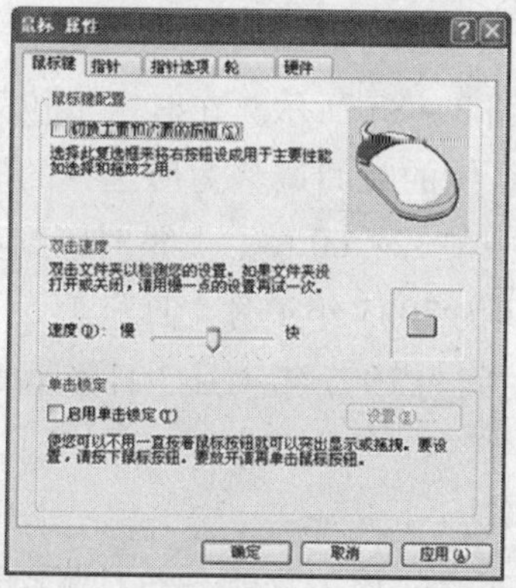

图 2－80　“鼠标 属性”对话框

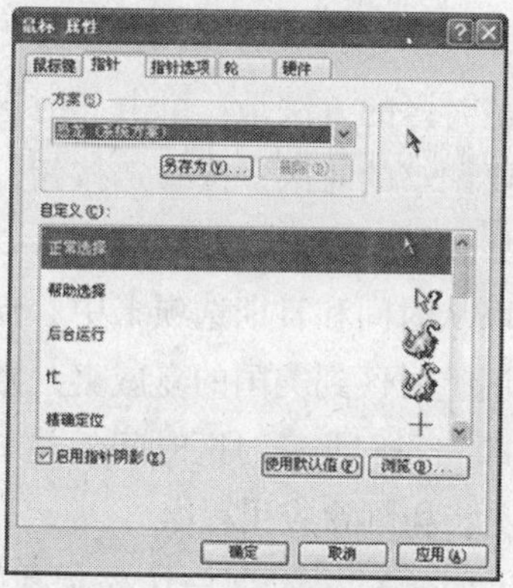

图 2－81　设置鼠标

（3）选择“指针选项”选项卡　可以设置鼠标指针的一些特殊使用方法。

①在“移动”区域拖动滑块，可以调整鼠标移动的速度。

②在“取默认按钮”区域，选择复选框，可以在打开对话框时，自动将指针移动到对话框中的默认按钮。

③在“可见性”区域，可以设置鼠标指针的显示踪迹。

2.6.3 系统的日期和时间

Windows 系统能够自动记录时间并在任务栏中显示出来。有时候时间会出现误差，或者用户为了避开某个日子，例如 CIH 病毒发作的时间，需要调整时间和日期。下面

就介绍一下日期和时间的设置方法。

双击任务栏中显示时间的位置，打开“日期和时间 属性”对话框。在时间和日期选项卡中可以看到系统当前的时间、日期等信息，如图 2－82 所示。可以根据需要调整设置系统的时间和日期。

调整日期的方法是：单击年份指示框右边的向上、向下微调按钮，选择年份；单击月份下拉框右边的向下按钮，选择月份；在日期框中单击鼠标选择日期。

调整时间的方法是：在时钟下方时间显示框中，用鼠标选择“时”或“分”或“秒”，然后单击右边的向上、向下微调按钮，即可以调整改变时间显示。

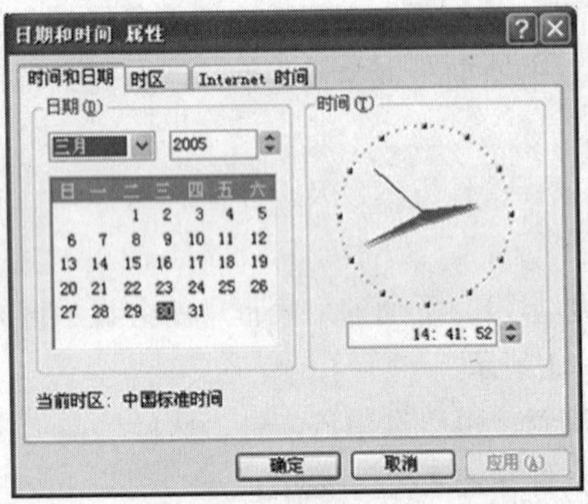

图 2－82　“日期和时间 属性”对话框

图 2－83　“时区”对话框

调整时区的方法是：单击“时区”选项卡，如图 2－83 所示。在时区下拉列表中选择所要调整的时区，按确定按钮，即可将计算机系统的时间调整为所选择的时区显示。例如，如果当前为北京时间为 2005 年 4 月 4 日中午 12：00 整。调整时区到英国伦敦，可以从时间和日期选项卡中看到伦敦的当前时间为 2005 年 4 月 4 日早上 5：00 点钟；如调整时区到美国的夏威夷，则夏威夷的当前时间为 2005 年 4 月 3 日晚上 18：00 点钟，即和我们北京时区时间相差了近一天。

2.6.4 安装和删除应用程序

Windows XP 提供了一个添加和删除应用程序的工具。该工具能自动对驱动器中的安装程序进行定位，简化用户安装。对于安装后在系统中注册的程序，该工具能彻底快捷地删除这个程序。

在控制面板分类视图中，单击“添加/删除程序”图标，弹出如图 2－84 所示的窗口。

2.6.4.1 安装应用程序

（1）单击“添加新程序”按钮，就会弹出如图 2－85 所示的窗口。

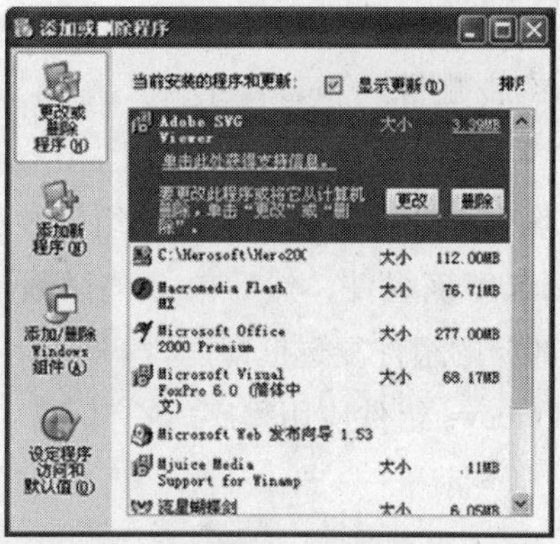

图 2 - 84 “添加或删除程序”窗口

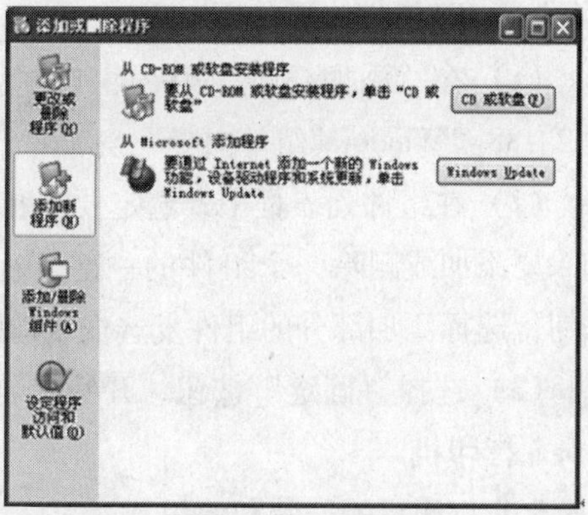

图 2 - 85 “添加或删除程序”窗口

(2) 单击“CD或软盘”按钮，弹出如图 2 - 86 所示的对话框，提示用户插入含有安装程序的软盘或 CD - ROM，然后选择“下一步”按钮。安装程序将自动检测各个驱动器，对安装盘进行定位。

(3) 如果自动定位不成功，将弹出图 2 - 87“运行安装程序”对话框。此时既可以在“打开”文本输入框中输入安装程序的路径和名称，也可以单击“浏览”按钮定位安装程序。选定安装程序后单击“完成”按钮，便开始应用程序的安装。

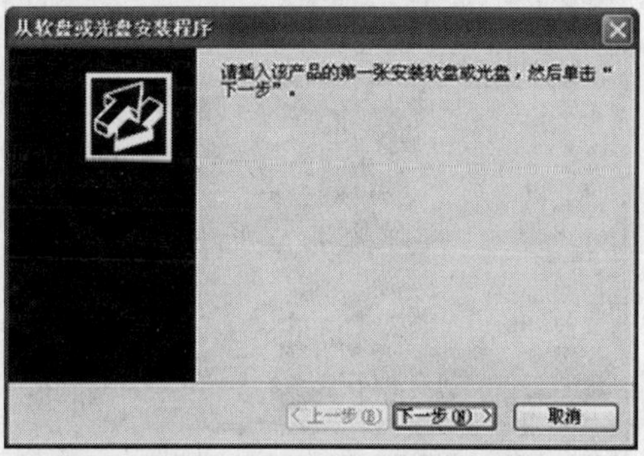

图 2 - 86 “安装程序”对话框

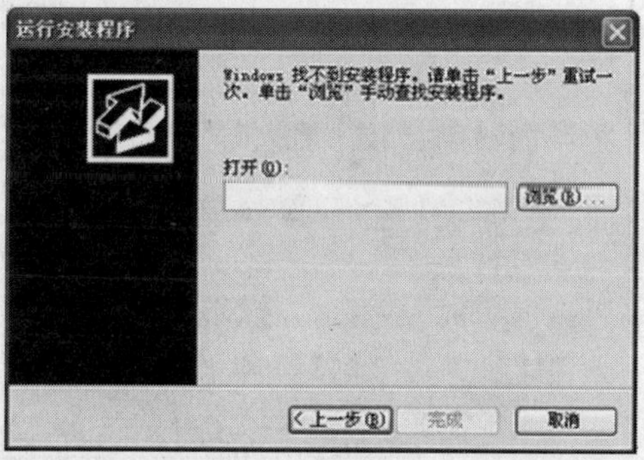

图 2 - 87 “运行安装程序”对话框

(4) 安装结束后，单击“确定”按钮退出。

2.6.4.2 删除应用程序

删除应用程序的方法是：在“添加/删除程序”窗口的程序列表框中选择要删除的应用程序，然后单击“更改/删除”按钮，并按窗口提示执行，Windows 便开始自动删除该应用程序。

2.6.4.3 安装和删除 Windows XP 组件

Windows XP 提供了丰富的组件，在安装 Windows XP 的过程中，因为用户的需求和其他限制条件，往往没有把组件一次性安装完全。在使用过程中，用户可以根据需求再来安装某些组件。同样，当某些组件不再需要时，可以删除这些组件。安装/删除

Windows XP 组件步骤如下：

（1）在“添加/删除程序”窗口左边选择“添加/删除 Windows 组件”按钮，出现图 2－88“Windows 组件向导”对话框。

（2）在组件列表框中，选定要安装的组件复选框，或者清除要删除的组件复选框。如果要添加或删除一个组件的一部分程序，则先选定该组件，然后单击“详细信息”按钮，选择添加部分的组件复选框或清除要删除部分的组件复选框即可。

（3）选择“确定”按钮，开始安装或删除 Windows 组件应用程序。

2.6.5 打印机

2.6.5.1 打印机的安装和使用

如果用户需要使用打印机，便需要安装打印机驱动程序。在“控制面板”分类视图窗口中单击“打印机和其他硬件”图标链接，出现“打印机和其他硬件”窗口，如图 2－89 所示。

单击“打印机和传真”图标链接，出现“打印机和传真”窗口，如图 2－90 所示。在窗口中单击“添加打印机”图标，出现“添加打印机向导”对话框。按提示一步步操作，即可以完成安装工作。

图 2－88　Windows 组件向导

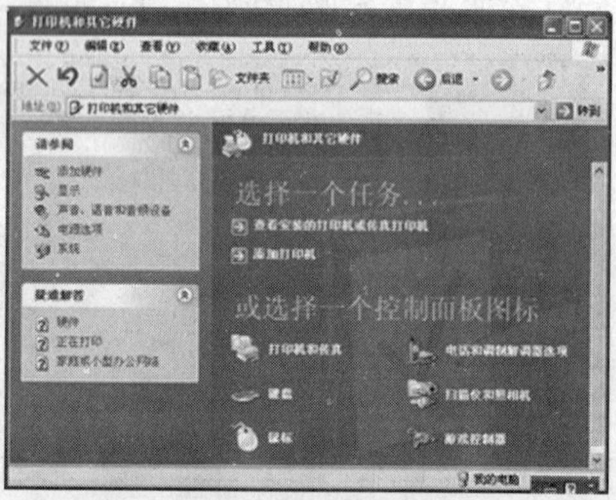

图 2－89　打印机和其他硬件

2.6.5.2 打印机状态

如果计算机中安装了多个打印机的驱动程序，可以在“打印机和传真”窗口中选择当前要使用的打印机驱动程序图标，并在“文件”菜单中的设为默认值项，将此打印机的设置作为系统的当前设置。在图 2－90 所示窗口中，双击已安装好的打印机的图标，如 LQ－1600K，便弹出图 2－91 所示打印机任务列表窗口。在任务列表窗口中，用户可以观察打印作业的队列，对于不想打印的作业可以从打印作业队列中清除掉，也可以将某个打印的作业暂停打印。

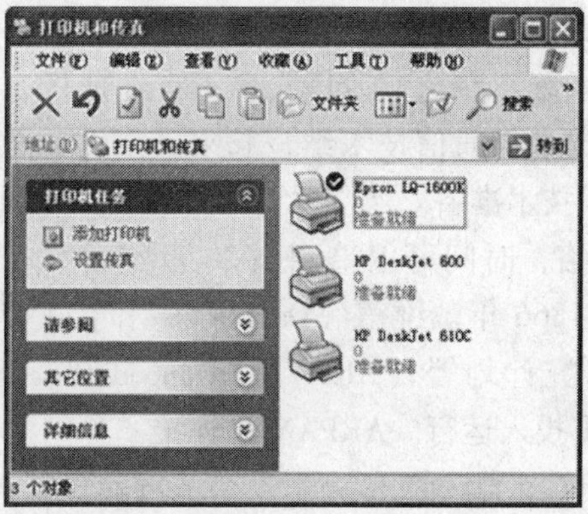

图 2－90 打印机和传真窗口

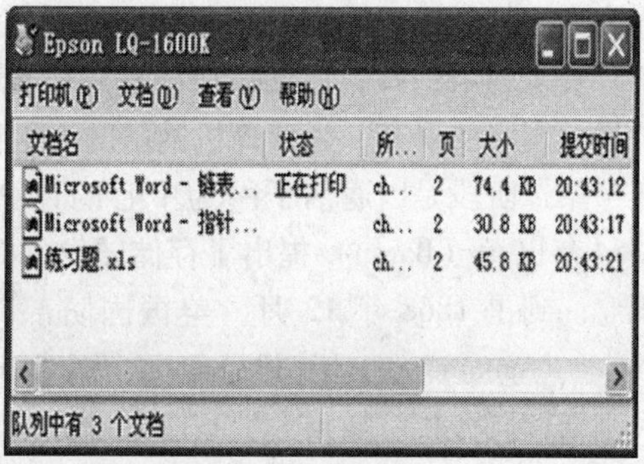

图 2－91 打印机任务列表窗口

2.7 计算机网络

计算机网络密切结合计算机技术和通讯技术，正迅速发展并获得广泛应用。经过 50 多年的发展，计算机网络技已经进入崭新的时代，特别是在当今信息社会，计算机网络已经成为人们在工作、学习和生活中不可缺少的工具。

2.7.1 计算机网络概述

计算机网络源于计算机技术和通讯技术的结合。计算机网络就是将地理位置不同、具有独立功能的多个计算机系统通过通讯设备和线路连接起来，并以功能完善的网络协议（网络协议、信息交换方式及操作系统等）实现网络资源共享的系统。

人们利用网络，正是因为它有资源共享的功能，一般来讲，计算机网络可以实现以下几个方面的共享：硬件、软件和数据与信息资源的共享。网络允许多个用户共享设备和数据，对任何组织而言，共享设备都会节省开销和节省时间。计算机上各种有用的数据和信息资源，通过网络可以快速的向其他计算机传送。自从 20 世纪 60 年代产生至今，从最初的单主机与数个终端之间的通信到现在全球千万台计算机的互联；从最开始的每秒几百比特的数据传输速率到今天每秒上千甚至上万比特的数据传输速率；从一些简单的数据传输到今天丰富复杂的各种应用，网络已经对人类的生产、经济、生活等各个方面产生了巨大的影响。特别是近 20 年来，互联网（Internet）的诞生的飞速发展，使得计算机网络已成为我们人类社会生活的一个基本组成部分。今天的互联网已成为连接全世界数丨亿人的通信系统，它连接着工商企业、科研院所、政府机构，甚至军事机构，它使处于世界各地的人们通过网络获取所需的各种资源与信息服务。

2.7.1.1 计算机网络的发展

计算机网络经历了由简单到复杂、由低级到高级的发展过程。纵观计算机网络的发展的历史，大致可以划分为四个阶段：

第一阶段是远程终端联阶段，时间可以追溯到 20 世纪 50 年代末。人们将地理位置分散的多个终端通信线路连接到一台中心计算机上，用户可以在自己的办公室内的终端上输入程序和数据，通过通信线路传送到中心计算机，通过分时访问技术使用资源进行信息处理，处理结果再通过通信线路回送到用户终端显示或打印。这种以单个主机为中心的联机系统称做面向终端的远程联机系统。在这一阶段，还不存在现代意义的计算机网络。人们将彼此独立发展的计算机技术与通信技术结合起来，完成了计算机通信网络的研究，为计算机网络的产生做好了技术准备。

第二阶段是以通信子网为中心的计算机网络，时间可以追溯到 20 世纪 60 年代。1864 年巴兰（Baran）提出了存储转发的概念，1866 年戴维德（David）提出了分组的概念。到了 1868 年 12 月，美国国防部高级研究计划署（ARPA，Advanced Research Projects Agency）的计算机分组交换网 ARPANET 投入运行。ARPANET 连接了美国加州大学洛杉矶分校、加州大学圣巴巴拉分校、斯坦福大学和犹他大学 4 个节点的计算机。ARPANET 的成功标志着计算机网络的发展进入了一个新纪元。

ARPANET 也使得计算机网络的概念发生了根本性的变化。早期的面向终端的计算机网络是以单台计算机为中心的星型网，各终端通过电话网共享主机的硬件和软件资源。但分组交换网则以通信子网为中心，主机和终端都处在网络的边缘。主机和终端构成了用户资源子网。用户不但共享通信子网资源，而且还可以共享用户资源子网丰富的硬件和软件资源。

第三阶段是网络体系结构和网络协议的开放式标准化阶段。国际标准化组织（ISO，International Standard Organization）的计算机与信息处理标准化技术委员会 TC87 成立了一个专门研究此问题的分委员会，研究网络体系结构和网络协议国际标准化问题。经过多年的工作，ISO 在 1884 年正式制订并颁布了“开放系统互连参考模型”OSI RM（Open System Interconnection Reference Model）国际标准。随之，各计算机厂商相继宣布支持 OSI 标准，并积极研制开发符合 OSI 模型的产品，OSI 模型为国际社会接受，成为计算机网络体系结构的基础。

第四阶段是计算机网络是在进入 20 世纪 90 年代后，随着数字通信与多媒体技术的发展而产生的，它的特点是综合化和高速化。

综合化是指将多种业务综合到一个网络中完成，如现在发展迅速的“三网合一”。网络高速化近年来显得非常突出。如今大家组建各种网络时，100M 到桌面已是基本，网络互联则多采用 1000M，甚至 10G 带宽。

2.7.1.2 计算机网络的分类及功能

（1）计算机网络的分类　计算机网络类型的划分方法有许多种，但目前多根据地域范围的大小来划分，计算机网络可以划分为局域网（LAN）、城域网（MAN）和广域网（WAN）三种。

①局域网　局域网指覆盖在较小的局部区域范围内，将内部的计算机、外部设备互联构成的计算机网络。一般比较常见于一间房间、一幢大楼、一个学校或者一个企业园区，它所覆盖的范围较小。局域网有以太网（Ethernet）、令牌环网、光纤分布式接口网络几种类型，目前最为常见的局域网是采用以太网标准的以太网。以太网的传输速率从 10Mb/s 到 10Gb/s。

②城域网　规模局限在一座城市的范围内，一般是一个城市内部的计算机互联构

成的城市地区网络。城域网比局域网覆盖的范围更广，连接的计算机更多，可以说时局域网在城市范围的延伸。在一个城市区域，城域网通常由多个局域网构成。这种网络的连接的距离在 10～100km 的区域。

③广域网　覆盖的地理范围更广，它一般是由不同城市和不同国家的局域网、城域网互联构成。网络覆盖跨越国界、洲界，甚至遍及全球范围。局域网是组成其他两种类型网络的基础，城域网一般都加入了广域网。广域网的典型代表是因特网。

（2）计算机网络的功能　计算机网络的功能主要体现在三个方面：信息交换、资源共享、分布式处理。

①信息交换　这是计算机网络最基本的功能，主要完成计算机网络中各个节点之间的系统通信。用户可以在网上传送电子邮件、发布新闻消息、进行电子购物、电子贸易、远程电子教育等。

②资源共享　所谓的资源是指构成系统的所有要素，包括软、硬件资源，如：计算处理能力、大容量磁盘、高速打印机、绘图仪、通信线路、数据库、文件和其他计算机上的有关信息。由于受经济和其他因素的制约，这些资源并非（也不可能）所有用户都能独立拥有，所以网络上的计算机不仅可以使用自身的资源，也可以共享网络上的资源。因而增强了网络上计算机的处理能力，提高了计算机软硬件的利用率。

③分布式处理　一项复杂的任务可以划分成许多部分，由网络内各计算机分别协作并行完成有关部分，使整个系统的性能大为增强。

2.7.2 计算机网络协议与体系结构

协议是计算机网络技术中很重要的概念。本节介绍了协议的概念和表较常见的协议类型。

2.7.2.1 协议的概念

计算机网络各节点之间要不断交换数据和控制信息，要保证数据交换的顺利进行，每个节点都必须遵守一些事先规定的通信规则、标准。这些规则和标准规定了网络节点同层对等实体之间交换数据以及控制信息的格式和时序。这些规则和标准的集合称为协议。可见，协议是定义在相同层次对等实体之间交换的数据格式和含义的规则的集合。一般来说，协议由语法、语义、时序三个要素所组成。

2.7.2.2 TCP/IP 协议

TCP/IP 即传输控制协议（TCP）和因特网协议（IP），它是因特网采用的协议标准，也是目前全世界采用的最广泛的工业标准。通常所说的 TCP/IP 是指因特网协议簇，它包括了很多种协议，如电子邮件、远程登录、文件传输等，而 TCP 和 IP 是保证数据完整传输的两个最基本的重要协议。因此，通常用 TCP/IP 来代表整个因特网协议系列。TCP/IP 协议既可以应用在局域网内部，也可以工作在广域网，是目前应用最为广泛的协议。

2.7.2.3 计算机网络的体系结构

（1）OSI 参考模型　是国际标准化组织 ISO 为标准化网络体系结构而制订的开放式系统互联参考模型。遵照这个共同的开放模型，各个网络产品生产厂商就可以开发兼容的网络产品。

OSI 参考模型将计算机网络划分为 7 层，由下至上依次是物理层、数据链路层、网络层、传输层、会话层、表示层和应用层，如图 2－92 所示。

OSI 只是一个参考模型，而不是一个具体的网络协议。但是每一层都定义了明确的功能，每一层都对它的上一层提供一套确定的服务，并且使用相邻下层提供的服务与远方计算机的对等层进行通信。

图 2－92　OSI 参考模型

在 OSI 参考模型中，不同系统对等层之间按相应协议进行通信，同一系统不同层之间通过接口进行通信。除了最低层的物理层是通过传输介质进行物理数据传输外，其他对等层之间的通信均为逻辑通信。在这个模型中，每一层将上层传递过来的通信数据加上若干控制位后再传递给下一层，最终由物理层传递到对方物理层，再逐级上传，从而实现对等层之间的逻辑通信。

（2）TCP/IP 参考模型　是因特网使用的参考模型，如图 2－93 所示。TCP/IP 参考模型共有四层：应用层、传输层、互联网层和网络接口层。与 OSI 参考模型相比，TCP/IP 参考模型没有表示层和会话层，将其功能合并到应用层。网际层相当于 OSI 模型的网络层，网络接口层相当于 OSI 模型中的物理层和数据链路层。它与 OSI 的对应关系如图2－93 所示。

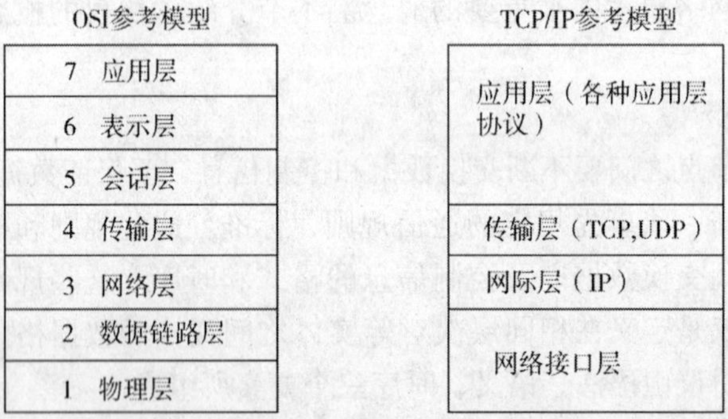

图 2－93　TCP/IP 模型及与 OSI 的对应关系

2.7.3 计算机网络的组成

计算机网络系统是一个集计算机硬件设备、通信设施、软件系统及数据处理能力为一体的能够实现资源共享的现代化综合服务系统。

2.7.3.1 硬件部分

（1）终端　是网络中数量大、分布广的设备，是用户进行网络操作、实现人——机对话的工具。一台典型的终端看起来很像一台 PC 机，有显示器、键盘和一个串行接口。与 PC 机不同的是终端没有 CPU 和主存储器。在局域网中，PC 机代替了终端，既能作为终端使用又可作为独立的计算机使用，被称为工作站。

（2）服务器 是指向网络用户提供特定服务的计算机。服务器与客户机由于其处理数据的要求不同，因此档次一般也不同，要求有较强的数据处理能力，一般用较高档次的计算机或专用计算机作为服务器。专用服务器一般比较耐用，内存和主板采用特殊的技术，有较强的校验功能而防止意外死机，同时为了防止偶然的停电等问题，一般配备不间断电源系统（UPS）提供后备保护。整个网络的用户均依靠不同的服务器提供不同的网络服务，网络服务器是网络资源管理和共享的核心。网络服务器的性能对整个网络的资源共享起着决定性的影响。

（3）传输介质 是网络中信息传输媒体，是网络通信放入物质基础。传输介质的性能特点对数据传输速率、通信距离、可连接的网络节点的数目和数据传输的可靠性等均有很大影响，必须根据不同的通信要求，选择不同的传输介质。常用的传输介质有双绞线、光纤、无线等。

①双绞线 是现在最常用的传输介质，它由两条相互绝缘的铜线组成，典型直径为1毫米。两根线绞接在一起是为了防止其电磁感应在邻近线对中产生干扰信号。现行双绞线电缆中一般包含4个双绞线对。双绞线价格便宜，易于安装使用，具有较好的性价比，但是在传输速率和传输距离上有一定的限制。双绞线示意如图2－94所示。

双绞线分为屏蔽双绞线STP和非屏蔽双绞线UTP，屏蔽式双绞线在双绞线外层包有金属屏蔽层，对电磁干扰具有较强的抵抗能力，适用于网络流量较大的高速网络协议应用，但是价格要比非屏蔽双绞线高一些。

图2－94 双绞线

根据性能的划分，双绞线可以划分为5类、超5类、6类和7类等。目前综合布线工程中主要采用超5类双绞线和6类双绞线。超5类双绞线主要应用在100M网络布线环境中，6类双绞线主要应用于1000M的网络传输。在双绞线线缆的外皮上都会印有双绞线的种类，便于用户识别。如超5类双绞线印有CAT5e标识，6类双绞线则印有CAT6的标识。

双绞线用于传输数字信号时一般要求不超过100米，实际综合布线工程中不能超过90米。

②同轴电缆 是局域网常用的传输介质。同轴电缆由内外两个导体构成，内导体是一根铜质导线或多股铜线，外导体是圆柱形铜箔或用细铜丝纺织的圆柱形网，内外导体之间用绝缘物充填。同轴电缆的组成由里往外依次是铜芯、塑胶绝缘层、细铜丝组成的网状导体及塑料保护膜。铜芯与网状导体同轴，故名同轴电缆。如图2－95所示。

图2－95 同轴电缆

局域网中常用到的同轴电缆分为粗缆和细缆两种，粗缆传输性能优于细缆。在传输速率为10兆比特/秒时，粗缆网段传输距离可达500～1000米，细缆传输距离为200～300米。

③光纤　是用光导纤维作为信息传输介质，传输信息时先把电信号转换成光信号，接收后再把光信号转换成电信号。光纤的制作材料为能传送光波的超细玻璃纤维，外包一层比玻璃折射率低的材料。进入光纤的光波在两种材料的界面上形成全反射，从而不断地向前传播。

光纤电缆的芯线一般是直径为0.11微米的石英玻璃丝，它具有宽带域信号传输的功能及重量轻的特点。由终端发送的信息，先经光发送器的元件，将电信号转换成光的强弱变化信号，然后再送到光纤光缆上传输。在接收端，由光接收器中的感光元件将光纤光缆上传输的光信号还原为电信号，再输给计算机进行处理。如图2－96所示。

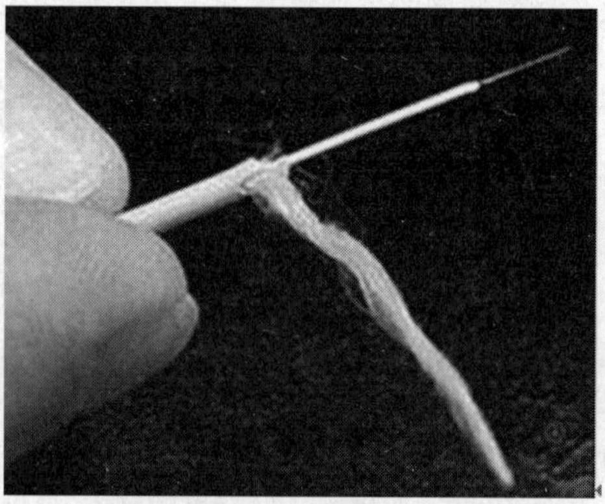

图2－96　光纤结构示意图

采用光纤通讯具有信息量大、重量轻、体积小、可靠性好、安全保密性好、搞电磁干扰能力强、误码率低等优点。光纤可携带巨量信息做较长距离的迅速传递，其通讯容量是没有限制的。

④无线传输介质　常用于一些不便于安装有线介质的特殊地理环境，或者作为地面于有线介质传输的备份线路。在无线传输中，微波通信使用较多。

卫星通信是以人造卫星为中继站，卫星接收到来自地面发送站发送来的电磁波后，再以广播方式发向地面，被地面所有工作站接收，也可以看作是微波通信。

此外，还有激光通信和红外线通信等。

(4) 网络连接设备　是用来实现网络中各计算机之间的连接、网与网之间的互联、数据信号的变换以及路由选择等功能。网络中使用的连接设备主要包括路由器、交换机、网关、网络适配器（网卡）等。

网络接口卡（NIC，Network Interface Card）也叫网络适配器，也就是常说的网卡。网卡是局域网中最基本的部件之一，它是连接计算机与网络的硬件设备。无论是双绞线连接、同轴电缆连接还是光纤连接，都必须借助于网卡才能实现数据的通信。

网卡的主要工作原理是整理计算机上发往网线上的数据，并将数据分解为适当大小的数据包之后向网络上发送出去。对于网卡而言，每块网卡都有一个唯一的网络节点地址，它是网卡生产厂家在生产时安装到只读存储芯片中的，称为网卡地址（物理地址），且保证绝对不会重复。

图2－97　网卡

我们日常使用的网卡都是以太网网卡。目前网卡按其传输速度来分可分为10M网卡、10/100M自适应网卡以及千兆网卡。如果只是作为一般用途，如日常办公等，比较适合使用10M网卡和10/100M自适应网卡两种。如果应用于服务器等产品领域，就要选择千兆级的网卡。网卡示意如图2－97

所示。

2.7.3.2 软件部分

计算机网络系统的软件部分一方面实现用户对网络资源的访问，帮助用户方便、安全的使用网络，另一方面管理和调度网络资源，提供网络通信和用户所需的各种网络服务。网络软件一般包括网络操作系统、网络协议、通信软件以及管理和服务软件等。

(1) 网络操作系统　是网络系统管理和通信控制软件的集合，它负责整个网络的软、硬件资源的管理以及网络通信和任务的调度，并提供用户与网络之间的接口。

目前常用的计算机网络操作系统有：Linux、UNIX、Windows 2003 Server 等。

(2) 网络协议软件　网络协议是实现计算机之间、网络之间相互识别并正确进行通信的一组标准和规则，它是计算机网络工作的基础。

一个网络协议主要由语法、语义、同步三部分组成。语法即数据与控制信息的结构或格式；语义即需要发出何种控制信息，完成何种动作以及作出何种应答；同步即事件实现顺序的详细说明。

2.7.4 网络拓扑结构

网络的拓扑结构是抛开网络物理连接来讨论网络系统的连接形式，网络中各站点相互连接的方法和形式称为网络拓扑。拓扑图给出网络服务器、工作站的网络配置和相互间的连接，它的结构主要有星型结构、总线结构、树型结构、网状结构等。

常见的网络拓补结构有五种：总线形、星形、环形、树形和网状形，如图 2－98 所示。

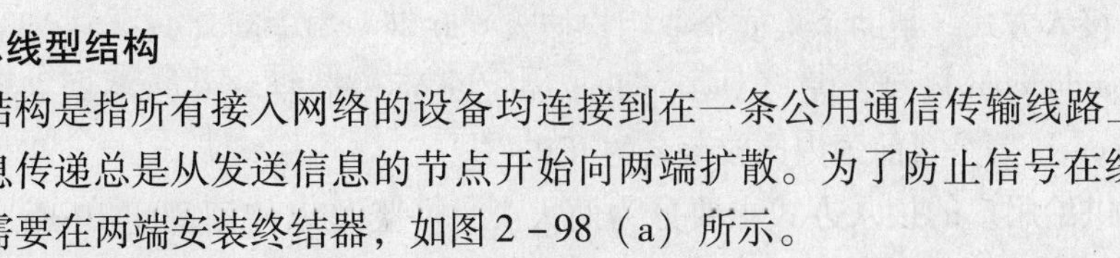

图 2－98　网络的 5 种拓补结构

2.7.4.1 总线型结构

总线结构是指所有接入网络的设备均连接到在一条公用通信传输线路上，传输线路上的信息传递总是从发送信息的节点开始向两端扩散。为了防止信号在线路终端发生反射，需要在两端安装终结器，如图 2－98 (a) 所示。

总线型结构的网络特点如下：结构简单，可扩充性好；使用的电缆少，且安装容易；缺点是网络维护难，分支节点故障查找困难。

2.7.4.2 星型结构

星型结构是指以中央节点为中心，所有接入网络的设备都与中央节点直接相连，各节点之间必须通过中央节点进行通信，如图 2－98 (b) 所示。

它具有如下特点：结构简单，便于管理；控制简单，便于建网；网络延迟时间较小，传输误差较低。但缺点也是明显的：成本高、可靠性较低、中央节点负载较重。

2.7.4.3 环型结构

环型结构由网络中所有节点通过点到点的链路首尾相连形成一个闭合的环，如图2－98（c）所示。

这种结构使公共传输电缆组成环型连接，数据在环路中沿着一个方向在各个节点间传输，信息从一个节点传到另一个节点。特点如下：信息流在网中是沿着固定方向流动的，其传输控制简单，实时性强，但是可靠性差，不便于网络扩充。

2.7.4.4 树型结构

树型结构是分级的集中控制式网络，与星型相比，它的通信线路总长度短，成本较低，节点易于扩充，寻找路径比较方便，但除了叶节点及其相连的线路外，任一节点或其相连的线路故障都会使系统受到影响。如图2－98（d）所示。

2.7.4.5 网状结构

在网状拓扑结构中，网络的每台设备之间均有点到点的链路连接，如图2－98（e）所示。这种连接安装复杂，成本较高，但系统可靠性高，容错能力强。

2.7.5 互联网的接入方式

Internet 网（国际互联网）它是由全球为数众多的网络互联而成的全球最大的开放式计算机网络，是全球最大的信息资源库。这些信息资源涉及了人类社会面对从事的各个领域、各个行业和各种社会服务，成为了当代信息社会的重要支柱。任何计算机系统和计算机网络，只要遵守 TCP/IP 协议，就可以连入 Internet 网，方便快捷地获取信息。

2.7.5.1 互联网服务提供商

ISP（Internet Service Provider），互联网服务提供商，即向广大用户综合提供互联网接入业务、信息业务和增值业务的电信运营商。根据提供服务的不同，还可以进一步分为 IAP（Internet Access Provider，互联网接入提供商）和 ICP（Internet Content Provider，互联网内容提供商）。IAP 为用户提供互联网接入服务，ICP 则为用户提供互联网内容服务，在互联网上发布信息，供用户访问。

目前，我国最大的 IAP 是中国电信、中国联通以及 CERNET 等，他们可以提供多种多样的网络接入方式，帮助个人或企业用户接入互联网。淘宝网（www.taobao.com）、百度（www.baidu.com）、雅虎（www.yahoo.com.cn）、新浪（www.sina.com）、网易（www.163.com）等是目前国内比较著名的 ICP。

IAP 提供给用户的接入方式主要分为两大类：一类是以使用固定 IP 地址为主的专线接入方案；另一类是以使用动态 IP 地址为主的拨号接入方案。由于当前全球 IP 地址资源越来越紧缺，因此 IAP 对个人用户接入主要采用拨号接入方案，对提供网络资源的服务器和专线接入的大客户采用固定 IP 地址接入。

2.7.5.2 拨号上网

通过电话线路接入是家庭用户最常见的上网方式，现在通过电话线路有拨号上网、ISDN、ADSL 三种接入方式。ISDN 和 ADSL 需要电信部门安装专门的交换机，而拨号上网只需要有畅通的电话线路。

拨号上网是20世纪90年代刚有互联网的时候，老百姓上网使用最为普便的一种方式。他只要用户拥有一台个人电脑、一个调制解调器（Modem）和一根电话线，再向本地ISP供应商申请自己的账号，或购买上网卡，拥有自己的用户名和密码后，然后通过拨打ISP的接入号连接到Internet上。

拨号上网所使用的Modem是一种数字信号与模拟信号之间的转换设备。在通信过程中，在其中一端，它将计算机输出的数字信号转换成模拟信号再送到线路上传输，在另一端，Modem接收线路上发送过来的模拟信号，并将其还原为发送前的数字信号，然后提交给接收计算机进行处理。通过Modem拨号上网速率较低且性能较差，只有几十kb/s，且完全占用电话线路，即上网时电话无法通信，现在这种方式已基本淘汰。

2.7.5.3 ISDN接入

ISDN（Integrated Service Network，综合业务数字网）是以电话综合数字网发展演变而成的，是以提供端到端的数字连接的通信网络，支持包括语音和非语音的多种业务。

ISDN又称一线通，即能在一条普通电话线上提供语音、数据、图像等综合性业务，并可连接8台终端或电话，有2台终端设备（如一部电话、一台计算机或一台数据终端）可以同时使用。在一根普通电话线上，可以达到128kb/s的上网速度的数字连接。

ISDN接入上网速率也较低，无法满足当今用户需求，现在也已很少使用。

2.7.5.4 ADSL接入

ADSL技术即非对称数字用户环路技术，就是利用现有的一对电话铜线，为用户提供上、下行非对称的传输速率（即带宽）。ADSL接入服务能做到较高的性能价格比，ADSL接入技术较其他接入技术具有其独特的技术优势，它的速率可达到上行1Mb/s下行8Mb/s，速度非常快。有效传输距离可达3～5km。ADSL用户端的接入非常简单，ADSL调制解调器和语音分离器都是由ISP提供，用户只要有一条电话线和一台安装有网卡的计算机既可实现与互联网的链接。

ADSL技术的主要特点是可以充分利用现有电话线网络，语音信号和数字信号可以并行，可以同时上网和通话。ADSL所支持的业务主要有互联网高速接入、视频点播（VOD）、网上音乐厅、网上游戏、网络电视以及远程可视电话、远程医疗、远程教学等服务。ADSL是目前传递交互多媒体业务最经济和有效的方法之一。

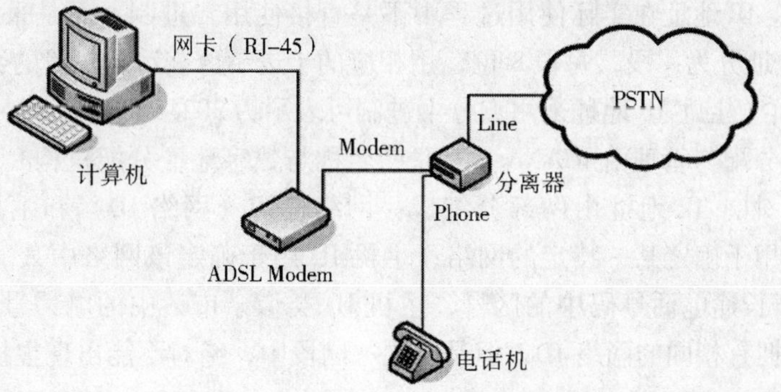

图2－99　ADSL用户端接入示意图

2.7.5.5 局域网接入

局域网接入就是把用户的计算机通过双绞线直接接到一个与互联网相连的局域网上，并且获得一个永久属于用户计算机的 IP 地址。这种接入方式不仅具有很高的本地数据传输速率（可达 100Mb/s 或更高），而且不需要 Modem 和电话线，仅需要一块网卡并安装 TCP/IP 协议即可。

局域网接入技术成熟且速率高，但是它需要重新布线，而且交换机和用户网卡之间的距离不能超过 100 米，否则信号衰减很厉害。出于成本和维护的原因，局域网接入方式受到了很大制约，它主要应用于企事业单位、学校等区域，而对普通用户提供局域网接入方式仅限于部分宽带小区。

2.7.5.6 无线接入技术

随着互联网以及无线通信技术的快速发展，使用手机、笔记本电脑等随时随地上网已成为用户的迫切需求，随之而来的是使用无线通信技术上网技术的出现。

无线上网具有其明显的特点：它不需要专门进行管道线路的铺设，为一些光缆或电缆无法铺设的区域提供了业务接入的可能，缩短了工程项目的时间，节约了管道线路的投资；可根据区域的业务量的增减灵活调整带宽；可十分方便的进行业务迁移、扩容。在临时搭建业务点的应用中优势更加明显。

无线接入技术上网，目前在无线通信（如手机上网等移动通信）领域得到了极大的发展和应用。主要有 GSM 接入技术、CDMA 接入技术及 3G 通信技术等。

2.7.6 IP 地址与域名系统

2.7.6.1 IP 地址

Internet 连接着数千万台计算机，无论是发送 E－mail、浏览 WWW 网页、下载文件还是进行远程登陆，计算机之间都要交流信息，就是必须有一种方法来识别它们。Internet 上的每一台计算机都有一个惟一的标识，即 Internet Protocol 地址（IP 地址）。

IP 地址是网络上任一设备用来区别于其他设备的标志，就像公用电话网中的电话号码一样，每个用户所拥有的电话号码都是唯一的，不可与其他用户重复。

一个完整的 IP 地址由一个 32 位的二进制数表示。

如 11001010100011000110000010111110 就是一个 IP 地址。显然 IP 地址的这种表现形式很难记忆。IP 地址在实际使用过程中不是直接使用二进制，而是采用点分十进制表示，即 IP 地址分为 4 段，每段 8 位，用相应的十进制数表示，每段的数值范围在0～255 之间。这样，上述 IP 地址采用点分十进制可表示为 202.140.193.126。

IP 地址的分配与管理由 ICANN（互联网名称与数字地址分配机构）负责，它确保网络 IP 的唯一性。IP 地址由两部分组成：网络标识（网络 ID）和主机标识（主机 ID）。网络 ID 用于确定某一特定的网络；主机 ID 用于确定该网络中某一特定的主机。网络 ID 类似于长途电话号码中的区号，主机 ID 类似于市话中的电话号码。同一网段上所有的主机拥有相同的网络 ID，但是在同一网段中，绝对不能出现主机 ID 相同的两台计算机。

目前，常用的 IP 地址可以分为 A、B、C 三类，它们的特征如表 2－3 所示。

表 2-3 IP 地址分类表

<table>
<tr><td rowspan="2">类别</td><td colspan="6">标识</td></tr>
<tr><td colspan="3">第 1 个字节</td><td>第 2 个字节</td><td>第 3 个字节</td><td>第 4 个字节</td></tr>
<tr><td>A</td><td>0</td><td colspan="2">网络 ID</td><td colspan="3">主机 ID</td></tr>
<tr><td>B</td><td>1</td><td>0</td><td colspan="2">网络 ID</td><td colspan="2">主机 ID</td></tr>
<tr><td>C</td><td>1</td><td>1</td><td>0</td><td colspan="2">网络 ID</td><td>主机 ID</td></tr>
</table>

（1）A 类地址　用于超大规模网络，目前主要被 IBM 等为数不多的几家大公司所占用。A 类地址的最高位为 0，紧跟 7 位（即第一个字节的后 7 位）表示网络 ID（即 0xxxxxxx)，剩下的 24 位表示主机 ID。

A 类 IP 地址的第一个字节范围为 1 ~126，凡是第一个字节在 1 到 126 之间的 IP 地址均为 A 类地址。例如，110.110.129.130 即是一个 A 类地址，其中 110 是网络 ID，而 110.129.130 是主机 ID。A 类网络虽然只有 126，但是每个网络却最多可以容纳 $2^{24}-2$（即 16777214）台主机。

（2）B 类地址　用于大、中规模网络。B 类地址的前两个字节为网络 ID，后两个字节为主机 ID 地址。网络 ID 的第一个字节的前两位固定为 10，所以 B 类地址第一个字节的范围为 128 ~191。例如，156.127.129.130 即是一个 B 类地址，其中 156.128 是网络 ID，而 129.130 是主机 ID。B 类网络共有 2^{14}（即 16384）个，每个网络可以容纳 $2^{16}-2$（即 65534）台主机。

（3）C 类地址　用于小型网络。它的前三个字节为网络 ID 地址，第 4 个字节为主机 ID。且网络 ID 的第一个字节的前三位固定为 110，所以 C 类地址第一个字节的范围为 192 ~223。例如，202.103.24.68 即是一个 C 类地址，其中 202.103.24 是网络 ID，而 68 是主机 ID。C 类网络共有 2^{21}（即 2097152）个，每个网络可以容纳 $2^{7}-2$（即 254）台主机。

（4）特殊的 IP 地址　为了满足像企业网、校园网、办公室、网吧等内部网络使用 TCP/IP 协议的需要，ICANN 将 A、B、C 类地址的一部分保留下来，作为私有 IP 地址使用。私有 IP 地址的范围为：

10.0.0.0 ~10.255.255.255

172.16.0.0. ~172.31.255.255

192.167.0.0 ~192.167.255.255

私有 IP 地址不需要申请，任何人在任何网络中都可以使用。也正因为这样，私有 IP 地址只能在内部网络中使用，而不能与其他网络互连。因为本网络中的私有 IP 地址同样也可能被其他网络使用，如果进行网络互连，那么寻找路由时就会因为地址的不唯一而出现问题。但是这些使用保留地址的网络可以通过将本网络内的私有 IP 地址翻译转换成公共 IP 地址的方式实现与外部网络的互连。就如同不同企业内的分机可能使用相同的号码，但是它们不能直接通讯，必须通过总机转接，在公共电话网内以总机的身份进行信号传输。

2.7.6.2 域名地址与域名管理系统

（1）域名地址　IP 地址的定义严格且易于划分子网，但它记忆起来十分不方便。因此，每台主机又可以取一个便于记忆的名字，这个名字就是域名地址。如 IP 地址为 217.197.176.18 的主机对应的域名地址是 www.hbtcm.edu.cn。

一个完整的域名地址由若干部分组成，各部分之间由小数点隔开，每部分有一定的含义，且从右到左各部分之间大致上是上层与下层的包含关系，域名的级数通常不超过 5。例如：湖北中医药大学 WWW 服务器的域名是：www.hbtcm.edu.cn，其中：

顶级域名　cn（代表中国）

网络名　edu（代表教育科研网）

单位　hbtcm（代表湖北中医药大学）

主机名　www（代表该主机提供 WWW 服务）

由于 Internet 起源于美国，因此在美国，域名较简便，大部分早期申请的域名只含三部分，顶级域名直接表示机构名称。为了表示主机所属的机构的性质，Internet 的管理机构给出了如表 2-4 所示的组织性顶级域名。

美国之外的其他国家的互联网管理机构还使用 ISO 组织规定的国别代码作为域名后缀来表示主机所属的国家。这时，域名地址的右边第一部分是域名的国别代码。如表 2-4 所示。

表 2-4　各种域名及其含义

国家地区项级域名				通用项级域名	
域名	含义	域名	含义	域名	含义
cn	中国	jp	日本	Com	商业组织
hk	香港	ch	瑞士	Edu	教育机构
mo	澳门	de	德国	Gov	政府部门
tw	台湾	in	印度	Mil	军事机构
fr	法国	uk	英国	Net	网络服务商
ca	加拿大			Org	非盈利组织

（2）域名管理系统　在域名管理系统（DNS）中，采用层次式的管理机制。如 cn 域由中国互联网信息中心（CNNIC）管理，cn 的一个子域 edu.cn 由 CERNET 网络中心负责管理，edu.cn 的子域 hbtcm.edu.cn 由湖北中医学院信息中心管理。域名系统采用层次结构的优点是：每个组织可以在它们的域内再划分域，只要保证组织内的域名唯一性，就不用担心与其他组织内的域名冲突。

对用户来说，有了域名地址就不必去记 IP 地址了。但对于 Internet 网来说，地址数据只能是 IP 地址而不是域名地址，这就需要把域名地址转化为 IP 地址。一般来说，Internet 服务提供商（ISP）的网络中心中都会有一台专门完成域名地址到 IP 地址转化的计算机，这台计算机称为域名服务器。如湖北中医药大学园网的域名服务器是 dns.hbtcm.edu.cn。域名服务器上运行着一个数据库系统，数据库中保存的是域名地址与IP地址的对应。用户的主机在需要把域名地址转化为IP地址时向域名服务器自动提出查询请求，域名服务器根据用户主机提出的请求进行查询并把结果返回给用户主机。

2.7.7 互联网主要应用

共享资源、交流信息、发布和获取信息是Internet的三大基本功能。Internet上具有极其丰富的信息资源，能为用户提供各种各样的服务和应用。Internet提供的信息服务大多采用的是客户机/服务器（Client/Server）交互模式。客户机（安装有客户端程序）和服务器（安装有服务程序）是指在网络中进行通信时所涉及到的两个软件。如电子邮件服务器一般要求其客户端安装有特定的电子邮件客户端软件；WWW服务器的客户端必须安装有Web浏览器。一台计算机可以同时成为许多服务的客户端。这种模式的通信特点是：服务器应用程序被动地等待通信，而客户应用程序主动地启动通信。即客户机向服务器发出服务请求，服务器则等待、接收、处理客户请求，并将处理结果回送客户机。下面介绍几种最常用的信息服务及功能。

2.7.7.1 万维网

万维网（WWW，World Wide Web），简称3W或Web 。WWW使用超文本（Hypertext）组织、查找和表示信息，利用链接从一个站点跳到另一个站点。这样就彻底摆脱了以前查询工具只能按特定路径一步步地查找信息的限制。另外，它还具有链接已有信息系统（Gopher、FTP、News）的能力。万维网的出现使Internet从仅有少数计算机专家使用网络资源信息变为普通百姓也能利用信息资源。它是Internet发展史上一个非常重要的里程碑。

超文本文件由超文本标记语言（HTML，HyperText Markup Language）格式编写，这种语言是在1990年由欧洲粒子物理研究中心提出的WWW描述语言。WWW语言不仅含有文本和图像，还含有作为超链接的词、词组、句子、图像和图标等。这些超链接通过颜色和字体的改变与普通文本区别开来，它含有指向其他Intetnet信息的URL地址。将鼠标移到超链接上单击，Web就根据超链接所指向的URL地址跳到不同的站点、不同的文件。链接同样可以指向声音、电影等多媒体，超文本与多媒体一起构成了超媒体（hypermedia），因而万维网是一个分布式的超媒体系统。

WWW采用客户机/服务器交互模式。WWW服务器是指在Internet上保存并管理运行WWW信息的计算机。在它磁盘上装有大量供用户浏览和下载的信息。客户机是指在Internet上请求WWW文档的本地计算机。客户机与服务器之间遵循超文本传输协议（HTTP，hyper text transfer protocol）。客户机通过运行客户端程序访问WWW服务器，客户端程序又称为Web浏览器（Brower），目前在Windows平台上用得最多是IE（Internet Explore）浏览器。

以下是WWW涉及到的一些重要概念。

（1）超文本（Hypertext）　是一种人机界面友好的计算机文本显示技术或称为超链接技术（Hyperlink），它将菜单嵌入到文本中。即每份文档都包括文本信息和用以指向其他文档的嵌入式菜单项。这样用户就可实现非线性式的跳跃式阅读。

（2）超媒体（Hypermedia）　是将图像、音频和视频等多媒体信息嵌入文本的技术。可以说，超媒体是多媒体的超文本。

（3）网页（Web Page） 指 WWW 上的超文本文件。在诸多的网页中为首的那个称为主页（Home Page）。主页是服务器上的默认网页，即当你浏览到该服务器而没有指定文件时首先看到的网页，通过它再连接到该服务器的其他网页或其他服务器的主页。

（4）超文本标记语言（HTML，HyperText Markup Language） 是一种专门用于 WWW 超文本文件的编程语言。用于描述超文本或超媒体各个部分的构造，告诉浏览器如何显示文本，怎样生成与别的文本或多媒体对象的链接点等。它将文本、图形、音频和视频有机的结合在一起，组成图文并茂的用户界面。超文本文件经常用 htm 或 html 来作扩展名。

（5）统一资源定位符 统一资源定位符（Uniform Resource Location，简称 URL）是 Internet 上用来描述信息资源的字符串，主要用在各种 WWW 客户程序和服务器程序上，是用于完整地描述 Internet 上网页和其他资源的地址的一种标识方法。Internet 上的每一个网页都具有一个唯一的名称标识，通常称之为 URL 地址，这种地址可以是本地磁盘，也可以是局域网上的某一台计算机，更多的是 Internet 上的站点。简单地说，URL 就是 Web 地址，俗称“网址”。

采用 URL 目的是用统一的格式来描述各种信息资源，包括文件、服务器地址和目录等。URL 的格式由下列三部分组成：①协议（或称为服务方式）；②存有该资源的主机 IP 地址（有时也包括端口号）；③主机资源的具体地址，如目录和文件名等。①和②之间用“：//”符号隔开，②和③之间用“/”符号隔开。①和②是不可缺少的，③有时可以省略。

例如：http：//www. sina. com. cn/news/index. htm

其计算机域名为 www. sina. com. cn，其中超级文本文件 index. htm 存放于目录/news 下。

2.7.7.2 文件传输（FTP）

FTP（File Transfer Protocol）是文件传输协议的简称。FTP 的主要作用，就是让用户连接上一个远程计算机（这些计算机上运行着 FTP 服务器程序）察看远程计算机有哪些文件，然后把文件从远程计算机上拷到本地计算机，或把本地计算机的文件送到远程计算机去。

一般来说，用户联网的首要目的就是实现信息共享，文件传输是信息共享非常重要的一个内容之一。Internet 是一个非常复杂的计算机环境，有 PC，有工作站，有 MAC，有大型机，据统计连接在 Internet 上的计算机已有上千万台，而这些计算机可能运行不同的操作系统，有运行 Unix 的服务器，也有运行 Dos、Windows 的 PC 机和运行 MacOS 的苹果机等等，而各种操作系统之间的文件交流问题，需要建立一个统一的文件传输协议，这就是 FTP。基于不同的操作系统有不同的 FTP 应用程序，而所有这些应用程序都遵守同一种协议，这样用户就可以把自己的文件传送给别人，或者从其他的用户环境中获得文件。

在 FTP 的使用当中，用户经常遇到两个概念：“下载”（Download）和“上传”（Upload）。“下载”文件就是从远程主机拷贝文件至自己的计算机上；“上传”文件就是将文件从自己的计算机中拷贝至远程主机上。

使用 FTP 时必须首先登录，在远程主机上获得相应的权限以后，方可上传或下载文件。也就是说，要想同哪一台计算机传送文件，就必须具有哪一台计算机的适当授权。换言之，除非有用户 ID 和口令，否则便无法传送文件。但由于 Internet 上的 FTP 主机成千上万，不可能要求每个用户在每一台主机上都拥有账号，就产生了匿名 FTP。但并不是所有的 Internet 主机都有匿名 FTP，它只适用于那些提供了这项服务的主机。

在匿名 FTP 上，用户可通过它连接到远程主机上，并从其下载文件，而无需成为其注册用户。系统管理员建立了一个特殊的用户 ID，名为 anonymous，Internet 上的任何人在任何地方都可使用该用户 ID。

通过 FTP 程序连接匿名 FTP 主机的方式同连接普通 FTP 主机的方式差不多，只是在要求提供用户标识 ID 时必须输入 anonymous，该用户 ID 的口令可以是任意的字符串。习惯上，用自己的 E-mail 地址作为口令，使系统维护程序能够记录下来谁在存取这些文件。

当远程主机提供匿名 FTP 服务时，会指定某些目录向公众开放，允许匿名存取。系统中的其余目录则处于隐匿状态。作为一种安全措施，大多数匿名 FTP 主机都允许用户从其下载文件，而不允许用户向其上传文件。即使有些匿名 FTP 主机确实允许用户上载文件，用户也只能将文件上载至某一指定上载目录中。随后，系统管理员会去检查这些文件，他会将这些文件移至另一个公共下载目录中，供其他用户下载，利用这种方式，远程主机的用户得到了保护，避免了有人上载有问题的文件，如带病毒的文件。

匿名 FTP 使用户有机会存取到世界上最大的信息库，这个信息库是日积月累起来的，并且还在不断增长，永不关闭，涉及到几乎所有主题。而且，这一切是免费的。

2.7.7.3 远程登录 Telnet

Internet 的一大优点在于，操纵世界另一端的计算机与使用身旁的计算机一样方便，这就是远程登录 Telnet。远程登录 Telnet 是因特网上最基本的服务之一，同时也是其他许多服务（如 BBS）的基础。事实上，利用远程登录 Telnet 可以访问几乎所有各种 Internet 服务。

在使用过远程登录 Telnet 后，你将发现，Telnet 会让你忘记自己与远程主机之间的距离，你所能感到的距离感仅仅是，当 Internet 使用频繁时，计算机的响应速度稍有迟缓。当然，熟练的用户可以轻松自如地依次访问几个不同的 Internet 主机。

何谓远程登录 Telnet 呢？我们这里介绍的远程登录，是一个利用 Telnet 协议与另一台计算机通信，从而使本地主机或终端成为远程计算机的终端的程序。远程登录是 Internet 提供的基本服务之一，它允许用户在本地机器上对远方节点进行帐号注册，注册成功后，可以把本地机器看作是远方节点的一个普通终端，用户可以同远方节点上的其他用户一样使用远方机器上的软、硬件资源。

远程登录的作用是把本地主机作为远程主机的一台仿真终端使用，这同样是一种非常重要的 Internet 基本服务。Telnet 之所以重要，首先是因为有些通信软件只支持 telnet，如 ChinaNet 用户中使用非常普遍的 PROCOMM（这些用户实际上是在使用一条所谓" 直接拨号" 的 Internet 连接)；其次在于有些非常流行的服务，如 BBS，只有通过远程登录才能访问；第三是因为 Telnet 可以很方便地访问 Internet 上为数众多的联机数据库和图书馆卡片目录。事实上，Internet 上的绝大多数服务都可通过 Telnet 进行访问。

2.7.7.4 电子邮件

在 Internet 上，除了浏览 Web 网页外，另一个使用频率最高的功能就是收发电子邮件（E－mail）了。人们通过电子邮件实现了一种新型的、方便快捷而费用相对低廉的通信方式，通过电子邮件，在几秒钟到几分钟内就可以将信件发送到全世界的任何一个拥有电子邮件地址的人那里，它使人们交流信息的方式得到了极大的改变。

一般，在网络中发送邮件的服务器称为 SMTP 服务器，而接收邮件的服务器称为 POP3 服务器。电子邮件首先发送给发送方的 SMTP 服务器，SMTP 服务器负责与收件方的 POP3 服务器联系并进行转发。如果一切正常，接收方的 POP3 服务器会根据收件人的地址将其邮件分发到对应的电子邮箱中。

使用电子邮件要有一个电子邮件信箱，用户可向 Internet 服务提供商（简称 ISP）申请。邮件信箱实际上是在邮件服务器上为用户分配的一块存储空间，每个电子信箱对应着一个信箱地址或叫做邮件地址，即每一个信箱对应于一个用户，

Internet 上的用户其信箱地址是唯一的，其格式形如：

收件人邮箱名（用户名）@ 邮箱所在主机的域名

其中用户名是用户申请电子信箱时与 ISP 协商的一个字母与数字的组合。域名是 ISP 的邮件服务器。例如：hellen@ 163. com 和 liwei@ public. wh. hb. cn 是两个 E－mail 地址。

目前主要有两种使用电子邮箱的方法。

（1）网上免费信箱　首先申请一个信箱，如申请 163 免费信箱，在网站的首页就有免费邮箱申请的提示，点击“注册”或“申请”字样即可进入免费邮箱申请界面，按窗口提示进行输入即可申请，非常方便。

申请成功后就可用此信箱收发信件了。步骤包括：①上网；②进入免费信箱的主页，输入用户名及密码；③进入信箱后可以看到收件箱、发件箱等，照提示去做即可。

（2）用邮件管理软件　常用的软件有微软公司开发的 Outlook Express、国人开发的 Foxmail 等。

2.7.7.5 搜索引擎

随着 Internet 的迅速发展，网上的 Web 站点越来越多，与此同时各种各样的搜索引擎也相应地纷纷出现，它们在提供搜索工具的同时，也为用户提供不同的分类主题目录。以方便广大用户在 Internet 上快速查找信息。对于中文站点，内地、香港、台湾、澳门、美国以及新加坡等地都有中文搜索引擎，用户可根据自己的需要选择中文搜索引擎。

对于初学者来说，了解一个速度较快、自己比较欣赏并且带有主题目录的中文搜索引擎，将会大大方便自己搜索 Internet 信息。

百度搜索引擎是一个面向全球范围的中英文搜索引擎，以其易用、快速的特性深受广大网友喜爱。百度搜索引擎的 Web 地址是 http：//www. baidu. com，在地址栏中输入该地址并单击“”按钮，就可以进入搜索引擎网页了，如图 2 - 100 所示。

百度搜索引擎主页上只有一个搜索栏（即搜索引擎），因此用户只能进行资源搜索的操作。百度的搜索功能分为多个类别，如新闻、网页、图片、视频、百科等等，根据需要用户可在百度主页中选择搜索。如果要开始进行特定主题的搜索，在搜索引擎的文本框中输入关键字。例如我们输入一个字段“中医基础理论”，并单击“百度一下”按钮，搜索引擎即开始进行搜索，系统将查找符合查询条件的内容目录，并显示出来供用户参考，如图 2 - 101 所示，共查找出相关的条目有 2 百多万条。如果用户希望搜索引擎查找的信息更为精确，可设置更多的搜索关键字或查询条件设置。

图 2 - 100 百度中文版搜索引擎

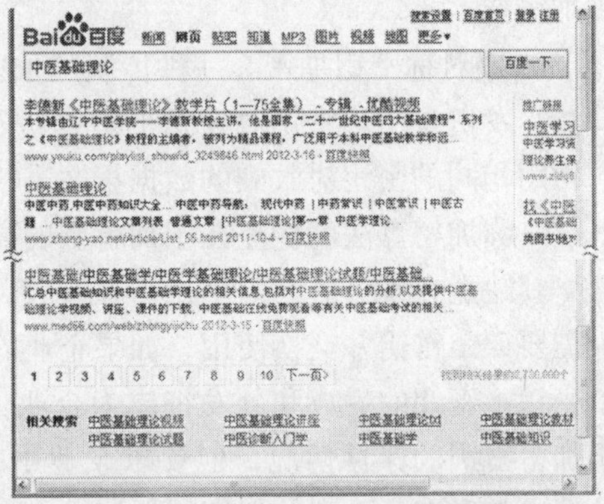

图 2 - 101 显示符合查询条件的目录

除百度之外，还有许多中文搜索引擎，如谷歌，中文雅虎、新浪、网易等，都可以为用户提供详细而周全的搜索服务。

它们的搜索引擎的网址如下。

Google（谷歌）：www. google. com. hk

雅虎中国：cn. yahoo. com

新浪：www. sina. com. cn/

搜狐：www. sohu. com

网易：www. 163. com

2. 7. 8 计算机网络安全

随着网络的日益普及，人们之间信息交流亦越来越频繁。如果对自己的计算机及网络没有采取任何安全措施，那所有的资源都将被每一个访问你的计算机用户获取，你的计算机上的许多信息秘密将对别人公开，这将是极其危险的问题。因此对计算机采用适当的安全防范措施就尤为重要。目前采用的安全机制主要有以下几种。

2.7.8.1 口令

很多计算机系统采用口令机制来控制对系统资源的访问，当用户要求访问被保护的资源时，就要求输入口令。在传统的计算机系统中，简单的口令就能取得良好的效果，因为系统本身不会把口令泄露出去。而在网络系统中，这样的口令很容易被窃听。比如，当某用户从网络上登录到一台远程计算机上时，其他用户就很容易从网络传输线路上窃听到他的口令，这样的技术称为在线窃听。在线窃听在局域网上很容易实现，因为大多数局域网都是总线结构，任何一台计算机都很容易截取网上的所有信息，因此必须采取其他保护措施。

2.7.8.2 加密和保密

为了保证在线窃听情况下的保密性，必须对数据加密。加密的基本思想是将信息以另外一种方式表示，使得只有合法的接收方才能读懂信息，任何其他人即使截取的该加密信息，也很难解开、读懂，从而保证了信息传送的保密性。目前主要有如下几种加密技术。

（1）对称密钥加密　一种传统的加密技术是发送方和接收方使用相同密钥的加密算法。发送方用该密钥对发送的数据进行加密，然后将数据报文传送至接收方，接收方再用相同的密钥对收到的数据报文进行解密。

对称加密算法的优点在于加解密的高速度和使用长密钥时的难破解性。

其缺点在于：假设两个用户需要使用对称加密方法加密然后交换数据，则用户最少需要 2 个密钥并交换使用，如果企业内用户有 n 个，则整个企业共需要 $n\times(n-1)$ 个密钥，密钥的生成和分发将成为企业信息部门的噩梦。对称加密算法的安全性取决于加密密钥的保存情况，但要求企业中每一个持有密钥的人都保守秘密是不可能的，他们通常会有意无意的把密钥泄漏出去——如果一个用户使用的密钥被入侵者所获得，入侵者便可以读取该用户密钥加密的所有文档，如果整个企业共用一个加密密钥，那整个企业文档的保密性便无从谈起。

（2）非对称加密　在很多加密方法中，密钥是必须保密的。但也有公开密钥的加密方法，称为公共密钥加密法。它给每个用户分配两把密钥：一个称私有密钥，是保密的；一个称公共密钥，是众所周知的。假设两个用户要加密交换数据，双方交换公钥，使用时一方用对方的公钥加密，另一方即可用自己的私钥解密。由于公钥是可以公开的，用户只要保管好自己的私钥即可。

这种方法是安全的，因为加密和解密的过程具有单向性质。也就是说，仅知道了公共密钥并不能伪造由相应私有密钥加密过得数据报文。只要发送方使用接收方的公共密钥来加密，就只有接收方能够读懂数据报文，因为要解密必须要知道接收方得私有密钥。

（3）数字签名　又称公钥数字签名、电子签章，是一种类似写在纸上的普通的物理签名，但是使用了公钥加密领域的技术实现，用于鉴别数字信息的方法。可用于辨别数据签署人的身份，并表明签署人对数据信息中包含的信息的认可。一套数字签名通常定义两种互补的运算，一个用于签名，另一个用于验证。使用数字签名的文件的完整性是很容易验证，而且数字签名具有法律效应。

简单地说，所谓数字签名就是附加在数据单元上的一些数据，或是对数据单元所作的密码变换。这种数据或变换允许数据单元的接收者用以确认数据单元的来源和数据单元的完整性并保护数据，防止被人（例如接收者）进行伪造。它是对电子形式的消息进行签名的一种方法，一个签名消息能在一个通信网络中传输。基于公钥密码体制和私钥密码体制都可以获得数字签名，目前主要是基于公钥密码体制的数字签名。包括普通数字签名和特殊数字签名。

数字签名技术是不对称加密算法的典型应用。数字签名的应用过程是，数据源发送方使用自己的私钥对数据校验和或其他与数据内容有关的变量进行加密处理，完成对数据的合法“签名”，数据接收方则利用对方的公钥来解读收到的“数字签名”，并将解读结果用于对数据完整性的检验，以确认签名的合法性。数字签名技术是在网络系统虚拟环境中确认身份的重要技术，完全可以代替现实过程中的“亲笔签字”，在技术和法律上有保证。在数字签名应用中，发送者的公钥可以很方便地得到，但他的私钥则需要严格保密。

由于每个用户的私钥是唯一的，其他用户除了可以通过信息发送者的公钥来验证信息的来源是否真实，还可以确保发送者无法否认曾发送过该信息。

2.7.8.3 防火墙技术

防火墙技术是一种允许接入外部网络，但同时又能够识别和抵抗非授权访问的安全技术。防火墙扮演的是网络中“交通警察”的角色，指挥网上信息合理有序地安全流动，同时也处理网上的各类“交通事故”。防火墙可分为外部防火墙和内部防火墙。前者在内部网络和外部网络之间建立起一个保护层，从而防止“黑客”的侵袭，其方法是监听和限制所有进出通信，挡住外来非法信息并控制敏感信息被泄露；后者将内部网络分隔成多个局域网，从而限制外部攻击造成的损失。

2.7.8.4 入侵检测技术

入侵检测技术主要目标是扫描当前网络的活动，监视和记录网络的流量，根据定义好的规则来过滤从主机网卡到网线上的流量，提供实时报警。大多数的入侵监测系统可以提供关于网络流量非常详尽的分析。

2.7.8.5 网络隔离

主要是指把两个或两个以上可路由的网络（如：TCP/IP）通过不可路由的协议（如：IPX/SPX、NetBEUI 等）进行数据交换而达到隔离目的。由于其原理主要是采用了不同的协议，所以通常也叫协议隔离。

隔离概念是在为了保护高安全度网络环境的情况下产生的；隔离产品的大量出现，也是经历了五代隔离技术不断的实践和理论相结合后得来的。

2.7.8.6 云安全

云安全（Cloud Security）是网络时代信息安全的最新体现，它融合了并行处理、网格计算、未知病毒行为判断等新兴技术和概念，通过网状的大量客户端对网络中软件行为的异常监测，获取互联网中木马、恶意程序的最新信息，推送到 Server 端进行自动分析和处理，再把病毒和木马的解决方案分发到每一个客户端。

2.8 计算机病毒

2.8.1 计算机病毒的概念及定义

计算机病毒的出现是计算机技术和以计算机为核心的社会信息化进程发展到一定阶段的必然产物。它是计算机犯罪的一种新的衍化形式，是高技术犯罪，具有瞬时性、动态性和随机性。不易取证，风险小破坏大。

计算机病毒是指“编制或者在计算机程序中插入的破坏计算机功能或者破坏数据，影响计算机使用并且能够自我复制的一组计算机指令或者程序代码”。

2.8.2 计算机病毒的特点

（1）寄生性　计算机病毒寄生在其他程序之中，当执行这个程序时，病毒就起破坏作用，而在未启动这个程序之前，它是不易被人发觉的。

（2）传染性　计算机病毒不但本身具有破坏性，更有害的是具有传染性，一旦病毒被复制或产生变种，其速度之快令人难以预防。

（3）潜伏性　有些病毒像定时炸弹一样，让它什么时间发作是预先设计好的。比如黑色星期五病毒，不到预定时间一点都觉察不出来，等到条件具备的时候一下子就爆炸开来，对系统进行破坏。一个编制精巧的计算机病毒程序，进入系统之后一般不会马上发作，可以在几周或者几个月内甚至几年内隐藏在合法文件中，对其他系统进行传染，而不被人发现，潜伏性愈好，其在系统中的存在时间就会愈长，病毒的传染范围就会愈大。

（4）隐蔽性　计算机病毒具有很强的隐蔽性，有的可以通过病毒软件检查出来，有的根本就查不出来，有的时隐时现、变化无常，这类病毒处理起来通常很困难。

（5）破坏性　计算机中毒后，可能会导致正常的程序无法运行，把计算机内的文件删除或受到不同程度的损坏 。

（6）可触发性　病毒因某个事件或数值的出现，诱使病毒实施感染或进行攻击的特性称为可触发性。为了隐蔽自己，病毒必须潜伏，少做动作。如果完全不动，一直潜伏的话，病毒既不能感染也不能进行破坏，便失去了杀伤力。病毒既要隐蔽又要维持杀伤力，它必须具有可触发性。病毒的触发机制就是用来控制感染和破坏动作的频率的。病毒具有预定的触发条件，这些条件可能是时间、日期、文件类型或某些特定数据等。病毒运行时，触发机制检查预定条件是否满足，如果满足，启动感染或破坏动作，使病毒进行感染或攻击；如果不满足，使病毒继续潜伏。

2.8.3 计算机病毒的危害

计算机病毒的危害是多方面的，概括起来大致有如下几个方面：①破坏计算机硬盘上得主引导扇区，是计算机无法启动；②破坏文件中的数据，删除文件；③对磁盘或磁盘中特定扇区格式化，使磁盘信息丢失；④产生垃圾文件，不断占领磁盘空间，使磁盘空间不断减少；⑤占用 CPU 运行时间，是电脑运行效率降低；⑥破坏屏幕正常显示，破坏键盘输入程序，干扰用户正常操作；⑦破坏计算机网络资源，使网络系统瘫痪。

2.8.4 计算机被病毒感染破坏的主要症状

①计算机系统运行速度减慢，②操作系统无故频繁出现错误，系统异常重新启动，③计算机系统经常无故发生死机，④计算机系统中的文件长度发生变化，⑤计算机存储的容量异常减少，⑥丢失文件或文件损坏，⑦计算机屏幕上出现异常显示，⑧计算机系统的蜂鸣器出现异常声响，⑨系统不识别硬盘，⑩文件无法正确读取、复制或打开，⑪异常要求用户输入密码，⑫Word 或 Excel 提示执行“宏”，⑬是不应驻留内存的程序驻留内存。

2.8.5 计算机病毒的传染途径

计算机病毒之所以称之为病毒是因其具有传染性。传播渠道通常有以下几种。

（1）通过移动存储器　移动存储器现在已被极其广泛的使用，如移动硬盘、U 盘、Mp3、Mp4、等等。大量的使用已经被感染的这些设备，在各个不同机器上复制拷贝文件和数据，是计算机病毒最常见的传染途径，造成了病毒感染、泛滥蔓延。

（2）通过光盘　因为光盘容量大，存储了海量的可执行文件，大量的病毒就有可能藏身于光盘，对只读式光盘，不能进行写操作，因此光盘上的病毒不能清除。以谋利为目的非法盗版软件的制作过程中，不可能为病毒防护担负专门责任，也决不会有真正可靠可行的技术保障避免病毒的传入、传染、流行和扩散。

（3）通过网络　传染扩散极快，能在很短时间内传遍网络上的机器。随着 Internet 的风靡，给病毒的传播又增加了新的途径，它的发展使病毒可能成为灾难，病毒的传播更迅速。Internet 带来两种不同的安全威胁，一种威胁来自文件下载，这些被浏览的或是被下载的文件可能存在病毒。另一种威胁来自电子邮件。大多数 Internet 邮件系统提供了在网络间传送附带格式化文档邮件的功能，因此，遭受病毒的文档或文件就可能通过网关和邮件服务器涌入企业网络。网络使用的简易性和开放性使得这种威胁越来越严重。

2.8.6 计算机病毒的防治

（1）计算机病毒的防治方法　①安装杀毒软件，杀毒软件经常更新，以快速检测到可能入侵计算机的新病毒或者变种。②使用安全监视软件（如瑞星卡卡）主要防止浏览器被异常修改，安装不安全恶意的插件。③使用防火墙或者杀毒软件自带防火墙。④关闭电脑自动播放（网上有）并对电脑和移动储存工具进行常见病毒免疫。⑤定时全盘病毒木马扫描。

（2）常见杀毒软件　①杀毒软件：卡巴斯基、NOD32、瑞星、金山毒霸、KV3000 等。②U 盘病毒专杀：AutoGuarder2。③单独防火墙：天网，comodo，或者杀毒软件自带防火墙。

习题 2.1

一、单项选择题

1. Windows XP 是一个真正的（　　）位操作系统。

A. 8　　B. 16　　C. 24　　D. 32

2. Windows XP 的“开始”菜单，包括了 Windows XP 系统的（　　）。

A. 全部功能　　B. 部分功能　　C. 主要功能　　D. 初始化功能

3. 在 Windows XP 中，硬盘上被删除的文件或文件夹将存放在（　　）中。

A. 内存　　B. 外存　　C. 回收站　　D. 剪贴板

4. Windows XP 的桌面指的是（　　）。

A. 整个屏幕　　B. 当前窗口　　C. 全部窗口　　D. 某个窗口

5. Windows XP 中，可以使用桌面上的（　　）来浏览或查看系统提供的所有软、硬件资源。

A. 公文包　　B. 回收站　　C. 我的电脑　　D. 网上邻居

6. 对 Windows XP 系统，下列叙述中正确的是（　　）。

A. 多窗口层叠时，被覆盖的窗口便看不见

B. 对话框的外形和窗口差不多，允许用户改变其大小

C. Windows XP 的操作只能用鼠标

D. 桌面上可同时容纳多个窗口

7. 在 Windows XP 的编辑状态下，启动汉字输入方法后，下列（　　）操作能进行全角/半角的切换。

A. Ctrl + F9 键　　B. Shift + 空格键　　C. Ctrl + 空格键　　D. Ctrl + 圆点键

8. 关于 Windows XP 系统，下列叙述中错误的是（　　）。

A. Windows XP 为每一个任务自动建立一个显示窗口，其位置和大小不能改变

B. 可同时运行多个程序

C. Windows XP 打开的多个窗口，既可平铺也可层叠

D. Windows XP“任务栏”的位置是可以调整的

9. 在 Windows XP 窗口中，用鼠标拖动（　　），可以移动整个窗口。

A. 菜单栏　　B. 标题栏　　C. 工具栏　　D. 状态栏

10. 在 Windows XP 中选取某一菜单后，若菜单项后面带有省略号（…），则表示（　　）。

A. 将弹出对话框　　B. 已被删除

C. 当前不能使用　　D. 该菜单项正在起作用

11. 当一个应用程序窗口被最小化时，该应用程序将（　　）。

A. 继续在前台执行　　B. 被转入后台执行

C. 被终止执行　　D. 被暂停执行

12. 当一个文档窗口被关闭后，该文档将保存在（　　）中。

A. 剪贴板　　B. 回收站　　C. 内存　　D. 外存

13. 下列叙述中，不正确的是（　　）。

A. 不同文件之间可通过剪贴板交换信息

B. 屏幕上打开的窗口都是活动窗口

C. 应用程序窗口最小化成图标后仍在运行

D. 在不同磁盘间可以用鼠标拖动文件名的方法实现文件的复制

14. Windows XP 的下列操作中，能进行中文英文标点符号切换的是（　　）。

A. Ctrl + F9 键　　B. Shift + 空格键　　C. Ctrl + 空格键　　D. Ctrl + 圆点键

15. 在输入中文时，下列（　　）操作不能进行中英文切换。

A. Ctrl + 空格键

B. Shift + 空格键

C. 用“任务栏”右侧的语言“指示器”菜单

D. 用鼠标左键单击输入法状态窗口中最左边的中英文切换按钮

16. 下列操作中，能在各种中文输入法间切换的是（　　）。

A. Ctrl + Shift 键　　B. Ctrl + 空格键　　C. Alt + Shift 键　　D. Shift + 空格键

17. 在用户删除（　　）中的文件或文件夹时，Windows XP 将删除的文件或文件夹放入“回收站”，使其不被真正删除掉，以便需用时恢复。

A. 硬盘　　B. 软盘　　C. 光盘　　D. 内存

18. 下列操作中，（　　）不能打开资源管理器。

A. 左击“开始”按钮，从系统菜单选择“程序”子菜单中的“Windows 资源管理器”

B. 右击“开始”按钮，从快捷菜单选择“资源管理器”

C. 左双击“我的电脑”，从窗口中选择“资源管理器”

D. 右击“我的电脑”，从快捷菜单中选择“资源管理器”

19. 在选定文件或文件夹后，下列（　　）操作不能完成文件或文件夹的复制。

A. 单击工具栏上的“复制”按钮

B. 在编辑菜单中选择“剪切”命令

C. 按 Ctrl + C 键

D. 在选中的文件或文件夹上单击右键，选择快捷菜单中的“复制”命令

20. 在选定文件或文件夹后，单击工具栏上（　　）按钮，可以进行移动操作。

A. 剪切　　B. 复制　　C. 删除　　D. 粘贴

21. 在 Windows XP 的“资源管理器”窗口中，用鼠标单击目录树窗口中的一个文件夹，则（　　）。

A. 删除文件夹

B. 选定当前文件夹，显示其内容

C. 创建文件夹

D. 弹出对话框

22. 在选定文件或文件夹后，下列的（　　）操作不能修改文件或文件夹名称。

A. 用鼠标右键单击文件名，然后选择“重命名”命令，键入新文件名后按回车键

B. 用鼠标左键单击文件名，然后选择“重命名”命令，键入新文件名后按回车键

C. 按 F2 键，然后键入新文件名再按回车键

D. 在“文件”菜单中选择“重命名”命令，然后键入新文件名再按回车键

23. 在 Windows XP 中，下列的（　　）操作可运行一个应用程序。

A. 按 Alt + F4 键

B. 用鼠标右键单击该应用程序名

C. 用鼠标左键双击该应用程序名

D. 用鼠标右键双击该应用程序名

24. 在 Windows XP 中，下列说法正确的是（　　）。

A. 只能打开一个应用程序窗口

B. 可以同时打开多个应用程序窗口，但其中只有一个是活动窗口

C. 可以同时打开多个应用程序窗口，被打开的窗口都是活动窗口

D. 可以同时打开多个应用程序窗口，但在屏幕上只能见到一个应用程序窗口

25. （　　）操作可以确保打开一个很久以前的、记不清用何种程序建立的文档。

A. 用“开始”菜单中的“文档”命令打开

B. 用“资源管理器”找到该文档，然后单击它

C. 用建立该文档的程序打开它

D. 用“开始”菜单中的“查找”命令找到该文档，然后双击它

26. 下列创建新文件夹的操作中，错误的是（　　）。

A. 在 MS - DOS 方式下用 MD 命令

B. 在“开始”菜单中，选择“运行”命令，再执行 MD

C. 在“资源管理器”的“文件”菜单中选择“新建”命令

D. 用“我的电脑”确定磁盘或上级文件夹，然后选择“文件”菜单中的“新建”命令

27. 用鼠标拖放功能实现文件或文件夹的快速复制时，正确的操作是（　　）。

A. 用鼠标左键拖动文件或文件夹到目的文件夹上

B. 按住 Ctrl 键，然后用鼠标左键拖动文件或文件夹到目的文件夹上

C. 按住 Shift 键，然后用鼠标左键拖动文件或文件夹到目的文件夹上

D. 按住 Shift 键，然后用鼠标右键拖动文件或文件夹到目的文件夹上

28. 在 Windows XP“资源管理器”窗口中。若文件夹图标前面含有“一”符号，表示（　　）。

A. 含有未展开的子文件夹　　　　B. 无子文件夹

C. 子文件夹已展开　　D. 可选

29. Windows XP“资源管理器”中的工具栏的显示，是在该窗口的（　　）菜单中选中“工具栏”命令才显示的。

A. 文件　　B. 编辑　　C. 查看　　D. 工具

30. 在 Windows XP 中，可用“我的电脑”或（　　）菜单打开控制面板窗口。

A. 命令　　B. 编辑　　C. 开始　　D. 快捷

31. 在中文 Windows XP 下启动输入汉字后，（　　）按钮表示全角、半角字符切换按钮。

A. 正方形　　B. 月亮形　　C. 三角形　　D. 椭圆形

32. 在 Windows XP“资源管理器”中，将硬盘上文件复制到软盘上，可使用（　　）菜单中的“发送”命令。

A. 编辑　　B. 查看　　C. 工具　　D. 文件

33. 在“资源管理器”中，选择（　　）菜单中的“复制”命令，可以进行文件或文件夹的复制。

A. 文件　　B. 编辑　　C. 查看　　D. 工具

34. 在 Windows XP 桌面上，不能打开“我的电脑”的操作是（　　）。

A. 左双击“我的电脑”图标

B. 右单击“我的电脑”图标，在快捷菜单中选择“打开”

C. 左单击“我的电脑”图标

D. 在“资源管理器”中选取

35. 在 Windows XP 的“资源管理器”中，要删除某些文件，首先要选中这些文件，然后选择“文件”菜单下的（　　）命令。

A. 剪切　　B. 复制　　C. 删除　　D. 粘贴

36. 安装 Windows XP 时，可选择的安装类型有（　　）种。

A. 1　　B. 4　　C. 3　　D. 2

37. 在 Windows XP 环境下，当微机新安装一台打印机时，使用前必须为该打印机安装（　　）方能使用。

A. 打印纸　　B. 命令　　C. 菜单　　D. 驱动程序

38. 在 Windows XP 中“回收站”是（　　）文件存放的容器。

A. 已删除　　B. 关闭　　C. 打开　　D. 活动

39. 在微机中若只有一个软盘驱动器，在“我的电脑”窗口中显示软盘驱动器为（　　）。

A. A：　　B. C：　　C. D：　　D. B：

40. 在 Windows XP 中，将文件以列表方式显示，一般可按（　　）种规则排序。

A. 2　　B. 4　　C. 3　　D. 5

41. 在 Windows XP“我的电脑”窗口中，当选中某驱动器（如 A:）后，选择（　　）菜单中的“格式化”命令可以完成所选中的磁盘格式化工作。

A. 文件　　B. 编辑　　C. 查看　　D. 帮助

42. 在 Windows XP 中要选中除已选中的文件和文件夹外的文件和文件夹，可选择（　　）菜单中的“反向选择”命令。

A. 文件　　B. 编辑　　C. 查看　　D 工具

43. 在 Windows XP 中要选中不连续的文件或文件夹，先用鼠标左击第一个文件或文件夹，然后按住（　　）键，用鼠标左击要选择的各个文件或文件夹。

A. Alt　　B. Shift　　C. Ctrl　　D. Esc

44. 在 Windows XP 的“资源管理器”中，复制一批文件可使用“编辑”菜单的（　　）命令和粘贴命令。

A. 剪切　　B. 删除　　C. 撤销　　D. 复制

45. 在 Windows XP 中，“任务栏”的主要功能是（　　）。

A. 显示当前窗口的图标　　B. 显示系统的所有功能

C. 显示所有已打开过的窗口图标　　D. 实现任务间的切换

46. 当 Windows XP 正在运行某个应用程序时，若鼠标指针变为“沙漏”状，表明（　　）。

A. 当前执行的程序出错，必须中止其执行

B. 当前必须等待该应用程序运行完毕

C. 提示用户注意某个事项，并不影响计算机继续工作

D. 等待用户作出选择，以便继续工作

47. 下列关于 Windows XP 对话框的描述中，不正确的是（　　）。

A. 对话框的大小是可以调整改变的

B. 对话框的位置是可以移动的

C. 对话框是由系统提供给用户输入信息或选择某项内容的矩形框

D. 对话框可以由用户选中菜单中带有“…”省略号的选项弹出来

48. 在“任务栏”中的任何一个按钮都代表着（　　）。

A. 一个缩小的程序窗口

B. 一个可执行程序

C. 一个不工作的程序窗口

D. 一个正在执行的程序

49. 在 Windows XP 环境中，当运行一个应用程序时就打开一个自己的窗口，关闭运行程序的窗口，就是（　　）。

A. 暂时中断该程序的运行，用户随时可加以恢复

B. 该程序的运行不受任何影响，仍然继续

C. 结束该程序的运行

D. 使该程序的运行转入后台继续工作

50. 在 Windows XP 中，选中某一菜单后，其菜单项前有“√”符号表示（　　）。

A. 该菜单项启用　　B. 可复选的
C. 不可选的　　D. 不起作用的

51. 下列操作中（　）不能打开“控制面板”。
A. 在“开始”菜单的“设置”子菜单中选取
B. 在“开始”菜单的“运行”子菜单中选取
C. 在“我的电脑”窗口中选取
D. 在“资源管理器”窗口中选取

52. 在 Windows XP 中设置屏幕保护的一种最简单的方法是在（　）上单击右键，在快捷菜单中选择“属性”选项，然后在对话框中选择“屏幕保护程序”标签即可。
A. 任务栏　　B. 桌面　　C. 我的电脑图标　　D. 开始按钮

53. 下列操作中，（　）能够更改任务栏的属性。
A. 在“开始”菜单的“设置”子菜单中选取“任务栏”
B. 在“开始”菜单的“查找”子菜单中选取“任务栏”
C. 在“开始”菜单的“运行”子菜单中选取“任务栏”
D. 右击“开始”按钮，在快捷菜单中选取“任务栏”

54. Windows XP 的写字板中，保存新建文档以及将现有文档更名或存放到新位置，应使用（　）菜单中的“另存为”命令。
A. 文件　　B. 编辑　　C. 视图　　D. 插入

55. 下面关于 Windows XP 的功能特点描述中，错误的是（　）。
A. Windows XP 是一个完整的 32 位操作系统，不再依赖于 DOS 操作系统
B. 对于大部分硬件设备都能实现“即插即用”
C. Windows XP 是一个单用户多任务操作系统
D. 一切操作都通过图形用户界面，不能执行 DOS 命令

56. 在 Windows XP 中，若将剪贴板上的信息粘贴到某个文档窗口的插入点处，正确的操作是（　）。
A. 按 Ctrl + X 键　　B. 按 Ctrl + V 键
C. 按 Ctrl + C 键　　D. 按 Ctrl + Z 键

57. 在 Windows XP 中，若将鼠标在屏幕上产生的标记符号移到一个窗口的边缘时，便会变为一个双向的箭头，表明（　）。
A. 可以改变窗口的大小形状
B. 可以移动窗口的位置
C. 既可以改变窗口的大小，又可以移动窗口的位置
D. 既不可以改变窗口的大小，也不可以移动窗口的位置

58. 下面关于 Windows XP 快捷菜单的描述中，不正确的是（　）。
A. 快捷菜单可以显示出与某一对象相关的命令菜单
B. 按 Esc 键或单击桌面或窗口上任一空白区域，都能退出快捷菜单

C. 选定需要操作的对象，单击鼠标左键，屏幕上就会弹出相应的快捷菜单

D. 选定需要操作的对象，单击鼠标右键，屏幕上就会弹出相应的快捷菜单

59. 在 Windows XP 环境中，每个空白的“标题栏”的右边都有一个标有空心方框的方形按钮，用鼠标左键单击它，可以（　　）。

A. 把该窗口最小化　　B. 关闭该窗口

C. 把该窗口最大化　　D. 将该窗口还原

60. 在 Windows XP 环境中，桌面上可以同时打开若干个窗口，但是其中只能有一个是当前活动窗口。指定当前活动窗口的正确方法是（　　）。

A. 用鼠标在该窗口内任意位置上单击

B. 用鼠标在该窗口内任意位置上双击

C. 将其他窗口都关闭，只留下一个窗口，即成为当前活动窗口

D. 将其他窗口都最小化，只留下一个窗口，即成为当前活动窗口

61. 在 Windows XP 中，有关文件名的叙述不正确的是（　　）。

A. 文件名中允许使用空格

B. 文件名中允许使用货币符号（$）

C. 文件名中允许使用星号（*）

D. 文件名中允许使用汉字

62. 设 Windows XP 桌面上已经有某个应用程序的图标，要运行该程序，可以（　　）。

A. 用鼠标右键单击该图标

B. 用鼠标左键单击该图标

C. 用鼠标右键双击该图标

D. 用鼠标左键双击该图标

63. 下面关于 Windows XP 窗口描述中，（　　）是不正确的。

A. Windows XP 的桌面也是 Windows 窗口

B. Windows 窗口有两种类型：应用程序窗口和文档窗口

C. 窗口是 Windows XP 应用程序的用户界面

D. 用户可以在屏幕上移动窗口和改变窗口的大小

64. 在“资源管理器”窗口中选定文件或文件夹后，若想将它们立即删除，而不是放到“回收站”中，正确的操作是（　　）。

A. 按 Delete（Del）键

B. 按 Shift + Delete（Del）键

C. 选择“文件”菜单中的“删除”命令

D. 用鼠标直接将文件或文件夹拖放到“回收站”中

65. 在 Windows XP 中，创建一个文档，应该（　　）。

A. 使用系统菜单里的“文档”命令

B. 在“我的电脑”窗口中使用“文件”菜单的有关命令

C. 在“资源管理器”窗口中使用“编辑”菜单的有关命令

D. 在应用程序的窗口中使用“文件”菜单的有关命令

66. 在 Windows XP 中，所说的文档文件是指（　　）。

A. 文本文件、Word 2003 文档、图形文件和声音文件等

B. 文本文件和 Word 2003 文档

C. Word 2003 文档和图形文件

D. 文本文件和图形文件

67. 在 Windows XP 的“资源管理器”窗口中，显示指定文件夹里的文件信息，其显示方式是（　　）。

A. 只能显示文件名

B. 固定为显示文件的全部相关信息

C. 固定为显示文件的部分相关信息

D. 可以只显示文件名，也可以显示文件的全部或部分相关信息，由用户选择

68. 在 Windows XP 中，如果一个窗口被最小化，此时前台运行其他程序，则（　　）。

A. 被最小化的窗口及与之相对应的程序撤除内存

B. 被最小化的窗口及与之相对应的程序继续占用内存

C. 被最小化的窗口及与之相对应的程序被终止执行

D. 内存不够时会被自动关闭

69. 在 Windows XP 中，若想用键盘关闭所打开的应用程序，可以按下（　　）。

A. Ctrl + F4　　B. Ctrl + Shift　　C. Alt + F4　　D. Ctrl + Esc

70. 在 Windows XP 资源管理器中，若用键盘打开查看菜单，需要同时按下（　　）。

A. Ctrl + Shift 键　B. Alt + V 键　C. Ctrl + 空格键　D. Ctrl + Tab 键

71. 在 Windows XP 中，下列叙述中不正确的是（　　）。

A. 窗口主要由边框、标题栏、菜单栏、工作区、状态栏、滚动条等组成

B. 单击并拖动标题栏，可以移动窗口的位置

C. 不同应用程序窗口的菜单栏内容各不相同，但一般都有“文件”、“编辑”和“帮助”菜单项

D. 每一个窗口都有工具栏，位于菜单栏的下面

72. 在 Windows XP 中，允许用户将对话框（　　）。

A. 最小化　　B. 最大化　　C. 移动其位置　　D. 改变其大小

73. 在“资源管理器”的左窗口中，单击文件夹的图标，则（　　）。

A. 在左窗口中显示其子文件夹

B. 在左窗口中扩展该文件夹

C. 在右窗口中显示该文件夹中的文件

D. 在右窗口中显示该文件夹中的子文件夹和文件

74. 在 Windows XP 的“我的电脑”或“资源管理器”窗口中，若要选择多个相邻的文件或文件夹以便对其进行某些处理操作（如移动、复制），正确的选择方法是（　　）。

A. 用鼠标左键逐个选取

B. 用鼠标右键逐个选取

C. 左单击第一个文件或文件夹图标，按住 Shift 键，再左单击最后一个文件或文件夹图标

D. 左单击第一个文件或文件夹图标，按住 Ctrl 键，再左单击最后一个文件或文件夹图标

75. 在 Windows XP 中，下列叙述正确的是（　　）。

A. 桌面上的图标，不能按用户的意愿重新排列

B. 只有对活动窗口才能进行移动、改变大小等操作

C. 回收站与剪贴板一样，是内存中的一块区域

D. 一旦屏幕保护开始，原来在屏幕上的当前窗口就被关闭了

76. 在 Windows XP 中关于“网上邻居”的叙述，错误的是（　　）。

A. 只有在用户机联网时，桌面上才会出现“网上邻居”图标

B. 通过“网上邻居”窗口，可以浏览与使用网上的全部计算机资源

C. 通过“网上邻居”窗口，可以浏览网上的计算机

D. 通过“网上邻居”窗口，不能浏览网上的打印机

77. 在 Windows XP 中使用系统菜单时，只要移动鼠标到某个菜单项上单击，就可以选中该菜单项。如果某菜单项尾部出现（　　）标记，则说明该菜单项还有下级子菜单。

A. 省略号　　B. 向右箭头　　C. 组合键　　D. 括号

78. 在 Windows XP 的各种对话框中，有些项目在文字说明的左边标有一个小方框，当小方框里有“√”符号时，表明（　　）。

A. 这是一个单选按钮，且已被选中

B. 这是一个单选按钮，且未被选中

C. 这是一个多选按钮，且已被选中

D. 这是一个多选按钮，且未被选中

二、填空题

1. Windows XP 中，窗口可分为（　　）窗口和文档窗口两类。

2. 只要用鼠标单击（　　）上的某个窗口，对应的窗口就被激活，变成当前窗口。

3. Windows XP 是基于（　　）界面的操作系统。

4. Windows XP 中支持长文件名，最多可达（　　）个字符。

5. 在 Windows XP 中，按（　　）快捷键可关闭应用程序。

6. 在 Windows XP 中，（　　）窗口是应用程序窗口的子窗口。

7. 在 Windows XP“资源管理器”的右窗口中，用鼠标左键（　　）某一图标，便可启动程序或打开文档。

8. 要删除选定的文件或文件夹，可按（　　）键。

9. 在 Windows XP 中，可以使用“系统工具”里的（　　）实现磁盘碎片整理。

10. 在 Windows XP 中，除了使用“资源管理器”来管理计算机软、硬件资源外，也可以使用（　　）来完成同样的工作。

11. 为了方便软件的安装和卸载，Windows XP 专门提供了（　　）功能。能彻底从平台上删除不需要的软件。

12. 若要对已创建的文档进行处理，需要先（　　）该文档。

13. Windows XP“任务栏”上的内容为所有已打开的（　　）。

14. 在 Windows XP 的“关闭系统”对话框中，选择“重新启动系统并切换到MS－DOS 方式”，系统便进入 MS－DOS 状态，若要返回 Windows XP，只需键入（　　）命令即可。

15. 在 Windows XP 的“资源管理器”中，欲删除待选定的文件或文件夹。可以选择“文件”菜单中的（　　）命令完成。

16. 在 Windows XP 中，用（　　）菜单中的“运行”命令，可以启动一个应用程序。

17. 在 Windows XP 中，“写字板”应用程序是存放在（　　）文件夹中。

18. 要改变 Windows XP 窗口的排列方式，只要用鼠标右键单击（　　）的空白处，在快捷菜单中作出相应选择即可。

19. Windows XP 中，文件是指存储在（　　）上的信息的集合，每个文件都有一个文件名。

20. 在 Windows XP 中，文件或文件夹的管理可以在“我的电脑”或（　　）中进行。

21. 在 Windows XP 中，使用菜单进行文件或文件夹的移动，需经过选择、（　　）、粘贴 3 个步骤。

22. 在 Windows XP 中，（　　）用于暂时存放从硬盘上删除的文件或文件夹。

23. Windows XP 中选择文件或文件夹时，可以进行反向选择，它是将原来的选择（　　），而将未被选择的所有文件和文件夹选中。

24. 在“资源管理器”窗口中，若要一次选择连续的几个文件，则先用鼠标左击第一个文件，然后按住（　　）键，再用鼠标左击最后一个文件。

25. 在 Windows XP 的“资源管理器”窗口中，若要选择全部文件或文件夹，可左击“编辑”菜单中的（　　）选项。

26. 在 Windows XP 的“资源管理器”窗口中对文件或文件夹图标可按名称、类型、大小、日期及（　　）5 种规则排序。

27. 在 Windows XP 中，用（　　）菜单中的“文档”命令，可以打开最近刚打开过的一个文档文件。

28. 要将当前窗口的内容存入剪贴板，应按（　　）键。

29. 要将整个桌面窗口的内容存入剪贴板，应按（　　）键。

30. 要安装或删除一个应用程序，必须打开（　　）窗口，然后使用其中的“添加/删除程序”功能。

31. Windows XP 中“资源管理器”窗口分为左、右两个窗口，其中左窗口显示（　　），右窗口显示指定的磁盘或文件夹包含的内容。

32. 在 Windows XP 中，若要更改任务栏的属性，可以右击（　　），在快捷菜单中选择“属性”选项实现。

33. 在 Windows XP 中，用户可以同时打开多个窗口，窗口的排列方式有层叠式、（　　）2 种。

34. 在 Windows XP 中，当用户打开多个窗口时，只有一个窗口处于激活状态，该窗口称为（　　）窗口。

35. 剪贴板是 Windows XP 中一个非常实用的工具，它的主要功能是在 Windows 程序和文件之间静态（　　）。

36. 在 Windows XP 下启动“写字板”应用程序的方法是首先左击“开始”按钮，然后选（　　）菜单，再选“附件”菜单中的“写字板”即可。

37. 在 Windows XP“资源管理器”中通过“查看”菜单查到的文件，可用(　　)菜单中的命令进行剪切、复制等操作。

38. 在 Windows XP 中退出“资源管理器”窗口。可从（　　）菜单选择“关闭”命令。

39. 在 Windows XP 的“资源管理器”窗口中，对一个文件设置属性共有(　　)种。

40. 在“我的电脑”或“资源管理器”窗口中，可以使用（　　）菜单中的“新建”命令，创建新文件夹。

41. 在 Windows XP 中，当用户打开多个窗口时，只有当前窗口中的程序处于(　　)运行状态，其他窗口的程序则在（　　）运行。

42. 在 Windows XP 环境中，若单击某个窗口标题栏右边的第二个“最大化”按钮，则该窗口会放大到整个屏幕；而后此按钮就会变为（　　）按钮。

43. 在 Windows XP 中，当启动程序或打开文档时，若不知道某个文件位于何处，则可以使用系统提供的（　　）功能。

44. 在 Windows XP 中，文件夹是用来组织磁盘文件的一种（　　）数据结构。

45. 在“我的电脑”或“资源管理器”窗口中，当一个文件或文件夹被删除之后，如果用户还没有进行其他的操作，则可以在“编辑”菜单中选择（　　）命令，将其予以恢复。

46. 在 Windows XP 中，要创建文档。首先要（　　）生成文档的程序。

47. 在 Windows XP 中，当用户不小心对文件或文件夹的操作发生错误时，可以利用“编辑”菜单中的“撤销”命令或按（　　）键，取消原来的操作。

48. 在“资源管理器”窗口中，若想显示隐含文件，可以利用（　　）菜单来进行设置。

49. 在“资源管理器”窗口中，利用（　　）菜单中的“属性”选项，可以设置所选取文件或文件夹的各种属性。

50. 在 Windows XP 中，可以直接使用鼠标拖放功能实现文件或文件夹的（　　）。

51. 在清空“回收站”之前，放在那里的文件（　　）从硬盘上删除。

52. 在 Windows XP 环境中，每个窗口最上面有一个“标题栏”，把鼠标光标指向该处，然后拖放，则可以（　　）该窗口。

53. 在 Windows XP 环境中，每个窗口的“标题栏”的右边都有一个标有短横线的方块，用鼠标单击它，可以把该窗口（　　）。

54. 在 Windows XP 的某个对话框中，按（　　）键与单击“确定”按钮的作用等效。

55. 在 Windows XP 的某个对话框中，按（　　）键与单击“取消”按钮的作用等效。

56. 在 Windows XP 中，无论是对复选框、单选框或对命令按钮的选取，如果是使用鼠标选取，则均为（　　）。

57. 在 Windows XP 中，文档窗口是应用程序的（　　）窗口。

58. 在 Windows XP 中，利用“控制面板”窗口中的（　　）向导工具，可以安装任何类型的新硬件。

59. “剪贴板”是应用程序之间相互传递信息的（　　）之地。

60. 在 Windows XP 桌面上单击“开始”按钮，可以（　　）、打开文档、改变系统设置、获得帮助以及在计算机中查找指定信息等。

61. 在“我的电脑”窗口中用鼠标左键双击“软盘 A:”图标，将会（　　）该软盘的内容。

62. 为了更改“我的电脑”或“资源管理器”窗口里文件和文件夹的显示形式，应当在窗口的（　　）菜单中选择指定。

习题 2.2

一、单项选择题

1. 计算机网络是一门综合技术，其主要技术是（　　）。

   A. 计算机技术与多媒体技术

   B. 计算机技术与通信技术

   C. 电子技术与通信技术

   D. 数字技术与模拟技术

2. 在计算机网络发展历程中，（ ）对其形成与发展影响最大。

A. NFSNET　B. ARPANET　C. DATAPAC　D. CYCLADES

3. 下列网络属于广域网的是（ ）。

A. 校园网
B. 公司内部网络
C. 两用户之间的对等网
D. 通过电信从上海到北京的计算机网络

4. 计算机网络拓扑结构是指对计算机物理网络进行几何抽象后得到的网络结构，它反映出网络各实体间的（ ）。

A. 结构关系　B. 主从关系　C. 接口关系　D. 层次关系

5. 不同的计算机网络采用的通信协议是不同的。Internet 采用（ ）协议。

A. Token Ring　B. CSMA/CD　C. TCP/IP　D. X. 25

6. 计算机网络的最重要的功能是（ ）。

A. 节省费用　B. 数据交换　C. 资源共享　D. 提高可靠性

7. 计算机网络可分为广域网、城域网和局域网，其划分的主要依据是网络的（ ）。

A. 拓扑结构　B. 控制方式　C. 作用范围　D. 传输介质

8. WAN 的中文意思是（ ）。

A. 广域网　B. 局域网　C. 城域网　D. 因特网

9. 数据传输率是指每秒钟传送的（ ）。

A. 二进制位数　B. 字节数　C. 字长　D. 字数

10. （ ）是为通信双方能有效地进行数据交换而建立的规则、标准或约定。

A. 接口　B. 体系结构　C. 层次　D. 网络协议

11. TCP/IP 协议是（ ）。

A. 国际标准
B. 事实上的工业标准
C. 一种行业标准
D. 一种企业标准

12. TCP/IP 协议所采用的通信方式是（ ）。

A. 电路交换方式　B. 报文交换方式
C. 线路交换方式　D. 分组交换方式

13. Internet 的核心协议是（ ）。

A. HTTP　B. SMTP/POP3
C. DNS　D. TCP/IP

14. 在 IP 地址的 5 种类别中，B 类地址的最高标识位为（ ）。

A. 00　B. 01　C. 10　D. 11

15. A 类地址允许的网络数为（ ）。

A. 128　B. 126　C. 16777214　D. 16777216

16. 每个 C 类地址允许的主机数为（　　）。

A. 256　　B. 128　　C. 64　　D. 65536

17. 在下列 IP 地址中，（　　）属于 B 类地址。

A. 211. 168. 0. 7　　B. 155. 155. 155. 155

C. 10. 10. 10. 10　　D. 192. 168. 1. 100

18. IP 地址（　　）在 Internet 上将被路由器阻截，只能用于内部网络上。

A. 127. 0. 0. 1　　B. 192. 168. 100. 1

C. 125. 125. 0. 1　　D. 222. 222. 1. 1

19. 地址（　　）用于网络软件测试以及本地机进程间通信，称为环回地址。

A. 127. 0. 0. 1　　B. 192. 168. 0. 1

C. 0. 0. 0. 0　　D. 255. 255. 255. 0

20. 由于数字形式的 IP 地址难以记忆，所以人们往往采用有意义的字符形式即域名来表示 IP 地址，而把域名翻译成 IP 地址的软件称为（　　）。

A. Linux　　B. UNIX　　C. DNS　　D. IE

21. 顶级域名（最高层域）分为（　　）两大类

A. 常用域和地区域　　B. 通用域和地区域

C. 通用域和国家域　　D. 常用域和国家域

22. 顶级域名 EDU 表示（　　）。

A. 商业组织　　B. 政府部门

C. 教育机构　　D. 非营利组织

23. （　　）是指中国教育和科研计算机网。

A. CHINANET　　B. CHINAUNICOM

C. CERNET　　D. EDU

24. 为用户提供因特网接入服务的电信营运商称为（　　）。

A. SIP　　B. CPI　　C. ICP　　D. ISP

25. ICP 与 ISP 最明显的区别是（　　）。

A. 因特网接入服务　　B. 不提供因特网接入服务

C. 不提供视频点播服务　　D. 提供视频点播服务

26. 非对称数字用户环路的英文缩写是（　　）。

A. HDSL　　B. ADSL　　C. SDSL　　D. VDSL

27. 在常用的传输介质中，带宽最宽、信号传输衰减最小、抗干扰能力最强的一类是（　　）。

A. 双绞线　　B. 同轴电缆

C. 光缆　　D. 无线信道

28. 无线接入方式是对有线接入方式的（　　）。

A. 替代　　B. 扩充　　C. 改造　　D. 没有关系

29. 在以下的上网方式中，一般网速最快的是（　　）。

A. Modem 拨号入网　　B. ADSL 接入
C. 局域网接入　　D. 无线接入

30. Internet 目前最流行的应用模式是（　　）。
A. 基于数据库的客户机/服务器模式
B. 集中式模式
C. 基于 Web 的客户机/服务器的模式
D. 分布式计算模式

31. Client/Server 的中文含义是（　　）。
A. 客户机/服务器　　B. 浏览器/服务器
C. 用户/服务　　D. 请求/服务

32. 访问 WEB 服务器需要的客户端软件是（　　）。
A. 搜索引擎　　B. 过滤器
C. 新闻组　　D. 网络浏览器

33. 在 Internet 浏览时，浏览器和 WEB 服务器之间传输网页所使用的协议是（　　）。
A. UDP　　B. TCP　　C. TELNET　　D. HTTP

34. HTML 是一种专门用于 WWW 应用的编程语言，HTML 的中文意思是（　　）。
A. 统一资源定位符　　B. 资源管理器
C. 超文本标记语言　　D. 页面

35. 启动 IE 浏览器后，将自动加载（　　）。
A. 历史记录　　B. 雅虎网站的页面
C. 收藏夹的页面　　D. IE 中设定的起始页面

36. 百度是一个（　　）。
A. 新闻组　　B. 聊天室
C. 搜索引擎　　D. 解压软件

37. 专门提供网上信息检索的网站称为（　　）。
A. BBS　　B. 门户网站
C. 搜索引擎　　D. 电子邮件系统

38. 在以下的高层协议中，发送电子邮件的协议是（　　）。
A. TCP　　B. SMTP　　C. POP3　　D. IP

39. Internet 工程任务组（IETF）提出制定的下一代的 IP 协议，简称为（　　）协议。
A. IPv6　　B. IPv4　　C. IPv5　　D. IPv3

40. IPv6 地址为（　　）位。
A. 32　　B. 48　　C. 64　　D. 128

41. 目前互联网上最主要的应用是（　　）。
A. web　　B. FTP　　C. Email　　D. 游戏

42. 双绞线分很多种，（　　）是目前主要应用的。

A. 五类　　B. 超五类　　C. 六类　　D. 七类

43. 计算机病毒是可以造成机器故障的（　　）。

A. 一种计算机设备　　B. 一块计算机芯片

C. 一种计算机部件　　D. 一种计算机程序

44. 计算机病毒属于一种（　　）。

A. 特殊的计算机程序

B. 游戏软件

C. 已被破坏的计算机程序

D. 带有传染性的生物病毒

45. 计算机感染病毒后，会出现（　　）。

A. 计算机电源损坏

B. 系统瘫痪或文件丢失

C. 显示器屏幕破裂

D. 使用者受感染

46. 通常情况下，下面现象中（　　）不是病毒破坏造成的。

A. 显示器显示不正常

B. 磁盘不正常读写

C. 常常显示内存不足

D. 突然停电

47. 计算机病毒通常会依附于其他文件而存在，是指计算机病毒具有（　　）。

A. 触发性　　B. 传染性

C. 寄生性　　D. 破坏性

48. 计算机病毒侵入系统后，一般不立即发作，而是等待“时机”一到才发作，这种特性叫作（　　）。

A. 传染性　　B. 寄生性

C. 潜伏性　　D. 隐蔽性

49. 电子邮件的发件人利用某些特殊的电子邮件软件，在短时间内不断重复地将电子邮件发送给同一个接收者，这种破坏方式叫做（　　）。

A. 邮件病毒　　B. 邮件炸弹

C. 木马　　D. 蠕虫

50. 有关计算机病毒描述正确的（　　）。

A. 它和生物病毒一样，可以感染人

B. 只要开机，病毒就会发作

C. 病毒是人为制作的程序

D. 只要系统速度变慢，电脑一定是感染上了病毒

二、多项选择题

1. 下列选项中属于 ISP 的有（　　）。

A. 中国电信　　B. 中国联通
C. 雅虎中国　　D. 网易

2. 在下列说法中正确的有（　　）。
A. 一台主机的 IP 地址不论属于哪类网络均与其他主机处于平等地位
B. 一个主机可以有一个或多个 IP 地址
C. 两个或多个主机能共用一个 IP 地址
D. 一个主机可以有一个或多个域名

3. 局域网接入需要（　　）。
A. 调制解调器　　B. 网络适配器
C. IP 地址　　D. 安装 TCP/IP 软件

4. 下列描述中正确的有（　　）。
A. 布线工程中，双绞线的长度不能超过 90 米
B. 用于电信号与光信号转换的设备叫光电转换器或者光纤模块
C. 目前一般校园网骨干的传输速率是 1000M
D. 因价格原因，目前网络接入设备主要采用 Hub，骨干采用交换机

5. 有线通信介质包括（　　）。
A. 电线　　B. 双绞线　　C. 同轴电缆　　D. 光纤

6. 当前典型的宽带网络接入技术有（　　）。
A. ADSL　　B. 局域网　　C. 光纤网络　　D. 电话交换网络

7. 在以下四个 WWW 网址中，正确的有（　　）。
A. www. sohu. com　　B. www. pku. cn. edu
C. www. org. cn　　D. www. tj. net. jp

8. 下面有关搜索引擎的说法正确的有（　　）。
A. 当前搜索引擎一般都是网站提供的免费服务
B. 搜索引擎可实现对关键字或词的搜索
C. 利用搜索引擎一般都能查到相关主题
D. 每个网站都有自己的搜索引擎

9. 用 IE 浏览网页，在地址栏中输入网址时，不可以省略的是（　　）。
A. telnet：//　　B. bbs：//
C. http：//　　D. ftp：//

10. 标准的 URL 的组成包括（　　）。
A. 通信协议　　B. 主机域名
C. 路径名　　D. 文件名

11. 下列硬件中，Windows XP 中拨号入网的必备硬件包括（　　）。
A. 计算机　　B. 调制解调器
C. 电话机　　D. 电话线

12. 关于因特网中的电子邮件，以下说法正确的有（　　）。
A. 电子邮件应用程序的主要功能是创建、发送、接收和管理邮件

B. 电子邮件应用程序通常使用 SMTP 接收邮件、POP3 发送邮件

C. 电子邮件由邮件头和邮件体两部分组成

D. 利用电子邮件可以传送多媒体信息

13. 下列有关电子邮件的叙述正确的有（　　）。

A. 电子邮件可以带附件

B. E－Mail 地址具有特定的格式" <邮箱名>" @ <邮件服务器域名>"

C. 目前邮件发送时一般采用 TCP 协议

D. 用 Outlook Express 收发电子邮件之前，必须先进行邮件账户的设置

14. 局域网的特点包括（　　）。

A. 数据传输高　　B. 覆盖范围大

C. 误码率低　　D. 延迟小

15. IPv6 相比 IPv4 而言，具有如下优势（　　）。

A. 地址数量大

B. 路由聚合方便

C. 地址记忆更方便

D. 可更好的支持 QOS（联网服务质量）和安全性

16. 互联网的基本功能是（　　）。

A. 共享资源　　B. 交流信息

C. 发布和获取信息　　D. 网络游戏

三、填空题

1. 计算机网络从结构上可以分成（　　）和（　　）两部分。

2. 联网计算机在通信过程中必须遵守相同的（　　）。

3. 网络按照覆盖范围的差异可以将网络划分成（　　）、（　　）、（　　）。

4. 计算机网络的功能主要体现在三个方面：（　　）、（　　）、（　　）。

5. 为通信双方能有效地进行数据交换而建立的规则、标准或约定、称为（　　）。

6. 数据传输率是指每秒钟传送的二进制位数，习惯上又把数据传输速率称为（　　）。

7. 一个 IP 地址中包含两部分信息，即（　　）和（　　）。

8. 在 A. B. C 类地址中，主机号全 1 的地址用于广播，称为 地址；主机号各位全为 0 的网络号称为（　　）地址。

9. 在 Internet 上要访问对方的计算机必须知道对方的（　　）或（　　）。

10. IPv6 的地址长度为（　　）位。

11. 顶级域名（最高层域）分为两大类：（　　）和（　　）。

12. 装有 DNS 软件的主机，称为（　　），它是一种能够实现名字解析的分层结构数据库。

13. 为用户提供信息内容服务的电信营运商称为（　　）。

14. Modem 拨号入网接入方式传输速率低，且（　　）与（　　）不能同时进行。

15. 电信提供到户的宽带网服务主要是（　　）。

16. WWW 服务器的客户端必须安装有客户端软件（　　）。

17. （　　）是 WWW 上的一种编址机制，用于对 WWW 的众多资源进行标识，以便于检索和浏览。

18. 在 Internet 中，WWW 服务使用（　　）协议。

19. 超文本是一种人机界面友好的计算机文本显示技术或称为（　　）技术，超文本文件的扩展名一般为（　　）或（　　）。

20. 将远程主机中的文件传回到本地机的过程称为（　　），而把将本地机中的文件传送并装载到远程主机中的过程称为（　　）。

21. FTP 服务器向客户提供两种访问方式（　　）和（　　）。

22. 一般，在网络中发送邮件的服务器为（　　），而接收邮件的服务器称为（　　）。

四、判断题

1. 局域网就是将较小区域内的计算机通信设备连在一起的通信网络。（　　）
2. 计算机网络系统中的每台计算机都是毫无联系的。（　　）
3. 计算机网络由计算机系统和网络软件组成。（　　）
4. IP 地址是为每台主机确定的一个地区性唯一的地址。（　　）
5. 根据 TCP/IP 协议的规定，IP 地址由 4 组 8 进制数字构成。（　　）
6. IP 的中文含义是网络互连协议。（　　）
7. TCP/IP 协议组织信息传输方式是一种 4 层的协议方式。（　　）
8. 光纤的传播速度比同轴电缆快。（　　）
9. 与 Internet 相连的每台计算机都必须指定一个唯一的地址，称为 IP 地址。（　　）
10. WWW 是当前 Internet 上最受欢迎、最为流行的信息搜索程序。（　　）
11. E－Mail 地址由两部分组成，格式为：用户名＋域名。（　　）
12. 用户要想在网上查询 WWW 信息，必须安装并运行被称为浏览器的软件。（　　）
13. 发送电子邮件时，一次发送操作只能发送给一个接收者。（　　）
14. 搜索引擎是一种用于帮助用户在计算机上查询信息的搜索工具。（　　）
15. 统一资源定位符 URL 中，域名与域名之间加“；”分割。（　　）
16. 向对方发送电子邮件时，并不要求对方一定处于开机状态。（　　）
17. 电子邮件服务商提供的接收、发送服务器一般是同一个服务器。（　　）
18. 用户使用 WWW 时，不能单独保存 Web 页面中的文本和图片。（　　）
19. IE 选项中，“使用默认值”是把默认主页设置为浏览器生产商的主页。（　　）
20. WWW 上的信息是以纯文本为基础的页面来组织的，使用了超级链接的技术。（　　）

3 Word 2003 操作基础

Microsoft Office 是计算机用户应用最为广泛的办公系统，Word、Excel、PowerPoint、Access 和 FrontPage 是 Office 套装软件中重要的五大组成部分，分别用于文字处理、数据处理、演示文稿创作、数据库管理和网页制作。熟练掌握 Word 2003 的各种基本操作和使用技巧，不但可以创建出各种不同的文档，而且可以大大提高我们的工作效率。为简便计，下面行文中出现的 Word 指的就是 Word 2003。

3.1 word 简介

3.1.1 Word 的主要功能

3.1.1.1 多种类型文档的制作

Word 是一个功能强大的文字处理软件，利用 Word 可以创建和编辑各种类型的文档，如普通文档、图文混排的文档、包含表格的文档、专业化的文档、长篇文档和样式、简单的 Web 页等等。

3.1.1.2 操作方便的任务窗格

Word 2003 提供了任务窗格形式的任务管理功能，主要有："新建文档"、"剪贴板"、"搜索"、"剪贴画"、"样式和格式"、"显示格式"、"邮件合并"、"信息检索"等，如图 3－1 所示。

打开任务窗格的方法是在"视图菜单"中选择"任务窗格"即可。

3.1.1.3 完善的保护功能

Word 中为文档提供了很好的保护措施。可以将这些保护措施分为以下三点。

（1）自动恢复功能　防止因意外原因而造成的文档内容的丢失。

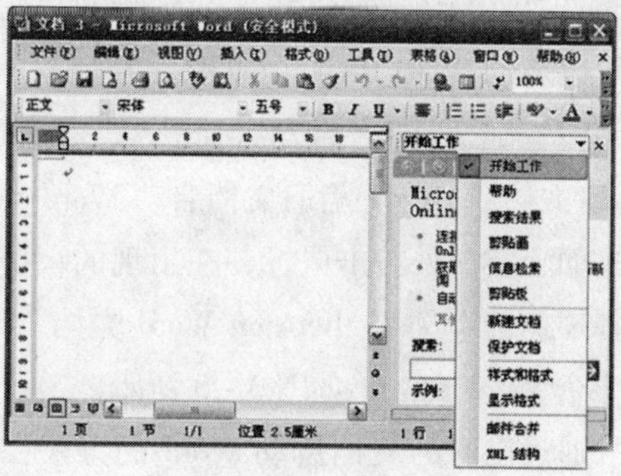

图 3－1　任务窗格

（2）密码保护功能。Word 可为文档设置打开权限密码和修改权限密码，使文档免受未授权的更改。

（3）病毒防护功能。设置文档的安全级别，防止病毒的感染和破坏。

3.1.1.4 自动功能

自动更正功能在输入的同时，自动更正单词的拼写、语法错误。语法、拼写自动检查功能在输入的同时，会自动检查语法和拼写错误。自动输入功能会自动创建编号列表、项目符号表，并自动套用格式、缩进量。当输入当前日期、1 周 7 天的名称、月份、用户的姓名和所在单位名称时会自动提示输入内容。另外，Word 提供了自动更正、自动套用格式、信函向导等一套丰富的自动功能，使用户可以轻轻松松地完成日常工作。

3.1.1.5 表格处理功能

Word 2003 具有较强的表格处理功能，能任意地对表格的大小、位置进行调整，表格中可以包含图形或其他表格，可以创建、编辑复杂的表格等。可以使用公式对表格数据进行简单的计算、排序，并根据数据创建图表。

3.1.1.6 图文混排功能

提供一套绘制图形和图片功能，可以十分方便地创建多种效果的文本和图形。绘图功能提供了 100 多种自选图形和 4 种填充效果。增强了图文混排功能，使图片的拖放、插入等操作更加简单。崭新的剪辑库提供了更加丰富的图片资料。充分利用 Word 2003 提供的这些图文混排功能，可以编排出形式多样的文档。

3.1.2 启动与退出

3.1.2.1 启动 Word 2003

启动 Word 2003 有多种方法，常用的有三种。

（1）从开始菜单的“程序”项启动 Word　①单击桌面任务栏上的“开始”，出现如图3 -2 所示的界面中左部的开始菜单。②用鼠标单击指向菜单中“所有程序”\“Microsoft Office”\“Microsoft Office Word 2003”菜单项，既可以启动 Word 2003，如图3 -2 所示。

图 3 -2　从“程序”项启动 Word

（2）通过文档启动 Word　通过新建一篇 Word 文档或打开一篇旧文档启动 Word 。如可以在桌面上空白处右击鼠标，在出现的快捷菜单中选择“新建”\“Microsoft Word 文档”，即可新建一个 Word 文档，如图 3 -3 所示。

通过已有的文档启动 Word 的方法：在“开始”菜单中“我最近的文档”菜单项中单击要打开的文档（此处的文档是不久前编辑过的），如图 3 -4 所示。这种方法不仅会启动 Word 应用程序，而且将在 Word 中打开选定的文档。如果启动 Word 是为了编辑一个已存在的文档，那么使用此方法启动 Word 是很适合的。

（3）通过快捷方式启动 Word　用户可以在桌面上为 Word 建立快捷图标，双击 Word 的快捷图标可以启动 Word。

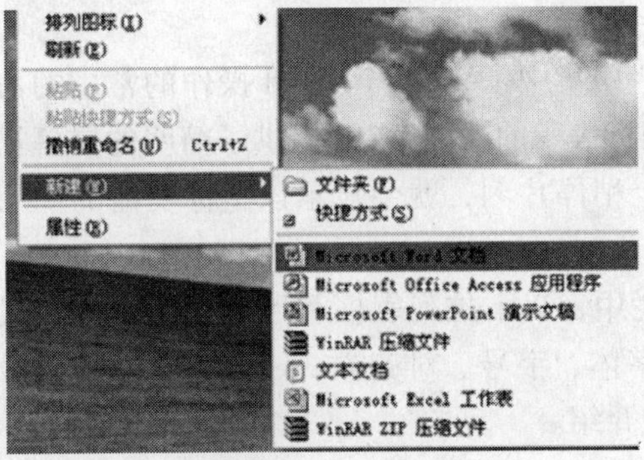

图 3－3 在桌面上新建 Office 文档

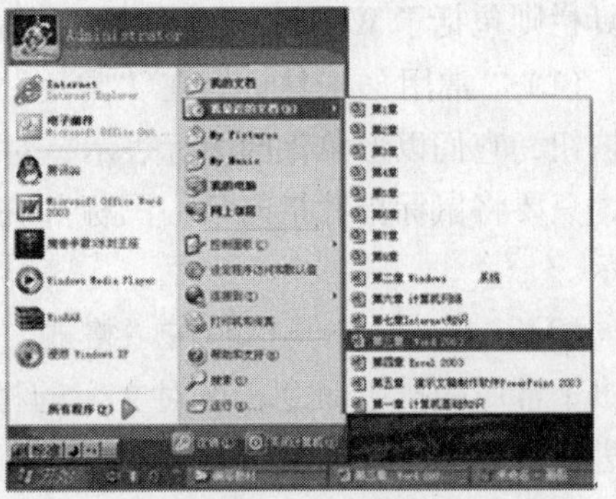

图 3－4 通过已有的文档启动 Word

3.1.2.4 退出 Word 2003

常用的有两种方法。

(1) 双击 Word 工作窗口左上角的控制菜单框或单击右上角的“关闭”按钮。

(2) 选择“文件”菜单中的“退出”子菜单项。

3.1.3 Word 窗口的组成

如图 3－5 所示，打开的 Word 窗口由标题栏、菜单栏、工具栏、标尺、滚动条、视图切换按钮和状态栏等部分组成。

3.1.3.1 标题栏

标题栏是 Word 窗口最上端的一栏，如图 3－5 所示。标题栏中包含有。

(1) “控制菜单”图标 标题栏最左端的是“控制菜单”图标。单击它可下拉出 Word 窗口的控制菜单，完成对 Word 窗口的最大化、最小化、还原、移动、大小和关闭等操作。

(2) 窗口标题 紧接着“控制菜单”图标右边显示的“文档 1 － Microsoft Word”就是窗口标题。

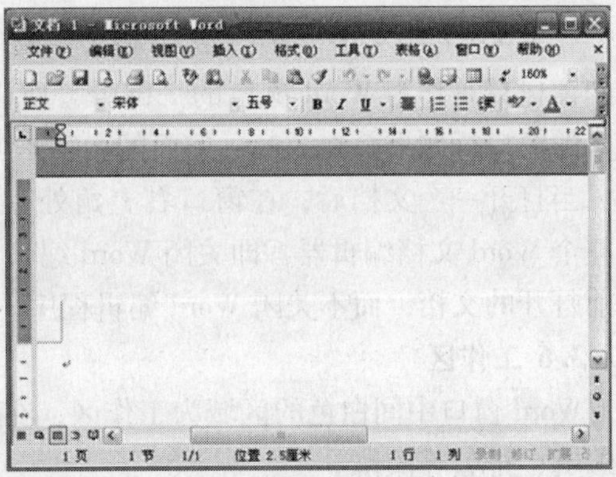

图 3－5 Word 的窗口

(3) 最小化、最大化（或还原）和关闭按钮 在标题栏右端有一组窗口控制按钮，当 Word 窗口非最大化时，用鼠标拖动标题栏可在桌面上任意移动 Word 窗口。

3.1.3.2 菜单栏

标题栏下面的是菜单栏。菜单栏中有“文件”、“编辑”等 9 个菜单项，如图 3－5 所示。对应每个菜单项包含有若干个命令组成的下拉菜单，这些下拉菜单包含了 Word 的各种功能。

3.1.3.3 工具栏

启动 Word 之后，默认情况下会自动打开“常用”工具栏和“格式”工具栏如图 3－5。Word 将一部分最常用的命令以按钮的形式放在“常用”工具栏中，而“格式”

工具栏则包括了 Word 中最常使用的格式化命令。

（1）“常用”工具栏。在“常用”工具栏中集中了 20 多个 Word 操作的常用的命令按钮，它们以形象化的图标表示，对每个图标表示的功能 Word 提供了简明的屏幕提示，只要将鼠标指针指向某一图标并在图标上稍停片刻，就会显示该图标功能的简明提示。

（2）“格式”工具栏。在“格式”工具栏中，以下拉列表框和形象化的图标方式列出了常用的排版命令，可对文字的样式、字体、字号、对齐方式、颜色、段落编号等进行排版。其具体使用方法将在后面排版中介绍。

除在窗口中默认出现的“常用”和“格式”工具栏外，还有诸如“绘图”、“图片”、“其他格式”、“表格与边框”和“自定义”等 18 种工具栏，可单击“视图”菜单中“工具栏”级联菜单中的相应工具栏名来打开或关闭，也可以通过右击工具栏，在弹出的快捷菜单中选择某一工具栏按钮的方法，将其显示或隐藏起来。

3.1.3.4 标尺

在 Word 窗口中有水平和垂直两个标尺，如图 3－5 所示。通过水平标尺可以查看和设置段落缩进、制表位、左右页边距和栏宽，通过垂直标尺可以调整上下页边距和表格中的行高。

3.1.3.5 文档窗口

在 Word 老版本中，Word 窗口和文档窗口分别有各自的标题栏，而在 Word 2003 中文档窗口只是作为 Word 窗口的一部分，所以当文档窗口最大化时，窗口标题和 Word 窗口的窗口标题重叠在一起，前面的名字是 Word 文档的名字，如窗口中的“文档 1”。

当打开一个文档后，在窗口右上角处有两个“×”。上面一个“×”的作用是关闭整个 Word 文档编辑器，即关闭 Word 编辑程序；下面一个“×”的作用是仅仅关闭当前打开的文档，而不关闭 Word 编辑程序。

3.1.3.6 工作区

Word 窗口中间白色的区域为工作区，在工作区中用户可以进行文字的录入和文档的编辑、排版等操作。

3.1.3.7 状态栏

在 Word 窗口的最下面是状态栏，如图 3－5 所示。通过状态栏可以很清楚地观察到当前编辑文档的工作状态。

3.1.3.8 插入点和文档结束标记

出现在工作区左上角或其他位置上的黑色闪动的竖线为插入点（也称光标），它指示着当前文本的录入位置。在普通视图下，还会出现一小段水平横条，称之为文档结束标记。

3.1.3.9 段落标记符

在文档中的灰色弯曲的小箭头就是段落标记符，一个段落标记符代表一个段落的结束。通过单击常用工具栏中的“显示/隐藏编辑标记”按钮，可以隐藏/显示段落标记符。

3.1.3.10 滚动条

在 Word 窗口的右侧和下方分别有垂直和水平两个滚动条，使用滚动条中的滑块或按钮可滚动工作区内的文档，很方便地看到文档的各个部分。

3.1.3.11 视图按钮

在水平滚动条的左边有五个按钮，称为视图按钮，在后面节中将详细介绍。

3.1.3.12 页面边界及页边距标志

在页面视图下可以将工作区看成是一张纸，这张纸的边界就是页面的边界。在工作区的左上、右上、左下、右下角分别有 4 条灰色的折线，即页边距标志。

3.2 Word 基本操作

本节主要讲述如何使用 Word 创建一个新的文档或打开已存在的文档；如何移动插入点、输入文本和保存文档；如何选定文本的一部分并对其进行插入、删除、复制、移动、查找与替换等基本编辑技术。

3.2.1 创建新文档

启动 Word 之后，Word 会自动创建一个空白的文档，就是工作区中的空白页面，此文档的默认名为“文档 1”（图 3－5），如果要创建第二个文档、第三个文档……，需要使用“新建”文档的方法来实现。在 Word 中，新建文档主要有以下几种方法。

3.2.1.1 工具栏按钮方法

单击常用工具栏中的“新建”按钮即可创建一个新的空白文档。

3.2.1.2 菜单方法

（1）单击“文件”下拉菜单中的“新建”命令，Word 将打开“新建文档”任务窗格对话框，如图 3－6 所示。

（2）在“新建”菜单下选择“空白文档”，即可创建一个新的空白文档。

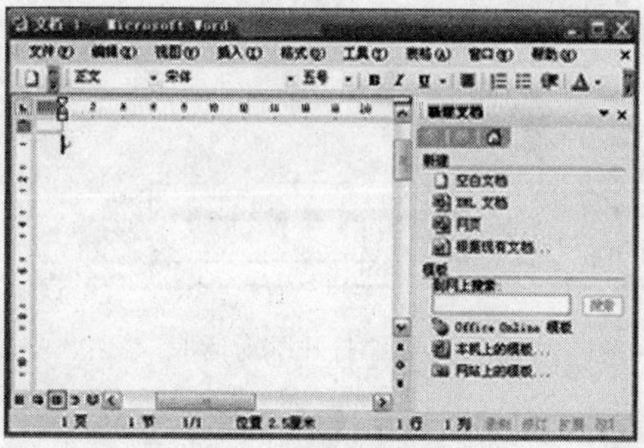

图 3－6　创建新文档

3.2.1.3 键盘方法

（1）按组合键 Alt + F，打开“文件”下拉菜单。

（2）用上、下箭头键移动光条到“新建”命令并按 Enter 键，或者直接按 N 键，打开“新建文档”任务窗格对话框。后续操作同上。

3.2.1.4 快捷键方法

按 Ctrl + N 键也可以新建一个空白文档。通过本方法可以快速创建一个新的空白文档。因为 Word 默认的模板就是“常用”选项卡中的“空白文档”，所以这四种方法的结果相同。

3.2.2 打开已存在的文档

要对一个已有的文档进行编辑、修改，第一步就是要打开这个文档。Word 可以打开位于本地磁盘上的文档，也可以打开不同格式的文件，如 WPS 文件、纯文本文件等。下面分别介绍打开文档的方法。

3.2.2.1 打开本地磁盘上的一个或多个 Word 文档

打开一个或多个已存在的 Word 文档的方法有下列三种。

（1）单击“常用”工具栏中的“打开”按钮。

（2）单击“文件”下拉菜单中的“打开”命令。

（3）直接按快捷键 Ctrl + O。

执行“打开”命令时，Word 会显示一个如图 3 – 7 所示的“打开”对话框。在“打开”对话框的“查找范围”列表框内选择文档所在的目录。列表框内将出现该目录下的子目录名称和文档名称，从中选取所要打开的文档。①首先要在“文件类型”框中选择要打开的文件的类型，如图 3 – 7 所示。②在“打开”对话框的左侧，有我最近的文档、桌面、我的文档、我的电脑等几个常用文件夹。如果要打开的文档在它们里面，可以直接单击该文件图标，再从文件列表框中选择。③如果要打开的多个文档名，可以按照 Windows 中介绍的方法先选择多个文档后，再打开。

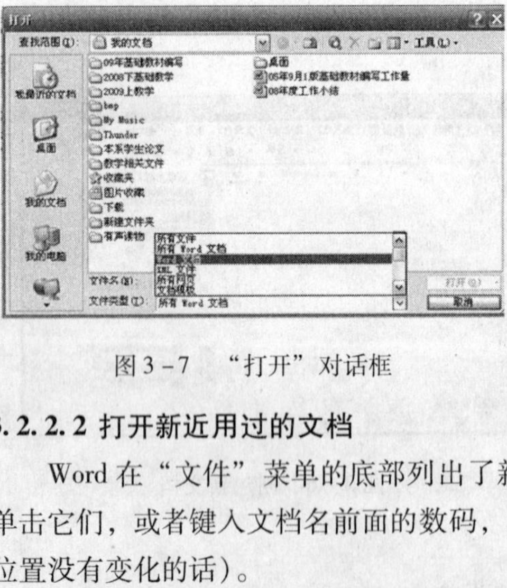

图 3 – 7 “打开”对话框

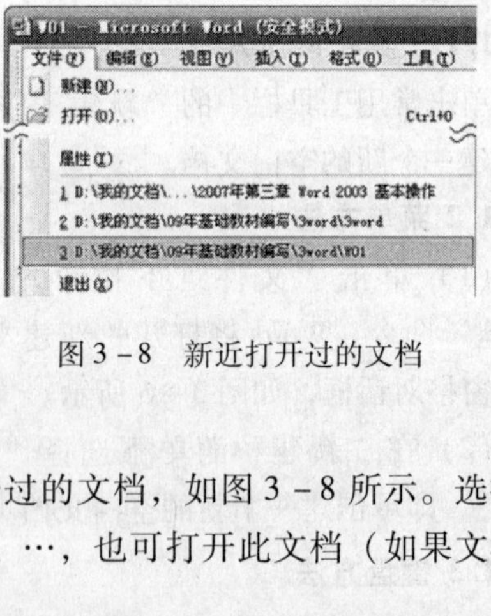

图 3 – 8 新近打开过的文档

3.2.2.2 打开新近用过的文档

Word 在“文件”菜单的底部列出了新近打开过的文档，如图 3 – 8 所示。选择并单击它们，或者键入文档名前面的数码，如 1、2、…，也可打开此文档（如果文档的位置没有变化的话）。

默认情况下，“文件”下拉菜单中保留 4 个最近使用过的文档名。

3.2.3 文档的保存和保护

对于已编辑好和未编辑好的文档，均应及时保存，避免文件因未保存而丢失。

3.2.3.1 文档的保存

（1）保存新建文档　单击“常用”工具栏中的“保存”按钮或者单击“文件”下拉菜单中的“保存”命令。

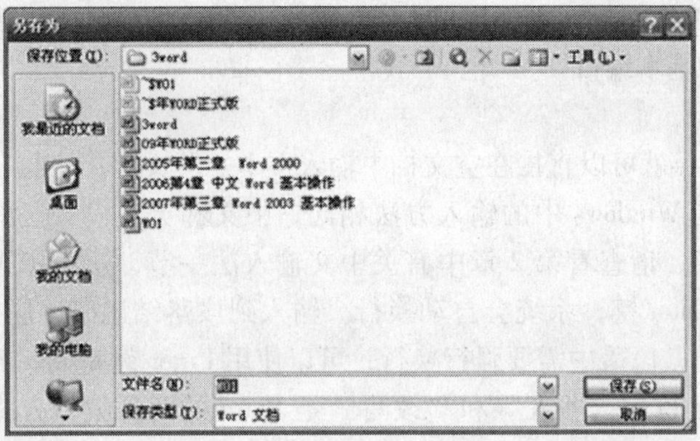

图 3 -9　“另存为”对话框

当对新建的文档第一次进行“保存”操作时，此时的“保存”命令相当于“另存为”命令，会出现如图 3 -9 示的“另存为”对话框。在对话框的“保存位置”列表框中选定所要保存文档的各文件夹，在“文件名”列表框中键入具体的文件名，然后单击“保存”按钮，执行保存操作。保存文档后，该文档窗口并没有关闭，用户可以继续输入或编辑该文档。

（2）保存已有的文档　对已有的文件打开和修改后，同样可用上述方法将修改后的文档以原来的文件名保存在原来的文件夹中。此时不再出现“另存为”对话框。值得注意的是输入或编辑一个大文档时，最好随时做保存文档的操作，以免计算机的意外故障引起文档的丢失。

（3）用另一文档名保存文档　单击“文件”菜单中的“另存为”命令，把一个文件以另一个不同的名字保存在同一文件夹下；或保存到不同的文件夹中去。这时既保留编辑修改前的文档，又得到修改后的文档。方法是：执行“另存为”命令后，打开如图 3 -9 示的“另存为”对话框。其后的操作与保存新建文档一样。

3.2.3.2 文档的保护

设置密码是保护文件的一种方法，可以给文档设置“打开权限密码”。步骤如下。

（1）打开待保护的文档。

（2）单击“工具”菜单中的“选项”命令，打开选项对话框，再从中选择“安全性”选项卡。

（3）在“打开文件时的密码”框中键入密码，再单击“确定”按钮。

（4）在“请再键入一遍打开权限密码”框中再次键入该密码，然后单击“确定”按钮。

（5）当返回到文件编辑状态后，单击“保存”按钮即可存盘。

3.2.3.3 设置文件的属性保护文件

将文件属性设置成“只读”也是保护文件不被修改的一种方法。设置的方法是：

（1）用正确的密码打开该文档。

（2）单击“工具”菜单中的“选项”命令，再选择“安全性”选项卡。

（3）单击选项卡中的“建议以只读方式打开文档”复选框。

（4）单击“确定”按钮返回，单击“保存”按钮就完成只读属性的设置。

3.2.4 文本输入和基本编辑

3.2.4.1 输入文本

启动 Word 后，就可以直接在空文档中输入文本。英文字符直接从键盘输入，中文字符的输入方法同 Windows 中的输入方法相同，中文和英文输入法的互换、不同中文输入法之间的转换，请查看第 2 章中有关中文输入法一节，这里不再重复。当输入到行尾时，不要按 Enter 键，系统会自动换行。输入到段落结尾时，应按 Enter 键，表示段落结束。如果在某段落中需要强行换行，可以使用 Enter 键完成。

（1）插入和改写　“插入”和“改写”是 Word 的两种编辑方式。插入是指将输入的文本添加到插入点所在位置，插入点以后的文本依次往后移动；改写是指输入的文本将替换插入点所在位置的文本。插入和改写两种编辑方式是可以转换的，其转换方法是按 Insert 键或用鼠标双击状态栏上的“改写”标志。通常缺省的编辑状态为“插入”，“改写”标志为灰色；如果处于“改写”状态，“改写”标志就为黑色，如图 3-10 所示。例如：输入“techer”后，将插入点移到“c”的前面，在插入状态下输入“a”，结果为“teacher”，即输入的字母“a”插入到中间了；在改写状态输入“a”，结果为“teaher”，即输入的字母“a”取代了插入点后面的字母“c”。

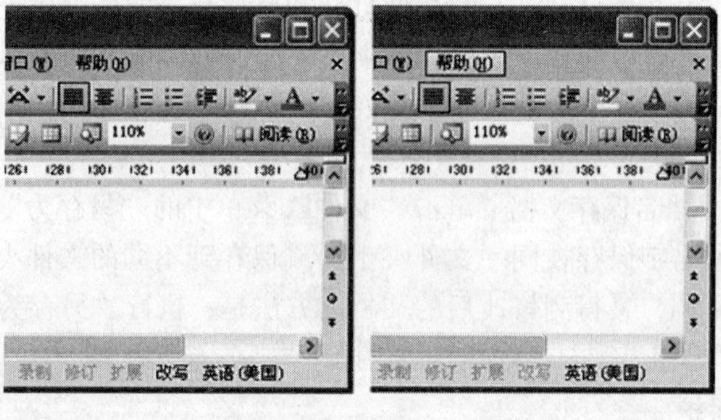

图 3-10　状态栏上的“改写” \ “插入”状态

如果要在文档中进行编辑，用户可以使用鼠标或键盘找到文本的修改处，若文本较长，可以使用滚动条将插入点移到编辑区内，将鼠标指针移到插入点处单击，这时插入点移到指定位置。其中常用按键及其功能如表 3-1。

表 3-1　常用功能键及功能

→ 向右移动一个字符	Home 移动到当前行首
← 向左移动一个字符	End 移动到当前行尾
↑ 向上移动一行	PgUp 移动到上一屏
↓ 向下移动一行	PgDn 移动到下一屏
Ctrl + → 向右移动一个单词	Ctrl + PgUp 移动到屏幕的顶部
Ctrl + ← 向左移动一个单词	Ctrl + PgDn 移动到屏幕的底部
Ctrl + ↑ 向上移动一个段落	Ctrl + Home 移动到文档的开头
Ctrl + ↓ 向下移动一个段落	Ctrl + End 移动到文档的末尾

（2）插入符号或特殊字符　用户在处理文档时可能需要输入一些特殊字符，如希腊字母、俄文字母、数字序号等。用户可以使用“插入”菜单中的“符号”命令或使用中文输入法提供的软键盘功能。

使用菜单的操作步骤：将插入点移到要插入符号的位置。单击“插入”菜单中的“符号”命令，弹出“符号”对话框，如图 3 – 11 所示。单击“符号”选项卡，选择“字体”下拉式列表中的项目，将出现不同的符号集。单击要插入的符号或字符，再单击“插入”按钮（或双击要插入的符号或字符）。插入多个符号可重复步骤。最后，单击“关闭”按钮，关闭对话框。

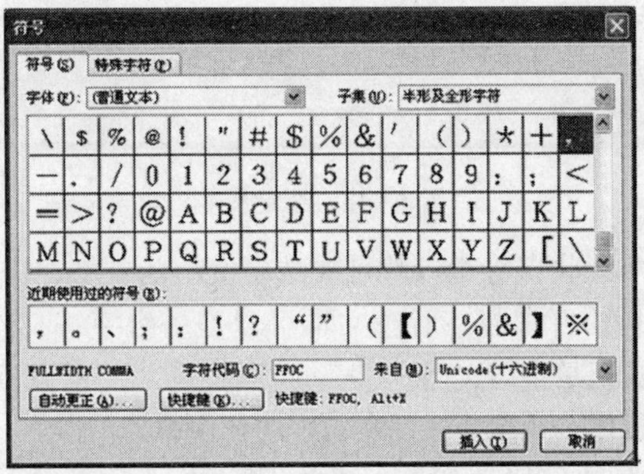

图 3 – 11　插入符号或特殊字符

使用软键盘的操作步骤：当选择某种中文输入法后，在屏幕左下角会显示该输入法状态栏。这里以“全拼”输入法为例，说明如何用键盘实现特殊字符的输入。鼠标右键单击输入法状态栏最右端的“屏幕小键盘”按钮，弹出如图 3 – 12 所示的菜单。系统缺省设置为“ PC 键盘”。用鼠标单击“数学序号”，屏幕将显示如图 3 – 13 所示的键盘，这时就可以进行特殊符号的输入。例如：按“A”表示输入“（–）”，按“B”表示输入“(5)”。特殊符号输入完毕后，此时软键盘还显示在屏幕上，如果不需要显示软键盘，可以再次单击输入法状态栏最右端的“屏幕小键盘”按钮，软键盘将关闭。

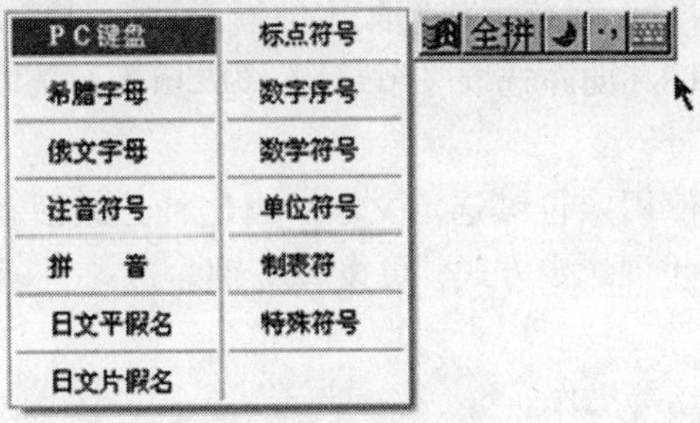

图 3 – 12　使用软键盘

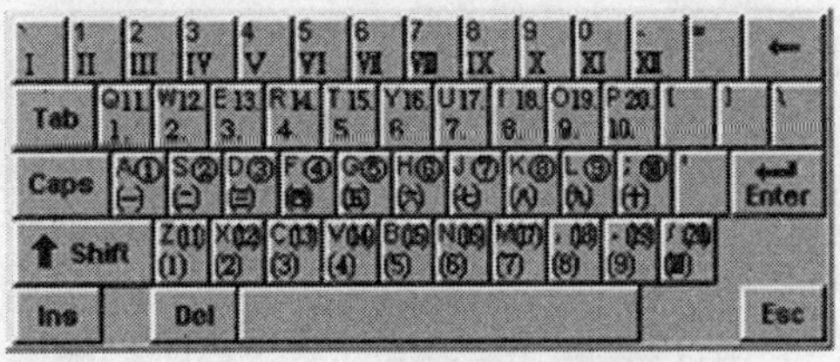

图 3 – 13　“数学序号”键盘

3.2.4.2 选定文本

用户如果需要对某段文本进行移动、复制、删除等操作时，必须先选定它们，然后再进行相应的处理。当文本被选中后，所选文本呈反相显示，如图 3－14 所示。如果想要取消选择，可以将鼠标移至选定文本外的任何区域单击即可。选定文本方式有：

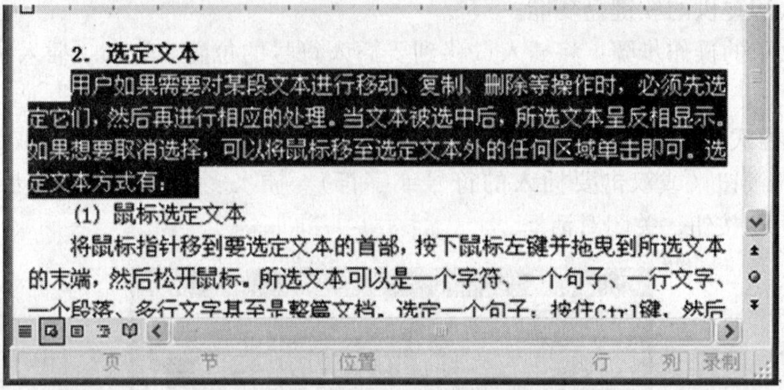

图 3－14　选定文本

(1) 鼠标选定文本　将鼠标指针移到要选定文本的首部，按下鼠标左键并拖曳到所选文本的末端，然后松开鼠标。所选文本可以是一个字符、一个句子、一行文字、一个段落、多行文字甚至是整篇文档。

选定一个句子：按住 Ctrl 键，然后在句子的任何地方单击。

选定一行文字：将鼠标移动到该行的左侧，当鼠标变成一个箭头“↗”，然后单击。

选定一个段落：将鼠标移动到该段落的左侧，当鼠标变成右向箭头时候双击。

整篇文档：将鼠标移动到任何文档正文的左侧，鼠标变成右向箭头时候三击。

选定列块（垂直的一块文字）：将光标移至所选文本的起始处，按住 Alt 键后，再按下鼠标左键并拖曳到所选文本的末端。

(2) 组合键选定文本　先将光标移到要选定的文本之前，然后用组合键选择文本。常用组合键及功能：①Shift＋→ 向右选取一个字符或一个汉字。②Shift＋← 向左选取一个字符或一个汉字。③Shift＋↓ 选取至下一行。④Shift＋↑ 选取至上一行。⑤Shift＋Home 由光标处选取至当前行行首。⑥Shift＋End 由光标处选取至当前行行尾。⑦Ctrl＋Shift＋→ 向右选取一个单词。⑧Ctrl＋Shift＋← 向左选取一个单词。⑨Ctrl＋A 选取整篇文档。

(3) 用扩展功能键 F8　扩展选定方式是使用定位键选定文字。当这种方式活动时，在状态栏会出现“扩展”字样。若要取消扩展选定方式，可按 ESC 键。

3.4.2.3 删除、复制和移动

用计算机处理文档时，需要进行删除、移动等操作。

(1) 删除　删除插入点左侧的一个字符用 BackSpace 键；删除插入点右侧的一个字符用 Del 键。删除较多连续的字符或成段的文字，可以用如下方法：

方法 1：选定要删除的文本块后，按“Del”键。

方法 2：选定要删除的文本块后，选择“编辑”菜单中的“剪切”命令。

方法 3：选定要删除的文本块后，单击“常用”工具栏上的“剪切”按钮。

删除和剪切操作功能不完全相同。它们的区别是：使用剪切操作时删除的内容会保存到“剪贴板”上；使用删除操作时删除的内容则不会保存到“剪贴板”上。

（2）复制　使用复制命令进行编辑是提高工作效率的有效方法，常用的方法：①选定要复制的文本块。②单击“常用”工具栏上的“复制”按钮或执行“编辑”菜单中的“复制”命令。③将插入点移到新位置，单击“常用”工具栏上的“粘贴”按钮或执行“编辑”菜单中的“粘贴”命令。

也可以使用键盘操作，首先选定要复制的文本块，按下 Ctrl 键，用鼠标拖曳选定的文本块到新位置，同时放开 Ctrl 键和鼠标左键。

（3）移动　移动是将字符或图形从原来的位置移动到另一个新位置。

首先选定的文本块中，按下鼠标的左键将文本拖曳到新位置，然后放开鼠标左键。

文本远距离的移动可以使用剪切和粘贴命令来完成：选定要移动的文本，单击工具栏上的“剪切”按钮，将插入点移到要插入的新位置，单击工具栏上的“粘贴”按钮。

也可以使用菜单或快捷键来完成该操作。剪切的快捷键为 Ctrl + X，复制的快捷键为 Ctrl + C，粘贴的快捷键为 Ctrl + V。在具体操作时可以使用快捷键代替菜单命令和工具栏按钮的使用。在文档的编辑过程中，要灵活使用剪切、复制和粘贴命令。

3.4.2.4 剪贴板

剪贴板是 Office 2003 的新功能。可以最多暂时存储 24 个对象，用户可以根据需要粘贴剪贴板中的任意一个对象。剪贴板中包含 24 个对象，利用剪贴板进行复制操作，只需将插入点移到要复制的位置，然后用鼠标单击剪贴板工具栏上的某个要粘贴的对象，该对象就会被复制到插入点所在的位置。

打开剪贴板的方法是：单击“视图”\“任务窗格”，打开如图 3 – 15 所示的任务窗格，单击“开始工作”右边的小黑三角，在出现的菜单中选择“剪贴板”，如图 3 – 16 所示。

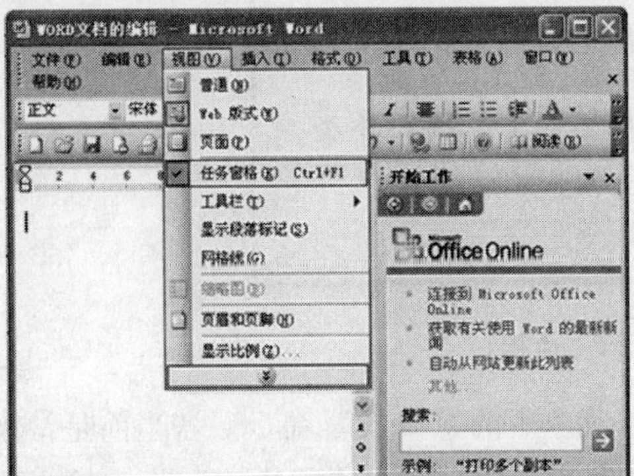

图 3 – 15　打开剪贴板

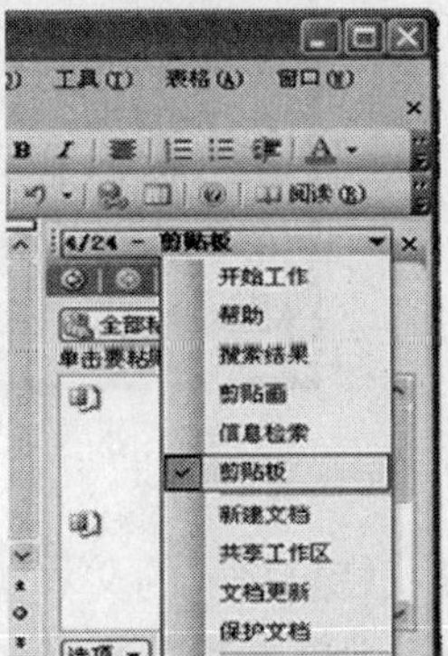

图 3 – 16　剪贴板

3.2.4.5 撤消和恢复

Word 提供了撤消功能，用于取消最近对文档进行的误操作。撤消最近的一次误操作可以直接单击工具栏上的撤消按钮或执行“编辑”菜单中的“撤消”命令。撤消多次误操作①单击“常用”工具栏上“撤消”按钮旁边的小三角，查看最近进行的可撤消操作列表。②单击要撤消的操作。如果该操作不可见，可滚动列表。撤消某操作的同时，也撤消了列表中所有位于它之前的所有操作。重复功能用于恢复被撤消的操作，其操作方法与撤消操作基本类似。③也可以使用组合键“Ctrl + Z”来快速的撤消刚进行过的操作步骤。

3.2.4.6 查找和替换、拼写检查

在编辑文件时，有些工作不一定都要我们自己做。换句话说，让计算机自动来做，会方便、快捷、准确得多。例如，在文本中多次出现“按纽”，现在要查找并修改为“按钮”，尽管可以使用滚动条滚动文本，凭眼睛来查找错误，但如果让计算机自动查找，既节省时间又准确得多。Word 2003 提供了许多自动功能，查找和替换就是其中之一。查找的功能主要用于在当前文档中搜索指定的文本或特殊字符。

（1）查找文本的方法　单击“编辑”菜单中的“查找”命令，弹出“查找和替换”对话框。在“查找内容”框内键入要搜索的文本，例如：“计算机”。单击“查找下一处”按钮，则开始在文档中查找。

此时，Word 自动从当前光标处开始向下搜索文档，查找“计算机”字符串，如果直到文档结尾没有找到“计算机”字符串，则继续从文档开始处查找，直到当前光标处为止。查找到“计算机”字符串后，光标停在找出的文本位置，并使其置于选中状态，这时在“查找”对话框外单击鼠标，就可以对该文本进行编辑。

图 3-17　查找特定格式

（2）查找特定格式的文本　单击“编辑”菜单中的“查找”命令。若当前是常规格式对话框，则单击其中的“高级”按钮，出现对话框。在“查找内容”框内输入要查找的文字，例如：“计算机”。单击“格式”按钮，在弹出菜单中选择“格式”命令，在“格式”对话框中输入所需格式，例如“楷体，四号”。单击“查找下一处”按钮，则开始在文档中查找。

在如图 3－17 所示的一段文字中，有四个“计算机”，但符合格式的“计算机”只有两个。

（3）替换文本　单击“编辑”菜单中的“替换”命令，出现如图 3－18 所示的对话框。在“查找内容”框内输入文字，例如：“中国”。在“替换为”框内输入要替换的文字，例如：“中华人民共和国”。

如果在文本中，确定要将查找的全部字符串进行替换，按“全部替换”按钮，计算机会将查找到的字符串自动进行替换。

图 3－18　替换文本

但是，有时并不是查找到的字符串都应进行替换，例如这样一个句子：“中国是一个发展中国家，欢迎世界各地的企业家到中国来投资”。现在要将这句话中的“中国”替换成“中华人民共和国”。很明显，应该替换两个地方。如果在替换时，选择了“全部替换”按钮，替换后的结果是“中华人民共和国是一个发展中华人民共和国家”。可以看到计算机将“发展中国家”中的“中国”也被替换了。所以，在进行文本替换时，如果有类似的情况，就不能使用“全部替换”功能。单击“查找下一处”，如果查找到的字符串需要替换，则按“替换”按钮进行替换，否则，继续“查找下一处”按钮。

如果“替换为”框为空，操作后的实际效果是将查找的内容从文档中删除了。若是替换特殊格式的文本，其操作步骤与特殊格式文本的查找类似。

3.3 文档的排版

通过设置丰富多彩的文字、段落、页面格式，可以使文档看起来更美观、更舒适。Word 的排版操作主要有字符排版、段落排版和页面设置等。

3.3.1 视图

Word 提供的视图有：普通视图、页面视图、大纲视图、Web 版式视图、阅读版式视图。其中普通视图和页面视图是最常用的两种方式。

3.3.1.1 普通视图

普通视图多用于文字处理工作，如输入、编辑、格式的编排和在文本层插入图片等。在普通视图下不能插入页眉、页脚，不能分栏显示、首字下沉，并且绘制图形的结果不能真正显示出来。这种视图下占用计算机资源少，响应速度快，可以提高工作效率。通常都在普通视图下做文字处理的工作。

3.3.1.2 Web 版式视图

在 Web 版式视图中不但可以对文档的外观进行设置，而且可以看到当文档发布成功之后在浏览器中的外观。在 Web 版式视图中可以显示大部分格式，例如文本的各种格式和图片层中的内容，但是与页面有关的格式无法显示，如页面边框、页眉/页脚等。

3.3.1.3 页面视图

页面视图主要用于版面设计，“所见即所得”是其最大特点，在页面视图下可以像在普通视图下一样输入、编辑和排版文档，也可以处理页边距、图文框、分栏、页眉和页脚、图形等。但在页面视图方式下占用计算机资源相对较多，使处理速度变慢。

3.3.1.4 大纲视图

大纲视图的显示方式和写大纲的方式一样，因此大纲视图非常适合编辑长文档。当切换到大纲视图显示的时候，系统会自动打开“大纲”工具栏，利用“大纲”工具栏中的工具可以灵活地对长文档的结构进行调整和统一管理。在大纲视图下也只能显示一部分格式，如字符的格式。对于大部分格式，如段落的格式、图片层中的内容以及页面的格式是无法显示的。因此，利用大纲视图浏览文档的速度也是比较快的。

3.3.1.5 阅读版式视图

在阅读版式视图下，可以更方便的对整个文档进行阅读、审阅及做相应的修订等操作。

普通视图、页面视图、大纲视图、Web 版式视图、阅读版式视图之间可以方便地相互转换，通过执行“视图”菜单中的“普通”、“页面”、“大纲”、“Web 版式”等命令来转换到其他的视图方式；或单击编辑区下方水平滚动条左侧的相应按钮。

在 Word 中对字符、段落和页面进行排版主要通过使用“格式”工具栏上的按钮或“格式”菜单中的命令。使用“格式”工具栏方便、快捷，但提供的按钮有限；使用“格式”菜单中的命令可以进行复杂的格式设置，能满足各种不同的排版需求。

3.3.2 字符格式化

字符排版是对字符的字体、大小、颜色、显示效果等格式进行设置。通常使用“格式”工具栏按钮完成一般的字符排版，对格式要求较高的文档，则使用“格式”菜单下的“字体”菜单进行设置。

3.3.2.1 使用工具栏按钮设置格式

对字符进行格式设置时，必须先选择操作对象。

（1）设置字体　选定要设置或改变字体的字符，单击“格式”工具栏的“字体”下拉按钮，从列表中选择所需的字体名称，如图 3-19 所示。

（2）设置字号　汉字的大小用字号表示，字号从初号、小初号、一号、……，直到八号字，对应的文字越来越小。英文的大小用“磅”的数值表示，1 磅等于 1/12 英寸。数值越小表示的英文字符越小。选定要设置或改变字号的字符，单击“格式”工具栏的“字号”下拉按钮，从列表中选择所需的字号，如图 3-20 所示。

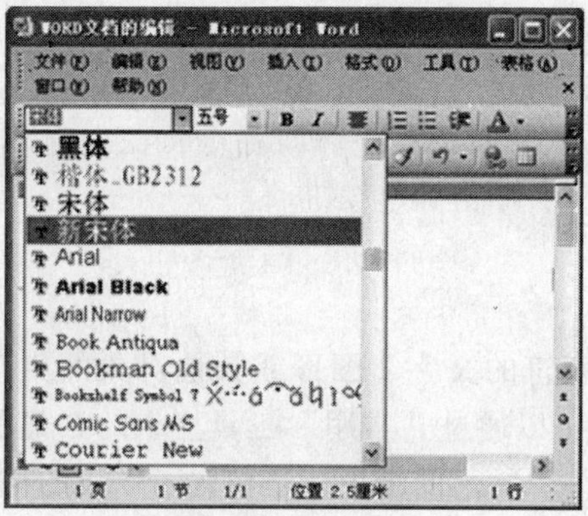

图3－19　设置字体

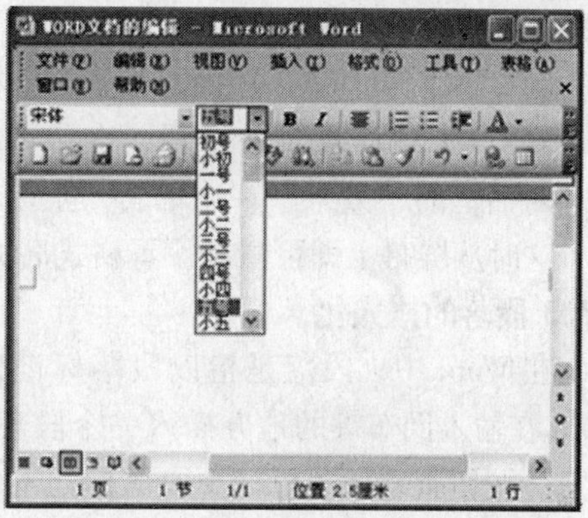

图3－20　设置字号

（3）设置字符的其他格式　利用“格式”工具栏还可以设置字符的“加粗”、“斜体”、“下划线”、“字符底纹”、“字符边框”、“字符缩放”等格式。

3.3.2.2 使用对话框设置字符格式

选定要进行格式设置的字符，单击“格式”菜单，选择“字体”命令，出现“字体”对话框，如图3－21所示。在“字体”对话框中有三个选项卡：“字体”、“字符间距”和“文字效果”。“字体”选项卡中的“中文字体”和“西文字体”分别用来对中、英文字符设置字体；“字号”用来设置字符大小；“下划线”给选定的字符添加各种下划线；“字体颜色”为选定的字符设置不同的颜色；“效果”给选定的字符设置特殊的显示效果；“预览”窗口可以随时观察设置后的字符效果；“默认”按钮是将当前的设定值作为默认值保存。

在“字符间距”选项卡中主要有三项属性：“缩放”是指字符在屏幕上显示的大小与真实大小之间的比例；“间距”是指字符间的距离；“位置”是指字符相对于水平基准线的位置。

“文字效果”选项卡用来设置字符的动态效果。文字效果是Word提供的一种文字修饰方法，它主要是为了在Web版式或用计算机演示文档时增加文档的动感和美感。字符的动态效果无法打印出来。

例：将文字“湖北中医药大学”设置为：宋体、一号、波浪型下划线、蓝色、空心并增加字间距。

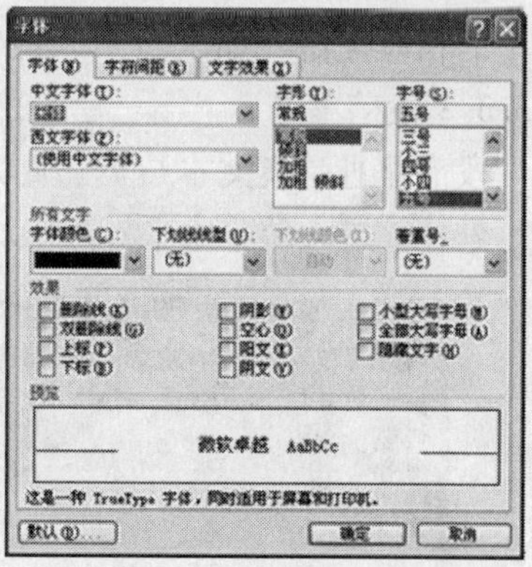

图3－21　使用对话框设置字符格式

先选中需要设置格式的字符“湖北中医药大学”。在“格式”菜单中选择“字体”命令，出现“字体”对话框。在对话框的“中文字体”列表框中选择“宋体”，“字号”列表框中选择“一号”，“下划线”列表框中选择“波浪型”，“颜色”列表框中选择“蓝色”，选中效果中的“空心”复选框。单击“字体”对话框的“字符间距”选项卡，将“间距”设置为加宽，磅值设置为5。单击“确定”按钮完成。这时从屏幕上即可看到设置格式后的效果。

例：将字符“C5”中的5设置为上标，方法如下：

输入“C5”，并选定“5”，在“格式”菜单中选择“字体”命令，在出现“字体”对话框的“效果”栏中单击“上标”复选框，单击确定按钮。

这时从屏幕上即可看到设置格式后的效果：C^5。

3.3.3 段落的格式化

在Word中，段落是指以段落标记作为结束符的文字、图形或其他对象的集合。Word在输入回车键的地方插入一个段落标记，可以通过“常用”工具栏上的“显示/隐藏”按钮查看段落标记。段落标记不仅表示一个段落的结束，还包含了本段的格式信息，如果删除了段落标记，该段的内容将成为其后段落的一部分，并采用下一段文本的格式。段落格式主要包括段落对齐、段落缩进、行距、段间距、段落的修饰等。

3.3.3.1 段落对齐

在Word中，段落的对齐方式包括两端对齐、居中对齐、右对齐、分散对齐。

两端对齐是Word的默认设置；居中对齐常用于文章的标题、页眉、诗歌等的格式设置；右对齐适合于书信、通知等文稿落款、日期的格式设置；分散对齐可以使段落中的字符等距排列在左右边界之间。在编排英文文档时可以使左右边界对齐，使文档整齐、美观。

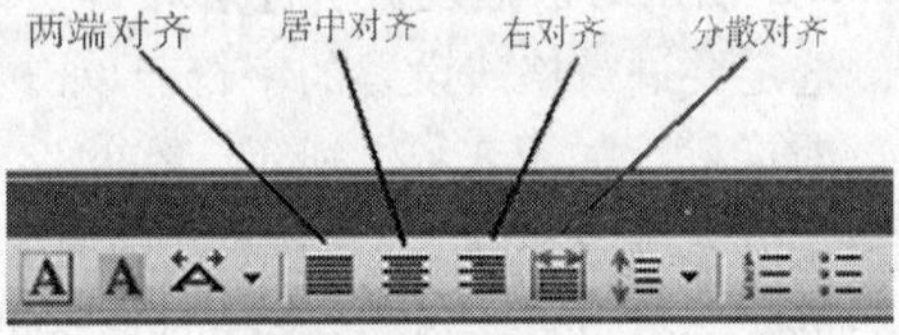

图3－22　段落对齐

段落对齐方式的设置：选定要进行设置的段落（可以多段），单击“格式”工具栏上的相应按钮（如“居中”按钮）。“格式”工具栏上按钮的说明见图3－22。

3.3.3.2 段落缩进

段落缩进是指文本与页边距之间的距离。段落缩进包括左缩进、右缩进、首行缩进、悬挂缩进，位于水平标尺上，如图3－23所示。设置缩进的步骤。

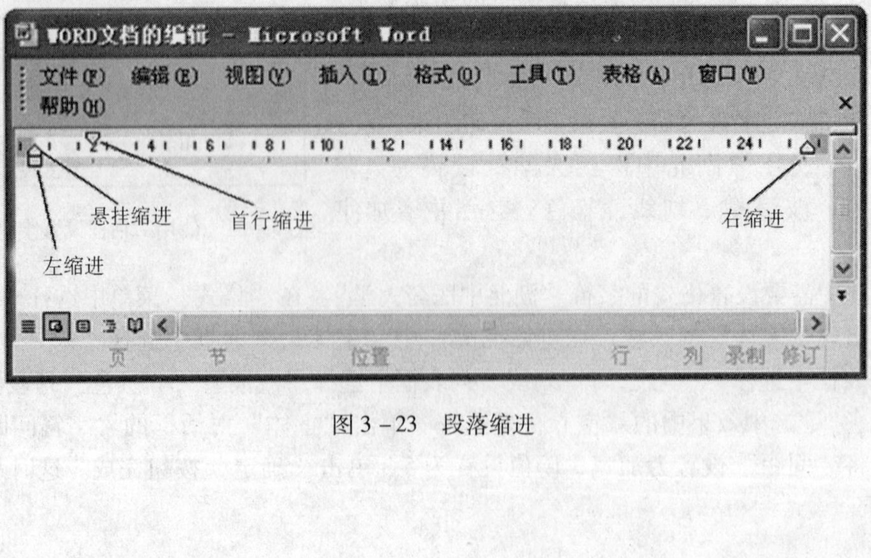

图3－23　段落缩进

将光标移到需要设置缩进的段落中。如果看不到水平标尺，可单击“视图”菜单中的“标尺”命令。拖动水平标尺左端的“首行缩进”倒三角标记，可改变该段文本文字的首行缩进。

拖动“悬挂缩进”标记三角，可使该段文字显示为悬挂缩进效果。

拖动“左缩进”标记方框，可改变该段文本的左缩进位置。

拖动“右缩进”标记，可改变该段文本的右缩进位置。

设置段落缩进后的效果如图 3 – 24 中所示，图中显示的第一段文字段落缩进格式为首行缩进、左缩进、右缩进；第二段文字段落缩进格式为悬挂缩进。

用对话框设置缩进的方法：将光标移到需要改变缩进的段落中。打开“格式”菜单，选择“段落”命令，打开“段落”对话框，如图 3 – 25 所示。选择“缩进和间距”选项卡，按文档需要设置左、右、悬挂、首行缩进中的某一项。单击“确定”按钮。

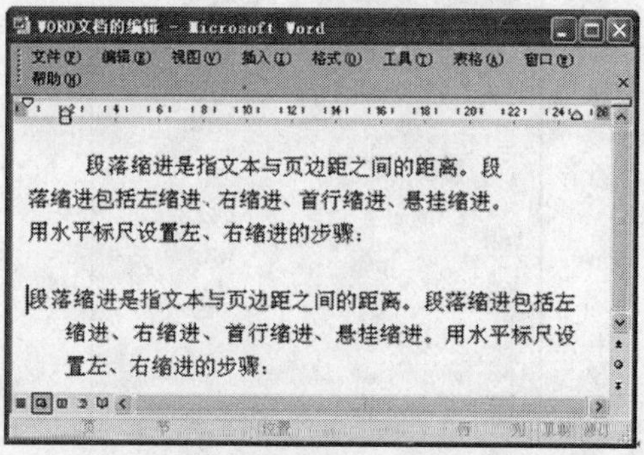

图 3 – 24　段落缩进后的效果

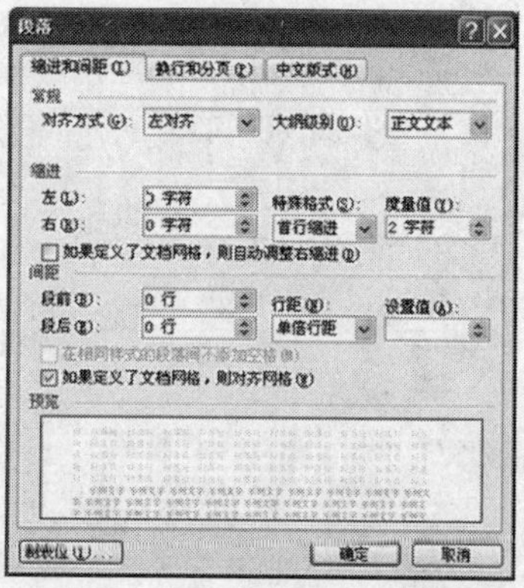

图 3 – 25　用对话框设置缩进

3.3.3.3 段落间距和行间距

段落间距表示段与段之间的距离，行间距表示每段文字中行与行之间的距离。在默认情况下，Word 采用单倍行距。所选行距将影响所选段落或插入点所在段落的所有文本行。

（1）设置段落间距　段落间距有段前距和段后距两种。打开段落间距对话框的方法是：单击“格式”菜单，选择“段落”命令，打开“段落”对话框，如图 3 – 25 所示。

改变段落间距的方法如下：将光标移到需要改变间距的段落中或也可以选择多段文本。打开段落间距对话框。单击“缩进和间距”选项卡，在“间距”选项的“段前”和“段后”框中键入所需间距值，可调节段前和段后的间距。

（2）设置行间距　设置行距与设置段距基本一样，只是在“缩进和间距”选项卡中的“行距”框中选择所需行间距值即可。

3.3.3.4 首字下沉

首字下沉通常用于文档段落的开头。

(1) 创建首字下沉　选则将要设置下沉文字的段落或将插入点放置在相应段落中，然后选择“格式”菜单中的“首字下沉”命令，打开“首字下沉”对话框（如图3－26），在“位置”中选择一种首字下沉的方式，在“字体”下拉列表中选择首字下沉的字体，在“下沉行数”中指定首字下沉后下拉的行数，在“距正文”框中设置首字与右侧正文的距离（默认为0厘米）。单击确定按钮完成设置。

(2) 取消首字下沉　先选中设置为首字下沉的文字，然后打开“首字下沉”对话框，在“位置”中选择“无”即可。

3.3.3.5 中文版式的段落设置

在对文档进行排版时，会对版面设计提出一些具体的要求，有些标点符号不宜出现在行尾，譬如“（”、“《”等，而有些表示语句结束的标点符号不宜出现在行首，譬如“，”、“。”等。这些要求，可以通过“段落”对话框中的“中文版式”选项卡进行设置（图3－27）。

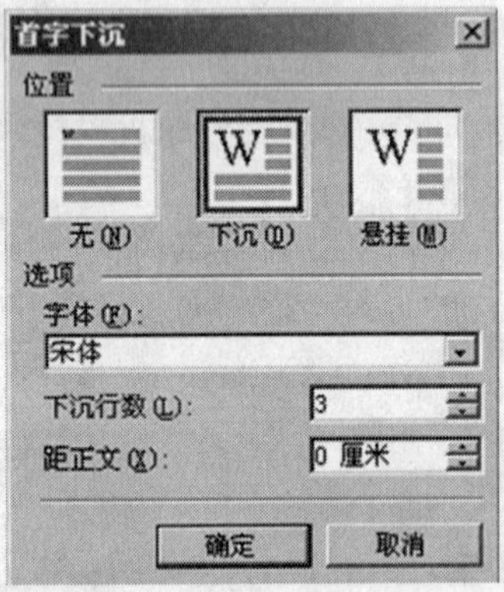

图3－26　“首字下沉”对话框

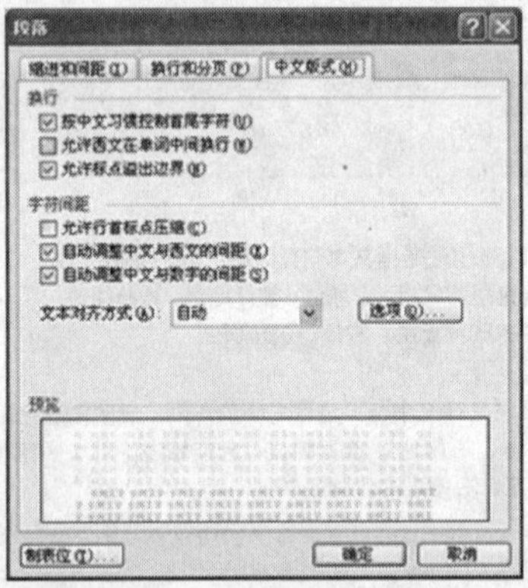

图3－27　“中文版式”选项卡

选中“按中文习惯控制首尾字符”复选框，可按Word中标准的“前置标点”和“后置标点”设置，控制出现在行首或行尾的标点符号。

选中“允许西文在单词中间换行”复选框，Word将根据页面设置、单词长度以及断字方式等因素，自动设置换行位置。

选中“允许标点溢出边界”复选框，使不能出现在行首的标点符号稍许超过文档的右边界，出现在行尾。

选中“允许行首标点压缩”复选框，可将行首的全角符号调整为半角符号。

选中“自动调整中文与西文的间距”或“自动调整中文与数字的间距”复选框，当文档中既有中文又有西文或数字时，可使它们之间保持一定的字符间距。

当文档段落中的字体大小不一致的时候，可以在“文本对齐方式”下拉列表框中选择，重新设置对齐方式。

单击图3－27中的“选项”按钮，将打开如图3－28所示的“中文版式”对话框。在“首尾字符”选区中，如果选中“自定义”，则可增加或删除“前置标点”和“后置标点”框中的避头避尾字符。

3.3.4 添加边框和底纹

在文档中某些重要文本或段落添加边框和底纹，可以使显示的内容更加突出和醒目，文档外观更加美观。在 Word 中，可以对字符、段落、图形或整个页面设置为边框或底纹。

3.3.4.1 给文字、段落或页面加边框

Word 提供了多种线型边框和由各种图案组成的艺术型边框，并允许使用多种边框类型。

（1）选中需要设置边框的文字，再单击格式工具栏上的“字符边框”按钮，即可给文字加上单线框。

（2）选中需要设置边框的文字或段落，再选择“格式”菜单中的“边框和底纹”命令，打开“边框和底纹”对话框，如图 3－29 所示。在“设置”选项区中选中一种边框类型，可在预览区中看到添加边框之后的效果。在“线型”、“颜色”和“宽度”列表中，可以设置边框线的样式。在“应用于”下拉列表中，可以选择是应用于文字或段落。

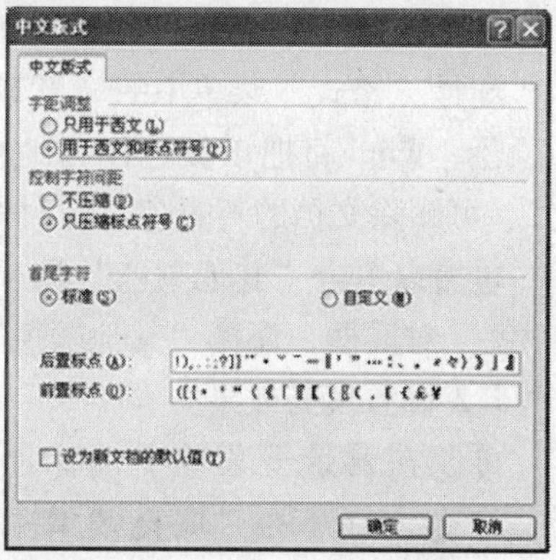

图 3－28　“中文版式”对话框

（3）选择“边框和底纹”对话框中的“页面边框”选项卡，可以为页面设置边框，除了线型边框外，还可以在页面周围添加 Word 提供的艺术型边框。

3.3.4. 给文字或段落添加底纹

选中要添加底纹的文本，单击“格式”菜单中的“边框和底纹”命令，打开“边框和底纹”对话框，选择“底纹”选项卡，如图 3－30 所示。

在“填充”中选择底纹的填充色，从“样式”中选择底纹的式样，从“颜色”中选择底纹内填充点的颜色，在“预览”区中可以浏览设置后的底纹效果。从“应用范围”下拉列表框中选择“文字”或“段落”即可。

若要删除底纹效果，只需先打开“边框和底纹”对话框，选择“底纹”选项卡，在“填充”中选择“无填充色”，从“样式”中选择“清除”，然后单击“确定”按钮即可。

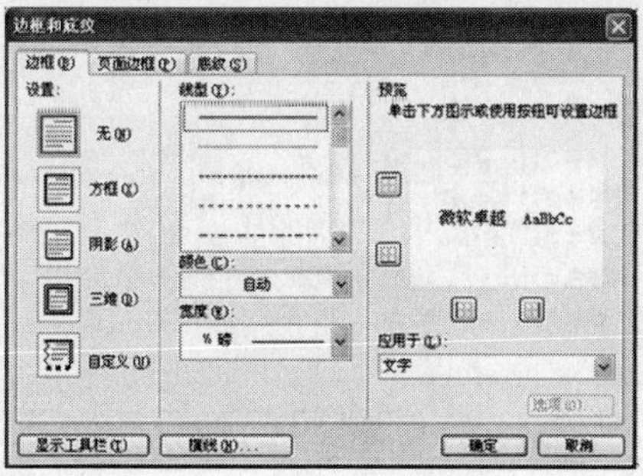

图 3－29　“边框”选项卡

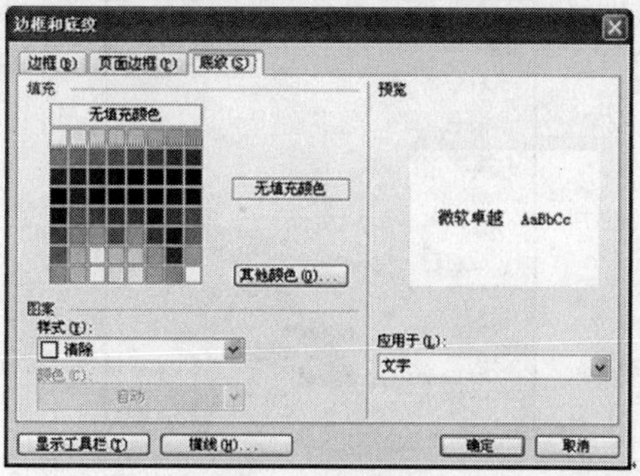

图 3－30　“底纹”选项卡

3.3.5 设置文档背景

背景在文档打印时。并不会打印出来，只有在 Web 版式视图中背景才是可见的。

3.3.5.1 添加或删除背景颜色

选择“格式”菜单中的“背景”，打开如图 3－31 所示的调色板。单击要作为背景的颜色，Word 将把该颜色作为纯色背景应用到文档的所有页面上。单击“无填充颜色”，可删除文档的背景色，此时背景色为白色。

也可以单击“其他颜色”选项，打开“颜色”对话框，选择“其他颜色”。

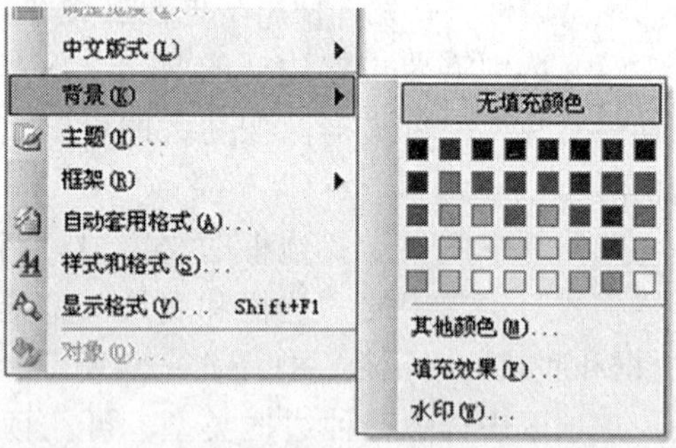

图 3－31 “背景”菜单

3.3.5.2 设置填充效果

可以在背景子菜单中选择“填充效果”命令，打开的“填充效果”对话框（如图 3－32），通过选择不同的选项卡，可以得到更为丰富多彩的背景。

选择“渐变”选项卡，在“颜色”选项区可以选择“单色”、“双色”、“预设”颜色，同时，可以选择“底纹样式”中的一种式样，“透明度”选区通过数字的输入来设置背景的透明效果，“变形”区域中进一步设置一种底纹样式。

选择“纹理”选项卡，提供了类似于针织物和大理石的图案。选中一种要作为背景的纹理图案，在“纹理”区的底部可显示该纹理图案的名称。也可以单击“其他纹理”按钮打开“选择纹理”对话框，选择图片文件作为纹理插入到纹理列表区中。在纹理区中选定一种纹理，单击“确定”按钮即可将此纹理图案作为页面背景。

选择“图案”选项卡，可在预设的 48 种图案中选择。当选中其中一种后，在选区的下方，会显示该图案的名称。并可在“前景”和“背景”下拉列表中指定该图案的前景色和背景色，单击“确定”按钮即可将选择的“图案”设置为背景。

选择“图片”选项卡，单击“选择图片”按钮，在打开的“选择图片”对话框中，可以选择图片文件作为背景。

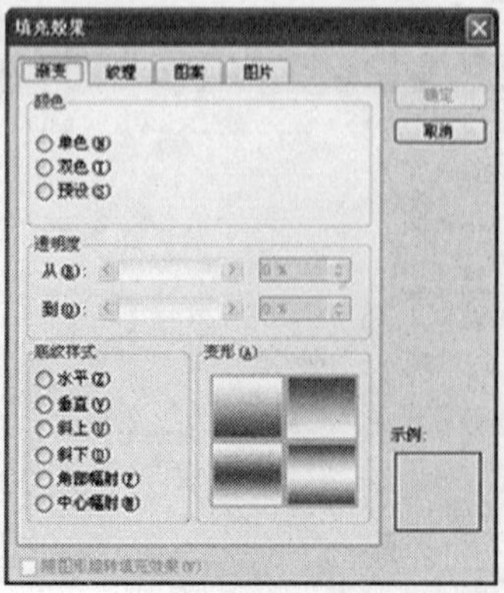

图 3－32 “填充效果”对话框

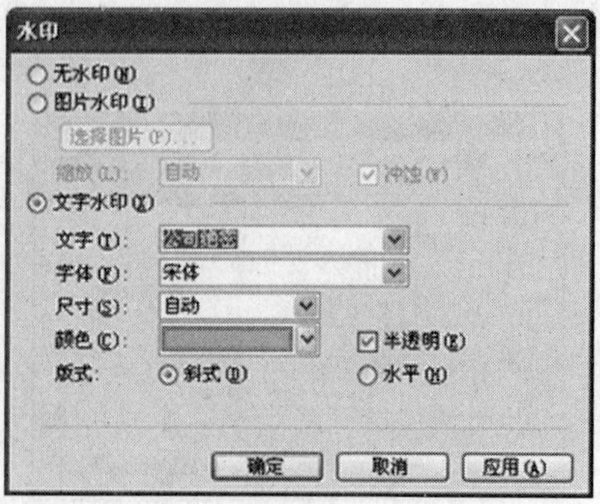

图 3－33 “水印”对话框

3.3.5.3 设置水印

水印是一种特殊的背景，添加水印的步骤：选择“格式”菜单中的“背景”选项，单击子菜单“水印”，打开“水印”对话框，如图3－33所示。选择“图片水印”或“文字水印”，激活相应的设置项目。将相关项目设置完成后，单击“确定”按钮即可。

若要修改水印，打开“水印”对话框重新设置即可；若要删除水印，在“水印”对话框中选择“无水印”即可。

3.3.6 使用项目符号和编号

在Word中，经常使用“项目符号和编号”功能。编号分为行编号和段编号两种，都是按照大小顺序为文档中的行或段落加编号。项目符号则是在一些段落的前面加上完全相同的符号。既可以对文档中的所有行或段落加编号，也可以只给指定文本或段落加编号。若要取消已有的项目符号或编号，首先选中要取消的项目符号或编号的项，然后单击格式工具栏上的“项目符号和编号”按钮，使其呈现弹起状态即可。

3.3.6.1 给文档添加行编号

Word能够根据设置的增量给行加编号，如果应用某种样式的段落不需要编号，可将应用这种样式的段落格式设为禁止行号，这样就可以跳过不想出现行号的段落。

行编号在屏幕上不显示，打印预览及打印时显示。为文本添加行号的操作步骤如下：

将插入点置于要添加行号的节中。选择“文件”菜单中的“页面设置”命令，打开“页面设置”对话框。在“页面设置”对话框中单击“版式”选项卡中的“行号”按钮，打开如图3－34所示的“行号”对话框。选中“添加行号”复选框后，其余选项全部被激活。在“起始编号”文本框中输入行号的起始值，在“距正文”文本框中输入行号与正文之间的距离，在“行号间距”中输入每间隔几行要添加一个行号，在“编号方式”中选择一种编号方式。单击“确定”按钮，退出“行号”对话框。单击“确定”按钮，退出“页面设置”对话框。

3.3.6.2 给段落编号

可利用“格式”中的“项目符号和编号”命令，为某个段落加编号。将插入点置于要添加编号的段落中，或选中这个段落。选择“格式”菜单中的“项目符号和编号”命令，打开“项目符号和编号”对话框。选择“编号”选项卡（如图3－35）。选择所需的编号类型，单击“确定”按钮。

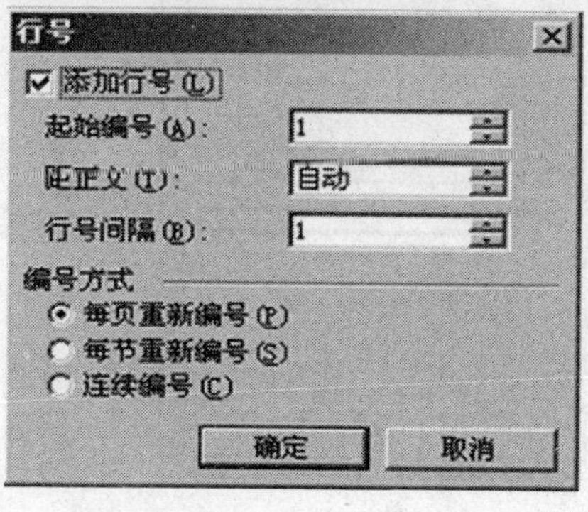

图3－34　“行号”对话框

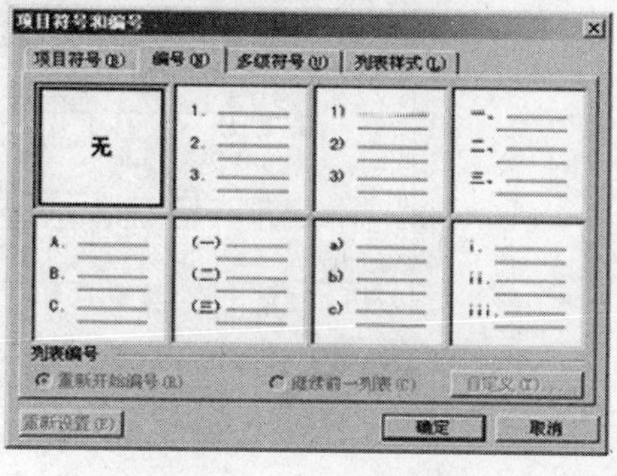

图3－35　“编号”选项卡

如果不满意Word预设的编号格式，可以先选中一种预设样式后，单击“自定义”按钮，打开“自定义编号列表”对话框（如图3－36)，自行设计。

3.3.6.3 对段落添加项目符号

在打开的“项目符号和编号”对话框中，选择“项目符号”选项卡，可以选择Word预设的项目符号格式，也可以自定义项目符号，操作步骤及方法与编号的操作类似。

3.3.6.4 对文档应用多级符号

在文档中经常用不同的缩进距离来表示不同层次的段落，Word可以设置多级符号来标识它们。

(1) 预定的多级符号　Word提供了7种预定的多级符号。选中要添加多级符号的段落。选择“格式”菜单中的“项目符号和编号”命令，打开“项目符号和编号”对话框。选择对话框中的“多级符号”选项卡，屏幕如图3－37所示。选中所需的一项多级符号类型，选择“无”则取消已设置的多级符号。单击“确定”按钮。

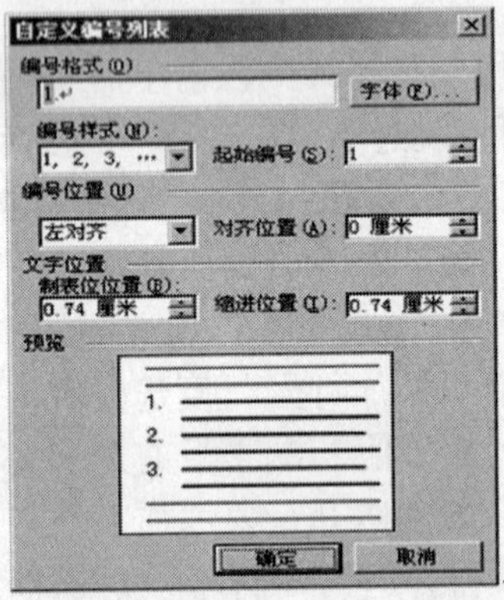

图3－36　“自定义编号列表”对话框

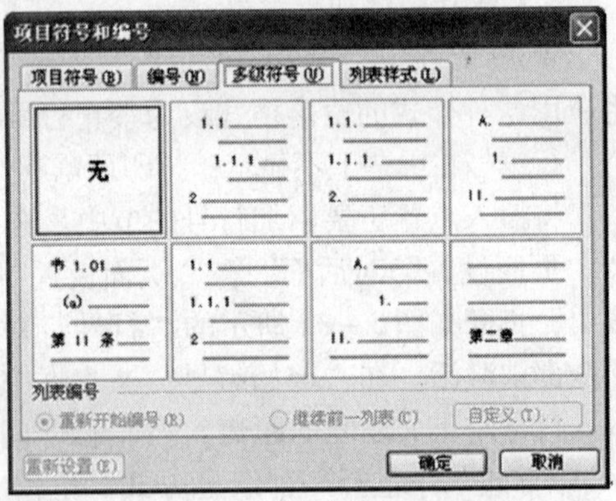

图3－37　“多级符号”选项卡

(2) 自定义多级符号　在打开对话框后，选中其中一种多级符号，单击“自定义”按钮，打开如图3－38所示的“自定义多级符号列表”对话框，即可进行相关设置。

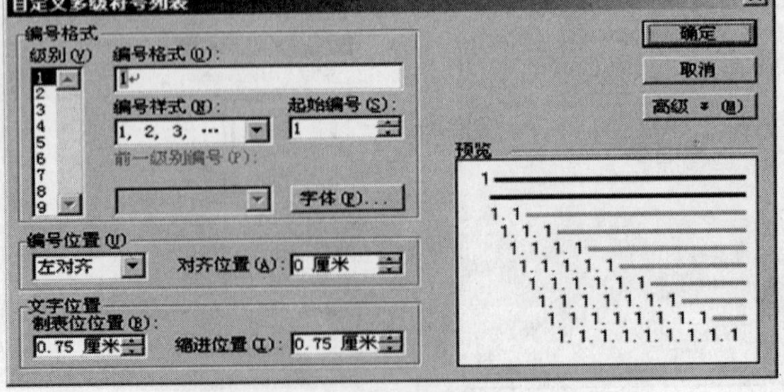

图3－38　“自定义多级符号列表”对话框

3.3.7 设置分栏

多栏排版是常用的排版方法，Word 提供了分栏的功能。选择“格式”菜单下的“分栏”命令，将弹出“分栏”对话框，如图 3－39 所示。可以对整篇文档设置分栏，也可以只对插入点之后的内容进行设置，可以等宽的分为两栏、三栏或者更多，也可以为偏左、偏右，或者直接给出栏宽，设置两栏之间的间距，两栏之间是否用分隔线进行分隔等。

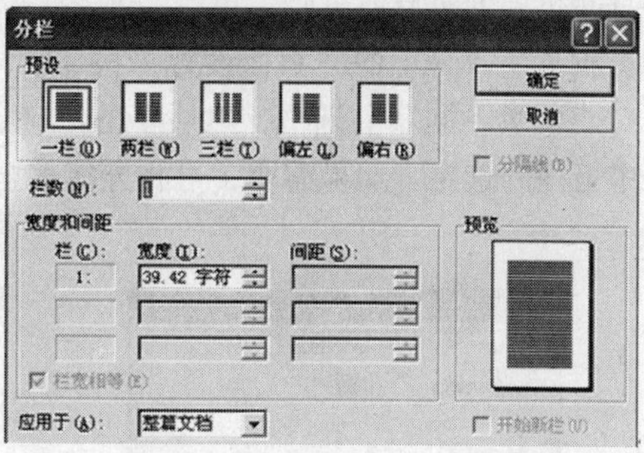

图 3－39 “分栏”对话框

3.3.8 页面排版

3.3.8.1 页面设置

一篇文档在准备打印之前应进行页面设置。打开“文件”菜单，选择“页面设置”命令，弹出“页面设置”对话框，如图 3－40 所示。页边距指正文与纸张边缘的距离。

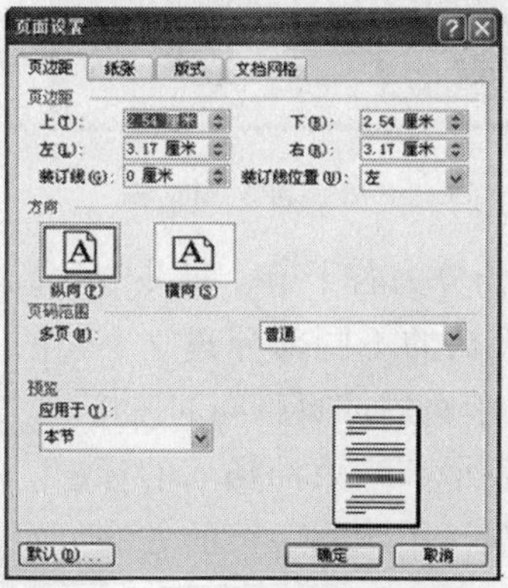

图 3－40 “页面设置”对话框

在“页面设置”对话框中单击“页边距”选项卡，在相应的框中输入数值即可。若只修改文档中一部分文本的页边距，可在“应用于”框中选择“所选文字”选项。Word 会自动在设置了新页边距的文本前后插入分节符。如果文档已划分为若干节，可以单击某节中的任意位置或选定多个节，然后修改页边距。

3.3.8.2 页眉、页脚

页眉或页脚通常包含公司徽标、书名、章节名、页码、日期等信息文字或图形，页眉打印在顶边上，而页脚打印在底边上。

编辑页眉/页脚应在页面视图下，当选择了页眉/页脚命令后，Word 会自动转换到页面视图方式。单击“视图”菜单中的“页眉和页脚”命令，文档转换到页面视图方式，显示页眉、页脚，同时显示“页眉/页脚”工具栏，如图 3－41 所示。

图 3－41 页眉/页脚工具栏

（1）创建页眉或页脚 单击“视图”菜单中的“页眉和页脚”命令。要创建一个页眉，可在页眉区输入文字或图形，也可单击“页眉和页脚”工具栏上的按钮插入页数、日期等。要创建一个页脚，可单击“在页眉和页脚间切换”按钮，以便插入点移到页脚区。单击“关闭”按钮。

在某一页设置了页眉和页脚后，观察文档可以发现，虽然只在文档资料的某页中设置了页眉和页脚，但是相同的页眉和页脚却显示在文档的每一页。

（2）创建奇数页、偶数页不同的页眉页脚　如果编辑文档时，要求奇数页与偶数页具有不同的页眉或页脚：单击“视图”菜单中的“页眉和页脚”命令。单击“页眉和页脚”工具栏上的“页面设置”按钮。单击“版式”选项卡，如图 3－42 所示。选中“奇偶页不同”复选框，然后单击“确定”按钮，应注意做左下角“应用于”列表框中范围的选定。如果需要，可将光标移至“偶页页眉”区或“偶页页脚”区。

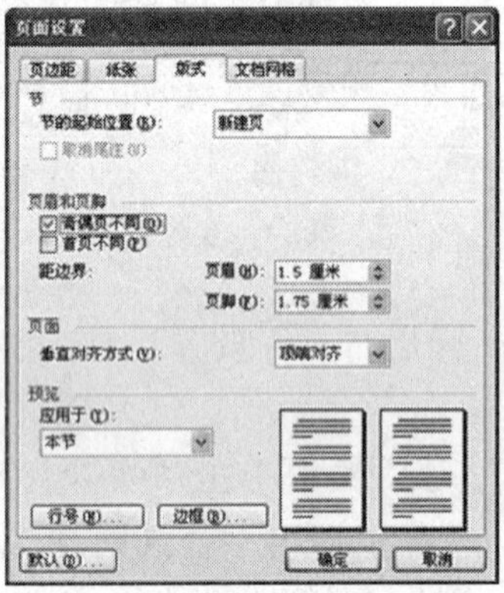

图 3－42　页面设置

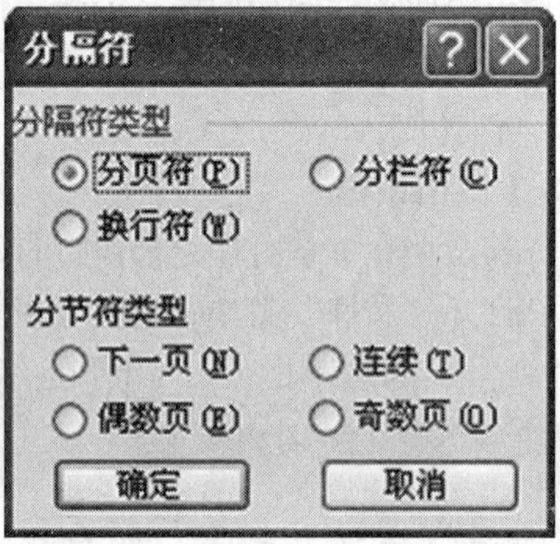

图 3－43　“分隔符”对话框

（3）创建文档不同部分的页面设置　Word 允许将文档分为若干节，每一节具有不同的页面设置，如不同的页眉、页脚、页码格式等。为文档的不同部分建立不同的页眉或页脚，只需将文档分成多节，然后断开当前节和前一节页眉或页脚间的连接。

为文档分节要在新节处插入一个分节符，分节符是表示节结束而插入的标记。在普通视图下，分节符显示为含有“分节符”字样的双虚线，用删除字符的方法可以删除分节符。

插入一个分节符的步骤：将光标移到需要分节的位置。选择“插入”菜单中的“分隔符”命令，弹出“分隔符”对话框，如图 3－43 所示。在“分节符类型”选择框中选择下一节的起始位置：“下一页”表示从分节线处开始分页；“连续”表示上、下节内容紧接；“偶数页”表示从下一个偶数页开始新节；“奇数页”表示从下一个奇数页开始新节。单击“确定”按钮。

（4）设置页码　可以使用“插入”菜单中的“页码”命令或“页眉/页脚”工具栏上的“插入页码”按钮来插入页码。无论哪一种情况，页码均添加于页面的上部（页眉）或下部（页脚）。如果在页眉或页脚中只需要包含页码，则“页码”命令是最简单的方法，而且“页码”对话框中的“格式”按钮提供了多种自定义页码的格式。例如，可以使用罗马数字作为目录的页码，而使用阿拉伯数字作为文档其余部分的页码。

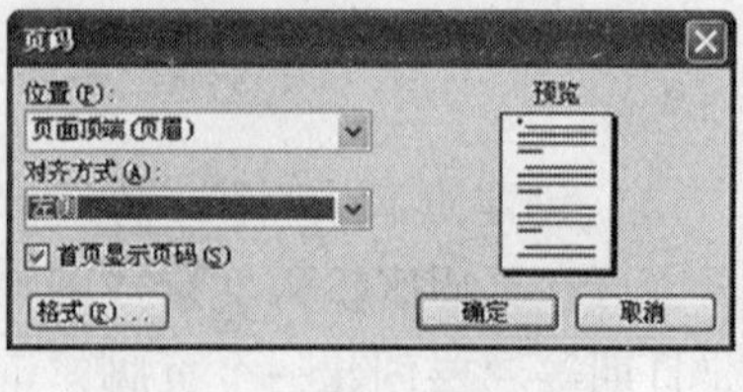

图 3－44　设置页码

插入页码的操作步骤 单击“插入”菜单中的“页码”命令，弹出的“页码”对话框，如图3－44所示。用“位置”框指定是将页码置于页面的页眉还是页面的页脚。用“格式”按钮设置页码的格式，是采用罗马数字还是阿拉伯数字等。单击“确定”按钮。

3.4 表格的制作

在文档中，文字编辑很重要，但是有些信息数据的表达仅仅靠文字描述是不够直观的，可以使用表格来更好的描述这些信息数据。因此，表格处理在文档中也占有一定的比例，在 Word 2003 中，表格的排版与文本的排版基本相似，但也有各自的特点。

Word 2003 提供的表格处理功能可以方便地处理各种表格，特别适用于一般文档中包括的简单表格（如学生成绩登记表，值班表等）。

3.4.1 表格的建立

Word 可以在文档中快速建立规则的简单表格和不规则的复杂表格。Word 表格中的每一个格子称为单元格，我们可以对单元格进行很多操作，比如向单元格中添加内容，对单元格的颜色和线条等进行一些修改等。

3.4.1.1 创建表格

创建表格一般情况下有以下三种方式。

（1）利用工具栏直接插入表格 ①单击“常用工具栏”中的“插入表格”按钮（“常用”工具栏可以通过选定“视图”菜单下的“工具栏”选项中的“常用”选项显示出来）。②按住鼠标并拖动到所需表格的行列格数。③松开左键，这时窗口中会出现带虚线框的表格，如图3－45所示。④单击“确定”按钮即可。

图3－45 “插入表格”按钮－工具栏

（2）利用菜单方式插入表格 ① 在“表格”菜单中选择“插入表格”选项，弹出如图3－46所示的对话框。② 在“表格尺寸”中选择相应的行数和列数。③ 根据需要在“自动调整”操作中作出相应的选择。④ 单击“确定”按钮即可。

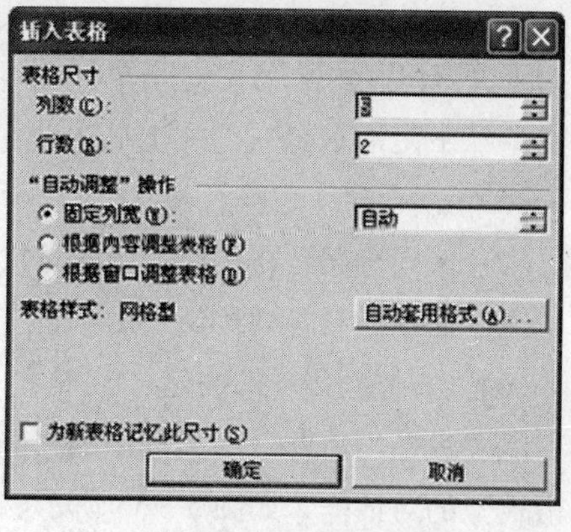

图3－46 插入表格对话框

（3）绘制自定义表格 单击常用工具栏上的“表格和边框”按钮，弹出“表格和边框”工具栏，如图3－47所示，用下面方法绘制表格。

矩形创建单个单元格或者表格边界；水平线创建行；竖直线创建列；对角线拆分单元格。

3.4.1.2 表格与边框工具栏上按钮的用途

图 3－47　表格工具栏

（1）边框下拉式列表　“表格与边框”对话框中的边框下拉式列表用来添加表格中的边框，可以根据需要选择添加框线，如图 3－48 所示。

（2）底纹颜色下拉式列表　在底纹颜色下拉式列表中选择已经有的颜色，如图 3－49 所示。

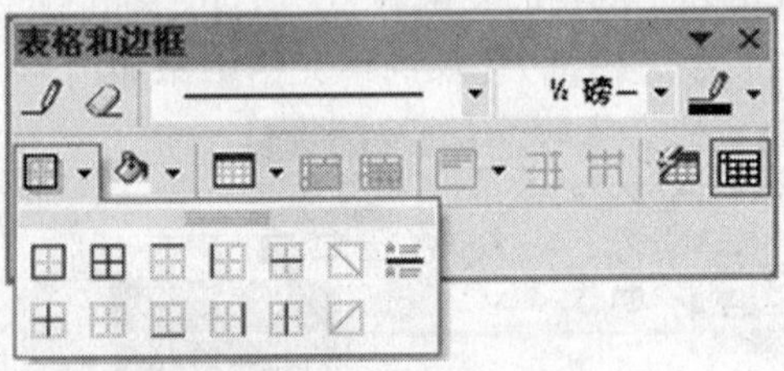

图 3－48　表格边框

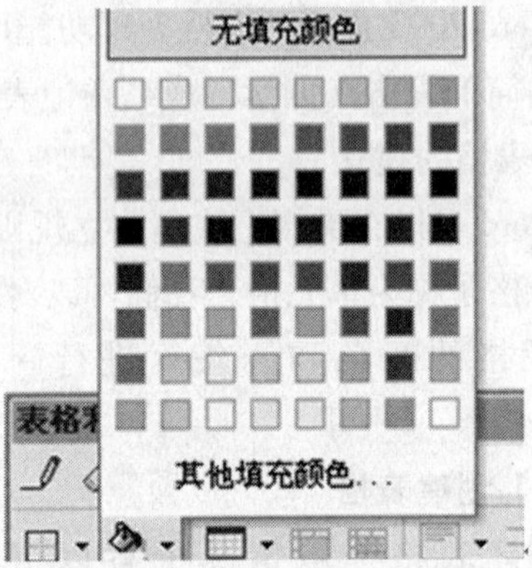

图 3－49　填充表格

还可以单击“其他填充颜色”选项，打开如图 3－50 的对话框。在对话框的“标准”选项卡中选择需要的颜色。或者也可以在“自定义”选项卡如图 3－51 中选择需要的颜色。

（3）定位下拉式列表　定位下拉式列表主要是针对单元格中的内容进行的排版定位，使单元格内的文字相对于单元格的对齐方式有“靠上两端对齐”、“中部两端对齐”、“靠下两端对齐”、“靠上居中”、“中部居中”、“靠下居中”等可供选择的项，如图 3－52 所示。

（4）平均分布各行按钮　用于将选定的单元格的行宽变得相等。

（5）平均分布各列按钮　用于将选定的单元格的列宽变得相等。

（6）自动套用格式按钮　表格的格式都已经设置好，以便于用户方便的调用。①利用“表格与边框”工具栏中的“自动套用格式样式”按钮，可打开“表格自动套用格式”的对话框，如图 3－53 所示。②在表格菜单中选择“表格自动套用格式”选项，打开如图 3－53 所示的对话框。

（7）排序按钮　对表格进行快速的排序操作。

（8）自动求和按钮　对表格进行快速的求和操作。

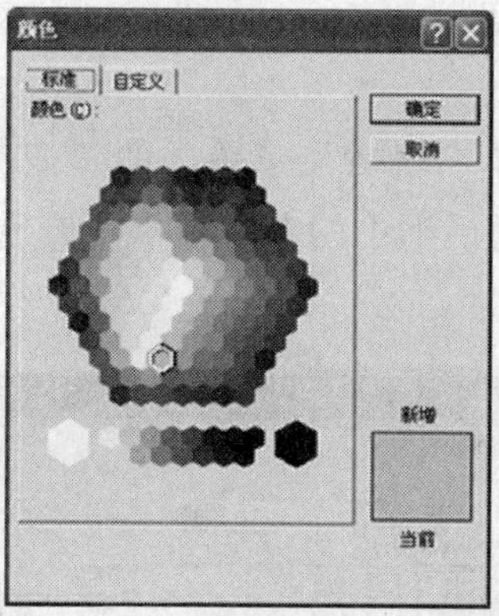

图 3－50　颜色对话框

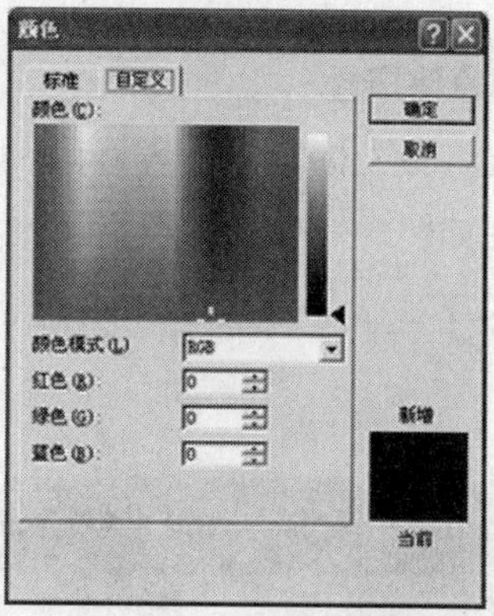

图 3－51　自定义颜色

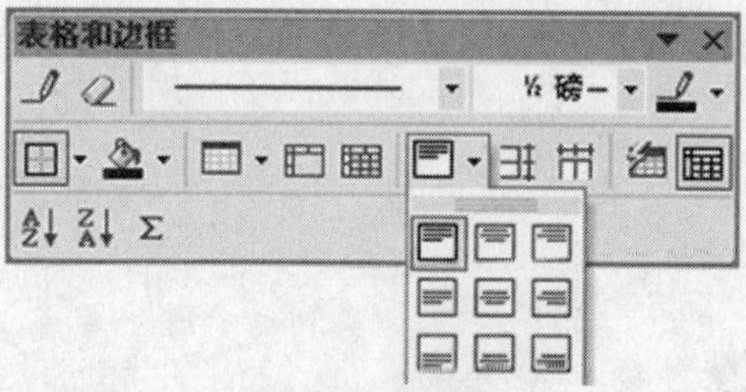

图 3－52　对齐方式

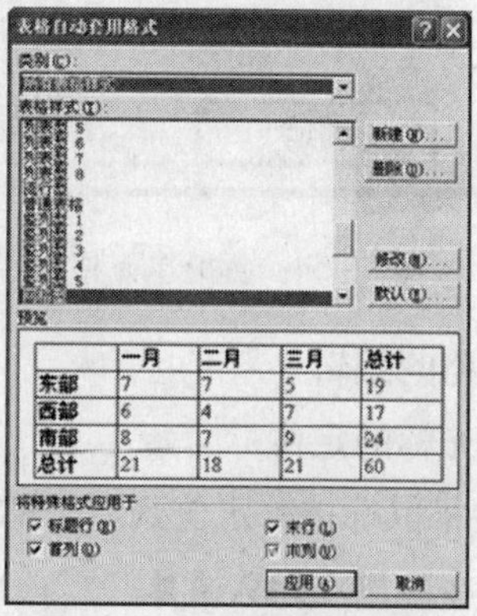

图 3－53　表格的自动格式

3.4.1.3 表格线的添加与删除

在“表格和边框”工具栏中，如图 3－47 所示，单击“绘制表格”按钮，鼠标呈现铅笔状，可在表格中画水平、垂直及斜线；单击“擦除”按钮，光标呈橡皮擦状，可删除该表格线。

3.4.1.4 修改表格结构

（1）合并与拆分单元格　①合并单元格：选定要合并的单元格或区域，选择“表格”菜单中的“合并单元格”项，或者选定要合并的单元格后单击鼠标右键，在弹出的快捷菜单中选择“合并单元格”项。②拆分单元格：选定要拆分的单元格，选择“表格”菜单中的“拆分单元格”项，或者选定要合并的单元格后单击鼠标右键，在弹出的快捷菜单中选择“拆分单元格”项，在弹出的对话框中选择需要拆分的行数和列数，“拆分单元格”的对话框如图 3－54 所示。

（2）改变列宽及行高　用鼠标拖曳改变行高和列宽。把鼠标移动到单元格的边框线上，当鼠标变成双向箭头后，按住鼠标左键并拖动，直到达到理想的行高和列宽为止。

3.4.1.4 表格属性

首先，将光标定位到表格内任意单元格中，选择“表格”菜单中的“表格属性”命令，在如图 3－55 所示表格属性对话框中，根据对话框中的各选项卡可查看和调整表格的尺寸。

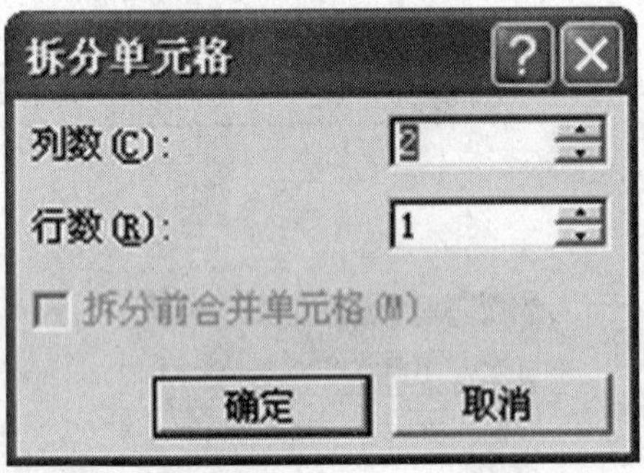

图 3－54　拆分单元格

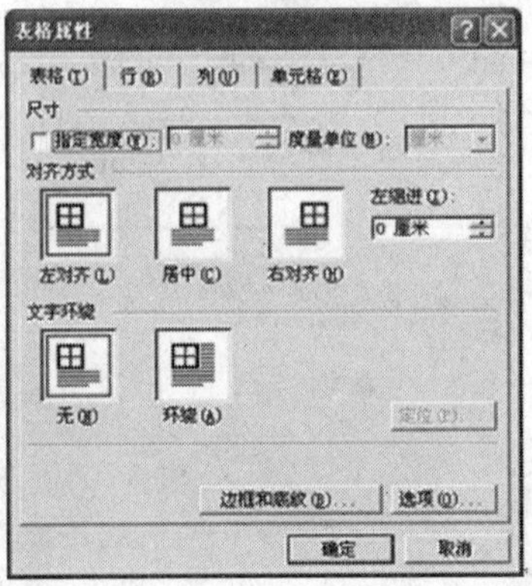

图 3－55　表格的属性

3.4.2 表格的编辑

3.4.2.1 光标的定位

直接将鼠标指针定位到所需的单元格中。

3.4.2.2 在表格中输入文本

可以将其中的每一个单元格看做独立的文档来录入文本。

3.4.2.3 在表格中选择文本

（1）选中一个单元格　将鼠标指针移到单元格内左下角处，光标呈黑色箭头单击左键即可。

（2）选中一行　将鼠标移到该行的左端边沿处，单击左键即可。

（3）选中一列　将鼠标指针移到该列的顶端边沿处，光标呈向下黑色箭头单击左键即可。

（4）选择整个表格　将鼠标指针指向表格的左端边沿处（即选定区），按下鼠标左键，从上向下拖动鼠标，即可以选择整个表格。或者鼠标单击表格左上角的符号，也可选择整个表格。

也可使用“表格”菜单中的相关选项来选中光标所在处的行、列等，如图 3－56 所示。

3.4.2.4 增加表格中的行、列

（1）插入行　选中一行（或一个单元格），选择“表格”菜单下的“插入”项，

在“插入”项的级联菜单中选择插入的行是在定位行的上方还是下方，如图 3－57 所示。

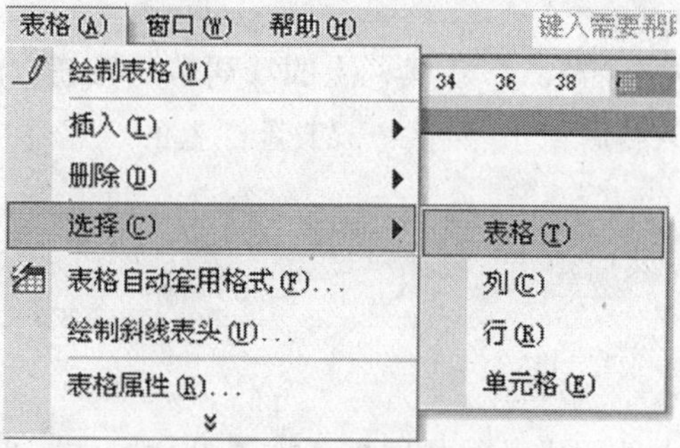

图 3－56　选择表格菜单

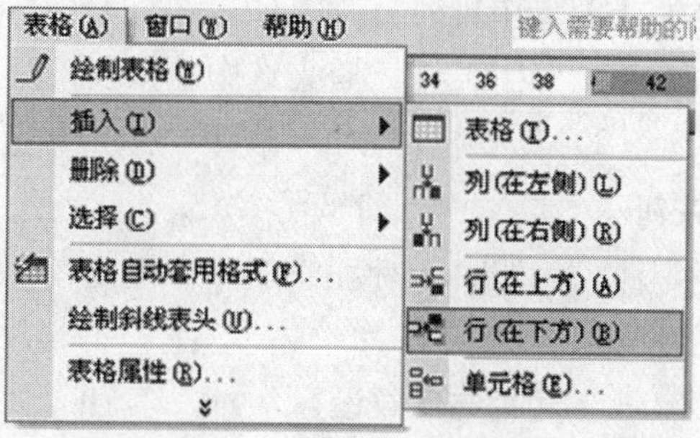

图 3－57　插入行、列

（2）插入列　选中一列（或一个单元格），选择“表格”菜单下的“插入”项，在“插入”项的级联菜单中选择插入的列是在定位列的左边还是右边。

3.4.2.5 删除表格中的单元格、行、列

（1）删除表格中的单元格　选择要删除的单元格，再选择“表格”菜单中的“删除单元格”项，或者是单击右键，在弹出的快捷菜单中选择“删除单元格”项，可打开的“删除单元格”对话框如图 3－58 所示，在对话框中选择“右侧单元格左移”或“下方单元格上移”，可删除光标所在的单元格式。

（2）删除整行　在“删除单元格”对话框中选择“删除整行”。

（3）删除整列　在“删除单元格”对话框中选择“删除整列”。

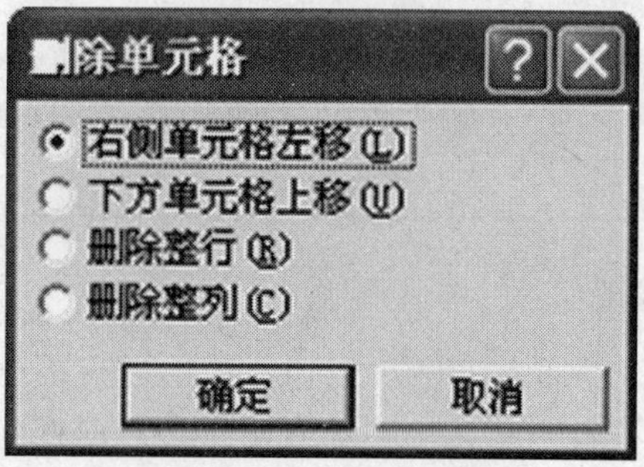

图 3－58　删除单元格

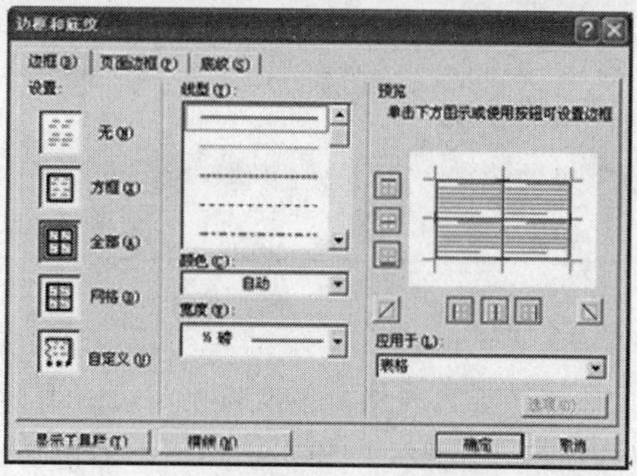

图 3－59　边框、底纹设置

3.4.2.6 表格中文字的编辑

在表格中编辑文字与编辑正文的方式一样，首先选定要编辑的对象，然后进行字体的编辑或者对所选内容进行剪切、复制、粘贴、移动等操作。

3.4.2.7 拆分表格

首先将光标移到要拆分成第二张表格的第一行上，然后选择“表格”菜单中的

“拆分表格”项即可。

3.4.3 格式化表格

3.4.3.1 居中排列

（1）表格居中　首先选中整张表，然后单击“格式”工具栏上的“居中”按钮。

（2）表格中文字水平居中　选定单元格，然后单击“格式”工具栏上的“居中”按钮。

（3）表格中文字垂直居中　选定单元格，然后单击“表格与边框”工具栏上相应的按钮。

3.4.3.2 边框与底纹设置

（1）表格虚框显示控制　可通过下述方法显示或者隐藏虚框。①工具栏方法：单击“表格和边框工具栏”上的“显示虚框”（或“隐藏虚框”）按钮。②菜单方法：在“表格”菜单中选择“显示虚框”（或“隐藏虚框”）项。

（2）边框设置　边框的设置一般情况下有工具栏、菜单方法两种。①选择需要加边框和底纹的表格或者单元格。②单击“格式”菜单中的“边框和底纹”项，在打开的对话框，选择对话框中的“边框”选项，如图 3－59。③在“线型”、“颜色”、“宽度”列表中选择所需的类型，在“页面边框”选项卡中，可以设置整页的边框，在“底纹”选项卡中，可以选择不同的颜色填充在表格或单元格中。

3.4.3.3 表格实例（课表制作图 3－60）

星期 上课时间	星期一	星期二	星期三	星期四	星期五
8：00－10：00	高数	计算机基础	微积分		书法
10：10－12：00	高数	计算机基础			
14：00－16：00			操作系统	数据库	计算机组成
16：10－18：00	思想道德修养				
19：00－21：00		形体		插花艺术	

图 3－60　课表

（1）插入表格　单击表格与边框工具栏上的“插入表格”按钮，弹出插入表格的对话框，如图3－46 所示。然后单击自动套用格式按钮，弹出自动套用格式对话框，在弹出的对话框中选择“列表型 8”，如图 3－61。按“确定”后，返回图 3－46 所示的对话框；在行列的选择中选择 6 行、6 列，按“确定”按钮后出现一个 6 行、6 列的表格。

（2）填写课表的内容　在对应的单元格中填写课表的基本内容。

（3）排版　填写好单元格中的内容后，选定第二行至第六行的单元格，在工具栏上按下“居中”按钮，使单元格中的内容居中显示。选定第一行中的第二个单元格至第六个单元格，在“表格与边框”工具栏中选择“中部居中”按钮。

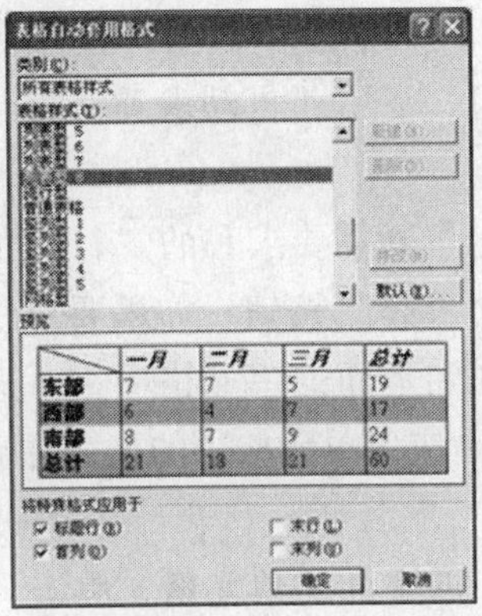

图 3－61　表格自动格式

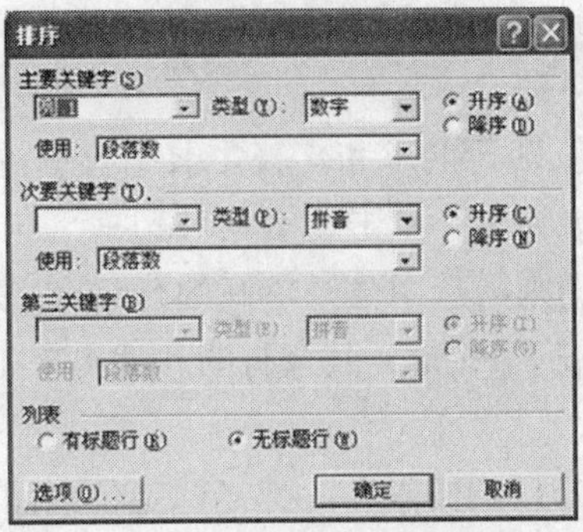

图 3－62　排序设置

3.4.4 排序与计算

3.4.4.1 表格的排序

通常情况下，表格的排序有以下两种方法。

(1) 工具栏按钮方法　选中需要排序的一列，单击“表格和边框”工具栏上的“降序”按钮或“升序”按钮即可。

(2) 菜单方法　①将光标移到表格中，单击“表格”菜单中的“排序”选项，弹出“排序”对话框。如图 3－62。② 在排序依据中选择“主要关键字”(即第几列)，在“类型”的下拉列表中选择按照“拼音”或“数字”等排序，然后再选择是按照升序还是按照降序排列。③如果在主要关键字中遇到相同的数据，还可以指定“次要关键字”，进行第二次排序。

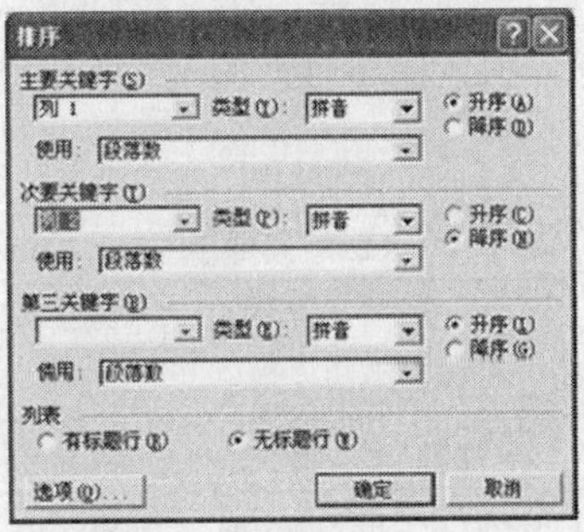

图 3－63　多关键字排序

例如，表 3－2 初始表，首先依据员工所在部门拼音的升序排列，依据员工姓名拼音的降序排列，在图 3－63 的“排序”对话框中做出相应的设置，最后排好的序如表3－3 所示。

表 3－2　初始表

部门	姓名
技术部	赵力
技术部	艾青
生产部	张明
生产部	李凯
销售部	朱文
销售部	肖品

3.4.4.2 表格的求和

表格的求和有两种方式，一种是利用“表格和边框”工具栏上的“自动求和”按钮直接求和，这种方式适合于简单的求和。另一种方式是单击“表格”菜单中的“公式”选项，利用“公式”对话框进行求和。下面介绍一下用“自动求和”按钮进行求和的方法。

（1）行的求和　若要求“行”的和，先把光标定位到需要求和的“行”的最右边的单元格中，单击“表格和边框”工具栏上的“自动求和”按钮，如果要对每一行都求和，则需选中已经求好的行的和，把这个数字复制到下面的单元格中去，选中这一列，按下F9键，其余行的和就出来了。F9键的作用是应用单元格中的公式并重新计算结果。

（2）列的求和　把光标定位到需要求和的“列”的下面的单元格，单击“自动求和”按钮即可。例如利用自动求和计算学生的单科总分，结果如表3-4所示。

表3-3　排序后的表格显示

部门	姓名
技术部	赵力
技术部	艾青
生产部	张明
生产部	李凯
销售部	朱文
销售部	肖品

表3-4　自动求和

姓名	英语	数学	计算机
赵力	86	89	66
艾青	76	98	84
张明	67	68	76
李凯	85	77	83
总分	314	332	309

在光标定位到“总分”这一栏的每个单元格中，然后单击工具栏上的“自动求和”按钮。

3.4.4.3 表格的计算

表格中每一个单元格都可以用字母后面跟数字表示该单元格的地址。其中，字母表示单元格所在的列数，数字表示单元格所在的行数。例如，E6表示的单元格所在的位置是在表格的第E列（即是第5列）第6行。

表格的计算一般情况下有两种情况。

（1）应用表达式计算　①将光标定位到存放计算结果的单元格中。②单击“表格”菜单中的“公式”项，弹出“公式”对话框，如图3-64所示。③在“公式”编辑框中输入表达式。输入表示式之前先输入“=”，然后输入式子。④在“公式”编辑框内输入表达式，例如，“=3^2 * 4/3.2”，如图3－65所示。⑤单击“确定”按钮，运算后的结果11.25就会显示在选定的单元格中。

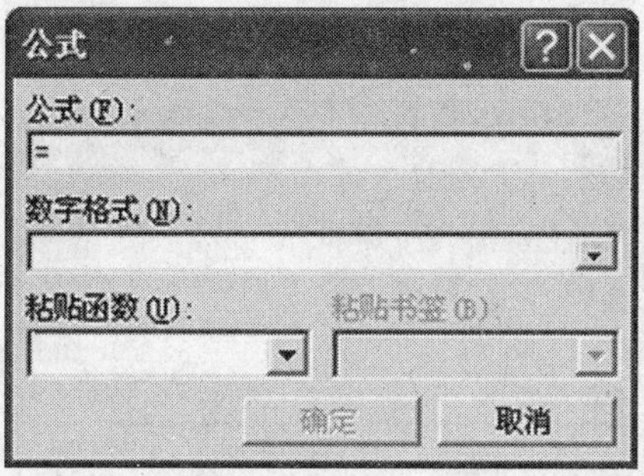

图3－64　表格公式对话框

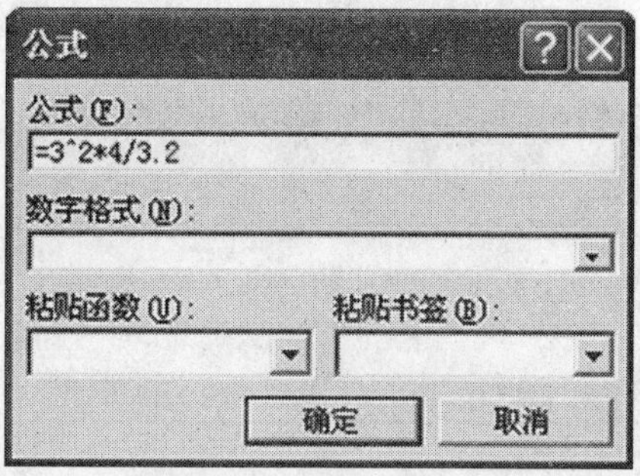

图3－65　输入公式

（2）应用公式计算　①将光标定位到存放计算结果的单元格中。②单击“表格”菜单中的“公式”项，弹出“公式”对话框。点击“粘贴函数”下拉式列表的下拉按钮，列表中会列出可选的常用函数名，选择所需要的函数，单击“确定”按钮。

在求和计算中，选择“SUM”函数，“公式”编辑框内显示所选函数“=SUM(LEFT)”。其中，“LEFT”为自变量，括号中的内容可以是系统自动生成的，也可以是输入进去的单元格地址，如在求平均数“=AVERAGE（b2：c3）”函数中，所求的是B列第2行，B列第3行，C列第2行，C列第3行四个单元格的平均数。表3－5列出了作为自变量的单元格的选择方法。

表3－5　单元格选择

LEFT	左边单元格
ABOVE	上边单元格
单元格1：单元格2	从单元格1到单元格2矩形区域所有的单元格，如a1：b3包含a1，a2，a3，b1，b2，b3六个单元格
单元格1，单元格2……单元格n	计算单元格1，单元格2……单元格n，这n个单元格

例如，求学生成绩的平均分表，如表3－6所示。

表3－6　求平均成绩

姓名	英语	数学	计算机	平均分
赵力	86	89	66	80.33
艾青	76	98	84	86
张明	67	68	76	70.33
李凯	85	77	83	81.67
总分	314	332	309	

将光标移到平均分这一列的每个单元格中，然后单击“表格”菜单中的“公式”选项，在弹出的对话框中选择“粘贴函数”中的 AVERAGE 项，如图 3－66 所示，然后在函数的括号中添加 b2：d2，如图 3－67 所示，按回车键，那么在赵力的平均分中就会显示 80.33 分，依次可求出每个学生的平均成绩。

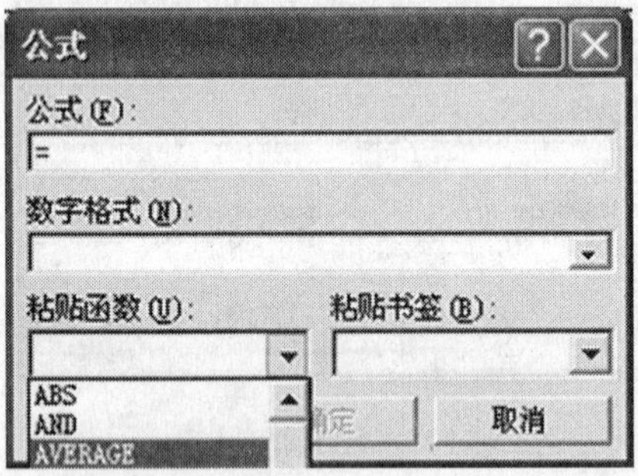

图 3－66　求平均值函数

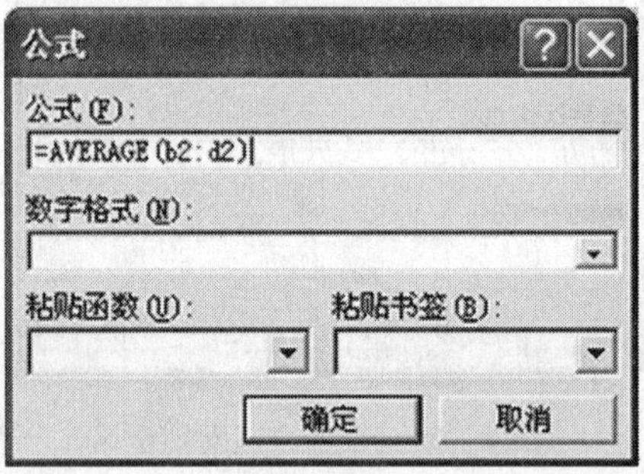

图 3－67　选择、输入平均值公式

图 3－68　表格转换文本对话框

部门	姓名
生产部	张明
生产部	李凯
技术部	赵力
技术部	艾青
销售部	朱文
销售部	肖品

图 3－69　转换后的文本显示

3.4.5 表格的排版与转换

3.4.5.1 标题行重复

如果制作的表格很大，分在多页显示，一般情况下，只会在第一页的开头设置表头，除去第一页以外的表格就会没有表头，这样看除第一页以外的表格就会不清楚表格的具体对应内容是什么。在 Word 中可以使用“标题行重复”这一项来解决这个问题。首先选中表格的第一行，单击“表格”菜单，选择“标题行重复”项，那么每一页的表格中都会出现相应的表头。

3.4.5.2 表格和文字的相互转换

（1）表格转换成文本　把光标定位在表格中，打开“表格”菜单中的“转换”子菜单，选择“表格转换成文本”项，打开“表格转换成文本”对话框，如图 3－68 所示，在“文字分隔符”栏中选择“制表符”，单击“确定”按钮，就把这个表格转换成了文本。例如把表 3－2 转换成文本的结果如图 3－69 所示。

（2）把文字转换成表格　选中这些文字。打开“表格”菜单中的“转换”子菜单，选择“文本转换成表格”项，打开“文本转换成表格”对话框，如图3－70所示，在“文字分隔位置”上选择“制表符”。单击“确定”按钮，文字就转换成了表格。

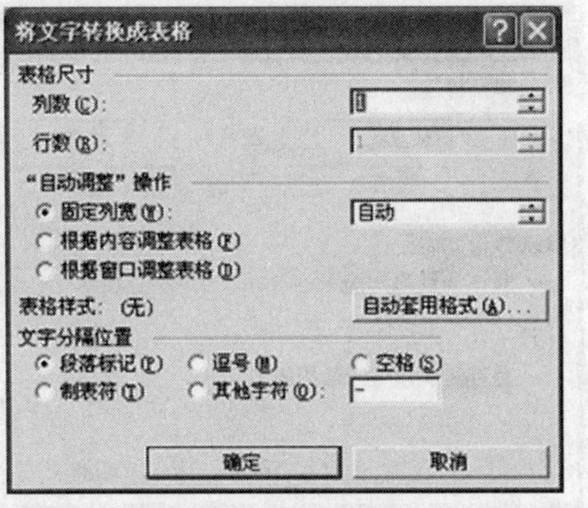

图3－70　文字转换表格对话框

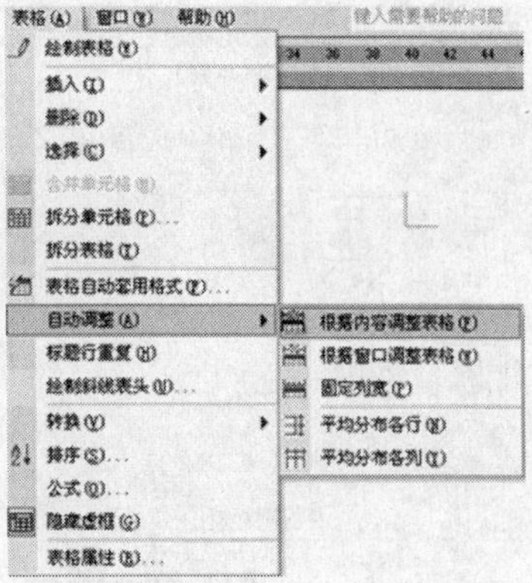

图3－71　表格调整

3.4.5.3 调整表格的大小

调整表格的大小一般有以下两种方式。

（1）手动调整　①把鼠标放在表格右下角的小正方形上，当鼠标变成拖动标记后，按下鼠标左键，拖动鼠标可以改变表格的大小，同时表格里的单元格的大小也随着改变。②把鼠标放到表格的框线上，鼠标变成一个双向箭头标志以后，按下鼠标左键可以改变框线的位置，同时也改变了单元格的大小。③选中要改变大小的单元格，用鼠标拖动单元格的框线，可以改变拖动框线的位置。④只改变一个单元格的大小，拖动框线在标尺上对应的标记。

（2）自动调整　①在表格中单击右键，单击快捷菜单中的“自动调整”项，如图3－71所示。选择“根据内容调整表格”命令，可以看到表格的单元格的大小变得仅仅能容下单元格中的内容。选中整个表格，按一下Delete键，将表格中的内容删除，表格的所有单元格仅仅能容下一个段落的标记。②选择表格的自动调整为“固定列宽”，选中整个表格，按Delete键，表格的框线位置没有任何变化。③选择“根据窗口大小调整表格”选项，表格将自动充满整个窗口。④选中要编辑的列，单击“表格和边框”工具栏上的“平均分布各列”按钮，选中的列就自动调整到了相同的宽度。

3.4.5.4 表格的复制和删除

（1）表格的复制　表格可以全部或者部分的复制，与文字的复制方法类似。

（2）表格的删除　选中要删除的表格，按Backspace键后单击“确定”即可。

注意：Delete是删除表格中的文字，BackSpace是删除表格的单元格。

3.4.5.4 在表格之间加入间隙

根据需要可以在如表3－2的表格的单元格之间加入间隙，可以采用以下的步骤。

（1）在“表格”菜单中选择“表格属性”命令，或者在表格中单击右键，选择该命令，打开“表格属性”对话框如图3－72所示。

（2）单击“选项”按钮，打开表格选项对话框，如图 3－73 所示。选中“允许调整单元格间距”复选框，在后面的数字框中输入数字，单击“确定”按钮，回到“表格属性”对话框，就可以了，如图 3－74 所示。

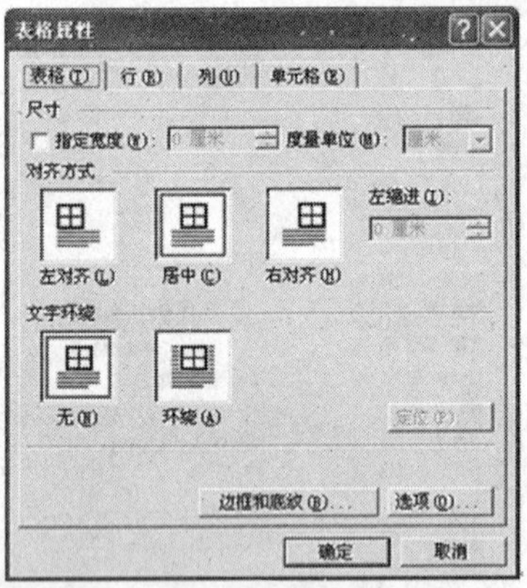

图 3－72　表格属性

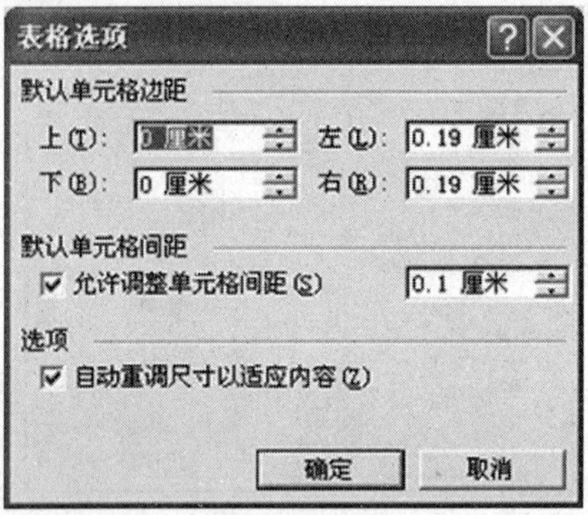

图 3－73　表格选项

3.4.5.6 表格的图文绕排

如果希望文字能环绕在表格的周围，可采用表格的文字环绕方式。①打开“表格属性”对话框。②在“表格”选项卡中有一个“文字环绕”选择区，选择“环绕”，单击“确定”按钮，回到编辑状态，拖动表格到文字中间就可以达到环绕的效果，如图 3－75 所示。

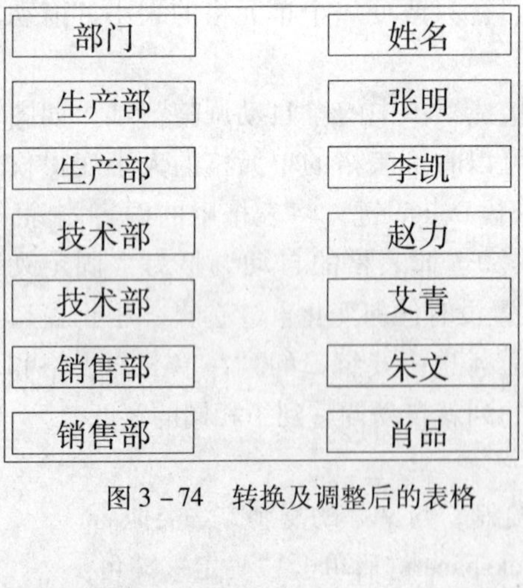

部门	姓名
生产部	张明
生产部	李凯
技术部	赵力
技术部	艾青
销售部	朱文
销售部	肖品

图 3－74　转换及调整后的表格

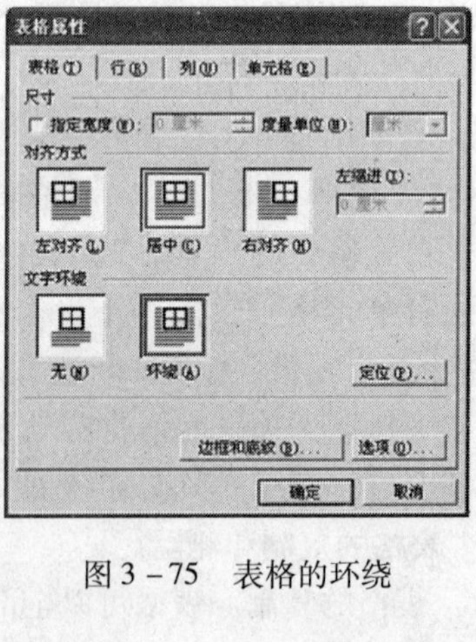

图 3－75　表格的环绕

3.5 图文的编排

在 Word 中我们可以通过插入图片或者图形对象使文章更丰富多彩。图片是由其他应用程序创建的一些图像文件，图片文件扩展名通常为 bmp、jpg、gif、png 等，来源有扫描的相片、数码相机拍摄的相片、网上下载图片以及 Office 自带的剪贴画（wmf 格式）等等。图形对象是由用户使用 Word 制作的，包括自选图形、曲线、线条和艺术字等。

3.5.1 图片与图形的插入

3.5.1.1 图片的插入

（1）插入剪贴画　插入剪贴画有两种方法。

① 将插入点移到要插入剪贴画的位置。从“插入”菜单中，选择“图片”命令，选择“剪贴画”命令如图 3－76，就会打开“插入剪贴画”窗口如图 3－77，在窗口中选择“剪辑管理器”命令，打开“剪辑管理器”对话框如图 3－78，找到需要的图片，单击选中的图片旁的下拉按钮，从弹出的快捷菜单中选择复制，回到文本编辑区，确定插入点，按快捷键 Ctrl + V 将图片粘贴在文档中即可，或者直接从“剪辑管理器”对话框中将图片拖入到文档中也可。也可以利用搜索栏，输入关键字找到需要图片，然后插入。

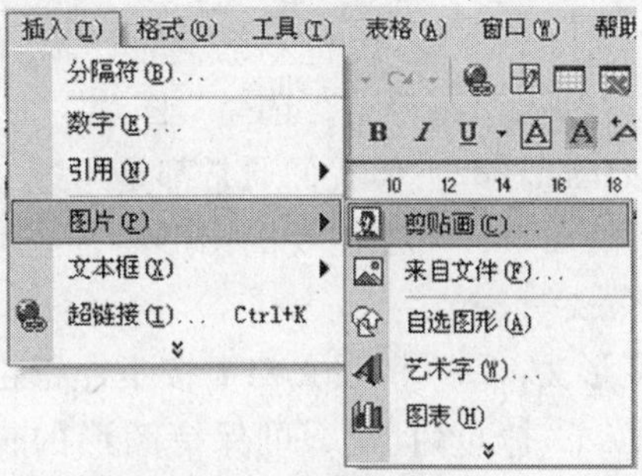

图 3－76　插入菜单

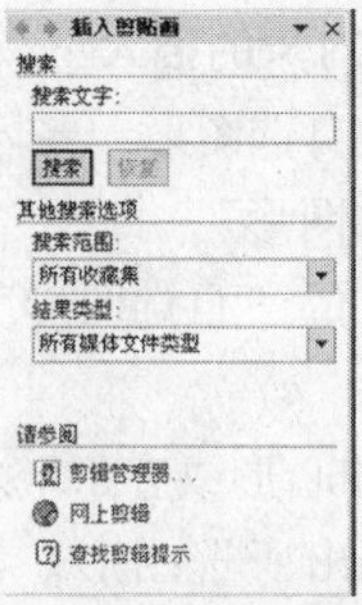

图 3－77　插入剪贴画窗口

②单击“绘图”工具栏中的“插入剪贴画”按钮，如图 3－79 中的，打开“插入剪贴画”窗口，从而找到需要的图片。

图 3－78　剪辑管理器窗口

图 3－79　绘图工具栏

（2）插入来自其他文件的图片　插入图片也有两种方法。

① 将插入点移到要插入图片的位置。从“插入”菜单中，选择“图片”命令，选择“来自文件”命令，就会打开“插入图片”对话框如图 3－80，在对话框中利用“查找范围”找到图片所在目录，找到要插入的图片，双击选中的图片，或者单击选中图片然后点击“插入”按钮即可。

② 选择“插入”菜单，选择“对象”命令，在打开的“对象”对话框中选择

“由文件创建”选项卡如图3－81，选择“浏览”按钮，找到要插入的图片，双击选中的图片，或者单击选中图片然后点击“插入”按钮即可。可以选中“链接到文件”复选框。链接的好处在于可以减小文件大小，并且不影响文档的查看效果和打印效果，不过在Word中不能编辑该图片了。

图3－80　插入图片对话框

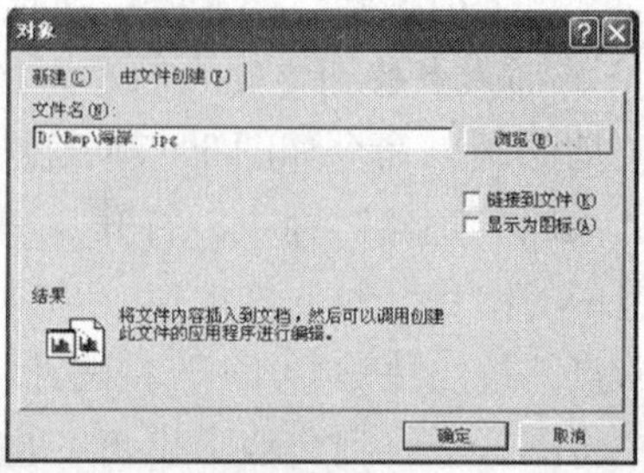

图3－81　查找图片

3.5.1.2 图形对象的插入

(1) 插入自选图形　要插入自选图形可以从“插入”菜单中，选择“图片”命令，再选择“自选图形”，打开“自选图形”工具栏如图3－82。但我们通常都是通过“绘图”工具栏上的“自选图形”按钮如图找到需要的图形，单击需要的图形后，有可能出现两种情况。

① 选择如心形或五角星之类图形时，鼠标变形为“＋”，在文档上按下左键拖动鼠标，即可画出所选图形，如果在拖动的同时按下【Shift】键，可保持图形的长宽比例。

② 选择矩形等可以输入文字的图形时，文档上会出现“绘图画布”，在画布上拖动鼠标，画出所选图形。

除了可以绘制自选图形外，点击“绘图”工具栏上的“直线”、“箭头”、“矩形”、“椭圆”按钮可以分别绘制出需要的形状或线段。例如画出矩形如图3－83所示，鼠标点击并拖动外围绘图画布的八个黑色标识可以调节画布大小，鼠标点击并拖动矩形周边的圆形可调节矩形大小，鼠标点击并拖动绿色圆点用于旋转矩形。

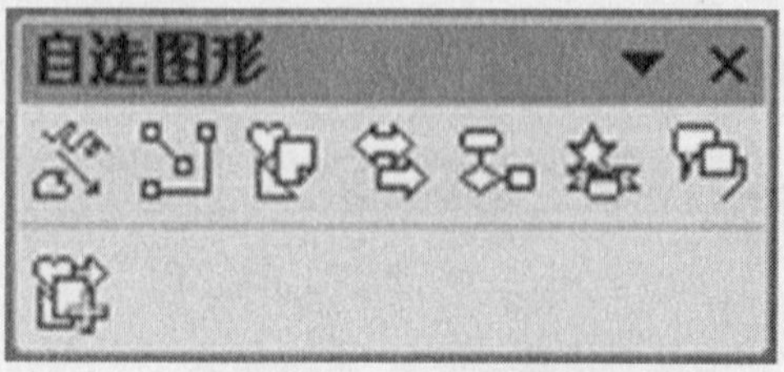

图3－82　自选图形

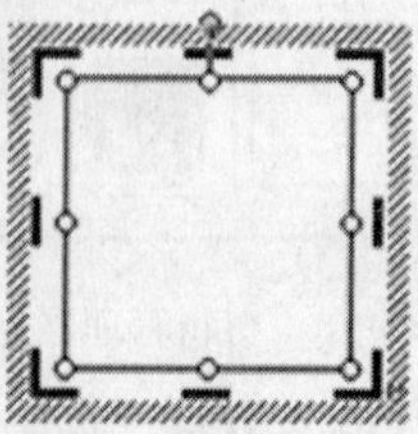

图3－83　绘制图形

利用“绘图”工具栏中的“绘图”菜单中的“编辑顶点”命令还可以改变利用自选图形画出的任意多边形或曲线的形状。

③ 鼠标单击要修改的图形，使图形处于选中状态，选择“绘图”工具栏中的“绘

图”菜单中的“编辑顶点”命令如图 3－84，图形上出现多个黑色方形的顶点，通过鼠标拖动这些顶点，即可改变图形的形状。

④ 在要添加顶点的地方单击鼠标，然后拖动，就可以添加顶点并改变图形形状。

⑤ 按住【Ctrl】键，然后单击要删除的顶点，即可删除顶点。

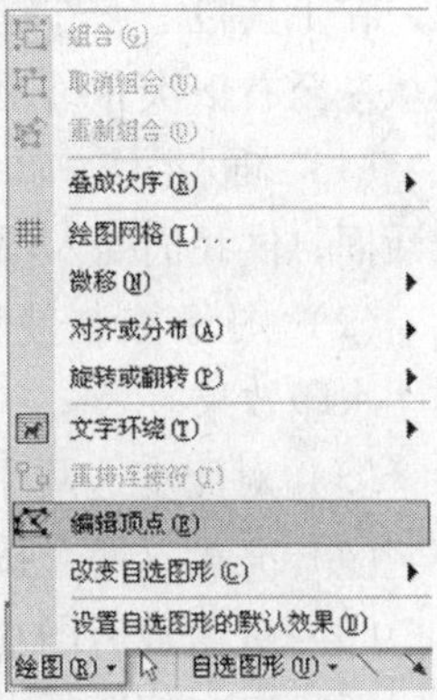

图 3－84 编辑顶点菜单

(2) 插入艺术字 Word 提供了艺术字供我们在文档中插入美丽的装饰性的文字，值得注意的是虽然称为艺术字，但其是以图形的方式出现在文档中。

插入的途径同样有通过菜单和使用工具栏两种：

①选择“插入”菜单中的“图片”命令，点击“艺术字”命令，打开“艺术字”库对话框如图 3－85，选择需要的式样，点击“确定”按钮，会弹出“编辑艺术字文字”对话框如图 3－86，在文本框中输入希望显示为艺术字的文字，这时文字的“字体”，“字号”，加粗与倾斜，都可以根据需要设置。不过这时设置“字号”的意义不大，因为艺术字在文档中的大小是如图片一样可以自由调节的。设置完毕后点击“确定”按钮即可。

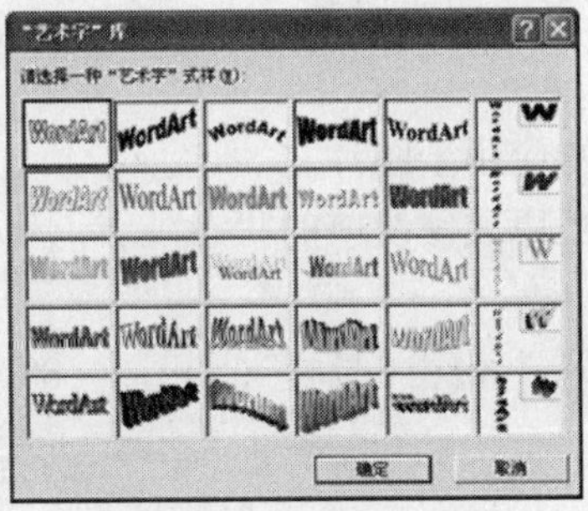

图 3－85 艺术字样式

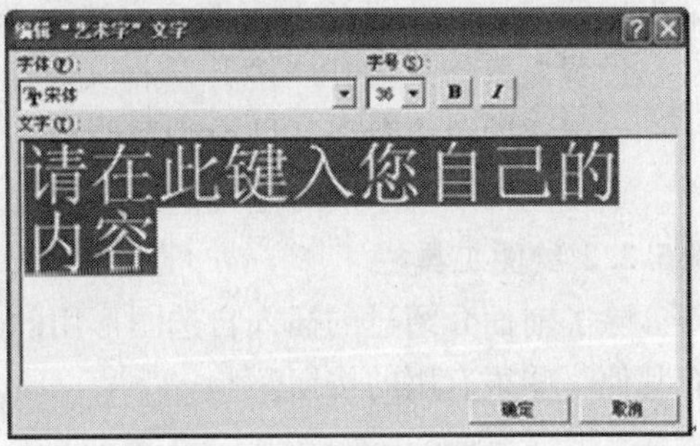

图 3－86 输入艺术字文字

②在“绘图”工具栏上点击“插入艺术字”按钮，打开“艺术字”库对话框，后面的操作与上面相同，不再介绍。

3.5.2 图片与图形对象的效果与格式设置

图片与图形对象插入到文档中后，并不能立即得到我们需要的效果，需要我们再调节它们的格式。点击需要调节格式的图片或图形对象，使其被选中，打开“格式”菜单，会看到相应的命令，比如选择的是图片或图形，会在格式菜单中看到“图片”命令；选择的是艺术字，看到的是“艺术字”命令。这是因为 Word 的菜单是动态的，随着我们选中的内容不同，菜单的内容也不同。点击相应命令，会打开格式对话框，在对话框中我们可以根据需要和对象的不同修改其“颜色和线条”、“大小”、“版式”、“图片”、“文本框”（对图片或图形无效）和“web”选项卡中的内容。我们还可以通过双击要修改的图片或图形对象打开相应的格式对话框。对格式对话框中的内容这里不一一介绍，因为我们有更简便的方法可以修改图片与图形对象的格式和效果。我们重点要介绍的就是各工具栏的作用。

3.5.2.1 图片工具栏

选中一个图片后，图片工具栏（如图3－87）就会自动出现在屏幕上。如果没有出现，在工具栏上点右键，在弹出的快捷菜单中选择“图片”即可打开图片工具栏。我们从左至右依次介绍图片工具栏上各按钮的功能。

图3－87　图片工具栏

（1）插入图片按钮打开“插入图片”对话框，供我们插入图片。

（2）图像控制使图片变为灰度、黑白、水印效果。

（3）对比度这两个连续的按钮可调节图片对比度。

（4）亮度这两个按钮可调节图片亮度。

（5）裁剪裁剪图片，使图片只留下局部。

（6）向左旋转每点击该按钮一次，图形逆时针旋转90°。

（7）线型给图片边框定义不同样式，比如加粗边框等；或者改变线条样式。

（8）压缩图片弹出对话框，对插入的图片压缩，使文件变小。

（9）文字环绕给图片选择合适的环绕方式以及对象与文字的深度关系。在格式对话框中的“版式”选项卡中的“高级”按钮下有更多的版式选择。

设置对象格式打开“图片”格式对话框。

设置透明色将背景区域设为透明色。该功能只能应用于图片。

重设图片取消本次对图片的所有修改，将图片还原成修改前的状态。

3.5.2.2 绘图工具栏

除了前面介绍过的插入自选图形用的几个按钮外，绘图工具栏（如图3－88）上还有其他一些很有用的按钮。

图3－88　绘图工具栏

（1）选择对象用于选定要修改的对象。

（2）自由旋转点击此按钮后，将鼠标点击在图形的圆形控制点上拖动，即可将对象旋转到任意角度。

（3）填充颜色用于选择纯色、过渡色、图案、纹理或图片来填充图形对象。点击“填充颜色”按钮右边的箭头即可选择填充色或者选择“填充效果”。

（4）线条颜色用于给边框或线条添加、修改颜色。

（5）字体颜色用于修改选中文字颜色；注意：并不能修改艺术字的颜色。

（6）线型与图片工具栏中的线型效果相同，给对象添加或修改边框，或改变线条样式。

（7）虚线线型用于设置虚线或虚线边框。

（8）箭头样式改变箭头样式。

（9）阴影为图形对象增加深度效果，调整阴影位置或者更改阴影颜色。

（10）三维效果可以为图形对象增加三维效果，同时也可以更改图形对象的深度、颜色、角度、照明方向和表面效果。（注意：阴影和三维效果不能同时使用，如果对设置了阴影的图形对象使用三维效果，阴影效果会消失）

3.5.2.3 艺术字工具栏

单击选中艺术字，屏幕上会出现“艺术字工具栏（如图 3－89）”。

（1）插入艺术字打开“艺术字”库对话框，供我们插入艺术字。

图 3－89　艺术字工具栏

（2）编辑文字 打开“编辑”艺术字“文字”对话框，修改已经输入的文字。

（3）艺术字库打开“艺术字库”，可修改已经做好的艺术字的样式。

（4）设置对象格式打开“设置艺术字格式”对话框。

（5）艺术字形状提供多种形状，使艺术字扭曲成不同形状。

（6）文字环绕与图片工具栏的“文字环绕”按钮功能相同，调节艺术字的版式。

（7）艺术字字母高度相同顾名思义，用于使艺术字中的英文字母无论大小写，高度都相同。

（8）艺术字竖排文字使横向排列的艺术字纵向排列。

（9）艺术字对齐方式调节艺术字的对齐方式，对于单行的艺术字效果体现不出来。

（10）艺术字字符间距调节艺术字中文字的字间距，使之变得松散或者紧凑。

3.5.2.4 图形组合

使用这些工具栏和格式对话框，我们可以很好的编辑单个的图片或者图形对象，但实际应用中，我们常常需要多个图形对象组合成一个整体。Word 提供了“组合”功能，方法如下。

（1）按住【Shift】键，鼠标点击多个图形对象，选中多个图形对象后，点击鼠标右键，在弹出的快捷菜单中选择“组合”，这些图形对象就被组合成为一个整体，在移动或改变大小时会整体变化。

（2）或者单击“绘图”工具栏上的“选择对象”按钮选择多个图形对象，可以用鼠标拖动出一个方框，框住所有需要的图形，选定后点击绘图工具栏上的“绘图”菜单中的组合命令。

（3）要取消组合时，只要在图形对象上单击右键，在弹出的快捷菜单中选择“取消组合”即可。

3.5.2.5 图形的层次

Word 中将图片与文字都分了层，每个图形或图片都有其单独的一层，默认状态下，文字在最底层，由图片或图形建立的时间依次往上，即先建立的图片或图形在下方，后建立的图片或图形在上方。所以会出现后建立的图形挡住先建立的图形的情况，这时通过选定图形或图片，单击右键，在弹出的快捷菜单中选择“叠放次序”可进行调节。

3.6 Word 中的对象链接与嵌入

Word 充分利用了 Windows 的对象链接与嵌入功能，在文档中不仅可以插入图片和图形对象，还可以插入包括声音，视频，flash 动画等等多种对象。本节主要介绍的是公式和文本框。

3.6.1 公式

Word 2003 以前的版本默认方式安装的 Word 中并没有安装数学公式编辑器，这需要通过自定义安装的方式下安装。如果你的电脑上已经安装了 Word，但并没有安装数学公式编辑器，不用将 Word 整个重装，只需补装该项功能即可。

要在 Word 文档中插入数学公式，步骤是：先单击要插入公式的位置，再单击“插入”菜单中的“对象”命令，在“对象”对话框的“新建”选项卡中单击“对象类型”框中的“Microsoft 公式 3.0”，单击“确定”按钮后窗口将出现“公式”工具栏，如图 3－90。

图 3－90　公式工具栏

“公式”工具栏分为两行，上行为 150 多个数学符号，下行为各种数学表达方式的样板或框架。单击模板中的符号、样板、框架即可以构造公式。

要修改公式时，可以双击要编辑的公式，然后使用“公式”工具栏上的选项来编辑公式。

3.6.2 文本框

在编辑格式复杂的文档时往往需要将一段文字、图片、表格或其他对象置于某个特定的位置。Word 提供了文本框来实现这种效果，在需要的位置插入一个文本框，设置好其版式，然后将应该出现在该位置的文字、图片、表格等插入其中。

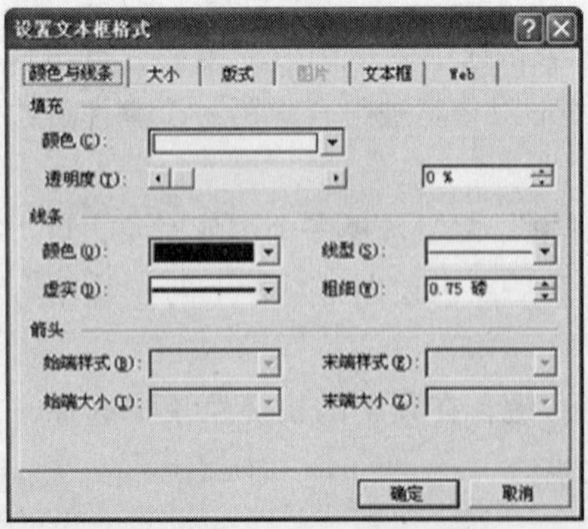

图 3－91　设置文本格式

（1）插入文本框　单击“插入”菜单，选择“文本框”命令，选择“横排”或者“竖排”，鼠标变成“＋”形，按鼠标左键，在页面上拖动，得到所需的文本框。

或者可以直接单击绘图工具栏上的“文本框”或“竖排文本框”按钮，会出现绘图画布，可在画布内单击鼠标，使鼠标变成“＋”形，再拖动，画出文本框。或者在绘图画布外单击并拖动鼠标画出文本框，这时绘图画布自动消失。

当选中一段文字，然后点击“文本框”图标，同样可以插入一个文本框，且其中的文字内容即选中的文字。

（2）文本框的格式设置　选中画好的文本框后，在“格式”菜单中会出现“文本框”命令，可以打开“设置文本框格式”对话框如图 3－91。或者选中文本框后，在边框上单击右键后，单击快捷菜单中的“设置文本框格式”。在“文本框格式”中可以设置文本框的大小、位置、内部边距，以及边框的粗细、颜色文本框底色等均可设置。

（3）链接文本框　切换到页面视图，单击第一个文本框后单击“文本框”工具栏上的“创建文本框链接”按钮，移动鼠标到需要链接的空白文本框上，这时杯状指针会由直立变成倾斜，单击要链接的空白文本框即可。注意：接受链接的文本框（即第二个点击的文本框）必须是空的。建立链接后，当第一个文本框中文字排满时，文字会自动排入第二个文本框。如果单击了“创建文本框链接”按钮后，不想再链接下一个文本框，可按【Esc】键取消链接操作。需要断开链接时，选中第一个后，在它边框上单击右键，然后单击快捷菜单上的“断开前向链接”即可。或者选择“文本框”工具栏上的“断开前向链接”按钮也可。

（4）更改文本框的形状　前面介绍过的自选图形也可以像文本框这样插入文字。在创建了文本框并插入文字后，如果想修改文本框形状，可以在页面视图下，选中要修改的文本框，然后单击“绘图”工具栏上的“绘图”菜单，选择“改变自选图形”子菜单，选择需要的图形。

3.6.3 对象

当在 Word 中需要插入声音，视频，flash 动画等等多种对象时，我们可以选择“插入”菜单中的“对象”命令，打开“对象”对话框。

在“对象”对话框中有两个选项卡：“新建”选项卡如图 3－92 中的项目是在插入点插入一个空的对象，该对象的内容在插入对象后开始建立和编辑。“由文件创建”选项卡中可点击“浏览”按钮在我的电脑中找到需要的已经建立好的对象，插入到插入点。

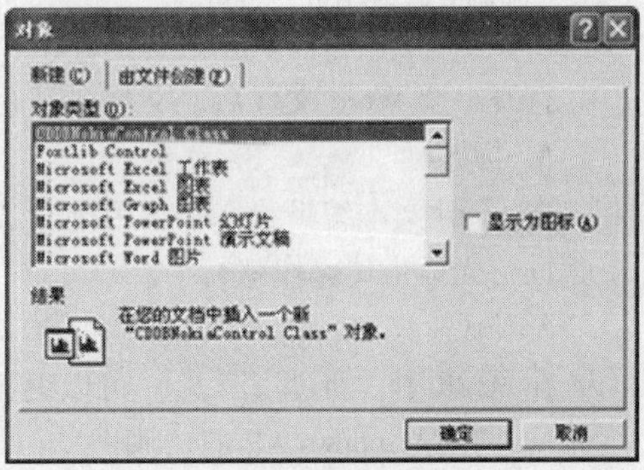

图 3－92　插入对象

“由文件创建”选项卡中有两个复选框，一个是“链接到文件”，如果选中“链接到文件”，那么，原对象文件内容改动后，Word 中插入的对象也会有相应改动；若没选中“链接到文件”，则原对象文件内容改动，对 Word 中插入的该对象不会有影响。另一个是“显示为图标”，选中该复选框时，插入的对象在 Word 文档中不会显示其内容，而是以图标的形式出现。

3.6.4 超链接

Word 提供的插入超链接的功能，使得 Word 文档可以链接到其他文件或网页上。

选择“插入”菜单中的“超级链接”命令，打开“插入超链接”对话框，可在“地址”文本框中输入要链接的网页网址或文件地址及文件完整文件名。或者从“查找范围”的列表中找到要链接的项目双击即可。

3.7 Word 中的文档打印

Word 文档编辑完毕后，就可以打印输出了。首先进行“打印预览”操作。在屏幕上预览打印效果。选择“文件”菜单中的“打印预览”命令或单击“常用”工具栏中的“打印预览”按钮即可进入打印预览模式。这时“常用”工具栏会消失变成“打印预览”工具栏。

如果效果不行，就按 3.38 节内容进行页面设置；对预览效果满意后，即可点击“打印”按钮启动打印机，输出文档了。也可以通过“文件”菜单中的“打印”命令，打开“打印”对话框，如图 3－93 来进行设置。打印设置完毕后点击“确定”按钮即可打印输出。

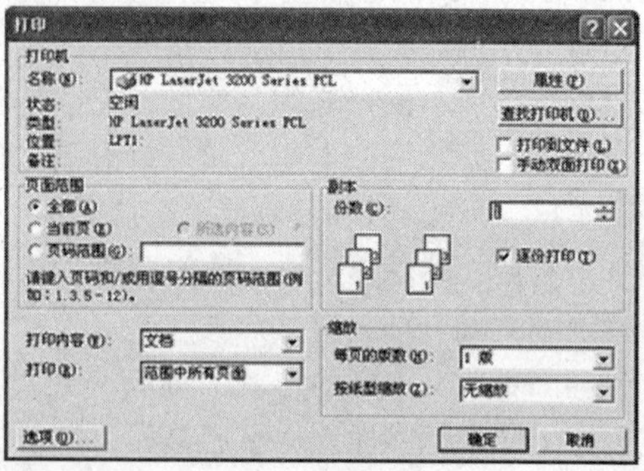

图 3－93　打印设置

习 题

一、单项选择题

1. 打开一个 Word 文件后，文件名可在窗口的（　　）找到。

   A. 标题栏　　B. 菜单栏　　C. 工具栏　　D. 状态栏

2. 在 Word 文本编辑状态中，用键盘选择文本内容时，只要按下（　　）键同时进行光标定位操作就行了。

   A. Ctrl　　B. Alt　　C. Shift　　D. Tab

3. 在 Word 中，通过（　　）可以很方便地在文档中创建表格。

   A. 调用 Windows XP 的“画图”
   B. 单击“视图”工具栏中的“绘图”
   C. 单击“格式”菜单中的“边框和底纹”
   D. 单击“表格”菜单中的“插入表格”

4. 在 Word 中图片不能设置的环绕方式为（　　）。

   A. 四周型　　B. 紧密型　　C. 上下型　　D. 浮动型

5. 要删除表格或单元格，首先选定表格或单元格，然后按（　　）键进行删除。

   A. Delete　　B. Backspace　　C. Alt　　D. Ctrl

6. 调用“自动套用格式”正确的方式是（　　）。

   A. 单击“表格”菜单中的“表格自动套用格式”选项
   B. 单击“编辑”菜单中的“表格自动套用格式”选项
   C. 单击“格式”菜单中的“表格自动套用格式”选项

D. 单击“视图”菜单中的“表格自动套用格式”选项

7. 以只读方式打开的 Word 文件，作了修改后要保存，应使用文件菜单中的(　　)选项。

A. 保存　B. 全部保存　C. 另存为　D. 关闭

8. 在 Word 中，要以级别化方式查看整个文档结构，应使用的视图方式是(　　)。

A. 普通视图　B. 页面视图　C. 联机版式视图　D. 大纲视图

9. Microsoft Word 2003 是在（　　）基础上运行的。

A. UCDOS　B. Windows 3. x　C. Windows XP　D. DOS

10. 在 Word 2003 主窗口的右上角，可以同时显示的按钮是（　　）。

A. 还原和最大化　B. 还原、最大化和关闭

C. 最小化、还原和关闭　D. 最小化、还原和最大化

11. 在 Word 中，插入图片可通过（　　）菜单下的“图片”进行操作。

A. 文件　B. 编辑　C. 插入　D. 格式

12. 在 Word 中，要给文档编页码，可以（　　）。

A. 选择“文件”菜单下的“页面设置”

B. 选择“编辑”菜单下的“定位”

C. 选择“视图”菜单下的“页面”

D. 选择“插入”菜单下的“页码”

13. 下列命令中，新建文档的命令为（　　）。

A. Ctrl + O　B. Ctrl + N　C. Ctrl + S　D. Ctrl + D

14. 双击文档中的图片，产生的效果是（　　）。

A. 选中该图形

B. 将该图形加文本框

C. 弹出快捷菜单

D. 启动图形编辑器进入图形编辑状态，并选中该图形

15. 在 Word 中，插入一个图形后，在拖动时按下（　　）键可保持图形的长宽比例不变。

A. Shift　B. Ctrl　C. Alt　D. Enter

16. 在 Word 的编辑状态下，下列 4 种组合键中，可以从当前输入汉字状态转换到输入 ASCII 字符状态的组合键是（　　）。

A. Ctrl + 空格键　B. Alt + Ctrl　C. Shift + 空格键　D. Alt + 空格键

17. 在 Word 的编辑状态，执行“编辑”菜单中的“粘贴”命令后，（　　）。

A. 剪贴板中的内容移到插入点

B. 被选择的内容移到剪贴板

C. 被选择的内容移到插入点处

D. 剪贴板中的内容复制到插入点

18. 用 Word 制表时，若想在表中插入一新行，则先选定插入新行位置的（　　），然后执行“表格”菜单中的“插入行”命令。

A. 右面一行　　B. 上面或下面一行

C. 上面或下面一列　　D. 左面一行

19. 在 Word 编辑状态下，利用下列（　　）中的命令可以选定单元格。

A.“表格”菜单　　B.“插入”菜单

C.“工具”菜单　　D.“格式”菜单

20. 在文档编辑中，如果想把一篇文章换一个名称或换一个位置保存，则可选择“文件”菜单中的（　　）命令。

A.“打开”　　B.“新建”　　C.“保存”　　D.“另存为”

21. 在文档编辑状态下，在文档中选中一段文字后，按（　　）键可将其放入剪贴板中。

A. Ctrl + A　　B. Ctrl + V　　C. Ctrl + C　　D. Ctrl + F

22. 在 Word 文档中，将光标直接移到文档尾的快捷键是（　　）。

A. Page Up　　B. End　　C. Ctrl + End　　D. Home

23. 在以下 4 种操作中，（　　），可以在 Word 窗口中的文档内选取整行。

A. 将鼠标指针指向该行，并单击鼠标左键

B. 将鼠标指针指向该行，并单击鼠标右键

C. 将鼠标指针指向该行处的最左端，并单击鼠标左键

D. 将鼠标指针指向该行处的最左端，按 Ctrl 键的同时单击鼠标左键

24. 在 Word 文档操作中，利用（　　）操作过程相互配合，可以将一段文本内容移到另一处。

A. 选取、复制、粘贴

B. 选取、剪切、粘贴

C. 选取、剪切、复制

D. 选取、粘贴、复制

25. 打印页码 4 – 10，16，20 表示打印的是（　　）。

A. 第 4 页，第 10 页，第 16 页，第 20 页

B. 第 4 页至第 10 页，第 16 页至第 20 页

C. 第 4 页至第 10 页，第 16 页，第 20 页

D. 第 4 页至第 20 页

26. 若要进入页眉页脚编辑区，可以通过单击（　　）菜单，选择“页眉和页脚”命令。

A. 文件　　B. 编辑　　C. 视图　　D. 格式　　E. 工具

27. 某个文档基本页是纵向的，如果某一页需要横向页面，（　　）。

A. 不可以这样做

B. 在该页开始及完结处插入分节符，将该页页面设置为横向，应用范围内设

为“本节”

C. 将整个文档分为两个文档来处理

D. 将整个文档分为三个文档来处理

28. 如果文档中的内容在一页没满的情况下需要强制换页，(　　)。

A. 不可以这样做

B. 插入分页符

C. 多按几次回车到下一页

D. 插入分节符

29. 插入分节符或分页符可使用（　）菜单命令。

A. 插入/分隔符　B. 工具/选项　C. 格式/制表位　D. 插入/分节符

30. 分栏排版可以通过（　　）菜单来实现。

A. 格式/字符　B. 格式/段落

C. 工具/首字下沉　D. 格式/分栏

31. 在 Word 中，变换视图模式可通过菜单“视图”选择其相应命令来实现，但最快的方法是利用鼠标单击（　　）按钮。

A. 垂直滚动条上方　B. 垂直滚动条下方

C. 水平滚动条左侧　D. 水平滚动条右侧

32. Word 在（　　）菜单中提供了查找与替换功能，可以用于快速查找信息或成批替换信息。

A. 编辑　B. 文件　C. 视图　D. 工具

33. 在 Word 文档编辑状态下，文档内容要求采用居中对齐时，可选择（　　）功能。

A. “格式”菜单下的“字体”

B. “格式”菜单下的“段落”

C. “工具”菜单下的“自动更正”

D. “工具”菜单下的“修订”

34. 用（　　）快捷键可以退出 Word 编辑状态。

A. Ctrl +4　B. Alt + F4　C. Alt + F　D. Esc

35. 在 Word 中，按 Delete 键来删除光标后面的字符，按（　　）键删除光标前面的字符。

A. Backspace　B. Insert　C. Alt　D. Ctrl

36. 在 Word 中，选择“设置图片格式”不会改变图片的（　）。

A. 大小　B. 颜色　C. 环绕方式　D. 图形内容

37. 在 Word 的表格计算中，公式：=SUM（A1: B3）含义是。

A. 1 行 1 列与 2 行 3 列相加

B. 1 行 1 列与 3 行 2 列相加

C. 1 行 1 列与 1 行 3 列相加

D. 1 行 1 列至 3 行 2 列 6 个单元格相加

38. 下列说法中正确的是（　　）。

A. 创建表格后，表格的大小、高度、宽度都是固定不变的

B. 对表格中的内容进行计算可以选择“插入”菜单中的“公式”选项

C. 创建表格只能采用“表格”菜单中的“插入表格”项

D. 表格中的内容可以用“表格”菜单中的“排序”项进行排序

39. 在 Word 状态的编辑状态下，执行“文件”菜单中的“保存”命令后（　　）。

A. 可以将当前已保存过的文档存储在已有的任意文件夹内

B. 只能将当前已保存过的文档存储在已有的原文件夹内

C. 将所有打开的文件存盘

D. 不能建立新文件夹来保存当前文件

40. 在 Word 的（　　）视图方式下，可以显示分页效果。

A. 大纲　　B. 主控文档　　C. 页面　　D. 普通

41. 在 Word 的编辑状态，可以同时显示水平标尺和垂直标尺的视图方式是（　　）。

A. 全屏显示方式　　B. 页面方式

C. 大纲方式　　D. 普通方式

42. Word 在编辑一个文档完毕后，要想知道它打印的效果，可使用（　　）功能。

A. 打印预览　　B. 模拟打印

C. 提前打印　　D. 屏幕打印

43. 在 Word 窗口的工作区里，闪烁的小垂直条表示（　　）。

A. 光标位置　　B. 按钮位置

C. 鼠标图标　　D. 接写错误

44. Word 提供了 3 种执行命令的方法，有菜单、工具栏按钮以及（　　）。

A. 窗口命令　　B. 对话框命令

C. 快捷键　　D. 任务栏

45. 常用的打印按钮可以在（　　）找到。

A. 文本编辑区　　B. 标题栏

C. 菜单栏　　D. 工具栏

46. 所有段落格式排版都可以通过（　　）菜单所打开的对话框来设置。

A. 段落/格式　　B. 工具/选项

C. 格式/段落　　D. 格式/字符

47. 如果已有页眉或页脚，再次进入页眉页脚区只需双击（　　）就行了。

A. 文本区　　B. 菜单区

C. 工具栏区　　D. 页眉页脚区

48. 在 Word 中，（　　），可以修饰表格。

A. 单击“格式”菜单中的“边框和底纹”

B. 单击“插入表格”按钮

C. 单击常用工具栏的“格式刷”按钮

D. 调用附件中的“画图”程序

二、填空题

1. 在 Word 的字体对话框中，可以设置的字形包括常规、(　　)、斜体和 (　　)。

2. 选定文本后，拖动鼠标到需要处即可实现文本块的移动；按住 (　　) 键拖动鼠标到需要处即可实现文本块的复制。

3. 建立表格可以通过 (　　) 菜单中的“插入表格”命令来选择行数和列数。

4. 在编辑 Word 文档时，对于比较长的文档最佳显示方式是 (　　) 视图显示方式。

5. 在 Word 中输入文本时，按下 (　　) 键后将产生换行符及换行效果。

6. 段落对齐方式可以有两端对齐、居中、左对齐和右对齐 4 种方式，在 (　　) 上有这 4 个按钮。

7. 在 Word 中，为打印操作的便利，使用的打印快捷键是 (　　)。

8. 在 Word 的编辑状态下，若退出“全屏显示”视图方式，应当按的功能键是 (　　)。

9. 通过 Word“(　　)”菜单的“(　　)”命令，可以插入特殊字符、国际字符和符号。

10. 在 Word 中设置段落对齐方式时，使用“格式”菜单下的“(　　)”命令。

11. 工具栏上的按钮显示，(　　)(是否能够) 自定义。

12. 在编辑 Word 文件时，快捷键 Ctrl + S 的作用是 (　　) 的。

13. 在 Word 中，用户在用 (　　) 组合键将所选内容拷贝到剪贴板后，可以使用组合键 (　　) 粘贴到所需要的位置。

14. 在 Word 编辑状态下制作了一个表格，在 Word 默认状态下表格线显示为(　　)。

15. 在 Word 主窗口的 (　　)，可以看到显示的 (　　)、还原和关闭按钮。

16. 在 Word 中，插入一个图形后，在拖动时按下 Shift 键可保持图形的 (　　) 比例不变。

17. 在文档编辑中，如果想把一篇文章换一个 (　　)、或换一个 (　　)、或换一个 (　　) 保存，可选择“文件”菜单中的“另存为”命令。

18. 分栏排版可以通过“格式”/“(　　)”菜单来实现。

19. 在 Word 文档编辑状态下，如果文档已经保存过一次，则继续编辑该文档后，执行“文件”菜单中的“(　　)”命令，将当前文档存储在已有的原文件夹内。

20. Word 在编辑一个文档完毕后，要想知道它 (　　) 效果，可使用打印预览功能。

4 Excel 2003 操作基础

Excel 2003 是 Office 办公系列软件的重要组成部分，是 Microsoft 公司推出的电子表格处理软件，具有强大的数据计算与分析的功能，含有丰富的命令和函数，可以将数据用各种统计图的形式表示出来，被广泛地应用于各领域。

本章主要介绍制作电子表格的基本方法，同时介绍 Excel 数据处理和图表制作的基本操作方法。

4.1 Excel 2003 工作窗口简介

启动 Excel 后，将出现如图 4－1 所示的 Excel 工作窗口。其中标题栏、菜单栏、工具栏、滚动条、状态栏和任务窗格等与 Word 窗口的组成部分基本相同，不同点如下：

4.1.1 工作表区

Excel 的工作表区是一张大的表格，称为工作表，是用来记录数据的区域。工作表由单元格组成。

4.1.2 行号、列标

行号位于工作表的左侧，用数字 1、2、3、……编号，范围为 1～65535，共 65536 行；列标位于工作表的上端，用字母编号，分别为 A、B、C、……Z、AA、AB、……、IV，共 256 列。行号和列标共同用于定位单元格。

4.1.3 单元格

单元格是表格的最小单位。每个单元格的位置由交叉的行号和列标来表示，如 B3 单元格就是第 3 行和第 B 列交叉位置上的那个单元格。

4.1.4 活动单元格

工作表中由黑色粗边框包围的单元格就是活动单元格，也称当前单元格，当前的操作对象为此单元格。相当于 Word 中的插入点，输入的内容会出现在活动单元格中。

4.1.5 填充柄

活动单元格右下角的小黑块称作填充柄，将鼠标指向填充柄时，鼠标的形状变为细黑十字。根据需要用鼠标拖曳填充柄，可以快速完成复制、自动填充等操作。

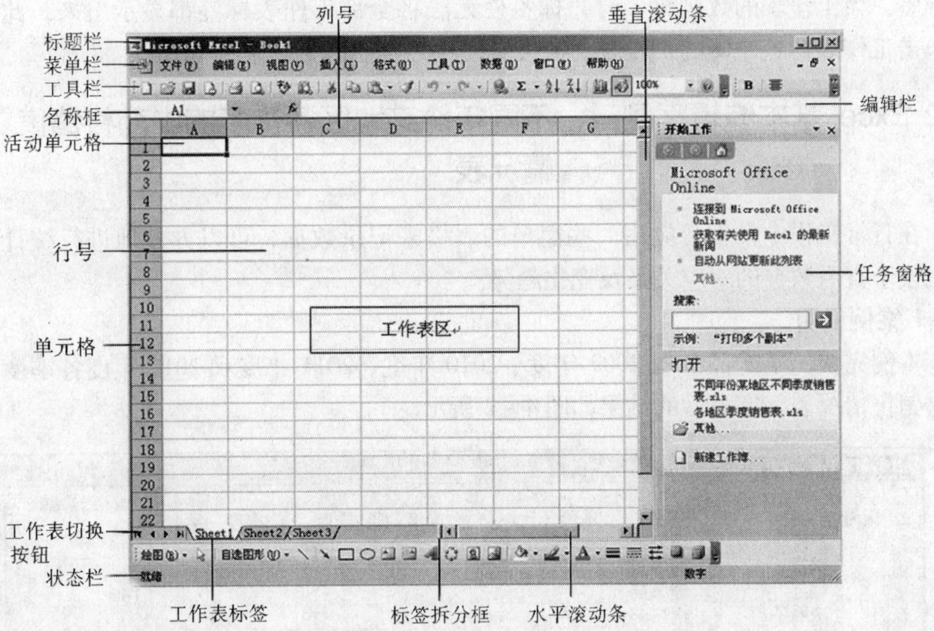

图 4－1 Excel 2003 工作窗口

4.1.6 编辑栏

编辑栏在工作表区的上方，用来显示和编辑活动单元格中的数据和公式。它由名称框、编辑区和编辑栏 3 个部分组成。

（1）名称框：位于编辑栏的左端。显示当前单元格或单元格区域的名称。用于命名或快速定位单元格、图表项或指定区域，例如在名称框中输入 B3 后按回车键，Excel 会立刻将活动单元格定位为 B3 单元格。

（2）编辑框：位于编辑栏的右端。在单元格中编辑数据时，其内容会同时出现在编辑框中。若选中使用公式或函数计算出结果的单元格，相应的公式或函数也会显示在编辑框中，可在编辑框中查看或修改公式或函数。

（3）编辑栏按钮。位于名称框和编辑框中间。3 个按钮分别是“取消”按钮 ✕、“输入”按钮 ✓ 和“插入函数”按钮 fx。

“取消”按钮 ✕：用于取消用户在编辑框或当前单元格中输入的内容，相当于按下“Esc”键。

“输入”按钮 ✓：用于确认用户在编辑框或当前单元格中输入的内容，相当于按下“Enter ”键。

“插入函数”按钮 fx：表明当前在编辑框或当前单元格中进行公式编辑。

4.1.7 工作表标签

工作表标签位于水平滚动条左侧，标签上显示的是工作表的名字，默认为 Sheet1、Sheet2、Sheet3，其中白色底色的当前工作表。若要切换工作表，可以单击相应的工作表标签。当工作表的数量较多时，标签栏无法将全部工作表标签都显示出来，此时可以单击工作表标签左侧的工作表切换按钮，找到所需的工作表标签。

4.2 Excel 基本编辑案例一：不同年份某地区各季度的中药材销售情况表

在日常工作中常常会应用一些简单的表格来记录数据，可以方便地进行统计，而且也便于查看数据的对应关系及变化趋势。

4.2.1 案例说明

本例完成的某药品公司 2009 年度、2010 年度、2011 年度和 2012 年度各季度的中药材销售情况表，完成后的结果如图 4－2 所示。

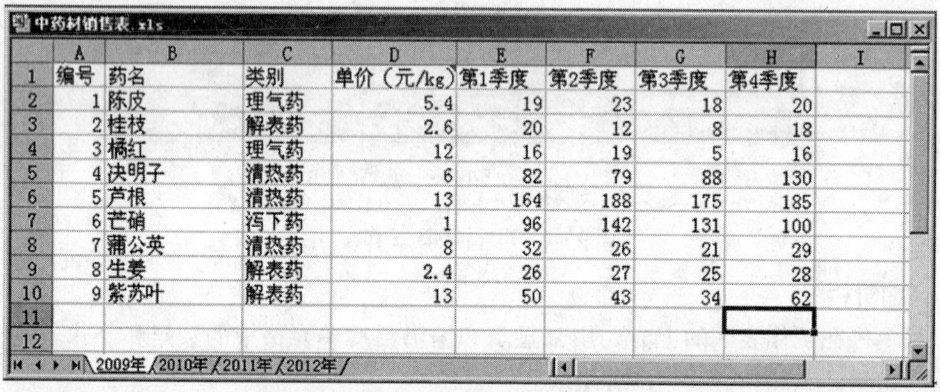
中药材销售表.xls

	A	B	C	D	E	F	G	H	I
1	编号	药名	类别	单价（元/kg）	第1季度	第2季度	第3季度	第4季度	
2	1	陈皮	理气药	5.4	19	23	18	20	
3	2	桂枝	解表药	2.6	20	12	8	18	
4	3	橘红	理气药	12	16	19	5	16	
5	4	决明子	清热药	6	82	79	88	130	
6	5	芦根	清热药	13	164	188	175	185	
7	6	芒硝	泻下药	1	96	142	131	100	
8	7	蒲公英	清热药	8	32	26	21	29	
9	8	生姜	解表药	2.4	26	27	25	28	
10	9	紫苏叶	解表药	13	50	43	34	62	
11									
12									

2009年 2010年 2011年 2012年

图 4－2　中药材销售情况

4.2.2 操作步骤

使用 Excel 编辑表格记录数据，通常在启动 Excel 软件后，创建一个工作簿，然后在工作簿的工作表中输入所需的数据，保存工作簿即可。

4.2.2.1 创建工作簿

启动 Excel，即打开了默认的工作簿 Book1。

4.2.2.2 修改工作表的名称，并按照年份升序排列工作表

（1）在工作簿 Book1 中有默认的工作表 Sheet1、Sheet2 和 Sheet3，鼠标在工作表名 Sheet1 上右击，将弹出快捷菜单，弹出菜单中选择“重命名”，此时，工作表名“Sheet1”将被反白显示，利用键盘输入“2009 年”后，按 Enter 键确认。按照同样的方法，修改工作表名“Sheet2”为“2010 年”，工作表名“Sheet3”为“2011 年”。

（2）鼠标在工作表名“2011 年”上右击，将弹出快捷菜单，弹出菜单中选择“插入”命令，弹出对话框中选择“常用”选项卡上的“工作表”项，单击“确定”按钮。在工作表名“2011 年”和“2010 年”之间将会出现一个名称为“Sheet4”的工作表。按照前面的方法修改工作表名“Sheet4”为“2012 年”。

（3）鼠标单击选中工作表名“2012 年”，按下鼠标左键拖曳到工作表名“2011

年”之后，如图4-3所示，黑色向下的小三角处于工作表名“2011年”右上方侧时，松开鼠标左键。此时，工作表名“2012年”和“2011年”互换了位置。

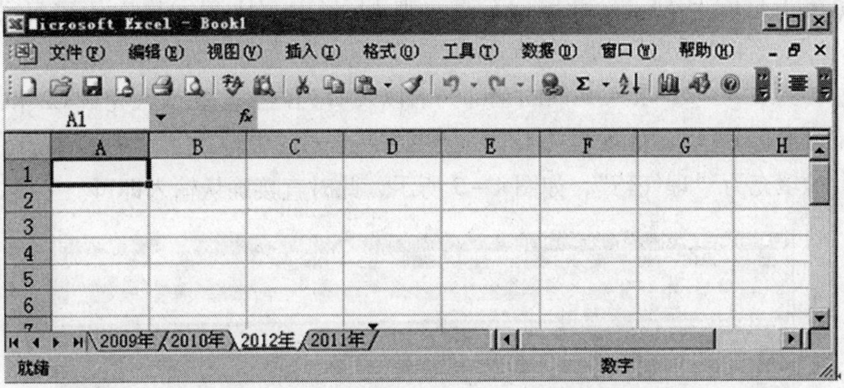

图4-3 拖曳工作表名，改变工作表的排列顺序

4.2.2.3 在工作表中录入数据

由于不同年份的销售表在格式上是一致的，仅仅是销售单价的变化和销售数量的不同，因此，首先完成各工作表相同的部分，再分别输入各工作表中的数据信息。

（1）单击选中工作表名“2009年”，按住Shift键的同时，鼠标依次单击选中工作表名“2010年”、“2011年”和“2012年”，此时标题栏上提示4个工作表已经组成了一个“工作组”，如图4-4所示。

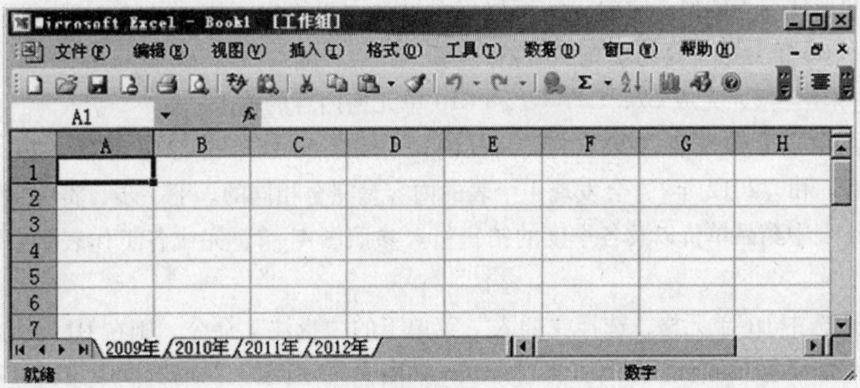

图4-4 4个工作表组成一个“工作组”

（2）单击A1单元格，录入“编号”，按Enter键或单击编辑栏的✔确认。同样方式完成第1行内容的录入。

（3）单击A2单元格，录入“1”并确认，选中A2单元格，将鼠标移至填充柄处，当鼠标的形状变为细黑十字时，按下鼠标右键并向下拖曳至A列第10行，松开鼠标右键，在弹出菜单中选择“以序列方式填充”，则A3，A4，……，A10单元格中依次自动填充了数字2~9。

（4）参照图 4－2，依次在 B1、C1、D1、E1 单元格中录入相应内容，选中 E1 单元格，将鼠标移至填充柄处，当鼠标的形状变为细黑十字时，按下鼠标左键并水平向右拖曳至第 1 行的 H 列，松开鼠标左键，则 F1，G1，H1 单元格中依次自动填充了“第 1 季度”、“第 2 季度”和“第 3 季度”。

（5）参照图 4－2，录入 B 列的全部药名以及 C 列内容。在录入完成 C2 和 C3 单元格内容，在进行 C4 单元格内容录入时，当在 C4 单元格中输入了“理”字后，该单元格将会自动填充为“理气药”，如图 4－5 所示，此时直接确认输入即可。

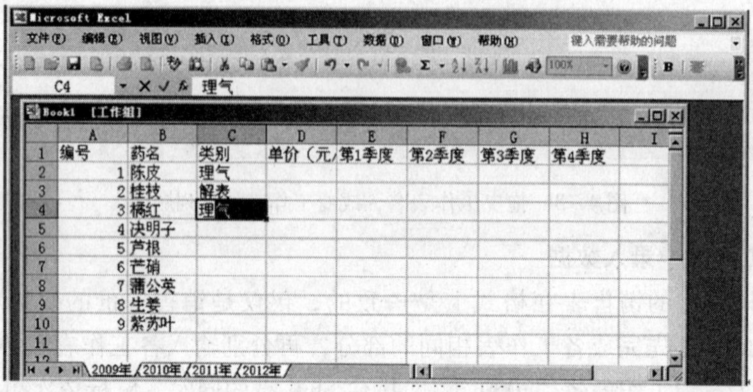

图 4－5 C4 单元格的自动填充

在 C5 单元格中录入“清热药”后确认，选中 C5 单元格，将鼠标移至填充柄处，当鼠标的形状变为细黑十字时，按下鼠标左键并向下拖曳至该列的第 6 行，松开鼠标左键，则 C6 单元格中自动填充了“清热药”。

参照图 4－2，完成 C7，C8，C9 和 C10 单元格内容的输入。

（6）单击工作表名“2009 年”，取消工作组。分别单击工作表名“2010 年”，“2011 年”和“2012 年”，会发现 4 个表的内容是完全相同的。下一步，将分别录入每一个工作表中药品单价以及各季度的销售量。参照图 4－2，完成各工作表剩余数据的输入。

（7）选中 D1 单元格，选择“插入”菜单下的“批注”命令，则在 D1 单元格右上角出现一个红色三角形以及批注的编辑框，如图 4－6 所示，在编辑框中录入“价格以该季度 3 个月的平均价来计算”，单击其他任意单元格完成批注的输入。

4.2.2.4 保存工作簿

单击常用工具栏上的“保存”按钮，在弹出的“另存为”对话框中，选择保存位置后，输入文件名，然后单击“保存”按钮完成工作簿的保存。

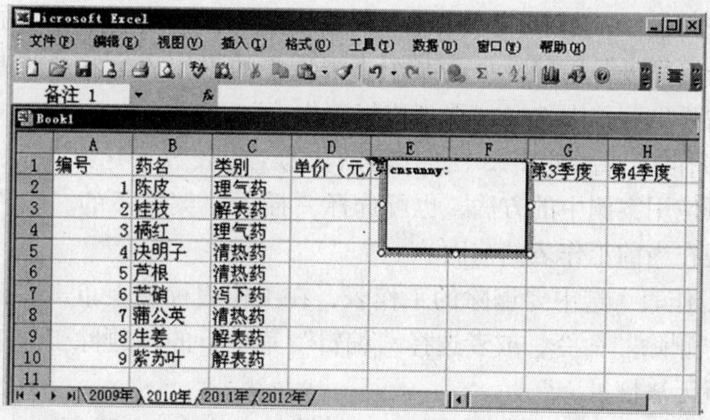

图 4－6　批注的添加

4.2.3 相关的概念及操作

4.2.3.1 工作簿及其相关操作

工作簿是指在 Excel 中用来保存并处理工作数据的文件，一个 Excel 文件就是一个工作簿，它的扩展名是 . xls。每次启动 Excel 时，Excel 都会自动新建一个文件名为 Book1 的空白工作簿。默认情况下，一个工作簿中包含 3 个工作表，其名称分别为 Sheet1、Sheet2 和 Sheet3。工作簿中的工作表数目用户可以根据需要来增加或删除，但一个工作簿中可包含的工作表最多为 255 个，其中当前工作表只有一个，用户可以通过单击工作表的名称来选择工作表。

（1）新建工作簿　新建工作簿通常有以下几种方法：①启动 Excel 后，将自动产生一个名为“Book1”的新工作簿。②打开“文件”菜单，选择“新建”命令，将会在工作表区右侧出现“新建工作簿”任务窗格，根据需要可选择“空白工作簿”或“根据现有工作簿”创建，或使用模板创建工作簿。③单击“常用”工具栏的“新建”按钮或按快捷键“Ctrl + N”。

（2）保存工作簿　保存工作簿的操作，与 Word 文档的保存类似。

（3）打开工作簿　打开工作簿的操作，与 Word 文档的打开类似。

（4）工作簿之间的切换　同时打开几个 Excel 工作簿文件时，会在 Excel 应用程序窗口中出现几个文档窗口，在 Excel 的“窗口”菜单中选择相应的工作簿文件，前面有“√”的窗口表明为当前工作簿文件。单击 Windows 任务栏上的相应工作簿任务按钮也可以切换工作簿。

（5）关闭工作簿　关闭工作簿的操作，与 Word 文档的关闭类似。

4.2.3.2 工作表相关操作

（1）选择工作表　实际应用中，可能需要对单个工作表或多个工作表进行操作，操作前需先选定操作对象。对于单个工作表的选择，若工作表的标签显示在“工作表标签”栏中，可以直接用鼠标单击选择，该工作表内容将显示在工作簿窗口中，并称为当前工作表；若要选定的工作表标签没有出现在“工作表标签”栏中，需先使用标签栏左侧的工作表切换按钮调出工作表标签后再单击选择。用 Shift 键配合可以完成多个连续的工作表的选择，用 Ctrl 键配合可以完成多个不连续的工作表的选择。若取消已经选定的多个工作表，用鼠标单击某个未被选中的工作表标签，或者右击被选中的工作表标签，在弹出菜单中选择“取消成组工作表”。

（2）插入工作表　Excel 中一个工作簿默认的工作表数只有为 3 个，当需要增加新的工作表时，可使用案例中的方法，也可选择“插入”菜单下的“工作表”命令。新工作表默认出现在当前工作表的前面。

（3）删除工作表　选中要删除的工作表，在工作表标签上单击右键，在弹出的快捷菜单中选择“删除”命令，或者选择“编辑”菜单下的“删除工作表”命令。工作表一旦删除，就无法恢复。

（4）移动、复制工作表　移动或复制工作表的方法有以下几种。

①选择“编辑”菜单下的“移动或复制工作表”命令，会弹出“移动或复制工作表”对话框，如图 4－7 所示，在弹出的对话框中选择目标工作簿和工作表的位置，单击“确定”按钮即可；若选中“建立副本”复选框即为复制工作表，若未选中该复选框则为移动工作表。

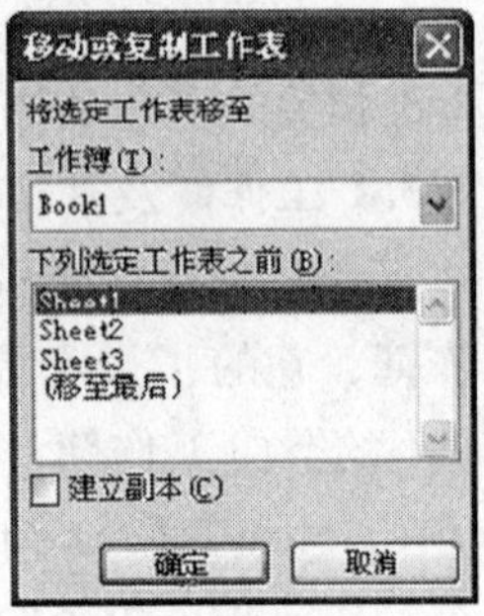

图 4－7　移动或复制工作表

②在工作表标签上单击右键，在弹出的对话框中选择“移动或复制工作表”命令，同样弹出“移动或复制工作表”对话框，操作同上。

③选择要移动或复制的工作表标签，拖曳鼠标至指定位置松开鼠标，拖曳的同时按住 Ctrl 键，则为复制工作表，否则为移动工作表。

（5）修改工作表名　修改工作表名，可直接双击工作表标签名，该标签被选中并反白显示，输入新工作表名确认即可。也可以在工作表标签上单击右键，在弹出菜单中选择“重命名”命令。

（6）拆分工作表　拆分工作表就是把当前工作表窗口拆分成几个窗格，并且在每个窗格中都可以通过滚动条来浏览工作表中的任意一部分内容。通过拆分窗口可以在一个文档窗口中查看同一工作表不同部分的内容。

①拆分工作表：选定一个单元格，打开“窗口”菜单，选择“拆分”命令。系统依据选定单元格的上边框和左边框将工作表分为几个独立的窗格。

②取消拆分：在“窗口”菜单中选择“取消拆分窗口”命令，或鼠标双击窗口中的分割条。

（7）冻结工作表　冻结工作表虽然也是将当前工作表分成几个窗格，单与“拆分”不同的是：在冻结窗口操作中，将把活动工作表的上窗格和左窗格进行冻结，即锁定在窗口中。通常用于冻结行标题和列标题，然后通过滚动条来查看工作表其他部分的内容。

①冻结工作表：选定一个单元格，打开“窗口”菜单，选择“冻结窗口”命令。选定的单元格被视为冻结点，该点以上及左侧的单元格一直保留在屏幕中。

②取消冻结窗口：选择“窗口”菜单中的“取消窗口冻结”命令。

4.2.3.3 单元格的操作

（1）选定单元格　在输入和编辑单元格的内容之前，必须先选定单元格或单元格区域。当一个单元格或单元格区域称为当前选定的对象时，它的边框会变成黑线，单元格区域的内部呈蓝灰色，当前活动单元格呈白色，而且其行号、列号会突出显示，并出现在名称框中。

选定单元格、单元格区域、行或列等各种区域的操作方法列在表4－1中。

表4－1　选定单元格、区域、行或列的操作

选定内容	操作
单个单元格	单击相应的单元格，或用方向键移动到相应的单元格
连续单元格区域	单击选定该区域的第一个单元格，然后拖曳鼠标直到最后一个单元格；或者选定第一个单元格，然后按住Shift键再单击该区域中的最后一个单元格
工作表中的所有单元格	单击行号和列号交叉处
不相邻的单元格或单元格区域	选定第一个单元格或单元格区域，然后按住Ctrl键再依次选定其他的单元格或单元格区域
整行（列）	单击行（列）号
相邻的行或列	沿行号或列号拖曳鼠标；或者选定第一行或列后，按住Shift键再选定其他的行或列
不相邻的行或列	选定第一行或列后，按住Ctrl键再选定其他的行或列
取消单元格的选定区域	单击工作表中该选定区域以外的任意一个单元格

（2）单元格内容的输入　Excel允许用户向单元格两种形式的数据：常量和公式。常量是直接输入的量，包括文本、数值和日期时间，每种数据的输入都有不同的特点。

①文本型数据的输入：Excel中的文本包括汉字、英文字母、数字、空格以及其他可用键盘输入的符号。文本在单元格中默认左对齐，有些数字需要作为文本处理，如编号、电话、身份证号等，输入时可在数字前添加英文单引号（’），Excel就会将其作为文本左对齐。

当输入的文字长度超出单元格的宽度时，若右边单元格无内容，则会溢出到右侧单元格显示，否则将只会显示出单元格宽度的部分。若希望显示全部，可在单元格内，按Alt＋Enter键可将输入的内容换行分段显示，或直接调整列宽。

②数值型数据的输入

数值可以采用整数、小数或科学计数法等方式输入。数值型数据可包含数字0～9以及＋、－、／、E、e、$，%，小数点（.）和千分位符号（,）等。默认情况单元格中右对齐。

输入数值数据时要注意：正、负数按正常方式输入，例如123、－1.23。输入分数时，系统往往将其作为日期数据。要避免这种情况，应先输入“0”和空格。例如输入“0 4/5”，单元格里显示的是分数4/5。输入数值型数据（包括日期型数据）时，有时会出现单元格中符号为“###”，这是因为单元格列宽不够，不足以显示全部数值的缘故，此时加大单元格列宽即可。

对于如身份证号等过长的数值，Excel自动将超过11位的数字按科学计数法表示，

如420033198202054233直接输入会变为“4.20033E+17”的形式，Excel的数字精度为15位，当数字长度超过15位时，会自动将多余的数字全部转换为0。

③日期型数据的输入

Excel内置了一些日期和时间的格式，当输入以斜杠“/”或减号“-”分割的数字时，Excel会识别为日期。使用分隔符“/”或“-”输入日期数据时，只能按照年-月-日、年/月/日、月-日-年、月/日、月-日这几种顺序格式输入。在输入时间时，以冒号“:”或相应的汉字分隔时间的时、分、秒各部分。时间格式为“hh:mm”，是以24小时计的。若要以12小时计，可在时间后加A（AM）或P（PM）。A（AM）或P（PM）与时间之间要空一格。如8:20 AM，否则会被当作字符处理。按“Ctrl+;”可输入当前系统日期，按“Ctrl+Shift+;”可输入当前系统时间。

④批注的使用

在编制工作表的过程中，有些数据属于注解性的，不适合直接出现在表格中，仅在特定时候才需要查看，可通过在相应单元格上添加“批注”来实现。批注的使用方法如下。a. 批注的插入：选定单元格后，右击鼠标，在弹出菜单中，选择“插入批注”，出现一个黄色的输入框，在输入框中可输入批注。当批注输入完毕，用鼠标单击任一单元格，确认输入。在该单元格的右上角出现一红色小三角，表示该单元格含有批注。或者选定单元格后，选择“插入”菜单→“批注”命令，在该单元格中插入批注。b. 批注的编辑：选定含有批注的单元格，右击鼠标，在弹出菜单中，选择“编辑批注”。即可进行批注的编辑。或者选定含有批注的单元格，选择“插入”菜单→“编辑”批注命令。c. 批注的删除：选定含有批注的单元格，右击鼠标，在弹出菜单中，选择“删除批注”。或者选定含有批注的单元格，选择“编辑”菜单下的“清除”命令，选择子菜单中的“批注”项。d. 批注的显示与隐藏：默认情况下，批注是隐藏的，当鼠标移动到含有批注的单元格上时，批注内容才会显示出来，当鼠标从此单元格移开后，批注随即隐藏。也可以通过选定含有批注的单元格，右击鼠标，在弹出菜单中，选择“显示/隐藏批注”，则原本隐藏的批注将显示出来，原本显示的批注将隐藏起来。或者选择“视图”菜单下的“批注”命令，则所有的批注都显示或隐藏。

4.2.3.4 自动填充

当工作表中某行或某列为有规律的数据时，可以使用Excel提供的“自动填充”功能。有规律的数据是指等差、等比、日期序列、系统预定义序列和用户自定义序列以及重复的数据。

选中区域的右下角有一个黑色小方块，称为填充柄，鼠标指针指向填充柄时会变形为黑色细十字✚，向右或向下拖动填充柄即可完成自动填充，填充的内容由初始值（即填充柄所在单元格的内容）决定。

（1）使用鼠标左键拖曳　选定单元格中的数据类型不同，使用鼠标左键拖曳来实现自动填充的结果也不一相同，如图4-8所示。

	A	B	C	D
1	一月	C1	ABC	单价
2	二月	C2	ABC	单价
3	三月	C3	ABC	单价
4	四月	C4	ABC	单价
5	五月	C5	ABC	单价
6	六月	C6	ABC	单价
7				

图4-8　鼠标左键拖曳实现自动填充

（2）使用鼠标右键拖曳　若选定单元格的内容中包含数值，则可以选择自动填充是简单复制还是序列填充，若是文本数据，则操作结果与使用鼠标左键拖曳相同。

对于包含数值的数据，使用鼠标左键拖曳填充柄，系统默认按等差序列填充；若需以其他序列方式填充，则选中单元格后，使用鼠标右键拖曳填充柄，松开鼠标时，将弹出快捷菜单，可选择其中的某种序列填充方式来进行相关的设置。

4.3 Excel 基本编辑案例二：计算统计数据并美化工作表

4.3.1 案例说明

上个例子中，仅列出了各种药材每年的各季度的销售情况，但并没有给出每年的总销量以及总的销售额，本例中将增加这些统计信息，并给予工作表一个美化，完成后的结果如图4-9所示。

中药材销售表.xls

	A	B	C	D	E	F	G	H	I	J
1	编号	药名	类别	单价（元/kg）	第1季度	第2季度	第3季度	第4季度	平均销量	年销售额
2	1	陈皮	理气药	¥5.40	19	23	18	20	20	¥432.00
3	2	桂枝	解表药	¥2.60	20	12	8	18	14.5	¥150.80
4	3	橘红	理气药	¥12.00	16	19	5	16	14	¥672.00
5	4	决明子	清热药	¥6.00	82	79	88	130	94.75	¥2,274.00
6	5	芦根	清热药	¥13.00	164	188	175	185	178	¥9,256.00
7	6	芒硝	泻下药	¥1.00	96	142	131	100	117.25	¥469.00
8	7	蒲公英	清热药	¥8.00	32	26	21	29	27	¥864.00
9	8	生姜	解表药	¥2.40	26	27	25	28	26.5	¥254.40
10	9	紫苏叶	解表药	¥13.00	50	43	34	62	47.25	¥2,457.00
11		季度销售金额			¥4,035.00	¥4,275.20	¥3,782.00	¥4,737.00		¥16,829.20
12										
13										

2009年 / 2010年 / 2011年 / 2012年

图4-9　修改后的工作表

4.3.2 操作步骤

（1）分别在I1、J1列输入“平均销量”和“年销售额”，在B11单元格输入“季度销售金额”。

（2）选定I2单元格，在编辑栏中输入“=AVERAGE（E2：H2）”后确认；选定J2单元格，在编辑栏中输入“=SUM（E2：H2）*D2”后确认。选定I2单元格，使用鼠标左键拖曳填充柄至I10单元格，松开鼠标左键，I3~I10单元格中自动填充了内容。选定J2单元格，使用鼠标左键拖曳填充柄至J10单元格，松开鼠标左键，J3~J10单元格中自动填充了内容。

（3）选择 E11 单元格，在编辑栏中输入

“=E2*$D2+E3*$D3+E4*$D4+E5*$D5+E6*$D6+E7*$D7+E8*$D8+E9*$D9+E10*$D10”后确认。选定 E11 单元格，使用鼠标左键拖曳填充柄至 H11 单元格，松开鼠标左键，F11、G11 和 H11 单元格中自动填充了内容。

（4）选择 J11 单元格，在编辑栏中输入“=SUM（J2：J10）”后确认。

（5）选择所有与价格相关的数据，包括“单价”、“年销售额”、“季度销售金额”，在选定区域上鼠标右击，弹出菜单中选择“设置单元格格式”，弹出“单元格格式”对话框，设置“数字”选项卡下的“分类”为“货币”，设置小数位数为 2，货币符号为 ¥。单击“确定”按钮返回工作表。

（6）单击 A1 单元格，按下 Shift 键的同时单击 J11 单元格，选中整个表格，选择“格式”菜单下的“自动套用格式”，弹出“自动套用格式”对话框，选择样式中的“序列 1”，单击“确定”按钮。

（7）单击 E2 单元格，按下 Shift 键的同时单击 H10 单元格，选择“格式”菜单下的“条件格式”，弹出“条件格式”对话框，设置条件为“单元格数值 大于或等于 100”，单击“格式”按钮，在弹出的“单元格格式”对话框中选择“图案”选项卡，设置单元格底纹为淡紫色。

（8）保存工作簿。

4.3.3 相关的概念及操作

4.3.3.1 编辑单元格内容

（1）修改单元格内容　双击单元格，鼠标变形为 I 字形，进入单元格编辑状态，可进行修改。修改完后，按回车键确认或按“确认”按钮确认即可。

或者单击单元格，选择编辑栏的编辑框，在编辑框中进行修改，修改完后，按回车键确认或按“确认”按钮确认即可。

注意：通常修改单元格内容完成后，可点击其他单元格表示确定；但若单元格的内容是公式或函数时不可以点击其他单元格确定。

（2）删除单元格内容　①选中要删除内容的单元格，按 Del 键。②选择“编辑”菜单下“清除”命令，下级菜单中选择“内容”项。③在选定的单元格上点击右键，在弹出菜单中选择“清除内容”命令。

注意：以上方法只能清除单元格中的内容，格式仍保留在单元格中，若重新输入内容，仍会使用上次在此单元格中定义的格式。若要删除格式，可选择“编辑”菜单→“清除”→“格式”命令；或选择“编辑”菜单→“清除”→“全部”命令，将格式、内容包括批注全都删除。

删除的内容可以通过点击“撤销”按钮恢复，但只能恢复前 16 次的操作。

（3）移动/复制单元格内容　①选中要移动内容的单元格或区域，鼠标左键点击区域边框，鼠标变形为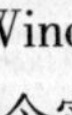，拖动鼠标至目标位置即可。拖动的同时按住 Ctrl 键，即可进行复制。②利用和 Windows 操作中一样的，选中单元格或区域，执行编辑菜单中的“剪切”、“粘贴”命令实现移动操作；执行编辑菜单中的“复制”、“粘贴”命令实现

复制。③选择性粘贴：利用“复制”和“粘贴”命令复制单元格时，包含了单元格的全部信息。若希望只复制单元格的公式、格式或数值等部分内容，可在执行“复制”命令后，在目标单元格点击右键，在弹出菜单中选择“选择性粘贴”命令，在弹出的“选择性粘贴”对话框中选择相应内容粘贴，如下左图 4－10 所示。

注意：选择单元格（或区域）点击“复制”后，单元格（或区域）会出现虚线边框，复制完后点击 Esc 键，取消该区域的选中。

4.3.3.2 插入和删除单元格

在数据输入过程中有时可能会需要在中间插入数据或删除多余的数据，这时可以在工作表中相应位置插入或删除单元格来实现。

（1）插入单元格　选中要插入数据下面（或右边）的单元格，点击鼠标右键，在弹出菜单中选择“插入…”命令，弹出如上右图 4－11 的对话框。在对话框中选择“活动单元格下移”（或“活动单元格右移”）命令即可。

（2）插入行（列）　①选中单元格，点击鼠标右键，在弹出菜单中选择“插入…”命令，在弹出的对话框（如图 4－11）中选择“整行”（或“整列”），即在选中的单元格上方（或左边）插入整行（或整列）。②选中单元格，选择“插入”菜单下的“行”，即在选中的单元格上方插入整行。选中单元格，选择“插入”菜单下的“列”，即在选中的单元格上方插入整列。③选中行号，点击鼠标右键，在弹出菜单中选择“插入”命令，在选中行上方插入整行。选中列号，点击鼠标右键，在弹出菜单中选择“插入”命令，在选中列左边插入整列。

注意：选中多行的行号（或多列的列号），再执行“插入”命令，则插入多行（多列）。

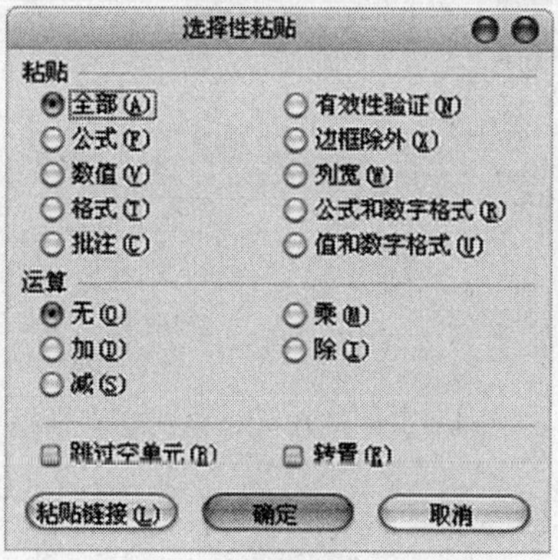

图 4－10　“选择性粘贴”对话框

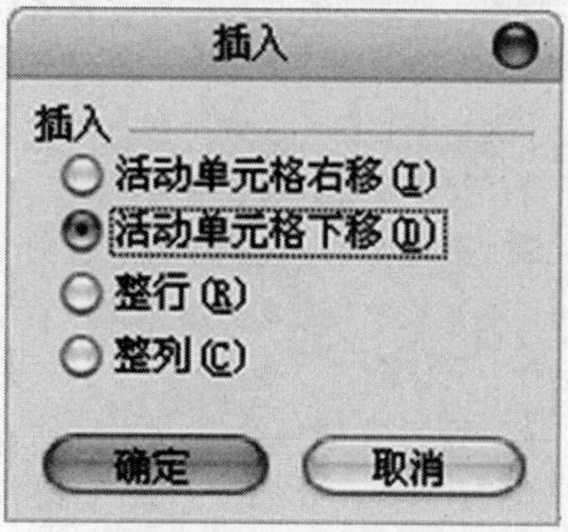

图 4－11　单元格的插入

4.3.3.3 插入复制单元格

选中要复制的单元格或区域，执行“复制”命令后，选中目标单元格，选择“插入”菜单下的“复制单元格”命令，弹出“插入粘贴”对话框，根据需要选择“活动单元格右移”或“活动单元格下移”后，单击“确定”按钮，复制内容插入到目标单元格的左边或上方。

4.3.3.4 删除单元格或单元格区域

删除单元格和清除单元格不同，删除单元格是将单元格从工作表中取消，包括单元格中的全部信息，删除后，由周围的单元格来填充其位置。

选中要删除的单元格或单元格区域，选择“编辑”菜单下的“删除”命令，或单击鼠标右键，在弹出菜单中，通过选择来确定被删除区域的右侧单元格左移还是下方单元格上移。

4.3.3.5 删除行、列

(1) 用鼠标单击要删除的行（列）中任意一个单元格，右击鼠标，在弹出菜单中选择“删除…”，在弹出的对话框中选择“整行”（“整列”）。

(2) 用鼠标单击要删除的行（列）中任意一个单元格，选择“编辑”菜单下的“删除…”命令，在弹出的对话框中选择“整列”。

(3) 选中行号（列号），选择“编辑”菜单下的“删除”命令，或点击右键，在弹出的快捷菜单中选择“删除”命令来删除选中行（列）。

如果要删除多行（多列）可选中多个行号（列号）再执行如上操作。

4.3.3.6 单元格中数据的格式设置

选择单元格或单元格区域，单击“格式”菜单下的“单元格…”命令，弹出如图4－12所示的“单元格格式”对话框，通过该对话框可对单元格格式进行设置。

(1) 数字格式　选择“单元格格式”对话框的“数字”选项卡可设置单元格内数字格式，根据单元格内数据类型，可有常规、数值、货币、日期、时间、百分比等多种数据类型的表示。每种数据类型有不同的格式设置。

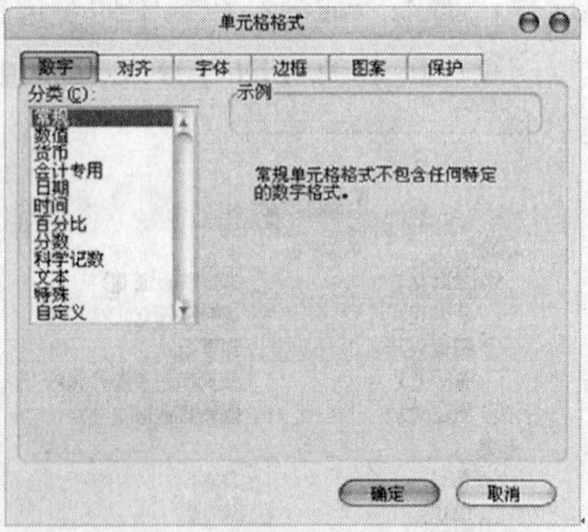

图4－12　“单元格格式”对话框

①数值型数据可设置小数点位数、是否使用千分位符以及负数的表示方式。

②货币型数据可设置小数点位数、货币符号（如¥）以及负数的表示方式；货币型数据一定有千分位符。

③日期型数据可设置中式日期、英式日期、美式日期，是否显示年份、星期等。如：“二〇〇九年四月三日”，“2009年4月3日”，“03－Apr－09”，“4－3－09”等。

④时间型数据也可按区域设置“中文”，“英文”等，可设置24小时制或12小时制，如：“下午5时20分00秒”，“17：20：00”等。

⑤百分比型数据，可使数据按百分比显示，可设置小数位数。

(2) 对齐方式　如图4－13所示，“单元格格式”对话框中“对齐”选项卡中和word中表格的单元格对齐方式一样，可以设置单元格中内容的“水平对齐”和“垂直对齐”方式，同时可设置“文字方向”。

需要注意的是“文本控制”一栏，当单元格中的内容超出单元格可容纳的范围时，选择“自动换行”，会自动扩大行高，使超出的部分换行显示；选择“缩小字体填充”，会自动缩小字体以适应单元格的大小；选择“合并单元格”，超出的部分会占有右边单元格的位置，但不影响右边单元格的输入，一旦右边单元格输入数据，超出的部分会自动被右边单元格挡住。

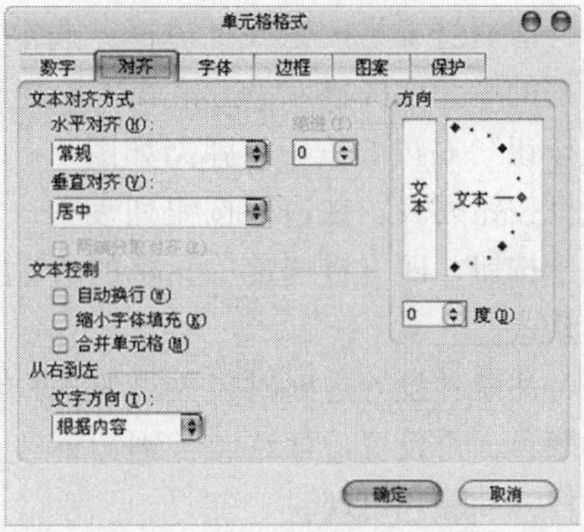

图 4－13　“单元格格式”对话框“对齐”选项卡

如果选中多个单元格，然后再执行“合并单元格”命令，Excel 只把选定区域左上角的数据放入合并后的单元格内，其他单元格数据丢失；“格式”工具栏中有一个“合并并居中”按钮，也可使选中单元格合并成一个单元格，并使该单元格内文字居中显示。

（3）字体格式　“单元格格式”对话框中“字体”选项卡与 word 类似，用于设置单元格内文字的“字体”、“字号”、“字形”等。

注意：若在单元格编辑状态下选择“格式”菜单，打开“单元格格式”对话框，只会出现“字体”选项卡，这时只能修改“字体”格式。

4.3.3.7 单元格的格式设置

（1）设置行高和列宽　①鼠标指向需改变的行号（列号）分隔线上，当光标变形为左右双向箭头时，拖动鼠标，可调整该行（列）高度（宽度）。若要调整多行（多列），则先选中多行（多列），再拖动分隔线，即可。②选中单元格，选择“格式”菜单→“行”→“行高…”，在弹出的对话框中输入行高的数值，可指定单元格所在行高。选中单元格，选择“格式”菜单→“列”→“列宽…”，在弹出的对话框中输入列宽的数值，可指定单元格所在列宽。若有多行或多列，可先选中多个单元格再选择“格式”菜单中的行高或列宽的命令进行设置。③整体调整工作表中的行高和列宽：先选中整个工作表，然后在任意两行（或列）的分割线上，拖动鼠标进行移动，即可同时调整所有单元格的行高（或列宽）。

（2）设置边框　默认情况下，工作表的网格线都是淡灰线，打印时并不会显示边框。为了美观也为了便于操作，我们可以对 Excel 表格设置边框。

①通过菜单命令设置边框：选择需要添加边框的单元格区域，选择“格式”菜单下的“单元格”命令，在弹出的“单元格格式”对话框中选择“边框”选项卡，如图 4－14 所示，选择线条颜色和样式，再选择“预置”或“边框”区的边框线，即可设

置相应的边框线。

②通过工具按钮设置边框：选定需要添加边框的单元格区域，单击格式工具栏上的“边框按钮”右边的按钮，弹出如图 4－15 所示的边框按钮列表。在边框按钮列表中，单击其中一个按钮，即可将选定单元格的边框设置成相应格式。

注意：设置边框时应先设置边框线条样式和颜色，再设置边框线，否则边框线会按原先的样式和颜色出现。

(3) 设置图案　可以在单元格中设置适当的底色或图案，以突出表格中的某些部分，是表格更清晰。

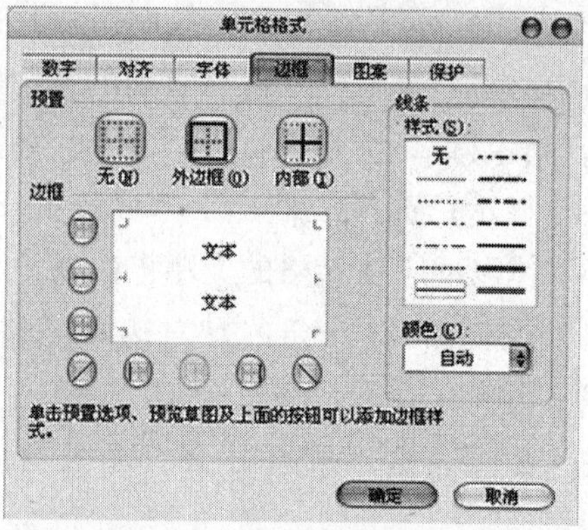

图 4－14　“单元格格式”对话框“边框”选项卡

①通过菜单命令设置图案：选定单元格，选定“格式”菜单下的“单元格”命令，在出现的对话框中单击“图案”选项卡，如图 4－16 所示。在图案选项卡中，可设置单元格的底色、底纹图案。

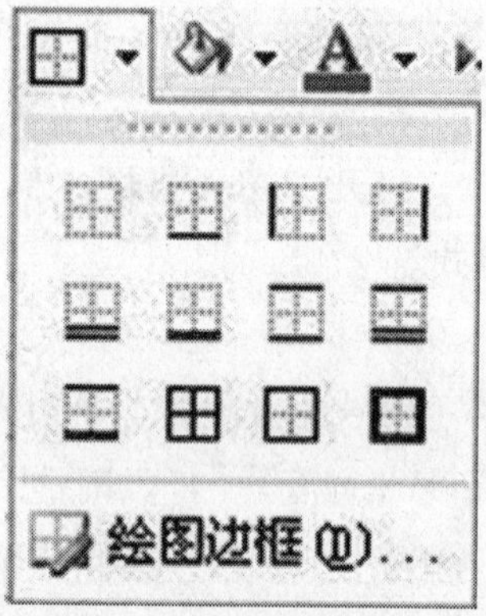

图 4－15　边框按钮列表

图 4－16　颜色设置

②通过工具按钮设置底色：单击格式工具栏上的填充按钮右边的下拉按钮，在弹出的颜色列表中，单击一种颜色按钮，可使当前单元格或选定的单元格的底色变为该颜色。

③添加工作表背景：选择“格式”菜单下的“工作表”命令，下级菜单中选择“背景”项，在弹出的对话框中选择要作为背景的图片，单击对话框中“插入”按钮，即可插入选中图片作为工作表背景。

对有背景的工作表，执行“格式”菜单下的“工作表”命令，这时子菜单中的“背景”命令变为“删除背景”命令，单击“删除背景”命令即可删除工作表背景图案。

4.3.3.8 其他格式设置

(1) 格式刷

使用“格式刷”按钮，可以将一个单元格或单元格区域中的格式信息快速复制到其他单元格或单元格区域中，使它们具有相同的格式，而不必重复设置。格式刷的使用方法与Word中类似。

格式刷的功能与“编辑”菜单中“选择性粘贴”命令，“格式”选项效果是相同的。

(2) 自动套用格式　Excel提供了16种格式的组合方式，利用它们可快速设置表格的格式。

①选中要设置格式的表格区域。

②选择“格式”菜单→“自动套用格式”命令，会弹出“自动套用格式”对话框，如图4－17所示。

③在“自动套用格式”对话框的左侧列表中选择所需类型。

④点击“选项”按钮，对话框展开“要应用的格式”选项，选择需要的格式。

⑤单击“确定”按钮完成设置。

若要删除某区域的自动套用格式，可选中该区域后，选择“格式”菜单下的“自动套用格式”命令，在“自动套用格式”对话框的类型列表中选择“无”，单击“确定”按钮，即可删除该区域的自动套用格式。

(3) 条件格式　若需要突出显示单元格内的某些值，可使用“条件格式”突出显示该单元格，如标记出成绩表里不及格的分数，或当仓库内货物库存量低于某个值时突出显示。

①选中要设置条件格式的单元格或区域。

②选择“格式”菜单下的“条件格式”命令，弹出“条件格式”对话框，如图4－18所示。

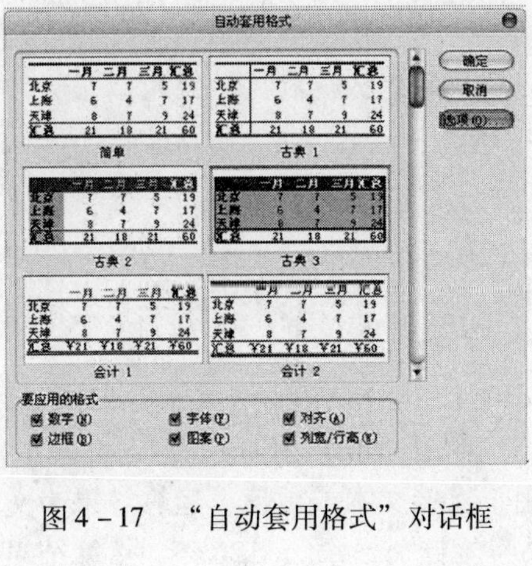

图4－17　“自动套用格式”对话框

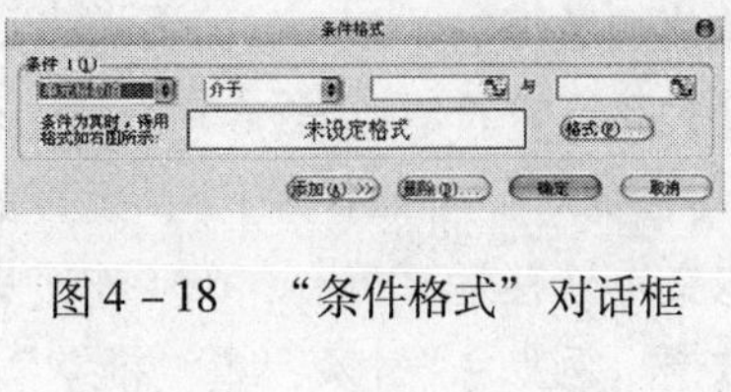

图4－18　“条件格式”对话框

③在第一个选项框中选中要判断的对象,如“单元格数值”或“公式”;第二个选项框中设置条件，如“大于”、“等于”、“介于”等;第三、四个文本框内设置取值范围。若第一项选择的是“公式”，则后面只有一项输入框，在其中输入公式，公式前要加等号（=)，公式计算结果应为逻辑值 Ture 或 False。

④单击“格式”按钮，打开“单元格格式”对话框，设置满足条件时单元格的格式。

⑤单击“确定”按钮，返回“条件格式”对话框。

⑥若有多个条件，可单击“添加”按钮，在出现的第二行中重复上述操作，设置满足第二个条件的单元格格式；最多可设置三个条件。最后点击“确定”按钮完成设置。

对于已设置了条件格式的单元格或区域可打开“条件格式”对话框修改其格式设置。

若要删除条件格式，则选中设置了条件格式的单元格或区域，打开“条件格式”对话框，单击“删除”按钮，选择要删除的条件，单击“确定”按钮，完成删除。

(4) 行/列的隐藏和取消　若工作表中有些行或列暂时不需要被用户看见，可将它们隐藏起来，需要显示时再取消隐藏。

①隐藏行（列）：①选中要隐藏的行（列）中任一单元格，选择“格式”菜单→“行”（“列”）→“隐藏”命令即可。②鼠标选中要隐藏的行（列）的行号分隔线（列号分隔线），当光标变为带有上下（左右）双向箭头图标时，按下鼠标左键向上（向左）拖动，直到和上方（左方）分隔线重叠为止。

(2) 取消行/列的隐藏：①鼠标指向有隐藏行（列）的行号分隔线（列号分隔线），稍稍向下（左）移一点，使鼠标变形为如图所示，按下鼠标，向下（左）拖动，即可将隐藏的行/列显示出来。②选中隐藏行（列）两边的单元格区域，选择“格式”菜单下的“行”（“列”）命令，下级菜单中选择“取消隐藏”项。

4.3.3.9 公式

Excel 的公式由数字、运算符、单元格引用以及函数组成。利用公式可以很方便的对工作表中的数据进行分析和计算。

(1) 公式中的运算符

①算术运算符

算术运算符有：+（加）、-（减）、*（乘）、/（除）、^（乘方）等，运算的结果为数值型数据。

②关系运算符有：=（等于）、>（大于）、<（小于）、>=（大于等于）、<=（小于等于）、<>（不等于）；运算的结果为逻辑型数据 True 或 False。

③文本连接运算符有：&（连接运算符），用于连接文本或数值，运算结果为文本类型数据。例如：“针灸”&“推拿”，运算结果为“针灸推拿”；12&45，运算结果为“1245”。

运算优先级为：（　）括号→函数→文本运算符→算术运算→关系运算。

④引用运算符（表4－2）

表4－2　运算符号及含义、示例

引用运算符	含义	示例
：（区域运算符）	包括两个引用在内的所有单元格的引用	SUM（A1：C3）
，（联合运算符）	对多个引用合并为一个引用	SUM（A1，C3）
空格（交叉运算符）	产生两个引用单元区域重叠区域的引用	SUM（A1：C4 B2：D3）

（2）公式的输入　公式必须由“＝”开头，后面再输入公式。确定公式的输入后，Excel会自动的计算出结果显示在单元格内。

操作步骤如下：①选中要输入公式的单元格；②在单元格中输入“＝”和公式内容；或在编辑栏中输入“＝”和公式内容；③输入完成后按回车键或单击编辑栏上的“确定”按钮，确认。

注意：输入公式时，可输入单元格名称引用单元格的内容，单元格的名称可以是键盘输入的，也可以是用鼠标点击输入的。

（3）函数　Excel提供了丰富的函数，如统计函数、三角函数、财务函数、日期与时间函数等等。这些函数是Excel自带的一些已经定义好的公式，使用格式如下。

函数名（参数1，参数2，……）

其中参数可以是常量、单元格、单元格区域、公式或其他函数。

①自动求和：Excel的“常用”工具栏中提供了自动求和按钮Σ，利用该按钮可以快捷地调用求和函数以及平均值、最大值、最小值等。

方法一：单击要存放求和结果的单元格；单击“自动求和”按钮；Excel会自动选中存放结果的单元格附近的可计算数据，若选中范围正确，按回车键确认即可，若选中范围不正确，直接用鼠标点击或拖动选择要计算区域，选中的单元格会呈现闪动的虚线框，按回车键确认选中并计算。

方法二：选中要计算的区域，单击“自动求和”按钮，Excel会自动找到选中区域旁边（右边或下方）的空白单元格以存放并显示运算结果。

若点击“自动求和”按钮旁的小黑色下拉按钮，会弹出菜单，可在菜单中选择其他函数运算。

②自动计算：Excel提供了自动计算功能，利用它可以自动计算选定单元格区域的和、平均值、最小值、最大值、计数、计数值。

在状态栏中单击鼠标右键，可弹出快捷菜单，选择设置其中一种计算功能后，当选中了要计算的单元格区域后，其计算结果将在状态栏中显示出来。

③函数的输入：上述的计算方式运算方式有限，Excel提供了非常丰富的函数来使用户进行复杂的运算，使用函数的方法有两种，一种是使用“插入函数”对话框，当用户对函数较熟悉时可以使用另一种方法，即直接输入函数。

通过“插入函数”对话框的方法步骤为：a. 选中一个单元格作为存放运算结果的单元格；b. 选择“插入”菜单下的“函数”命令，或者点击编辑栏上的“插入函数”

按钮，弹出插入函数对话框如图 4-19 所示；c. 在对话框中选中需要的函数名，如“SUM”，对话框中会出现有关该函数功能的说明，单击“确定”按钮，弹出“函数参数”对话框如图 4-20；d. 在函数参数对话框中选择要运算的单元格区域，或直接输入数据或单元格引用区域。要选中运算的单元格区域时可单击参数框右边的“折叠对话框”按钮，使对话框最小化，然后用鼠标选择运算单元格区域，单击参数框右边的“展开对话框”按钮，返回“函数参数”对话框。e. 可重复第 4 步，设置多个参数，选中所有参数后，单击“确定”按钮，确定函数的运算。在单元格中显示出计算结果，编辑栏中显示具体函数及数据范围。

使用直接输入函数的方法比上述步骤简单得多，只需在存放结果的单元格中输入等号 + 函数名（参数，［参数］，……）即可，如“=SUM（E3：G3）”，按回车键确定输入即可。

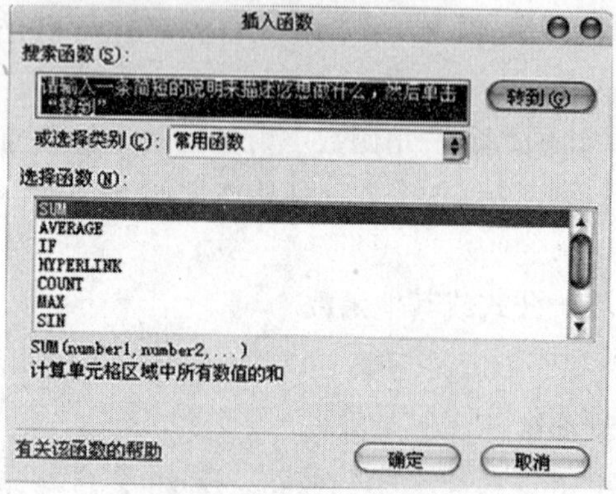

图 4-19 “插入函数”对话框

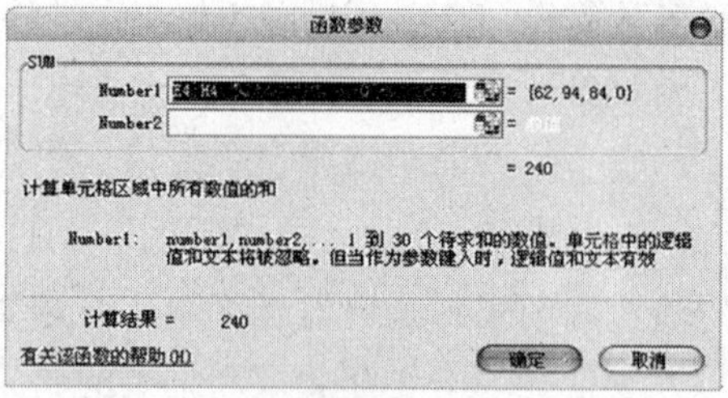

图 4-20 “函数参数”对话框

④常用函数

a. SUM 函数

语法格式：SUM（number1，number2，…）

功能：对指定的单元格区域求和。

说明：Number1，number2，... 为 1 到 30 个需要求和的参数。

b. AVERAGE 函数

语法格式：AVERAGE（number1，number2，…）

功能：对指定的单元格区域求平均值。

说明：Number1，number2，... 为 1 到 30 个需要求和的参数。

c. COUNT 函数

语法格式：COUNT（value1，value2，…）

功能：返回包含数字以及包含参数列表中的数字的单元格的个数。利用函数 COUNT 可以计算单元格区域或数字数组中数字字段的输入项个数。

说明：Value1，value2，... 为包含或引用各种类型数据的参数（1 到 30 个），但只有数字类型的数据才被计算。

d. MAX 函数

语法格式：MAX（number1，number2，...）

功能：返回一组值中的最大值。

说明：Number1，number2，... 是要从中找出最大值的 1 到 30 个数字参数。

e. MIN 函数

语法格式：MIN（number1，number2，...）

功能：返回一组值中的最小值。

说明：Number1，number2，... 是要从中找出最小值的 1 到 30 个数字参数。

f. IF 函数

语法格式：IF（logical_ test，value_ if_ true，value_ if_ false）

功能：执行真假值判断，根据逻辑计算的真假值，返回不同结果。

（4）说明

①Logical_ test　表示计算结果为 TRUE 或 FALSE 的任意值或表达式。例如，A10 = 100 就是一个逻辑表达式，如果单元格 A10 中的值等于 100，表达式即为 TRUE，否则为 FALSE。本参数可使用任何比较运算符。

②Value_ if_ true　logical_ test 为 TRUE 时返回的值。例如，如果本参数为文本字符串“预算内”而且 logical_ test 参数值为 TRUE，则 IF 函数将显示文本“预算内”。如果 logical_ test 为 TRUE 而 value_ if_ true 为空，则本参数返回 0（零）。如果要显示 TRUE，则请为本参数使用逻辑值 TRUE。Value_ if_ true 也可以是其他公式。

③ Value_ if_ false　logical_ test 为 FALSE 时返回的值。例如，如果本参数为文本字符串“超出预算”而且 logical_ test 参数值为 FALSE，则 IF 函数将显示文本“超出预算”。如果 logical_ test 为 FALSE 且忽略了 Value_ if_ false（即 value_ if_ true 后没有逗号），则会返回逻辑值 FALSE。如果 logical_ test 为 FALSE 且 Value_ if_ false 为空（即 value_ if_ true 后有逗号，并紧跟着右括号），则本参数返回 0（零）。Value_ if_ false 也可以是其他公式。

⑦NOW 函数

语法格式：NOW（）

功能：返回系统的当前日期和时间。

4.3.3.10 单元格引用

Excel 中提供了三种单元格的引用方式：相对引用、绝对引用和混合引用。

（1）相对引用　对单元格的引用会随着公式所在单元格位置的变化而变化。通常都是这种引用方式，所以我们在复制公式，或使用自动填充公式时运算的数据区域会随着存放结果的单元格的不同而不同。

（2）绝对引用　对单元格的引用不会随着公式所在单元格位置的变化而变化。在多工作簿间运算时数据采用这种引用方式，格式是在单元格的行标和列标前加$号，如：$E$3：$E$12。使用这种引用方式，无论存放结果的单元格位置如何变化，所引用的计算区域是不会变化的。

（3）混合引用　一个数据区域中既使用了相对引用又使用绝对引用，则为混合引用。

4.3.3.11 引用其他工作表数据

Excel支持多工作表和多工作簿之间数据的运算。

（1）多工作表之间的数据运算　①选中存放结果的单元格；②依上述步骤打开“插入函数”对话框，单击“Number1”文本框，选中一个工作表中要计算的数据区域；③再单击“函数参数”对话框中“Number2”文本框，单击另一个工作表标签，选中该工作表中需要的数据区域；④重复上诉步骤，直到所需计算区域都被选中，单击“确定”按钮，计算结果显示在单元格中，编辑栏中出现函数。如：=SUM（I3：I12，Sheet2！I3：I12，Sheet3！F11）

注意：函数中不同数据区域用逗号隔开，与存放结果单元格不是同一工作表的数据区域前会有工作表名，并用感叹号与数据区域隔开，格式为：

=函数名（［工作表名!］数据区域1，［工作表名!］数据区域2，…［工作表名!］数据区域n）

（2）多工作簿之间的数据运算　①打开所有需要计算的工作簿；②选中存放结果的单元格；③打开“插入函数”对话框，单击“Number1”文本框，选中一个工作表中要计算的数据区域；④再单击“函数参数”对话框中“Number2”文本框，单击另一个工作簿标签，选中该工作簿的某工作表中需要的数据区域；⑤重复上诉步骤，直到所需计算区域都被选中，单击“确定”按钮，计算结果显示在单元格中，编辑栏中出现函数。如：=SUM（A1：A11，［Book2.xls］Sheet1！E3：E12）

注意：函数中不同数据区域用逗号隔开，与存放结果单元格不是同一工作表的数据区域前会有工作表名，不是同一工作簿的数据区域前会有完整工作簿名，并用方括号分隔，后接工作表名，用感叹号与数据区域隔开，且数据区域为绝对引用。格式为：

=函数名（［［工作簿名］工作表名!］数据区域1，［［工作簿名］工作表名!］数据区域2，…［［工作簿名］工作表名!］数据区域n）

4.3.3.12 显示和打印工作表

（1）页面设置　在打印文件之前应设置好文件的格式，包括打印方向、纸张大小、页边距等。

选择“文件”菜单下的“页面设置”命令，打开页面设置对话框，如图4-21所示。

①“页面”选项卡　页面方向：在页面选项卡中设置文件打印的方向，默认为纵向。缩放比例：调整缩放比例，可在打印时对文档进行放大或缩小。纸张大小：单击

“纸张大小”文本框的下拉按钮，在下拉列表中选择需要的纸张大小。起始页码：设置打印页的起始页码，如输入3，则从第三页开始打印，而第一、二页不会被打印。

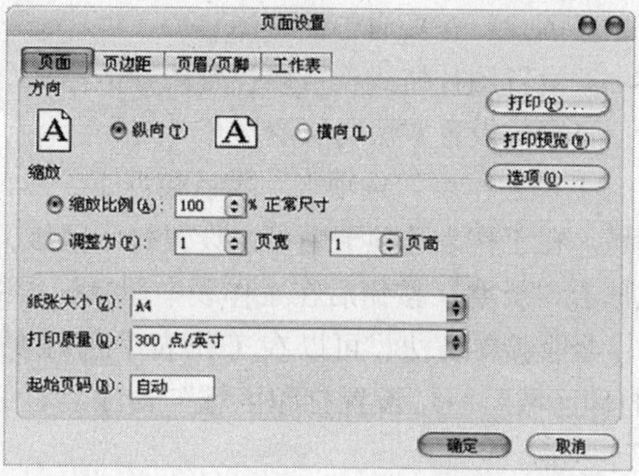

图4－21 “页面设置”对话框

②“页边距”选项卡 在“页边距”选项卡中可设置页面的上、下、左、右边距；同时可设置页眉和页脚边距。注意：页眉和页脚的边距要小于相应的页边距，否则页眉或页脚可能会与打印的正文内容重合。

③“页眉/页脚”选项卡 页眉页脚是打印在工作表每页的顶部和底部的文字，例如页码、日期、工作表名等，用户可以选用Excel提供的几种格式来设置页眉页脚，也可以自定义页眉页脚。在“页眉设置”对话框中选择“页眉/页脚”选项卡，单击“自定义页眉”按钮，弹出“页眉”对话框，如图4－22，4－23所示。

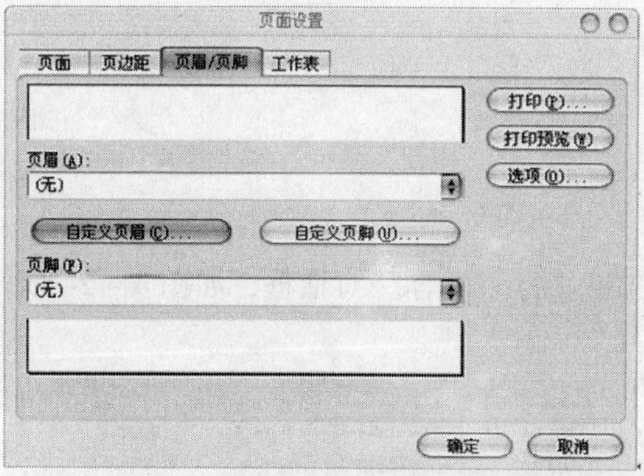

图4－22 “页眉/页脚”选项卡

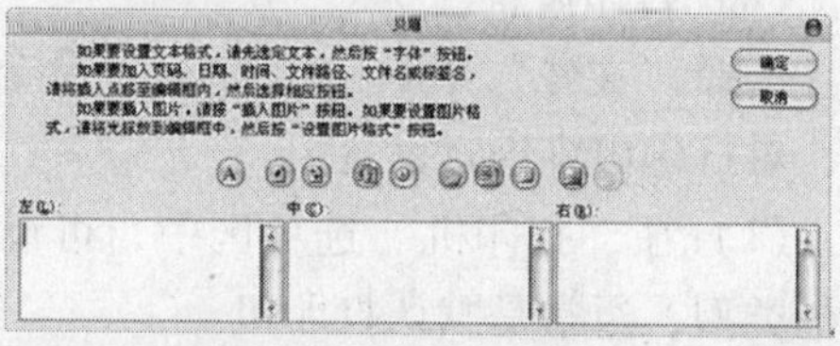

图4－23 “页眉”对话框

在左、中、右三个文本框中输入的内容会出现在打印页面顶部的左端、中间和右端。

在“页眉”对话框中的按钮从左至右分别为：

a. 字体：用于设置页眉字体格式，单击该按钮会弹出“字体”对话框。

b. 页码：单击该按钮会在页眉中显示页码。

c. 总页数：单击该按钮会在页眉中插入总页数。

d. 日期：在页眉中插入当前系统日期。

e. 时间：在页眉中插入当前系统时间。

f. 文件路径及文件名：在页眉中插入当前工作簿的路径及文件名。

g. 文件名：在页眉中插入当前工作簿的名称。

h. 工作表名称：在页眉中插入当前工作表的名称。

i. 图片：在页眉中插入图片。

j. 设置图片格式：可以设置图片的格式。

页脚的设置方法与页眉类似。

④“工作表”选项卡：默认情况下，Excel 自动将只含有文字的矩形区域作为打印区域。在工作表选项卡中可以设置打印区域，可以用直接在文本框中输入区域的方式，或单击“折叠”按钮后在工作表中用鼠标选中打印区域。

最直接的方法，可以在工作表中选好要打印的区域，然后选择“文件”菜单→“打印区域”→“设置打印区域”命令。也可选择“取消打印区域”取消之前设置的打印区域。

设置打印标题：如果一张工作表需要打印在若干页上，而又希望在每一页上都有相同的行或列标题时，可在“打印标题”中设置。

设置打印效果：在“打印”选项区可设置以下选项：

a. 网格线：设置打印时是否打印网格线。

b. 单色打印：仅对彩色打印机有效，只打印黑白颜色。

c. 按草稿方式：选中此项可提高打印速度，但打印效果会差些，尤其是图像会以简化方式输出。

d. 行号：设置打印时是否打印行号列标。

e. 批注：确定是否打印批注。

打印顺序可设置为“先列后行”或“先行后列”。

（2）打印设置

选择“文件”菜单→“打印”命令，打开“打印内容”对话框，如图 4 – 24 所示，对打印内容进行设置。

（1）在“打印机”选项区中，可设置打印机类型，通常是默认打印机。

（2）在“打印范围”选项区中可设置打印的页码，选中“页”单选按钮，输入起始和终止页码，默认是“全部”。

（3）在“打印内容”选项区，若选择“选定区域”单选按钮，则打印当前工作表中选定的区域；若选择“选定工作表”单选按钮，则打印一组选中的工作表，每张工作表都另起一页打印；若选择“整个工作表”单选按钮，则打印当前工作簿中所有包含数据的工作表。

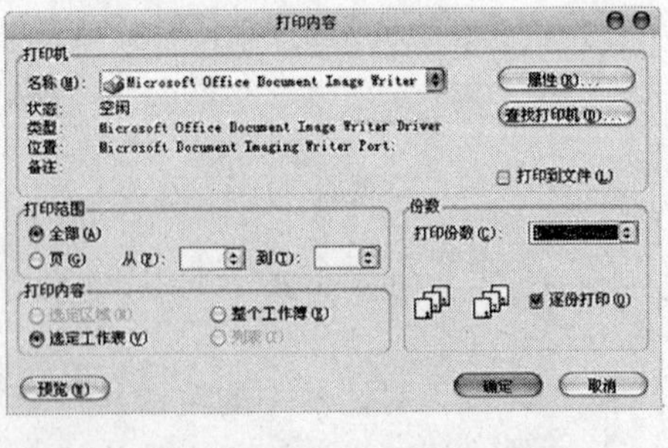

图 4 – 24　“打印内容”对话框

（4）“份数”选项区，可设置打印的份数。

单击“预览”按钮，可进入到打印预览模式。单击“确定”按钮，则开始打印。

如果只需要按 Excel 默认方式打印，可在“常用”工具栏上单击“打印预览”按钮，预览打印效果，若效果合适，单击“打印”按钮则按默认方式开始打印。

4.4 Excel 基本编辑案例三：用图表显示数据

4.4.1 案例说明

用数据图表更形象地将销售统计结果表现出来，图表类型为柱形图，图表的分类轴轴“药名”，竖直轴为各季度销量，完成后的图表如图 4－25 所示。

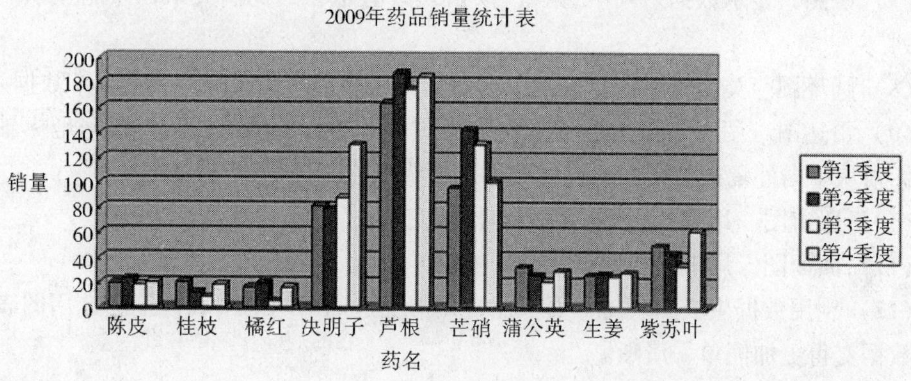

图 4－25　销售统计图表

4.4.2 操作步骤

（1）选择 B1～B10 单元格，按下 Ctrl 键的同时，选择 E1～H10，选择“插入”菜单下的“图表”菜单，弹出“图表向导－4 步骤之 1－图表类型”对话框。

（2）在“图表向导－4 步骤之 1－图表类型”对话框中，选择“标准类型”选项卡中“图表类型”为“柱形图”，“子图表类型”为“三维簇状柱形图”，单击“下一步”按钮，进入“图表向导－4 步骤之 2－图表数据源”对话框。

（3）在“图表向导－4 步骤之 2－图表数据源”对话框中，直接单击“下一步”按钮，进入“图表向导－4 步骤之 3－图表选项”对话框。

（4）在“图表向导－4 步骤之 3－图表选项”对话框中，选择“标题”选项卡，设置“图表标题”为“2009 年药品销量统计表”，“分类（X）轴”为“药名”，“数值（Z）轴”为“销量”。

（5）直接单击“下一步”按钮，进入“图表向导－4 步骤之 4－图表位置选项”对话框。在该对话框中使用默认选择“作为其中的对象插入”，单击“完成”按钮。

（6）单击选中图表，图表周围出现控柄，拖曳控柄调整图表大小，使所有图表内容都能完整显示。

4.4.3 相关的概念及操作

4.4.3.1 Excel 2003 的图表类型

Excel 2003 提供了丰富的图表功能，可以方便地绘制不同类型的图表。主要的图表类型及特点如下。

（1）柱形图　用于描述数据随时间变化的趋势或各项数据之间的差异。

（2）条形图　与柱形图相似，它强调数据的变化。

（3）折线图　显示在相等时间间隔内数据的变化趋势，它强调时间的变化率。

（4）面积图　强调各部分与整体间的相对大小关系。

（5）XY 散点图　一般用于科学计算，显示间隔不等的数据的变化情况。

（6）气泡图　是一种特殊的散点图，气泡的大小可以显示数据组中的第三变量的数值。

（7）饼图　显示数据系列中每项占该系列数值总和的比例关系，只能显示一个数据系列。

（8）圆环图　类似于饼图，也可以显示部分与整体的关系，但表示多个数据系列。

（9）雷达图　用来总和比较几组数据系列，每个分类都有自己的数据坐标轴，这些坐标轴从中向外辐射，同一系列的数据用折线相连。

（10）股市图　用来分析说明股市的行情变化。

（11）曲面图　用来寻找两组数据间的最佳组合。

（12）利用数据生成图表时，要依照具体情况选用不同的图表，正确选用图表，可以使数据变得更加简单、清晰。

4.4.3.2 图表的组成

通常的图表一般都包括图表区、绘图区、图表标题、数据系列、数据标记、数据标志、坐标轴、坐标轴标题、刻度线、网格线、图例、图例标志、背景墙及基底等基本组成要素，如图 4－26 所示。

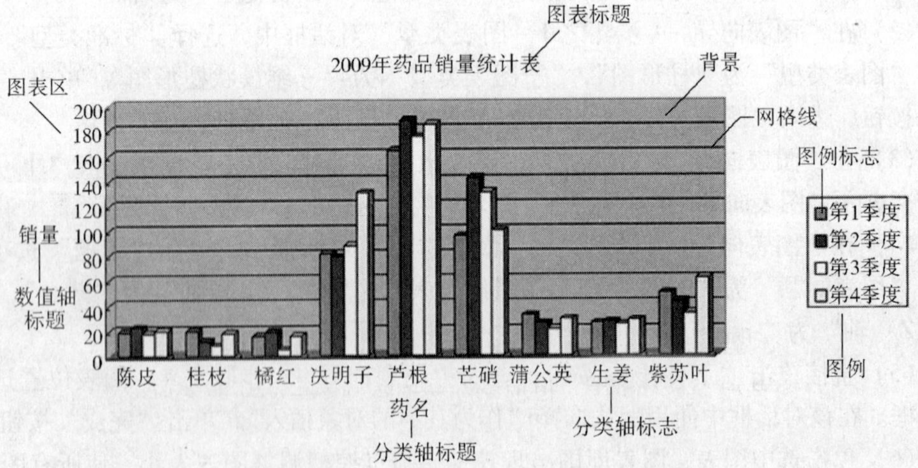

图 4－26　图表的组成

（1）图表区：整个图表及其包含的元素。

（2）绘图区：在二维图表中，以坐标轴为界并包含全部数据系列的区域。在三维图表中，绘图区以坐标轴为界并包含数据系列、分类名称、刻度线和坐标轴标题。

（3）图表标题：关于图表内容的说明文本，与坐标轴对齐方式或在图表顶端居中。

（4）图表上的一组相关数据点，取自工作表的一行或一列，图表中的每个数据系列以不同的颜色和图案加以区别。

（5）数据标记：图表中的条形、面积、圆点、扇形或其他类似符号，来自于工作表单元格的单一数据点或数值。图表中所有相关的数据标记构成了数据系列。

（6）数据标志：根据不同的图表类型，数据标志可以表示数值、数据系列名称、百分比等。

（7）坐标轴：计量和比较的参考线，一般包括 X 轴和 Y 轴。

（8）刻度线：坐标轴的短度量线。

（9）网格线：图表中从坐标轴刻度线延伸开来并贯穿整个绘图区的可选线条系列。

（10）图例：是图例项和图例标志的方框，用于标示图表中的数据系列。

（11）图例标志：图例中用于标示图表上相应数据系列的图案和颜色的方框。

（12）背景墙及基底：三维图表中包含在三维图形周围的区域，用于显示维度和边角尺寸。

（13）数据表：在图表下面的网格中显示每个数据系列的值。

4.4.3.3 “图表”工具栏

选择图表后，就会出现如图 4－27 所示的“图表”工具栏，具体按钮及功能如下。

（1）“图表对象下拉列表”：选择要处理的图表项。

图 4－27 “图表”工具栏

（2）“对象格式设置”按钮：设置所选图表项的格式。

（3）“图表类型”按钮：用于修改单独的数据系列、图表类型组成或整个图表的类型。

（4）“图例”按钮：在绘图区边缘添加或清除图例。

（5）“数据表”按钮：在图表下显示或清除每个数据系列的值。

（6）“行中系列”按钮：根据多行数据绘制图表的数据系列。

（7）“列中系列”按钮：根据多列数据绘制图表的数据系列。

（8）“向下斜排文字”按钮：将文字向下旋转 45 度，以便从左上向右下方阅读。

（9）“向上斜排文字”按钮：将文字向上旋转 45 度，以便从左下向右上方阅读。

4.4.3.4 创建图表

Excel 的图表有嵌入式图表和工作表图表两种类型。嵌入式图表与创建图表的数据源在同一张工作表中，打印时也同时打印。工作表图表是只包含图表的工作表，打印时与数据表分开打印。若在工作表数据附近插入图表，应创建嵌入式图表，若在工作簿的其他工作表上插入图表，应创建工作表图表。无论哪种图表都与创建它们的工作表数据相连接，当修改工作表数据时，图表会随之更新。

创建图表有两种方式，一种是利用图表向导，另一种是利用“图表”工具栏按钮或直接按 F11 键快速创建图表。

生成图表，一般首先需要确定数据源。数据应该以列或行的方式存放在工作表的一个区域中，数据区域可以是连续的，也可以是不连续的。若选定区域有我文字，文字应该在区域的最左列或最上行。

（1）使用图表向导绘制图表。对于初学者来说，可以在图表向导的指导下按如下步骤建立图表。

①选择“插入”——“图表”命令，或单击“常用”工具栏中的“图表向导”按钮，就可启动图表向导，打开如图 4 – 28 所示的“图表类型”对话框。

②先选择图表类型，然后在“子图表类型”栏中选择所需的图表形式。

③单击“下一步”按钮，屏幕上显示出“图表向导 – 4 步骤之 2 – 图表数据源”对话框，如图 4 – 29 所示。

④选择图表“数据源”对话框的“数据区域”选项卡，在“数据区域”编辑框中输入图表数据源的单元格区域，或直接用鼠标在工作表中选取数据区域。其中“系列产生在”选项可用来选择数据系列是在“列”或“行”上。

“系列”选项卡用于修改数据系列的名称和分类轴标志。若在数据区域中不选文字，默认的数据系列名称为“系列 1、系列 2、……”，分类轴标志为“1、2、……”，可以在此添加所需的名称和标志。

⑤单击“下一步”按钮，屏幕显示出“图表向导 – 4 步骤之 3 – 图表选项”对话框，如图 4 – 30 所示。

图 4 – 28 “图表类型”对话框

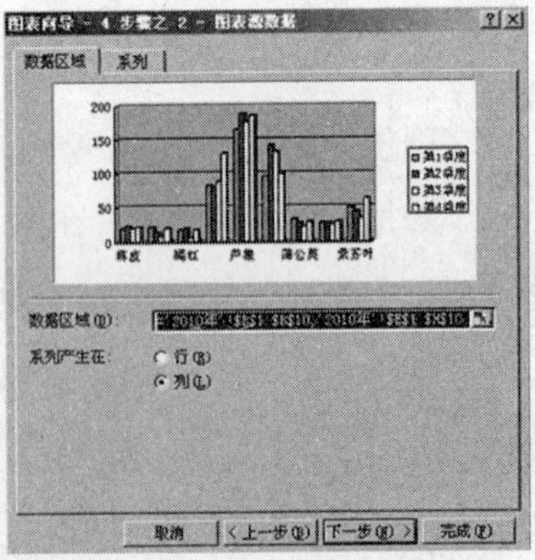

图 4 – 29 “图表源数据”对话框

⑥选择“图表选项”对话框的“标题”选项卡，可以在“图表标题”框中输入该图表的标题，在“分类（X）轴”“数值（Y）轴”框中分别输入与数据系列相应的文字说明。

在图4－30所示的“图表选项”对话框中，除了“标题”选项卡外，还有“坐标轴”、“网格线”、“图例”、“数据标志”、“数据表”选项卡。其中，“坐标轴”选项卡可以选择X轴的分类；“网格线”可以设置图表中是否显示水平或垂直网格线；“图例”选项卡可以设置图例的位置；“数据标志”选项卡可以在图表的图形上添加相应的数据标志；“数据表”选项卡可以在图表下添加一个完整的数据表，与工作表中的数据源相同。

⑦单击“下一步”按钮，会显示如图4－31所示的“图表向导－4步骤之4－图表位置”对话框，选择“作为其中的对象插入”，单击“完成”按钮后图表会自动附加到工作表中；若选择“作为新工作表插入”，则生成的图表将单独成为一个图表工作表。

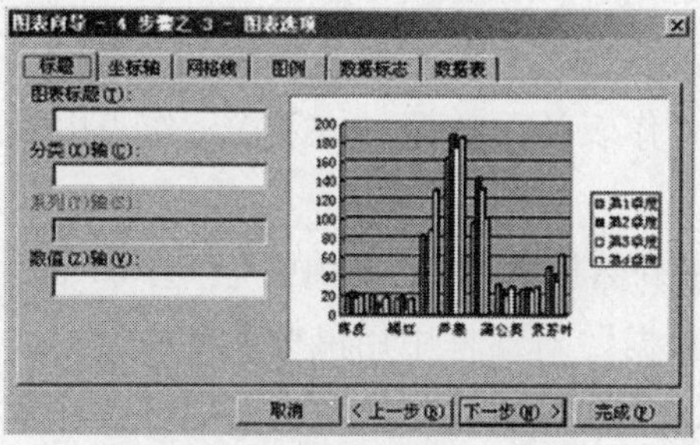

图4－30 “图表选项”对话框

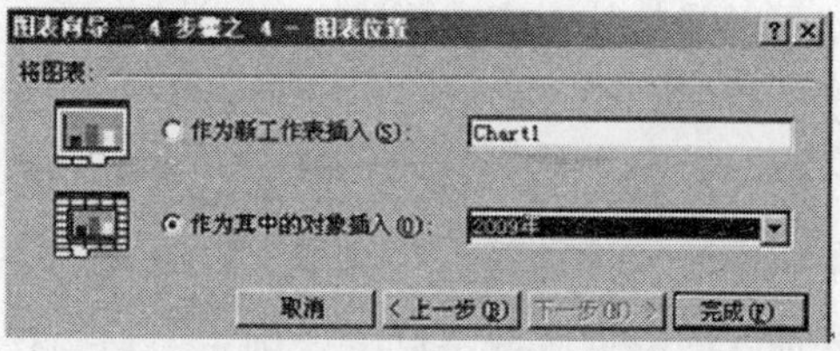

图4－31 “图表位置”对话框

要将嵌入式图表转换为独立的图表工作表，或将图表工作表转换为嵌入式图表，只要选定图表，选择“图表”——“位置”命令，或在图表上右击鼠标，在快捷菜单中选择“位置”命令，就可以打开“图表位置”对话框，改变图表的位置。

（2）快速建立图表。利用“图表”工具栏的“图表类型”按钮或直接按F11键，可以快速建立选定数据区域的图表。其中F11键默认建立图表类型为“柱形图”的独立图表。

4.4.3.5 选择图表对象

图表编辑是指对图表所包含的各个对象、图表类型、图表中的数据与文字、图表布局和外观进行的编辑和设置。

图表编辑大都是针对图表的某项或某些项进行的，在编辑之前必须首先选定操作对象。

一个图表往往都是由许多图表项组成的，在Excel 2003中选择图表对象有以下方法。

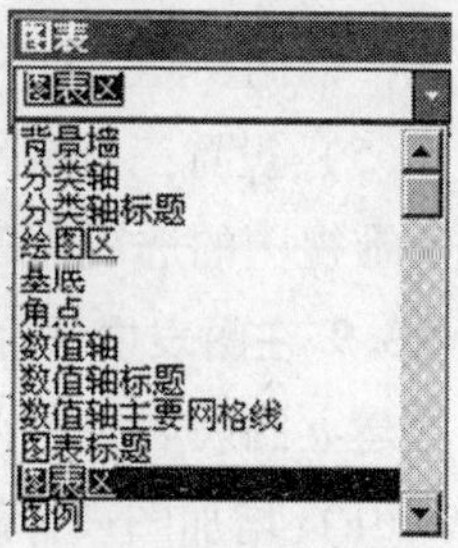

图4－32 图表对象下拉列表

（1）选定图表后，单击“图表”工具栏的“图表对象”下拉按钮，会显示出该图表中所包含的所有图表对象，如图4－32所示，选中某一对象名时，也就选中了图表中相应的对象。

（2）直接单击图表中的对象，如直接单击横坐标或纵坐标就分别选中了“分类轴”或“数值轴”，在名称框中也会显示出相应的图表对象名。

4.4.3.6 图表的移动、复制、缩放和删除

图表的移动、复制、缩放及删除与图形处理的操作方法完全相同。

4.4.3.7 改变图表类型

对于已经建立的图表，可以根据需要改变其类型，方法是：选定该图表，选择“图表”菜单下的“图表类型”命令，在如图 4－27 所示的“图表类型”对话框中选择所需的图表类型和子类型。

此外，也可以单击“图表工具栏中的“图表类型”按钮的下拉箭头，从子菜单中选择所需的图表类型，但是无法选择子类型。

4.4.3.8 改变图表中的数据

对于已经建立好的图表，有时需要增加或删除其中的数据系列。

（1）删除数据系列　要删除数据系列，只要在图表中选定该数据系列，按 Del 键就可以将其从图表中删除，这一操作不会影响工作表的源数据。如果在工作表中删除了源数据，图表中对应的数据点会自动删除。

（2）添加数据系列　若建立图表后需要增加新数据系列到图表中，可选择“图表”菜单中的“添加数据”命令，在弹出的“添加数据”对话框中用鼠标拖曳的方法选中要加入的数据区域，点击“确定”后，在弹出的“选择性粘贴”对话框中设置好新添加的数据为 X 轴标志还是 Y 轴标志即可。

（3）图表中数据系列次序的调整　选中图表中的某一数据系列，选择“格式”菜单下的“数据系列格式”对话框，选择其中的“系列次序”选项卡，在“系列次序”列表框中选中要改变的数据系列名称，单击“上移”或“下移”按钮，就可以改变数据系列的次序。调整完毕后，单击“确定”按钮关闭对话框。

“数据系列格式”对话框中的选项卡及其内部选项随图表类型的不同而变化，通常包含“图案”和“选项”选项卡。“图案”选项卡中可以改变数据系列标记的边线、颜色等设置；“选项”选项卡中可以改变数据系列标记的间距、角度等设置。

（4）添加趋势线　选择“图表”菜单→“添加趋势线”命令，可在图表中生成趋势线，根据实际数据向前或向后模拟数据的走势。

（5）设置三维视图格式　选择“图表”菜单→“设置三维视图格式”命令，可改变三维视图的透视深度、俯视角度和图表旋转角度。

4.4.3.9 在图表中添加图表项

建立图表后，可以根据需要在图表中添加或修改创建时未设置的图表项。

（1）增加图表标题和坐标轴标题　选中图表，选择“图表”菜单中的“图表选项”命令，单击其中的“标题”选项卡，在打开的如图 4－30 所示的对话框中，输入需要的图表标题或坐标轴标题，单击“确定”按钮关闭对话框。

若要修改或删除已经设置的标题，只需在图表中单击该标题，直接进行修改或删除操作。

(2) 增加数据标志或显示数据值　若要在图表中添加数据标志或显示数据的值，可以先选定图表，选择“图表”菜单下的“图表选项”命令，单击其中的“数据标志”选项卡，将出现“图表选项”对话框，根据需要选择“显示值”或“显示数据标志”等选项。

也可以在图表中选定数据点或某一数据系列，双击选中的标志或选择“格式”菜单下的“数据系列”命令，打开“数据系列格式”对话框，在其中的“数据标志”选项卡中同样可以添加数据标志或设置显示数据值。

(3) 添加图例　图例是用于说明图表中的数据。要添加图例，先选中图表，单击“图表”工具栏上的“图例”按钮，或者选择“图表”菜单中的“图表选项”命令，单击其中的“图例”选项卡，在其中设置是否显示图例以及图例的位置。

创建图表时，默认的图例出现在图表的右侧，若要删除，选定图例后直接按 Del 键即可。若要移动图例的位置，直接用鼠标选中后拖曳即可。若要修改图例的字体、图案，则在选定图例后单击图表工具栏的“对象格式设置”按钮，打开“图例格式”对话框，改变图例的边线、填充图案及字体、字形或字号等。

(4) 添加网格线　要在图表中添加网格线，先选定图表，选择“图表”菜单下的“图表选项”命令，单击“网格线”选项卡，在对话框中设置需要显示或取消显示的分类轴、数值轴对应的主要网格线或次要网格线。

在图表中选定网格线后，单击图表工具栏上的“对象格式设置”按钮，打开“网格线格式”对话框，可以修改网格线的线型、颜色和粗细。

4.4.3.10 图表的格式化

选中图表后，点击“格式”菜单，会发现“格式”菜单随着我们选中的内容的不同而有所不同，如选中的是图表系列，则“格式”菜单中出现“数据系列”命令。对图表格式的修改就是“点哪改哪”的规则。而最常用的方法是双击要进行格式设置的图表对象，打开相应的格式对话框进行设置。

4.5 Excel 数据管理案例一：销售数据的分析与管理

4.5.1 案例说明

根据图 4-9 所示的统计表创建数据清单，在数据清单中添加新的记录，查找符合条件“每一季度销量都小于 30”的记录；使用高级筛选，筛选出第 4 季度销量小于 20 或第 3 季度销量大于 150 的药品，然后取消筛选；根据药品的类别建立分类汇总表，分级显示汇总数据，之后取消分类汇总。

4.5.2 操作步骤

4.5.2.1 数据清单

(1) 在工作表“2009 年”中，选中单元格 A1 ~ J10，选择“数据”菜单下的“记录单”命令，就会出现如图 4-33 所示的记录编辑对话框。

（2）在记录编辑对话框中单击“新建”按钮，出现一个空白记录，在其中键入新记录所包含的信息。数据输入完毕后，按 Enter 键添加记录，单击“关闭”按钮完成新记录的添加并关闭记录单。

（3）查找每一季度的销量都“<30”的记录，可在如图 4-33 所示的对话框中单击“条件”按钮，随即会出现空白记录单，在该记录单的第 1、2、3、4 季度的即路况都输入“<30”，然后单击“上一条”或“下一条”按钮，就可以查找出符合 4 个组合条件的第 1，2，3，8 条记录。

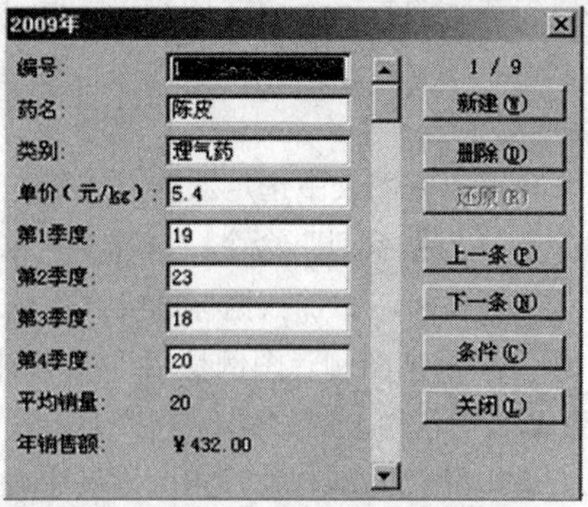

图 4-33　记录编辑对话框

4.5.2.2 数据筛选

（1）筛选出第 4 季度销量小于 20 或第 3 季度销量大于 150 的药品，应先在数据列表以外的区域建立条件区域，输入对应的筛选条件，如图 4-34 所示。

注意：设置条件区域时至少要有两行，首行为与数据列表相应列标题完全相同的列标题；设置条件时，在同一行上输入的筛选条件之间的关系为“逻辑与”，是要求同时满足的条件，不同行之间的条件关系为“逻辑或”，满足输入的筛选条件其中之一即可，因此本案例中，两个筛选条件设置在不同的行中。

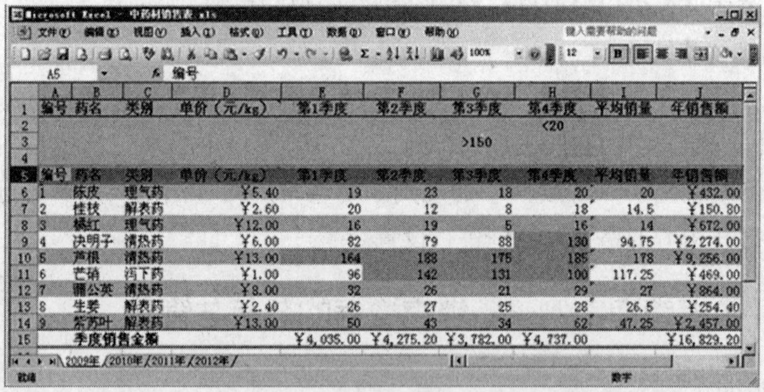

图 4-34　建立条件区域的工作表

（2）选择“数据”菜单下的“筛选”命令，单击级联菜单中的“高级筛选”命令，会出现如图 4-35 所示的“高级筛选”对话框。

（3）单击“数据区域”右侧的“折叠对话框”按钮，在工作表中选定数据的单元格区域为 A5～J14，单击“条件区域”右侧的“折叠对话框”按钮，在工作表中选定筛选条件的单元格区域 A1～J3。

若要保留原始的数据列表，将符合条件的记录复制到其他位置，应在如图 4－35 所示的“高级筛选”对话框的“方式”选项卡中选择“将筛选结果复制到其他位置”，并在“复制到”框中输入欲复制到的位置。

（4）单击“确定”按钮，在原数据区域就会显示出如图 4－36 所示符合条件的记录。

（5）选择“数据”菜单中的“筛选”命令，单击级联菜单中的“全部显示”命令，就会取消筛选结果，显示出全部数据。

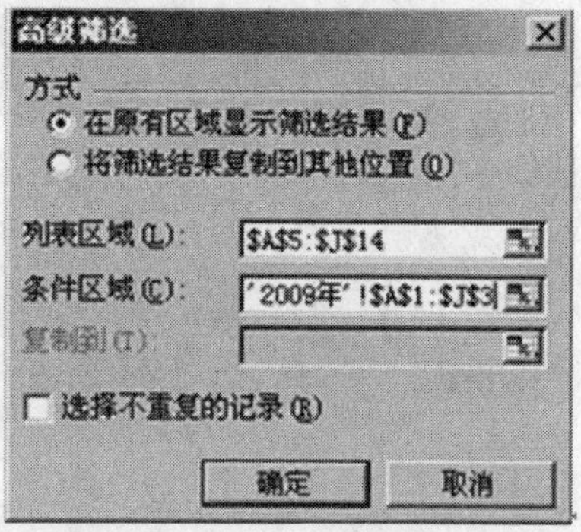

图 4－35 “高级”

	A	B	C	D	E	F	G	H	I	J
1	编号	药名	类别	单价（元/kg）	第1季度	第2季度	第3季度	第4季度	平均销量	年销售额
2								<20		
3							>150			
4										
5	编号	药名	类别	单价（元/kg）	第1季度	第2季度	第3季度	第4季度	平均销量	年销售额
7	2	桂枝	解表药	¥2.60	20	12	8	18	14.5	¥150.80
8	3	橘红	理气药	¥12.00	16	19	5	16	14	¥672.00
10	5	芦根	清热药	¥13.00	164	188	175	185	178	¥9,256.00

图 4－36 高级筛选后的工作表

4.5.2.3 数据的分类汇总

（1）建立分类汇总表

①建立分类汇总表之前首先要对数据进行分类，确定数据表格的主要分类字段，并按分类字段对数据表格进行排序。

本案例要求按照药品的类别来分类汇总，因此选中图 4－34 中工作表的 C 列“类别”相中的任一单元格，单击工具栏中的“排序”按钮，就会出现如图 4－37 所示的按“类别”进行自动排序的工作表。

5	编号	药名	类别	单价（元/kg）	第1季度	第2季度	第3季度	第4季度	平均销量	年销售额
6	2	桂枝	解表药	¥2.60	20	12	8	18	14.5	¥150.80
7	8	生姜	解表药	¥2.40	26	27	25	28	26.5	¥254.40
8	9	紫苏叶	解表药	¥13.00	50	43	34	62	47.25	¥2,457.00
9	1	陈皮	理气药	¥5.40	19	23	18	20	20	¥432.00
10	3	橘红	理气药	¥12.00	16	19	5	16	14	¥672.00
11	4	决明子	清热药	¥6.00	82	79	88	130	94.75	¥2,274.00
12	5	芦根	清热药	¥13.00	164	188	175	185	178	¥9,256.00
13	7	蒲公英	清热药	¥8.00	32	26	21	29	27	¥864.00
14	6	芒硝	泻下药	¥1.00	96	142	131	100	117.25	¥469.00

图 4－37 排序后的工作表

②选中工作表中的任一单元格，选择“数据”菜单中的“分类汇总”命令，屏幕出现如图 4－38 所示的对话框，在“分类字段”中选择“类别”，在“汇总方式”中选择“求和”，在“选定汇总项”中选择“第 1，2，3，4 季度”，单击“确定”按钮。

③解表药、理气药、清热药、泻下药药品 4 个季度销售的汇总数就会自动出现在每个类别的下面，分类汇总后的工作表如图 4－39 所示。

(2) 分类汇总数据的分级显示　如图 4－39 所示，分类汇总工作表的左侧出现分级显示区，在默认情况下，数据会分三级显示。在分级显示区上方有 3 个按钮，可以用来控制显示的数据级别。①单击“1”按钮，只显示工作表中的列标题和总计结果。②单击“2”按钮，显示列标题、各个分类汇总结果及总计结果。③单击“3”按钮，显示所有详细数据。

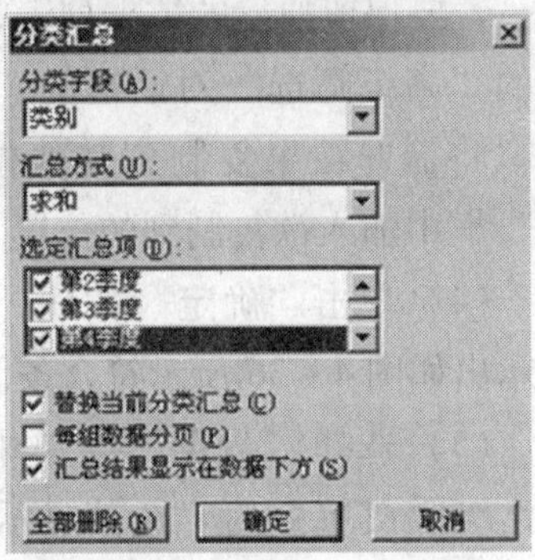

图4－38　“分类汇总”对话框

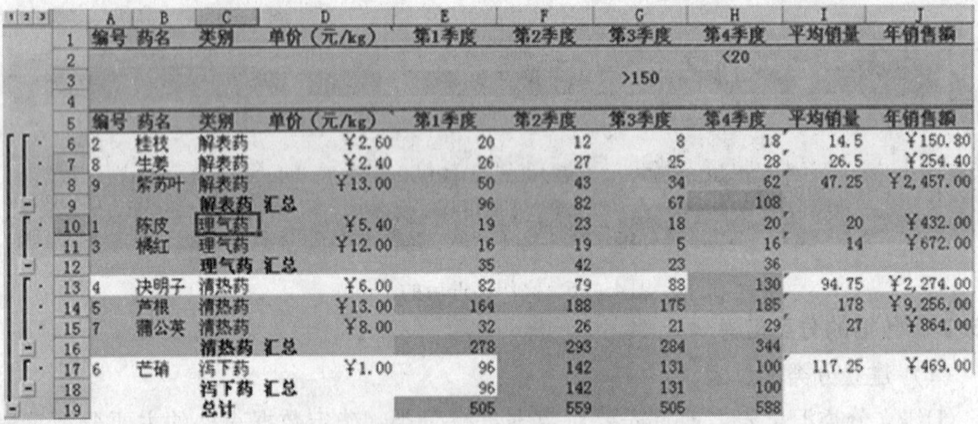

	A	B	C	D	E	F	G	H	I	J
1	编号	药名	类别	单价（元/kg）	第1季度	第2季度	第3季度	第4季度	平均销量	年销售额
2								<20		
3							>150			
4										
5	编号	药名	类别	单价（元/kg）	第1季度	第2季度	第3季度	第4季度	平均销量	年销售额
6	2	桂枝	解表药	￥2.60	20	12	8	18	14.5	￥150.80
7	8	生姜	解表药	￥2.40	26	27	25	28	26.5	￥254.40
8	9	紫苏叶	解表药	￥13.00	50	43	34	62	47.25	￥2,457.00
9			解表药 汇总		96	82	67	108		
10	1	陈皮	理气药	￥5.40	19	23	18	20	20	￥432.00
11	3	橘红	理气药	￥12.00	16	19	5	16	14	￥672.00
12			理气药 汇总		35	42	23	36		
13	4	决明子	清热药	￥6.00	82	79	88	130	94.75	￥2,274.00
14	5	芦根	清热药	￥13.00	164	188	175	185	178	￥9,256.00
15	7	蒲公英	清热药	￥8.00	32	26	21	29	27	￥864.00
16			清热药 汇总		278	293	284	344		
17	6	芒硝	泻下药	￥1.00	96	142	131	100	117.25	￥469.00
18			泻下药 汇总		96	142	131	100		
19			总计		505	559	505	588		

图 4－39　分类汇总后的工作表

(3) 取消分类汇总。只需在如图 4－38 所示的对话框中单击“全部删除”按钮，数据显示就会回到未分类汇总前的状态。

4.5.3 相关的概念及操作

Excel 具有数据库管理的一些功能，借助于数据清单技术可以处理结构化的数据。在数据清单中，可以利用记录单方便地添加、删除、查找数据，也可以方便地对数据进行排序、筛选、汇总等操作。此外，Excel 还可以利用数据透视表进行大量数据快读汇总，交互式建立交叉列表。

4.5.3.1 数据清单

数据清单就是将一条记录的数据信息分成几项，分别存储在同一行的几个单元格中，在同一列中则存储所有记录的相似信息，行表示记录，列表示字段。例如药品销量表中，每种药品的信息是一条记录，存放在一行中，而各列可以分别存放类别、单价、销量等。

(1) 创建数据清单　建立一个数据清单之前，首先要将需要处理的数据信息变成一条记录，设计好它是由哪几个字段组成，并分别为其命名。字段名必须放在数据清单的第一行，而且必须安排在连续的列中。

在Excel 2003中，只要在工作表的某一行键入每列的标题，在标题下面逐行输入每个记录，一个数据清单就建好了。

（2）添加记录　单击数据清单中的任一单元格，选择“数据”菜单中的“记录单”命令后，出现如图4－32所示的对话框，单击“新建”按钮，出现一个空白记录，键入新记录所包含的信息。若要移动到下一个字段，按Tab键，若要移动到上一个字段，则按Shift＋Tab组合键。数据输入完毕后，按Enter键添加记录，单击“关闭”按钮，完成新记录的添加并关闭记录单。

含有公式的字段将公式的结果显示为标志，这种标志不能在记录单中修改。如添加了含有公式的记录，直接按Enter键或单击“关闭”按钮添加记录之后，才计算公式。

（3）删除、修改、查找记录　在如图4－33所示的对话框，单击“删除”按钮，将从数据清单中删除当前显示的记录。若要修改某一记录的内容，可使用“上一条”或“下一条”按钮，找到该记录，直接在相应的显示框中修改即可。若要查找符合某些条件的记录，则在对话框中单击“条件”按钮，随即会出现类似的空白记录单，在该记录单中录入相应的检索条件。

4.5.3.2 数据排序

在Excel中，用户可根据数值大小、字母顺序、时间先后、汉字拼音或笔画对数据进行排序。指定排序的字段称为关键字。排序方式有升序和降序两种，既可按行排序也可按列排序，用户还可以自定义排序。

排序的方法有两种：简单排序和复杂排序。

（1）简单排序　选中要排序的列（行）中的单元格，单击“常用”工具栏中的“升序排序”按钮或“降序排序”按钮实现。

（2）复杂排序。有时需要根据多列的数据进行排序，例如先按“销售额”排序，“销售额”相同时再按“总销量”排序，“总销量”相同时再按某一药品的销量进行排序，这种情况的排序方法如下：①单击数据区任意单元格。②根据“数据”菜单下的“排序”命令，出现如图4－40所示的“排序”对话框。③根据排序需要依据的先后次序分别确认“主要关键字”、“次要关键字”等，排序方向默认为“递增”，可按需要改变为“递减”。④单击“确定”按钮，就完成了复杂排序。

在“排序”对话框中单击“选项”按钮，打开如图4－41所示的“排序选项”对话框，可以设置按照自定义次序排列数据，设置排序时是否区分大小写，排序的方向是按行或列的数据进行，文本排序的方法是按字母还是按笔画。

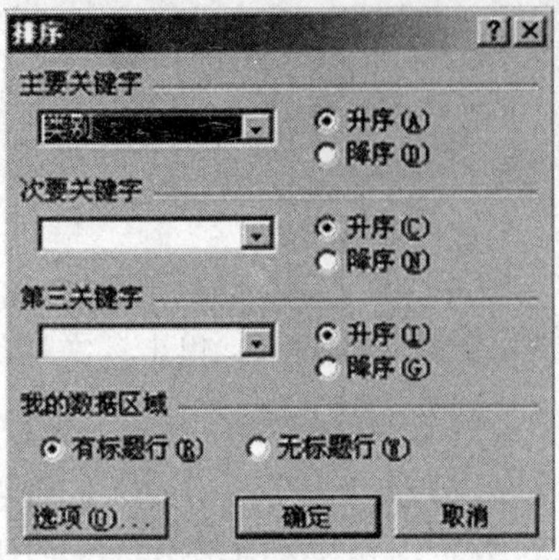

图 4-40 “排序”对话框

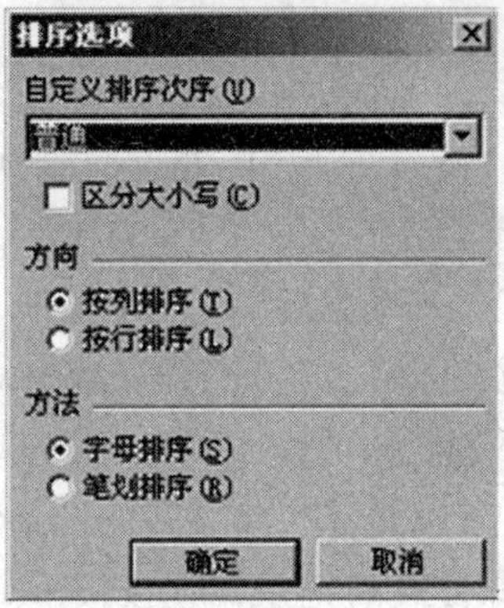

图 4-41 “排序选项”对话框

4.5.3.3 数据筛选

对数据进行筛选，就是在数据表中查询满足特定条件的记录，它是一种查找数据的快速方法。使用“筛选”可在数据清单中显示满足条件的数据行，而将不符合条件的数据暂时隐藏起来。对记录进行筛选有两种方式，一种是“自动筛选”，一种是“高级筛选”。

（1）自动筛选　使用自动筛选功能，依次只能对工作表中的一个数据清单使用筛选命令，对同一列数据最多可以应用两个条件，操作步骤如下。

先将鼠标定位在要筛选的数据区域中，不必选中所有数据区域，自动筛选功能会自动找到选定单元格周围的有效数据区域。选择“数据”菜单下的“筛选”命令级联菜单中的“自动筛选”项，在每列标题旁会出现一个下拉按钮，在需要筛选的列标题上点击下拉按钮，在弹出的菜单中选择合适的条件，即可按选定的条件筛选，工作表中只显示满足条件的数据内容。

若条件比较复杂，可在弹出的菜单中点击“自定义”命令，弹出“自定义自动筛选方式”对话框，如图 4-42 所示，设置筛选条件，单击“确定”按钮即可。

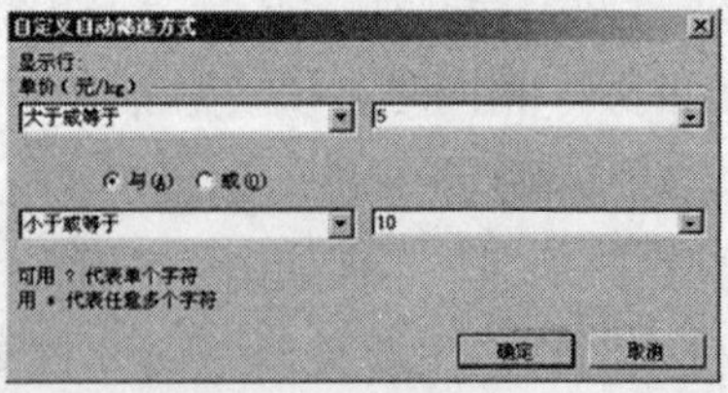

图 4-42 “自定义筛选方式”对话框

若要恢复数据的显示，可点击设置了筛选条件的列标题旁边的下拉按钮，在弹出的菜单中选择“全部”，即可取消当前列的筛选条件，显示数据。若要恢复所有的数据显示，可选择“数据”菜单下的“筛选”命令级联菜单中的“全部显示”项。

若要取消自动筛选的功能，可选择“数据”菜单下的“筛选”命令级联菜单中的“自动筛选”项，使“自动筛选”前的“√”消失。这时，列标题旁的所有下拉按钮都会消失。

注意：进行自动筛选前，一定要确定鼠标选中了数据区域的某个单元格，如果选中的是空白区域的单元格，Excel 会弹出提示。

（2）高级筛选　当筛选条件很复杂时可使用“数据”菜单下的“筛选”命令级联菜单中的“高级筛选”项。使用高级筛选，不会出现自动筛选的下拉箭头，但会要求设置条件区域。条件区域应建立在数据区域之外，与数据区域间有空行或空列分隔。

输入筛选条件时，首先输入条件的列标题，从第二行起输入筛选条件，多个条件在同一行输入时，为“逻辑与”关系；多个条件在不同行输入时，为“逻辑或”关系。设置好条件后，执行“数据”菜单下的“筛选”命令级联菜单中的“高级筛选”项，在弹出的对话框中进行数据区域和条件区域的设置，并设置结果存放的位置。

若要取消筛选，执行“数据”菜单下的“筛选”命令级联菜单中的“全部显示”项即可。

4.5.3.4 数据分类汇总

实际应用中经常要用到分类汇总，如库存管理等，其特点是首先进行分类，将同一类别的数据放在一起，然后进行统计计算。Excel 2003 的分类汇总功能可以分类求和、计数、求平均值等。

注意：在分类汇总前，必须对分类字段排序，否则得不到正确的分类汇总结果。

（1）分类汇总数据的分级显示　进行分类汇总时，Excel 会自动对列表中的数据分级显示。图 4－38 所示的案例便是分类汇总数据的分级显示。

（2）嵌套汇总　若要大于同一数据表进行不同汇总方式的分类汇总，可以再重复分类汇总的操作。例如，图 4－39 所示的结果中还希望得到汇总的平均值，操作的方法是：选择“数据”菜单下的“分类汇总”命令，在“分类汇总”对话框的“汇总方式”下拉列表中选择汇总方式为“平均值”，在“选定汇总项”窗口中选择要求平均值的数据项，并取消选中“替换当前分类汇总”选项，即可叠加多种分类汇总。

若要取消分类汇总的结果，只要选中数据区域中任意单元格，在“分类汇总”对话框中选择“全部删除”即可。

4.5.3.5 数据有效性

数据有效性的设置可保证在指定的区域内只能输入指定的类型和范围的值。

操作步骤如下：选择要指定数据有效性的数据区域，然后选择“数据”菜单下的“有效性”命令，将弹出“数据有效性”对话框，如图 4－43 所示。

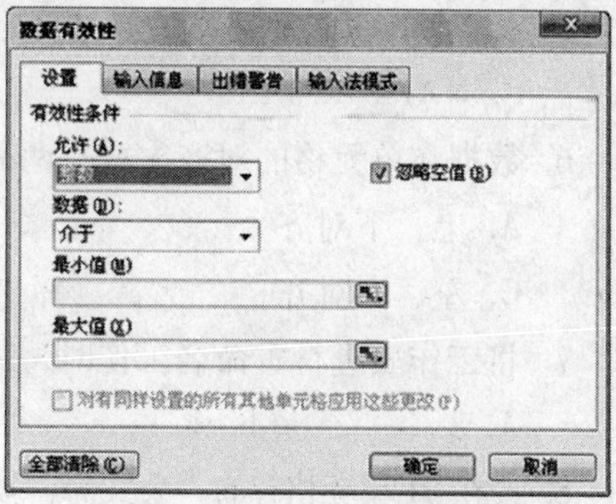

图 4－43　“数据有效性”对话框

在对话框的“设置”选项卡中设置有效性条件，如“整数”、“小数”、“日期”等，不同类型的值，数据取值范围的设置窗口不相同。如“允许”设置为“整数”，数据可设置“介于”某个最大值和最小值之间，或“大于”某个值等条件。

在对话框的“输入信息”选项卡中，设置在该区域输入数据时的提示信息及标题。

在“出错警告”选项卡中，设置输入错误时的警告样式及提示信息和标题。其中“停止”样式是无法输入不满足条件的数据的；“警告”样式在输入不满足条件的数据时弹出的对话框中选择“是”可以输入不满足条件的数据，但默认按钮是“否”；“信息”样式的限制最弱，输入不满足条件的数据时，弹出的对话框中默认“是”按钮，按回车键即可输入不满足条件的数据。

习题

一、单项选择题

1. Excel 中的页面设置（　）。

A. 只能设置左边距　　B. 只能设置右边距

C. 只能设置上下边距　　D. 都不对

2. Excel 的图表中饼图和柱形图（　）。

A. 饼图好用　　B. 柱形图好用

C. 都一样只是应用场合不同　　D. 饼图比柱形图功能强

3. 当在单元格中直接输入数字并按回车键确认输入后，默认采用（　）对齐方式。

A. 居中　　B. 左　　C. 右　　D. 不动

4. 输入一个公式之前必须输入（　）符号。

A. ?　　B. =　　C. @　　D. &

5. 设在单元格 A1 中有公式：= B1 + B2，若将其复制到单元格 C1 中则公式为（　）。

A. = D1 + D2　　B. = D1 + A2

C. = A1 + A2 + C1　　D. = A1 + C1

6. 数据在单元格的对齐方式有两种，分别是（　）。

A. 上、下对齐　　B. 水平、垂直对齐

C. 左、右对齐　　D. 前、后对齐

7. 将工作表进行重命名工作时，工作表名称中不能含有（　）字符。

A. $　　B. *　　C. &　　D. @

8. 设在 B1 单元格存有一公式为：= A $5，将其复制到 D1 后，公式变为（　）。

A. = D $5　　B. = D $1　　C. 不变　　D. = C $5

9. 下列描述中，属于 Excel 核心功能的是（　）。
   A. 在文稿中制作出来表格
   B. 以表格的形式进行计算处理
   C. 有很强的表格修饰能力
   D. 有很强的表格打印能力
10. Excel 中，有关行高的表述，下面错误的说法是（　）。
   A. 整行的高度是一样的
   B. 在不调整行高的情况下，系统默认设置行高自动以本行中最高的字符为准
   C. 行增高时，该行各单元格中的字符也随之自动增高
   D. 一次可以调整多行的行高
11. 一个 Excel 应用文档就是（　）。
   A. 一个“工作表”
   B. 一个“工作表”和一个统计图
   C. 一个“工作簿”
   D. 若干个“工作簿”
12. 一个 Excel“工作簿”（　）。
   A. 只包括一个“工作表”
   B. 只包括一个“工作表”和一个统计图
   C. 最多包括三个“工表”
   D. 包括 1 ~ 225 个“工作表”
13. 一个工作表中的第 5 列编号为（　）。
   A. 5　　B. E5　　C. 5E　　D. E
14. 在 Excel 窗口的编辑栏中，最左边有一个“名称框”，里面显示的是当前单元格（即活动单元格）的（　）。
   A. 填写内容　　B. 值
   C. 位置　　D. 名字或地址
15. 单元格地址 R5C8 的另一种表示是（　）。
   A. E5　　B. H5　　C. E8　　D. H8
16. 下列四项中，能够作为单元格名称的是（　）。
   A. GT54　　B. R4C18　　C. FENSHU24　　D. 8CLASS
17. Excel 窗口的编辑栏中包括（　）。
   A. 常用工具按钮　　B. 格式工具按钮
   C. 工作表选项卡　　D. 名称框和编辑工作区
18. Excel 窗口中可以实现的是（　）。
   A. 只能打开一个工作簿

B. 只能打开一个工作簿，但可以用多个窗口显示其中的各个工作表

C. 可以打开多个工作簿，而且可以同时显示它们的内容

D. 可以打开多个工作簿，但同时只能显示其中一个工作簿的内容

19. 当直接启动 Excel 而不打开一个已有的工作簿文件时，Excel 主窗口中（　　）。

A. 没有任何工作簿窗口

B. 自动打开最近一次处理过的工作簿

C. 自动打开一个空工作簿

D. 询问是否打开最近一次处理的工作簿

20. 在 Excel 中，下面错误的表述是（　　）。

A. Excel 提供了“自动套用格式”的功能，它是系统预先设计的表格格式

B.“模板”实际上是具有某种样式数据格式的空白表格

C.“模板”是由系统提供的，用户不能自己创建

D. 在编辑过程中，对经常使用的格式，用户可自己建立一组“样式”，它可包含多种格式

21. 对于一个新建的工作簿，存盘时（　　）。

A. 只能使用“文件”菜单中的“保存”命令

B. 只能使用“文件”菜单中的“另存为”命令

C. 只能使用“文件”菜单中的“关闭”命令

D. 使用“文件”菜单中的“保存”命令或“另存为”命令

22. 如果一个工作簿中含有若干个工作表，则当“保存”时，（　　）。

A. 存为一个磁盘文件

B. 有多少个工作表就存为多少个磁盘文件

C. 工作表数目不超过三个就存为一个磁盘文件，否则存为多个磁盘文件

D. 由用户指定存为一个或若干个磁盘文件

23. 如果一个工作簿中含有若干个工作表，在该工作簿的窗口中（　　）。

A. 只能显示其中一个工作表的内容

B. 只能同时显示其中三个工作表的内容

C. 能同时显示多个工作表的内容

D. 可同时显示内容的工作表数目由用户设定

24. 运用“插入”菜单的" 工作表”命令，可以建立一个新的空白工作表（　　）。

A. 原先的当前工作表不变，新工作表插入到当前工作表之前

B. 原先的当前工作表不变，新工作表插入到当前工作表之后

C. 新工作表插入到当前工作表之前，然后把新工作表作为当前工作表

D. 新工作表插入到当前工作表之后，然后把新工作表作为当前工作表

25. 如果需要删除多余的、不需要的工作表（　　）。

A. 只能先选定一张工作表，然后加以删除

B. 可以先选定一张或多张连续的工作表、然后加以删除

C. 可以先选定若干张不连续的工作表、然后加以删除

D. 以上 B 选项和 C 选项都对

26. 为了复制一个工作表，用鼠标拖动该工作表选项卡到达复制位置的同时，必须按下（　　）。

A. Alt　　B. Ctrl　　C. Shift　　D. Shift + Ctrl

27. 通过“窗口分割”操作，可以在一个文档窗口中同时看到（　　）。

A. 不同工作簿的内容

B. 同一工作簿中不同的工作表的内容

C. 同一工作表的不同部分

D. 以上三个选项都对

28. 在 Excel 中，“冻结窗口”操作的前提条件是（　　）。

A. 有新建的文档窗口　　B. 已经打开了多个文档窗口

C. 当前文档窗口已被分割　　D. 没有条件

29. “窗口”菜单中，“新建窗口”命令的功能是在主窗口中（　　）。

A. 新建一个文档窗口、在其中打开一个新的空工作簿

B. 新建一个文档窗口，在其中打开的仍是当前工作簿

C. 在当前文档窗口里关闭当前工作簿而打开一个新工作簿

D. 在当前文档窗口里为当前工作簿新建一个工作表

30. 一个 Excel 工作表最大的行号为（　　）。

A. 28　　B. 256　　C. 1024　　D. 65536

31. Excel 中，工作簿文件的扩展名是。

A . XLS　　B. DOC　　C. XLT　　D. MEM

32. 要想在屏幕上同时看到一个工作簿中的两个不同的工作表（　　）。

A. 可以在同一个工作簿窗口实现

B. 可以在 Excel 主窗口中通过两个工作簿窗口来实现

C. 只能两次启动 Excel、通过两个主窗口来实现

D. 可以通过窗口分割来实现

33. 在工作表的某一单元格中，输入：=99 - 11 - 28，则该单元格内显示（　　）。

A. =99 - 11 - 28　　B. 1999 年 11 月 28 日

C. 60　　D. 99 - 11 - 28

34. Excel 中，对“清除”和“删除”功能的表述，哪个是错误的（　　）。

A. “清除”不能删掉单元格中某些类型的数据

B. 它们只对选定的单元格区域起作用，其他单元格中的内容不会受到影响

C. “清除”的对象只是单元格中的内容

D. “删除”的对象不只是单元格中的内容，而且还有单元格本身

35. 在 Excel 中，默认工作表的名称为（　　）。

A. Workl、Work2、Work3

B. Documentl、Document2、Document3

C. Bookl、Book2、Book3

D. Sheetl、Sheet2、Sheet3

36. Excel 中，打印工作簿时下面的哪个表述是错误的（　　）。

A. 可以打印整个工作簿

B. 一次可以打印一个工作簿中的一个或多个工作表

C. 在一个工作表中可以只打印某一页

D. 不能只打印一个工作表中的一个区域

37. Excel 中，有关列宽的表述，下面错误的说法是（　　）。

A. 系统默认列的宽度是一致的

B. 不调整列宽的情况下，系统默认设置列宽自动以输入的最多字符的长度为准

C. 列宽不随单元格中的字符增多而自动加宽

D. 一次可以调整多列的列宽

38. Excel 中工作簿的基础是（　　）。

A. 工作表　　B. 工作簿　　C. 数据　　D. 图表

39. Excel 工作簿的默认名是（　　）。

A. Bookl　　B. Excell　　C. Documentl　　D. Sheetl

40. 在 Excel 中，有关单元格数据的输入、编辑，下面错误的表述是（　　）。

A. 一个工作表中同时可以选定多个活动单元格

B. 只允许向活动单元格中输入数据

C. 用鼠标左键单击单元格后便可以向该单元格输入数据

D. 用鼠标左键双击单元格后，可以编辑该单元格中已有的数据

41. 在 Excel 中，下面哪个表述是错误的（　　）。

A. 选定某单元格时，可用鼠标指针指向它，单击鼠标左键即可

B. 被选定的单元格称活动单元格

C. 不允许一次选定多个单元格

D. 当前工作表中的单元格只有唯一的列号、行号与之对应

42. 在 Excel 单元格中输入字符型数据 1234，正确的输入过程是（　）。

A. ='1234'　　B. '1234'

C. " 1234"　　D. '1234

43. 在 Excel 的"替换"操作中，下面说法正确的是（　）。

A. 只能在整个工作表中进行

B. 只能替换与查找内容相匹配的英文字母和汉字，标点符号不行

C. 可以删除与查找内容相匹配的字句

D. 查找字句的字符个数与替换的字符个数必须相等

44. 在 Excel 中，单元格不能直接输入的常量类型是（　）。

A. 字符型　　B. 数值型

C. 备注型　　D. 日期型

45. 如果在工作表的 A5 单元格中存有字符串"电子表格软件"，A6 单元格中存有字符串"Excel"，那么当在 B3 单元之中输入"= A5&A6"后，缺省情况下该单元格显示（　）。

A. = A5&iA6　　B. A5&A6

C. 电子表格软件 &Excel　　D. 电子表格软件 Excel

46. 如果在工作表的 A5 单元格中存有数值 24.5，那么当在 B3 单元格中输入"= A5 ×3"后，缺省情况下该单元格将显示（　）。

A. A53　　B. 73.5　　C. 3A5　　D. A5 ×3

47. 如果在 C3 单元格中输入了数值 24，在 C5 单元格中输入了字符串"computer"，那么在 C8 单元格中输人公式：= C5 + C3 将要显示的是（　）

A. computer　　B. computer24　　C. 24　　D. #VALUE!

48. 在 Excel 公式中，下列四种单元格引用里混合引用是（　）。

A. B $4　　B. B4　　C. $B $4　　D. RCC4

49. 在 Excel 中，有关嵌入式图表，下面哪个表述是错误的（　）。

A. 对生成后的图表进行编辑时，首先要激活图表

B. 图表生成后不能改变图表类型，如：三维变二维

C. 表格数据修改后，相应的图表数据也随之变化

D. 图表生成后可以向图表中添加新的数据

50. 关于 Excel 函数的概念，下列各项中正确的是（　）。

A. 所有函数都有自变量

B. 所有函数都有函数值

C. 所有函数的功能都能用公式取代

D. 所有公式的功能都能用函数取代

51. 如果已经在 A1 到 A6 的 6 个单元格中填入了 6 个数，要求在 Bl 单元格中运用求和函数计算它们总和的 3 倍，正确的做法是（　　）。

A. 在 Dl 单元格中填人 = SUM × 3

B. 在 Bl 单元格中填人 = 3SUM ×（A1：A6）

C. 在 B1 单元格中填入 = SUM（Al：A6）＊3

D. 必须先在其他（例如 B2）单元格中计算出总和 SUM（Al：A6），然后在 Bl 单元格中填入 = 3 × B2

52. 在 A1 单元格内输入“一月”，然后拖动该单元格填充柄至 A2，则 A2 单元格中内容是（　　）。

A. 一月　　B. 二月　　C. 空　　D. 一

53. 在 Excel 中，函数 SUM（A1：B4）的功能是（　　）。

A. 计算 A1 + B4

B. 计算 A1 + A2 + A3 + A4 + Bl + B2 + B3 + B4

C. 按行计算 A 列 B 列之

D. 按列计算 1、2、3、4 行之和

54. 在工作表中单元区域 D6：B6 包括的单元格个数是（　　）。

A. 3　　B. 6　　C. 9　　D. 18

55. 不属于 Excel 的混合引用表示有（　　）。

A. $ A3　　B. $ E $ 14　　C. F $ 8　　D. $ C9

56. 在 Excel 中，连续选定 A 到 E 列单元格，下面哪个操作是错误的（　　）。

A. 用鼠标左键单击列号 A，然后拖曳鼠标至列号 E，再释放鼠标左键

B. 鼠标左键单击列号 A，再按下 Shift 键不放并用鼠标左键单击列号 E，最后释放 Shift 键

C. 先按 Ctrl 键不放，再用鼠标左键单击 A. B. C. D. E 列号，最后释放 Ctrl 键

D. 用鼠标左键单击 A. B. C. D. E 的每个列号

57. 用（　　），使该单元格显示 0.5。

A. 3/6　　B. “3/6”　　C. = “3/6”　　D. = 3/6

58. 在 Excel 中，双击列标右边界可以（　　）。

A. 自动调整列宽为最适合的列宽

B. 隐藏列

C. 锁定列

D. 选中列

59. 在 Excel 中，若单元格引用随公式所在单元格位置的变化而改变，则称之为（　　）。

A. 引用　　B. 混合引用
C. 绝对引用　　D. 相对引用

60. 下列哪个不是Excel中常用的数据格式（　　）。
A. 分数　　B. 科学计数法
C. 文字　　D. 公式

61. 在Excel的默认情况下，在单元格中输入公式并确定后，单元格中显示（　　）。
A. ?　　B. 计算结果
C. 公式内容　　D. TRUE

62. 在Excel中，有关列的表述，下面正确的说法是（　　）。
A. 工作表中的列数不允许超过256
B. 一次不能“隐藏”多列
C. 列可以“隐藏”，但该列内容可能会丢失
D. 输入的字符超宽时内容会丢失

63. 在Excel中，下面表述正确的是（　　）。
A. 单元格的名称是不能改动的
B. 单元格的名称可以有条件的改动
C. 单元格的名称是可以改动的
D. 单元格是没有名称的

64. 对工作表内容进行编辑操作时，第一步应当是（　　）。
A. 使用“编辑”菜单中的“填充”
B. 使用“插入”菜单中的“单元格”
C. 使用“格式”菜单中的“单元格”
D. 选取当前单元格或一个单元区域

65. 在Excel窗口中，工作表以上一行左端有一个“名称框”其中显示（　　）。
A. 当前工作簿文件名
B. 当前工作表的名字
C. 当前单元格的标识
D. 当前输入或编辑内容

66. 在Excel中选取多个不连续的单元格区域时，配合鼠标操作所需要的键是（　　）。
A. Alt　　B. Ctrl　　C. Shift　　D. Enter

67. 在Excel工作表的左上角，行号和列标交叉处按钮的作用是（　　）。
A. 选中行号　　B. 选中列号
C. 选中整个工作表　　D. 无作用

68. 如果打算在工作表的某个单元格内输入两行字符，在输完第一行后需

要按（　　）。

A. Enter 键　　B. Alt + Enter 键

C. Ctrl + Enter 键　　D. ↓键

69. 在编辑 Excel 工作表时，如果输入分数，应当首先输入（　　）。

A. 数字、空格　　B. 字母、0

C. 0、空格　　D. 空格、0

70. 在编辑 Excel 工作表时，如果把一串阿拉伯数作为字符而不是数值输入，应当（　　）。

A. 在数字前加“　　B. 在数字前加’

C. 在数字前后加“”　　D. 在数字前加：

71. 如果已经在 A1 到 A10 这十个单元格中输入了数字，要求在 n1 单元格中显示这十个数的平均值，应当在 D1 中输入（　　）。

A. = AVERAGE（A1：A10）

B. AVERAGE（A1：A10）

C. = AVER（A1：A10）

D. AVER（A1：A10）

72. 在 Excel 工作表中可以运用鼠标拖动的方法填人序列数据，具体操作方法是先填入第一个数据，然后（　　）。

A. 用鼠标指向该单元格，按下左键开始拖动

B. 用鼠标指向该单元格，按住 Ctrl 键后再按下左键开始拖动 、

C. 用鼠标指向该单元格边框右下角的“填充柄”，按下左键开始拖动

D. 用鼠标指向该单元格边框右下角的“填充柄”，按下右键开始拖动

73. 通过“编辑”菜单里的“填充”命令，在下列几项中不能生成的是（　　）。

A. 递增的等差序列　　B. 递减的等比列

C. 按字母排列的序列　　D. 已经定义的序列

74. 在 Excel 工作表中，用鼠标单击一个已有内容的单元格并通过按键输入一个字符，再按回车键，则这个新输入的字符（　　）。

A. 完全取代原有内容

B. 插入到原有内容左端

C. 取代原有的内容中左端第一字符

D. 插入到原有内容右端

75. 在 Excel 工作表中编辑一个单元格内容后，确认这次的修改，应当单击（　　）。

A. “ = ”按钮　　B. “√”按钮

C. “X”按钮　　D. Esc 键

76. 有关Excel工作表的操作，下面哪个表述是错误的。（　）

A. 工作表名默认是Sheet1、Sheet2、Sheet3、…，用户可以重新命名

B. 在工作簿之间允许复制工作表

C. 一次可以删除一个工作簿中的多个工作表

D. 工作簿之间不允许移动工作表

77. 如果打算在工作表已有内容的一个区域内插入一个空单元格，（　）。

A. 是不可能的

B. 只能插入一个整行或整列

C. 插入位置上原有内容被清除

D. 插入位置上原有内容被顺次移动

78. 如果已经在工作表中的D4、D5单元格中填写了数值，在E8中填写了公式"=D4+D5"，后来又删除了单元格D4，则E8的内容（　）。

A. 不变　　B. 变为D5

C. D5+D6　　D. #REF

79. 在Excel中，所有文件数据的输入及计算都是通过（　）来完成的。

A. 工作簿　　B. 工作表

C. 活动单元格　　D. 文档

80. 在工作表中的按照缺省的规定，单元格中的数值在显示时（　）。

A. 靠右对齐　　B. 靠左对齐

C. 居中　　D. 不定

81. 在工作表中调整单元格的列宽可以用鼠标拖动（　）

A. 列名左边的边框线

B. 列名右边的边框线

C. 行号上面的边框线

D. 行号下面的边框线

82. Excel中的"样式"不包括下列各项中的（　）。

A. 对齐　　B. 行高列宽　　C. 边框　　D. 图案

83. 在工作表的某一单元格中如果已经键入了字符串"ABCD"，当把鼠标光标指向该单元格边框的右下角（填充柄），然后按左键向下拖动4格时，结果是（　）。

A. 选择了这5个单元格构成的区域

B. 填充了序列数据

C. 把"ABCD"复制到这连续的4格中

D. 把"ABCD"移动到最后一格中

84. 在 Excel 编辑状态，“编辑” 菜单中 “复制” 命令的功能是将选定的文本或图形（　　）。

A. 复制到另一个文件插入点位置

B. 由剪贴板复制到插入点

C. 复制到文件的插入点位置

D. 复制到剪贴板上

85. 在工作表中调整单元格的行高可以用鼠标拖动（　　）。

A. 列名左边的边框线　　B. 列名右边的边框线

C. 行号上面的边框线　　D. 行号下面的边框线

86. 在 Excel 中，当用户使用多个条件查找符号条件的记录数据时，可以使用逻辑运算符，AND 的功能是（　　）。

A. 查找的数据必须符合所有条件

B. 查找的数据至少符合一个条件

C. 查找的数据不必符合所有条件

D. 查找的数据不符合任何条件

87. Excel 中的统计图表（　　）。

A. 是使用者的自行绘制的插图

B. 是使用者选择使用的对电子表格的一种格式修饰

C. 是根据电子表格数据自动作出的，并随时与该数据动态对应

D. 是根据电子表数据自动作出的，但作成后即与该数据没有联系了

88. 在 Excel 中制作统计图表所依据的数据源应当是（　　）。

A. 一个数值数据

B. 一个任意类型的数据

C. 一组或若干组系列数值数据

D. 若干组任意类型的数据

89. 下列类型的统计图表中，具备 X 轴、Y 轴的是（　　）。

A. 雷达图　　B. 条形图

C. 圆环图　　D. 饼形图

90. 在 Excel 中，下面表述正确的是（　　）。

A. 要改动图表中的数据，必须重新建立图表

B. 图表中数据是可以改动的

C. 图表中数据是不能改动的

D. 改动图表中的数据是有条件的

91. 在 Excel 中，有关图表的操作，下面正确的表述是（　　）。

A. 创建的图表只能放在含有用于创建图表数据的工作表之中

B. 图表建立之后，不允许再向图表中添加数据，若要添加只能重新建立

C. 图表建立后，可改变其大小，移动、删除等，但不能改变其类型，如柱形图改为饼形图

D. 若要修饰图表，必须先选定图表，将其激活

92. 使用“图表向导”制作统计图表的四个步骤中，第一步是（　　）。

A. 指定图表数据源

B. 确定图表位置

C. 设置图表选项

D. 选择图表类型

93. 在 Excel 中选取了数据源区域后按 F11 键，会自动制作出一个（　　）。

A. 操作者指定类型的嵌入式图表

B. 条形的嵌入式图表

C. 柱形的独立图表

D. 操作者指定类型的独立图表

94. 对于一个已经制作好的柱形图表，如果想修改其中某个系列的柱形颜色，应当（　　）。

A. 首先选取原始数据表格中该数据系列

B. 首先选取图表中该系列的柱形

C. 首先单击“编辑”菜单

D. 首先单击“格式”菜单

95. 在 Excel 中，表示单元格地址时，工作簿文件名必须使用引起来（　　）。

A. {}　　B. （　）　　C. “”　　D. [ ]

96. 使用“图表导向”制作统计图表的四个步骤中，最后一步是（　　）。

A. 指定图表数据源　　B. 确定图表位置

C. 设置图表选项目　　D. 选择图表类型

97. 用 Excel 可以创建各类图表，如条形图、柱形图等。为了显示数据系列中每一项占该系列数值总和的比例关系，应该选择（　　）图表。

A. 条形图　　B. 柱形图

C. 饼图　　D. 折线图

98. 在 Excel 2003 中，（　　）可拆分。

A. 任何没合并过的单元格　　B. 合并过的单元格

C. 基本单元格　　D. 基本单元格区域

99. 在 Excel 2003 单元格中，字符型数据的默认对齐方式是（　　）。

A. 右对齐　B. 左对齐　C. 居中　D. 分散对齐

100. 在 Excel 2003 单元格中，若要将数值型数据 500 显示为 500.00，应将该单元格的单元格格式设置为（　）。

A. 常规　B. 数值　C. 自定义　D. 特殊

二、多项选择题

1. 下列属于 Excel 主要功能的是（　）。

A. 排序与筛选　B. 数据图表

C. 分析数据　D. 文字处理源

2. 如果要对 B2，B3，B4 三个单元格中的数求平均值，公式应该是（　）。

A. =AVERAGE（B2: B4）

B. =SUM（B2: B4）

C. =AVERAGE（B2，B3，B4）

D. =（B2+B3+B4）/3

3. 关于 Excel 中创建图表，叙述正确的是（　）。

A. 嵌入式图表建在工作之内，与数据同时显示

B. 如果需要修饰图表，只能使用格式栏上的按钮

C. 创建了图表之后，便不能修改

D. 图表工作表建在工作表之外，与数据分开显示

4. 用 Excel 可创建的图表是（　）。

A. 二维图表　B. 三维图表

C. 饼图　D. 雷达图

5. 关于筛选，叙述正确的是（　）。

A. 自动筛选可以同时显示数据清单和筛选结果

B. 高级筛选可以进行更复杂条件的筛选

C. 高级筛选不需要建立条件区，只有数据清单就可以了

D. 高级筛选可以将筛选结果放在指定的区域。

6. 关于分类汇总，叙述正确的是（　）。

A. 分类汇总前首先应按分类字段值队记录排序

B. 分类汇总只能按一个字段分类

C. 只能对数值型字段分类

D. 汇总方式只能求和

7. 下列属于 Excel 主要功能的是（　）。

A. 排序与筛选　B. 数据图表

C. 分析数据　　　　　　　　　　D. 文字处理

8. 在 Excel 中，要选定 A 到 E 列单元格，操作正确的是（　）。

A. 用鼠标左键单击列号 A，然后向右拖动鼠标至列号 E，再释放鼠标左键

B. 左键单击列号 A，再按下 Shift 键不放并用鼠标左键单击列号 E，最后释放 Shift 键。

C. 单击列号 A，然后先按下 Ctrl 键不放，再用鼠标单击 B，C，D，E 列号，最后释放 Ctrl 键

D. 按 Shift 键不放，用鼠标左键单击 A，B，C，D，E 的每个列号

9. 要对数据进行填充，可以（　　）。

A. 拖动填充柄填充

B. 用“填充”对话框进行填充

C. 用“序列”对话框进行填充

D. 用“替换”对话框进行填充

10. 在 Excel 单元格中输入数值 3000，与它相等的表达式是（　　）。

A. 300000%　　　　　　　　　　B. =3000/1

C. 30E+2　　　　　　　　　　　D. 3，000

11. 在 Excel 工作表中，选中单元格后，要删除其中的内容可使用（　　）。

A. <BackSpace>键　　　　　　B. <Ctrl+X>组合键

C. 删除命令　　　　　　　　　　D. 清除命令

12. 在 Excel 工作表中，可以使用的数据格式有（　　）。

A. 文本　　　B. 数值　　　C. 日期　　　D. 图形

13. 下列关于对 Excel 中“清除”和“删除”功能的表述，正确的是（　　）。

A. “清除”不能删掉单元格中某些类型的数据

B. “删除”单元格有可能影响其他单元格的位置和内容

C. “清除”的对象只是单元格中的内容

D. “删除”的对象不只是单元格中的内容，而且还有单元格本身

14. 有关 Excel 嵌入式图表，下面表述正确的是（　　）。

A. 对生成后的图表进行编辑时，首先要选中图表

B. 图表生成后不能改变图表类型，如：三维变二维

C. 表格数据修改后，相应的图表数据也随之变化

D. 图表生成后可以向图表中添加新的数据

15. 有关 Excel 图表，下面表述错误的是（　）。

A. 要往图表增加一个系列，必须重新建立图表

B. 修改了图表数据源单元格的数据，图表会自动跟着刷新

C. 要修改图表的类型，必须重新建立图表

D. 修改了图表坐标轴的字体、字号，坐标轴标题就自动跟着变化

16. Excel 的分类汇总功能包括（　　）。

A. 求和　　B. 计数　　C. 求平均　　D. 求最大值

17. 以下退出 Excel 的方法正确的有（　　）。

A. 按 ALT + F4 组合键

B. 单击 Excel 应用程序窗口右上角的关闭按钮

C. 单击 Excel 应用程序窗口左上角的控制菜单图标，点击“关闭”

D. 单击“文件”菜单中“退出”命令

18. 在 EXCEL 中，以下对单元格引用正确的是（　　）。

A. B2　　B. B $ 2　　C. $ B2　　D. $ B $ 2

三、填空题

1. 在 Excel 中输入数据时，如果输入数据具有某种内在规律，则可以利用它的（　　）功能。

2. Excel 产生的文件是一种三维电子表格，该文件又称（　　），它由若干个工作表构成。

3. 在 Excel 中单元格的引用（地址）有（　　）和绝对引用两种形式。

4. 在 Excel 中，假定存在一个数据库工作表，内含：姓名、专业、奖学金、成绩等项目，现要求对相同专业的学生按奖学金从高到低进行排序，则要进行多个关键字段的排序，并且主关键字段是（　　）。

5. 在 Excel 中以分数形式输入 1/3（不采用公式）的方法是：键入（　　）。

6. 在 Excel 中，如果要对数据进行分类汇总，必须先对分类字段进行（　　）操作。

7. 在 Excel 中，如果要打印一个多页的列表，并且使每页都出现列表的标题行，则应该在［文件］菜单的（　　）命令中进行设置。

8. 在 Excel 中，假定存在一个数据清单，内容：门市部、型号、单价、数量、金额等项目，现要求形成统计各门市部中各种型号产品总数的统计表，可以使用（　　）方法。

9. 在 Excel 中，为了区别“数字”与“数字字符串”，在输入的“数字字符串”前应加上（　　）符号以区别“数字”。

10. 在 Excel，A 列存放着可计算的数据，公式“ = SUM（A1：A5，A7，A9：A12)”将对（　　）个元素求和。

11. 工作表是由行和列组成的单元格，每行分配一个数字，它以行号的形式显示在

工作表网格的左边，行号从 1 变化到（　　）。

12. 如果 A1：A5 包含数字 8、11、15、32 和 4，MAX（A1：A5）=（　　）。

13. 在 Excel 中，一个工作簿默认的工作表数是（　　）。

14. 数据排序时可以同时指定的关键字最多有（　　）个。

15. 在 Excel 中如果输入日期或数值，则默认对齐方式是（　　）。

16. 在 Excel 中，若活动单元格在 F 列 4 行，其引用的位置以（　　）表示。

17. 一个工作表有（　　）列。

18. Excel2003 默认的工作薄扩展名是（　　）。

四、判断题

对下列各题进行判断，正确的在括号内打√，错误的打×。

1. 在 Excel 单元格中输入日期字符串“2012/1/1”之后，单元格显示“2012/1/1”。（　　）

2. 要将 Excel 单元格中的内容分为两个段落，应该使用 Alt + Enter。（　　）

3. 在 Excel 工作表中使用“替换”命令替换单元格的数据时，能区分文字的字体。（　　）

4. 在 Excel 工作表中复制单元格的数据时，可以选择仅复制数据本身不带原来的格式。（　　）

5. 在 Excel 单元格内输入的公式中有 0（零）做除数，会显示错误提示“#DIV/0!”。（　　）

6. 若要在 Excel 单元格中直接用键盘输入编码 0123456，并且要保证显示的不是数值而是文字，应该键入的是“=0123456”。（　　）

7. 若在 Excel 单元格中输入了一些数字和字符，但显示结果为若干个“#”号，表示输入内容有错误。（　　）

8. 若在 Excel 单元格 C2 中输入公式“=A2 * B $ 2”，然后将该公式复制粘贴到单元格区域 C3：C5，则单元格 C5 中的公式为“=A5 * B $ 2”。（　　）

9. 当 Excel 工作表的活动单元格为 A3 时，选用“窗口”菜单中的“冻结窗格”命令项，会将第 1 行和第 2 行“冻结”。（　　）

10. 在一个 Excel 工作簿中仅能包含 3 个工作表。（　　）

11. 在 Excel 中，一张工作表最多有 256 列。（　　）

12. 在 Excel 中，若要返回一组数据中的最大值，应该使用 MAX 函数。（　　）

13. 在一个 Excel 单元格中输入“=AVERAGE（A1：C1）”，则该单元格显示的是（A1 + C1）/2 的值。（　　）

14. 在 Excel 单元格中输入公式，但显示的是其计算结果。 (　　)

15. 在 Excel 工作表中，单击工作表左上角行列坐标交叉点可选定整个工作表。 (　　)

16. 在同一工作簿中，Sheet1 工作表中的 A3 单元格要引用 Sheet2 工作表中 B2 单元格的数据，其引用应该写为“ = Sheet2 ! B2”。 (　　)

17. 在 Excel 中，通过“插入”菜单可以插入工作表。 (　　)

18. 在 Excel 中，若单元格 A3 的值为 5，当通过拖曳鼠标左键则会形成一个等差序列。 (　　)

19. 在 Excel 中不能给文字设置动态效果。 (　　)

20. 在 Excel 中，选定不连续区域的方法是按住 Shift 键，同时拖曳鼠标。 (　　)

5 PowerPoint 2003 操作基础

数码时代的今天，在工作和学习中，我们经常主张无纸化办公。我们所接触到的课堂教学、学术论文报告、会议演讲、产品发布、甚至广告等，诸如此类的需要向观众演示和讲解的演示文稿常常制作成幻灯片。PowerPoint 2003 就是一种功能强大的电子演示文稿（幻灯片）制作工具，可用于制作适合不同需求的幻灯片并且放映。在 PowerPoint 2003 中制作的演示文稿不仅可以包含文字，还可以包含图像、图表、声音、视频和超级链接等多种对象，并非常方便地制作出各种动画效果。本章将通过实例深入浅出的介绍 PowerPoint 2003 的用法。

5.1 PowerPoint 2003 概述

PowerPoint 2003 是 Office 2003 的重要组件，主要用来制作丰富多彩的幻灯片集，以便在计算机屏幕或者投影板上播放，或者用打印机打印出幻灯片或透明胶片等。

5.1.1 启动 PowerPoint 2003

PowerPoint 2003 的启动和退出的方法与 Word 的操作非常类似。主要有以下几种最常用的方法。

（1）选择开始→程序→Microsoft Office→Microsoft PowerPoint 2003。

（2）如果在桌面上有 PowerPoint 2003 的快捷方式存在，则可以直接双击该快捷方式。

（3）从现有已经存在的 PowerPoint 2003 文档启动。

（4）新建一个 PowerPoint 2003 文档后，直接打开该文档。

启动后的 PowerPoint 程序窗口如图 5－1 所示。

5.1.2 PowerPoint 2003 界面

PowerPoint 窗口中内容与 Windows 大多数窗口是一致的，主要有标题栏、菜单栏、工具栏、工作区、状态栏等，下面分别介绍。

5.1.2.1 标题栏

如图 5－1 所示，标题栏显示应用程序名“Microsoft PowerPoint”及当前打开的演示文稿文件名：“演示文稿 1”；标题栏左边的控制菜单按钮可对

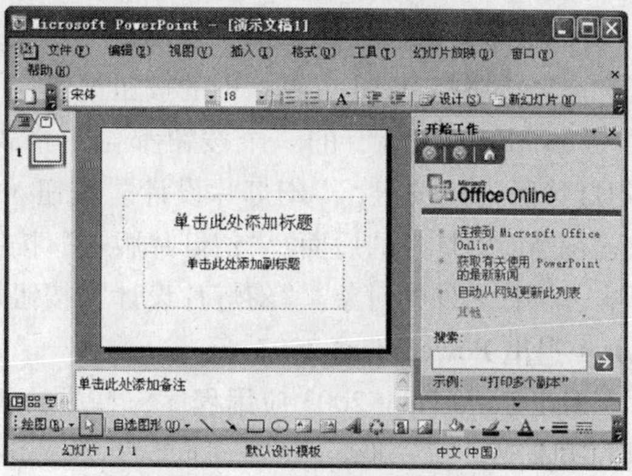

图 5－1 PowerPoint 窗口

PowerPoint 窗口进行控制，右边的最小化按钮、最大化/还原按钮、关闭按钮可实现对 PowerPoint 窗口的最小化、最大化/还原、关闭窗口操作。

5.1.2.2 菜单栏

菜单项及其下拉菜单中的命令提供了 PowerPoint 的所有功能。

5.1.2.3 工具栏

PowerPoint 将一些常用的相关命令以命令按钮的形式集成起来形成工具栏。用户可通过单击命令按钮快速执行相应的菜单命令，提高工作效率。启动 PowerPoint 后，用户可利用“视图”菜单中“工具栏”选项来设置选择需要的工具栏在屏幕上显示。

5.1.2.4 工作区

演示文稿是在工作区中打开呈现给用户的，用户在工作区中对演示文稿进行各项编辑。工作区中可同时打开多个文件。刚刚打开一个新演示文稿时，显示的是一张空白的演示文稿，如图 5 - 1 所示。

5.1.2.5 视图切换按钮

在工作区的左下角有三个视图命令按钮，单击按钮可实现在不同的工作视图之间快速切换，这三个视图切换按钮分别是：普通视图按钮、幻灯片浏览视图按钮、幻灯片放映按钮。如不小心关闭了图 5 - 1 中左部的大纲/幻灯片窗格，可通过单击普通视图按钮恢复该视图下的所有窗格。各个视图的功能将在后面具体介绍。

5.1.2.6 状态栏

状态栏位于应用程序窗口的最下面，显示与当前演示文稿有关的一些信息。

5.1.2.7 任务窗格

与以前的版本相比，PowerPoint 2003 的窗口界面在右边比以往多了一个任务窗格，也正是因为这个任务窗格的出现，使得在 PowerPoint 2003 中的操作变得更简捷，在后边的很多操作中都是由任务窗格来完成的。

5.1.3 快捷菜单与工具栏

PowerPoint 2003 提供了快捷菜单和工具栏，它们使 PowerPoint 操作更为简便。快捷菜单的使用是将鼠标指针移到所要操作的对象上，然后单击右键，这时会弹出快捷菜单，这样做可以避免频繁使用主菜单。

PowerPoint 2003 中提供多种工具栏，如常用工具栏、格式工具栏、绘图工具栏等，其中许多按钮与 Word 工具栏中的按钮类似，使用方法可以参照本书第 3 章的内容。

PowerPoint 中特有的三个按钮都位于格式工具栏中，分别是“新幻灯片”按钮、“幻灯片版式”按钮、“幻灯片设计”按钮。“新幻灯片”按钮用于新建一张幻灯片，位置在当前幻灯片的后面。“幻灯片版式”按钮是用来改变选定幻灯片的版式，但它不影响占位符之外的对象。“幻灯片设计”按钮是用来选择幻灯片的设计模板。

5.1.4 退出 PowerPoint 2003

退出 PowerPoint 2003 应用程序，释放其所占用的系统资源，返回桌面，可通过下列方法实现。

（1）打开“文件”菜单，选择“退出”命令。

（2）单击应用程序窗口标题栏上的“关闭”按钮。

（3）双击应用程序窗口标题栏上的“控制菜单”按钮图标。

退出 PowerPoint 2003 时，若任务区中编辑的演示文稿已被修改但尚未保存过，屏幕将弹出与 Word 和 Excel 中同样的“另存为”对话框，先保存或放弃保存方可退出。

5.2 演示文稿的创建

由 PowerPoint 生成的文件叫做演示文稿，演示文稿名就是文件名，其扩展名为 .ppt。一个演示文稿包含若干张幻灯片，每一张幻灯片都是由对象及其版式组成的。演示文稿可以通过普通视图、幻灯片浏览视图、幻灯片放映视图来显示。

在 PowerPoint 中新建一个演示文稿一般可以在任务窗格中完成。PowerPoint 提供了多种方法来建立演示文稿，主要有空演示文稿、根据设计模板、根据内容提示向导三种方法，如图 5 – 2 所示。此外，还可以根据现有演示文稿来新建一个幻灯片文稿。

5.2.1 使用“内容提示向导”创建演示文稿

使用内容提示向导是创建演示文稿最迅速的方式，因此多被初学者采用。在如图 5 – 1 所示的窗口右部“任务窗格”中单击“开始工作”右边的小黑三角，如图 5 – 3（a），出现如图 5 – 3（b）所示的菜单。单击选择“新建演示文稿”，出现如图 5 – 3（c）所示的任务窗格菜单。

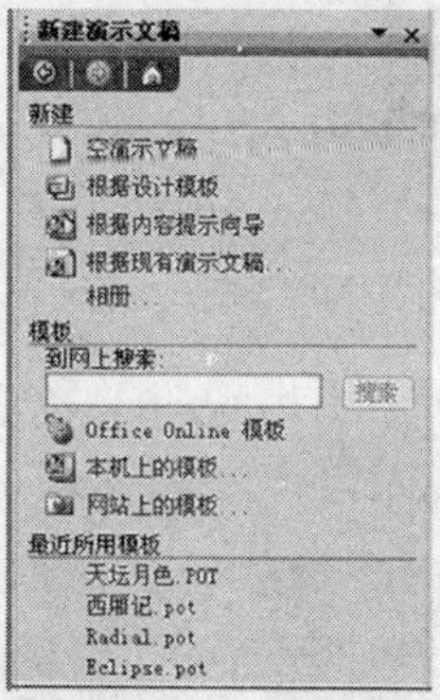

图 5 – 2 新建幻灯片

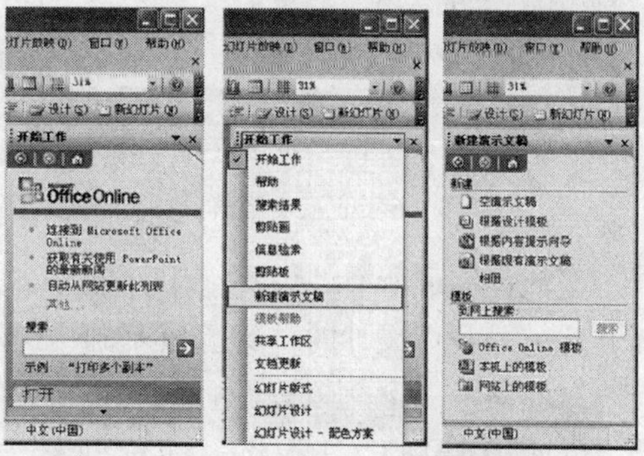

(a) (b) (c)

图 5 – 3 创建新幻灯片

在菜单中选择“根据内容提示向导”选项，弹出建立演示文稿的内容提示向导对话框，如图 5 – 4 所示。在对话框左部可以看到建立演示文稿的 5 个步骤。单击“下一步”按钮，出现图 5 – 5 所示的选择演示文稿类型对话框。对话框中列出了向导中所有的演示文稿类型，分为常规、企业、项目等七类，用户既可以用“全部”按钮进行总体浏览，也可以单击各个类别按钮进行查找。此处选择“全部”中的“培训”项，然后单击“下一步”按钮，进入如图 5 – 6 所示的对话框。

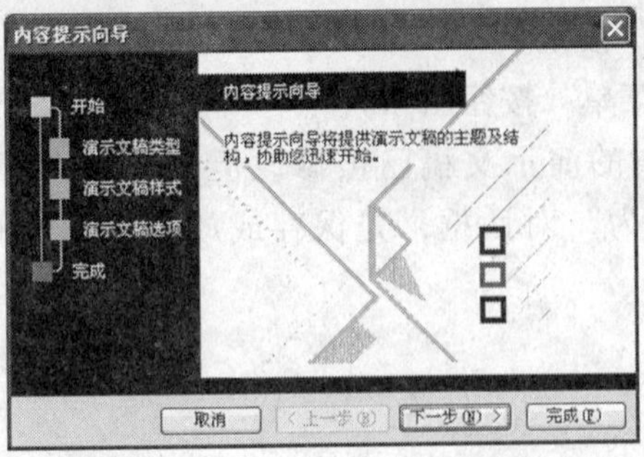

图 5 -4　内容提示向导

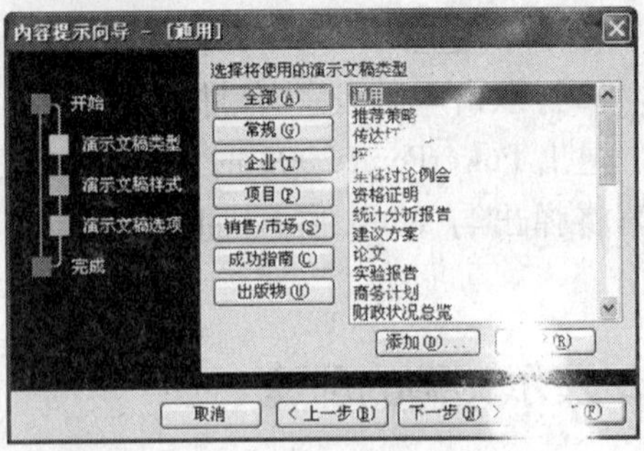

图 5 -5　演示文稿类型

图 5 -6 所示的对话框主要是选择演示文稿的输出样式，前面已经提到 PowerPoint 的演示文稿可选择多种方式进行展示。此处选择第一项“屏幕演示文稿”，再单击“下一步”按钮，进入图 5 -7 所示的演示文稿选项对话框。该对话框主要对演示文稿的标题、页脚及更新日期、编号等输出的内容进行选择或输入。在此输入演示文稿的标题为：“计算机基础培训”，其他内容选默认值，然后单击“下一步”按钮，出现 5 -8 所示对话框。

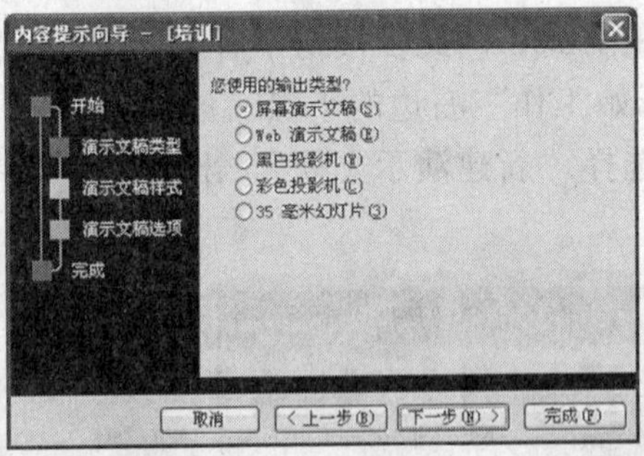

图 5 -6　演示文稿样式

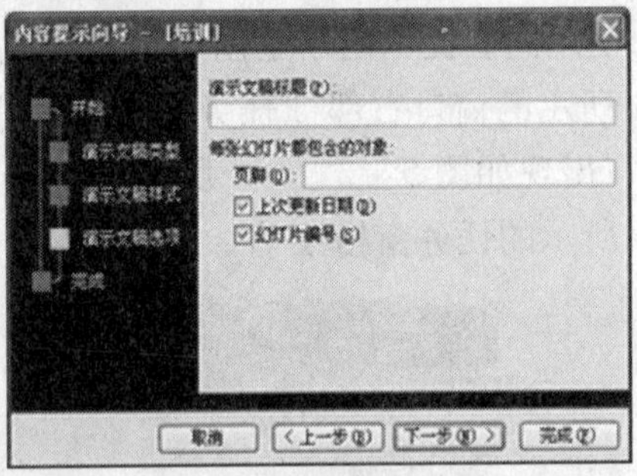

图 5 -7　演示文稿选项

至此已完成所有的设置工作，单击“完成”按钮，屏幕上出现如图 5 -9 所示的画面，这就是我们设计的“计算机基础培训”幻灯片的半成品。

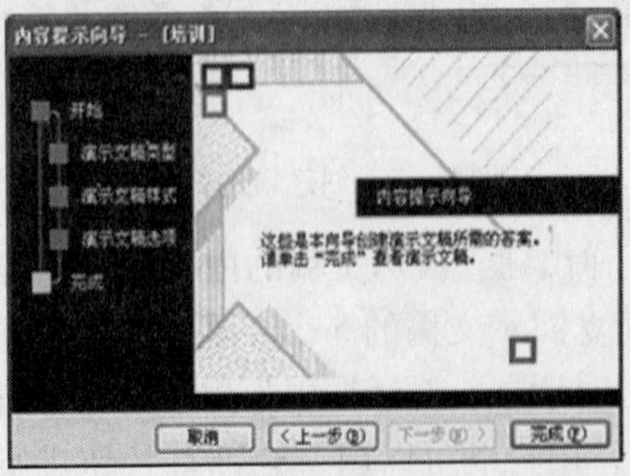

图 5 -8　完成创建过程

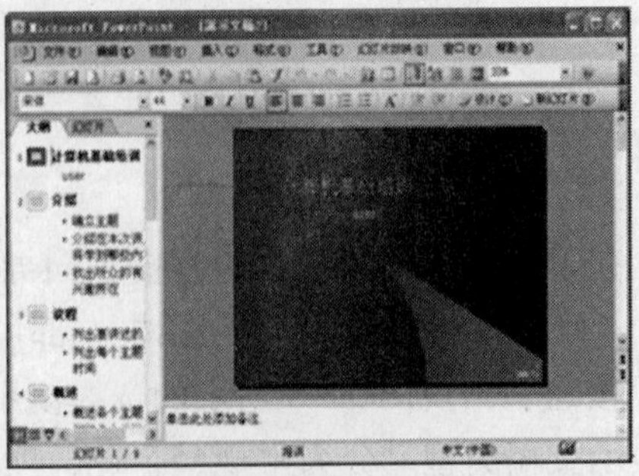

图 5 -9　新创建的幻灯片

要真正将整个文稿完成，还需要一些加工，主要是输入各对象的内容，可以拖动屏幕右边的滚动条，选择不同的幻灯片进行修改。

当所要制作的演示文稿的内容与内容模板的内容差距较大，或想要制作符合自己需要的有个性的幻灯片时，我们可以用第二种方法即设计模板来进行设计。

5.2.2 使用“模板”创建演示文稿

模板就是已经设计好一组背景图案的演示文稿，其中包括预先定义好的页面结构、标题格式、配色方案和图形元素，但是标题和正文的内容可以由用户来添加。使用模板不仅大大方便用户的操作，同时还可以使演示文稿具有统一的风格，使得整体美观而具有吸引力。

在“新建演示文稿”任务窗格的“新建中”单击“根据设计模板”选项，出现如图5－10所示的“应用设计模板”窗格，其中有各种各样的设计模板样式图。

用户可根据演示文稿的内容或自己的喜好来选择一种设计模板样式，例如选定“西厢记”模板后的演示文稿外观样式，如图5－11所示。

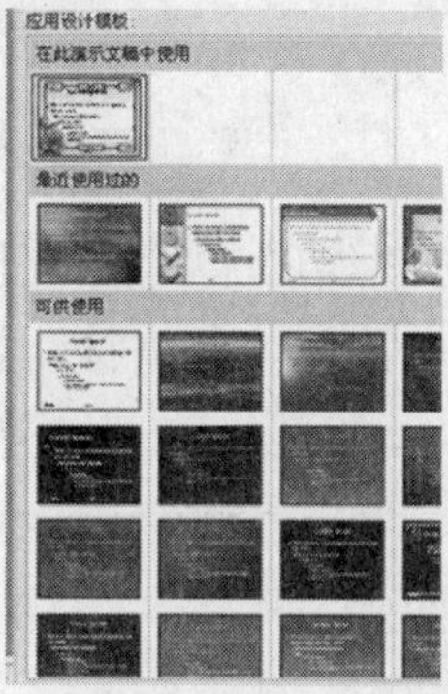

图5－10 设计模板

图5－11 “西厢记”模板外观样式

这时只是建立一个具有统一背景或样式的幻灯片演示文稿，用户还需在上面添加自己的内容（比如文字、图片等信息），来完成幻灯片的制作。

一般一个演示文稿完成后，文件中会有多张幻灯片。当用户选择了一个设计模板后，这多张幻灯片将具有相同的设计模板外观样式。

5.2.3 建立空演示文稿

建立空演示文稿，就是用户完全根据自己的风格、特色和要求来设计演示文稿。启动PowerPoint 2003后，程序即会自动建立一张“空白的幻灯片”，如图5－1所示；或者在“新建演示文稿”窗格中单击选择“空演示文稿”项，也将建立一张空白的幻灯片。

5.3 编辑演示文稿

在制作一个演示文稿之前，需要对所要阐述的问题有着清醒和明确的认识。制作演示文稿的最终目的不是向观众展示制作各种动画的能力，这样做只会舍本求末，用户必须对整个内容做充分的准备工作。比如确定演示文稿的应用范围和重点、加入一些有说服力的数据和图表、最终给出概括性的结论等，当然对于不同的应用有着不同的设计规则，这只有通过不断的实践才能获得。

5.3.1 编辑幻灯片中的文本

在幻灯片中创建文本对象有两种方法：如果用户使用的是带有文本占位符的幻灯片版式，只要单击文本占位符位置，就可在其中输入文本；如果用户要在没有文本占位符的幻灯片版式中添加文本对象，可以单击“插入”菜单中的“文本框”命令或单击“绘图工具栏”上的“文本框”按钮，然后用鼠标在幻灯片上要添加文本的位置单击画出文本框，即可以输入文本内容。

5.3.1.1 有文本占位符时输入文本

（1）首先选择“常用”工具栏中的“新幻灯片”，建立一张新幻灯片；然后在格式工具栏中选择“幻灯片版式”按钮，出现幻灯片版式任务窗格，如图 5－12 所示，其中有多种版式供用户选择。每种版式是一种包含文本占位符的自动版式，比如选择“标题幻灯片”版式。

（2）单击文本占位符，在里面输入内容即可。

5.3.1.2 无文本占位符时输入文本

（1）单击“插入”菜单中的“文本框”命令或单击“绘图工具栏”上的“文本框”按钮，再单击幻灯片上要输入文本的位置，添加一个文本占位符，如图 5－13 所示。

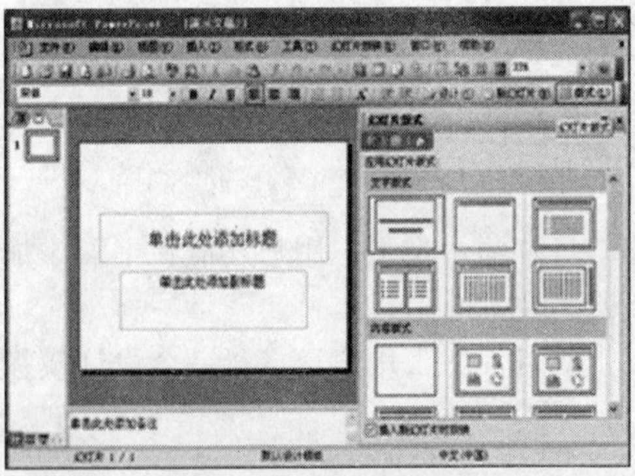

图 5－12　文本占位符

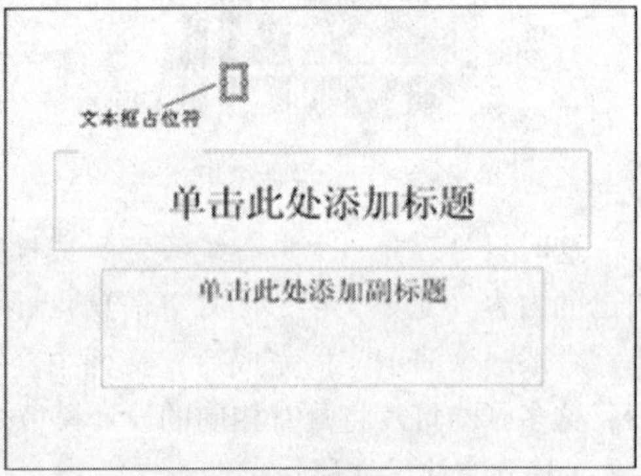

图 5－13　插入文本框

（2）将文本占位符拖长至所需要的长度。

（3）在文本框占位符中输入文本。

通常输入的文本的格式都是系统默认的，但有时候这种格式并不能完全满足需要，可能要对文本的字体、颜色、项目符号、对齐方式等进行修改。

5.3.1.3 修改字体

选中要修改的文本，在文本上单击右键，从弹出的菜单中选择“字体”命令，打开“字体”对话框。根据需要改变文本的字体大小、字形、字号、颜色、效果等，设置完后单击“确定”按钮关闭对话框。

5.3.1.4 添加项目符号

将要添加项目符号的文本全部选中，在文本上单击右键，从弹出的菜单中选择

“项目符号和编号”命令，打开“项目符号和编号”对话框。也可以通过单击菜单栏的“格式”菜单，选择“项目符号和编号”命令打开同样的对话框。用户既可以使用常用的符号也可以选择图片或其他符号作为项目符号。添加的项目符号默认颜色为黑色，若想改变颜色可以单击“项目符号和编号”对话框中的“颜色”下拉式列表框，选择其他的颜色。添加的“项目符号”默认大小比例是100%，即项目符号的大小与文本字符的大小相等，若想改变项目符号的大小，可以更改“项目符号和编号”对话框中的“大小”下拉列表框中的比例。完成上述操作后，单击“确定”按钮，将添加的项目符号应用于文本。

5.3.1.5 修改文本对齐方式

选择要更改对齐方式的文本，单击“格式”工具栏上的对齐按钮或选择“格式”菜单中的“对齐方式”命令，PowerPoint 提供了左对齐、居中对齐、右对齐、两端对齐、分散对齐五种段落对齐方式。

5.3.1.6 调整行距

选择要调整行距的文本，单击“格式”菜单中“行距”命令，打开“行距”对话框。修改“行距”、“段前”、“段后”中的数值。单击“预览”按钮，此时文本每行之间的间距改变，再单击“确定”按钮完成操作。

5.3.2 更改幻灯片模板

一般一个演示文稿完成后，文件中会有多张幻灯片。当用户选择了一种设计模板后，这多张幻灯片将具有相同的设计模板外观样式，如图 5 – 14 所示。

用户也可以在一个演示文稿文件中使用多个模板，来使自己设计的幻灯片具有更丰富的外观和视觉效果。在编辑幻灯片的过程中，如果希望重新设置幻灯片模板，可以按以下步骤进行。

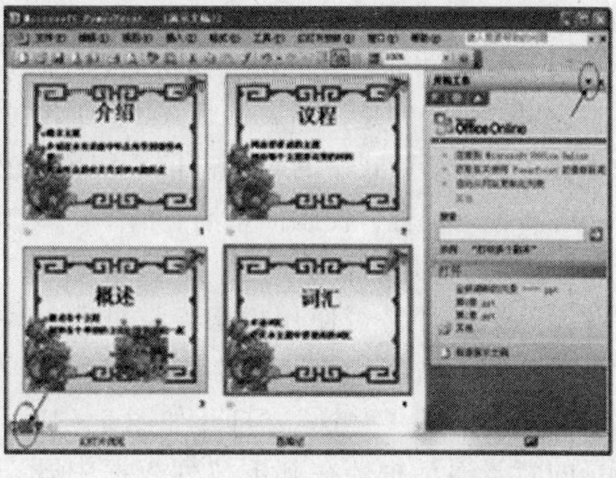

图 5 – 14　幻灯片模板

演示文稿中有四张幻灯片，初始选择“西厢记”设计模板，并在窗口左下选择“幻灯片浏览视图”按钮，四张幻灯片即显示如图 5 – 14 所示的情况。

单击任务窗格右上箭头处，打开任务菜单，并选择“幻灯片设计”菜单项，任务窗格显示图 5 – 15 所示的应用设计模板。用户此时可以将浏览视图窗口中的所有幻灯片更改为其他设计模板样式，也可以将这几张幻灯片更改成不同的设计模板外观。

例如，选定第二张幻灯片“议程”，单击“雪莲花开”模板旁的“向下尖角”按钮，在弹出的菜单中选择“应用于选定幻灯片”，即可将这张幻灯片的模板更换成“雪莲花开”样式，如图 5 – 16 所示。注意，如直接用鼠标单击某个模板，将会使所有的幻灯片更换为此模板样式外观。在图 5 – 16 所示的菜单中如选择“应用于所有幻灯片”选项，也会使所有的幻灯片更换新的模板样式外观。

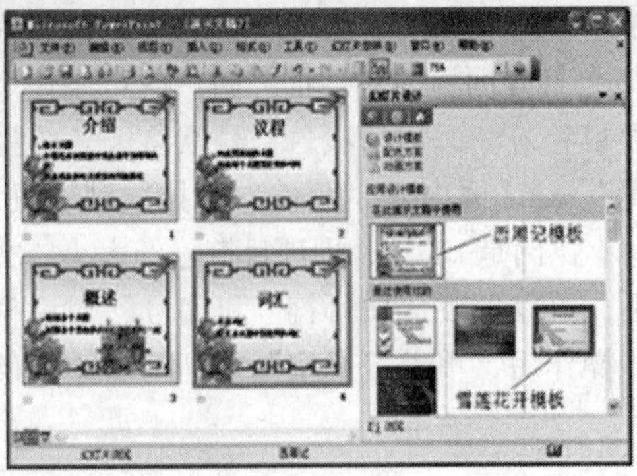

图 5－15　幻灯片设计

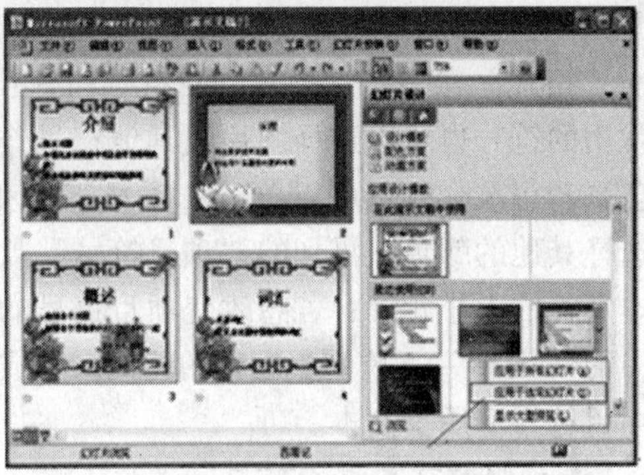

图 5－16　更改幻灯片设计

也可以在幻灯片编辑过程中随时更换模板样式，方法是选择“格式”菜单中“幻灯片设计”命令，屏幕右边将出现“应用设计模板”任务窗格，即可如前所述设计或更换模板。

5.3.3 更改幻灯片版式

PowerPoint 2003 为用户预定义了多种自动版式，除“空白”版式外，其他版式中预先排列着一些不同对象的占位符，用户可在相应的占位符中添加对象。当然用户也可以选定并拖动占位符至其他位置，对幻灯片进行重新布局，使画面更清晰生动。

用户在编辑幻灯片过程中，如果想重新设置幻灯片的版式，可按以下步骤进行。

（1）在 PowerPoint 2003 中打开演示文稿，选定欲更换版式的幻灯片为当前幻灯片。

（2）打开“格式”菜单，选择“幻灯片版式”对话框。

（3）在对话框中，重新选择新幻灯片版式，所选版式将替换幻灯片当前的版式。

这里要强调的是，如果新版式中无原版式的某一对象占位符，幻灯片上的原有对象不会丢失，新版式中的对象占位符将覆盖在原来的对象之上，用户须重新安排幻灯片中各对象的位置，使画面整洁、清晰。

5.3.4 设置幻灯片的背景

无论幻灯片是否使用模板，都可以单独设置背景。右击幻灯片空白处，在弹出的对话框中选择“背景”，打开如图 5－17 所示的背景对话框，在其下拉列表框中既可以选择单一颜色作为背景，也可以选择“填充效果”作为背景。填充效果有四种，渐变、纹理、图案和图片，用户可以根据设计需求自行选择。若需要忽略幻灯片设计模板中的背景图形，可选择“忽略母版的背景图形”。

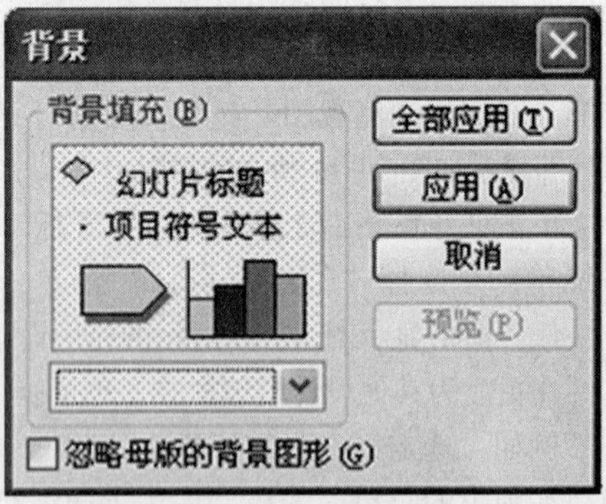

图 5－17　更改幻灯片背景

设置完毕后，选择“应用”会将该背景仅用于选定幻灯片，选择“全部应用”会将该背景用于演示文稿中的所有幻灯片。

5.3.5 重排幻灯片

对幻灯片次序的重排，可在大纲视图或幻灯片浏览视图下进行。

（1）大纲视图下重排幻灯片　大纲视图下，默认显示演示文稿中幻灯片的大纲信息，重排幻灯片时，可折叠幻灯片大纲，只显示幻灯片标题，使删除幻灯片、调整幻灯片次序、复制幻灯片等操作更方便，更一目了然。具体操作如下。

打开“视图”菜单，选择“工具栏”命令，选择“大纲”命令。

①删除幻灯片：选定该幻灯片，使其四周有黑框包围，然后执行“编辑”菜单中的“删除幻灯片”命令项，则删除当前幻灯片。

②移动幻灯片：选定幻灯片，使用上移和下移按钮将幻灯片移动到新位置，其他幻灯片位置也将做相应调整。

③复制幻灯片：选定幻灯片，选定插入点，然后执行“编辑”菜单中的“复制”命令项，则复制当前幻灯片。

（2）幻灯片浏览视图下重排幻灯片　幻灯片浏览视图下，演示文稿中所有幻灯片以缩略图的形式依次排列在演示文稿窗口中，显示整个演示文稿的概览，用户可直观地对幻灯片重排。

在幻灯片浏览视图下删除和复制幻灯片的操作方法与在大纲视图下的相同。

移动幻灯片：选定幻灯片，按住鼠标左键并将屏幕上出现的一个表示幻灯片插入位置的光标（竖直线）拖动至目标位置，释放鼠标，即将幻灯片移动到新位置，其他幻灯片位置也将做相应调整。

5.4 在幻灯片中插入对象

对象是 PowerPoint 幻灯片的重要组成元素。当向幻灯片中插入文字、图表结构图、图形、Word 表格以及任何其他元素时，这些元素就是对象。每一个对象在幻灯片中都有一个占位符，根据提示单击或双击它可以填写、添加相应的内容。用户可以选择对象，修改对象的属性，还可以对对象进行移动、复制、删除等操作。

5.4.1 在幻灯片中插入剪贴画或图片

在演示文稿中添加图片可以增加演讲的效果，极大丰富幻灯片的演示效果，Office 2003 设置了剪贴库，其中包含多 V 种剪贴画、图片、声音和图像，它们都能插入到演示文稿中使用。

5.4.1.1 插入剪贴画

在幻灯片中插入剪贴画与在 Word 文档中的操作基本一致。在菜单上依次单击“插入”\“图片”\“剪贴画”，这时在任务窗格里就出现了如图 5－18 所示剪贴画管理器。

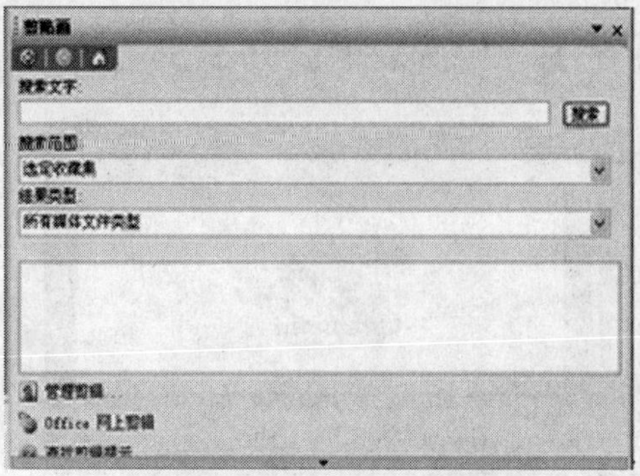

图 5－18　剪贴画管理器

单击“管理剪辑”打开“剪辑管理

器”，PowerPoint 2003 对剪贴画进行了分类管理，如图 5－19 所示。

在剪贴管理器中选中所需的剪贴画，用鼠标单击其旁边的三角或鼠标右击在弹出的菜单中选择“复制”，然后粘贴到文档中即可。

用户还可以在任务窗格中输入自己想要插入的剪贴画类型的关键字，如输入“动物”两个关键字，然后单击“搜索”按钮，这时将找出与动物有关的所有的剪贴画，如图 5－20 所示。单击搜索出来的剪贴画，即可把剪贴画插入到当前幻灯片中。

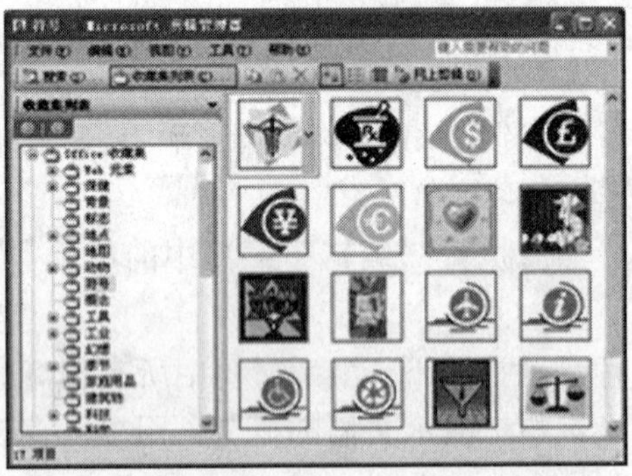

图 5－19　剪辑管理器窗口

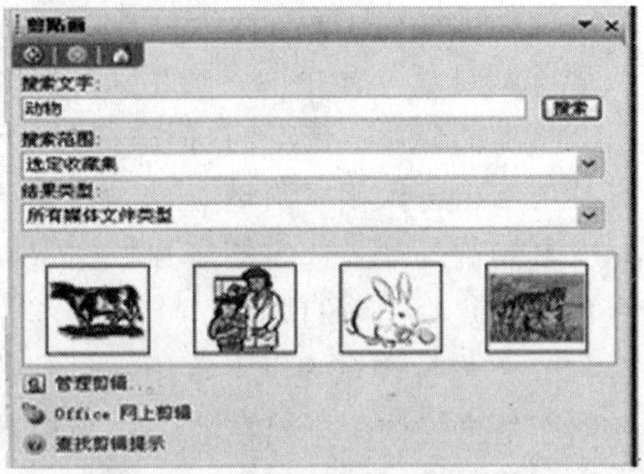

图 5－20　搜索剪贴画关键字

对剪贴画可以做相应的修改，在文档中选择已经插入的剪贴画，这时候这张剪贴画的上面出现了多个控制柄，如图 5－21 所示，拖曳控制柄即可改变被选择的剪贴画的大小。向某个方向拖曳旋转控制柄，则可以旋转这张剪贴画。操作与在 Word 2003 中基本一致。

5.4.1.2 插入图片文件

Office 中的剪贴画类型及样式都有限，如果需要设计更美观、多样的幻灯片，可以插入自己的图片。图片的来源可以从网络上下载、复制，也可以通过扫描、或者用数码相机来获取，并以图片文件形式保存在计算机里。在 PowerPoint2003 中能够插入多种类型的图片文件。

在菜单上选择“插入”\“图片”\“来自文件”，出现图 5－22 所示的“插入图片”对话框。在对话框里找到自己需要插入的图片，单击“插入”按钮，即可将图片插入到文档中来。

图 5－21　新插入的剪贴画

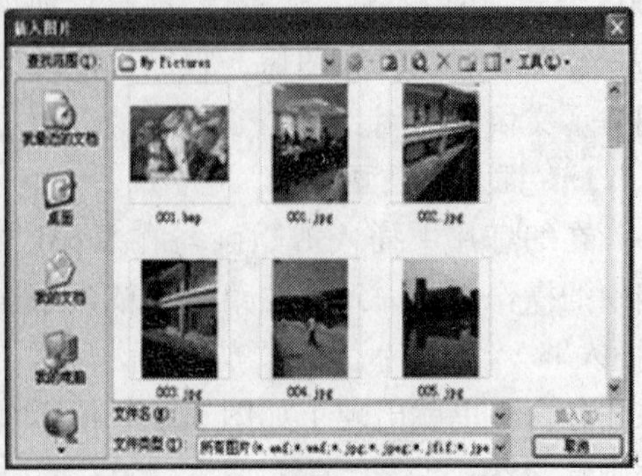

图 5－22　插入图片对话框

如果在“插入图片”对话框中没有找到需要的图片文件，可以在“查找范围”列表框中选择其他驱动器或文件夹来查找所要的图片。

5.4.2 在幻灯片中插入艺术字

艺术字是一种既能表达文字信息，又能以生动活泼的形式给幻灯片添加艺术效果的工具。PowerPoint 提供多种外观各异的艺术字造型，用户可从中选择满意的字形插入到幻灯片中。

5.4.2.1 在幻灯片中插入艺术字

在 PowerPoint 中打开编辑的演示文稿，选定欲插入艺术字的幻灯片为当前幻灯片。

单击“插入”菜单中的“图片”\“艺术字”选项，或者在“绘图”工具栏上单击“艺术字”按钮，打开如图 5-23 所示的“艺术字库”的对话框。

Office 提供了多种艺术字的样式。用鼠标单击选择适合的样式，然后单击“确定”按钮或者直接用鼠标双击，打开“编辑艺术字”文字对话框，如图 5-24 所示。

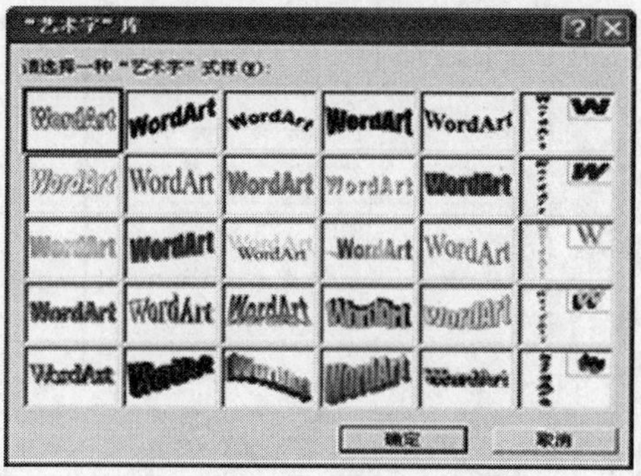

图 5-23 艺术字库对话框

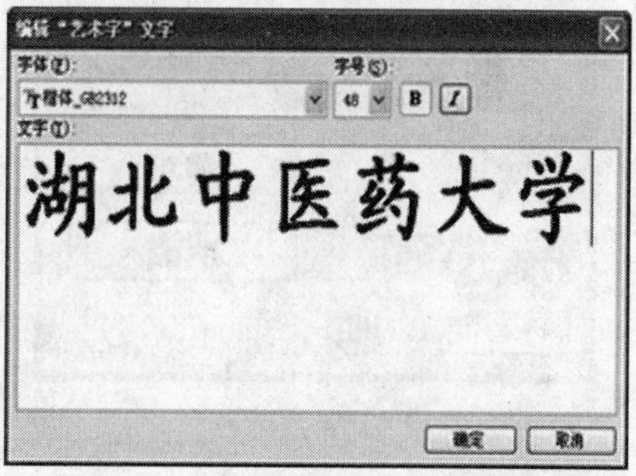

图 5-24 编辑艺术字文字对话框

在对话框中输入相应的文字，如输入“湖北中医药大学”，并可对文字的字体、字号、字形进行格式化，设置完毕后单击“确定”，则所编辑的艺术字被插入到当前幻灯片中。

5.4.2.2 对所插入的艺术字进行简单编辑

首先选定艺术字，使其四周显示八个尺寸控制点和一个黄色菱形控制点。如果要删除艺术字，按 Delete 键；如果要改变艺术字的大小，将鼠标定位在尺寸控制点上，当光标变成双向箭头时，按住并拖动鼠标，可放大或缩小艺术字；如果要移动艺术字，将鼠标指向艺术字，当光标变成四向箭头时，按住并拖动鼠标，将艺术字移动到幻灯片上合适的位置；将光标定位在黄色菱形控制点上，按住并拖动鼠标可改变艺术字的形状。

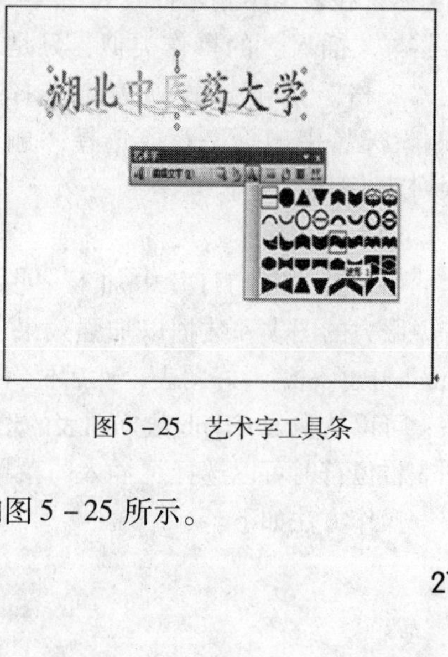

图 5-25 艺术字工具条

插入的艺术字可被进一步美化和修饰，利用“艺术字”工具栏上的各种命令按钮，可对艺术字的文字信息、式样、形状、颜色等进行重新设置。例如，选定艺术字，将会自动打开“艺术字”工具栏，将其设置为“波浪形”外观，效果如图 5-25 所示。

5.4.3 在幻灯片中插入表格

5.4.3.1 插入表格

在 PowerPoint 2003 中也可处理类似于 Word 和 Excel 中的表格对象。创建表格有两种方法：可以从包含表格对象的幻灯片自动版式中双击占位符启动；若没有表格占位符可以选择“插入”菜单中“表格”命令。无论用哪种方式启动，屏幕上都会弹出“插入表格”对话框，如图 5－26 所示。

如果采用的是“Microsoft Word 表格”，那么对表格的操作就非常类似于在 Word 中对表格的操作。现在采用双击占位符的启动方式，启动后在“插入表格”对话框中输入所需要的行数和列数，再单击“确定”按钮，演示文稿中出现表格，如图 5－27 所示，其中每个单元格内均可根据需要输入内容。与 Word 和 Excel 的表格不同的是，在 PowerPoint 中，虽能插入、删除行和列，但不能插入、删除某个单元格，只能对单元格中的文本或数据进行修改。

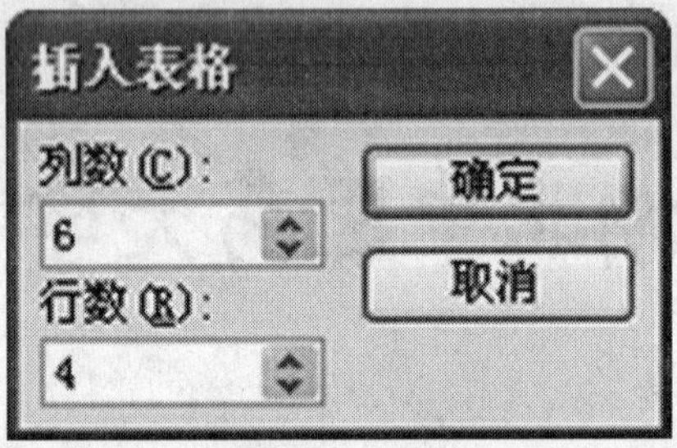

图 5－26 “插入表格”对话框

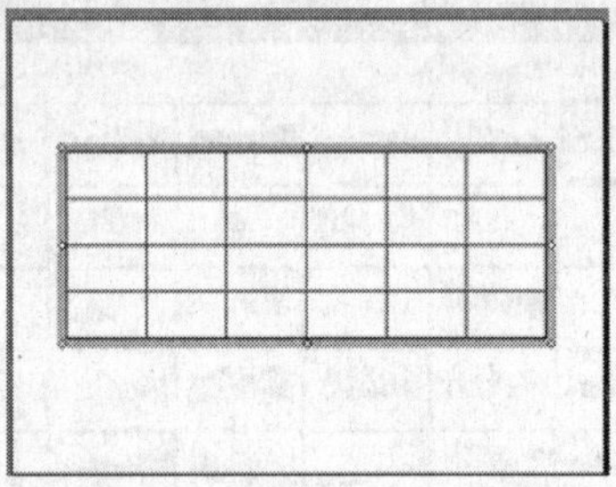

图 5－27 插入表格

5.4.3.2 在表格中插入行或列

首先选中该表格，找到要插入的位置用鼠标左键单击，然后点击“表格和边框”工具栏上的“表格”旁的小三角，在其下拉式列表中选择“在上方插入行”或“在下方插入行”来插入一行；或选择“在左侧插入列”或“在右侧插入列”来插入一列，如图 5－28 所示。

5.4.3.3 在表格中删除行或列

与“插入”的操作类似，只是在“表格”的下拉式列表中选择“删除行”来删除一行或选择“删除列”来删除一列。

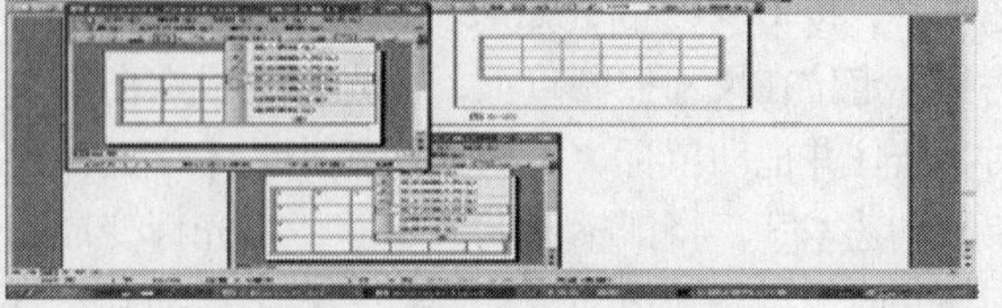

图 5－28 在表格中插入新的行列

5.4.4 插入图表

如果需要在幻灯片中加入一些有说服力的图表和数据以加强效果，可以选择使用 Microsoft Graph 工具。用户可以在 Graph 中预先编辑好图表，然后再将图表嵌入幻灯片中。创建 Graph 数据图表有两种方法：可以从包含 Graph 数据图表的幻灯片自动版式中双击图表占位符启动 Graph；没有图表占位符时可以选择“插入”菜单中的“图表”命令。

操作方法如下。

（1）选择“常用”工具栏中的“新建”按钮，选定带有图表占位符的幻灯片自动版式，此处选择“标题与图表”，如图5－29所示。

（2）双击图表占位符出现创建图表的Microsoft Graph，如图5－30所示。图表及其相应的数据显示在名为“数据表”的表格内，该数据表提供了示例信息，用以表明应在何处键入行和列的标志及数据。

图5－29　图标占位符

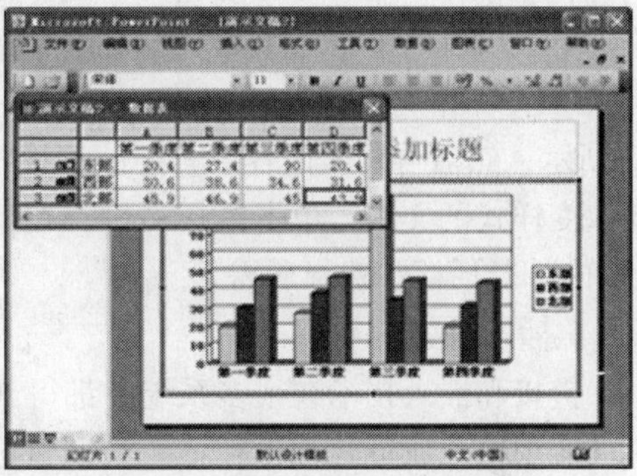

图5－30　创建图表

（3）如果要取代示例数据，则在数据表内键入所需信息，观察幻灯片中的图表，可以看到如果用户修改了数据表中的文字或数值，图表将自动作出相应的改变。

（4）单击刚刚插入图表的应用程序的文档窗口任意处，可返回该应用程序。

PowerPoint 2003为用户提供了各种图表类型。用户可以根据自己的喜好进行选择，只需单击“图表”菜单中的“图表类型”命令，打开“图表类型”对话框，在对话框的列表中选择图表样式即可。

5.4.5 插入组织结构图

如果演讲时要对机构等进行总体和直观的描述，就可以采用组织结构图。创建组织结构图有两种方法：可以从包含组织结构图的幻灯片自动版式中双击占位符启动；也可以选择“插入”菜单中“图片”命令，再单击“组织结构图”。如图5－31所示是通过“插入”菜单方式插入的组织结构图。如双击“组织结构图”占位符，会弹出“图示库”对话框，如图5－32所示。在对话框中选择组织结构图的四图框样式，即第一行第一个图即可。

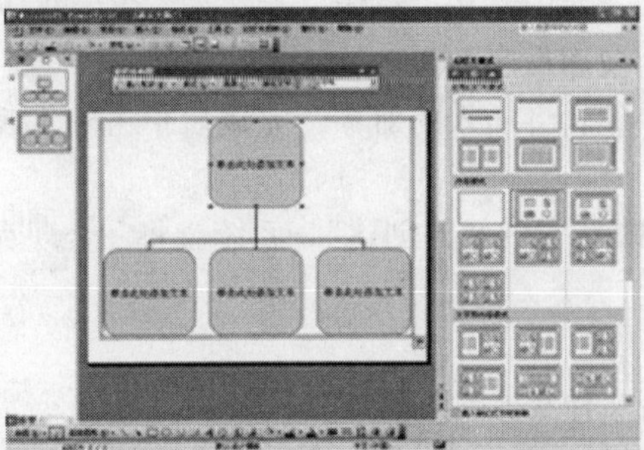

图5－31　插入组织结构图

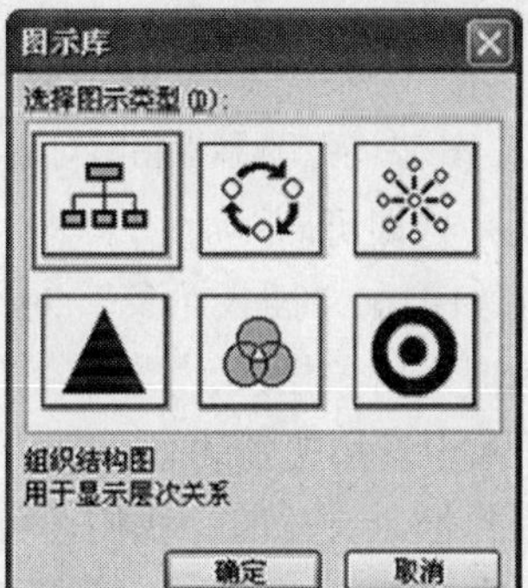

图5－32　图示库对话框

若想在图框中输入文字，可以单击该图框，然后键入自己想要输入的文字。若想继续在其他图框中输入信息，可以按 Tab 键选择或用鼠标选择下一个图框。若想添加新的组织图框，首先选择添加位置的图框，然后在“组织结构图”工具栏上的“插入形状”下拉按钮中选择即可。如想添加下一级可以单击“下属”按钮，添加同级可以单击“同事”按钮等，如图 5 - 33 所示，然后再输入内容。若想改变图框中文本的字体样式，可以首先选定图表框中要改变样式的文本，单击鼠标右键，在弹出的快捷菜单中选择“字体”命令，然后在“字体”对话框中选择所需。

图 5 - 33　添加组织结构图

5.4.6 插入对象

链接和嵌入技术在很多系统中都得到广泛的应用，PowerPoint 2003 也有这一功能，它的实现可以通过两种途径：一是通过选择性粘贴进行嵌入，二是选择“插入”菜单上的“对象”命令。下面以嵌入 Word 文本对象为例进行讲解。

5.4.6.1 通过选择性粘贴进行嵌入

（1）在 Word 中选择用于嵌入的文本。

（2）单击常用工具栏上的“复制”按钮或“剪切”按钮。

（3）切换到 PowerPoint 2003，在幻灯片上希望显示信息的位置插入文本框。

（4）单击“编辑”菜单上的“选择性粘贴”，选择“粘贴链接”选项，如图 5 - 34 所示，单击“确定”按钮将 Word 文本嵌入到演示文稿中。

5.4.6.2 选择“插入”菜单上的“对象”命令

（1）单击要插入嵌入对象的幻灯片。单击“插入”菜单上的“对象”命令，打开“插入对象”对话框，该对话框中有两个选项：“新建”和“由文件中创建”。若选择“新建”，“对象类型”方框中将列出允许激活的应用程序，这里选择“Microsoft Word 文档”。

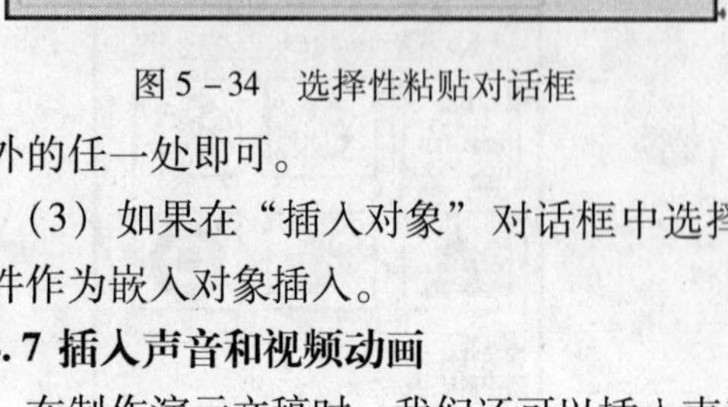

图 5 - 34　选择性粘贴对话框

（2）按“确定”后，系统激活 Word 应用程序的文本输入，用户可以在其中编辑将插入的对象，完成后单击输入窗口外的任一处即可。

（3）如果在“插入对象”对话框中选择的是“由文件创建”，系统就将一个现存文件作为嵌入对象插入。

5.4.7 插入声音和视频动画

在制作演示文稿时，我们还可以插入声音文件及视频图像文件。

5.4.7.1 插入声音

在 PowerPoint 2003 中可以插入 mid、wav、mp3、aif 等多种格式的声音文件。

在菜单上选择“插入”/“影片和声音”/“文件中的声音”，弹出“插入声音”对话框，如图5－35所示。选定声音所在的文件夹，选定声音文件名，然后单击“确定”按钮。

执行完上述操作，PowerPonit会自动弹出一个希望在放映时如何播放声音的对话框，如图5－36所示。如果单击“自动”按钮，则表示声音会在幻灯片放映时自动播放；否则播放时需要用鼠标单击声音图标才能播放声音。我们选择“自动”按钮，在演示文稿中就出现一个小喇叭。在幻灯片放映时会自动播放声音文件。

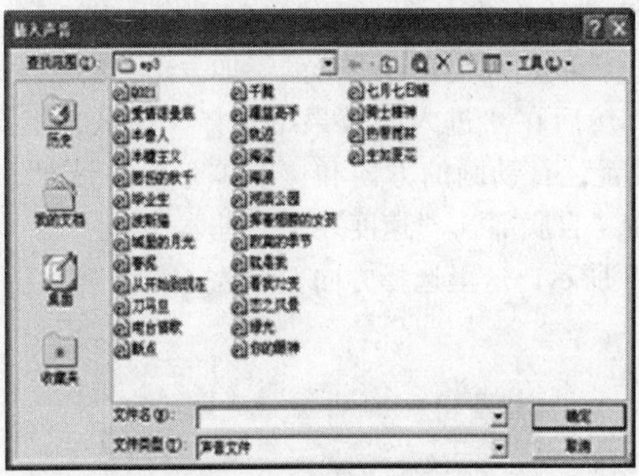

图5－35　插入声音对话框

图5－36　是否自动播放声音

5.4.7.2 插入视频文件

在PowerPoint 2003中还可以插入avi、mpg、dat、mov、wmv等多种格式的视频文件。插入视频文件与插入声音文件的操作过程类似。在菜单上选择“插入”/“影片和声音”/“文件中的影片”，弹出“插入影片”对话框。在“插入影片”的对话框中选择文件夹和文件名，单击“确定”按钮。在弹出的“是否需要自动播放”对话框中选择“自动”或者“单击”即可。

5.5 演示文稿动画设置

在同一张幻灯片上有多个对象，用户可以对其中的每一个对象设置不同的动画效果。

5.5.1 文本框对象的动画设置

新建一个空白文稿，插入一个文本框，在框中输入文字“湖北中医学院”，并设置文字字号大小为40号。

选择文本框，单击选择“幻灯片放映”/“自定义动画”菜单项，这时在右边的任务窗格里显示“添加效果”的菜单选项。单击“添加效果”右边的小三角，弹出一个动画效果菜单，如图5－37所示。

图5－37　添加效果

在PowerPoint 2003中提供了更多的动画效果，并对各种动画效果进行了归类，具体有“进入”、“强调”、“退出”、“动作路径”四类动画效果。其中“进入”效果又分为“百叶窗”、“飞入”、“盒状”、“菱形”、“棋盘”、“其他效果”等多种效果；“强调”效果又分为“放大/缩小”、“更改字号”、“更改字体”、“更改字形”、“陀螺旋”、“其他效果”等多种效果；“退出”效果又分为“百叶窗”、“飞出”、“盒状”、“菱形”、“棋盘”、“其他效果”等多种效果；“动作路径”效果又分为“对角线向右上”、“对角线向右下”、“向上”、“向下”、“向右”、“向左”、“绘制自定义路径”、“更多动作路径”等多种效果。“绘制自定义路径”的动画效果可让幻灯片内的对象根据用户需要，按照用户所绘制出来的直线、曲线、任意多边形或者自由曲线进行运动，其路径的设置方法同直线、曲线、任意多边形或自由曲线这几类自选图形的添加方法相同。

在“添加效果”中选择“进入”效果，然后在“进入”效果中选择“飞入”效果，这时在任务窗格中会显示相应的参数设置，有动画的方向和速度等参数的设置。默认选择如图5－38所示的设置，“方向”为“自底部”，“速度”为“非常快”。

对动画进入的方向进行更改，如图5－39所示。这里选择方向“自左上部”进入，也可以调整进入的速度等设置。

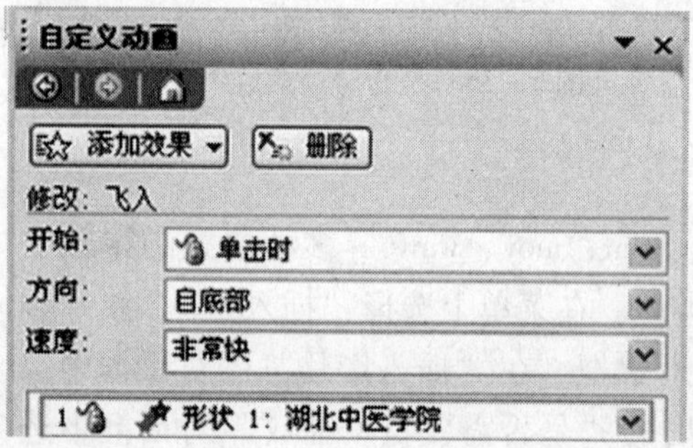

图5－38 飞入效果参数设置

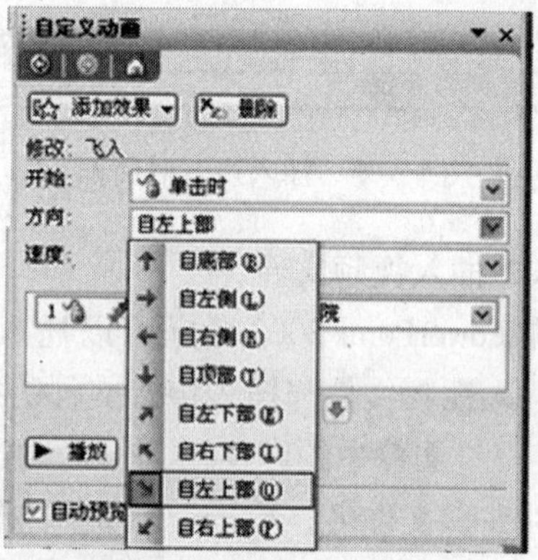

图5－39 动画效果选择

在动画效果设置时，任务窗格的最下面有“播放”按钮和“幻灯片放映”按钮，还有一个“自动预览”的复选框。在PowerPoint 2003中可以随时在编辑的过程中点击“播放”按钮来观看当前页的动画效果。如果选择了“自动预览”复选框，只要对动画的参数进行了修改，动画都会自动播放效果，使用户能很方便的预览到设置的效果。

动画效果设置好了以后，可以通过菜单栏上的“幻灯片放映”\“观看放映”菜单来查看对象的动画效果。如不满意可继续修改，直到满意为止。

5.5.2 自绘图形动画

新建一个空白文稿，在“绘图”工具栏中使用绘图工具画出两个椭圆，一个大的和一个小的，小的椭圆放在大椭圆的中间，并将大椭圆填充为淡蓝色，把小椭圆填充为红色，设计为一个射击的靶子。用箭头工具画出一个箭头，如图5－40所示。

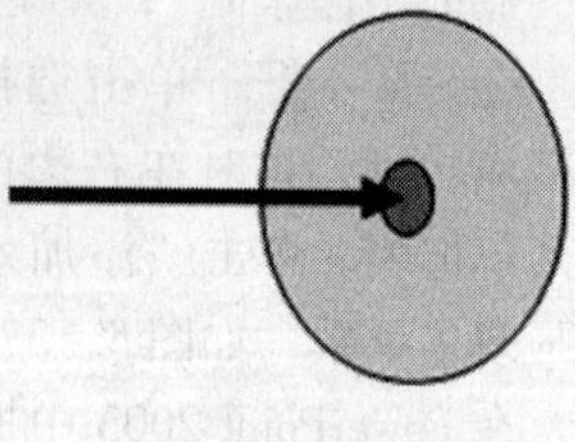

图5－40 射击

选定箭头后，在菜单上选择“幻灯片放映”/“自定义动画”，在任务窗格中选择“添加效果”/“进入”/“飞入”，方向设为“自左侧”，其他的参数保持不变，动画设置完成。

单击选择“幻灯片放映”菜单\“观看放映”，可以看到幻灯片放映时，黑色的箭头从屏幕的左边“射向”靶心——中间的小椭圆。

其他对象的动画设置同上面两种基本一样。

5.5.3 幻灯片切换时的动画设置

前面介绍的动画，指的是对每张幻灯片中的对象进行动画设置。一个演示文稿文件会有多张幻灯片，在幻灯片放映时，还可以对每张幻灯片设置动画切换方式。

例如，对图5-14所示的4张幻灯片设置动画切换方式的操作方法如下：

选择“幻灯片浏览”视图，打开“幻灯片浏览”工具栏，单击“幻灯片切换”按钮，出现“幻灯片切换”任务窗格，如图5-41所示。

选择第一张幻灯片，在“幻灯片切换”窗格设置切换动画属性值，如图5-42所示，并单击“应用于所有幻灯片”按钮。这样4张幻灯片都具有相同的切换属性，即同样的切换动画效果。

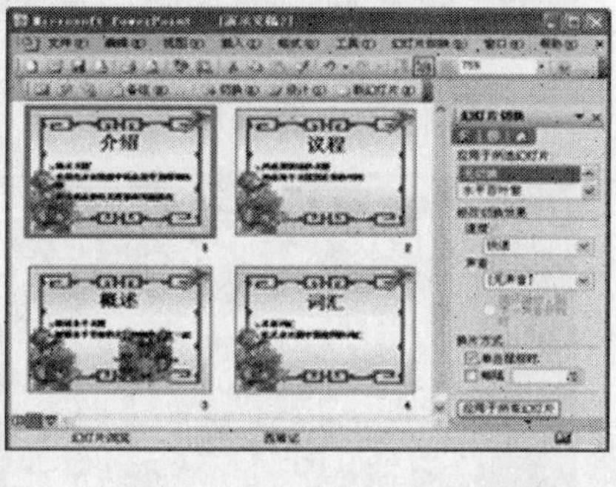

图5-41 幻灯片切换窗口

可以修改每张幻灯片的切换方式各为不同，如修改第二张幻灯片的切换属性值如图5-43所示。换片方式中取消对“单击鼠标时”的选定，并设置每隔3秒换片。该幻灯片的换片方式改为每隔3秒，表示该张幻灯片播放3秒钟后将自动播放下一张幻灯片。而没有设置该项时间的幻灯片，且也没有设置“排练记时”，则其后面的幻灯片只能靠单击鼠标来实现播放。

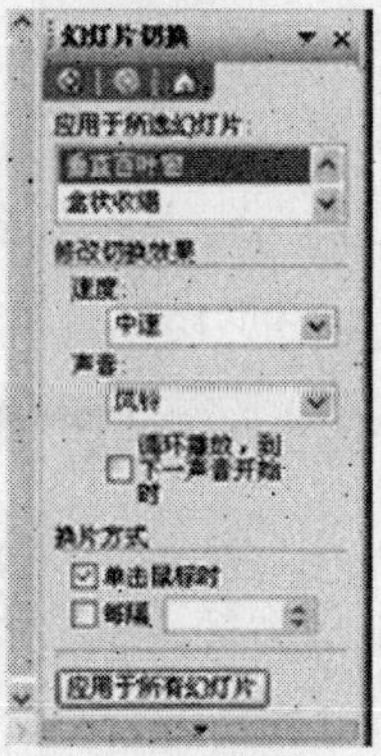

图5-42 设置切换值

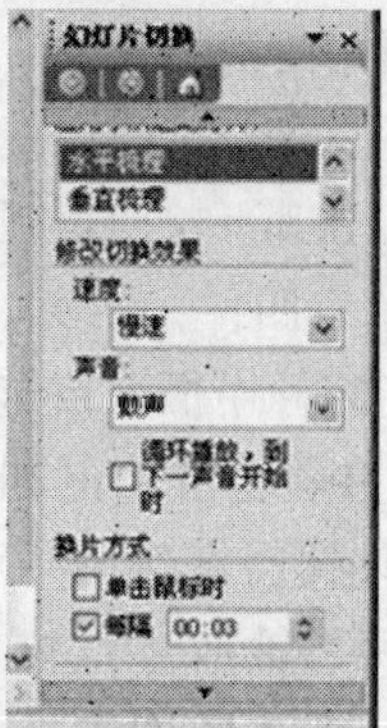

图5-43 设置自动播放

注意，要设置各张幻灯片具有不同的切换方式，设置完后不能单击选择“应用于所有幻灯片”按钮。

5.6 幻灯片实例制作

以下将以一个包含有四张幻灯片的演示文稿——大医精诚（如图5－44所示），来详细介绍演示文稿的编辑制作和动画效果的设置。本例的幻灯片采用“建立空演示文稿”的方法进行创建，四张幻灯片皆为空白版式。

第一张幻灯片

第二张幻灯片

第三张幻灯片

第四张幻灯片

图5－44　幻灯片制作

5.6.1 第一张幻灯片的制作

5.6.1.1 设置幻灯片的背景

右击第一张幻灯片空白处，在弹出的对话框中选择“背景”，打开如图5－45所示的背景对话框，在其下拉列表框中选择“填充效果”，本例选择“图案”，如图5－45所示。

填充效果有四种，渐变、纹理、图案和图片，用户也可以根据设计需求自行选择。

5.6.1.2 在幻灯片中插入自选图形

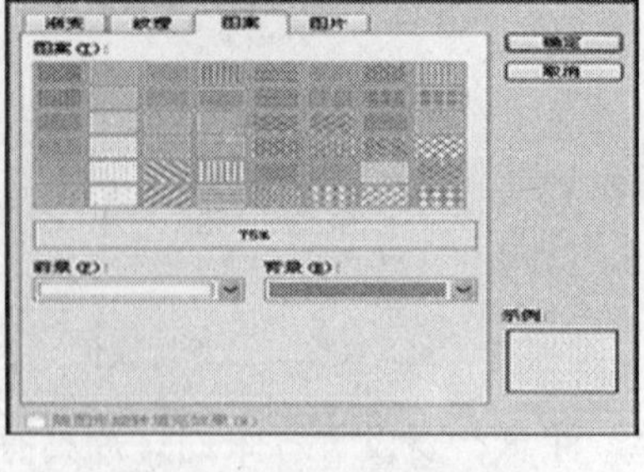

图5－45　设置填充效果

在Word中已经介绍过如何插入自选图形并进行组合形成整体。本例中，将采用同样方法插入两个卷轴（两卷轴放置位置上下间隔5mm，采用矩形长条和两个小圆圈组合而成）、拖尾（三条直线组合而成）和竖排文本框“大医精诚”，具体背景和填充效果可根据需求自行设置。将下卷轴、拖尾和竖排文本框组合成一个整体，如图5－46所示。在幻灯片的下半部分，利用矩形、直线和自选图形基本形状中的折角形组合形成红色的条状底纹，将折角形的叠放次序设置为最底层，如图 5－47 所示。并右击红色边框的矩形，选择“添加文字”，输入如下内容：医乃“至精至微之事”，习医之人必须“博极医源，精勤不倦”，立誓“普救含灵之苦”，此之谓“大医精诚”！

图 5－46　大医精诚

图 5－47　红色条纹状底纹文本框

5.6.1.3 在幻灯片中插入文本框

插入竖排文本框“孙思邈”。

5.6.1.4 在幻灯片中插入三幅图片

“孙思邈”图片、瓷瓶图片、云状背景图片。

5.6.1.5 动画效果设置

（1）单击“幻灯片放映”菜单中的“自定义动画”，打开自定义动画任务窗格。单击下卷轴、拖尾和竖排文本框的组合，依次选择“添加效果”——“动作路径”——“向下”，并双击“向下”的动画效果，将其细节设置如图 5－48 所示。

（2）单击选择云状背景图片，将其进入动画效果设置为展开，其细节如图 5－49 所示。强调动画效果设置为忽明忽暗，其细节如图 5－50 所示。

（3）选择幻灯片下部的红色条纹对话框，根据用户喜好设置一定的进入动画效果。

（4）插入背景音乐“高山流水”，并设置其动画效果。在自定义动画栏目中，选择“高山流水”音乐对象，使用重新排序旁的上移按钮将其上移至顶部，并将其设置为幻灯片开始放映之后立即播放。右击设置其效果选项为如图 5－51 所示，并在“声音设置”选项卡中选择幻灯片放映时隐藏声音图标。

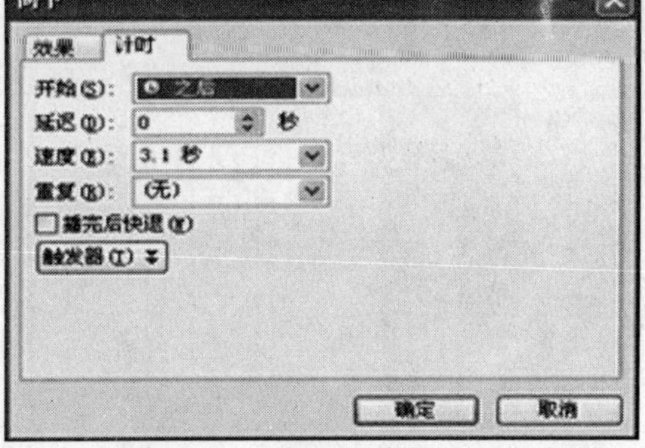

图 5－48　“向下”动画效果设置

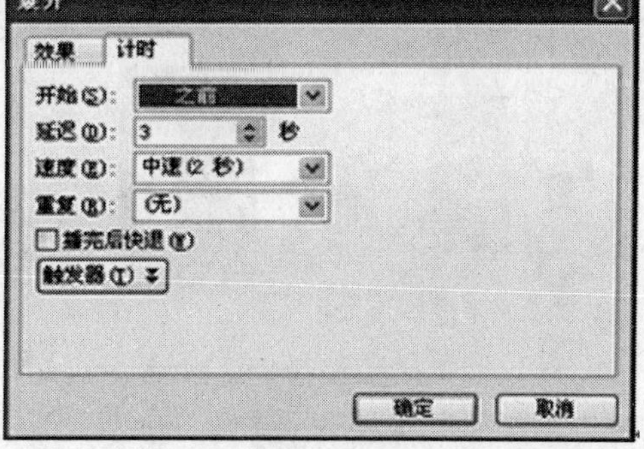

图 5－49　云状背景图片动画效果设置

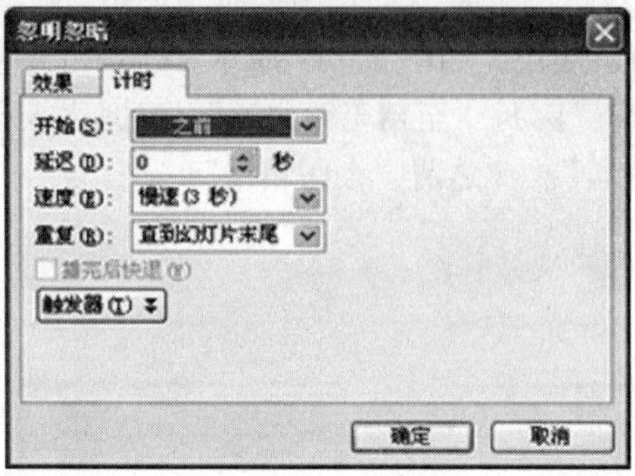

图 5－50　云状背景图片“忽明忽暗”效果设置

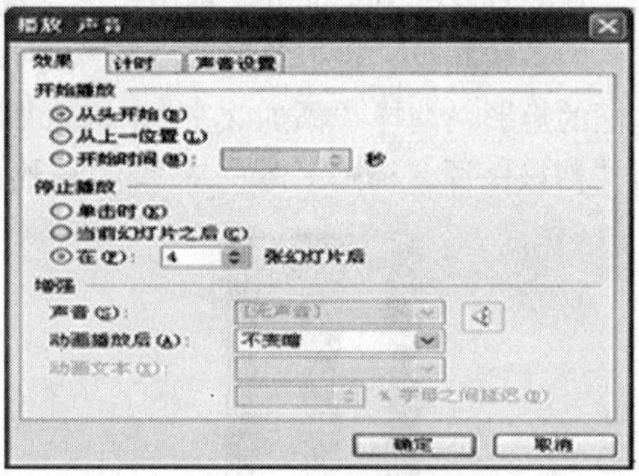

图 5－51　背景音乐的动画效果选项

5.6.2 第二张幻灯片的制作

5.6.2.1 设置幻灯片的背景

方法参照第一张幻灯片设置背景的步骤，选择一幅“海洋和蓝天”的图片作为填充效果。当然，若我们对通过设置背景来改变幻灯片风格的方式不够满意，也可通过更改幻灯片的整体模板，来修改其整体风格。

5.6.2.2 在幻灯片中插入自选图形和文本框

第二张幻灯片中的小船和医书，均采用自选图形中的各种形状结合文本框组合形成，如图 5－52 和图 5－53 所示。将小船放在幻灯片的外侧靠左部分，因为要设置其缓慢驶入的动画效果。医书内页的自选图形由矩形框、直线和竖排文本框组合而成，添加如图 5－54 所示的文字内容。需要特别强调的是，医书封面稍后需设置出翻页的动画效果，需将医书封面的左部添加一个与医书同样大小的矩形，再将其组合为一个整体，如图 5－53 中红色边框部分所示（边框应设置为无颜色）。医书中有两页内页，第二个内页只需添加普通的竖排文本框和利用自选图形组合成的红色竖条底纹即可。第一个内页稍后也需要设置出翻页的动画效果，采用与制作医书封面同样的方法添加。

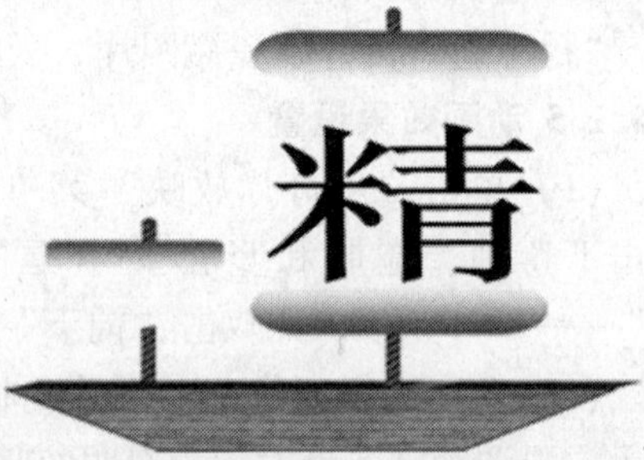

图 5－52　小船

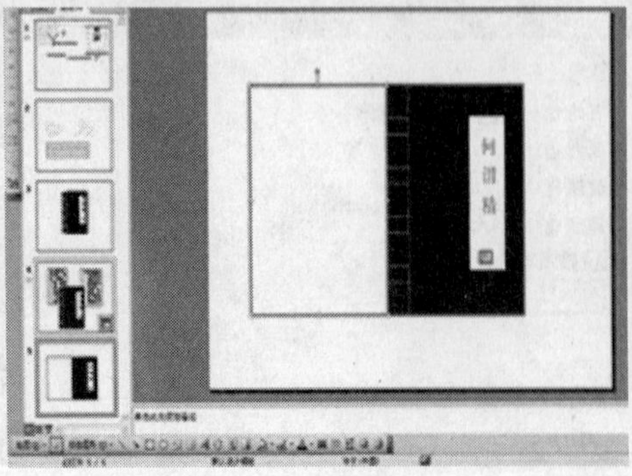

图 5－53　医书封面

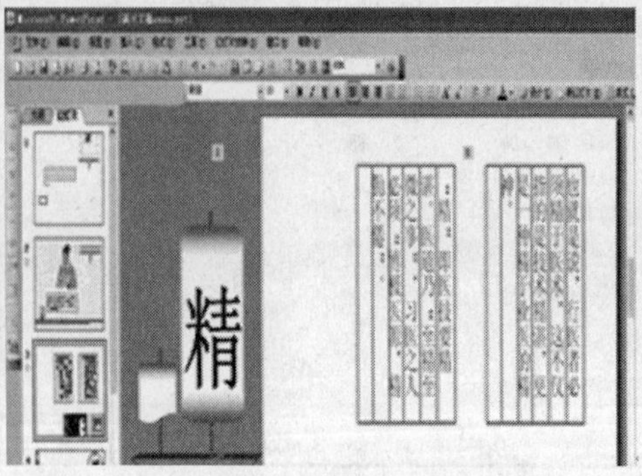

图 5－54　医书中的两内页

医书的封面、第一内页、第二内页添加完毕后，将三者完全重叠起来，并右击设置其叠放次序。封面置于顶层，第二内页置于底层，如图 5-55 所示。

5.6.2.3 动画效果设置

（1）单击“幻灯片放映”菜单中的“自定义动画”，打开自定义动画任务窗格。单击小船，依次选择“添加效果”——“动作路径”——“绘制自定义路径”，拖曳鼠标画出一条从小船到幻灯片右侧的直线，并将其速度设置为“非常慢”，即设置出了小船的缓慢驶入动画效果。

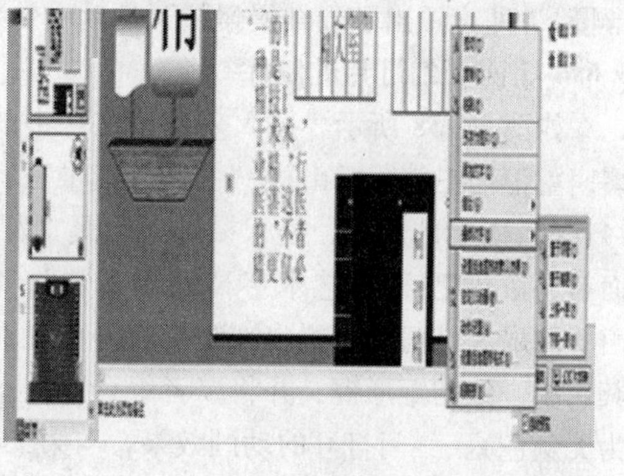

图 5-55　设置叠放次序

（2）设置三页医书的动画效果。将封面的进入动画效果设置为渐变、出现，退出动画效果设置为同时旋转和渐变。第一内页的进入动画效果设置为渐变、出现，退出动画效果设置为同时旋转和渐变。第二内页的进入动画效果设置为渐变。

5.6.3 第三张幻灯片的制作

5.6.3.1 设置幻灯片的背景

方法参照第一张幻灯片设置背景的步骤，选择一幅“青花瓷”的图片作为填充效果。

5.6.3.2 在幻灯片中插入自选图形和文本框

如图 5-56 所示，第三张幻灯片继续采用插入各种自选图形和文本框并将其组合起来，制作出一个横着的卷轴。将圆柱形卷心放置在幻灯片的左部，并设置其置于顶层。竖排文本框“何谓诚”置于底层。需特别强调的是，为了稍后设置的动画效果（文本框卷轴横着向右拉开）更加逼真，需在幻灯片的最左边插入一条“青花瓷”图片遮挡住竖排文本框，如图 5-57 所示。

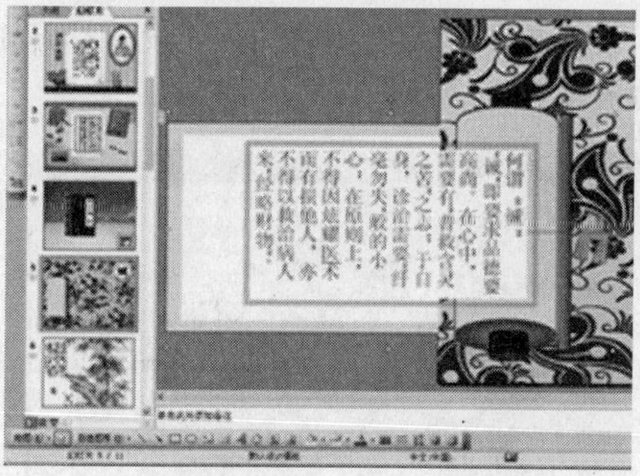

图 5-56　第三张幻灯片

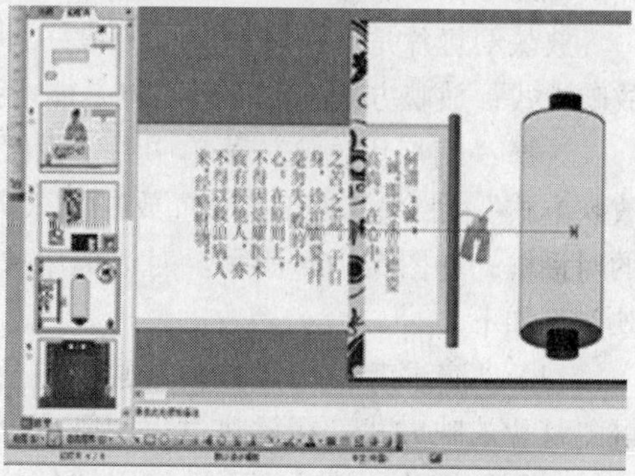

图 5-57　左部增加的青花瓷竖条图片

5.6.3.3 动画效果设置

单击“幻灯片放映”菜单中的“自定义动画”，打开自定义动画任务窗格。单击竖排文本框“何谓诚”的组合，依次选择“添加效果”——“动作路径”——“绘制自定义路径”，拖曳鼠标画出一条从幻灯片左侧到右侧的直线，并将其速度设置为“非常慢”，即设置出了卷轴慢慢拉开的动画效果。

5.6.4 第四张幻灯片的制作

如图5－58所示，插入来自于文件中的红门、石狮等图片，两个竖排文本框“清溪萌鋆记药王踏雾登山”、“三教九流惟医者活人救世”形成其主体界面。再根据图5－44（d）所示的内容，插入横排文本框“发扬大医精诚，让我们为中华传统医学的福星而努力奋斗吧！”和艺术字“谢谢观赏”，将二者置于底层即可。这里需要强调的是，由于两扇大红门要设置出来缓慢打开的动画效果，因此需在每扇门的外侧添加一个与其大小一致的矩形框，并将二者组合起来，如图5－59所示（图中所示黑色边框线应为无颜色）。红门打开的动画效果，与第二张幻灯片中医书翻页的动画效果类似，用户也可以参照图5－59自行设置。

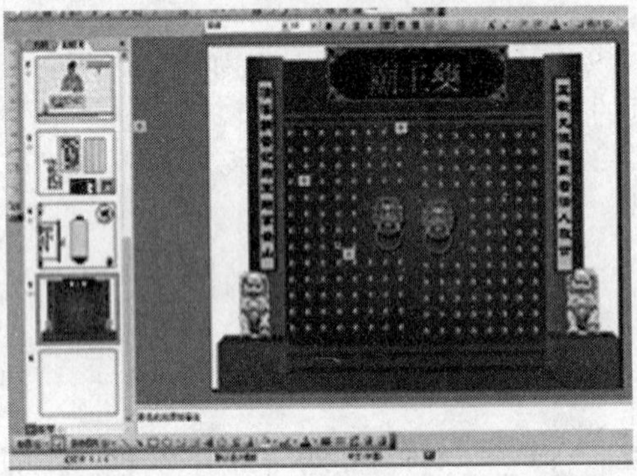

图5－58　第四张幻灯片

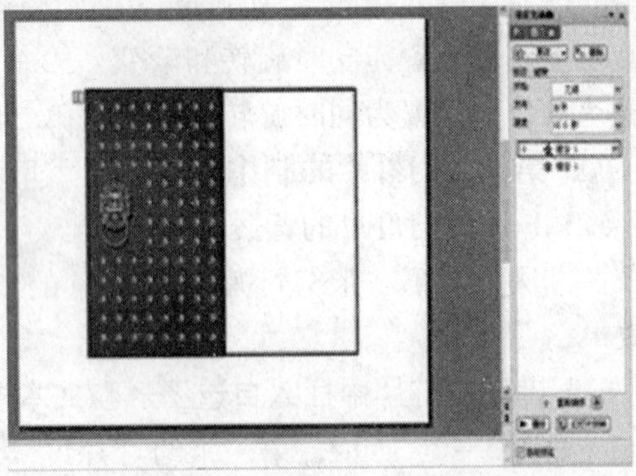

图5－59　红门

5.7 幻灯片的放映

5.7.1 设置幻灯片的放映

放映幻灯片是制作演示文稿的最终目的，在针对不同的应用时往往要设置不同的放映方式，放映方式选取得适当也是能增强演示效果的。

选择“幻灯片放映”菜单中的“设置放映方式”命令，弹出“设置放映方式”的对话框，如图5－60所示。对话框中放映类型如下。

（1）“演讲者放映”方式是常规的全屏幻灯片放映方式，在放映过程中既可以人工控制幻灯片的放映也可以使用“幻灯片放映”菜单上的“排练计时”命令让其自动放映。

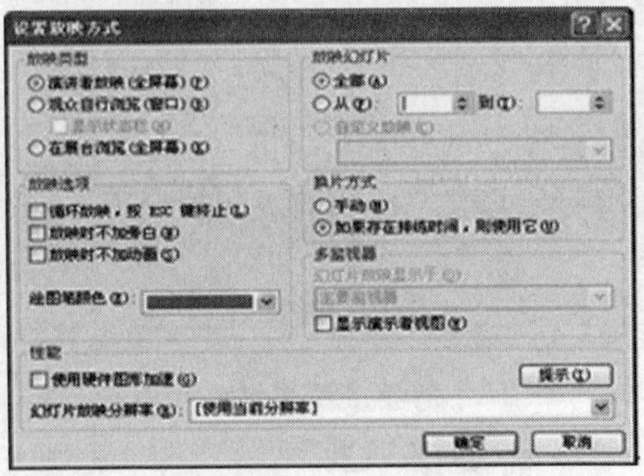

图5－60　幻灯片放映

（2）如果允许观众自己动手操作的话

可选择“观众自行浏览”方式。

（3）如果放映幻灯片展示的位置无人看管，可以选择“在展台浏览”方式，此时，PowerPoint 2003 会自动选择“循环放映，按 Esc 键终止”复选框。

如果只需要选择性地放映演示文稿中的几张幻灯片，可以在“放映幻灯片”中设置相应的范围。

5.7.2 设置自定义放映

自定义放映方式是指从当前的演示文稿中按一定的目的选取若干张幻灯片另构成一组演示文稿。设置自定义放映方式的步骤如下。

（1）单击“幻灯片放映”菜单中的“自定义放映”命令，弹出“自定义放映”对话框；

（2）单击对话框上的“新建”按钮，在打开的“定义自定义放映”窗口中选取要添加到自定义放映中的幻灯片，每选择一张幻灯片，就单击一次“添加”按钮，“在自定义放映中的幻灯片”列表框就增加一项，如图 5－61 所示。

（3）在“幻灯片放映名称”框中输入自定义放映演示文稿的名称，再单击“确定”按钮。若想添加或删除自定义放映中的幻灯片，可以单击“幻灯片放映”菜单中的“自定义放映”命令，然后在“自定义放映”对话框的“自定义放映”框中选择要修改的自定义放映演示文稿名，单击“编辑”按钮后进行添加或删除。

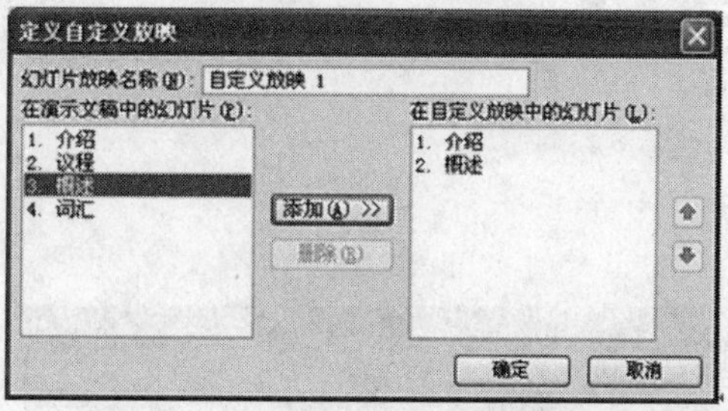

图 5－61 “定义自定义放映”对话框

（4）在幻灯片上设置动作按钮的方式 ①选定要设置动作按钮的幻灯片，单击“幻灯片放映”菜单中的“动作按钮”，在出现的菜单中选择一种动作接钮。②单击幻灯片中想放置动作按钮的位置，该处就出现动作按钮的占位符，同时屏幕上出现“动作设置”对话框。③在“单击鼠标”选项卡的“单击鼠标时的动作”框中选择动作按钮的功能，此处选择“超级链接到”列表中的“下一张幻灯片”，单击“确定”按钮，该动作按钮的设置完成。

5.7.3 幻灯片的放映

幻灯片的放映有三种方式：一是从 PowerPoint 2003 中启动放映设置来播放幻灯片；二是从 Windows 资源管理器中直接启动；三是将演示文稿存为“PowerPoint 放映”类型，然后在 Windows 中直接使用。具体操作步骤如下。

（1）从 PowerPoint 2003 中放映幻灯片，可从以下 3 种操作中择一 ①单击演示文稿窗口左下角的“幻灯片放映”按钮；②在“幻灯片放映”菜单中单击“观看放映”命令；③在“视图”菜单中单击“幻灯片放映”按钮。

（2）直接从 Windows 资源管理器中启动 ①在 Windows 资源管理器中找到要放映的演示文稿名；②在文件名上单击鼠标右键，从弹出的快捷菜单中选择“显示”命令，系统将会自动放映该演示文稿。

（3）将演示文稿存为“PowerPoint 放映”类型，然后在 Windows 中直接使用。保存演示文稿时，在“保存”对话框中的“保存类型”下拉式列表中选择“PowerPoint 放映”类型，文件扩展名为 . PPS；在 Windows 资源管理器中找到要放映的演示文稿名，双击该文件名，幻灯片就会开始放映。如果在放映过程中想中断幻灯片的放映，可以单击鼠标右键并在出现的菜单中选择“结束放映”命令，或按 Esc 键即可。

5.8 幻灯片的打印

5.8.1 打印的设置

在进行打印之前，首先要进行页面设置，默认的设置是按幻灯片放映方式的显示进行打印。如果要进行调整，只需单击“文件”菜单中的“页面设置”命令，弹出如图 5－62 所示的“页面设置”对话框，在对话框中可以进行幻灯片的宽度、高度、编号起始值以及打印方向的设置。

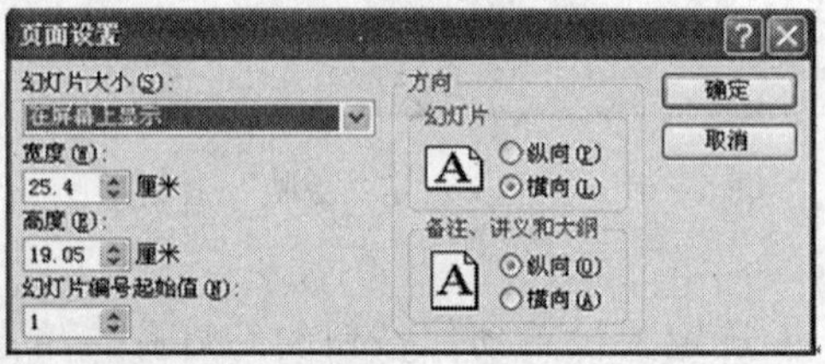

图 5－62　页面设置

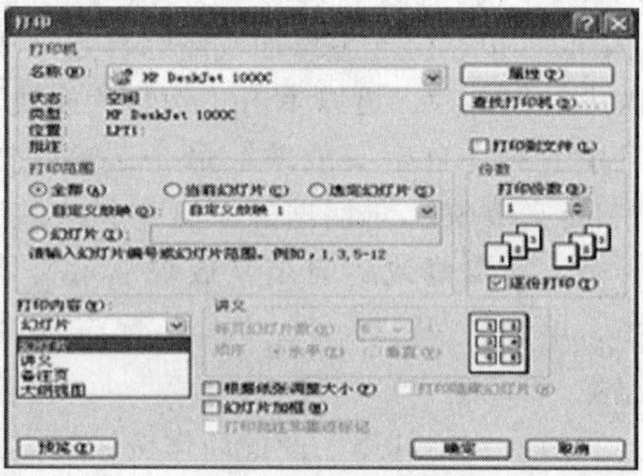

图 5－63　打印设置

5.8.2 幻灯片的打印

打开需打印的演示文稿，选择“文件”菜单中的“打印”命令或按 Ctrl + P 组合键，弹出“打印”对话框，如图 5－63 所示。

该对话框与 Word 中的“打印”对话框类似，比如设置打印机属性、打印范围、打印份数等，但“打印内容”框是针对幻灯片的。“打印内容”的默认设置是“幻灯片”，即按幻灯片放映方式显示打印，另外还可以选择“讲义”、“备注页”、“大纲视图”。若选择“讲义”，“讲义”框就被激活，它主要的设置是每张纸所打印的幻灯片的数量。

习 题

一、单项选择题

1. 如果要从第三张幻灯片跳到第五张幻灯片，使用菜单“幻灯片放映”中的(　　)菜单能完成这一操作。

A. 幻灯片切换　　B. 动作设置

C. 自定义动画　　D. 预设动画

2. “标尺”命令在（　　）菜单中。

A. 编辑　　B. 格式　　C. 工具　　D. 视图

3. 设计幻灯片母版的命令位于（　　）菜单中。

A. 格式　　B. 视图　　C. 工具　　D. 编辑

4. 18 号字体比 9 号字体（　　）。

A. 小　　B. 大　　C. 没法比较　　D. 有时大有时小

5. 退出 PowerPoint 2003 的正确操作是（　　）。

A. 选择“文件”菜单中的“关闭”

B. 选择“文件”菜单中的“另存为”

C. 选择“文件”菜单中的“退出”

D. 选择“文件”菜单中的“打印”

6. 以下不是 PowerPoint 2003 中的视图按钮的是（　　）。

A. 普通视图按钮

B. 幻灯片浏览视图按钮

C. 幻灯片放映视图按钮

D. 大纲视图按钮

7. 在下列操作中不能完成演示文稿的保存工作的是（　　）。

A. 单击常用工具栏上的“保存”按钮

B. 按 Ctrl + O 键

C. 执行“文件”菜单下的“保存”

D. 执行“文件”菜单下的“另存为”

8. 在演示文稿中，对插入的图片，不能进行的操作是（　　）。

A. 裁剪　　B. 放大或缩小

C. 移动其位置　　D. 修改图片的内容

9. 以下哪种方法不能把文字信息加入到幻灯片中（　　）。

A. 使用文本框

B. 使用艺术字

C. 在自选图形上右击选“添加文字”

D. 插入声音

10. PowerPoint 2003 演示文稿的默认扩展名是（　　）。

A. PPT　　B. DOC　　C. TXT　　D. XLS

11. 以下操作中能退出 PowerPoint 2003 的是（　　）。

A. CTRL + F4　B. CTRL + S　　C. CTRL + V　　D. ALT + F4

12. 要修改幻灯片中文本框的内容，以下操作正确的是（　　）。

A. 选择文本框中要修改的内容，重新输入新的文字

B. 先删除文本框，然后再插入一个文本框

C. 用新插入的文本框覆盖原来的文本框

D. 以上说法都不正确

13. 如果要将幻灯片的方向改变为纵向，可通过（　　）菜单。

A. 文件、页面设置　　B. 文件打印

C. 格式、幻灯片板式　　D. 格式、应用设计模板

14. 如果要使某个幻灯片与其母版不同，（　　）。

A. 是不可以的

B. 设置该幻灯片不使用母版

C. 直接修改该幻灯片

D. 重新设置母版

15. 在什么视图下不能显示幻灯片中插入的图片对象（　　）。

A. 大纲视图　　B. 幻灯片母版

C. 幻灯片　　D. 幻灯片放映

16. 按什么键可以停止正在放映的幻灯片（　　）。

A. Ctrl + O　　B. Ctrl + F　　C. Ctrl + X　　D. ESC

17. 对存放在硬盘中的 PowerPoint 2003 的演示文稿进行修改时，以下正确的操作是（　　）。

A. 选择“文件”菜单中的“打开”，然后在“打开”文件的对话框中选择该文件

B. 选择“文件”菜单中的“新建”，然后在“新建”文件对话框中选择该文件

C. 选择“编辑”菜单中的“打开”，然后在“打开”文件对话框中选择该文件

D. 选择“编辑”菜单中的“新建”，然后在“新建”文件对话框中选择该文件

18. 下列有关插入图片、自绘图形等对象的操作说法正确的是（　　）。

A. 在幻灯片中插入的图片或图形都是一个独立的对象，所以不能将它们组合成一个对象

B. 如果插入的对象有重叠的时候，可以通过“叠放次序”来设置其显示的顺序

C. 幻灯片中的图片不能作为动作按钮使用

D. 在图形上面不能添加文本信息

19. “文件”菜单中的“新建”命令，其快捷键是（　　）。

A. Ctrl + P　　B. Ctrl + O　　C. Ctrl + S　　D. Ctrl + N

20. 添加与编辑幻灯片“页眉与页脚”操作的命令位于（　　）菜单中。

A. 插入　　B. 格式　　C. 视图　　D. 编辑

21. 在幻灯片的“动作设置”对话框中设置的超链接对象不允许的是（　　）。

A. 下一张幻灯片　　B. 一个应用程序

C. 其他演示文稿　　D. “幻灯片”中的一对象

22. 修改项目符号的颜色、大小是通过（　　）菜单打开对话框来实现的。

A. 格式/幻灯片配色方案

B. 格式/字体

C. 插入/符号

D. 格式/项目符号

23. 在 PowerPoint 2003 中的（　　）视图下，不能对幻灯片的内容进行修改。

A. 幻灯片放映　　B. 幻灯片浏览

C. 大纲视图　　D. 普通视图

24. 在幻灯片编辑的状态下，以下不能重新更改幻灯片的版式是________。

A. 单击鼠标右键，在弹出的菜单中选择“幻灯片设置”

B. 选择菜单“插入/幻灯片版面设置”

C. 选择菜单“格式/幻灯片版面设置”

D. 在“视图”菜单中选择“任务窗格”菜单

25. 在 PowerPoint 2003 的幻灯片中要输入文字，以下说法正确的是（　　）。

A. 选中幻灯片直接输入文字

B. 选择图片直接输入文字

C. 应单击占位符，然后直接输入文字

D. 删除文本框，然后直接输入文字

26. “文件”菜单中的“打开”命令，其快捷键是（　　）。

A. Ctrl + N　　B. Ctrl + P　　C. Ctrl + O　　D. Alt + O

27. 以下关于自绘图形操作不正确的是（　　）。

A. 通过“插入”菜单中的“图片”命令可以插入自绘图形

B. 自绘图形内不能添加文本

C. 鼠标拖动可以改变自绘图形的大小和位置

D. 在同一张幻灯片中的自绘图形可以任意的组合，形成一个对象

28. 在 PowerPoint 2003 中创建新的演示文稿可以使用“文件”菜单下的“新建”命令或使用以下哪种方法中的“新建”按钮来完成（　　）。

A. 大纲工具栏　　B. 常用工具栏

C. 格式工具栏　　　　　　　　D. 动画效果工具栏

29. 使用什么菜单下的“页眉和页脚”命令为演示文稿加上页眉和页脚（　　）。

A. 视图　　B. 插入　　C. 格式　　D. 编辑

30. 在 PowerPoint 2003 中，对先前做过的有限次操作，以下说法正确的是（　　）。

A. 不能对已做的操作进行撤销

B. 能对已做的操作进行撤销，也能恢复撤销后的操作

C. 能对已做的操作进行撤销，但不能恢复撤销后的操作

D. 不能对已做的操作进行撤销，也不能恢复撤销后的操作

31. 在 PowerPoint 2003 中，窗口左下端视图切换的按钮有（　　）个。

A. 2　　B. 3　　C. 4　　D. 5

32. 下述有关演示文稿存盘操作的描述，正确的是（　　）。

A. 选择“文件”菜单中的“保存”命令，可将演示稿存盘并退出编辑

B. 选择“文件”菜单中的“另存为”命令，可保存演示文稿的备份

C. 若同时编辑多个演示文稿，点击工具栏中的“保存”按钮，打开的所有文稿均保存

D. 选择“文件”菜单中的“关闭”命令，则将演示文稿存盘并退出 PowerPoint 2003

33. 在幻灯片编辑状态下，用鼠标拖动方式进行复制操作，需按下（　　）键。

A. Shift　　B. Ctrl　　C. Alt　　D. Alt + Ctrl

34. PowerPoint 2003 是电子讲演稿软件，它（　　）。

A. 在 DOS 环境下运行

B. 在 Windows 环境下运行

C. 在 DOS 和 Windows 环境下运行

D. 可以不要任何环境，独立在运行

35. 如果计算机没有连接打印机，PowerPoint 2003 将（　　）。

A. 不能进行幻灯片的放映也不能打印

B. 可以进行幻灯片的放映，但不能打印

C. 按文件的大小，有的能进行幻灯片的放映，有的不能放映

D. 按文件的类型，有的可以进行幻灯片的放映，有的不能放映

二、填空题

1. 在 PowerPoint 2003 中，要看幻灯片的最终效果，需要在“幻灯片放映”菜单中单击（　　）。

2. 如果要在一个演示文稿中制作多张幻灯片，则在（　　）菜单中选择“新幻灯片”。

3. 如果要做两个相同效果的艺术字，选择一个已经做好的艺术字，在“编辑”菜

单中选择“复制”，然后选择“编辑”菜单中的（　　）。

4. 当第一次保存演示文稿时，会出现一个标题为（　　）的对话框。

5. 在打印对话框里设定好有关信息后，然后单击（　　）按钮后即可开始打印。

6. 在幻灯片中对所有键入的文字，一经（　　），则可以使用粗体、斜体或者加上下画线。

7. 在幻灯片的编辑过程中，按下（　　）键则可以观看放映。

8. 在“页面设置”对话框中设置好选项以后，单击（　　）按钮则变成了所需的页面设置。

9. PowerPoint 2003 中当按下（　　）键时，在屏幕上则出现 Office 助手对话框。

10. 在 PowerPoint 2003 中有三个视图切换按钮，分别为（　　）、幻灯片浏览视图、幻灯片放映视图按钮。

11. 在幻灯片中画一个矩形，在绘图工具条上选择（　　）按钮则可以用颜色来填充这个矩形。

12. “填充效果”对话框中有四个选项卡，分别为（　　）、（　　）、（　　）、图片。

13. 为了给艺术字做一个动画效果，需要在“幻灯片放映”菜单中选择（　　）来完成。

14. PowerPoint 2003 是在（　　）操作系统中运行的软件。

15. PowerPoint 2003 中要显示或者隐藏“任务窗格”，需要在（　　）菜单下单击“任务窗格”。

16. 对于已经打开的多个演示文稿，“页面设置”命令只对（　　）演示文稿起作用。

6 数据库应用——Access 2003

随着计算机技术的发展，为了能掌握更新、更全面的信息，人们需要对信息进行有效的存储、管理，以便灵活高效地进行处理和应用，数据库技术成为管理大量数据的主要手段。Access 2003（以下简称 Access）是 Microsoft Office 2003 办公软件的组件之一，是目前最流行的桌面数据库管理系统之一。Access 界面友好、操作简单、功能全面和操作方便，不仅具有众多数据库管理软件所具有的功能，同时还具有强大的网络功能。目前，Access 是开发中小型桌面数据库系统的首选。

6.1 数据库基础知识

数据库技术是信息社会的重要基础技术之一，是计算机科学领域中发展最为迅速的分支。

6.1.1 数据库的基本概念

6.1.1.1 数据

数据（Data）就是描述事物的符号记录。描述事物的符号可以是数字，也可以是文字、图形、图像、声音等，数据有多种表现形式，都可以经过数字化后存入计算机。

6.1.1.2 数据处理

数据处理是指对各种类型的数据进行收集、存储、分类、计算、加工、检索和传输的过程。数据处理的目的就是根据人们的需要，从大量的数据中抽取出对于特定的人们来说是有意义、有价值的信息，借以作为决策和行动的依据。数据处理通常也称为信息处理。

6.1.1.3 数据库

数据库（DataBase，简称 DB）是指长期储存在计算机内的、有组织的、可共享的数据集合。数据库中的数据按一定的数据模型组织、描述和储存，具有较小的冗余度、较高的数据独立性和易扩展性，并可以为各种用户共享。数据库是数据管理的高级阶段，它是由文件管理系统发展起来的。

6.1.1.4 数据库管理系统

数据库管理系统（DataBase Management System，简称 DBMS）是一种操纵和管理数据库的软件系统，用于建立、使用和维护数据库。它对数据库进行统一的管理和控制，以保证数据库的安全性和完整性。

6.1.1.5 数据库系统

数据库系统（DataBase System，简称 DBS）是指引进数据库技术后的计算机应用系统。它能够提供特定的信息服务。如图书管理系统，人事档案管理系统、药品管理系统等。数据库系统一般由数据库、支持数据库系统的操作系统环境、数据库管理系统及其开发工具、数据库应用软件、数据管理员和用户组成。

6.1.2 关系模型数据库

数据模型是对数据及数据之间的关系的形式化描述。关系数据模型是目前使用最广泛的数据模型，建立在集合论之上，有严格的数学基础。基于关系数据模型的数据库系统称关系型数据库系统。现在普遍使用的数据库管理系统都是关系数据库管理系统，流行的关系 DBMS 产品包括 Access、SQL Server、FoxPro 和 Oracle 等。

6.1.2.1 关系模型的概念

关系模型就是用二维表格来表示实体与实体之间联系的数据模型，关系模型的数据结构是一张二维表，由行和列组成的一个关系。建立在关系模型基础上数据库称为关系模型数据库。

（1）关系　在关系模型中，整个表就是一个关系，每个关系都有一个关系名。Access 中的一个表就是一个关系。

（2）元组　表中的一行称为一个元组，Access 中称为一条记录。记录由一个或多个字段组成。一条记录就是一个完整的信息。

（3）属性　表中的一列称为一个属性，Access 中称为一个字段。

（4）域　属性的取值范围，Access 中的一个字段的值。

（5）主关键字　表中的某个属性或属性组，能够唯一确定一个元组，Access 中能够具有唯一值的字段。

6.1.2.2 关系操作

关系模型中的关系操作包括：查询操作和更新操作。

（1）查询操作　基于关系代数中的集合运算、选择运算、投影运算、连接运算等。

（2）更新操作　包括增加、删除、修改等操作。

6.1.2.3 关系的完整性

关系模型中的完整性指的是数据库中的数据的正确性和一致性。关系模型的操作必须满足关系的完整性的约束。关系完整性的约束包括实体完整性、参照完整性和用户自定义的完整性。例如在 Access 数据库中的某一处对数据做了修改，在其他的位置应该做出相应的反应，保证数据的完整性。

6.2 Access 入门

6.2.1 Access 的安装、启动与退出

6.2.1.1 Access 的安装

Access 是 Office 的一个组件，一般在 Office 的安装过程中会直接安装 Access。如果没有安装 Access，把 Office 的安装光盘放入光驱中，自动执行后，选择安装 Office；在提示信息中勾选安装 Access 即可。或者在网络上下载 Access 安装部件直接安装 Access。

6.2.1.2 Access 的启动

启动 Access 方法与启动 Office 的其他应用程序的方法是一样的。

常用的方法有：

（1）依次单击“开始”→“所有程序”→“Microsoft Office”→“Microsoft Office Access 2003”。

（2）如果桌面上有 Access 快捷方式，用鼠标双击其快捷方式。

6.2.1.3 Access 的退出

在退出 Access 之前，先要保存输入和修改的内容，然后单击“文件”菜单下的“退出”菜单命令，或 Access 界面右上角的按钮 ✕ 即可。

图 6－1　Access 的主界面

6.2.2 Access 的结构

Access 数据库由对象和组两部分组成，其中对象包括表、查询、窗体、报表、数据访问页、宏和模块等 7 部分。所有的 Access 对象都保存在一个扩展名为 .mdb 的数据库文件中。各个对象之间存在着一定的关系，其中数据表（简称表）是数据库的核心和基础，所有的数据都是存储在数据表中。

6.2.2.1 数据表

数据表是 Access 数据库最基本、最重要的对象，它用来存储数据。通常 Access 数据库包含有多个表，每个表存储了特定事物的信息。

6.2.2.2 查询

查询是数据库的重要对象之一。Access 提供了非常强大的查询功能，利用查询可以用不同的方法来查看、更改及分析数据，查询的结果是满足查询条件的一组数据，也以二维表的形式呈现，亦称之为查询。它可以作为其他数据库对象的数据来源，特别是作为窗体和报表的数据源。

6.2.2.3 窗体

Access 的窗体是基于表或查询创建的人机交互界面。窗体用于输入和输出数据，良好的输入/输出界面可以引导用户进行正确有效的操作。

6.2.2.4 报表

报表是数据库中数据输出的形式之一，用于把数据库中的记录内容打印出来。它还可以对要输出的数据进行分类小计、分组汇总等操作，使数据处理的结果多样化。

6.2.2.5 数据访问页

数据访问页也是数据库中的一个特殊的对象。使用它可以查看和处理来自 Internet 上的数据，也可以把数据库中的数据发布到 Internet 上去。

6.2.2.6 宏

宏是数据库中的一个特殊的对象。它是一个或多个操作命令的集合，其中每个命令实现特定的功能。利用宏可以自动完成一些重复性操作，从而提高工作效率。

6.2.2.7 模块

模块是用 VBA 语言编写的程序段。模块可以和窗体、报表等对象结合使用，完成宏无法实现的复杂功能，开发高性能、高质量的数据库应用系统。

6.3 Access 数据库的创建

Access 提供两种创建数据库的方法，一种是使用“数据库向导”创建数据库。这种方法可以很方便地为数据库创建必要的表、窗体和报表。这是开始学习创建数据库的一种最简单的方法。另一种是先创建一个空数据库，然后向其中添加表、查询、窗体、报表及其他对象。与使用“数据库向导”相比，后一种方法更具有灵活性，但需要分别定义每一个数据库对象。

6.3.1 创建空数据库

（1）启动 Access 后，从“文件”菜单中选择“新建”命令，或者单击工具栏上的“新建”按钮，打开“新建文件”任务窗格。

（2）在“新建文件”任务窗格的“新建”中，单击“空数据库”命令。如图 6－2 所示。

（3）在“文件新建数据库”对话框中，指定数据库的文件名和保存位置，文件名为“学生管理系统”，然后单击“创建”按钮。出现“学生管理系统”数据库窗口，数据库创建成功，这个数据库只是一个空数据库。如图 6－3 所示。

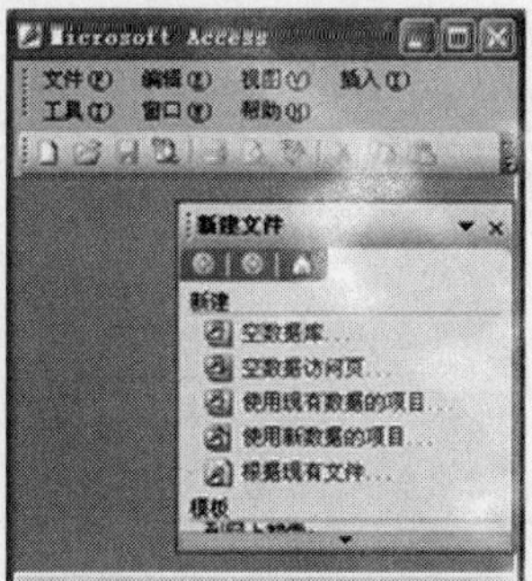

图 6－2　新建数据库任务窗格

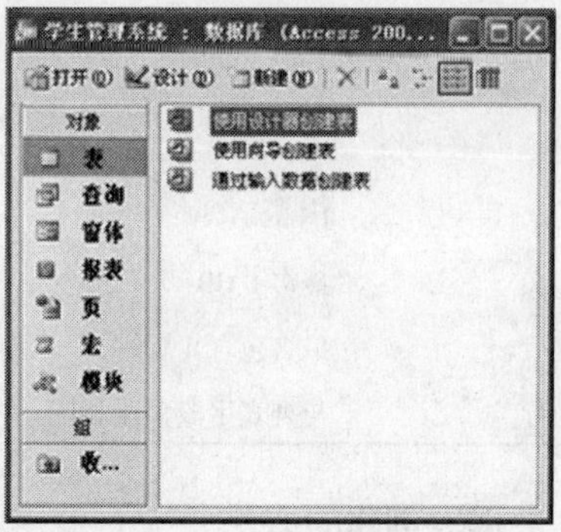

图 6－3　学生管理系统

6.3.2 使用数据库向导创建数据库

“数据库向导”提供了一些基本的数据库模板。这些模板中包括了一些基本的数据库组件，用户可以利用这些模板快速创建一个数据库。向导中的各种数据库模板提供了日常生活中经常使用的数据库信息，已经创建好的表、表中经常出现的典型字段；尽管它们与用户所创建的数据库可能不完全相同，用户可以根据需要进行修改。

启动 Access 后，在“新建文件”任务窗格中，如图 6－4 所示，单击“本机上的模板”在出现的窗口中，用户根据需要选择模板创建自己的数据库。

6.4 数据表的建立

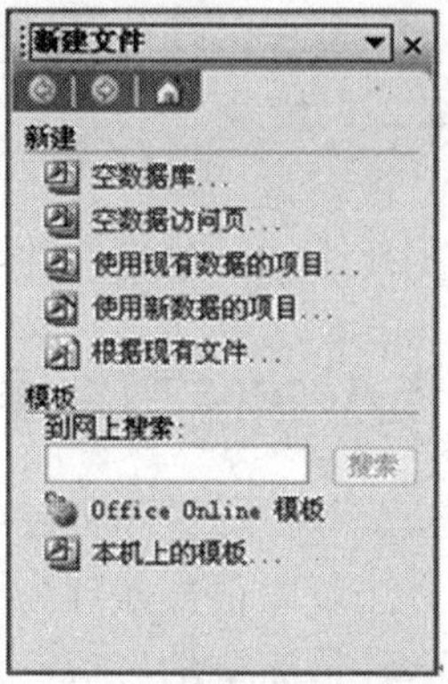

图 6－4　新建文件任务窗格

数据表是数据库的核心对象，是整个数据库系统的基础。向一个空数据库添加对象，首先要添加的就是数据表，数据库中的数据都存放在表中，一个数据库中至少有一个表，一般有若干个表。基于表，数据库的其他对象才能发挥作用。

通常，把表名、表中字段名、字段的数据类型、字段的属性、表的关键字的定义视为表的结构，具体的数据形成表的内容。创建表就是定义表结构，输入表的数据。通常把不包含记录的表称为空表。

在设计一个数据库时，为了保证数据库的高效性，经常要充分考虑表结构中的每个字段的数据类型，不同的数据类型占有不同的存储空间，计算机对其处理的方式也不一样。Access 中提供了丰富的数据类型，其数据类型的说明见表 6－1 所示。

表 6－1　Access 2003 中的数据类型

数据类型	存储空间	说明
文本	最多 255 B	包含任意的文本
备注	最多为 64 KB	长度不固定的文本
数字	1 B、2 B、4 B 或 8 B	存储数值数据
日期/时间	8 B	保存 100～9999 年的日期或时间值
货币	8 B	存储货币类型的数据
自动编号	4 B	每当向表中添加一条记录时，自动加 1，不能更新
是/否	1 bit	存储逻辑值（Yes/No、True/False 或 On/Off 之一）
OLE 对象	最多 1 GB	链接或嵌入图片或其他数据
超链接	最多包含 6 KB	用来以文本形式存储超级链接地址
查阅向导	与列表字段大小相同	使用列表框或组合框提供数据

6.4.1 数据表创建的方法

创建表的方法有三种：使用设计器创建表、使用向导创建表、通过输入数据创建表。

6.4.1.1 使用设计视图创建表

用表设计视图创建表，比用向导创建的表的字段属性更加贴近实际，特别是数据类型和字段长度，更能符合数据使用的需要。操作步骤如下。

（1）打开数据库“学生管理系统”。如图 6－5 所示。

（2）在“学生管理系统”数据库窗口中选择“表”对象，再双击“使用设计器创建表”，出现表设计视图，或选择“使用设计器创建表”，单击“设计”视图按钮 设计(D)。

（3）设计一个表的结构，首先要确定表中的字段名字、字段的数据类型以及字段的大小等信息。

下面以“学生基本信息表”为例来讲解表结构的设计。

在表设计视图中，在“字段名称”中输入“学号”。在“数据类型”框中，单击它右边向下箭头，在下拉列表框中选择数据类型“文本”，在“字段属性”中的“常规”选项卡中，指定“字段大小”为11，其他的属性为默认值。如图6－6所示。

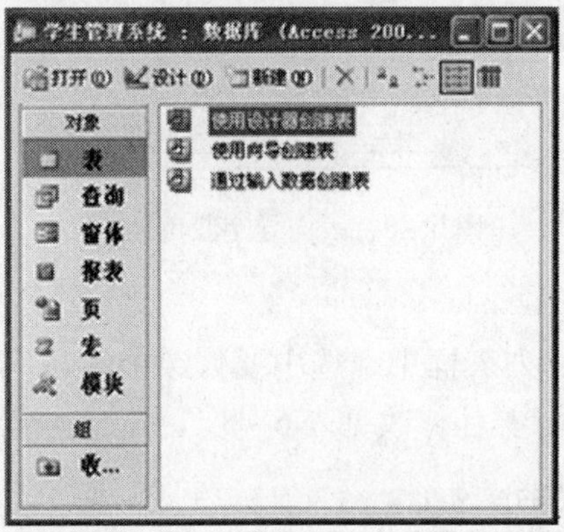

图6－5　学生管理系统数据库

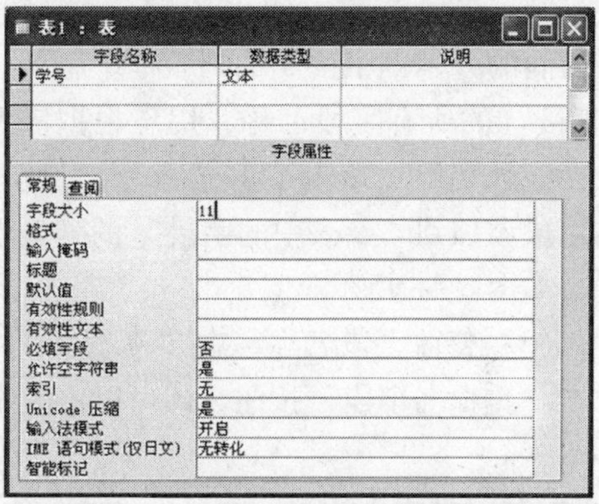

图6－6　表结构的设计

“学生基本信息表”中的字段设计见表6－1所示。

表6－2　学生基本信息表结构

字段名称	数据类型	字段大小	举例说明
学号	文本	11	20110101001
姓名	文本	4	林黛玉
性别	文本	1	女
年龄	数字	字节	18
出生日期	日期/时间	格式为：短日期	1982－5－1
电话	文本	11	18912345678
籍贯	文本	20	湖北武汉

（4）保存表结构　在设计视图中，建立全部字段，单击工具栏的“保存”按钮，在出现的“另存为”对话框中，输入要保存表的名称为“学生基本信息表”。如图6－7所示，单击“确定”按钮，在此后弹出的对话框中，询问是否建立主键，选择“否”按钮，不创建主键。至此，已经建立了“学生基本信息表”的结构。此时，该表中还没有输入数据，是一个空表。

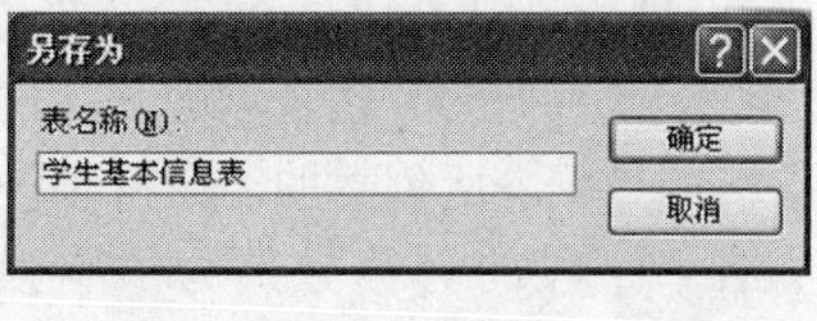

图6－7　学生基本信息表保存

6.4.1.2 使用表向导创建表

使用表向导创建表，就是把系统提供的示例表作为样本，在表向导的引导下，通过若干个对话框，选择合适的参数，完成新表的创建。

（1）打开数据库“学生管理系统”。如图 6－5 所示。

（2）在“学生管理系统”数据库窗口中选择“表”对象，再双击“使用向导创建表”，出现“表向导对话框”，选择“个人”类型下的示例表中的“帐目”，在中间的“示例字段”的列表框中将列出“帐目”的所有字段名称，用户根据需要选择字段名称，单击按钮“>”，将所选的字段添加到“新表中的字段”的列表框中，如图 6－8 所示。

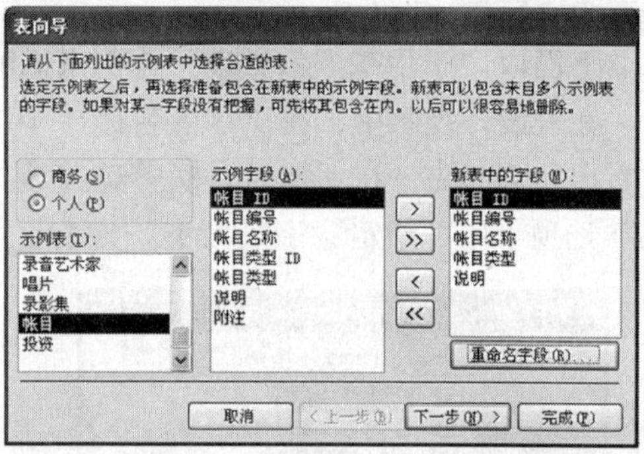

图 6－8　表向导字段更名

（3）修改字段名称　在“新表中的字段”的列表框中，选中要修改的字段名称，单击“重命名字段”按钮，即可以修改字段名称。具体修改见表 6－3。

表 6－3　表字段名称的修改

原字段名称	修改后的字段名称
帐目 ID	课程 ID
帐目编号	课程编号
帐目名称	课程名称
帐目类型	课程类型
说明	说明

经过修改后得到如图 6－9 所示。

（4）单击“完成”按钮。完成“帐目”表的创建。返回到数据库界面中，看到“帐目”表。选中“帐目”表，右击鼠标，在弹出的菜单中选择“重命名”，将“帐目”改成“课程信息表”。

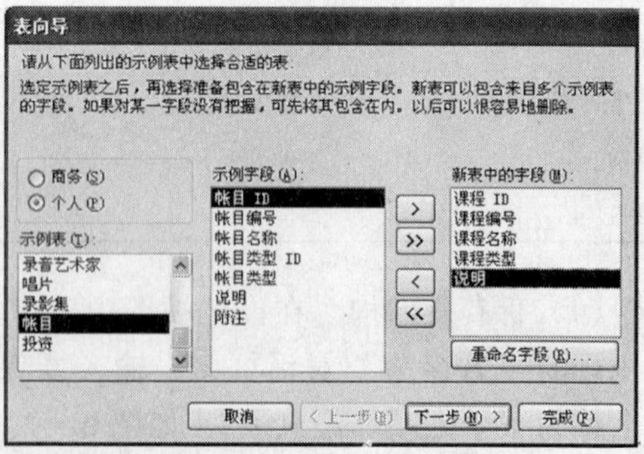

图 6－9　表向导创建表

6.4.1.3 通过输入数据创建表

在 Access 中可以通过在“数据表”视图中输入数据的方式来创建表，输入了多少列的数据，所创建的表就有多少个字段，各个字段的名称分别为“字段 1”、“字段 2”等；各个字段的数据类型则由 Access 根据所输入的数据做出判断。如果某列输入的是字符，则被认为是“文本”；如果输入的是数值，则被认为是“数字”等。各字段的大小则根据 Access 默认值取定；如文本大小为 50，整数为长整型等。

操作步骤。

(1) 启动 Access，打开“学生管理系统”数据库。

(2) 选择“表”对象，双击“通过输入数据创建表”，此时将出现一个空数据表，默认的列名称分别是“字段 1”、“字段 2”等。

(3) 按照图 6 - 10 所示，将数据输入到相应的列中。

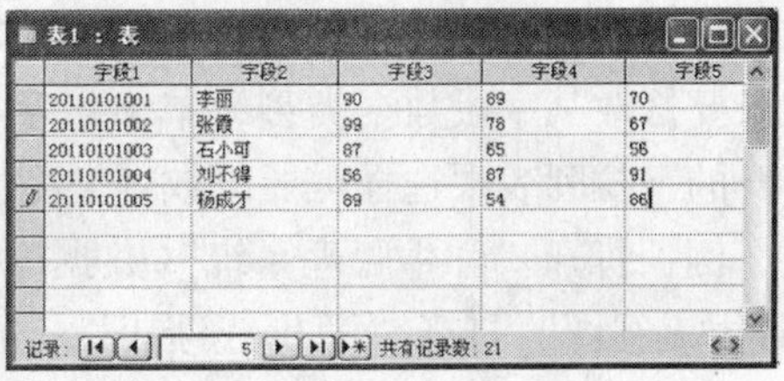

图 6 - 10 通过输入数据创建表

(4) 所有要输入的数据输入完毕后，单击“文件”菜单中的“保存”命令，或者单击工具栏上的“保存”按钮，打开“另存为”对话框，在“表名称”框中输入“学生成绩表”后，单击“确定”按钮。在此后出现的提示框中选择“否”，不建立主关键字。

6.4.2 表的维护

在创建数据库和表时，由于种种原因，可能使表的结构设计的不合理，有些内容不能满足实际需要。另外，随着数据库的不断使用，也会增加一些内容或删除一些内容，这样结构和内容都会发生变化。为了使数据库中的表在结构上更合理，内容更有效，就需要经常对进行维护等操作。表的维护操作包括：修改表的结构、完善表的内容、调整表的格式等。

6.4.2.1 修改表的结构

修改表结构的操作主要包括增加字段、删除宇段、修改字段、重新设置主键、设置字段的属性等。通常使用“表设计视图”修改表结构。

(1) 添加字段　在表中添加一个新字段不会影响其他字段和现有数据。但利用该表建立的查询、窗体或报表，新字段不会自动加入，需要手工添加上去。

添加字段的方法有两种。

第一种是在表设计视图中添加新字段。打开需要添加字段的表，然后将光标移动到要插入新字段的位置，单击工具栏上的“插入行”按组，在新行的“字段名称”列中输入新字段名称，确定新字段数据类型。

例：打开“学生管理系统”数据库，选中“表”对象，选中“学生基本信息表”，单击工具栏的设计按钮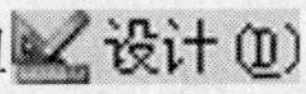，用“表设计视图”打开“学生基本信息表”；在表中选中“电话”字段，单击“插入”菜单下的“行”命令，这时在“电话”字段的上方出现了一个空行；在此行的“字段名称”栏中输入“班级”，将“字段类型”设置为“文本”，“字段大小”设为 20，其他的保持默认值；保存此表。

第二种是在数据表视图添加新字段。打开需要添加字段的表，然后选择“插入”菜单中的“列”命令，再双击新列中的字段名“字段 1”，为该列输入唯一的名称。

例：打开“学生管理系统”数据库，选中“表”对象，直接双击“学生基本信息表”，用“数据表视图”打开“学生基本信息表”；在表中选中“班级”列，单击“插入”菜单下的“列”命令；此时表中多了一列，此列的标题为“字段 1”；双击“字段 1”，将它改为“专业”；保存此表。

(2) 修改字段　包括修改字段的名称、数据类型、说明、属性等。在“数据表视图”中，只能修改字段名，如果要改变其数据类型或定义字段的属性，需要切换到“表设计视图”进行操作。具体方法是用表设计视图打开需要修改字段的表，如果要修改某字段名称，在该字段的“字段名称”列中，单击鼠标左键，然后修改字段名称；如果要修改某字段数据类型，单击该字段“数据类型”列右侧向下箭头按钮，然后从打开的下拉列表中选择需要的数据类型。

例：打开“学生管理系统”数据库，选中“表”对象，双击“学生成绩表”，用“数据表视图”打开“学生成绩表”；在“数据表视图”中双击“字段1”，将“字段1”改名为“学号”；用同样的方法，将“字段2”改名为“姓名”，将“字段3”改名为“语文”，将“字段4”改名为“数学”，将“字段5”改名为“英语”；

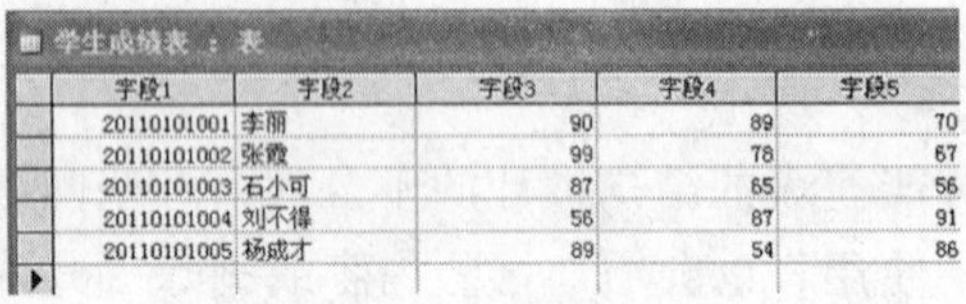

学生成绩表 : 表

字段1	字段2	字段3	字段4	字段5
20110101001	李丽	90	89	70
20110101002	张霞	99	78	67
20110101003	石小可	87	65	56
20110101004	刘不得	56	87	91
20110101005	杨成才	89	54	86

图6－11　字段名改名前

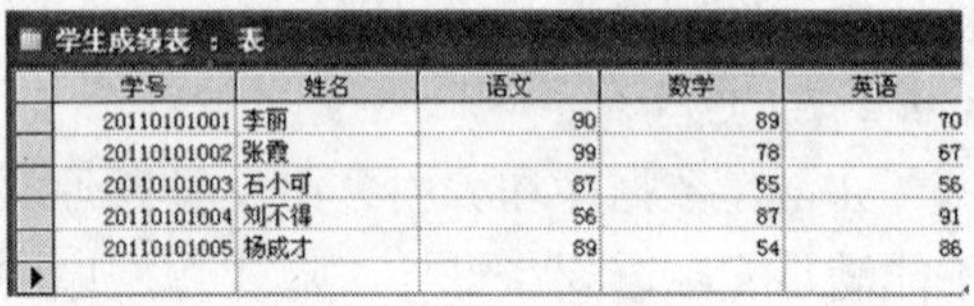

学生成绩表 : 表

学号	姓名	语文	数学	英语
20110101001	李丽	90	89	70
20110101002	张霞	99	78	67
20110101003	石小可	87	65	56
20110101004	刘不得	56	87	91
20110101005	杨成才	89	54	86

图6－12　字段名改名后

在“数据表视图”中不能修改表的其他属性，单击工具栏中的视图切换按钮，将视图切换到“表设计视图”；将“学号”字段的数据类型改为“文本”，将其“字段大小”改为11；将“姓名”字段的“字段大小”改为4；其他的保持不变；保存后退出。在随后出现的消息提示框中选择“是”，保存对该表的修改。

(3) 删除字段　将表中不需要的字段删除。与添加字段操作相似，删除字段也有两种方法。

第一种是用“表设计视图”打开需要删除字段的表，然后将光标移到要删除字段行上，然后单击工具栏上的“删除行”的按钮；如果要删除多个字段，首先将多个字段选中，然后再进行删除操作。选择多个字段的方法是，选择一组连续的字段，可将鼠标指针拖过所选字段的字段选定器；如果要选择一组不连续的字段，按下 Ctrl 键不放，再单击每一个字段的字段选定器。

例：打开“学生管理系统”数据库，在“表”对象中选中“课程信息表”，单击工具栏上的“设计”按钮 设计(D)，用“表设计视图”打开“课程信息表”，在“字段名称”中选中“说明”字段，单击工具栏上的“删除行”的按钮，将“说明”字段删除，保存此表。

第二种是用“数据表视图”打开需要删除字段的表，选中要删除的字段列，然后选择“编辑”菜单中“删除列”命令。

例：打开“学生管理系统”数据库，在“表”对象中双击“课程信息表”，用“数据表视图”打开“课程信息表”，在“课程信息表”中选中“课程 ID”字段，单击“编辑”菜单下的“删除列”命令，将“课程 ID”字段删除，保存此表。

6.4.2.2 重新设置主键

主关键字也称为主键。主关键字用于唯一标识表中的每条记录的字段或字段组。为确保主关键字字段值的唯一性，Access 不允许在主关键字字段中存入重复的值或空值（空值是一个不确定的值）。

如果已定义的主键不合适，可以重新定义。重新定义主键需要先删除已定义的主键，然后再定义新的主键，具体操作步骤如下。

（1）使用“表设计视图”打开需要重新定义主键的表。

（2）单击主键所在行字段选定器，然后单击工具栏上的“主键”按钮。完成此步操作后，系统将取消以前设置的主键。

（3）单击要设为主键的字段选定器，然后单击工具栏上的“主键”按钮，这时主键字段选定器上显示一个“主键”图标，表明该字段是主键字段。

学生基本信息表 : 表

字段名称	数据类型
学号	文本
姓名	文本
性别	文本
年龄	数字
出生日期	日期/时间
专业	文本
班级	文本
电话	文本
籍贯	文本

图 6－13　表设置主键

例：打开数据库“学生管理系统”，选择“表”对象，选中“学生基本信息表”，单击工具栏上的“设计”按钮 设计(D)，用“表设计视图”打开“学生基本信息表”；在“表设计视图”中选择“学号”字段，单击工具栏上的“主键”按钮，这时学号的左边出现了一把钥匙的图标，表示主键设置成功。

6.4.3 输入数据

表的主要作用就是用来存放数据，而刚刚建立的表一般都没有数据，即为一张空表。在 Access 中，一般通过“数据表视图”向表中输入数据，编辑记录。

例：打开数据库“学生管理系统”，选中“表”对象，在“表”对象中双击“学生基本信息表”，用“数据表视图”打开“学生基本信息表”；按照图 6－14 所示内容输入 10 条记录，保存此表。注意，因“学生基本信息表”中的“学号”字段被设置为主键，在输入数据的过程中，学号不能为空，并且不允许输入重复的学号。

学生基本信息表 : 表

学号	姓名	性别	年龄	出生日期	专业	班级	电话	籍贯
20110201001	胡冰[illegible]	男	19		护理	护理1班		
20110201002	方程	女	18		护理	护理1班		
20110201003	张艳丽	女	18		护理	护理1班		
20110201004	唐方	女	19		护理	护理1班		
20110201005	唐小丽	女	18		护理	护理1班		
20110202001	鲁小点	男	18		护理	护理2班		
20110202002	万花	女	18		护理	护理2班		
20110202003	叶一千	女	18		护理	护理2班		
20110202004	万水	女	18		护理	护理2班		
20110202005	张之才	男	19		护理	护理2班		
			0					

图 6－14　学生基本信息表输入数据

6.4.4 编辑记录

表记录的编辑是在数据表视图中进行的。记录的编辑操作包括记录的定位、添加记录、修改记录、删除记录等操作。

6.4.4.1 定位记录

记录的定位就是将记录指针移动到指定的记录上，使之成为当前记录，以便进行其他的操作。Access 只允许每次操作一条记录，正在操作的记录称作为当前记录，在行选定器上显示一个三角图标。

记录定位的方法有很多种。其中最简易的方法就是在数据表视图中用鼠标单击某条记录使之成为当前记录。但当数据表中的记录数非常多时，建议使用记录定位器。

使用数据表视图窗口底部的“记录定位器”中的各种按钮，可以顺序浏览记录，也可以快速定位记录：在记录编号的文本框中输入记录号，再按回车键。如图 6－15 所示。

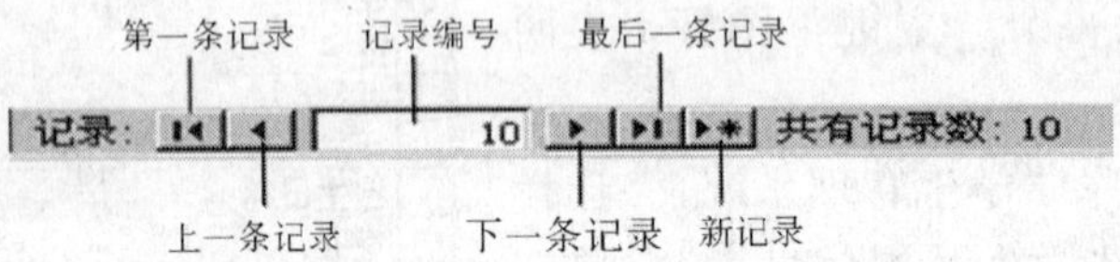

图 6－15　记录定位器

6.4.4.2 删除记录

在“数据表视图”中删除不再使用的记录，其操作步骤如下。

（1）在“数据表视图”中打开表，单击要删除的记录所在的行。

（2）单击工具栏中的“删除记录”按钮，或单击“编辑”菜单下的“删除记录”命令，出现如图 6－16 所示的对话框，单击“是”按钮，删除一条记录。

在删除记录过程中，一次可以删除相邻的多条记录。在删除操作之前，通过行选择器选择要删除的第 1 条记录，按住鼠标左键不放，将鼠标拖到要删除的最后一条记录上，这之间的记录全部被选中，再单击“删除记录”按钮，系统会将选中的全部记录一次删除。

图 6－16　确认删除记录

由于删除表中的记录是无法恢复的，所以在删除记录之前，应当确认记录是否要被删除。

例：打开数据库“学生管理系统”，选中“表”对象，在“表”对象中双击“学生成绩表”，用“数据表视图”打开“学生成绩表”；在“记录定位器”中输入 4，然后按下“Enter”键，将当前记录定位到第 4 条记录上，单击“编辑”菜单下的“删除记录”命令，删除“姓名”为“刘不得”的记录，保存此表。

6.4.4.3 添加记录

增加新记录有下列几种方法。

（1）直接将光标定位在表的最后一行上。

（2）单击窗体底部的“记录定位器”上的最右侧的“新记录”按钮。

（3）在“插入”菜单下，单击“新记录”命令。

（4）在“编辑”菜单中打开“定位”选项的级联子菜单，单击“新记录”命令。

新记录总是追加到数据表最后面。

例：打开“学生管理系统”数据库，选择“表”对象，在“表”对象中双击“学生基本信息表”，用数据表视图打开“学生基本信息表”，单击表的最后一行（即空白行），分别在各个字段里输入相应的内容，“学号”为20110203001，“姓名”为张三，“性别”为男，“年龄”为20，“专业”为护理，“班级”为护理3班，其他的为空，如图6－17所示输入新记录的内容，保存此表。

学号	姓名	性别	年龄	出生日期	专业	班级	电话	籍贯
20110203001	张三	男	20		护理	护理3班		

图6－17　添加记录

6.4.4.4 修改记录

在“数据表视图”上，把光标移动到所需修改的数据处，就可以修改光标所在处的数据。如果数据表中要修改的数据很多，要快速查找某一数据则可使用 Access 提供的查找和替换功能。

例：打开“学生管理系统”数据库，选择“表”对象，在“表”对象中双击“学生基本信息表”，用数据表视图打开“学生基本信息表”，在“姓名”字段中找到“张之才”，把“张之才”改成“李有才”，保存此表。

例：打开“学生管理系统”数据库，选择“表”对象，在“表”对象中双击“学生基本信息表”，用数据表视图打开“学生基本信息表”，单击“年龄”字段，在“编辑”菜单下选择“替换”命令，在弹出的对话框中，选择“替换”选项卡，在“查找内容”后的框内输入19，在“替换为”后的框内输入21，“查找范围”为“年龄”，“匹配”为“整个字段”，“搜索”为“全部”，如图6－18所示，单击“全部替换”按钮，在弹出的提示框中选择“是”，将表中所有的年龄为19岁的，都改成年龄为21岁，保存此表。

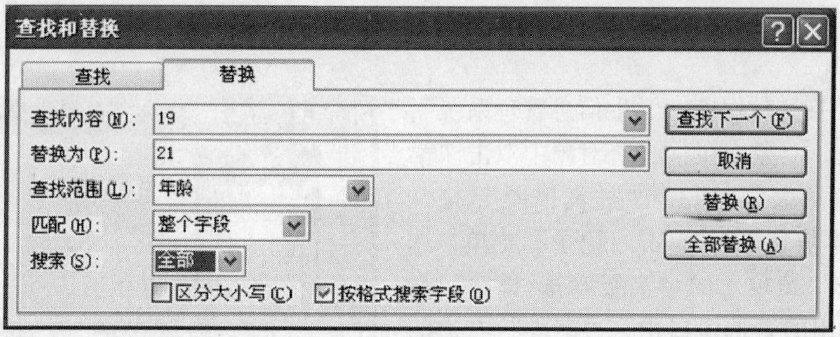

图6－18　查找与替换

6.4.5 记录的排序与筛选

记录的排序与筛选并不改变表的内容，但可组织、提取信息并显示。

6.4.5.1 排序记录

Access 一般是自动以表中定义的主键值的大小按升序的方式排序显示记录。升序的规则是按字母顺序排列文本，从最早到最晚排列日期/时间值，从最小到最大排列数字与货币值。如果在表中没有主键，那么，Access 将按照记录在表中的物理位置顺序（输入顺序）来显示记录。如果用户需要改变记录的显示顺序，应在数据表视图中对记录进行排序。在数据检索和显示期间，用户可以按不同的顺序来排序记录。在数据表视图中，可以对一个或多个字段进行排序。

在数据表视图中，如果需要根据某一字段对记录进行简单排序，用户可以使用”升序”或”降序”按钮。

例：打开数据库“学生信息管理系统”，选中“表”对象，在“表”对象中双击“学生基本信息表”，用“数据表视图”打开“学生基本信息表”，单击字段“性别”列中的任意单元格，再单击“工具栏”中的“升序排序”按钮 A↓Z；将“学生基本信息表”中的记录以“性别”字段按升序排序，如图 6－19 所示，保存此表。

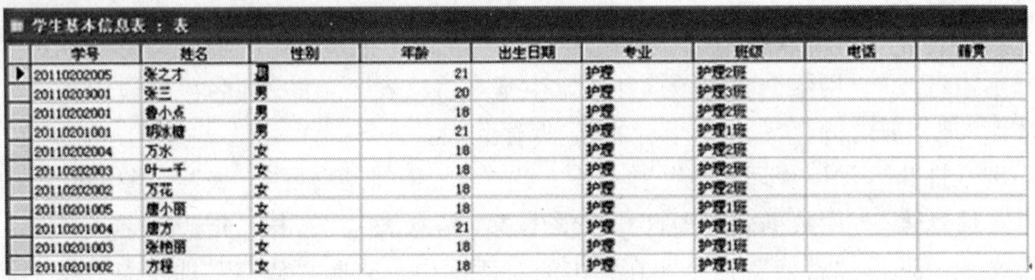
学生基本信息表 ： 表

学号	姓名	性别	年龄	出生日期	专业	班级	电话	籍贯
20110202005	张之才	[illegible]	21		护理	护理2班		
20110203001	张三	男	20		护理	护理3班		
20110202001	鲁小点	男	18		护理	护理2班		
20110201001	胡冰糖	男	21		护理	护理1班		
20110202004	万水	女	18		护理	护理2班		
20110202003	叶一千	女	18		护理	护理2班		
20110202002	万花	女	18		护理	护理2班		
20110201005	康小丽	女	18		护理	护理1班		
20110201004	康方	女	21		护理	护理1班		
20110201003	张艳丽	女	18		护理	护理1班		
20110201002	方程	女	18		护理	护理1班		

图 6－19　性别按升序排序

如果要根据几个字段的组合对记录排序，用户可以单击“记录”菜单的“筛选”子菜单中的“高级筛选/排序”命令，在弹出的筛选窗口中设置排序的组合条件，然后单击“筛选”菜单中的“应用筛选/排序”命令来对记录进行复杂排序。若要取消排序，可以从“记录”菜单中选择“取消筛选/排序”命令，Access 将按照该表的原有顺序显示记录。

例：打开数据库“学生信息管理系统”，选中“表”对象，在“表”对象中双击“学生基本信息表”，用“数据表视图”打开“学生基本信息表”；单击“记录”菜单，选择“筛选”菜单下的“高级筛选/排序”命令；在弹出的筛选窗口中，“字段”右边的第一个格子里选择“性别”字段，“排序”为升序，第二格子里选择“学号”字段，“排序”为升序，其他的为空，如图 6－20 所示；单击工具栏上的“应用筛选”按钮

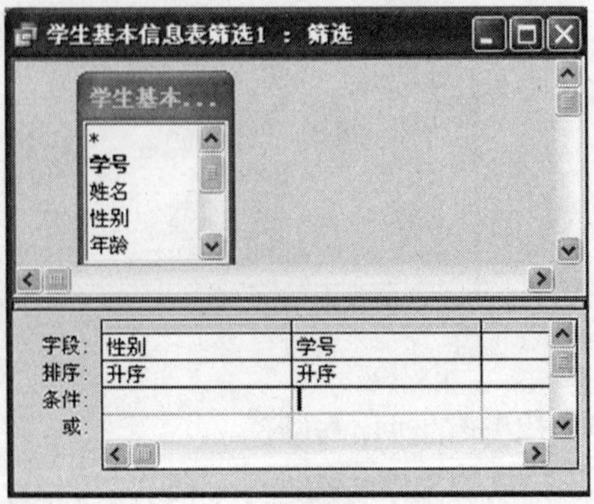

图 6－20　多字段组合排序

，查看结果，如图 6－21 所示，保存此表。

学生基本信息表 ：表

学号	姓名	性别	年龄	出生日期	专业	班级	电话	籍贯
20110202001	鲁小点	男	18		护理	护理2班	18912345678	
20110203001	张三	男	20		护理	护理3班	18912345678	
20110201002	方程	女	15		护理	护理1班	18912345678	
20110201003	张艳丽	女	18		护理	护理1班	18912345678	
20110201005	詹小丽	女	18		护理	护理1班	18912345678	
20110202002	万花	女	18		护理	护理2班	18912345678	
20110202003	叶一千	女	18		护理	护理2班	18912345678	
20110202004	万水	女	18		护理	护理2班	18912345678	
20110202006	新同学	女	19		护理	护理2班		
*			0					

记录：1 共有记录数：9

图 6－21　多字段组合排序的结果

6.4.5.2 筛选记录

筛选记录的目的就是找出用户关心的记录，把用户不关心的记录暂时隐藏。

在数据表视图中，可以方便地根据某一字段的值对记录进行简单的筛选；也可以根据某几个字段的组合对记录进行复杂筛选。对记录进行筛选的操作与对记录进行多字段排序的操作相似，不同的是：在筛选窗口中，指定了要筛选的字段以后，还要将筛选条件输入到筛选设计网格中的“条件”行和“或”行中。

在“条件”行和“或”行中，Access 规定：在同一行中设置的多个筛选条件，它们之间存在逻辑与的关系。在不同行中设置的多个筛选条件，它们之间存在逻辑或的关系。

若要取消筛选，可以从“记录”菜单中选择“取消筛选/排序”命令。

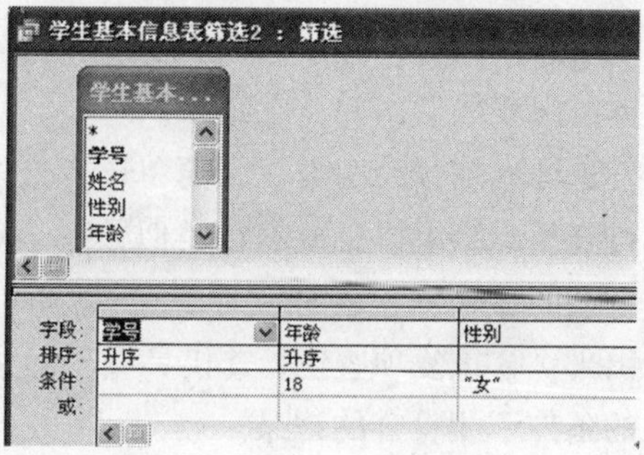

图 6－22　多条件筛选

例：打开数据库“学生信息管理系统”，选中“表”对象，在“表”对象中双击“学生基本信息表”，用“数据表视图”打开“学生基本信息表”；单击“记录”菜单，选择“筛选”菜单下的“高级筛选/排序”命令；（由于前面进行了一次多字段组合排序，这时字段网格中还保留，上次操作的字段名）在字段网格中的“年龄”字段下面的“条件”格子里输入 18，在“年龄”字段后面再加入一个“性别”字段，在“性别”字段下面的条件里输入女，（筛选出所有年龄为 18 岁的女生）如图 6－22 所示；单击工具栏上的“应用筛选”按钮，查看结果，如图 6－23 所示，保存此表。

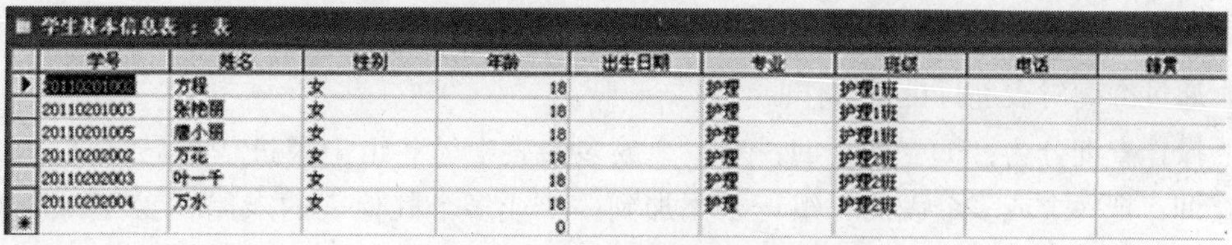

学生基本信息表 ：表

学号	姓名	性别	年龄	出生日期	专业	班级	电话	籍贯
20110201002	方程	女	18		护理	护理1班		
20110201003	张艳丽	女	18		护理	护理1班		
20110201005	詹小丽	女	18		护理	护理1班		
20110202002	万花	女	18		护理	护理2班		
20110202003	叶一千	女	18		护理	护理2班		
20110202004	万水	女	18		护理	护理2班		
*			0					

图 6－23　多条件筛选的结果

6.5 查询

查询是 Access 处理和分析数据的工具，它能够按照一定条件将多个表中的数据抽取出来，供用户查看、统计、分析和使用。查询是 Access 数据库的重要对象，它可以为窗体、报表或数据访问页提供数据。在 Access 中，利用查询还可以实现多种功能。数据表是数据源之所在，而查询是针对数据源的操作命令。

在 Access 中查询既是一个操作，也是操作的结果。查询的执行结果是一个数据集，也称为动态集（“虚”表）。它很像一个表，但并没有存储在数据库中。创建查询后，只保存查询的操作，只有在运行查询时才会从数据源中抽取数据，并创建动态集；只要关闭查询，查询的动态集就会自动消失。动态集的好处之一就是每次查询都反映了源数据库的最新变化。

6.5.1 查询分类

在 Access 中，查询分为 5 类，分别是选择查询、交叉表查询、参数查询、操作查询和 SQL 查询。5 类查询的应用目标不同，对数据源的操作方式和操作结果也不同。

6.5.1.1 选择查询

选择查询是最常用的查询类型。顾名思义，它是根据指定的条件，从一个或多个数据源中获取数据并显示结果。

选择查询分为四类。①简单选择查询：从一个或多个基本表中按照某一指定的准则进行查找，结果集会显示在类似数据表视图中。②汇总查询：一种特殊的查询，可以对查询的结果进行各种统计，包括总计，平均，最小值，最大值等，并在结果集中显示出来。③重复项查询：查找具有相同字段信息的重复记录。④不匹配查询：查找与指定的条件不相符合的记录。

6.5.1.2 参数查询

参数查询是一种根据用户输入的条件或参数来检索记录的查询。运行查询时显示一个对话框，用户可以把参数值输入到这个对话框中，以得到动态的查询结果。

6.5.1.3 交叉表查询

交叉表查询能够汇总数据字段的内容，汇总计算的结果显示在行与列交叉的单元格中。交叉表查询可以计算平均值、总计、最大值、最小值等。交叉表查询以一种独特的概括形式返回一个表内的统计数字，这种概括形式是其他查询无法完成的，为用户提供了非常清楚的汇总数据，便于分析和使用。

6.5.1.4 操作查询

通过查询对表进行批量操作。

操作查询分为：①更新查询：对一个或多个表中的一组记录进行全局更改。②追加查询：把一个或多个表的一组记录添加到一个或多个其他表的末尾。③ 删除查询：从一个或多个表中删除特定的一组记录。④生成表查询：用一个或多个表中的数据创建一个新表。

6.5.1.5 SQL 查询

通过 SQL（结构化查询语言）语句创建的各种查询。SQL 语句是一种用于数据库的标准语言，许多数据库管理系统都支持该语言。

操作查询和 SQL 查询必须是在选择查询的基础上创建。

6.5.2 建立查询的准则

在日常工作中，用户的查询并非只是简单的查询，往往需要指定一定的条件，例如，在“学生管理系统”数据库中的“学生基本信息表”中查找年龄为 18 岁的女生，这种带条件的查询需要通过设置准则来实现。准则表达式是运算符、常量、字段值、函数以及字段名和属性等的任意组合，能够计算出一个结果。准则表达式是查询或高级筛选中用来识别所需要特定记录的限制条件。准则表达式在创建有效性规则、设置筛选准则或建立带条件的查询时经常用到，因此，了解准则表达式的组成，掌握准则表达式的书写方法是非常重要。

6.5.2.1 准则表达式中的运算符

运算符是组成准则表达式的基本元素。Access 提供了关系运算符、逻辑运算符和特殊运算符等。

(1) 关系运算符

表 6-4 关系运算符

关系运算符	说明
=	等于
< >	不等于
<	小于
>	大于
< =	小于等于
> =	大于等于

(2) 逻辑运算符

表 6-5 逻辑运算符

逻辑运算符	说明
Not	当 Not 连接的表达式为真时，则整个表达式为假
And	当 And 连接的表达式都为真时，整个表达式为真，否则为假
Or	当 Or 连接的表达式有一个为真时，整个表达式为真，否则为假

(3) 特殊运算符

表 6-6 特殊运算符

特殊运算符	说明
In	用于指定一个字段值的列表，列表中的任意一个值都可以与查询的字段相匹配
Between	用于指定一个字段的范围，指定的范围之间用 And 连接
Like	用于指定查找文本字段的字符模式，在所定义的字符模式中，用问号？表示该位置可匹配任意一个字符；用星号 * 表示该位置可匹配零或多个字符；用井号#表示该位置可匹配一个数字；用方括号［］描述一个范围，用于可匹配的字符范围
Is Null	用于指定一个字段为空
Is Not Null	用于指定一个字段为非空

6.5.2.2 准则表达式中的函数

Access 中提供了大量的标准函数，为用户更好地构造查询准则提供了极大的方便。Access 中提供了数值函数、字符函数、日期时间函数和统计函数等。

（1）数值函数

表 6-7 数值函数

函数	说明
Abs（数值表达式）	返回数值表达式值的绝对值
Int（数值表达式）	返回数值表达式值的整数部分值
Sqr（数值表达式）	返回数值表达式值的平方根值
Sgn（数值表达式）	返回数值表达式值的符号值。当数值表达式值大于 0，返回值为 1；数值表达式值等于 0，返回值为 0；数值表达式值小于 0，返回值为 -1

（2）字符函数

表 6-8 字符函数

函数	说明
Space（数值表达式）	返回由数值表达式的值确定的空格个数的空格字符串
String（数值表达式，字符表达式）	返回由字符表达式的第一个字符重复组成的字符串，字符串的个数由数值表达式的值确定
Left（字符表达式，数值表达式）	返回一个字符串，从字符表达式的第一个字符开始，向右取数值表达式的值的个数个字符。当数值表达式的值为 0 时，则返回一个空字符串
Right（字符表达式，数值表达式）	返回一个字符串，从字符表达式的最右边一个字符开始，向左取数值表达式的值的个数个字符。当数值表达式的值为 0 时，则返回一个空字符串
Mid（字符表达式，数值表达式 1，［数值表达式 2］）	返回一个字符串，从字符表达式中截取多少个字符；数值表达式 1 为开始位置，数值表达式 2 为截取字符的个数；数值表达式 2 可以省略

续表

函数	说明
Len（字符表达式）	返回字符表达式的字符个数，字符表达式的值是 Null 时，则返回 Null 值
Ltrim（字符表达式）	返回去掉字符表达式前导空格的字符串
Rtrim（字符表达式）	返回去掉字符表达式尾部空格的字符串
Trim（字符表达式）	返回去掉字符表达式首部和尾部空格的字符串

（3）日期时间函数

表 6－9　日期时间函数

函数	说明
Day（date）	返回给定日期 1－31 的值。表示给定日期是一个月中的哪一天
Month（date）	返回给定日期 1－12 的值。表示给定日期是一年中的哪个月
Year（date）	返回给定日期 100－9999 的值。表示给定日期是哪一年
Weekday（date）	返回给定日期 1－7 的值。表示给定日期是一周中的哪一天
Hour（date）	返回给定时间 0－23 的值。表示给定时间是一天中的几点钟
Date（）	返回当前系统的日期

（4）统计函数

表 6－10　统计函数

函数	说明
Sum（字符表达式）	返回字符表达式中值的总和。字符表达式可以是一个字段名，也可以是一个含有字段名的表达式，字段的类型应该是数字类型
Avg（字符表达式）	返回字符表达式中值的平均值。字符表达式可以是一个字段名，也可以是一个含有字段名的表达式，字段的类型应该是数字类型
Count（字符表达式）	返回字符表达式中值的个数，即统计记录的个数。字符表达式可以是一个字段名，也可以是一个含有字段名的表达式，字段的类型应该是数字类型
Max（字符表达式）	返回字符表达式中值的最大值。字符表达式可以是一个字段名，也可以是一个含有字段名的表达式，字段的类型应该是数字类型
Min（字符表达式）	返回字符表达式中值的最小值。字符表达式可以是一个字段名，也可以是一个含有字段名的表达式，字段的类型应该是数字类型

以下是查询准则的使用举例

表 6－11　查询举例

字段名	准则	功能
姓名	“叶一千”	查询姓名为叶一千的记录
性别	“女”	查询性别为女的记录
姓名	Like“万＊”	查询姓万的记录
姓名	Not“唐＊”	查询不姓唐的记录
年龄	>18	查询年龄大于 18 岁的记录

续表

字段名	准则	功能
姓名	Len（[姓名]）=2	查询姓名为两个字的记录
学号	Mid（[学号]，7，2）＝“02”	查询学号的第7个和第8个字符为02的记录
姓名	In（“叶一千”，“万花”）	查询姓名为叶一千或万花的记录
姓名	“叶一千”Or“万花”	查询姓名为叶一千或万花的记录
姓名	Is Null	查询姓名为空值的记录

6.5.3 创建查询的方法

一般情况下，创建查询有两种方法：使用向导创建查询和使用设计视图创建查询。

6.5.3.1 使用向导创建查询

使用向导创建查询的操作比较简单，一般在向导的指示下选择相应的内容、进行相应的设置即可。使用向导可以创建不带条件的选择查询和交叉查询。

（1）创建不带条件的选择查询　打开“学生管理系统”数据库；在数据库中，选择“查询”对象，双击“使用向导创建查询”；出现一个“简单查询向导”的窗口，在此窗口的“表/查询”的下拉组合框中选择“表：学生基本信息表”，在“可用字段”下拉列表中将列出该表的所有字段名；依次在“可用字段”列表中双击学号、姓名、性别、电话字段，使其字段加入到右边的“选定的字段”列表中；单击“下一步”按钮，在出现的窗口中，可以根据需要为该查询指定一个标题，Access默认为它指定标题为“学生基本信息表选择查询”，如果不做修改，单击“完成”按钮；此时，在屏幕上将看到该查询的结果，如图6－24所示。

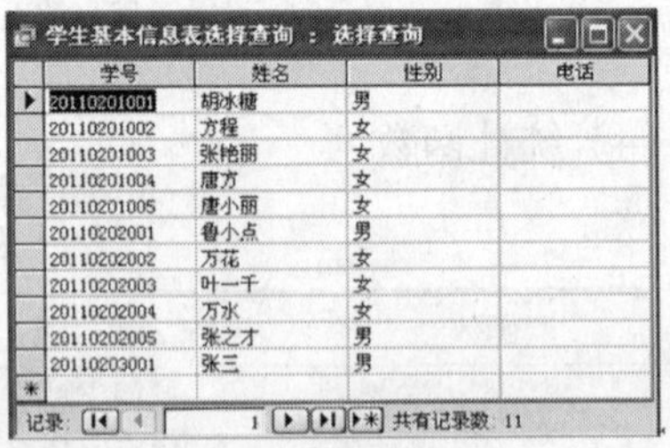

图6－24　学生基本信息表选择查询

（2）创建交叉查询　打开“学生管理系统”数据库；在数据库中，选择“查询”对象，单击工具栏中的“新建”按钮 新建(N)；弹出一个“新建查询”窗口，在该窗口右边的列表框中，选择“交叉表查询向导”；单击“确定”按钮，在出现的窗口的右边列表框中选择“表：学生基本信息表”，在此窗口的“视图”选项中选择“表”；单击“下一步”按钮，出现的窗口中要求选择作为交叉查询的“行标题”的字段，在“可选字段”列表中双击“班级”，将“班级”字段加入到右边的“选定字段”列表框中；单击“下一步”按钮，在出现的窗口中要求选择作为交叉查询的“列标题”的字段，单击右边列表框中的“性别”字段；单击“下一步”按钮，在出现的窗口中的“字段”列表框中选择“学号”字段，在右边的“函数”列表框中选择“计数”；单击“下一步”按钮，在出现的窗口中，在

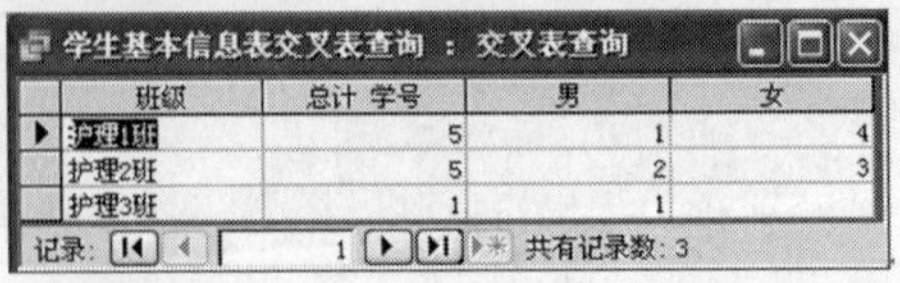

图6－25　学生基本信息表交叉表查询

查询名称下面，输入“学生基本信息表交叉表查询”，单击“完成”按钮；屏幕上看到该查询的结果，如图 6－25 所示。

6.5.3.2 使用设计视图创建查询

Access 对常用查询提供了向导。查询向导能够有效地指导操作者顺利地创建查询，详细地解释在创建过程中需要做的选择，并能以图形方式显示结果，操作简单、方便。但对于有条件的查询，向导无能为力。而在设计视图中，不仅可以完成新建查询的设计，也可以修改已有查询。设计视图功能丰富、灵活，使我们能够按照要求完成各种查询。

查询设计窗口分为上下两个部分。上半部分叫“表/查询输入窗格”，显示作为数据源的表或查询，列出各表的字段。下半部分叫“查询设计窗格”，用于确定动态集所拥有的字段和筛选条件等。查询设计窗格反映查询设计总体考虑。查询窗口的下部第一行包含要包括在查询中的字段的名称，这是查询设计者从上窗格的表中拖放来的字段名。第二行显示每个字段所属的表。第三行指示是否将按此字段对查询结果进行排序。第四行为“显示”行，其中复选框的复选标记意味着将在结果数据集中是否显示该字段（如果未选中复选框，则该字段可用于确定查询结果，但是不会显示该字段）。第五行（标有“条件”）包含确定将显示哪些记录的条件。在“成绩”字段的“条件”行中输入了“<60”。因此，此查询将查找成绩的值小于 60 的所有记录。第六行（标有“或”）设置替代条件。“或”行可以多行的形式出现。

设置条件是达到查询目的的重要手段。条件是由表达式来表示的。我们可以自己输入运算符和运算对象组成的式子表达条件，也可以利用 Access 的“表达式生成器”对话框形成条件。

例：打开“学生管理系统”数据库；在“数据库”窗口中选择“查询”对象，双击“在设计视图中创建查询”；弹出一个“显示表”的窗口，在“表”选项中的选择“学生基本信息表”，单击右边的“添加”按钮，将“学生基本信息表”添加到查询中作为此查询的数据源；单击“关闭”按钮，看到如图 6－26 所示的选择查询的窗口，在此窗口中选择需要的字段，将其添加到查询的网格中，直接在数据源中依次双击“学号”、“姓名”、“性别”字段，将其加入到下面的网格中，如图 6－27 所示（也可以用鼠标拖动的方法；如果双击数据源中的“*”，将会把表中的所有字段都加入到查询的网格中）；单击工具栏中的按钮或按钮，运行该查询，将看到运行查询的结果；单击按钮，回到查询设计视图，在查询的网格中的“性别”字段列下面的“条件”格子中输入“女”；单击工具栏中的按钮或按钮，运行该查询，查询结果是所有的女生；单击按钮，回到查询设计视图，在查询的网格中的“姓名”字段列下面的“条件”格子中输入 Like“唐*”，如图 6－28 所示；运行此查询，查询结果是查询所有姓唐的女生；保存查询，命名为“学生基本信息－条件查询”。

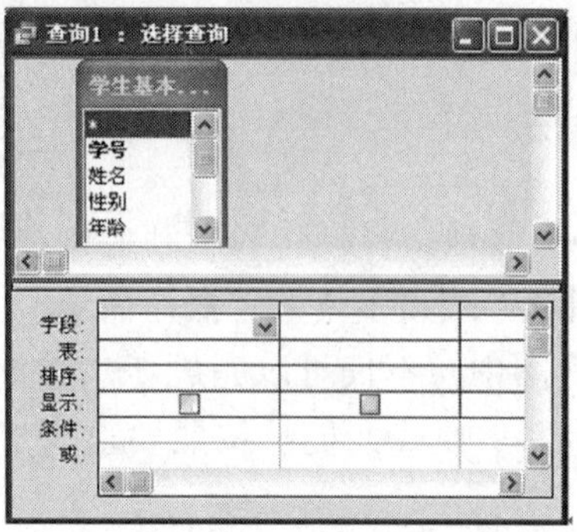

图 6－26　选择字段

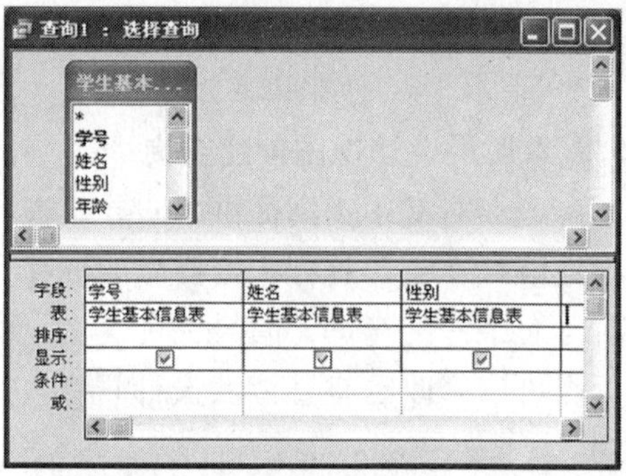

图 6－27　选择字段后

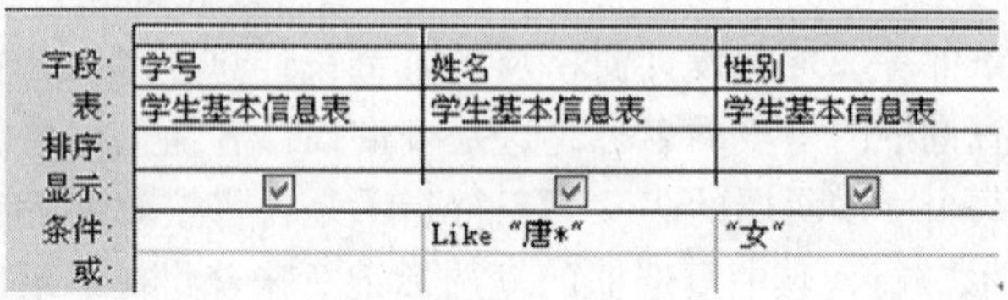

图 6－28　查询条件

6.5.4 运行查询

创建的查询可能要运行多次，则要保存它。保存后，它就成为数据库的一部分，在数据库窗口中单击“对象”栏上的“查询”时，它会显示在数据库窗口右边供使用。通过运行它来获得查询结果。运行查询的方式有下列几种。

(1) 显示在数据库窗口右边时，双击它。

(2) 显示在数据库窗口右边时，选择它，然后单击工具栏上的“打开”按钮。

(3) 在查询设计视图中，单击工具栏上的“执行”按钮。

(4) 在查询设计视图中，下拉工具栏上的“视图”按钮旁的菜单，选择其中的“数据表视图”命令。

(5) 在查询设计视图中，打开“查询”菜单，单击“运行”命令。

打开一个查询实质是执行一次查询操作，重新从数据源表中产生本次查询结果，所以说一个查询是一个动态的“虚”表。

6.5.5 创建参数查询

参数查询实质是选择查询的特例。它的思路是用变量代替出现在条件中的常量，查询运行时请用户输入变量的值从而具体化条件。在设计条件时，用中括号将条件的提示信息括起来，在运行查询时，将会弹出提示信息框，要求用户输入即将查询的信息。

例：打开“学生管理系统”数据库；在“数据库”窗口中选择“查询”对象，双击“在设计视图中创建查询”；弹出一个“显示表”的窗口，在“表”选项中的选择“学生基本信息表”，单击右边的“添加”按钮，将“学生基本信息表”添加到查询中作为此查询的数据源；单击“关闭”按钮，在数据源中，双击“学号”、“姓名”、“性别”字段，将这三个字段作为查询显示的数据，在“姓名”字段下面的“条件”中输入“=［请输入查询的姓名:］”，单击工具栏中的按钮或按钮，运行该查询；屏幕上弹出一个“输入参数值”的对话框，提示输入要查询的姓名，在对话框中输入“叶一千”，如图6－29所示，单击“确定”按钮，在查询结果中将看到有关“叶一千”的信息，如果没有找到，查询结果中将看到空白的记录；保存查询，取名为“学生基本信息表参数查询”。

6.5.6 动作查询设计

动作查询又称操作查询。这些操作针对数据表进行，并对数据表的内容有实际的影响。四种动作查询：更新查询、生成表查询、删除查询、追加查询的操作步骤大部分相同，只是动作不同，设计视图的窗格的形式和内容会不同。它们都是在选择查询的基础上创建的。

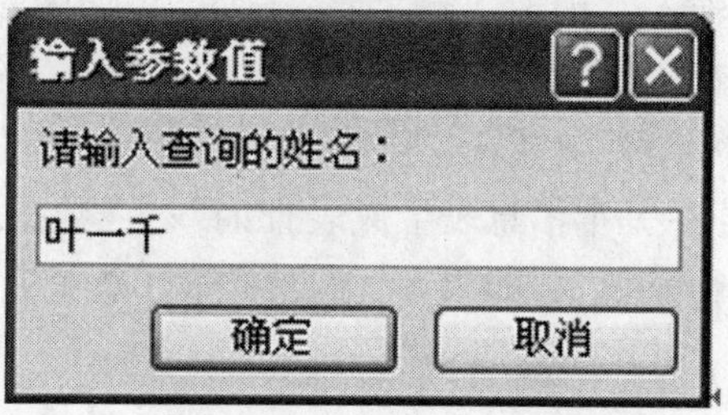

图6－29　参数查询输入框

6.5.6.1 更新查询设计

如果需要对数据表中的某些数据进行有规律地成批更新替换操作，就可以使用更新查询来实现。在数据表视图中采用手工操作，繁琐且很容易出错。

例：将“学生基本信息表”所有人的电话都改成18912345678。

操作步骤：打开“学生管理系统”数据库；在“数据库”窗口中选择“查询”对象，双击“在设计视图中创建查询”；弹出一个“显示表”的窗口，在“表”选项中的选择“学生基本信息表”，单击右边的“添加”按钮，将“学生基本信息表”添加到查询中作为此查询的数据源，单击“关闭”按钮；将表中的所有字段添加到设计表格中，单击“查询”菜单下的“更新查询”命令，此时查询窗口的标题上显示“更新查询”，并在查询设计表格中添加了“更新到”属性行；选中“电话”字段，在其对应的“更新到”文本框中输入"18912345678"；单击“查询”菜单下的“运行”菜单命令，运行查询；此时，弹出一个更新提示信息框，如图6－30所示，单击“是”按钮，进行更新操作，保存此查询，取名为“学生基本信息表更新电话查询”；在数据库中选择“表”对象，双击“学生基本信息表”，查看电话字段的内容是否更新。

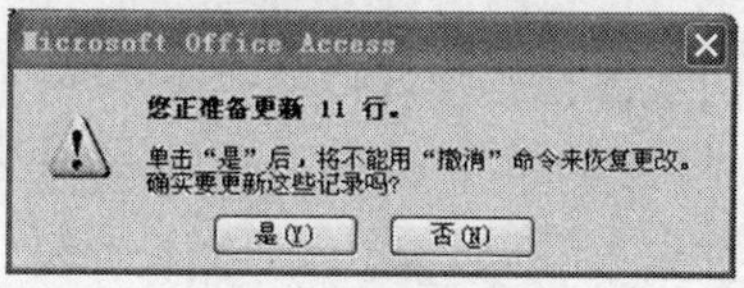

图6－30　更新查询提示信息框

6.5.6.2 生成表查询设计

查询的结果是一个动态集，如果希望查询所形成的动态数据集能够被固定的保存下来，就需要使用生成表查询。

例如，将“学生管理系统”数据库中的“学生基本信息表”的所有护理2班的学生查询出来，而且单独保存为一个表“护理2班学生信息表”。

设计生成表查询的操作步骤如下：打开“学生管理系统”数据库；在“数据库”

窗口中选择“查询”对象，双击“在设计视图中创建查询”；弹出一个“显示表”的窗口，在“表”选项中的选择“学生基本信息表”，单击右边的“添加”按钮，将“学生基本信息表”添加到查询中作为此查询的数据源，单击“关闭”按钮；将表中的所有字段添加到设计表格中，在“班级”字段下面对应的条件格子里输入 = “护理2 班”；单击“查询”菜单下的“生成表查询”命令，弹出生成表查询窗口，在表名称中输入“护理2 班学生信息表”，如图 6 – 31 所示，选择“当前数据库”，单击“是”按钮；单击“查询”菜单下的“运行”菜单命令，运行查询；在弹出的提示信息框中提示是否向新表中粘贴数据，选择“是”按钮，如图 6 – 32 所示；保存查询，取名为“学生基本信息表生成表查询”；在数据库中，选择“表”对象，查看是否有“护理2 班信息表”，如果有，双击此表，查询其中的数据。

图 6 – 31　生成表查询

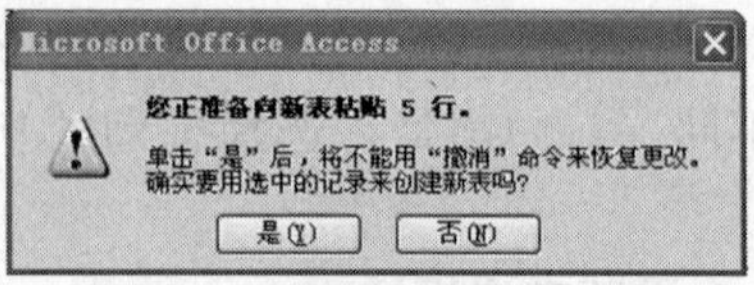

图 6 – 32　生成表查询提示信息框

6.5.6.3 删除查询设计

如果需要从数据库的某一个数据表中按某条件成批删除一些记录，可以使用删除查询来满足这个需求。记录删除条件必须能够用一个关系表达式或逻辑表达式表述。

例如，从“学生基本信息表”中删除年龄为 21 的所有学生。

操作步骤如下：打开“学生管理系统”数据库；在“数据库”窗口中选择“查询”对象，双击“在设计视图中创建查询”；弹出一个“显示表”的窗口，在“表”选项中的选择“学生基本信息表”，单击右边的“添加”按钮，将“学生基本信息表”添加到查询中作为此查询的数据源，单击“关闭”按钮；将表中的所有字段添加到设计表格中，在“年龄”字段下面对应的条件格子里输入 = 21；单击“查询”菜单下的“删除查询”命令，此时，查询设计表格的属性行中添加了“删除”行；单击“查询”菜单下“运行”菜单命令，运行查询，弹出删除查询提示信息框，提示是否要删除指定的数据，如图 6 – 33 所示，单击“是”按钮，保存查询，取名为“学生基本信息表删除查询”，在数据库中选择“表”对象，双击“学生基本信息表”，查看是否有年龄为 21 岁的学生。

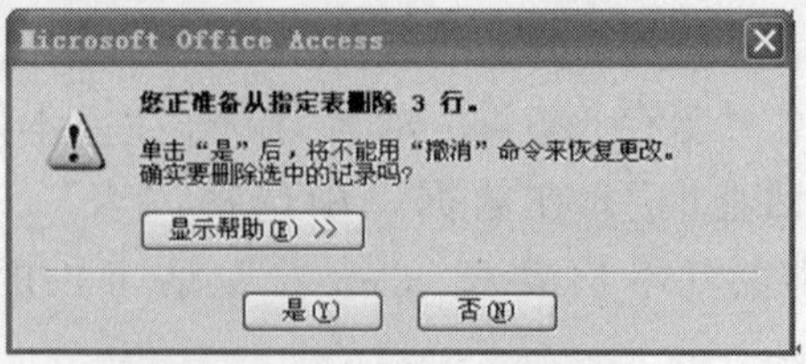

图 6 – 33　删除查询提示信息框

6.5.6.4 追加查询设计

追加查询的作用是从一个数据表中筛选出一些数据追加到另外一个具有大体相同结构的数据表中。

例如，在“护理2 班学生信息表”中，添加了新的记录，如果想把“护理2 班学生信息表”中的新记录也更新到“学生基本信息表”中，此时，就可以用追加查询。

操作步骤如下：打开“学生管理系统”数据库；在数据库窗口中，选择“表”对象，双击“护理2班学生信息表”，用数据表视图打开“护理2班学生信息表”，在此表中，添加一条新记录，新记录的内容分别为：“学号”为20110202006，“姓名”为新同学，“性别”为女，“年龄”为19，“专业”为护理，“班级”为护理2班，其他的为空，保存此表，将表关闭。

在“数据库”窗口中选择“查询”对象，双击“在设计视图中创建查询”；弹出一个“显示表”的窗口，在“表”选项中的选择“护理2班学生信息表”，单击右边的“添加”按钮，将“护理2班学生信息表”添加到查询中作为此查询的数据源，单击“关闭”按钮；将表中的所有字段添加到设计表格中，单击“查询”菜单下的“追加查询”命令，此时，弹出追加查询对话框窗口，在表名称处选择“学生基本信息表”，选择当前数据库，单击确定按钮。

此时，查询设计表格的属性行中添加了“追加到”行；在“学号”字段下面对应的条件格子里输入 =" 20110202006"；单击“查询”菜单下“运行”菜单命令，运行查询，弹出追加查询提示信息框，提示是否要追加指定的记录，如图6－34所示，单击“是”按钮，保存查询，取名为“学生基本信息表追加查询”，在数据库中选择“表”对象，双击“学生基本信息表”，查看是否有新同学的记录。

图6－34　追加查询

图6－35　追加查询确认

6.5.7 创建SQL查询

SQL查询是用户使用SQL语句创建的查询。上面介绍的查询，系统在执行时自动将其转换成SQL语句执行。可以在查询设计窗口工具栏上的“视图”按钮旁下拉选择“SQL视图”切换，如图6－36所示，或者单击“视图”菜单下的“SQL视图”命令切换，可查看某查询的SQL语句形式。如图6－37所示。

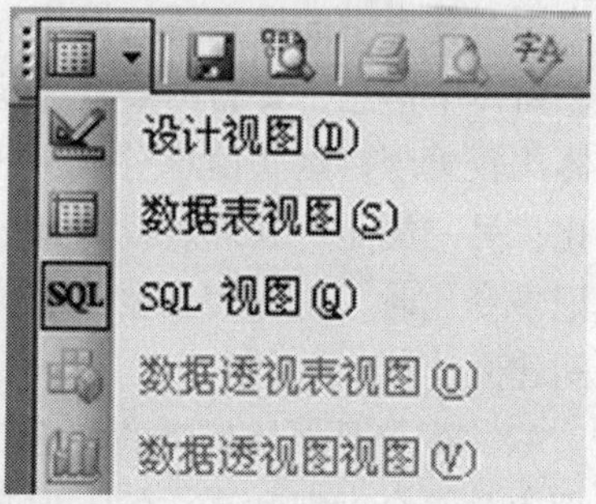

图6－36　SQL视图切换按钮

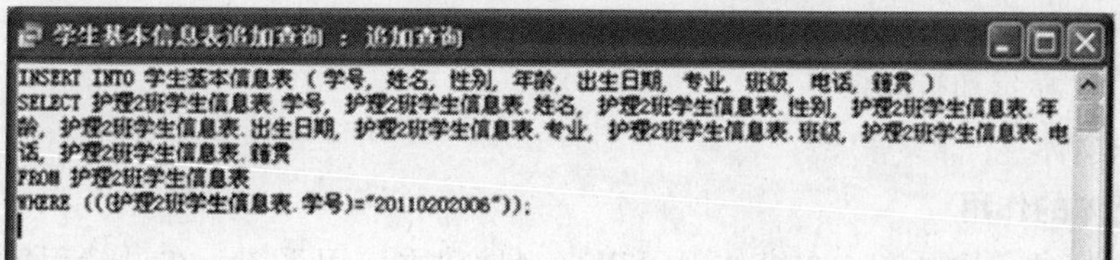

图6－37　查询对应的SQL语句

本书所介绍的所有的查询都可以由 SQL 查询来完成，由于 SQL 语句形式多样，对于初学者不易掌握，本书对 SQL 查询语句仅要求了解，如有需要请参考其他书籍。

SQL 查询语句一般格式：

SELECT［ALL | DISTINCT］<目标列表达式>

［，<目标列表达式>］…

FROM <表名或视图名>［，<表名或视图名>］…

［WHERE <条件表达式>］

［GROUP BY <列名1>［HAVING <条件表达式>］］

［ORDER BY <列名2>［ASC | DESC］］；

说明：①［ ］括起的内容可以省略。②SELECT 子句：指定要显示的属性列。③FROM子句：指定查询对象（基本表或视图）。④WHERE 子句：指定查询条件。⑤GROUP BY 子句：对查询结果按指定列的值分组，该属性列值相等的元组为一个组。⑥HAVING 短语：筛选出只有满足指定条件的组。⑦ORDER BY 子句：对查询结果表按指定列值的升序或降序排序。

完成了某查询的可视化设计后，可有意识的切换到 SQL 视图看看它的 SQL 语句，以增强对查询过程的理解。

6.6 窗体

人机界面设计的优劣将直接反映一个数据库应用系统的设计水平。因此，为数据库应用系统设计操作性能良好的操作界面是一项至关重要的内容。在 Access 中，窗体是应用系统提供的最主要的操作界面。

窗体中信息主要有两类：一类是设计者在设计窗体时附加的一些提示信息，使得窗体比较美观，这些信息对数据表中的每一条记录都是相同的，不随着记录的变化而变化；另一类是所处理表或查询的记录，这些信息往往与所处理记录的数据密切相关，当记录变化时，这些信息也随着变化。利用控件可以在窗体的信息和窗体的数据来源之间建立连接。

Access 表是原始信息的集合。如果要创建的数据库仅由设计者自己使用，则直接处理表是符合习惯和高效的。但是，如果创建的数据库将由不太了解 Access 而且不一定希望了解 Access 的人员使用，由于操作界面较为复杂，直接让使用者操作是不适合的。要解决此问题，可以设计窗体作为界面来指导用户使用数据库，使用户更轻松地输入、检索、显示和打印信息。

6.6.1 认识窗体

6.6.1.1 窗体的作用

窗体就好象一块画布，在窗体上可以直观地建立应用系统。在设计程序时，窗体是用户的工作台；在运行程序时，一个窗体对应一个窗口。窗体的主要作用是接收用户输入的数据或命令，编辑、显示各种提示信息与数据库中的数据，控制应用程序的运行步骤，构造方便、美观的操作界面。

6.6.1.2 窗体的组成

从本质上说，窗体是一个窗口，可以在其中放置控件，这些控件为用户提供信息或接受用户输入的信息。Access 提供了一个工具箱，该工具箱包含许多标准 Windows 控件，如标签、文本框、选项按钮和复选框。稍加灵活运用，您可以使用这些控件创建外观和工作方式与所有 Windows 程序中的对话框非常类似的窗体。

Access 窗体由多个部分组成，每个部分称为一个“节”。窗体包含窗体页眉、页面页眉、主体、页面页脚、窗体页脚等五个部分，如图 6－38 所示。但是一般的窗体只有窗体的主体部分。

“窗体页眉”位于窗体的顶部，一般用于设计窗体的标题、窗体使用说明或打开相关窗体及执行其他任务的命令按钮等。

“窗体页脚”位于窗体的底部，一般用于显示对所有记录都要显示的内容、使用命令的操作说明等信息。也可以设计命令按钮，以便执行必要的控制。

“页面页眉”一般用来设置窗体在打印时的页头信息。例如，标题、用户希望在每一页上方显示的内容。

“页面页脚”一般用来设置窗体在打印时的页脚信息。例如，日期、页码或用户希望在每一页下方显示的内容。

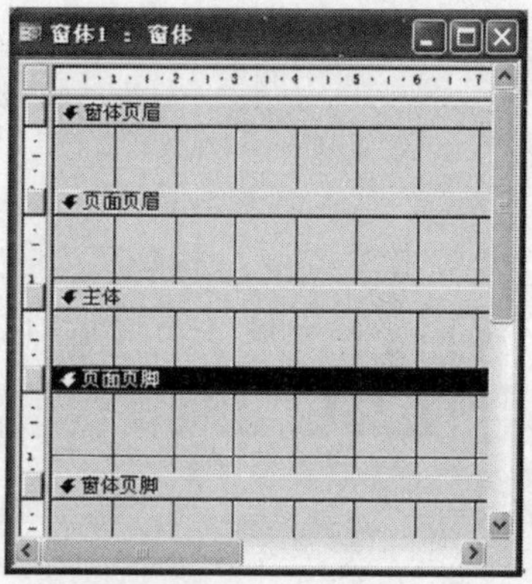

图 6－38　窗体的组成

“主体”通常是用来显示记录数据，可以在屏幕或页面上只显示一条记录，也可以显示多条记录。

另外，窗体中还包含有标签、文本框、复选框、列表框、组合框、选项组、命令按钮、图像等图形化等对象，这些对象被称为控件，在窗体中起着不同的作用。

6.6.1.3 窗体的类型

Access 提供了 6 种类型的窗体，分别是纵栏式窗体、表格式窗体、主/子窗体、数据表窗体、图表窗体和数据透视表窗体。

6.6.2 创建窗体的方法

一般情况下，创建窗体的方法有两种：使用向导创建窗体和使用设计视图创建窗体。

6.6.2.1 利用窗体向导创建窗体

利用向导创建窗体就是利用 Access 已经提供好的样式来设计窗体，能够快速地创建窗体，而且操作比较简单。

操作步骤：①打开数据库，并双击右方“使用向导创建窗体”；②选取作为窗体数据来源的“表/查询”；③选取要出现在窗体上的字段；④选择需要的窗体布局方式；⑤选择窗体的样式；⑥为窗体取上一个名字；⑦完成窗体的创建。

（1）利用向导创建纵栏式窗体举例　打开“学生管理系统”数据库，在数据库中选中“窗体”对象；双击“使用向导创建窗体”，在窗体向导窗口中的“表/查询”的下拉组合框中选择“表：学生成绩表”；双击“可用字段”列表框中的所有字段（或者单击“>>”按钮），将其所有的字段添加到右边的“选定的字段”列表框中，单击“下一步”按钮；在窗体的布局中选择“纵栏表”；单击“下一步”按钮，在样式中选择“标准”；单击“下一步”按钮，在为窗体指定标题处的文本框里输入“学生成绩表纵栏式窗体”，选择“打开窗体查看或输入信息”选项，单击“完成”按钮，此时，将看到窗体的最后的结果，如图6－39所示。

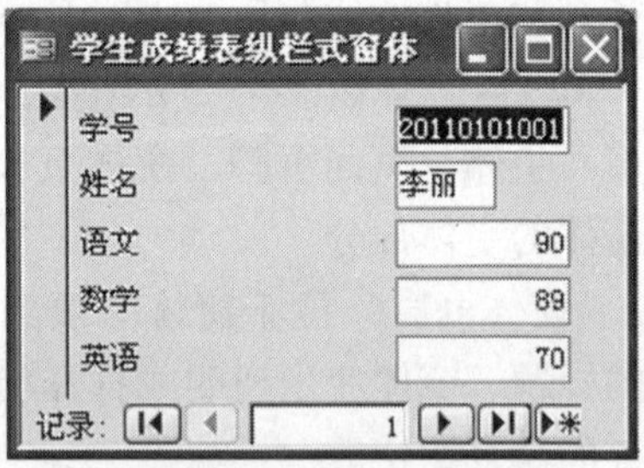

图6－39　纵栏式窗体

（2）利用向导创建表格式窗体举例　打开“学生管理系统”数据库，在数据库中选中“窗体”对象；双击“使用向导创建窗体”，在窗体向导窗口中的“表/查询”的下拉组合框中选择“表：学生成绩表”；双击“可用字段”列表框中的所有字段（或者单击“>>”按钮），将其所有的字段添加到右边的“选定的字段”列表框中，单击“下一步”按钮；在窗体的布局中选择“表格”；单击“下一步”按钮，在样式中选择“标准”；单击“下一步”按钮，在为窗体指定标题处的文本框里输入“学生成绩表表格式窗体”，选择“打开窗体查看或输入信息”选项，单击“完成”按钮，此时，将看到窗体的最后的结果，如图6－40所示。

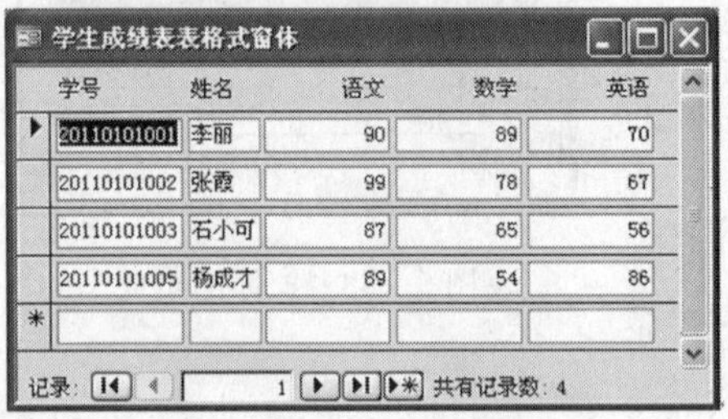

图6－40　表格式窗体

（3）利用向导创建数据表窗体举例　打开“学生管理系统”数据库，在数据库中选中“窗体”对象；双击“使用向导创建窗体”，在窗体向导窗口中的“表/查询”的下拉组合框中选择“表：学生成绩表”；双击“可用字段”列表框中的所有字段（或者单击“>>”按钮），将其所有的字段添加到右边的“选定的字段”列表框中，单击“下一步”按钮；在窗体的布局中选择“数据表”；单击“下一步”按钮，在样式中选择“标准”；单击“下一步”按钮，在为窗体指定标题处的文本框里输入“学生成绩表数据表窗体”，选择“打开窗体查看或输入信息”选项，单击“完成”按钮，此时，将看到窗体的最后的结果，如图6－41所示。

6.6.2.2 使用窗体设计视图创建窗体

使用窗体设计视图创建窗体，也称为自定义窗体，即用户根据自己的需要在窗体上添加控件，设置样式及布局等。使用窗体设计视图创建窗体其方法比较灵活，但创建的过程比较麻烦。

（1）操作步骤　①打开数据库；②打开窗体设计视图；③为窗体设定数据源；④添加所需要的控件；⑤设置窗体及控件的属性；⑥保存窗体，完成窗体的创建。

（2）常用的窗体控件　在窗体设计视图中设计窗体，主要使用系统提供的工具箱。在窗体设计视图中，如果屏幕上没有显示工具箱，单击工具栏上的工具箱按钮，或单击“视图”菜单，选择“工具栏”下的“工具箱”命令，将工具箱显示在屏幕上如

图 6－42 所示。

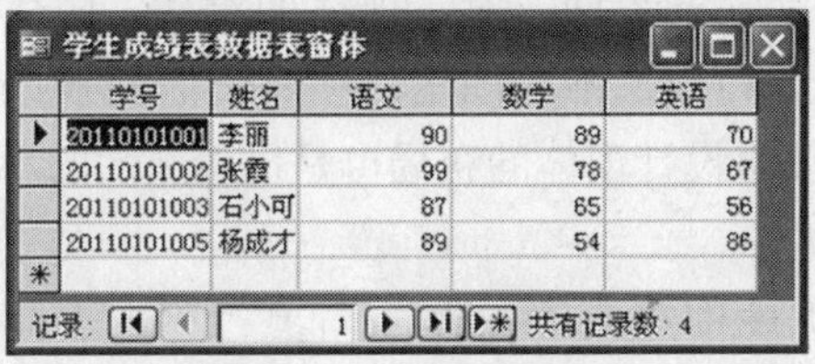

图 6－41　数据表窗体

图 6－42　工具箱

工具箱是进行窗体设计的重要工具，工具箱中的各按钮的功能如表 6－12 所示。

表 6－12　工具箱的功能说明

按钮	名称	功能
	选择对象	用于选取控件、节或窗体
	控件向导	用于打开或关闭“控件向导”
	标签	用于显示说明文本的控件
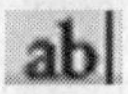	文本框	用于显示、输入、编辑窗体的记录源数据，显示计算结果，或接收用户输入的数据
	选项组	与复选框、选项按钮或切换按钮搭配使用，可以显示一组可选值
	切换按钮	作为结合到“是/否”型字段的独立控件，也可以用来接收用户在自定义对话框中输入数据的非结合控件，或选项组的一部分
	选项按钮	作为结合到“是/否”型字段的独立控件，也可以用来接收用户在自定义对话框中输入数据的非结合控件，或选项组的一部分
	复选框	作为结合到“是/否”型字段的独立控件，也可以用来接收用户在自定义对话框中输入数据的非结合控件，或选项组的一部分
	组合框	该控件组合了文本框和列表框的特性，即可以在文本框中输入文字或在列表框中选择输入项，然后将值添加到字段中
	列表框	显示可滚动的数值列表。在窗体视图中，可以从列表中选择值输入到新记录中或更改现有记录中的值
	命令按钮	用于完成各种操作
	图像	用于窗体中显示静态图像
	非绑定对象框	用于窗体中显示非结合 OLE 对象，例如，Excel 电子表格等，当在记录移动时，该对象将保持不变
	绑定对象框	用于窗体或报表中显示 OLE 对象，例如，一系列的图片等，当在记录移动时，不同的对象将显示在窗体或报表上
	分页符	用于在窗体上开始一个新的屏幕，或在打印窗体上开始新的一页
	选项卡控件	用于创建一个多页的选项卡窗体或选项卡对话框。可以在选项卡上复制或添加其他控件
	子窗体/子报表	用于显示多个表的数据
	直线	用于突出相关的或特别重要的信息
	矩形	显示图形效果。例如，在窗体中将一组相关的控件组织在一起
	其他控件	单击将弹出一个列表，可以从中选择所需要的控件源加到当前窗体

6.6.2.3 自定义窗体

在数据库的设计过程中，窗体作为一个人机交换的界面，对于窗体的设计，往往是根据用户的需要而设计的，因此，窗体界面的布局和样式不是固定的格式，而是根据用户的意图而设计的，在这种情况下，用自定义窗体来设计窗体的布局也是比较灵活的。

自定义窗体设计的基本过程。

例：打开“学生管理系统”数据库，在数据库中选中“窗体”对象；单击工具栏上的“新建”按钮，在弹出的新建窗体窗口的右边列表框中选择“设计视图”，在该窗口的下方“请选择该对象的数据来源或查询”右边的下拉组合框中选择“学生成绩表”，如图 6-43 所示；单击“确定”按钮，此时，屏幕上弹出多个窗口，分别是“窗体设计窗口”、“窗体的属性窗口”、“窗体的数据来源窗口”以及“工具箱窗口”，如图 6-44 所示；此时，窗体设计窗口的主体上还是空白的，即主体上面还没有其他控件，向窗体的主体上加入数据控件最简单的方法，就是在“窗体的数据来源窗口”中，用鼠标左键按住用户想要的数据直接往窗体的主体上拖，然后松开鼠标；在此，把学生成绩表中的所有字段都用这种方法，从窗体的数据来源窗口中拖到窗体的主体上，窗体上添加了相应的标签和文本框，如图 6-45 所示；如果对窗体上的控件的布局不满意，直接用鼠标拖动各个控件的位置，直至基本满意为止，单击“工具栏”上的“窗体视图”按钮（或单击“视图”菜单下的“窗体视图”菜单命令），查看本窗体的运行结果，如图 6-49 所示；保存窗体，取名为“学生成绩表自定义窗体”。

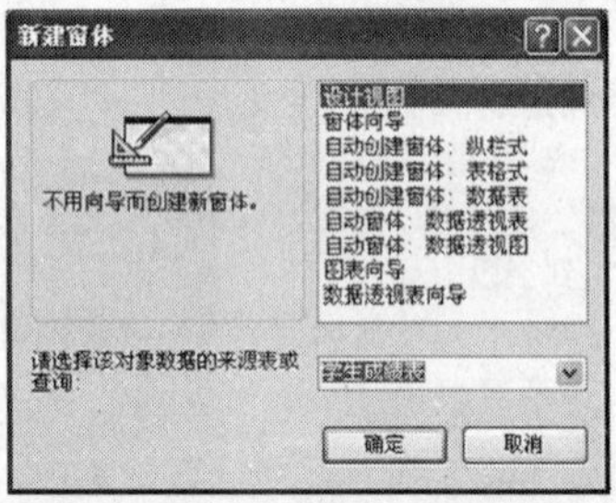

图 6-43　设计视图新建窗体

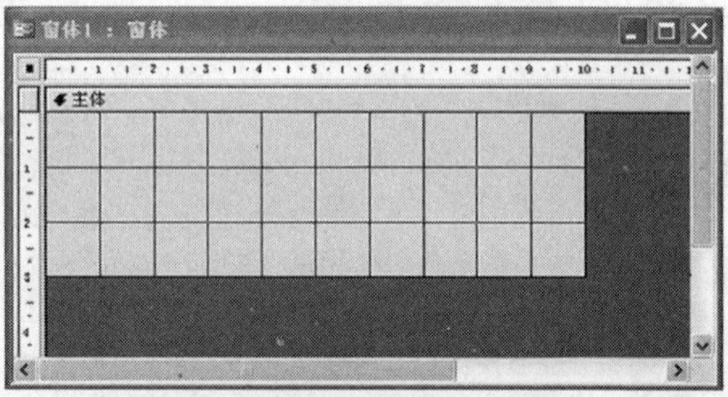

图 6-44　窗体设计窗口

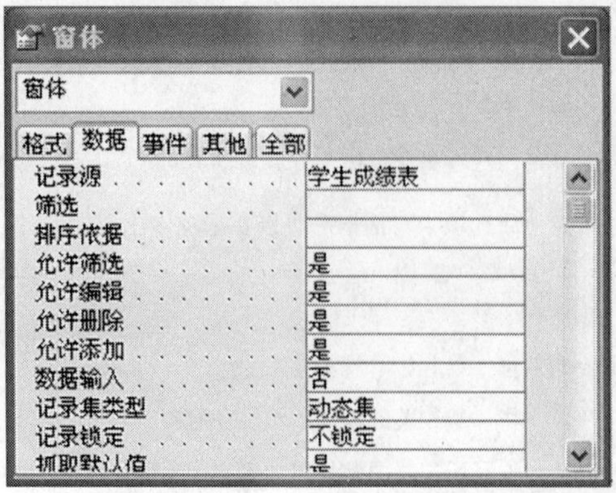

图 6-45　窗体属性窗口

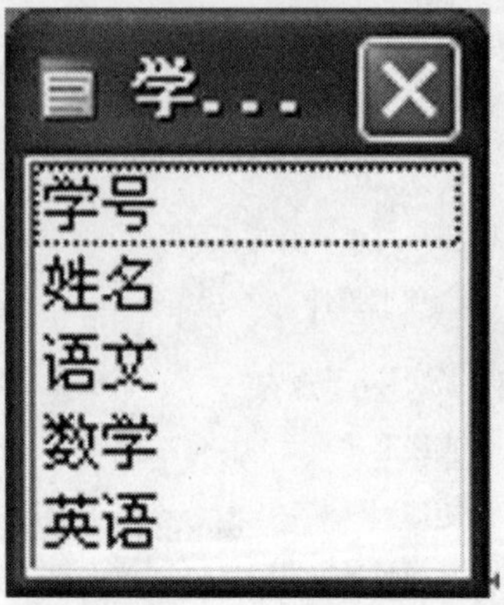

图 6-46　窗体的数据来源窗口

图 6－47　窗体的工具箱窗口

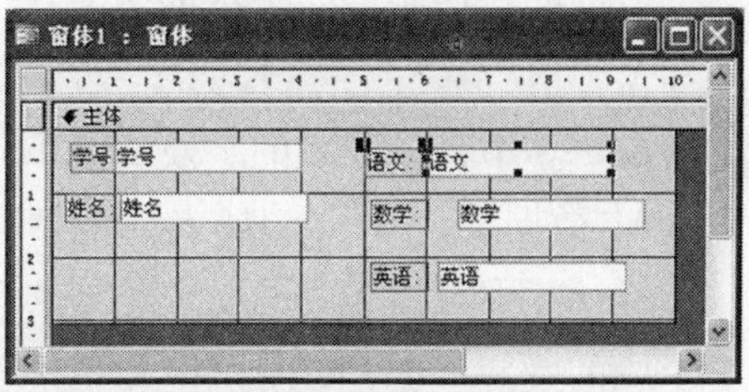

图 6－48　自定义窗体的布局

图 6－49　自定义窗体运行的结果

如果在窗体上还想添加其他的控件，可以在窗体的设计视图中，利用窗体的工具箱窗口所提供的控件来完成；如果对已经设计好的窗体的某一些控件的属性还想做进一步的修改，可以利用窗体的属性窗口来完成，在窗体的属性窗口中可以很方便的修改对象的属性。

习题

一、单项选择题

1. Access 属于（　　）数据库。

　A. 关系型　　B. 网络　　C. 网状型　　D. 文件型

2. Access 是（　　）中的一个组件。

　A. Windows　　B. Office　　C. Wps　　D. 网络

3. Access 中的一条记录，在关系类型数据库中称为一个（　　）。

　A. 字段　　B. 数组　　C. 元组　　D. 元素

4. Access 最基本、最重要的对象是（　　），它主要是用于存储数据。

　A. 报表　　B. 窗体　　C. 数据表　　D. 窗体

5. Access 数据库是一个扩展名为（　　）的数据库文件。

A. . DBF　　B. . DB　　C. . MDB　　D. . DAT

6. Access 中，设计表的字段的大小，只能在（　　）视图下设计。

A. 数据表　　B. 表浏览　　C. 表设计　　D. 表定义

7. Access 中数据表中的文本类型字段在计算机中存储所占用的存储空间是由该字段的（　　）所决定。

A. 字段属性　　B. 字段大小

C. 字段的格式　　D. 字段的名字

8. Access 中，在数据表中插入一条新记录，新记录所插入的位置（　　）。

A. 总是在表的最前面

B. 在当前记录的前面

C. 在当前记录的后面

D. 总是在表的最后面

9. Access 中，下列说法正确的是（　　）。

A. 在表中删除字段，将会删除该字段的所有信息

B. 在表中删除字段，只删除该字段的名字，其他的信息依然保存在表中

C. 在表中删除字段，只是删除了该字段的内容，但它的结构还保留在表中

D. 在表中删除字段，只是暂时删除该字段，以后还可以自动恢复

10. Access 中，空数据库是指（　　）。

A. 没有基本表的数据库

B. 没有窗体的数据库

C. 数据库中的数据是空的

D. 没有任何数据库对象的数据库

11. Access 数据库中，（　　）是其他数据库对象的基础。

A. 表　　B. 窗体　　C. 查询　　D. 报表

12. 在 Access 中，下列说法正确是（　　）。

A. 表的结构一旦建立了，就不能修改

B. 修改表的记录内容时，一次只能修改一条记录的内容

C. 在建立表结构时，字段的类型默认为数值类型

D. 表建立了主键后，在输入数据的时候，主键的值不能为空

13. 记录的定位是指（　　）。

A. 将表中的第一条记录变成当前记录

B. 将表中的最后一条记录变成当前记录

C. 将记录指针移动到指定的记录上，使之成为当前记录

D. 就是将记录固定，使该记录的内容不被修改

14. Access 中，把查询分为（　）类。

A. 2　　B. 3　　C. 4　　D. 5

15. Access 支持的查询类型有（　　）。

A. 选择查询、交叉表查询、参数查询、操作查询和 SQL 查询

B. 选择查询、交叉表查询、多表查询、操作查询和 SQL 查询

C. 简单查询、复杂查询、参数查询、操作查询和 SQL 查询

D. 选择查询、统计查询、参数查询、筛选查询和 SQL 查询

16. 根据指定的查询条件，从一个表或多个表中获取数据并显示结果的查询称为（　　）。

A. 参数查询　　B. 交叉表查询

C. 操作查询　　D. 选择查询

17. 设计一个查询，在表中找出所有姓张的学生，应在姓名字段中设置查询条件，以下正确的是（　　）。

A. Like“姓名 * 张”　　B. Like“张”

C. ＝“张 * ”　　D. Like“张 * ”

18. 设计一个查询，在表中找出所有姓名为 3 个字的学生，应在姓名字段中设置查询条件，以下正确的是（　　）。

A. Like“姓名” ＝3　　B. Len（［姓名］）＝2

C. ［姓名］＝3　　D. Len（［姓名］）＝3

二、多项选择题

1. 以下属于关系型数据库的是（　　）。

A. Word　　B. Access　　C. Foxpro　　D. Oracle

2. 在关系类型数据库中的更新操作包括（　　）。

A. 删除操作　　B. 添加操作

C. 查询操作　　D. 修改操作

3. 关于启动 Access 的方法中，以下说法正确的是（　　）。

A. 依次单击“开始”→“所有程序”→“Microsoft Office”→“Microsoft Office Access 2003”

B. 如果桌面上有 Access 快捷方式，用鼠标双击其快捷方式

C. 依次单击“开始”→“所有程序”→“Microsoft Office”→“Microsoft Office Word 2003”

D. 直接用鼠标双击桌面上“我的电脑”

4. 关于退出 Access 的方法中，以下说法正确的是（　　）。

A. 单击“文件”菜单下的“退出”菜单命令

B. 按下键盘上的 ESC 键

C. 单击 Access 界面右上角的 ✕ 按钮

D. 按下 ALT + F5

5. 在 Access 中创建表的方法有（　　）。
   A. 使用设计器创建表
   B. 使用向导创建表
   C. 通过输入数据创建表
   D. 单击“文件”菜单下的“新建”菜单命令
6. 以下属于 Access 数据库中所包含的对象有（　　）。
   A. 窗体　　B. 命令按钮
   C. 报表　　D. 文本框
7. 在 Access 数据库中可以作为其他对象的数据来源的对象有（　　）。
   A. 表　　B. 窗体　　C. 报表　　D. 控件
8. 在学生基本信息表中找出年龄为 18 岁（含 18 岁）以下的学生，在其年龄字段下的条件里输入表达式，正确的是（　　）。
   A. ＜＝18　　B. ＞＝18
   C. between 0 and 18　　D. not（＞18）
9. Access 提供了多种查询方式，Access 中也将查询分成了五种类型，以下属于这五类查询的是（　　）。
   A. 选择查询　　B. 参数查询
   C. 自定义查询　　D. 用户查询
10. 一般情况下，Access 创建查询有两种方法：使用向导创建查询和使用设计视图创建查询；使用向导创建查询，可以创建以下哪些查询（　　）。
   A. 简单查询　　B. 交叉表查询
   C. 自定义查询　　D. 设计视图查询

三、判断题

1. Access 是 Microsoft Office 办公软件的组件之一。（　　）

2. Access 是目前最流行的桌面数据库管理系统之一。（　　）

3. Access 界面友好、操作简单，同时还具有强大的网络功能，因此开发网络数据库应该首选 Access。（　　）

4. Access 中的对象包括表、查询、窗体、报表、数据访问页、宏和模块等 7 部分。（　　）

5. 数据表是 Access 数据库最基本、最重要的对象，它用来存储数据。（　　）

6. 在 Access 中，表和窗体都可以作为其他对象的数据来源。（　　）

7. 在 Access 中，不含有任何其他对象的数据库，称为空数据库。（　　）

8. Access 的窗体是基于表或查询创建的人机交互界面。（　　）

9. 在创建学生基本信息表时，其中有个字段名为“身份证”，是用来表示学生的身份证号码的，在设计此表时，将“身份证”字段的数据类型最好设置为数值类型。（　　）

10. 在筛选或查询的“姓名”字段下的“条件”里输入表达式 len（［姓名］）=2，其意是找出所有姓名为两个字的人。（　　）

11. 在筛选或查询的“姓名”字段下的“条件”里输入表达式 mid（［学号］，8，1）=2，其意是找出所有学号的第 8 位为 2 的人（即班级为护理 2 班的人）。（　　）

7 VB 程序设计基础知识

7.1 Visual Basic 6.0 程序基础

Microsoft Visual Basic 6.0 它提供了开发 Microsoft Windows（R）应用程序最迅速、最简捷的方法。不论是 Microsoft Windows 应用程序的资深专业开发人员还是初学者，Visual Basic 都为他们提供了整套工具，以方便开发应用程序。它以其简单易学、功能强大的特点而深受广大编程人员的青睐。

7.1.1 Visual Basic 概述

7.1.1.1 Visual Basic 的发展

计算机程序设计语言通常分为三种：①机器语言：最初的计算机编程语言，由二进制编码组成，是计算机唯一可以直接识别的语言。非专业计算机人员很难掌握机器语言的编制。②汇编语言：20 世纪 50 年代广泛使用计算机语言。即使用助记符来替代表示二进制机器语言代码，一般人员也难以掌握。③高级语言：高级语言是人们为了解决机器语言和汇编语言难以识别和推广应用的不足而设推出的程序设计语言，它的特点是接近于人类的自然语言和数学表达式的语言，一般非计算机专业人员经过学习，就可以很好的掌握这种语言的使用。

Visual Basic 就是一种高级语言。Visual Basic 是 Microsoft 公司推出的可视化开发工具组件 Visual Studio 的组件之一，是基于 BASIC 语言的可视化程序设计语言。Visual Basic 既继承了 BASIC 语言的简单易懂的特点，又采用了面向对象、事件驱动的编程机制，提供了一种所见即所得的可视化程序设计方法。

Basic 是英文 Beginner's All - purpose Symbolic Instruction Code（初学者通用符号指令代码）的缩写，它是专门为初学者设计的高级语言。Visual Basic 是 Microsoft 公司于 1991 年推出的基于窗口的可视化程序设计语言。“Visual”是“可视化的”、“形象化的”的意思。Visual Basic 的语法与 BASIC 语言的语法基本相同，因此 Visual Basic 也具有易学易用的特点，此外它还提供了一套可视化设计工具，大大简化了 Windows 程序界面的设计工作，同时其编程系统采用了面向对象、事件驱动机制，与传统 BASIC 有很大的不同。1992 年推出了 2.0 版，以后陆续推出了 3.0、4.0 版本。1998 年推出的 Visual Basic 6.0（简称 VB 6.0），其功能十分强大，应用 Visual Basic 6.0 可以方便地完成小型的应用程序、大型的数据库管理系统、多媒体信息处理、功能强大的 Internet 应用程序等各项任务。

Windows 2000 成功推出后，Microsoft 又推出了功能更强大的版本 Visual Basic 6.0.net，他具有更强大的功能，完全面向对象，和 Visual C + +.net 一起构成了 Microsoft 编程工具的核心。

Visual Basic 6.0 中的“Visual”指的是开发图形用户界面（GUI）的方法。不需编写大量代码去描述界面元素的外观和位置，而只要把预先建立的对象添加到屏幕上即可。如果已使用过诸如 Paint 之类的绘图程序，则实际上已掌握了创建用户界面的必要技巧。“Basic”指的是 BASIC（Beginners All – Purpose Symbolit Instruction Code）语言，一种在计算技术发展史含了数百条语句、函数及关键词，其中很多和 Windows GUI 有直接关系。专业人员可以用 Visual Basic 6.0 实现其他任何 Windows 编程语言的功能，而初学者只要掌握几个关键词就可以建立实用的应用程序。

Visual Basic 6.0 有三种版本，可以满足不同的开发需要。一种是学习版，Visual Basic 6.0 的基础版本，适用于初学者。可用来开发 Windows 应用程序。该版本包括所有的内部控件（标准控件）、网络（Grid）控件、Tab 对象以及数据绑定控件。第二种是专业版，该版本为专业编程人员提供了一整套用于软件开发、功能完备的工具。它包括学习版的全部功能，同时包括 ActiveX 控件、Internet 控件、Crystal Report Writer 和报表控件。第三种是企业版，Visual Basic6.0 的最高版本，使得专业编程人员能够开发功能强大的分布式应用程序。该版本包括专业版的全部功能，同时具有自动化管理器、部件管理器、数据库管理工具、Microsoft Visual SourceSafe 面向工程版的控制系统等。

7.1.1.2 Visual Basic 的特点

Visual Basic 是一种可视化的、面向对象和采用事件驱动方式的结构化高级程序设计语言，可用于开发 Windows 环境下的各类应用程序。Visual Basic 6.0 有以下主要特点。

（1）可视化编程　在传统的程序设计语言来设计程序时，都是通过编写程序代码来设计用户界面，而 Visual Basic 采用可视化程序设计方法，开发人员利用系统提供的大量可视化控件，按设计要求的屏幕布局，在屏幕上画出各种图形对象“部件”，并设置这些图形对象的属性，Visual Basic 便自动产生界面设计代码。开发人员不必为界面设计而编写大量的代码，从而大大提高了程序设计的效率。

（2）面向对象的程序设计　Visual Basic 是应用面向对象的程序设计（OOP），把程序和数据封装起来作为一个对象，并为每个对象赋予应有的属性，从而实现程序设计的要求。在设计对象时，不必编写建立和描述每个对象的程序代码，而是用工具画在界面上，Visual Basic 自动产生对象的程序代码并封装起来。每个对象以图形方式显示在界面上，都是可视的。

（3）结构化程序设计语言　Visual Basic 6.0 是在 BASIC（Beginners All – Purpose Symbolit Instruction Code）语言的基础上发展起来的高级程序设计语言，具有 Basic 语言的结构化程序设计的特点。接近于自然语言和人类的逻辑思维方式，其语句简单易懂。Visual Basic 6.0 的编程器支持彩色代码，可自动进行语言检查，同时具有功能强大且使用灵活的调试器和编译器。Visual Basic 6.0 以编译和解释两种方式来运行程序，即在设计 Visual Basic 6.0 程序过程中，随时可以运行程序，且在整个程序设计好后，可以编译生成执行文件（.exe），脱离 Visual Basic 环境，直接在 Windows 环境下运行。还可打包制作成安装程序。

（4）事件驱动的编程机制　Visual Basic 6.0 通过事件来执行对象的操作。事件驱动模型在传统的或“过程化”的应用程序中，应用程序自身控制了执行哪一部分代码和按何种顺序执行代码。从第一行代码执行程序并按应用程序中预定的路径执行，必要时调用过程。在事件驱动的应用程序中，代码不是按照预定的路径执行，而是在响应不同的事件时执行不同的代码片段。事件可以由用户操作触发，也可以由来自操作系统或其他应用程序的消息触发，甚至由应用程序本身的消息触发。

（5）访问数据库　Visual Basic 6.0 系统具有很强的数据库管理功能。利用数据控件和数据库管理窗口，可以直接建立或处理 Microsoft Access 格式的数据库，并提供了强大的数据存储和检索功能。同时，Visual Basic 6.0 还能直接编辑和访问其他数据库，如 Btrieve、dBASE、FoxPro、Paradox 等，这些数据库格式都可以用 Visual Basic 6.0 编辑和处理。

Visual Basic 提供开放式数据库连接（Open DataBase Connectivity），即 ODBC 功能，它可通过直接访问或建立连接方式使用并操作后台大型网络数据库，如 SQL Server、Oracle 等。

Visual Basic 6.0 提供了一种新的数据库访问技术，即 ADO，通过该技术，能方便地访问多种数据库中的数据。

7.1.1.3 Visual Basic 的运行

（1）VB 运行环境　硬件要求奔腾以上 CPU、16MB 以上内存、100MB 以上硬盘、VGA 或更高分辨的显示器。软件要求：Windows 95/98/2000/2003/XP 及以上版本。

（2）VB 的启动　开机并进入中文 Windows 后，可以用多种方法启动 Visual Basic 6.0 。

第一种方法：使用“开始”菜单中的“程序”命令。操作如下：①单击 Windows 环境下的“开始”按钮，弹出一个菜单，把光标移到“程序”命令上，将弹出下一个级联菜单；②把光标移到“Microsoft Visual Basic 6.0 中文版”，弹出下一个级联菜单，即 Visual Basic 6.0 程序组；③单击“Microsoft Visual Basic 6.0 中文版”，即可进入 Visual Basic 6.0 编程环境。

第二种方法：使用“我的电脑”。操作如下：①双击“我的电脑”，弹出一个窗口，然后单击 Visual Basic 6.0 所在的硬盘驱动器盘符，将打开相应的驱动器窗口；②单击驱动窗口的 vb60 文件夹，打开“vb 60”窗口；③双击“vb6. exe”图标，即可进入 Visual Basic 6.0 编程环境 。

第三种方法：使用“开始”菜单中的“运行”命令。操作如下：①单击“开始”按钮，弹出一个菜单，然后单击“运行”命令，将弹出一个对话框；②在“打开”栏内输入 Visual Basic 6.0 启动文件的名字（包括路径）。例如“c：/vb98/ vb6. exe”；③单击“确定”按钮，即可启动 Visual Basic 6.0。

第四种方法：建立启动 Visual Basic 6.0 的快捷方式。

（3）VB 退出　①在“文件”菜单中，单击“退出”命令；②单击标题栏右边的“关闭”按钮；③按 ALT + F4 键。

（4）VB 工作模式　①设计模式：可进行用户界面的设计和代码的编辑，以完成应用程序的开发；②运行模式：运行应用程序。此时不可编辑界面和代码；③中断模式：暂时中断应用程序的运行。此时可以编辑代码，但是不能编辑界面。

7.1.2 Visual Basic 的集成开发环境

Visual Basic 启动后，如图 7－1 所示的初始窗口，该窗口列出 Visual Basic 能够建立的应用程序类型，该窗口中有三个选项卡：①新建，建立工程（程序文件）。②现存，选择和打开已经建立好的工程。③最新，列出最近使用过程。单击“打开”按钮后，就可以创建“标准 EXE”类型的应用程序，并进入如图 7－2 所示的集成开发环境。

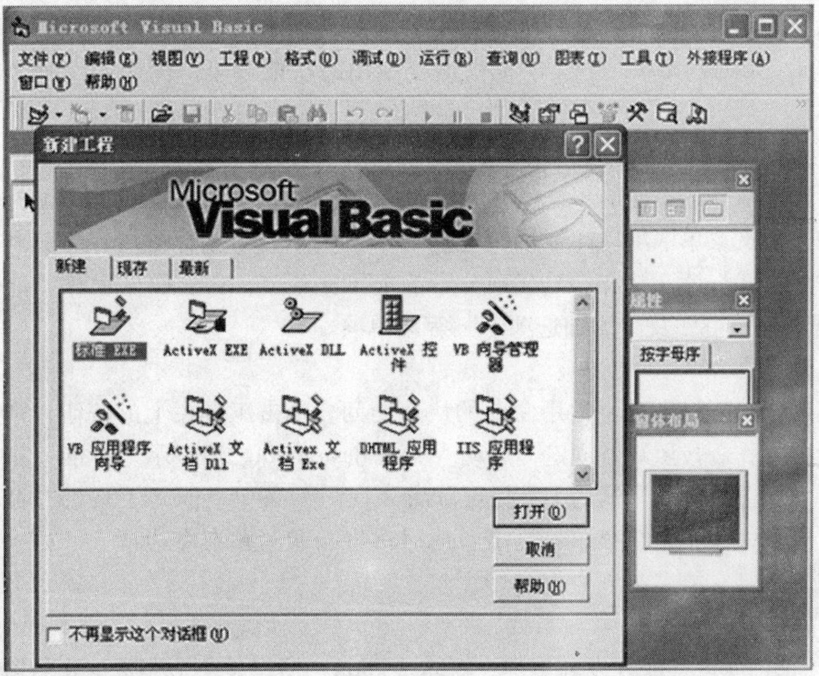

图 7－1 Visual Basic 6.0 初始窗口

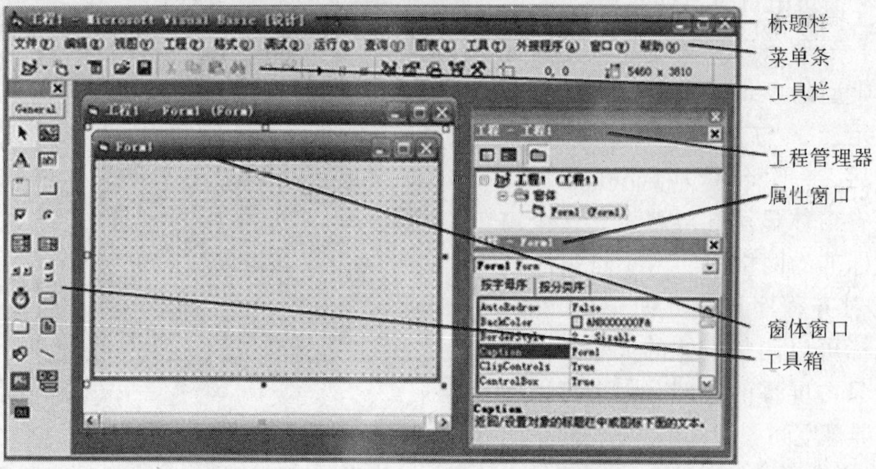

图 7－2 集成开发环境

Visual Basic 6.0 集成开发环境（IDE）由以下元素组成：

7.1.2.1 标题栏

标题栏是屏幕顶部的水平条，它显示的是应用程序的名字。

标题栏的标题为“工程一 Microsoft Visual Basic 6.0 ［设计］”，此时 Visual Basic 6.0 集成开发环境处于设计模式，标题栏的最左端是窗口控制菜单框，右端是最大化、最小化和关闭按钮。

7.1.2.2 菜单栏

显示所使用的 Visual Basic 6.0 命令。除了提供标准“文件”、“编辑”、“视图”、“窗口”和“帮助”菜单之外，还提供编程专用的功能菜单，例如“工程”、“格式”或“调试”。

7.1.2.3 上下文菜单（快捷菜单）

包括经常执行的操作的快捷键。在要使用的对象上单击鼠标右键即可打开上下文菜单。在上下文菜单中出现的专用快捷键清单取决于右击鼠标键所在环境和对象。例如，在“工具箱”上单击鼠标右键时显示的上下文菜单，在上面显示有“部件”对话框、隐藏“工具箱”及“添加选项卡”等菜单项。

7.1.2.4 工具栏

在编程环境下提供对于常用命令的快速访问。单击工具栏上的按钮，则执行该按钮所代表的操作。按照缺省规定，启动 Visual Basic 6.0 之后显示“标准”工具栏。附加的编辑、窗体设计和调试的工具栏可以从“视图”菜单上的“工具栏”命令中移进或移出。工具栏能紧贴在菜单条之下，或以垂直条状紧贴在左边框上。如果将它从菜单下面拖开，则它能“悬”在窗口中。

7.1.2.5 窗体窗口

在 Visual Basic 集成开发环境中，窗体（Form）窗口是一个非常重要的窗口，用户进行的整个程序设计过程，几乎都是围绕着窗体窗口进行的，如图 7－3 所示。

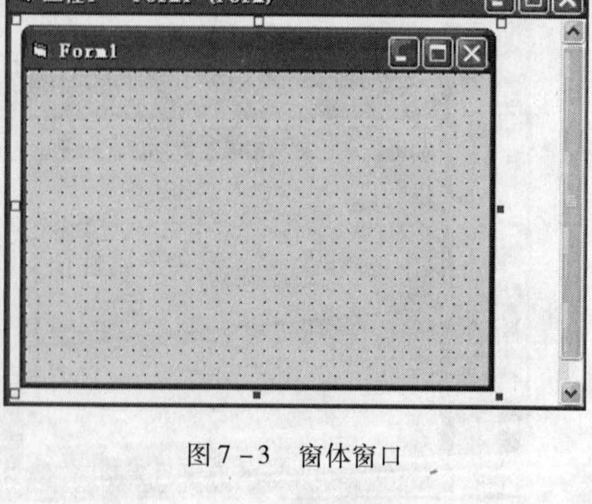

图 7－3　窗体窗口

窗体窗口中可以包括菜单、按钮、列表框、滚动条以及其他一些界面元素，在典型的 Windows 程序中你会看到这些元素。当启动了 Visual Basic 开发环境后，一个名称为 Form1 的窗体作为缺省窗体显示在屏幕上。这个窗体上有标准的网格线（由小点组成），它用于对齐程序用户界面中的元素。使用鼠标可以调整窗体的大小；窗体既可以只占屏幕的一部分，也可以占据整个屏幕空间。通过在“Project（工程）”菜单中单击“Add Form（添加窗体）”菜单项，可以增加新的窗体。

注：每个窗体都是用户界面中的一个窗口。

如果窗体的一部分被编程工具覆盖，你既可以关闭编程工具，也可以把编程工具所占空间缩小，还可以单击窗体的标题条并拖曳窗体，直到窗体的隐藏部分呈现在你面前为止。在开发环境的屏幕上移动窗体并不影响程序运行时的窗体位置。这类运行时的特性由窗体布局窗口控制。要设置新窗体的起始位置，只需要在窗体布局窗口中拖曳小的预览窗体到所需位置即可。

窗体上布满供对齐用的网格点，网格点的距离可以通过“工具”菜单的“选项”命令，在“通用”标签的“窗体设置网格”中输入宽度和高度来改变。在程序运行中网格是不可见的。

7.1.2.6 属性（Properties）窗口

属性窗口如图7－4所示，主要用来设置窗体和控件的属性。

（1）对象列表框　单击其右边的下拉按钮可以打开当前窗体所包含对象的列表。

（2）排序选项卡框　有“按字母序”和“按分类序”两个标签，默认显示的是“按字母序”排列。

（3）属性列表框　属性列表框分为左右两部分，左边列出对象的属性名，右边列出其相应的属性值。不同的对象属性也不同，用户可根据对该属性值进行设置和修改。

（4）属性解释框　在属性列表框选定某属性后，解释显示所选属性的含义。

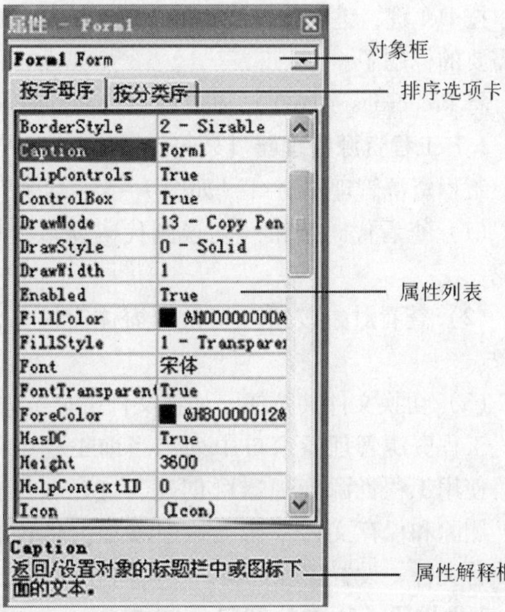

图7－4　属性窗口

在属性（Properties）窗口中你可以改变窗体上用户界面元素的特性，或称做属性。属性是用户界面中对象性质的描述。例如，程序显示的信息可以用不同的字体或不同的字号显示，也可以采用不同的对齐方式。（在VisualBasic6.0中，可以像Excel或Word那样以系统中已经安装的任何字体显示文字）。在创建用户界面时，可以使用“Properties（属性）”窗口修改属性值；也可以通过在“Code（代码）”窗口中编写代码，在程序运行时修改一个或多个属性值。

修改属性的方法如下。

确认程序已经停止运行（当程序停止运行时，在标题条上会看到单词Design（设计）。然后单击窗体上的对象。当对象（如命令按钮）被选中时，其周围被一个方框围绕。要操作Visual Basic窗体上的某个对象，必须首先选中该对象。

单击工具条上的Properties（属性）窗口按钮。属性窗口在编程环境中激活（如果属性窗口先前没有打开，此时将显示在屏幕上）。

双击 Properties（属性）窗口的标题条，使其漂浮在最前面（非连接方式）。你会看到与下图类似的窗口。属性窗口列出了窗体上第二个按钮的所有属性设置（命令按钮总共有 33 个可修改属性）。属性名排列在窗口左列，各个属性的当前值列在窗口的右列。当选中 Alphabetic（按字母顺序）标签时，各属性按字母顺序排列。

滚动列表框，直到看见 Caption 属性。属性窗口的滚动与滚动普通列表框没什么两样。

双击 Caption 属性（在左列）。Caption 属性的当前值加亮显示在右列，一个光标在它的右边闪烁。

按 Del 键，键入按钮的标题，然后按 Enter 键。这样就把 Caption 属性的值修改为即需要的标题了。

将 Properties（属性）窗口调整到 Project（工程）窗口上面的可连接位置。

7.1.2.7 工程资源管理器（Project Explorer）窗口

工程资源管理器窗口（如图 7－5）标题下面有三个选项卡。

（1）查看代码按钮　切换到代码窗口，显示和编辑代码。

（2）查看对象按钮　切换到窗体窗口，显示和编辑对象。

（3）切换文件夹按钮　切换文件夹显示方式。

工程资源管理器窗口中列出当前工程中的窗体和模块。使用工程资源管理器可创建、打开和保存工程，添加、删除和保存文件，在工程中添加控件，制作和运行可执行文件，设置工程选项，使用向导和外接程序等。

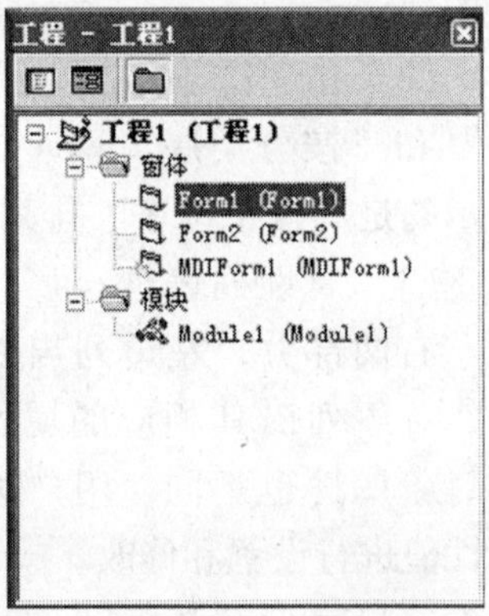

图 7－5　工程资源管理器窗口

7.1.2.8 代码（Code）窗口

Visual Basic 6.0 专门为用户提供了书写代码的编辑窗口，如图 7－6 所示。

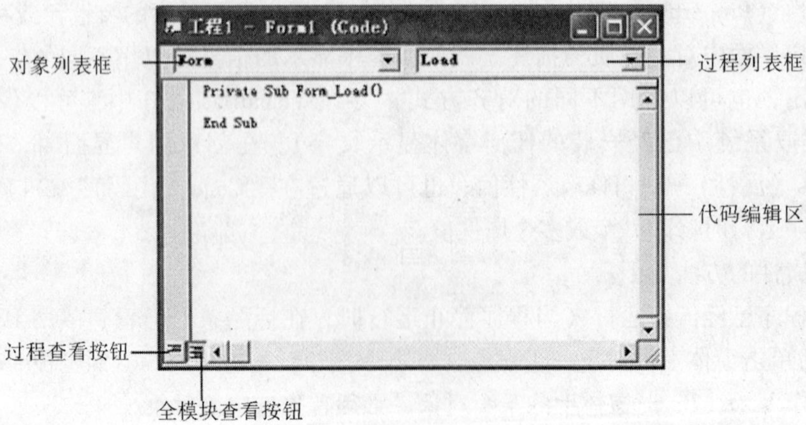

图 7－6　代码窗口

打开代码窗口的方法有三种：①选中工程窗口中的任意一个窗体或标准模块，并单击“查看代码”按钮。②双击窗体窗口的控件或窗体本身。③单击“视图”菜单中的“代码窗口”命令。

7.1.2.9 工具箱窗口

通过运用工具箱（图7-7）中的工具（或称做控件）来向窗体上添加用户界面元素。想打开工具箱时，单击工具条上的工具箱（Tool Box）按钮。典型情况下，工具箱放置在屏幕的左部。工具箱中包含了可以添加到用户界面中的各种控件：图片、标签、按钮、列表框、滚动条、菜单以及几何图形等。添加到窗体上的每个控件都变成了应用程序中的对象，或称做可编程用户界面元素。在程序运行时用户就会看到这些界面元素，并能够像其他 Windows 应用程序中的标准对象那样进行操作。

工具箱还包含了一些特殊控件，利用它们可以在 Visual Basic 程序中创建执行特殊“后台”操作的对象。这些功能强大的对象完成非常有用的功能，但程序运行时用户并不能在界面中看到它们。这些对象包括：操作数据库信息的对象、协同 Windows 应用程序工作的对象、跟踪程序运行时间的对象等。

7.1.2.10 窗体布局窗口

如图7-8所示，窗体布局（Form Layout）窗口中有一个表示显示器屏幕的图像，屏幕图像上又有表示窗体的图像，它们标示了程序运行时窗体在屏幕中的位置。用户可拖动窗体图像调整其位置。

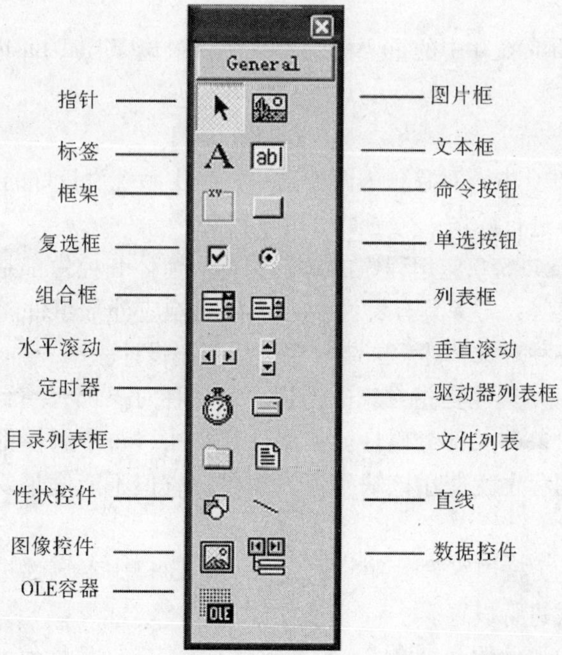

图7-7 工具箱窗口

7.1.2.11 立即（Immediate）窗口

如图7-9所示，在 Visual Basic 6.0 的集成开发环境中调试时，用户可以直接在立即窗口中用 Print 方法或直接在程序中用 Debug. Print 方法显示表达式的值。

图 7-8　窗体布局窗口

图 7-9　立即窗口

7.1.2.12 对象浏览器（Object Browser）窗口

如图 7-10 所示，列出工程中有效的对象，并提供在编码中漫游的快速方法。可以使用“对象浏览器”浏览在 Visual Basic 6.0 中的对象和其他应用程序，查看对那些对象有效的方法和属性，并将代码过程粘贴进自己的应用程序。

在 Visual Basic 6.0 集成开发环境中，还有其他的窗口，如：调色板、数据视图窗口、本地窗口和监视窗口。

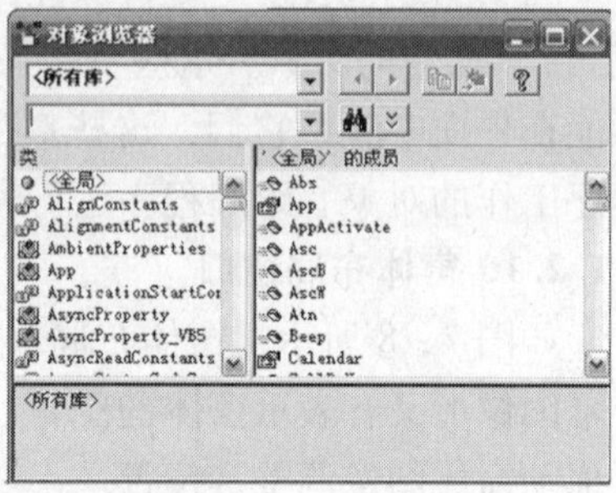

图 7-10　对象浏览器

7.2 VB 对象及基本操作

对象是 Visual Basic 6.0 中的重要概念，本节将讨论 Visual Basic 6.0 中最基本的两种对象即窗体和控件。

7.2.1 对象

在 Visual Basic 6.0 中，对象分为两类，一类是由系统设计好的，称为预定义对象，可以直接使用或对其进行操作；另一类由用户定义。

对象是 Visual Basic 6.0 应用程序的基础构件。窗体和控件都是对象，被称作对象的还有数据库、图表等，对象具有属性和方法，并响应外部事件。在开发一个应用程序时，必须先建立各种对象，然后围绕对象进行程序设计。

（1）对象的属性　属性是指对象的特征。每一种对象都有一组特定的属性，在属性窗口中可以看到对象的大部分属性。在属性窗口中，每个属性都有一个缺省值，如果不改变该值，应用程序就使用该缺省值，如果缺省值不能满足要求，就要对它重新设置。

设置对象属性的方法有两种：第一种是在属性窗口中对属性进行设置。第二种是在程序中用代码形式进行设置。

用代码设置对象属性的一般格式：对象名．属性名 ＝ 属性值

例如：Form1. Caption ＝ ” 欢迎学习 VB6.0”

（2）对象的事件　对象的事件（Event）是指 Visual Basic 6.0 预先设置好的、能够被对象识别的动作。如装入（Load）、单击（Click）、双击（DblClick）、移动鼠标

（MouseMove）等。不同的对象能够识别的事件也不完全相同。响应某个事件后，所执行的操作是通过若干行程序代码来实现的。

（3）事件过程　对象能识别并感应到某一事件发生时所执行的程序代码称为事件过程。

事件过程的形式如下：

```
Private Sub 对象名_ 事件名（    ）
    VB 程序代码
End Sub
```

例如：

```
Private Sub Form_ load ( )
  Form1. Caption = “欢迎使用 VB6. 0”
End Sub
```

（4）对象的方法　所谓方法是指对象本身所包含的一些特殊函数或过程，利用对象内部自带的函数或过程，可以实现对象的一些特殊功能和动作。

在程序中调用方法的一般形式：对象名．方法名 参数列表

例如：Form1. Print “abc”

VB 程序的执行是由事件来驱动的，以下是事件驱动应用程序的典型工作过程：

在 VB 中建立应用程序的一般步骤：①启动应用程序，装载和显示窗体，在窗体上建立对象。②设置对象的属性，对象等待事件的发生。③编写代码，事件发生后，如果在相应的事件过程中存在代码，就执行代码。④应用程序等待下一次事件。保存和运行程序。

7. 2. 2 VB 程序设计基本过程

按照图 7 – 11 要求，设计创建一个程序窗口，在窗口中添加三个命令按钮，一个文本框。该程序实现的功能如下：单击按钮 1，在文本框中显示“欢迎使用 Visual Basic 6. 0”字符内容；单击按钮 2，清除文本框中显示的内容；单击按钮 3，退出程序。

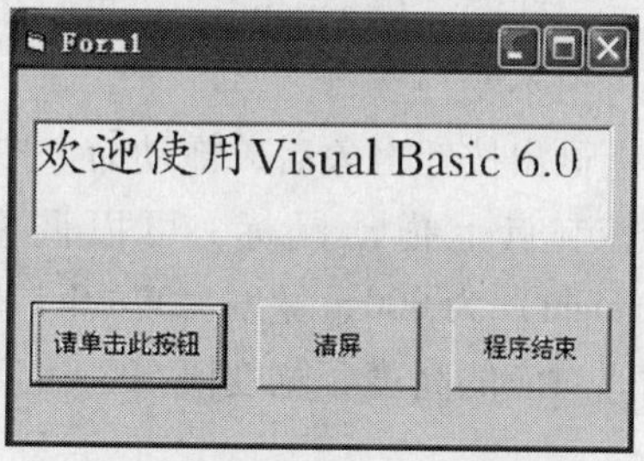

图 7 – 11　界面设计

7. 2. 2. 1 创建程序窗口界面

启动 Visual Basic 6. 0，创建一个“标准的 EXE”工程窗体，如图 7 – 12 所示。可以用鼠标拖动窗口边线调整窗口的大小。在此将窗口的高度（Height）为 4000、宽度（Width）为 6000（可以在属性窗口中查看，下同）。

说明：创建的工程窗口默认名称是“工程 1”，窗体窗口的名称是“Form1”。我们的程序设计任务主要是在窗体窗口 Form1 上进行的。

（1）在窗体上添加三个命令按钮对象　在工具箱中的命令按钮（CommandButton）控件上单击选中按钮控件，此时鼠标指针在窗体上呈十字光标形状，表示拖动鼠标就

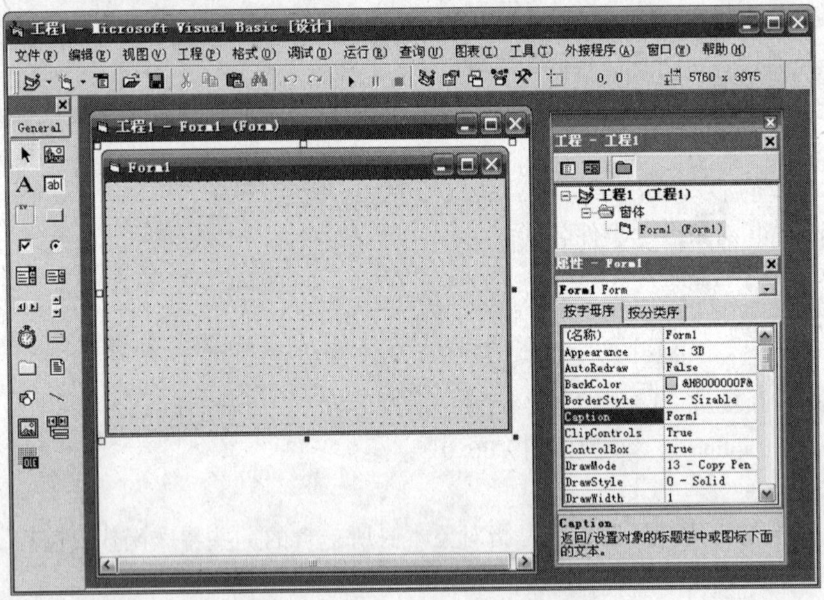

图 7-12　新的工程窗口及窗体窗口

可以在窗体上画命令按钮控件对象了。

① 创建第一个命令按钮。将鼠标指针移动到窗体左偏下位置，按下鼠标左键，然后向右下方拖曳鼠标，画出第 1 个命令按钮，如图 7-13 所示。第 1 个按钮的名称及标题都默认为“Command1”。

注意，按钮的名称（Name）和按钮的标题（Caption）是两个不同的属性，默认值都是一样的“Command1”。我们在本题后面的设计中将改变标题（Caption）属性的值，名称值不变。

画出按钮对象后，拖动命令按钮可以移动按钮在窗体上的位置。在按钮边缘上的 8 个控制点上拖动鼠标，可以调整按钮对象的大小。在此我们调整按钮 1 的高度（Height）为 800、宽度（Width）为 2000，如图 7-14 所示。也可以在属性窗口中直接输入对应的高度、宽度值 800 和 2000。

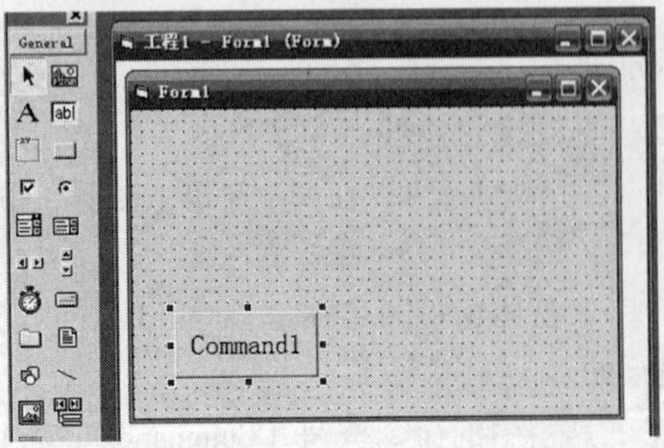

图 7-13　界面设计

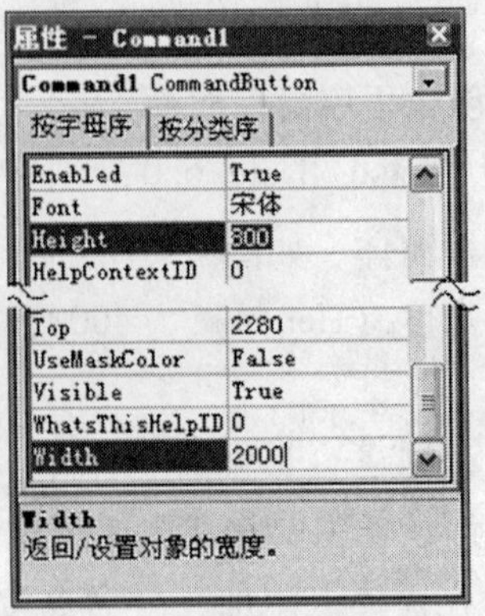

图 7-14　改变字体和字号

②添加第 2 和第 3 个命令按钮，如图 7－15 所示。

按建立第 1 个按钮的方法建立第 2 和第 3 个命令按钮，高度 Height 都是 800；宽度为 1500 即可。（注意，为了窗体的整齐和美观，3 个命令按钮高度应一样。）

如果画出的对象不合要求或有错误的话，可以调整对象的大小和位置，也可以删除该对象后重新画。

（2）添加文本框对象　单击工具箱上的文本框（TextBox）控件，然后把鼠标指针移动到窗体上，鼠标指针呈十字形状。在窗体的上步拖动鼠标画出一个文本框对象，如下图 7－16 所示，默认名称为 Text1，高度和宽度分别为 1000、5000。

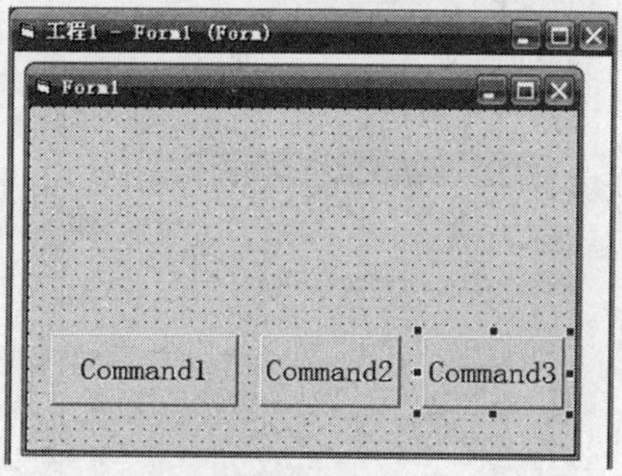

图 7－15　界面设计

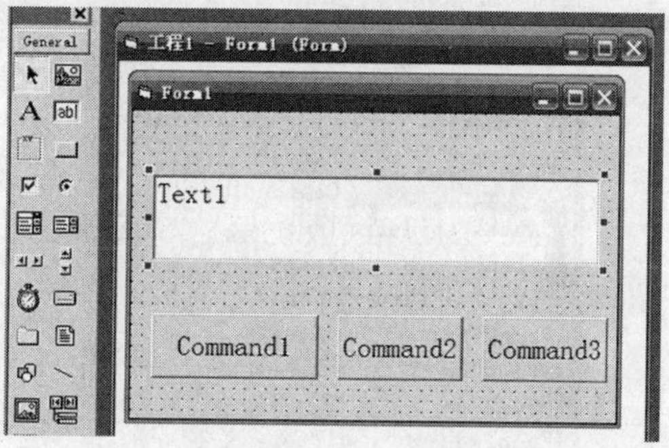

图 7－16　界面设计

完成后的窗体上的控件对象如图 7－17 中窗体窗口所示。打开属性窗口顶部的对象下拉列表框，程序界面中的所有对象显示在列表框中，如下图中属性窗口所示。

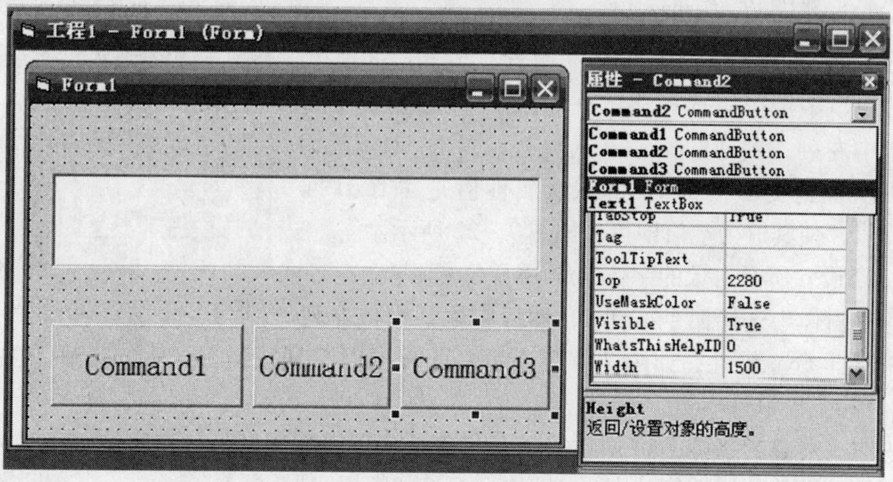

图 7－17　程序窗口中的系列对象列表

7.2.2.2 设置（或称修改）控件对象的属性值

设置或修改对象的属性，可以通过改变对象属性（Properties）窗口中的对应属性值来完成。方法是首先选中窗体上的对象，然后在属性（Properties）窗口中找到要修改的属性名称，再改变其属性值。

（1）设置3个命令按钮的标题（Caption）属性值。在窗口中用鼠标选择命令按钮1（Command1），然后在属性窗口中左列找到并选择Caption属性，如图7－18所示。此时可以看到按钮1的默认属性值是“Command1”。将其改为“请单击此按钮”即可，如图7－19所示。

按照如此方法分别改变按钮2、按钮3的Caption属性值为“清屏”、“程序结束”。改变了Caption属性值后的3个按钮对象的外观如图7－20所示。

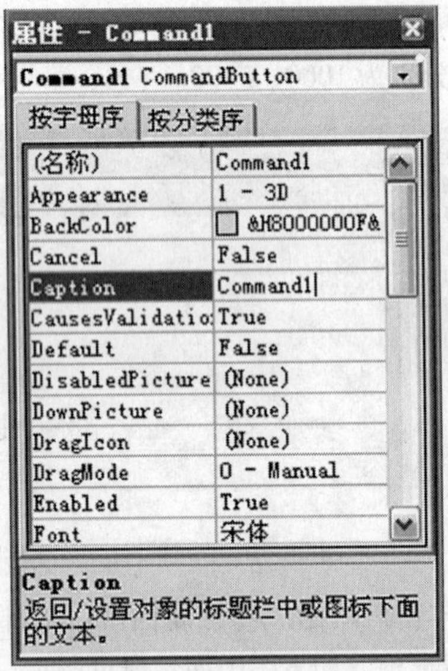

图7－18　Caption属性

图7－19　Caption属性值

（2）设置文本框对象的文本属性（Text）的属性值。在窗口中用鼠标选择文本框对象Text1，然后在属性窗口中左列找到并选择Text属性，如图7－21所示。此时可以看到文本框Text1的默认属性值是“Text1”。删除其值，使其成为空值即可，如图7－22所示。

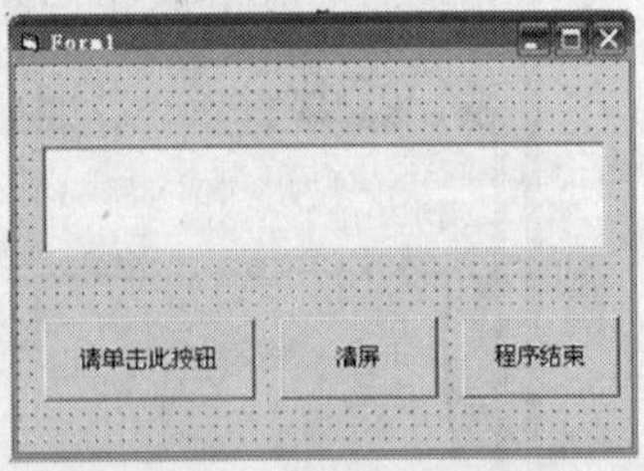

图7－20　改变属性的外观

（3）设置所有对象的字体Font属性值

①在窗体中选择命令按钮1，然后在属性窗口左列找到并选择Font属性，如图7－23所示。此时可以看到按钮1的Font属性值是“宋体”。

说明，对象的字体Font属性实际上包含了多项属性内容值，有字体、字号大小和字形等等。默认的属性值分别为：宋体、五号和常规字形。

单击Font属性值（宋体）后面的小省略点按钮...，打开“字体”对话框，如图7－24所示。在对话框中设置按钮1的字体属性值分别为：楷体_ GB2312、小三，如图7－24所示。单击“确定“按钮完成设置。

改变字体后的按钮1显示如图7－25所示。可以看见它的标题字体已经是楷体_GB2312、小三号字体了。

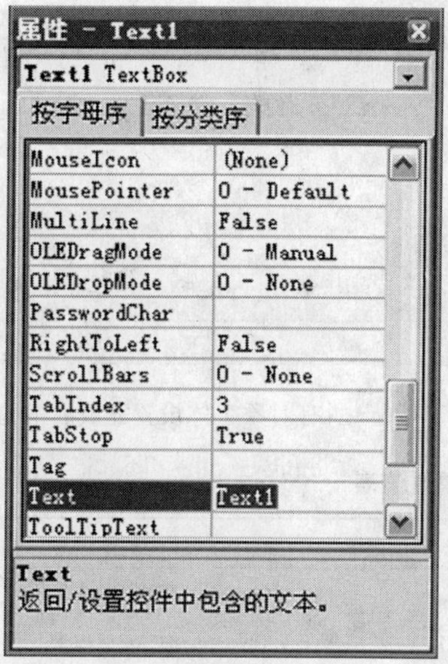

图 7－21　Text 属性

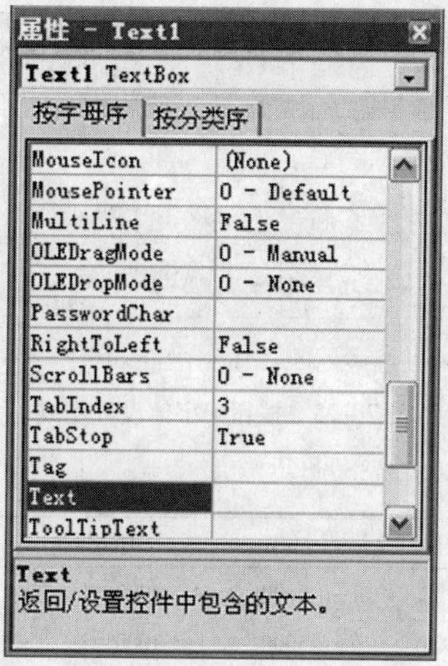

图 7－22　Text 属性值

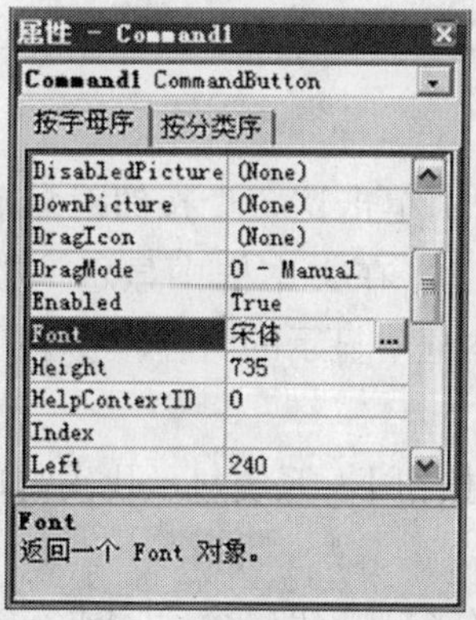

图 7－23　Font 属性

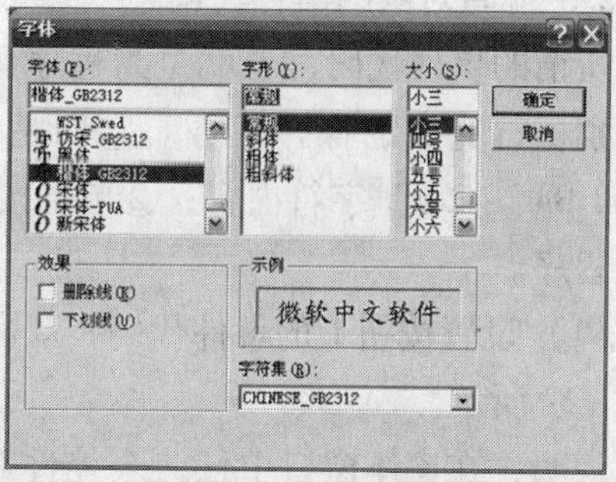

图 7－24　字体

②按照如此方法分别设置按钮 2、按钮 3 的字体属性值同按钮 1，也是楷体_GB2312、小三；设置文本框的字体属性值为：楷体_ GB2312、24 号。完成后的窗体界面如图 7－26 所示。注意字体大小有两种表示形式，一种是中文字号如一号、二号、小二号等；一种是阿拉伯数字表示的如 20、22、48 等。

说明，因为文本框中还没有任何字符文字，即 Text 属性值还是空的，所以设置完文本框的字体后，文本框还是不会有任何显示。

（4）已经完成各控件对象的主要属性值设置，如下表 7－1 所示。

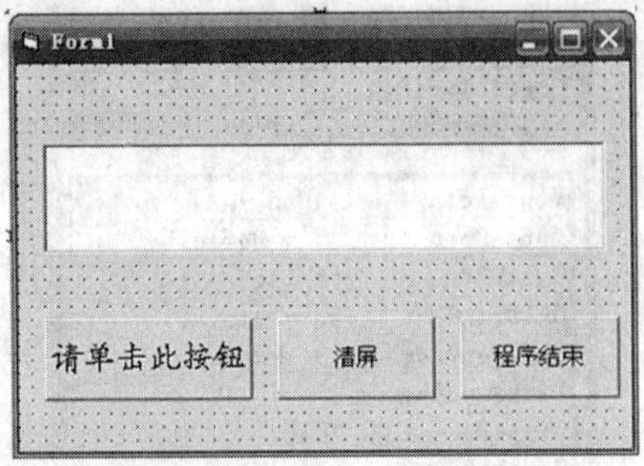

图 7 – 25　按钮 1 字体设置完成

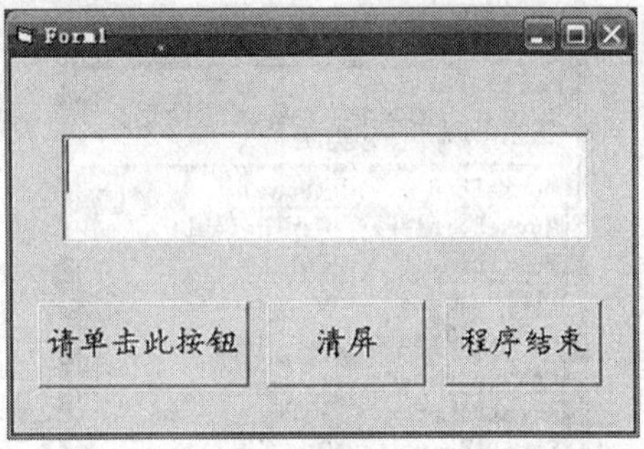

图 7 – 26　所有对象字体设置完成后的窗体

表 7 – 1　对象的主要属性值表

控件对象	Width	Height	Font	
窗体	6000	4000		Caption“例题 2. 1”
Text1	5000	1000	楷体_ GB2312、20	Text　空
Command1	2000	800	楷体_ GB2312、小三	Caption“请单击此按钮”
Command2	1500	800	楷体_ GB2312、小三	Caption“清屏”
Command3	1500	800	楷体_ GB2312、小三	Caption“程序结束”

7. 2. 2. 3 编写对象的事件代码

所谓的事件代码，也就是当程序运行时候，在分别单击这 3 个按钮对象后，它们将分别执行完成的操作任务。它们是：① 单击按钮 1，在文本框中显示“欢迎使用 Visual Basic 6. 0”字符内容；②单击按钮 2，清除文本框中显示的内容；③单击按钮 3，退出程序。

(1) 设置按钮 1 的事件代码　双击窗体上的命令按钮 1，系统显示代码窗口，如下图 7 – 27 所示。

说明：在窗体窗口中任一个控件对象上双击，都将打开代码窗口，或在窗体上双击，也将打开代码窗口。在代码窗口中，我们就可以编写程序代码了。

我们在代码窗口中的编写程序代码语句，注意一定要使用 Private Sub……作为程序语句的起始语句，用 End Sub 作为程序的结束语句，如下所示。

```
Private Sub Command1_ Click ( )
  (事件代码，也称为程序代码，俗称程序语句)
End Sub
```

实际上我们在双击按钮 1，进入代码窗口时，VB 就已经为我们给出了程序的起始语句和结束语句，如图 7 – 27 所示。所以我们直接进入编写中间程序语句代码的工作即可。

说明：图中 Private Sub 后面是“Command1_ Click”，表示我们此时是编写命令按钮 1 对象 Command1 的单击事件程序代码。如要编写其他对象的其他事件程序代码，注意 Private Sub 后面的对象名称和事件名称一定要保持一致和正确。这一点要特别引起大家的重视。

按钮 1 的单击事件代码如下：

Private Sub Command1_ Click ( )

  Text1. Text = " 欢迎使用 Visual Basic 6. 0"

End Sub

如图 7 – 28 所示，此时按钮 1 的事件代码编写完成。单击图中右上角的“关闭”按钮，关闭代码窗口。

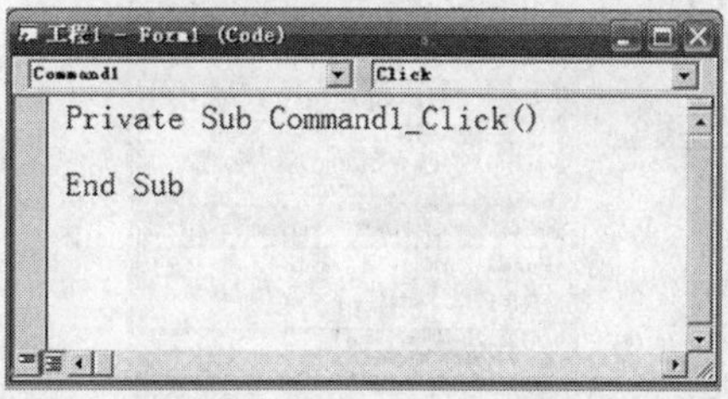

图 7 – 27　代码窗口

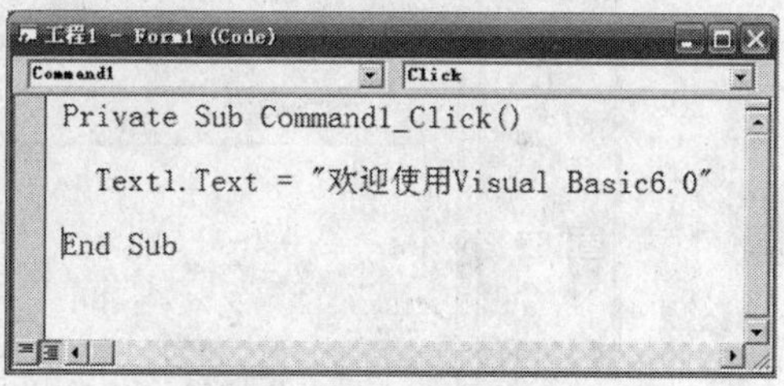

图 7 – 28　输入代码语句

（2）按同样的方法，设置编写按钮 2、按钮 3 的单击（Click）事件代码。

设置按钮 2 的事件代码如下：

Private Sub Command2_ Click ( )

  Text1. Text = ""

End Sub

设置按钮 3 的事件代码如下：

Private Sub Command3_ Click ( )

  End

End Sub

所有命令按钮的事件代码，在代码窗口显示如图 7 – 29 所示。此时所有按钮的事件代码编写完成。单击图中右上角的“关闭”按钮，关闭代码窗口。

至此，程序设计工作全部完成。

7. 2. 2. 4 程序的调试、运行

程序界面设计和程序事件代码设计完成后，就可以调试程序、运行程序了。

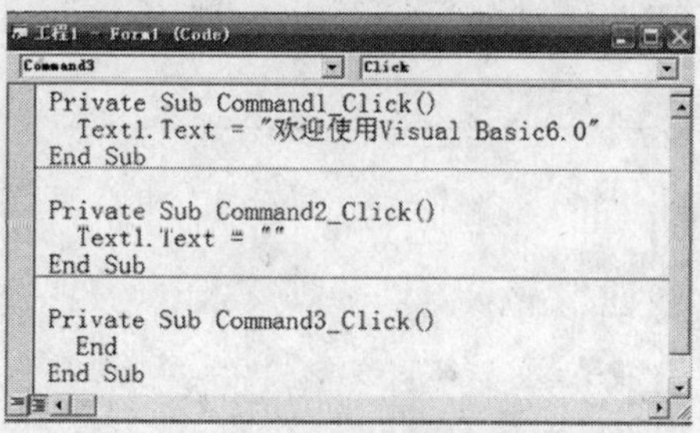

图 7 – 29　3 个按钮的单击（Click）事件代码语句

调试程序是指一般程序设计完成后，难免会有一些错误，如程序代码设计有功能错误、语法错误及逻辑错误等；或代码虽没有错误，但用户输入时候产生输入错误等等。通过调试运行，发现并找出程序有错误的语句代码，并加以改正。

另外，好质量的程序不仅仅只是程序代码及功能的完整与正确，运行后窗口界面的美观与整洁也有很重要的作用。所以调试、运行程序，还要对所有控件对象在窗口界面中的位置、大小、对象上的文字大小等外观因素进行整体效果的修改和调整。

下面是程序的运行过程及调试。

整个程序设计完成后，呈现如图 7－30 所示的界面状态。

图 7－30　设计完成界面

程序运行可以通过“运行”菜单中的“启动”命令或工具栏上的“启动”按钮，还可以直接按 F5 热键来运行程序。

程序运行后，显示如图 7－31 所示的程序运行界面。可以看到，这正是我们设计的窗口界面，此时才完整的显示在我们的面前了。

程序执行后，单击“请单击此按钮”按钮，就可以在文本框中显示“欢迎使用 Visual Basic 6.0”，如图 7－32 所示；此时如果单击“清屏”按钮，则将清除文本框中的内容；如果再次单击“请单击此按钮”，则文本框重新显示“欢迎使用 Visual Basic 6.0”；若想退出程序，可单击“程序结束”按钮。

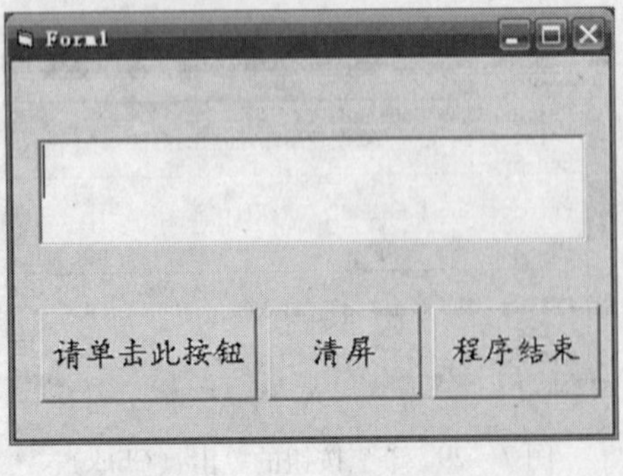

图 7－31　程序运行界面

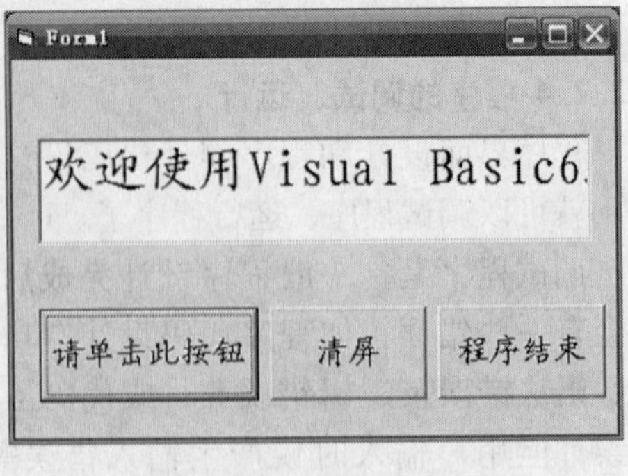

图 7－32　程序执行后界面

以上程序运行过程如没有问题，我们的程序设计任务就是真正完成了。如过在运行中发现有错误，如不能在文本框中显示文字、或不能清除文本框中文字、或不能正常退出程序等，就需要我们修改、调试程序，直到能正确实现程序的设计要求为止。

这个程序比较简单，但却体现了 Visual Basic 6.0 应用程序设计的全过程。可以看出，这一过程比传统的程序设计过程快捷、方便，大大简化了程序开发过程。

7.2.2.5 对程序设计过程的几点说明

（1）对象的名称（Name）和对象的标题（Caption）属性是两个不同的属性，不要混淆了。如我们在本程序中刚添加第 1 个命令按钮到窗体上时，按钮 1 的名称（Name）属性和标题（Caption）属性值都是“Command1”，即默认值是一样的。如果改变了标题（Caption）属性值为“请单击此按钮”，所以在窗体上，按钮 1 的标题就显示为“请单击此按钮”，见图 7－33 所示。但按钮 1 的名称属性（Name）值仍没有改变，还是“Command1”，如图 7－33 所示。

同样，文本框对象 Text1 的名称（Name）属性和其文本属性（Text），开始画在窗体上时也是一样的，都是“Text1”。后来我们改变了文本属性（Text）的值为“空值”，但名称属性值没有改，还是“Text1”。

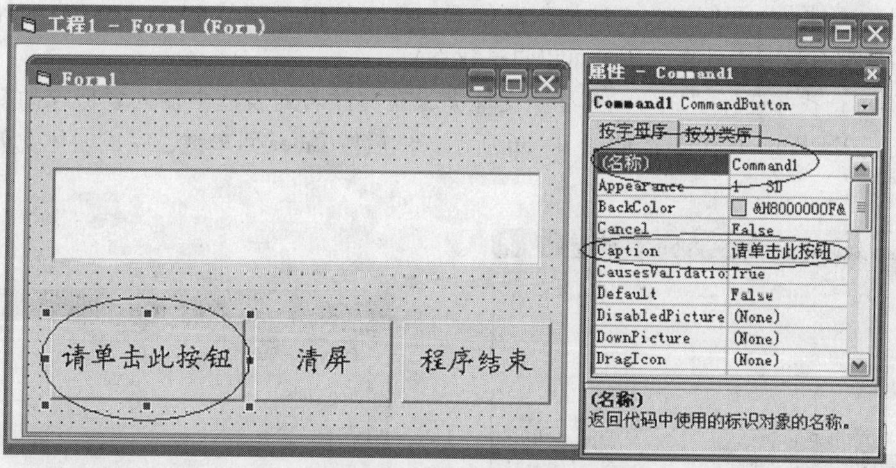

图 7－33　按钮 1 的 Name、Caption 属性值

（2）在 Private Sub 和 End Sub 语句之间输入代码时候，每输入完一行代码后面都要按 Enter 键。如果输入的代码有语法、语句或其他方面的错误，该行文字代码将显示为红色文字，来提示有错误信息。此时用户应认真检查该出错语句，找到错误的地方，并进行修正。

7.2.2.6 VB 程序的保存

应用程序的窗体设计和事件代码设计完成后，经过调试、运行、修改错误等完善工作，直至程序最终正确无误，下面将程序保存起来。

VB 应用程序的保存，一般至少需要保存两类文件（目前我们编写的程序都只需保存两类文件）。一种是工程文件，文件扩展名是 vbp；一种是窗体文件，文件扩展名是 frm。

下面是保存本题 Visual Basic 程序的具体方法。

(1) 在文件(F)菜单中单击“保存工程(V)”菜单项，如图7-34所示，打开“文件另存为”对话框，如图7-35所示。在保存类型列表框中可以看到，此时提示用户保存的是窗体文件。

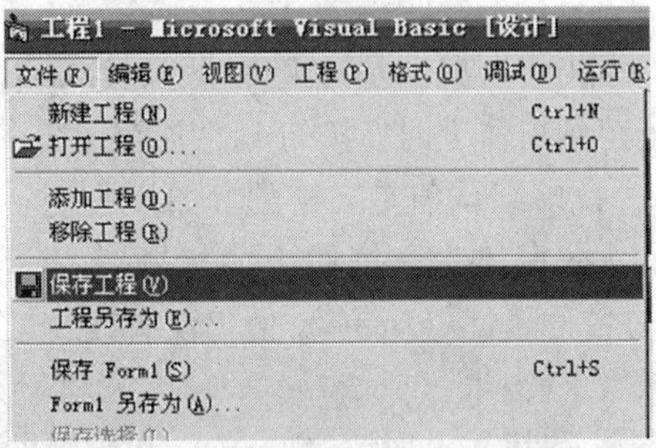

图7-34 “保存工程”菜单项

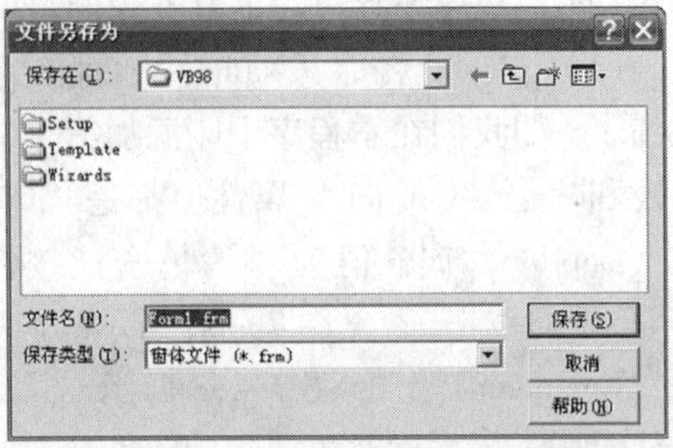

图7-35 “文件另存为”对话框

(2) 在对话框中的“保存在”列表框中选择文件保存的位置。默认的保存位置是“VB98”文件夹。我们修改文件的保存位置，将文件保存到“D:\学习”文件夹中（如D盘没有学习文件夹，用户可以自己建立）。

(3) 查找并选择“D:\学习”文件夹，在文件名列表框中输入要保存的窗体文件名称“My Project1.frm”，如图7-36所示。然后按Enter回车键，完成窗体文件的保存工作。

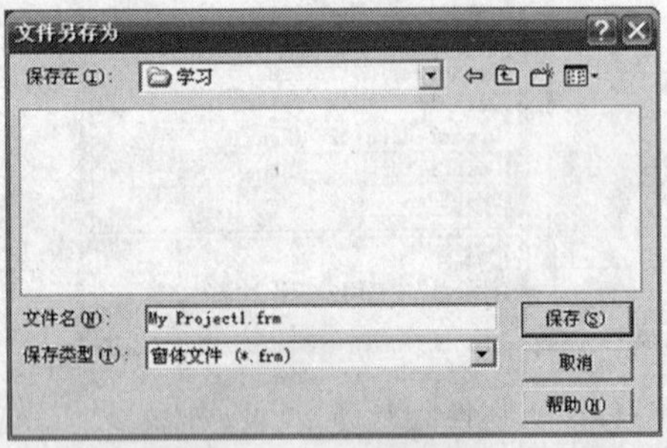

图7-36 选择文件夹

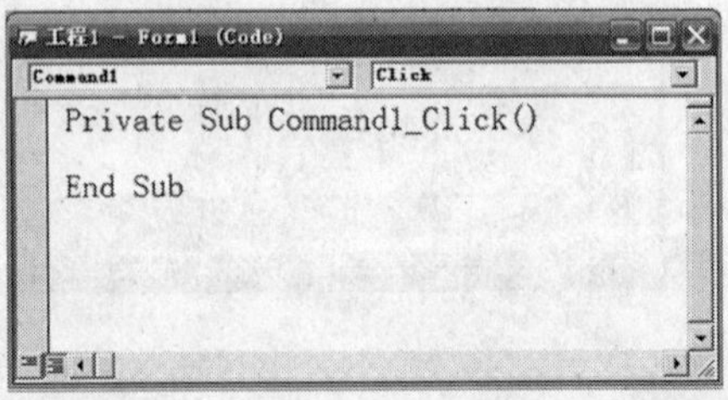

图7-37 “工程另存为”对话框

(4) 在上一步骤中按回车键完成窗体文件保存的同时，会打开如图7-37所示的“工程另存为”对话框，在保存类型列表框中可以看到，此时提示用户保存的是工程文件。

为简单起见，给此工程文件也命名为“My Project1.vbp”，保存的位置仍为“D:\学习”文件夹中，即和窗体文件保存在同一个文件夹中。

(5) 文件保存完成后，打开“D:\学习”文件夹，可以看到共有4个文件，如图7-38所示。其中的第2、3个文件

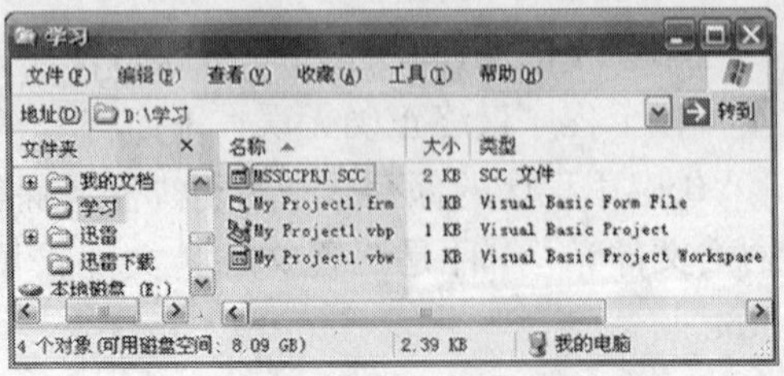

图7-38 打开“学习”文件夹

是刚刚保存的窗体文件和工程文件，另外还有两个扩展名为“scc”、“vbw”的文件，是 VB 应用程序自动生成的程序辅助文件。

7.2.2.7 程序的装入

程序的装入就是指用户将已经保存在磁盘中的 VB 应用程序文件调出来运行使用。在 Visual Basic 6.0 中，一个复杂的应用程序一般包括 4 类文件，工程文件、窗体文件、标准模块文件和类模块文件（注意：我们刚才编写的是一个简单的应用程序，只有两类文件，即工程文件和窗体文件。）。这 4 类文件都有自己的文件名，但使用时，用户只要装入工程文件，VB 就可以自动把与该工程相关的其他 3 类文件都自动装入。在前面的例子中，我们保存了一个 MyProject1. vbp 的工程文件，只要装入这个文件，窗体文件 My Project1. frm 也将会自动被装入。实际上，只要建立了工程文件，则不管这个工程中含有多少窗体和标准模块文件，都可以通过装入工程文件把所有的窗体文件和标准模块文件装入内存使用。

启动 Visual Basic 6.0 后，可以通过下列操作把工程文件装入内存。

在文件菜单中单击“打开工程”菜单项，屏幕上将显示“打开工程”对话框，如图 7-39 所示。此时我们前面建立的“My Project1. vbp”文件显示在列表框中。选择该文件后，再单击“打开“按钮，即可打开我们刚才建立的程序文件。也可以直接双击“My Project1. vbp”文件，打开该工程。

如果我们需要装入的文件不在图 7-39 所示的对话框中，我们可以通过“查找范围”列表框，查找文件存放的位置文件夹，然后再装入打开文件。

工程文件在 VB 窗口中打开后，窗体窗口往往没有在其中显示出，如图 7-40 所示。用户此时只需在如图所示的“工程资源管理器”窗口中单击“Form1（My Proojecf1. frm）”窗口名称，即可以打开显示窗体设计窗口了。

注意，如果“工程资源管理器”也没有在 VB 窗口显示，可以在“视图”菜单中将其选中调出显示在 VB 窗口中。另外，“属性”窗口的调出显示方法也是一样的。

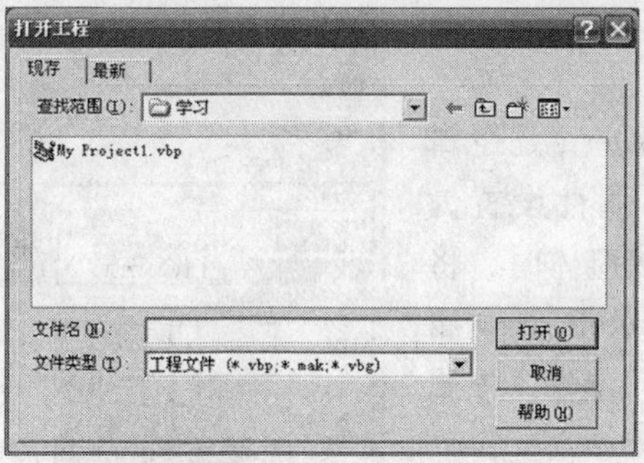

图 7-39 “打开工程”对话框

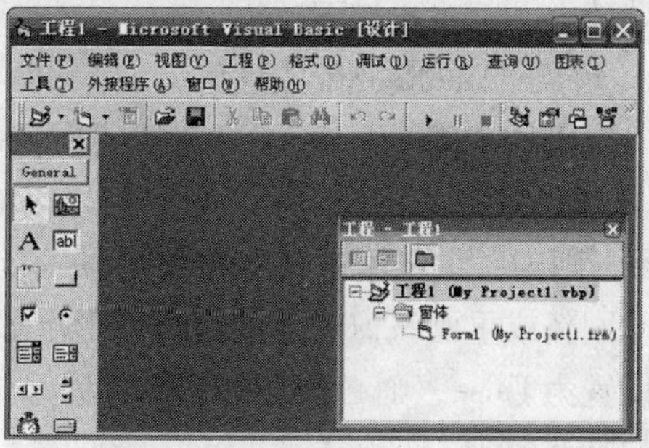

图 7-40 在 VB 窗口打开“工程文件”

7.2.2.8 生成可执行文件

为了使 Visual Basic 6.0 应用程序能在 Windows 环境下运行，必须建立可执行文件，即 . EXE 文件。生成可执行文件具体操作如下。

（1）执行“文件”菜单中的“生成 MyProject1. exe”命令，打开“生成工程”对话框，如图 7 – 41 所示。

（2）对话框中的“文件名”部分是生成的可执行文件名。默认的可执行文件名与工程文件名相同，其扩展名为 . exe。如果不想用默认的文件名，则可键入新的文件名。

（3）单击对话框中的“确定”按钮，即可生成可执行文件，上述操作可生成的可执行文件名为 MyProject1. exe。

（4）启动 Windows，双击 MyProject1. exe 文件名，该程序就能在 Windows 环境下运行。

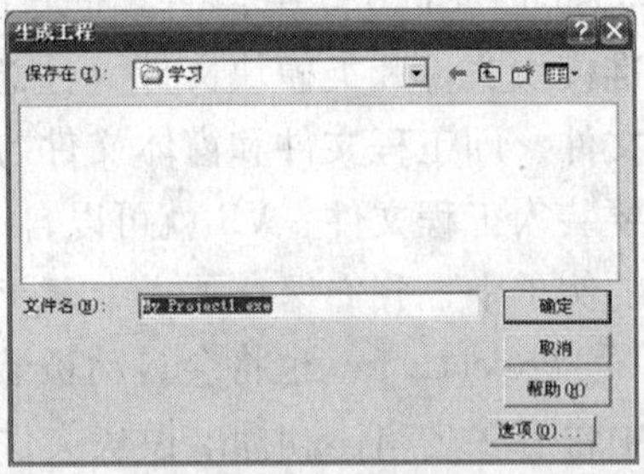

图 7 – 41　打开“生成工程”对话框

7. 2. 2. 9 VB 程序设计基本步骤小结

由上述整个设计过程可以看到，在 Visual Basic 开发应用程序时，一般有如下几个步骤：①建立可视用户界面；②设置界面的控件对象属性；③编写对象的事件驱动代码；④程序调试、运行和保存。

7. 2. 3 窗体

在 Visual Basic 中，窗体（Form）就是一个自定义的窗口，在这个窗口上创建程序的用户界面。窗体是 Visual Basic 中的对象，具有自己的属性、事件和方法。

7. 2. 3. 1 窗体的主要属性

窗体的属性决定了窗体的外观和操作。窗体的大部分属性可用两种方法来设置：通过属性窗口设置和通过程序代码设置。有少量的属性不能在程序代码中设置。

（1）Name（名称）属性　设置窗体的名称，在程序代码中用这个名称引用该窗体。新建工程时，窗体的名称缺省为 Form1；添加第二个窗体，其名称缺省为 Form2，依次类推。为了便于识别，用户通常给 Name 属性设置一个有实际意义的名称。

（2）AutoRedraw（自动重画）　该属性控制屏幕图像的重建，主要用于多窗体程序设计中。其格式如下。

对象 . AutoRedraw［ = Boolean］

这里的“对象”可以是窗体或图片框，Boolean 是逻辑值，其值为 True 或 False。如果把 AutoRedraw 属性设置为 True，则当一个窗体被其他窗体覆盖、又回到该窗体时，将自动刷新或重画该窗体上的所有图形。如果把 AutoRedraw 属性设置为 False，则必须通过事件过程来设置这一操作。该属性的默认值为 False。

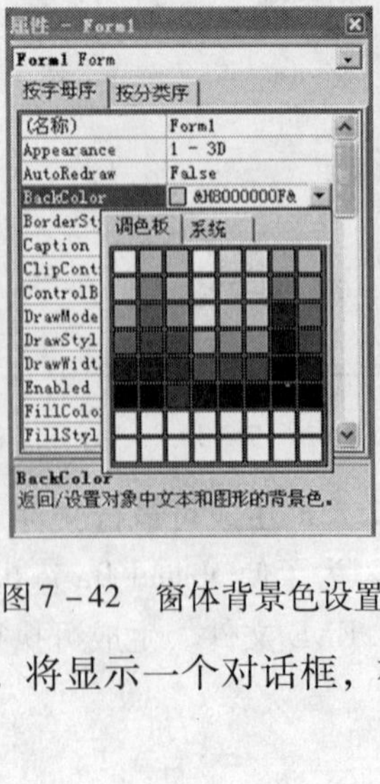

图 7 – 42　窗体背景色设置

（3）BackColor（背景颜色）　该属性用来设置窗体的背景颜色。如图 7 – 42 所示。颜色是一个十六进制常量，每种颜色都用一个常量来表示。在设计过程中，不必用颜色常量来设置背景，可以通过调色棋逢对板来直观地设置，其操作是：选择属性窗口中的 BackColor 属性条，单击右端的箭头，将显示一个对话框，在该对话框中选择“调色板”，即可显示一个“调色板”，此时，只要单击调色板中的某个色块，即可把这种颜色设置为窗体的背景色。

（4）Caption（标题） 设置窗体的标题，标题内容应反映说明窗体基本功能作用。

该属性既可通过属性窗口设置，也可以在事件过程中通过程序代码设置，其格式如下。

Form1. Caption = “欢迎使用 Visual Basic ”

该事件响应后，窗体标题将被“欢迎使用 Visual Basic ”取代。

（5）Height、Width（高、宽） 用于指定窗体的高度和宽度，其单位为 Twip，是一点（Point）的二十分之一（1/1440 英寸）。窗体的高度和宽度可以使用鼠标直接拖动来调整其大小，也可以通过程序代码设置，其格式如下。

对象 . Height ［ =数值］

对象 . Width ［ =数值］

（6）Left 属性和 Top 属性 用于设置窗体左边框距屏幕左边界的距离和窗体顶边距屏幕顶端的距离。其单位为 Twip。可在属性窗口设置。也可以通过程序代码设置，格式同高宽度设置。

（7）MaxButton 属性和 MinButton 属性 属性值为 True 或 False。MaxButton 属性为 True 时，窗体右上角有最大化按钮；为 False 时，无最大化按钮。MinButton 属性为 True 时，窗体右上角有最小化按钮；为 False 时，无最小化按钮。

（8）Enabled 属性 属性值为 True 或 False，设置对象是否能够对用户产生的事件做出反应。可以在设计时在属性窗口设置，或在程序运行时用程序代码设置。

当对象的 Enabled 属性值为 True（默认值），对象可以感受到事件的发生，并作出反应；当对象的 Enabled 属性值为 False 时，对象不能感受发生的任何事件。

（9）Moveable 属性 属性值为 True 或 False，设置是否可以移动窗体。

（10）Visible 属性 属性值为 True 或 False，设置窗体对象是否被显示。用户可用该属性在程序代码中控制窗体的隐现。

（11）Picture 属性 设置在窗体中显示的图片。单击 Picture 属性右边的按钮，弹出“加载图片”对话框，用户可选择一个图片文件作为窗体的背景图片。若在程序中设置该属性的值，需要使用 LoadPicture 函数。如：

Form1. Picture = LoadPicture（" D：/Bmp/Sunset. jpg "）

（12）WindowState 属性 设置窗体启动后的大小状态，值为 vbNormal 或 0 时，窗体窗口正常显示（默认的）；值为 vbMinimized 或 1 时，窗体窗口显示为最小化状态；值为 vbMinimized 或 2 时，窗体窗口显示为最大化状态。

7. 2. 3. 2 窗体的事件

窗体最常用的事件有 3 种：Click（单击）、DbClick（双击）、Load（装入）。

（1）Click 事件 程序运行后，单击窗体触发该事件。

此事件是在一个对象上按下鼠标左键然后释放时发生。对窗体 Form 对象来说，该事件是在单击窗体上的空区域时发生。对其他控件对象，如命令按钮、文本框等，只要鼠标在该对象上单击，即可产生单击事件。

语法格式：Private Sub Form_ Click（）

Private Sub Object_ Click（）

其中 Object 对象，指 VB 中的其他控件对象。

（2）DbClick 事件　当在一个对象上快速的按下和释放鼠标按钮 2 次，双击 DbClick 事件发生。对于窗体而言，当双击窗体的空白区域时，DblClick 事件发生。

语法格式：Private Sub Form_ DblClick（）

Private Sub Object_ DblClick（）

注意，如果在对象即能感受单击 Click 事件，又能感受双击 DlbClick 事件，则对象将首先执行单击事件代码，然后再执行双击事件代码。

（3）Load 事件　Load 事件是指窗体启动刚被装入系统内存工作区时触发的事件。Load 事件过程通常用于启动程序时，设置对象的初始属性、变量的初始化以及装载数据等。

语法格式：Private Sub Form_ Load（）

说明，窗体还有一个 Initialize 事件，是窗体的初始化事件。Load 事件是在 Initialize 事件之后发生。

（4）Unload（卸载）事件　当窗体从系统中被卸载时发生。当窗体被重新加载时，它的所有控件的内容均将被重新初始化。

语法格式：Private Sub object_ Unload（cancel As Integer）

（5）Activate（活动）、Deactivate（非活动）事件　Activate，当一个对象成为活动窗口时发生。Deactivate，当一个对象不再是活动窗口时发生。

语法格式：Private Sub object_ Activate（）

Private Sub object_ Deactivate（）

一个对象可以通过诸如单击它、或在代码中使用 Show 或 SetFocus 等方法的操作而变成活动的。Activate 事件仅当一个对象可见时才发生。

（6）Paint（绘图）事件　在一个对象被移动或放大之后，或在一个覆盖该对象的窗体被移开之后，该对象部分或全部暴露时，此事件发生。

语法格式：Private Sub Form_ Paint（）

Private Sub object_ Paint（[index As Integer]）

7.2.4 文本框

文本框（TextBox）（图 7－43）在窗体中为用户提供一个既能显示文本又能编辑文本的区域。在文本框内，用户可以用鼠标、键盘对文字进行编辑，例如进行输入、删除、选择、复制及粘贴等各种操作。

添加到窗体上的文本框控件名称依次为：Text1 、Text2、Text3…等

7.2.4.1 文本框主要属性如下

（1）Text 属性　设置文本框中显示的内容。

（2）Locked 属性　设置文本框中的内容是否可编辑。

（3）Maxlength 属性　设置文本框中允许输入的最大字符数。

（4）MultiLine 属性　设置文本框是单行或多行形式显示文本。

（5）PassWordChar 属性　该属性设置使用某种符号替代显示文本框中字符及数字等内容，可以起到加密的效果。

（6）ScrollBars 属性　设置文本框中是否有滚动条。

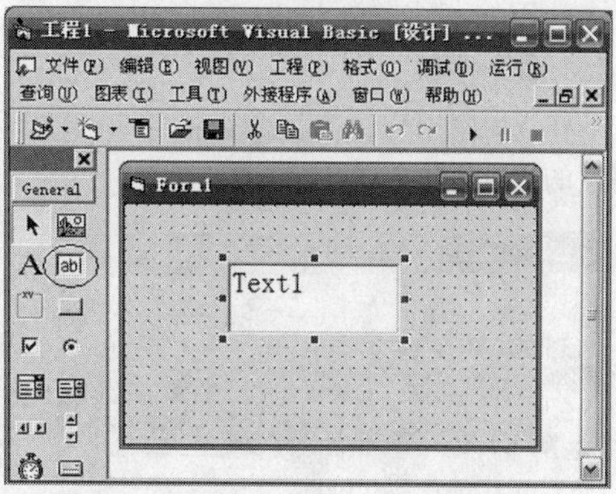

图 7－43　文本框

7.2.4.2 文本框主要事件

文本框除支持 Click，DbClick 事件，常用的还有 Change、LostFocus 事件。

（1）Change 事件　当用户输入新内容，或程序对文本框的 Text 属性重新赋值，从而改变文本框的 Text 属性时触发该事件。

（2）LostFocus 事件　当用户按下［Tab］键时光标离开文本框，或用鼠标选择其他对象时触发该事件，称为“失去焦点”事件。

7.2.4.3 方法

文本框最常用的方法是 SetFocus，使用该方法可把光标移到指定的文本框中，使之获得焦点。当使用多个文本框时，用该方法可把光标移到所需要的的文本框中。其使用格式为：对象 . SetFocus

7.2.5 标签

标签（Label）（图 7－44）主要用于显示不需要用户修改的文本。所以标签可以用来标示窗体及窗体上的对象，如为文本框、命令按钮等添加描述性的文字，或为窗体作说明等。

添加到窗体上的标签控件名称依次为：Label1 、Label2、Label3…等。

图 7－44　标签（Label）

7.2.5.1 标签主要属性

（1）Caption 属性　设置标签要显示的内容，它是标签的主要属性。

（2）BorderStyle 属性　值为 0（默认值）时，标签无边框；值为 1 时，标签有立体边框。

（3）Autosize 属性　该属性用于设置标签是否自动改变大小以适应其文本字符的多少。

（4）Alignment 属性　确定标签中内容的对齐方式。

（5）BackStyle 属性　该属性用于设

置背景是否透明。

7.2.5.2 标签主要事件

常用的事件有单击 Click，双击 DbClick 事件等。

7.2.6 命令按钮

在 VB 应用程序中，命令按钮（图 7-45）是使用最多的对象之一，常常用它接受用户的操作信息，触发相应的事件过程，以实现指定的功能。

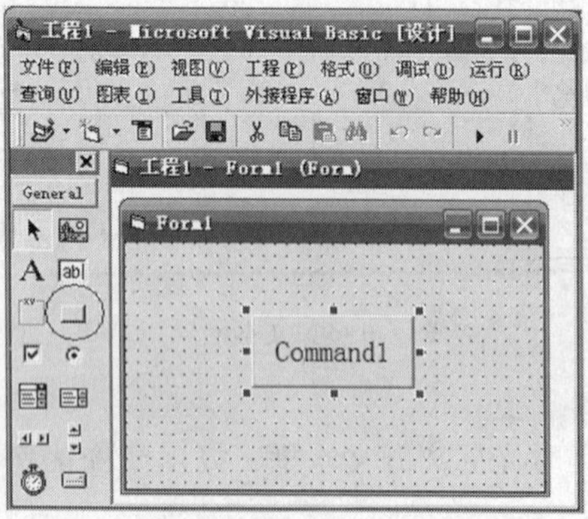

图 7-45　命令按钮

添加到窗体上的命令按钮控件名称依次为：Command1、Command2、Command3…等。

7.2.6.1 命令按钮主要属性

（1）Caption 属性　设定命令按钮上显示的标题文本。

（2）Default 属性　该属性用于设置默认命令按钮。

（3）Enabled 属性　属性值为 True 或 False，设置按钮对象是否能够对用户产生的事件做出反应。

（4）Visible 属性　属性值为 True 或 False，设置按钮对象是否被显示。

（5）Picture 属性　设置在按钮上显示的图形。命令按钮上除了可以显示文字外，还可以显示图形。若要显示图形，首先应将 Style 属性设置为 1，然后在 Picture 属性中设置要显示的图形文件。

（6）Value 属性　该属性只能在程序运行期间引用或设置。True 表示被按下，False（默认）表示未被按下。

7.2.6.2 命令按钮主要事件

常用的事件有单击 Click，双击 DbClick 事件等。

7.2.7 控件的画法和基本操作

在设计用户界面时，要在窗体上画出各种所需要的控件对象，以满足题目的要求。下面介绍控件的基本画法和操作。

7.2.7.1 控件的画法

在窗体上添加画一个控件对象有两种方法，第一种方法（以命令按钮为例）步骤：①单击工具箱中的的命令按钮，该图标反相显示。②把光标移到窗体上，此时光标变为“+”号。③把“+”号移到窗体的适当位置，按下鼠标左键，不要松开，并向右下方拖动鼠标，在窗体上画出一个合适大小的命令按钮。④用同样的方法，可以画出第 2、3…个命令按钮，如图

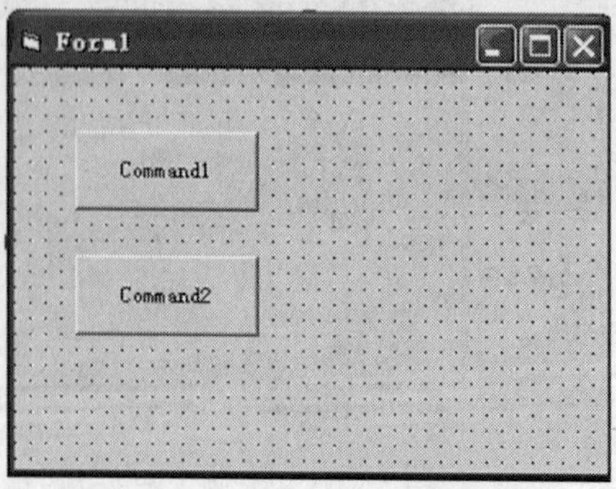

图 7-46　添加命令按钮

7-46 所示。

第二种添加控件的方法比较简单，即直接双击工具箱上的某个控件图标，该控件将出现在窗体的中央。

此种方法添加的控件具有一个优点，即所有同类控件对象都具有同样的大小外观尺寸。

7.2.7.2 控件的基本操作

(1) 控件的缩放与移动　在前面画控件的过程中我们已经看到，当选择该控件的时，在控件的周边会有 8 个黑色的小方块，表明该控件是"当前"控件，也称为"活动"控件。对控件的所有操作都是针对活动控件而进行的。若对某一个控件进行操作，首先要把该控件变成活动控件，只须单击该控件就可以使其成为活动控件。单击该控件的外部就可使其成为非活控件。

当控件处于活动状态时，用鼠标拖动上、下、左、右 4 个小方块中的某个小方块可以使控件在相应的方向上放大或缩小；若按住上档键 Shift，再使用键盘上的上、下、左、右方向键也可以任意调整改变控件的大小；若按住功能键 Ctrl，配合使用上、下、左、右方向键可以将控件移动到窗体内任意位置；用鼠标左键按住该控件不放，然后再移动鼠标，也可以把控件拖拉到窗体的任何位置。

(2) 控件的复制与删除　首先将要复制的控件变为活动控件，（假定该控件为"Command1"）。

将鼠标指向该控件，使用右键单击打开上下文菜单，如图 7-47 所示，选择"复制"命令。

然后在窗体上任一位置上，使用右键单击打开上下文菜单，选择"粘贴"命令，屏幕将显示一个对话框，如图 7-48 所示。

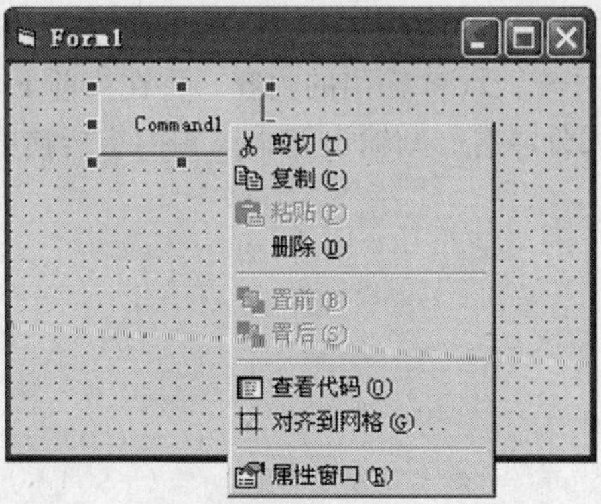

图 7-47　复制控件

图 7-48　对话框

询问是否要建立控件数组，单击"否"按钮后，就把活动控件复制到窗体上的左上角，如图 7-49 所示。

为了删除一个控件，先选择该控件，然后按 Delete 键或使用上下文菜单中的删除命令，即可把该控件删除。

（3）通过属性窗口改变对象的位置和大小　除了使用以上方法来改变控件或窗体的大小和位置外，通过改变属性窗口的属性列表中某些项目的属性值也能改变控件或窗体的大小和位置。控件在窗体上的位置由下面四个属性的值确定。

Top 属性、Left 属性、Width 属性、Height 属性，分别设置控件对象在窗体上的上边距、左边距、宽度和高度值等。

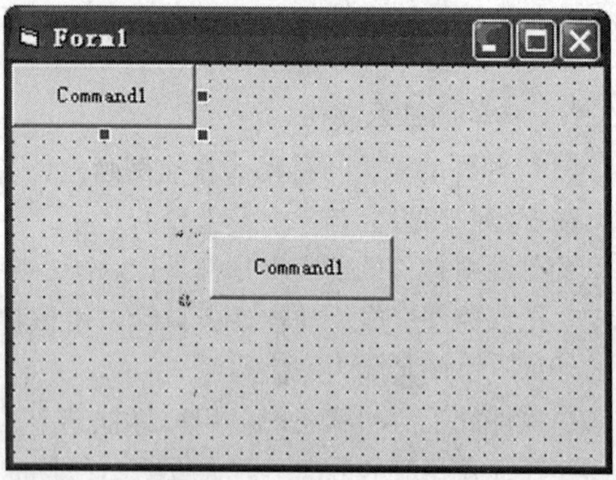

图 7－49　复制到左上角

7.2.8 简单的数据输出

Print 方法可以在窗体上显示文本字符串和表达式的值，也可以在其他图形对象或打印机上输出信息。

格式：对象名 . Print 表达式列表

（1）对象名　可以是 Form（窗体）、Debug（立即窗口）、Picture（图片框）、Printer（打印机）。省略此项，表示在当前窗体上输出。例如：

```
Print " 23 * 2 = "; 23 * 2           '在当前窗体上输出 23 * 2 = 46
Picture1. Print "  Good "             '在图片框 Picture1 上输出 Good
Printer. Print "  Morning"            '在打印机上输出 Morning
```

（2）表达式列表　是一个或多个表达式，若为多个表达式，则各表达式之间用逗号“,”或分号“;”隔开。省略此项，则输出一个空行。

（3）用“,”分隔各表达式时，各项以 14 个字符位置为单位划分出的区段中输出，每个区段输出一项；用“;”分隔各表达式时，各项按紧凑格式输出。

（4）如果在语句行末尾有“;”，则下一个 Print 输出的内容，将紧跟在当前 Print 输出内容后面；如果在语句行末尾有“,”，则下一个 Print 输出的内容，将在当前 Print 输出内容的下一区段输出；如果在语句行末尾无分隔符，则输出完本语句内容后换行，即在新的一行输出下一个 Print 的内容。例如：

```
Print 1; 2; 3
Print 4, 5,
Print 6
Print 7, 8
Print
Print 9, 10
```

输出结果为：

```
1 2 3
4    5    6
7              8

9              10
```

（5）特别提示　在 VB 编写程序代码过程中，所有的标点符号如逗号、句号、分号、双引号、冒号、加减号、等号、圆括号等等，都必须在英文状态下输入，这一点请用户们特别注意。在后面的章节中我们就不在特别说明这个问题了。

7.2.9 简单应用程序举例

例 1　在名称为 Form1 的窗体上建立一个名称为 Cmd1、标题为“显示”的命令按钮，编写适当的事件过程。程序运行后，如果单击“显示”命令按钮，则在窗体上显示“等级考试”，如图 7－50 所示。程序中不能使用任何变量，直接显示字符串。

图 7－50　显示

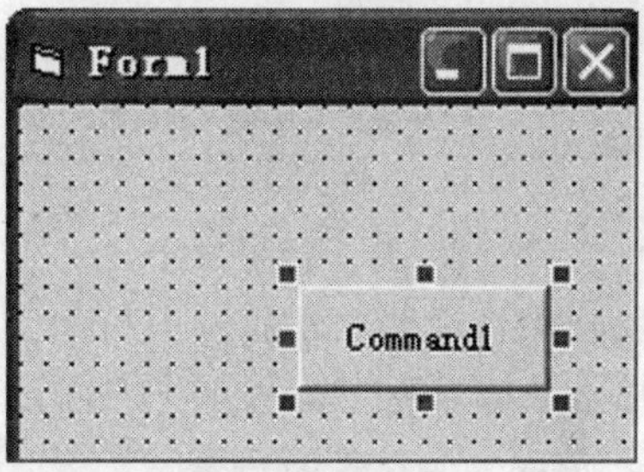

图 7－51　命令按钮

（1）用户界面设置　启动 Visual Basic，创建一个工程，在窗体上画出一个命令按钮 Command1，如图 7－51 所示。

（2）属性设置　在属性窗口中，找到命令按钮的属性 Caption，输入“显示”，如图 7－52 所示。在属性窗口，将命令按钮 Command1 的名称改为 Cmd1。

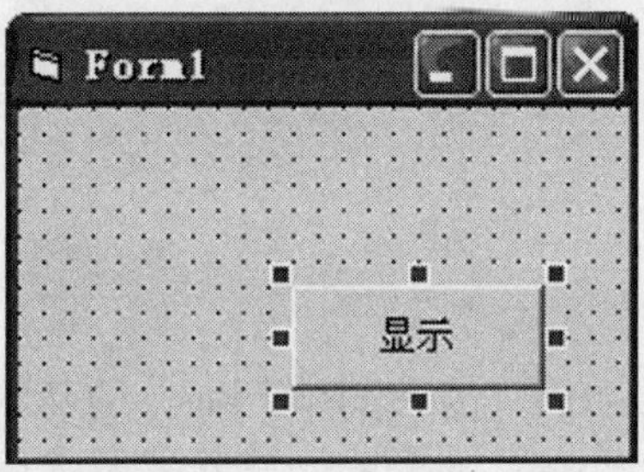

图 7－52　“显示”命令按钮

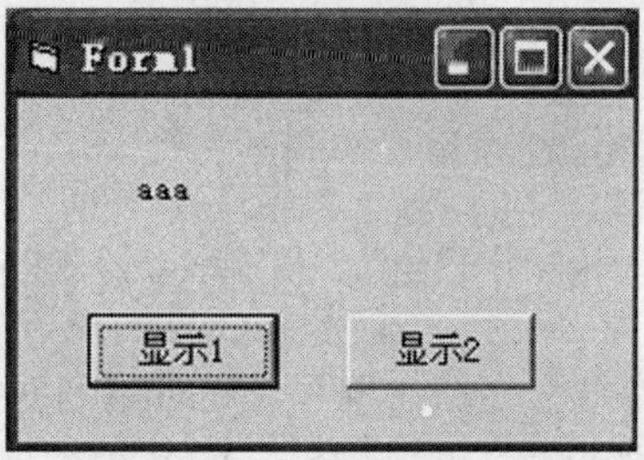

图 7－53　两个命令按钮

（3）代码编写

```
Private Sub Cmd1_ Click ( )
  Print " 等级考试"
End Sub
```

（4）程序运行和调试。

例 2　在名称为 Form1 的窗体上建立一个名称为 L1 的标签，两个名称为 Cmd1 和 Cmd2、标题分别为“显示 1”和“显示 2”的命令按钮。编写适当的事件过程，要求程序运行后，如果单击“显示 1”命令按钮，则在标签上显示字符串“aaa”；如果单击“显示 2”命令按钮，则在标签上显示字符串“bbb”。程序中不能使用任何变量，直接显示字符串。如图 7－53 所示。

解：(1) 用户界面设置　启动 Visual Basic，创建一个工程，在窗体上画出 2 命令按钮 Command1 和 Command2，再画出一标签 Label1，如图 7－54 所示。

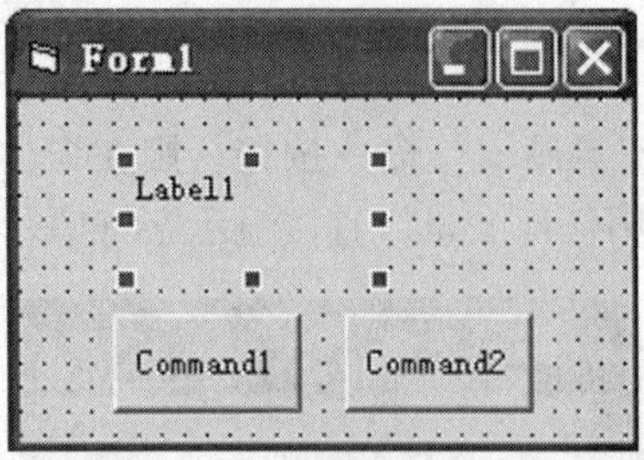

图 7－54　标签

图 7－55　输入命令按钮

(2) 属性设置　在属性窗口中，找到命令按钮的属性 Caption，分别输入“显示 1”和“显示 2”，如图 7－55 所示。再将 Command1 和 Command2 的名称分别改为 Cmd1 和 Cmd2，将标签的名称改为 L1。

(3) 代码编写

```
Private Sub Cmd1_ Click ( )
    L1. Caption  =  " aaa"
End Sub
Private Sub Cmd2_ Click ( )
    L1. Caption  =  " bbb"
End Sub
```

(4) 程序运行和调试。

7. 3 Visual Basic 程序设计基础

本章将介绍在编写代码时用到的一些最基础的知识，包括 Visual Basic 的基本字符集和词汇集、Visual Basic 的基本数据类型、常量与变量、运算符与表达式及常用内部函数。

7. 3. 1 Visual Basic 的基本数据类型

7. 3. 1. 1 字符串型 (String)

字符串是一个字符序列，由放在一对双引号中的 ASCII 字符 (除双引号和回车符外)、汉字和其他可打印字符组成。双引号作为字符串的定界符号。

例如，以下都是 VB 的合法字符串：“1234”、“张 三”“”(空字符串)、“ ”(空格字符串)、“ABC123”等。其中第 2、4 个字符串中的空格都是有效的字符。

说明：

(1) 字符串中包含的字符个数称为字符串长度，一个汉字为一个字符，长度为 0 的字符串 (即不含任何字符的字符串) 称为空字符串。

(2) 双引号起字符串的界定作用，字符串输出时不输出双引号。

(3) 字符串中的字符是通过ASCII码识别，所以字符串的字母大小写是有区别的。例如，“ABC”和“abc”是两个不同的字符串。

7.3.1.2 数值型

Visual Basic 中的数值型数据分为整型和实型两大类。

(1) 整型　整型数是不带小数点和指数符号的数。包括整型、长整型和字节型整数。

①整型（Integer，类型符为%）　整型数用2个字节存储，取值范围是 -32768 ~32767。

例如：15，-345，654%都是整数型。而45678%则是一个错误的表示方式。

说明，整型数的类型符号是“%”，将该符号放在一个数的后面，就表示该数为“整型数”。(该表示方法也适用于后面将学习的其他类型符号表示法)。而45678%则表示45678是整型数，显然已经超过整型数的取值范围 -32768 ~32767。所以是错误的表示法。

②长整型（Long，类型符为&）　长整型用4个字节存储，取值范围是 -2147483648 ~2147483647。

例如：123456，45678&都是长整数型。

③字节型（Byte）　用1个字节存储，取值范围是0到255。

(2) 实型　实型数据主要分为单精度、双精度和货币型3种。

①单精度浮点数（Single，类型符为!）　单精度数用4个字节存储，有7位有效数字，取值范围为1.401298E -45到3.402823E +38。

例如：3.14!，2.718282。

单精度浮点数的指数用字母E或者e表示。

例如：123E3 相当于123乘以10的3次幂

123.45E -2 相当于123.45乘以10的 -2次幂

在书写时，E的前面必须有一个数字（可以是整数或小数），E的后面必须有一个整数（可以是正整数或负整数或0）。

②双精度（Double，类型符为#）　用8个字节（64位）存储，可以精确到有效位15位或16位十进制数（精度与机器有关）。负数取值范围为 -1.79769313486232E308 到 -4.94065645841247E -324，正数取值范围为4.94065645841247E -324 到1.79769313486232E308

双精度浮点数的指数可用字符D或d表示，VB会自动转换为E。

③货币型（Currency，类型符为@）　货币型数据主要用来表示货币值，用8个字节存储，货币型是定点数，精确到小数点后面第4位，第五位四舍五入。整数部分最多15位。

取值范围为 -922337203685477.5808 到922337203685477.5807

例如：3.56@ 、65.123456@都是货币型。

(3) 整型数据还可以用八进制和十六进制数来表示。在一个数的前面有&或&O

（字母 O），则表示该数是一个八进制数。在一个数的前面有 &H，则表示是一个十六进制数。

例如：&15 、&O21、&H1A、&h12 等 4 个数，分别对应十进制数的 13、17、26、18。

注意，此处的符号“&”是放在数的前面，来表示八或十六进制的数。虽然 & 同长整型数的类型符号是一样的，但长整型数的表示是把类型符号 & 放在数的后面的，注意不要混淆了这两个不同的概念。

7.3.1.3 逻辑型

逻辑型（Boolean）数据只有两个可能值：True（逻辑真）或 False（逻辑假），用 2 个字节存储。逻辑值也可以进行运算（加减乘除等），False 等同于 0，True 等同于 -1。说明：数值型数据也可以转换为逻辑型数据。转换的原则是，所有的非零数值数据对应的逻辑值为 True,；而只有数值 0 对应逻辑值为 False。我们在第 5 章将会涉及到这种转换的应用。

7.3.1.4 日期型

日期型（Date）数据用 8 个字节来存储，日期范围从公元 100 年 1 月 1 日到 9999 年 12 月 31 日，时间可以从 0：00：00 到 23：59：59。使用符号“#”将数据括起来，即成为日期、时间型数据。允许用各种表示日期和时间的格式如下所示。

日期可以用“/”、“,”、“-”分隔开，可以是年、月、日，也可以是月、日、年的顺序。时间必须用“:”分隔，顺序是：时、分、秒。

例如：#1999-08-11 10：25：00 pm #、# 08/23/99 #、# 98，7，18 #等都是有效的日期型数据。在 Visual Basic 中会自动转换成 mm/dd/yy（月/日/年）的形式。如执行输出语句：Print # 98，7，18 # 后，将在窗体上显示出：1998-7-18 形式的日期数据

7.3.1.5 变体型

变体型（Variant）也称为可变类型，它是一种特殊的数据类型。它的类型可以是前面叙述的数值型、日期型、字符型等，完全取决于程序的需要。从而增加了 Visual Basic 数据处理的灵活性。

7.3.1.6 自定义类型

在 Visual Basic 中可以用系统提供的标准类型定义变量，它们都是计算机处理的基本数据项。但在实际工作中，常见的并不是孤立的数据项，而是由两个或两个以上的基本项组成的组合项。例如，学生对象由学号、姓名、性别与语文、英语、数学、…、平均分数等基本项组合成组合项。用这些组合项来描述相应对象的若干属性，这些描述相同对象的组合项的集合形成了记录。在 Visual Basic 中使用用户定义数据类型定义记录结构。

自定义类型由 Type 语句来实现：

格式：Type 自定义类型名

元素名 1 As 类型名

```
元素名2 As 类型名
……
元素名n As 类型名
End Type
```

例如：

```
Type stutype
    xm As String * 4
    xh As Integer
    csrq As Date
    sx As Single
    yw As Single
    yy As Single
endtype
```

7.3.2 常量与变量

在程序中，不同类型的数据既可以表现为常量形式，又可以表现为变量形式。常量的值在程序执行期间不发生变化。变量代表内存中指定的存储单元，存储单元在程序中可以根据需要赋予不同的数值，所以变量的值是可以变化的。

7.3.2.1 常量

在程序执行的过程中保持不变的数据称为常量。在 Visual Basic 中，常量分为两种，文字常量和符号常量。符号常量又分为用户自定义和系统定义两种。

(1) 文字常量 文字常量直接出现在代码中，也称为字面常量或直接常量，文字常量的表示形式决定它的类型和值。

字符串常量：" I am a student" 放在一对引号当中。

数值型常量：3.14159、56、8.432E-15

日期型常量：#98，7，18# 放在一对#当中。

逻辑型常量：True 、False

(2) 用户声明的符号常量 用户声明的常量就是用标识符来表示一个常量，例如：我们把3.1415929定义为Pi，在程序代码中，我们就可以在使用圆周率的地方使用Pi。符号常量主要是方便在程序中使用，也便于修改。

定义常量的格式：Const 常量名 [As 类型] = 表达式

说明：常量名的命名规则与标识符相同。[As 类型] 用以说明常量的数据类型。

例如：Const Pi = 3.1415926

(3) 系统提供的常量 除了用户定义的常量外，在 Visual Basic 中，系统定义了一系列常量，可与应用程序的对象、方法或属性一起使用，使程序易于阅读和编写。系统常量的使用方法和自定义常量的使用方法相同。

例如：Form1.Windowstate = vbMinimized 意义为将窗口最小化。

其中 vbMinimized 就是一个系统定义的常量，值为 1。和 Form1. Windowstate = 1 相比较，Form1. Windowstate = vbMinimized 更明确地表达了语句的功能。

系统定义的常量在对象库中，可以在对象浏览器中通过不同的对象库查找它们的符号及取值。

7.3.2.2 变量

在程序执行过程中，其值可以改变的量称为变量。一个有名称的内存单元称为变量。每个变量都有一个名字和相应的数据类型。程序通过变量名来引用变量的值。变量的类型表示了该内存单元的结构，决定变量可以存放数据的类型。

（1）变量的命名规则　①变量的名字须以字母或汉字开头，后跟字母，汉字，数字或下划线组成的序列，长度不能超过 255 个字符。②不能使用 Visual Basic 中的关键字命名变量。如 Print 是输出方法关键字，不能用作变量的名称。但 Print1、PPrint、Printa 等形式都可以作为变量名。③为了提高程序的可读性，可在变量名前加一个缩写的前缀。④在变量名的末尾允许添加数据类型符号，如 Sum%，表示变量 Sum 是一个整型数据变量，其能存储的数值范围也应在整型数的范围内。如果存储超过整型数范围，将会出错。例如，Sum% = 234567，就是一个错误的赋值语句。⑤在 VB 中变量名不区分大小写，即“ABC”和“abc”代表的是同一个变量名。例如：X1、X1_ abc、Int_ x% 等都是合法的变量的名字。

（2）变量的定义说明　变量在使用前，应首先定义说明变量名称及类型等，使系统分配相应的内存空间，并确定该空间可存储的数据类型。在 Visual Basic 中可以用类型说明语句来定义说明变量，有显式说明和隐式说明。

①显式说明

格式：<说明符> <变量名> [As 类型]

说明符：是说明语句的关键字，它可以是 Dim、Private、Public、Static 等定义说明符号，关键字 Dim 较为通常使用。本章主要介绍 Dim 语句。

变量名：用户定义的变量的名称，应遵循变量命名规则。

As 类型：可以是 VB 提供的各种标准类型名称或用户自定义类型标识符。如果省略该子句时，默认变量为可变类型。

例如：

```
Dim a as integer
Dim b as long
Dim c as single
```

上面 3 个语句定义了变量 a、b、c，分别为整形、长整形和单精度型变量。

也可以将上面的 3 个语句写为下面形式，更为简捷一些。

```
Dim a as integer, b as long, c as single
```

还可以简化使用下面的方式定义，作用是一样的。

```
Dim a% , b&, c!
```

另外，若把多个变量都定义成同一类型，如把 X，Y，Z 都定义成双精度型，可以写成：

Dim X as double, Y as double, Z as double

如果写成：Dim x, y, z as double

则表示 x, y 定义成可变类型，z 定义成双精度型。

对于字符串变量，Visual Basic 中分为定长和变长两种。

字符串变量的定义：

Dim String * size

例如，定义声明一个长度为 50 字符的字符串变量，用下列语句：

Dim strkd As String * 50

对于字符串变量 strkd，如果赋值长度字符少于 50 个，则用空格填补；如果赋值长度字符超过 50 个，则超过的部分将被截去。

说明：Dim 语句定义的变量其作用范围由 Dim 语句所在的位置决定。Dim 语句出现在窗体代码的声明部分时，则窗体以及窗体中各控件的事件过程都可以使用这些变量。这种变量称为窗体级变量；在过程内部用 Dim 语句声明的变量，只在该过程内有效。这种变量称为局部变量。关于变量的作用域，后章节将详细阐述。

② 隐式声明　Visual Basic 中使用未加说明的变量时，系统默认为可变类型（Variant），这种方式称为隐式说明。建议初学者养成对变量显示说明的习惯，以避免一些不必要的错误。

例如：

```
sumaverage = 1 + 2 + 3
Print sumaverage
```

在这里使用 sumaverage 变量时，并没有事先声明它，VB 默认把它当成变体类型的变量，但等号右边的值是一个整型的值，所以 sumaverage 的值的数据类型为整型，在屏幕上输出 sumaverage 的值为 6。虽然这种方法很方便，但是如果把变量名拼错了的话，会导致一个难以查找的错误。

如把上面的代码写成：

```
Dim sumaverage As Integer
sumaverage  = 1 + 2 + 3
Print sumavereage
```

结果在屏幕上没有输出结果。为什么呢？因为上面的代码把 sumaverage 误写成了 sumaverege，而 sumaverege 这个变量没有被赋值过，值默为空，所以输出在屏幕上什么也没有。

为了避免写错变量名引起的麻烦，可以规定，只要遇到一个未经明确声明就当成变量的名字，Visual Basic 都发出错误警告。要显式声明变量，请在类模块、窗体模块或标准模块的声明段中加入这个语句：Option Explicit 或在“工具”菜单中选取“选项”，单击“编辑器”选项卡，再复选“要求变量声明”选项。这样以后在程序中，如果变量没有声明，VB 就会提示出错。

7.3.3 运算符与表达式

7.3.3.1 算术运算符

算术运算符用来连接数值型数据进行算术运算，Visual Basic 提供了 7 种算术运算符，如表 7－2 所示（假定 x＝3）。

表 7－2　算术运算符

运算符	含义	优先级	示例	结果
^	乘方	1	x^2	9
－	负号	2	－x	－3
*	乘	3	x * x * x	27
/	除	3	10/x	3. 33333333333333
\	整除	4	10/x	3
Mod	取模	5	10 Mod x	1
+	加	6	10 + x	13
－	减	6	x－10	－7

上述运算符号中，除整除和取模运算符外，都是我们熟悉的运算符号。下面介绍整除和取模运算符的运算规则。

整除运算符\：把左边的数除以右边的数取商的整数部分。整除运算符“\”要求左右两边的操作数为整数，如果操作数不为整数时，则先对其四舍五入取整，然后再进行整除运算。运算结果只取商的整数。

例如：10 / 2.6，结果为3；10 / 2.4，结果为5。

取模运算符 Mod：把左边的数除以右边的数，取它的余数。取模运算符“Mod”要求左右两边的操作数为整数，如果操作数不为整数时，则先对其四舍五入取整，然后再进行取模运算。取模运算的符号由左边操作数的符号所决定。

```
10 mod 3          ‘结果为1
－10 mod 3        ‘结果为－1
－10 mod －3      ‘结果为－1
10 mod －3        ‘结果为1
```

特别注意：在 VB 中，整除和取模运算两边操作数的四舍五入，遵从以下规则：

（1）小数点前是单数数值时，其四舍五入取整的原则同我们习惯上的是一致的。

例如 3.5 四舍五入后等于4；3.499 四舍五入后等于3。

（2）小数点前是双数数值时，其四舍五入取整的原则有一点变化，即四舍的原则还是一样的，但五入的原则为“超过5才能入”。

例如：6.5 四舍五入后等于6；6.501 四舍五入后等于7。

7.3.3.2 字符串运算符

字符串只有连接运算，在 VB 中连接运算符号有：“&”和“+”。使用“&”运算符时应注意数据前后要有空格，否则 VB 会将其作为长整数型数据类型符来处理。

连接运算符“&”和“+”在使用中是有区别的，见下面。

(1) 运算符“&”的运算规则：“&”运算符两边的数据不管是字符还是数值，“&”都将其转换成字符数据后，再连接起来。

例如 123 & " 456"，结果为 123456 字符数据

123 & 456，结果为 123456 字符数据

123 & " abc"，结果为 123abc 字符数据

" ABC" & " DEF"，结果为 ABCDEF 字符数据。

(2) 运算符“+”的运算规则 ①如果两边都是字符数据，“+”将其按字符直接连接起来，作用同“&”。如：" 123" + " 456"，结果为 123456 字符数据。②如果两边都是数值型数据，“+”作加法运算。③如果一边是数值型数据，一边是数字型字符数据，“+”将数字型字符转换成数值数据后，再相加。如：123 + " 456"，结果为 789 数值数据。④如果一边是数值型数据，一边是非数字型字符，连接运算出错，数据类型不匹配。如：123 + " abc"，结果出错。

7.3.3.3 关系运算符

关系运算符用作两个数值或字符串的比较，返回值是逻辑值 True 或 False。表 7-3 列出了 Visual Basic 中的关系运算符及使用示例。

表 7-3 关系运算符

运算符	含义	示例	结果
=	等于	" ABCDE" =" ABR"	False
>	大于	" ABCDE" >" ABR"	False
> =	大于等于	" bc" > =" 大小"	False
<	小于	23 <3	False
< =	小于等于	" 23" < =" 3"	True
< >	不等于	" abc" < >" ABC"	True
Like	字符串匹配	" ABCDEFG" Like " ＊DE"	True

在字符串做比较时，首先从第一个字符开始进行比较，如果第一个字符相等，则比较第二个字符，直到最后一个字符。每个字符的大小按照字符的 ASCII 码进行比较。按 ASCII 码值的大小排列情况，空字符比任何字符都小；空格比字母、数字小；数字比字母要小，大写字符比小写字符小。

所有的关系运算符优先级相同。

例如：

“” < “ ” ‘结果为 True

“A” < “A ” ‘结果为 True

“ABC” < “TH” ‘结果为 True

“3A23” < “AB” ‘结果为 True

“THEN” < “abc” ‘结果为 True

7.3.3.4 逻辑运算符

逻辑运算符对逻辑量进行逻辑运算，除 Not 外都是对两个逻辑量运算，结果为逻辑

值。表 7-4 列出了 Visual Basic 中的逻辑运算符。(注意下表中的 F 和 T 分别代表逻辑值 False 和 True，在程序中使用时，不能这样缩写)。

表 7-4

运算符	含义	优先级	示例	结果
Not	取反	1	Not F	T
			Not T	F
And	与	2	T And T	T
			F And F	F
			T And F	F
			F And T	F
Or	或	3	T Or T	T
			F Or F	F
			T Or F	T
			F Or T	T
Xor	异或	3	T Xor F	T
			T Xor T	F
Eqv	等价	4	T Eqv F	F
			T Eqv T	T
			F Eqv T	T
			F Eqv F	T
Imp	蕴含	5	T Imp F	F
			T Imp T	T
			F Imp T	T
			F Imp F	T

7.3.3.5 表达式

(1) 表达式的组成　表达式由常量、变量、函数、运算符以及圆括号(　　)，按照一定的规则组成，不管表达式的形式如何，都会计算出一个结果，该结果的类型由参与运算的数据和运算符决定。

(2) 表达式的书写规则　①表达式中的每个字符没有高低、大小的区别。②可以使用圆括号来改变运算的优先次序，可以多重使用，圆括号必须成对出现。③Visual Basic 表达式中的乘号“*”不能省略。④能用内部函数的地方尽量使用内部函数。

例如，数学式 $x^2+y^2+3x+2y$、$\frac{a^2+b^2}{c+d}$写成 Visual Basic 表达式分别为：

x ^2 + y ^2 + 3 * x + 2 * y、(a * a +b * b) / (c + d)

(3) 关系表达式和逻辑表达式　使用关系运算符或逻辑运算符组成的表达式称为关系表达式或逻辑。关系运算一般表示一个简单的条件，逻辑表达式可以表示较复杂的条件。

例如：age >20 、score >80、x + y > z 等为关系表达式；表达式 0 < x And x <5 则为逻辑表达式。

(4) 表达式结果值类型　算术表达式中，不同类型的数据计算时结果转化成精度高的类型；关系表达式和逻辑表达式的结果是逻辑值：True、False。

（5）优先级　在一个表达式中有多种运算符存在的时候，圆括号 > 算术运算符 > 关系运算符 > 逻辑运算符

7.3.4 常用内部函数

Visual Basic 提供了大量的内部函数供用户调用。VB 的内部函数大体上可以分为 5 类：转换函数、数学函数、字符串函数、时间/日期函数和随机函数。本节将分类介绍一些常用的内部函数。

函数的一般调用格式：

<函数名>（［<参数表>］）

说明：参数表可以有一个参数或逗号隔开的多个参数，多数参数都可以使用表达式。函数一般作为表达式的组成部分调用。

7.3.4.1 数学函数

Visual Basic 提供了大量的数学函数。常用数学函数有三角函数、算术平方根函数、对数函数、指数函数及绝对值函数等。

（1）三角函数

Sin（x）求 x 的正弦值，x 的单位是弧度，Sin（0）的结果为 0

Cos（x）求 x 的余弦值，x 的单位是弧度，Cos（1）的结果为 0.54

Tan（x）求 x 的正切值，x 的单位是弧度，Tan（1）的结果为 1.56

Atn（x）求 x 的反正切值，x 的单位是弧度，函数返回的是弧度值，Atn（1）结果为 0.79

（2）其他函数

Sqr（x）求 x 的平方根，Sqr（9）结果为 3

Log（x）求自然对数，x >0，Log（10）结果为 2.3

Exp（x）求以 e 为底以 x 为指数的值，即求 ex，Exp（3）结果为 20.086

Abs（x）求 x 的绝对值，Abs（-2.5）结果为 2.5

Hex（x）求 x 的十六进制表示数，返回的是字符型值。Hex（28）结果为 1C

Oct（x）求 x 的八进制表示数，返回的是字符型值。Oct（10）结果为 12

Sgn（x）求 x 的符号，当 x >0，返回 1；x =0，返回 0；x <0，返回 -1

Int（n）取整函数，取一个不大于 n 的最大整数。

如 X = Int（3.56），结果为 3；Y = Int（-3.5），结果为 -4。

Fix（n）取整函数，去掉小数，直接取整。

如：X1 = Fix（3.5），结果为 3；X2 = Fix（-3.5），结果为 -3。

Cint（n）取整函数，将 n 四舍五入后取整

注意，Cint（n）函数的四舍五入原则与取模（mod）、整除（\）的相同，即整数部分为双数时候，小数部分值要超过 0.5 才能入。

如：Y1 = Cint（4.5），结果为 4；Y2 = Cint（4.501），结果为 5。

7.3.4.2 类型转换函数

转换函数用于各种类型数据之间的转换。

(1) Str (n)　功能：将数值型数据转换成字符串型数据。格式：Str (n)。参数：函数只有一个参数，是数值型的常量、变量或表达式。

例如：X% =5645

A = Str (X)‘A 的值为字符串“5645”

Y = str (-123)‘Y 的值为字符串“-123”

(2) Val (s)　功能：将数字字符串转换成数值型常数。格式：Val (s)。参数：函数只有一个参数，是字符型数据。

说明：①Val ( ) 在转换过程中遇到第一个非数字型字符，则停止转换。②如果第一个非数字型字符为“+”或“-”或“.”时，则正常转换。③如果字符串的第一个字符就是非数字字符，则转换后的结果为0。

例如：

X1 = val (“123abc”)　　‘结果为123

X2 = val (“+12”)　　‘结果为+12

X3 = val (“-13”)　　‘结果为-13

X4 = val (“123.45.678”)　　‘结果为123.45

X5 = val (“abc23”)　　‘结果为0

(3) Asc (S)　求字符串S的首字符的ASCII码的值

例如：

X1 = Asc (“A”)　　‘结果为65

X2 = Asc (“a”)　　‘结果为97

X3 = Asc (“abc”)　　‘结果为97

(4) Chr (n)　求ASCII码为n的字符，n为一个合法的ASCII码值。

例如：

Y1 = chr (65)　　‘结果为“A”

Y2 = chr (97)　　‘结果为“a”

7.3.4.3 字符串函数

Visual Basic 具有很强的字符串处理能力，并提供了大量的字符串函数。

常见的字符串函数有下列几种。

(1) Len (s)　求s字符串的字符长度，即所含的字符个数。参数s应该是字符类型，否则会出现类型补匹配的错误。注意一个汉字的的长度为1。

例如：

Len (“ab 技术”) 结果为4

Len (“acb123”) 结果为6

注意：如果s不是字符串常量或字符串变量时，而是为其他类型的变量时，那么len (s) 的结果则应该根据具体的情况确定其值。一般情况，其结果为该变量的类型所占有的字节数。如果s为变体类型变量时，VB会将s的值转换为字符串，则len (s) 的结果由s的值所决定。

例如：

①Dim x As Integer

X = 123

Y = Len（x）‘这时候 y 的值为变量 x 的类型所占有的字节数，即为 2。

②Dim x as long

Y = Len（x）‘这时候 y 的值为变量 x 的类型所占有的字节数，即为 4。

③Print Len（x）‘由于 x 是一个变量，类型为变体类型，值默认为空，结果为 0。

④X = 123

Print Len（x）‘在使用时候，没有声明 x 的类型，即默认为变体类型，但由于给 x 赋了初始值为 123，则最后的结果为这个数字的位数即 3。

⑤Dim x ‘这里定义了变量 x，但没有指明类型，VB 默认为变体类型。

X = 123. 45

Print Len（x）‘结果为 6。

（2）Left（s，n）　从字符串 s 左边取 n 个字符，n 一般为大于 0 的整数，如果为小数则先四舍五入取整。

例如：Left（“AB2345”，3）‘结果为“AB2”。

（3）Right（s，n）　从字符串 s 右边取 n 个字符，n 一般为大于 0 的整数，如果为小数则先四舍五入取整。

例如：Right（“ABsYt”，2）‘结果为“Yt”。

（4）Mid（s，n1，n2）　从字符串 s 左边第 n1 个位置开始向右取 n2 个字符。

例如：Mid（“ABsYt”，2，3）‘结果为“BsY”。

（5）Ucase（s）　将字符串 s 中所有小写字母改为大写。

例如：Ucase（“ABsYug”）‘结果为“ABSYUG”。

（6）Lcase（s）　将字符串 s 中所有大写字母改为小写。

例如：Ucase（“ABsYug”）‘结果“absyug”。

（7）Ltrim（x）　去掉 x 左边的空格 Lrim（“ABC”）“ABC”。

（8）Rtrim（x）　去掉 x 右边的空格。

例如：Rtrim（“ABC”）‘结果为“ABC”。

（9）Trim（x）　去掉 x 两边的空格。

例如：Trim（“ABC”）‘结果为“ABC”。

（10）Instr（[f]，s1，s2’[n]）　在 s1 中查找给定的字符串 s2，返回 s2 在 s1 中的位置。如果找到，返回值为 s2 的第一个字符在 s1 中的位置；如果没有找到，返回值为 0。参数 f 可选，表示为对 s1 开始搜索的位置，默认为 1，即从 s1 的第一个位置开始。参数 n 可选，如果为 0，表示区分大小写；如果为 1，则不区分大小写。省略 n 则默认 n 的值为 0。

例如：

Print Instr（“WBAC”，“B”）‘结果为 2。

Print Instr（3,“WBABC”,“B”）‘结果为4。

Print Instr（3,“WBAbC”,“B”）‘结果为0。

Print Instr（3,“WBAbC”,“B”,1）‘结果为4。

（11）String（n，s）　生成n个同一字符组成的字符串，这个字符取字符串s的第一个字符。如果s不为字符串，而是一个数字时，VB则把它当作字符的ASCII码对待。

例如：

String（3,“abcd”）‘结果为“aaa”

String（3，65），结果为“AAA”‘因为65为字符A的ASCII码值。

（12）Space（n）　得到n个空格。

例如：

Space（3），结果为“□□□”‘其中□在这里借以表示为一个空格。

（13）Replace（C，C1，C2，N1，N2）　在字符串C中用字符C2替换C1，从N1位置开始替换N2次。

例如：

Replace（“ABCASAA”,“A”,“xy”，1，2）‘结果为“xyBCxySAA”

（14）StrReverse（s）　将字符串的反序。

例如：StrReverse（“abcd”）‘结果为“dcba”

7.3.4.4 日期与时间函数

日期与时间函数提供时间和日期信息。

（1）Date（　）　返回系统日期。

（2）Time（　）　返回系统时间。

（3）Now　返回系统时间和日期。

（4）Month（C）　返回月份数值，参数C为日期型数据（下面的日期函数参数C也是一样的）。

（5）Year（C）　返回年份数值。

（6）Day（C）　返回日期数值。

（7）MonthName（N）　返回月份名。参数N为1到12之间的数值。

例如：MonthName（1）‘结果为“一月”。

（8）WeekDay（C）　返回星期代号（1-7）。星期日为1、星期一为2、星期二为3、……

例如：Weekday（#3/2/2017#）‘结果为5，星期四。

7.3.4.5 随机函数

Rnd（x）：产生一个在［0，1）区间分布的随机数。即产生一个大于或等于0并小于1的单精度随机数。参数x为数值型数据，取值应大于0或没有。当取值小于0或等于0时，将产生相同的随机数。

利用随机函数可以根据需要生成某个范围内的随机整数。如使用以下公式：

Int（（upper－lower＋1）＊Rnd（）＋lower）

这里 upper 是随机数的上限，lower 是随机数的下限。

例如：

Int（（10 ＊ Rnd（） +1）‘生成一个大于或等于 1 且小于等于 10 的随机整数。

Int（51 ＊ Rnd（） +30）‘生成一个大于或等于 30 且小于等于 80 的随机整数。

说明：在 VB 中用 Rnd 函数产生是一组伪随机数，即每次运行程序后将产生相同序列的随机数。可以在使用 Rnd 函数之前使用 Randomize 语句，避免这样的情况发生。

Randomize 语句的格式为：Randomize［（n）］

可选参数 n 是变体类型或任何有效的数值表达式。Randomize 用 n 将 Rnd 函数的随机数生成器初始化，给它一个新的种子值。如果省略 n，则用系统计时器返回的值作为新的种子值。

如果没有 Randomize 语句，则无参数的 Rnd 函数使用第一次调用 Rnd 函数的种子值产生伪随机序列。

7.4 顺序结构程序设计

本节将介绍 VB 程序设计中的基本语句、基本结构和程序数据输入、输出方法语句等内容，使用户初步建立顺序程序结构设计的基本方法、概念。

7.4.1 Visual Basic 编程风格

每一种高级程序设计语言源程序代码的书写都有一定的规则，以便于程序的阅读。VB 源程序代码的编写具有如下风格。

7.4.1.1 VB 源代码不区分字母的大小写

在代码窗口中，VB 对用户输入的程序代码进行自动转换，以提高程序的可读性。

（1）VB 关键字的首字母总被转换成大写，其余字母被转换成小写。

（2）若关键字由多个英文单词组成，每个单词的首字母都将被转换成大写。

（3）对用户自定义的变量、过程名，VB 以第一次定义的为准，以后输入时 VB 自动向首次定义的转换。

7.4.1.2 语句书写自由

（1）同一行上可以写多个语句，语句间用冒号“：”分隔。

（2）一个语句可分为若干行书写，但须在行后加续行标志，空格加下划线“_”。

（3）每行字符长度不超过 255 个字符。

7.4.1.3 适当添加注释有利于程序的维护和调试

（1）以关键字 Rem 开头或以单撇号“‘”开头引导注释内容，且以单撇号开头的注释还可直接出现在语句后面。

（2）可通过“编辑”工具栏的“设置注释块”、“解除注释块”按钮，为选中的若干行语句（或文字）设置注释或取消注释。

注意：注释语句在使用 rem 和单撇号“‘”的区别在于，Rem 只能出现在一行的最前面，而单撇号“‘”可以出现在一行的最前面和其他 VB 语句的最后面位置。在撇号“‘”后的所有字符都变成注释。

例如，以下使用了 4 个注释语句，注意它们的使用方法和位置。

```
Rem 下面将定义两个变量 x，y
Dim x as Integer , y as Integer        ‘这里定义的变量 x 和 y 的类型都为整型。
'下面将定义两个变量 x1，x2
Dim x1 , x2 as Integer        ‘这里定义的变量 x1 为变体类型，x2 为整型。
```

7.4.1.4 编写语句行号或标号

需要时可在 VB 源程序的语句行前设置行号或标号。标号是以字母开始以冒号结束的字符串，一般用在转向语句中，但应尽可能地限制使用。

下面是一段 VB 源代码的书写示例：

```
Rem 求两个数的和
Dim x As Integer, y As Integer, z As Integer        ‘定义变量 x、y、z 为整型变量
x = 1: y = 2                                        ‘给变量 x 和 y 赋值
z = x + y                                           ‘将变量 x 与 y 的和赋值给变量 z
Forml. Print x, y, z                                ‘在窗体上显示变量 x、y、z 的值
```

7.4.2 三种基本控制结构

结构化程序设计的基本思想之一是任何程序都可以采用三种基本结构来构造，它们是顺序结构、选择结构、循环结构。这三种结构可以任意组合、嵌套，以构造出各种复杂的程序算法，来完成各种复杂的程序。下面介绍三种基本的程序结构。

7.4.2.1 顺序结构

顺序结构是一种最简单的算法结构。在顺序结构中，算法的每一个操作是按从上到下的次序顺序执行的，图 7－56 所示的是顺序结构的流程图和 N－S 图。

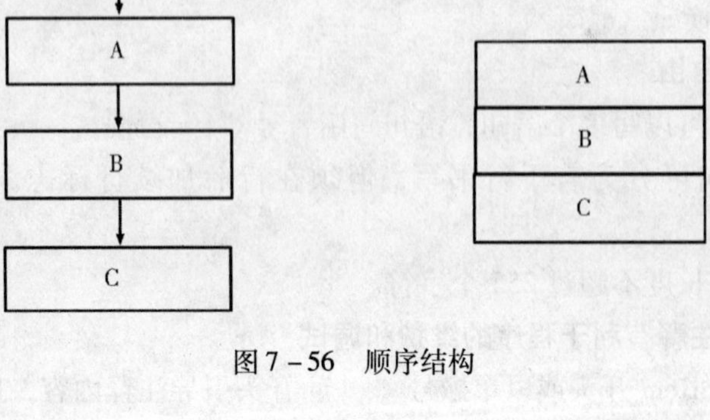

图 7－56　顺序结构

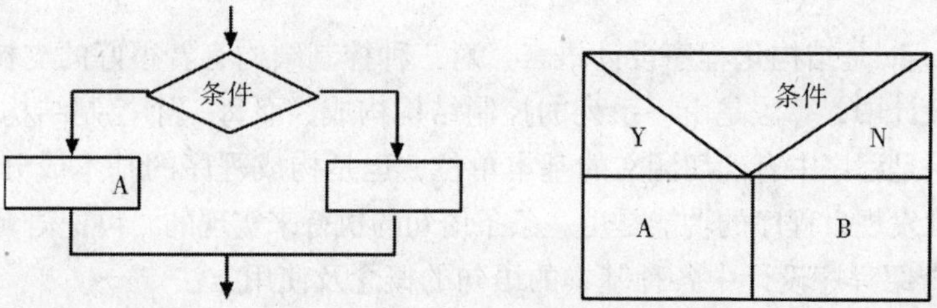

图 7－57　选择结构

7.4.2.2 选择结构

选择结构又称为分支结构，它是根据给定的条件，选择执行一个分支的算法结构。因此在选择结构中，必然要包括一个条件判断的操作。图 7－57 所示的是选择结构的流程图和 N－S 图。

7.4.2.3 循环结构

循环结构又称重复执行结构。它根据给定条件，判断是否重复执行某一组操作。基本的循环结构有两种：

（1）当循环　首先判断条件是否成立，若成立，执行要循环的一组操作，然后再返回到条件判断，决定是否继续进行循环。若条件成立，继续执行循环，再返回判断；若条件不成立，结束循环，跳过这组操作，执行此结构后面的操作。如图 7－58 所示是“当循环”的流程图和 N－S 图。

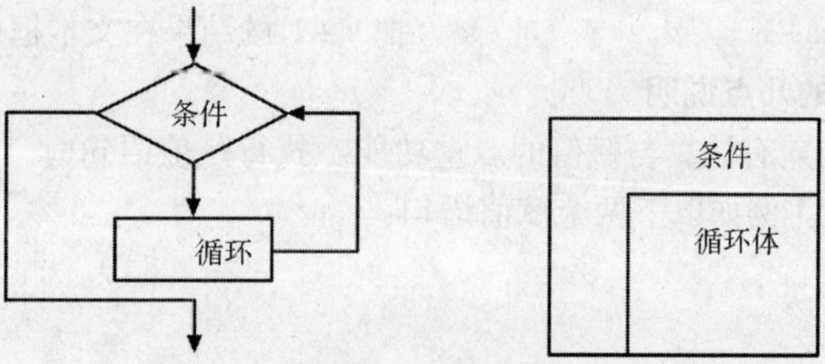

图 7－58　当循环结构

（2）直到循环　首先执行一组要循环的操作，然后判断条件是否成立。若条件不成立，则返回到这组操作的开始，重复执行这组操作；若条件成立，结束循环，执行此结构后的操作。如图 7－59 所示是“直到循环”的流程图和 N－S 图。

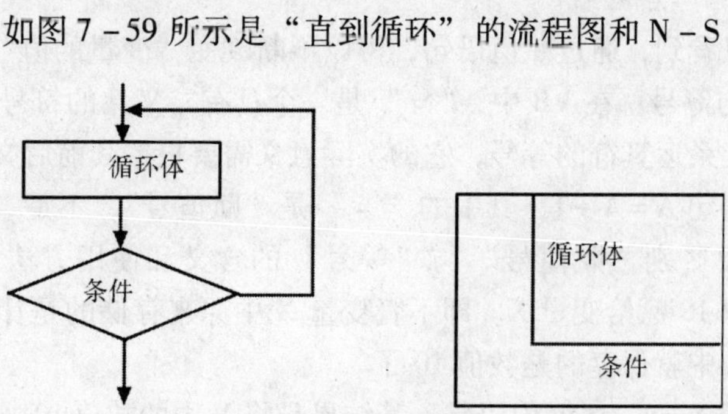

图 7－59　直到循环结构

Visual Basic 是结构化程序设计语言，对三种控制结构有着很好的支持。

在程序设计中，算法是由一系列的控制结构构成，而每一个控制结构又有若干个语句组成。语句是程序中有确切涵义的基本单位，也是构成程序的基本成分。从前面各章的举例中不难发现，程序的功能是由一条条语句的执行来实现的，可把语句视为命令。

下面将介绍程序设计中各种基本的语句的概念及使用方法。

7.4.3 赋值语句

下面我们学习掌握 Visual Basic 程序最常用、最基本的语句——赋值语句。

7.4.3.1 格式

格式一：变量名 = 表达式

格式二：［对象名.］属性名 = 表达式

上述格式中的“=”是“赋值号”，不是“等号”。在格式 2 中，若对象名省略，则默认对象为当前窗体。

7.4.3.2 功能

把赋值号“=”右边表达式的值赋给“=”左边的变量或对象的属性。

7.4.3.3 应用举例

```
X = 1                         '把数值 1 赋值给变量 x，即 x 的值为 1
Y = x + 1                     '把 x + 1 的结果赋值给变量 y
Form1. caption =" 欢迎学习 VB"  '把窗体的标题信息设置为“欢迎学习 VB”
Text1. text = x + 1           '把 x + 1 的结果在文本框中显示出来
```

7.4.3.4 赋值语句的几点说明

（1）赋值语句兼有计算与赋值的双重功能　执行赋值语句时，首先计算“=”号右边的表达式的值。例如以下两个赋值语句：

```
A = 25 * 3
A = A + 1
```

首先执行第一个语句，系统将计算右边表达式值：25 乘 3 等于 75，并将 75 赋值给变量 A，即变量 A 的值变为 75。然后执行第二个语句，同样仍是先计算右边表达式 A + 1 的值，因为 A 是为 75，所以 A + 1 就等于 76，再将 76 赋值给变量 A，即 A 的新值为 76。

由此我们可以看到，通过赋值语句，可以不断改变“变量的值”。

（2）赋值号与等号　在 VB 中，“=”是一个具有二义性的符号，既可以作为赋值号，又可以作为关系运算符的等号，它的实际意义需要根据其前后文的形式来判断。

例如，上面语句 A = A + 1，其中的“=”是“赋值号”，不是“等号”。

请读者一定要区别“赋值号”与“等号”的含义和使用方法。例如：赋值语句 X = 10 表示将数值 10 赋给变量 X。即不管变量 X 中原来存储的是什么数，经过执行 X = 10 的语句后，X 中就保存的是数值 10 了。

例如又执行了 X = X + 5 赋值语句，其结果是将 X 中的数值 10 加上 5 之后再赋给变量 X，即将 15 赋给 X，此时 x 中存储的是 15。

如果将语句中的赋值号“=”理解为“等号”，则X“等于”X+15是无法理解的，也是不可能的。在VB中，除了少量的会在一些“条件表达式”中使用等号“=”外，其他绝大多数程序代码中的“=”都是赋值号。

赋值语句是程序设计中使用频率最高的语句，所有的计算操作、赋值操作基本上都是由赋值语句来完成的。

又例如：A = B = C‘变量A的值决定于变量B、C的值是否相等。

此式子中第一个“=”是赋值符号，第二个“=”是关系运算符的相等符号，此式子先比较B和C是否相等，在把比较得到的逻辑值True或False赋值给变量A。

（3）数据类型匹配　在VB中，使用赋值语句时要注意数据类型匹配的问题。赋值语句中如果数据类型不匹配可能会引起错误，VB中还提供了对某些数据类型自动转换的机制。

①数值型常量、变量、表达式的值可以赋值给任何数值型变量，在这种情况下，VB会自动的把源操作符（赋值号右边）的数据类型转换成目标操作符（赋值号左边）的数据类型，然后再进行赋值操作，系统不会出现错误。例如：

```
Dim a As Integer，b As Single
b = 1.724
```

语句“a = b”，由于源操作符b为单精度型数值，目标操作符a为整形变量，故系统会自动把源操作符b的数据类型由单精度型转换成整型，再进行赋值操作，所以a的值为2。

②数值型常量、变量、表达式的值可以赋值给字符串变量，在这种情况下，VB会自动的把源操作符的数据类型由数值型转换成字符串型，然后再进行赋值操作，系统不会出现错误。例如：

```
Dim a As String，b As Integer
b = 2
a = b
```

此程序由于源操作符为数值整型，目标操作符为字符串型，故系统会自动把源操作符b的数据类型由整型转换成字符串型，然后再进行赋值操作，所以a的值为字符串“2”。

③设计编写赋值语句时，应尽量使表达式值的类型与被赋值变量（或对象的属性）的类型相同，以避免出现“类型不匹配”的错误。

如果在程序中写入下列代码：

```
Dim x as integer
x = “ABC”
```

运行程序后，就会出错类型不匹配的错误。因为x是整型变量，不能赋字符数据值。

7.4.4 数据输出

7.4.4.1 Print方法

Print是输出数据的一种重要方法。

（1）格式 ［对象名.］Print［表达式列表］

（2）功能 在对象上输出表达式的值。

（3）说明 “对象名”：可以是 Form（窗体）、Debug（立即窗口）、PictureBox（图片框）、Printer（打印机）。如果省略“对象名”，则表示在当前窗体上输出。

例如：

```
Print "12 * 2 = "; 12 * 2          ' 在当前窗体上输出 12 * 2 =24
Picturel. Print "VB"                '在图片框 Picturel 上输出 VB
Printer. Print "0K"                 '在打印机上输出 0K
```

“表达式列表”：是一个或多个数值表达式或字符串，若省略此项，则输出一空行。对于数值表达式，先计算表达式的值，然后输出表达式的值，数值数据的前面有一个符号位，后面有一个空格；对于字符串则原样输出，即前后都没有空格。

当输出多个表达式时，各表达式之间用分隔符（西文的逗号“,”或分号“;”）隔开。用“,”分隔各表达式时，为分区格式输出，即各项在以 14 个字符位置为单位划分出的区段中输出，每个区段输出一项。如果每一项的值没有达到 14 个字符，则用空格填补，下一项的内容在下一分区开始输出；如果某一项的内容超过 14 个字符，在输出时，会强行占用下一分区的位置。用“;”分隔各表达式时，各项按紧凑格式输出，即各项之间无间隔连续输出。

例如：Print 1，2，3，4

输出的结果如下，每个数字之间，多个空格间隔。

```
1             2             3             4
```

例如：Print 1；2；3；4

输出的结果如下，数字之间为紧凑格式输出。

```
1 2 3 4
```

例如：Print 1，2，3，4，5

Print "12345678901234567"，2，3，4

输出的结果为：

```
1             2             3             4
12345678901234567           2             3             4
```

在多行 print 语句中，如果在语句行末尾有“;”，则下一个 Print 输出的内容将紧跟在当前 Print 输出内容的后面；如果在语句行末尾有“,”，则下一个 Print 输出的内容将在当前 Print 输出内容的下一区段输出；如果在语句行末尾无分隔符，则输出完本语句内容后换行，即在新的一行输出下一个 Print 的内容。

例如：

```
Print "ABC"; "123";
Print "456"
Print "ABC"; "123",
Print "456"
```

输出的结果为：

ABC123456

ABC123　　　456

7.4.4.2 用 Tab（n）函数定位输出。

在 Print 方法中，可以使用 Tab 函数对输出项进行定位。

其中 n 为数值表达式，其值为整数。Tab 函数把显示或打印的数据移动到由参数 n 指定的列数，从此列开始输出数据。通常最左边的列号为 1。如果当前显示或打印位置已经超过 n，则自动换到一行，在下一行的第 n 列输出。使用时将输出的内容放在 Tab 函数的后面，并用“;”隔开。有多个输出项时，每个输出项对应一个 Tab 函数，各项之间均用“;”隔开。

例如：

①Print“123456789012”

Print Tab（10）;“姓名”; Tab（25）;“年龄”

则“姓名”和“年龄”分别从当前行的第 10 列和第 25 列开始输出，输出结果为：

123456789 012

　　　　姓名　　　　　　　　　　　　年龄

②Print“1234567890123”

Print tab（5）;“123”; tab（6）;” 456”

输出结果为：

1234567890123

　123

　　456

7.4.4.3 用 Spc（n）函数定位输出

Print 方法中，还可以使用 Spc 函数来对输出进行定位，与 Tab 函数不同，Spc 函数提供若干个空格。

其中 n 为整数表达式，表示在显示或打印下一个表达式之前插入的空格数。spc 函数与输出项之间用“;”相隔。

例如：

Print“1234567890123456789”

Print“ABC”; Spc（5）;“abc”

输出的结果如下：

1234567890123456789

ABC　　　abc

7.4.4.4 Format 格式函数

用格式输出函数 Format 可以使数值或日期按指定的格式输出。

格式：Format [$]（数值表达式，格式字符串）

用格式函数 Format 可以使数值表达式的值按“格式字符串”指定的格式输出。

格式字符串是一个串常量或串变量，由专门的格式说明字符组成，这些字符决定了数据项的显示格式和长度，详见表7-5。

表7-5　格式说明字符

字符	作用
#	数字。不在输出串前、后补0
0	数字。在输出串前、后补0
.	小数点
,	千分位分隔符
%	百分比符号
$	美元符号
+ -	正、负号
E+ E-	指数符号

（1）#　表示一个数字位，其个数决定了显示串的长度，如果要显示的数据位数多于#号个数，则保持原位数显示，若要显示的数据位数少于#号个数，则在指定区域段内左对齐显示数据项，多余位不补0。

（2）0　与#功能相同，只是多余位以0补齐。当要显示的数据位数少于0的个数时，多余的位在高位以0补齐，再左对齐显示该数据项。

例如（在“立即”窗口测试）：

Print format（200610，“###”）

200610

Print format（200610，“#########”）

200610

Print format（200610，“000000000”）

000200610

Print format（200610，“0000”）

200610

（3）小数点　小3数点与#或0结合使用，可以放在格式字符串的任何位置，根据格式字符串

的位置，小数部分多余的数字按四舍五入处理，

例如（在“立即”窗口测试）：

Print Format（536.45，" ###.###"）

536.45

Print Format（23.789，" 000.00"）

023.79

（4）逗号　在格式字符串中插入逗号，起到“分位”作用，即数据项从小数点左边一位开始，每3位用一个逗号分开，因此又称“千位分隔逗点”。逗号可以放在格式

字符串小数点左边的任何位置，但不得放在串首或紧挨着小数点。

例如：

Print format（12345.67，“##，###.##”）

12，345.67

（5）百分号（%） 通常放在格式字符串的尾部，用来输出百分号。

（6）美元符号（$） 通常放在格式字符串的首部，用来输出美元符号，输出的数字前面加上美元符号$。

（7）正号（+）负号（-） 放在格式字符串的首部，为输出数据添加正、负号。

（8）E+，E- 表示用指数形式显示数值。

7.4.5 InputBox输入框

程序在执行运算中，一般都要有相应的数据输入。在前面章节的例题中，多是采用赋值语句的形式来获得数据，也可以用文本框控件来输入数据。本节我们将学习一个专门用于数据输入的函数InputBox（ ）函数。

应用InputBox（ ）函数，可以在程序运行过程中随时输入我们所需要的数据，这也是VB中输入数据最常用的方法。

使用Inputbox函数将产生一个输入对话框，并可以显示一些相关的提示信息，等待用户输入内容。用户输入相应数据内容后，InputBox（ ）函数的返回值就是输入的数据值。我们可以将函数的返回值存放到一个变量中（即把用户输入的内容作为一个值赋给某个变量），以备后面的程序使用，返回值类型为字符串类型（String）。

InputBox函数的格式如下：

格式：InputBox（提示［，标题］［，默认值］［，x坐标位置］［，y坐标位置］）

可以看到，InputBox函数有四个参数，其中第一个参数“提示”参数为必选参数，后三个参数为可选参数。

“提示”参数：此参数是一个字符串表达式，指定Inputbox对话框的提示信息。

“标题”参数：此参数也是一个字符串表达式，它可以指定输入对话框的标题，显示在Inputbox对话框的标题栏上。

“默认值”参数：此参数是用来指定对话框用户输入区域的默认值，如果不输入任何参数，则默认值为空白。

X、Y参数：此参数是2个整数值，用来指定Inputbox对话框的左上端在屏幕上的点坐标。

例如：设计一个密码输入的提示信息框。

p = InputBox（“请输入密码”，“密码框”）

执行该语句后，屏幕上显示如图7-60所示的InputBox对话框。

图7-60

需要注意的是：各项参数次序必须一一对应，除了“提示”不能省略外，其余各项均可省略。如果要省略中间的参数，则必须使用逗号占位符跳过。

如果输入的提示信息较长，则可以将输入信息输入为多行排列。只要在要输入的各行提示信息之间用 chr（10）或 chr（13）来“连接”即可。也可以使用 VB 常量 vbNewLine 来分隔，vbNewLine 是代表换行的常量。

例如，执行下面的语句后，在屏幕左上角会弹出如图 7－61 所示的输入框。

a = InputBox（“第一项为提示” & vbNewLine &“用 vbNewLine 实现换行”，“第二项为标题”，”第三项为默认值”）。

例如，a = InputBox（“提示：省略第二、三项”）

执行后弹出如图 7－62 所示的输入框，只是在屏幕上出现的位置不同（被省略的标题显示为应用程序名：工程 1 ）。

图 7－61　InputBox 输入框

图 7－62　省略某些参数的输入框

例 3　设计一个程序，由用户输入一个华氏温度（℉），程序可将其转换为摄氏温度（℃）。转换公式为 C ＝ 5／9（F－32）。

(1) 界面设计　窗体上有 2 个标签 Label 控件和 2 个文本框 TextBox 控件，用于显示温度标题及转换前后的温度值，还有 2 个命令按钮 CommandButton 控件，用作开始执行计算和结束程序运行。各控件主要属性如表 7－6。

表 7－6　设置属性表

控件	Caption 属性	Text 属性
Forml	温度转换	
Labell	华氏温度	
Label2	摄氏温度	
Textl		空
Text2		空
Commandl	开始	
Command2	退出	

设计完成的界面如图 7－63 所示。

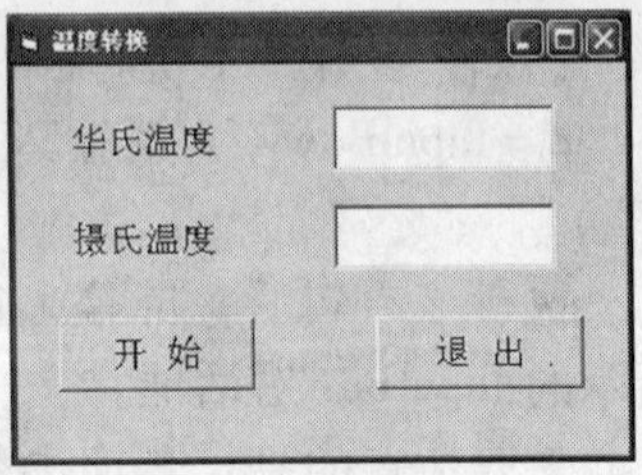

图 7－63　界面

(2) 代码设计　Private Sub Command1_ Click（）

Dim F as Long，C as Long

F = InputBox（“请输入华氏温度：”，“华氏温度转换为摄氏温度”）

C =5/9 ×（F－32）

```
    Text1. Text = F
    Text2. Text = C
End Sub
Private Sub Command2_ Click ( )
    End
End Sub
```

(3) 运行程序　程序运行后，出现图 7－63 界面，单击“开始”命令按钮，此时执行事件过程 Commandl_ Click ( )，第一条赋值语句调用 InputBox 函数，弹出 InputBox 对话框，如图 7－64 所示。

在数据输入区内输入华氏温度，选择“确定”，InputBox 函数将所输入的数据值以字符串数据赋给变量 F。由于 F 是长整型变量，被赋值的字符串数据将转换成长整型数据后赋值给 F 变量。后续语句求出摄氏温度 C，最后把 F 和 C 值分别赋给 2 个文本框的 Text 属性，即使用文本框显示温度数值。如图 7－65 所示。

图 7－64　InputBox 函数对话框

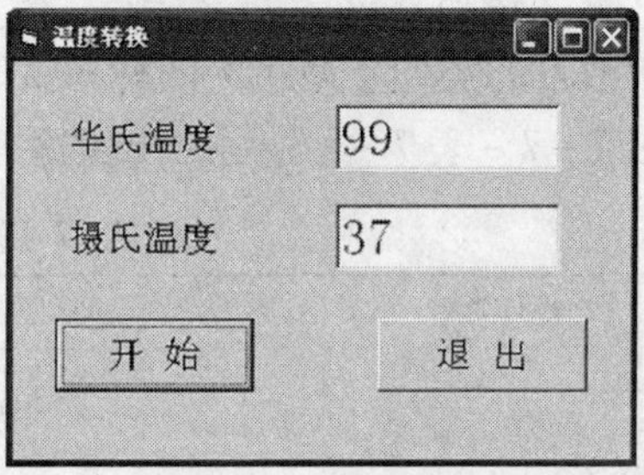

图 7－65　执行结果

若单击“退出”按钮，执行命令按钮 Command2_ Click ( ) 事件过程，则结束程序，回到 VB 集成环境。

在上例 7－1 中，虽然把字符数据直接赋给长整型变量 F，也没有错误，但这不是好质量的赋值语句。

所以我们如果需要使用 InputBox 函数输入数值型数据时，应先将字符数据转换成数值型数据后，再赋值给相应的数值型变量。可以使用 Val 函数来完成转换数据类型工作。如下：

F = Val (InputBox (“请输入华氏温度”))

这样可避免发生程序对数据赋值时候的数据类型不匹配错误。

7.4.6 MsgBox 消息框函数

7.4.6.1 MsgBox 函数可以生成为用户提供信息和选择的交互式对话框。

(1) 格式　MsgBox (提示 [，按钮数值] [，标题])

(2) 功能　MsgBox 函数在对话框中显示信息，在用户单击对话框上的按钮时，可以返回一个整数以表明用户单击的是哪个按钮。

(3) 说明　执行下面的语句后，在屏幕上会弹出如图 7－66 所示的消息框。

Inta = MsgBox(“第一项为提示”, 65,” 第三项为标题”)

第一项“提示”：指定在消息框中出现的提示文本，同 InputBox 函数中的“提示”项。

第二项“按钮数值”：整数表达式，指定消息框中出现的按钮及图标的类型。

第三项“标题”：指定消息框的标题，同 InputBox 函数中的“标题”项。

第二项参数按钮数值稍有些复杂。下面对“按钮数值”进行详细的解释。

图 7 – 66　MsgBox 消息框

“按钮数值”用来指定按钮的数目和类型、使用的图标样式以及默认按钮是什么等，其默认值是 0。本例“按钮数值”是 65，其含义是：消息框中有“i”图标以及“确定”和“取消”两个按钮，默认按钮是第 1 个按钮“确定”。可以通过下面的三个表格来确定具体内容。

计算“按钮数值”的方法：“按钮数值”是三个数值之和，这三个数值分别代表按钮的数目和类型、使用的图标样式、默认按钮是哪个。

表 7 – 7 ~ 表 7 – 9 分别列出了这三个数值的含义。

表 7 – 7　按钮的类型及其对应的值

符号常数	值	说明
vbOkOnly	0	只显示“确定”按钮
vbOkCancel	1	显示“确定”和“取消”按钮
vbAbortRetryIgnore	2	显示“放弃”、“重试”和“忽略”按钮
vbYesNoCancel	3	显示“是”、“否”和“取消”按钮
vbYesNo	4	冠示“是”和“否”按钮
vbRetryCancel	5	显示“重试”和“取消”按钮

表 7 – 8　图标的样式及其对应的值

符号常数	值	说明
vbCritical	16	显示“×”图标
vbQuestion	32	显示“?”图标
vbExclamation	48	显示“!”图标
vbInformation	64	显示“i”图标

表 7 – 9　默认按钮及其对应的值

符号常数	值	说明
vbDefaultButton1	0	第一个按钮为默认按钮
vbDefaultButton2	256	第二个按钮为默认按钮
vbDefaultButton3	512	第三个按钮为默认按钮

"按钮数值"是从上面三个表中各取一个数相加而得的。注意：每个表只能取一个数。例如"按钮数值"是65，系统会自动把它分解成分别属于上面三个表中的三个值1（显示"确定"和"取消"按钮）、64（显示"i"图标）、0（第一个按钮为默认按钮）。65 =1 +64 +0，这种分解是惟一的。

在程序中，可以把"按钮数值"写成符号常数相加的形式，如把65写成：

vboKcancel + vbInformation + vbDefaultButtonl

这样书写可使程序含义清楚，从而增加程序的可读性。当然，也可以把65写成1 +64 +0的形式。

程序可以通过MsgBox函数的返回值来得知用户单击的是哪个按钮。当用户单击消息框中的一个按钮后，消息框即从屏幕上消失，但会把函数的返回值赋给语句前面的变量，程序再根据此变量值的不同作相应的处理。如在上述举例的语句中，将函数的返回值赋给了变量inta，在程序中可以根据inta值的不同作不同的处理（这将在后面选择结构章节中介绍）。单击不同按钮所返回的数值如表7-10所示。

表7-10 MsgBox函数的返回值

符号常数	值	用户单击的按钮
vb0K	1	确定
vbCancel	2	取消
vbAbort	3	放弃
vbRetry	4	重试
Vblgnore	5	忽略
vbYes	6	是
vbNo	7	否

（4）应用举例

例4

```
Private Sub Commandl_ Click（）
  Msg1 = "要继续吗?"
  Msg2 = "提示信息"
  R = MsgBox（Msgl，34，Msg2）
End Sub
```

上述事件过程的执行结果如图7-67。

本例第4行语句表明按钮数值的值为34 =2 +32 +0；它决定了对话框中有"终止"、"重试"、"忽略"三个按钮，图标为"？"，默认活动按钮为"终止"。

R为MsgBox的返回值，在本例中依用户的选择R值应为3、4或5。

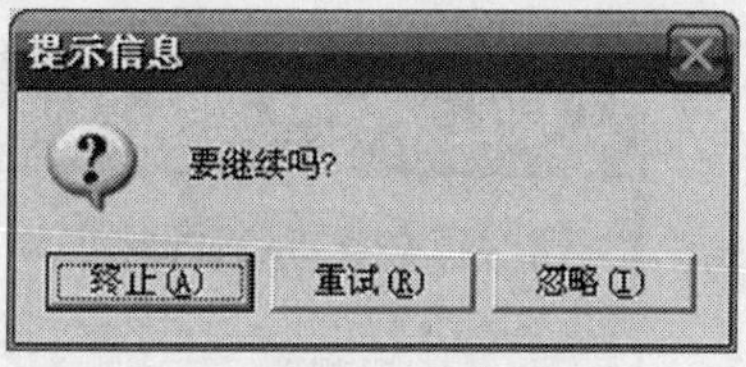

图7-67 MsgBox对话框

例5

```
Private Sub Commandl_ Click ( )
  Dim msg, style, response, mystring
  Msg = "请确认此数据是否正确"
  Style = vbYesNo + vbCritical + vbDefauhButton2
  response = MsgBox (msg, Style, "提示信息")
  If response = vbYes Then
    Mystring = "结果正确"
  Else
    Mystring = "结果错误"
  End If
  MsgBox mystring                'MsgBox 语句形式
End Sub
```

上述事件过程的执行结果如图 7－68、图 7－69、图 7－70。

例 5 第 4 行语句也可写成：Style =4 +16 +256 或 Style =276

第 6 行的 If 条件语句中，利用 MsgBox 函数的返回值，作为不同操作的选择。

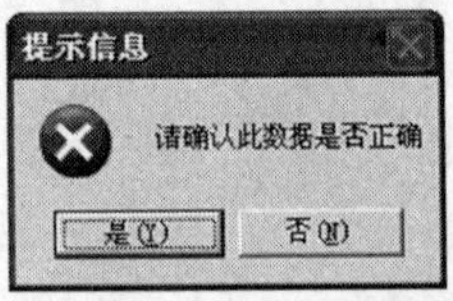

图 7－68　MsgBox 对话框

图 7－69　“是”按钮

图 7－70　“否”按钮

7.4.6.2 MsgBox 函数也可写成语句形式

语句格式：MsgBox 提示 [，按钮数值] [，标题]

说明：各参数的含义及作用与 MsgBox 函数相同。由于 MsgBox 语句没有返回值，因此常被用于简单的信息显示。

例如：MsgBox“请保存文件，系统即将关闭!”。

执行后显示的信息框如图 7－71。

又如：MsgBox“密码错!”，“错误提示”

执行此语句产生一个消息框，如图 7－72 所示。

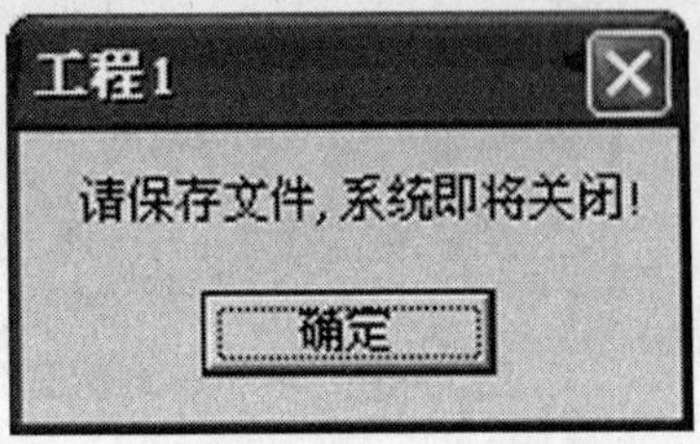

图 7－71　简单信息框

图 7－72　密码核对消息框

由 MsgBox 函数或 MsgBox 语句所显示的对话框有一个共同特点，即在出现对话框后，用户必须作出选择，即单击框中的某个按钮或按回车键，否则不能执行其他任何操作，在 VB 中，这样的窗口（对话框）称为“模态窗口”（Modal Windows），如在 Windows 中“另存为…”对话框即是模态窗口。

与模态窗口相反，非模态窗口（Modaless windows）允许对屏幕上的其他窗口进行操作，如“我的电脑”窗口即是如此。

7.4.7 其他语句、方法及属性 Cls、Rem、End、stop 语句

7.4.7.1 Cls 方法

（1）格式　[对象名.] Cls

（2）功能　清除窗体（Form）或图片框（PictureBox）中由 Print 方法显示的文本和图形方法所生成的图形，并把输出位置移到对象的左上角。

（3）说明　格式中的对象可以是窗体或图片框，如果省略对象名，则清除当前窗体的显示内容。用 Cls 方法清除后的区域以背景色填充，但 Picture 属性的背景位图和放置的控件不受影响。

（4）应用举例　例单击窗体时清除窗体上由 Print 方法显示所有信息显示。

```
Private Sub Form_ Click ()              '单击窗体时清除显示
  Cls                                   'Cls 方法可以清除 Print 方法显示的文本
End Sub
```

7.4.7.2 注释语句

（1）格式　'| REM <注释内容>

（2）功能　可以实现在代码中加入用来解释说明的附加文本。

（3）说明　为了提高程序的可读性，通常在程序的适当位置加上必要的注释。

从格式中可以看出，可以用西文单引号“'”或关键字 Rem 来标识一条注释语句，如果在其他语句行后使用 Rem 关键字注释，则必须使用西文冒号“:”与语句隔开。

可以用一个撇号“'”来代替 Rem 关键字。若使用撇号，则在其他语句行后使用时不必加冒号。

注释语句是非执行语句，它不参加程序的编译，对程序的运行结果毫无影响。但在程序清单中，注释语句被完整地显示出来。

注释语句除用来注释外，在调试程序时，还可用它将某些语句注释掉，使被注释的语句在程序运行时不起作用；若继续调试时发现暂时注释的语句有用，去除注释标记即可。

注释语句在程序中呈绿色，很容易和非注释语句区分。

（4）应用举例　在以前例题的代码中，有大量的用撇号“'”实现的注释语句，对于“'”和 Rem 的不同，举例三条注释语句如下：

```
Rem 这是注释语句
Mystr1 =“Hello”: Rem 注释在语句之后要用冒号隔开
Mystr2 =“Goodbye”'这也是一条注释，无须使用冒号
```

7.4.7.3 结束语句

（1）格式　End。

（2）功能　用来结束程序的执行，并关闭已打开的文件。

（3）说明　End 语句提供了一种关闭程序的方法。执行此语句，会卸载程序中的所有的窗体，关闭由 Open 语句打开的文件，释放程序所占用的内存。

在以前的例题中，为突出教学重点，很多程序没有使用 End 语句来关闭程序，因为可以通过单击窗体右上角的关闭按钮或用快捷键 Alt + F4 等方法来退出程序。但是，为了使程序显得完整、易用和界面友好，在编程特别是编写其他用户使用的程序时，应该建立名为“退出”、“关闭”或“结束”的按钮，使用 End 语句结束程序。

（4）应用举例

例如单击命令按钮 Command2 时，执行 End 语句，退出程序。

```
Private Sub Command2_ Click ( )          '单击“退出”按钮
  End                                   'End 语句可以结束程序的执行
End Sub
```

7.4.7.4 Stop 语句

（1）格式　Stop

（2）功能　在对程序调试时，用来暂停程序的执行。

（3）说明　Stop 语句一般在调试时使用，其相当于在程序代码中设置断点。

在调试时，与 End 语句不同，Stop 语句只会暂停程序的执行，而不会关闭任何文件或清除变量，以便对程序代码进行检查。

如果程序编译成可执行文件（. EXE），执行其中的 Stop 语句，则将会关闭所有的文件退出程序。因此，在程序调试结束后，生成可执行文件前，应该删除代码中用来调试的 Stop 语句。

也可以用设置断点的方式来代替 Stop 语句。即在代码窗口中，单击某代码行左边的灰色页边，使该行以棕色底色反白显示，并在左边出现小圆点，以表明此处已设置断点。程序运行时，遇到断点时，如同执行 Stop 语句一样，会中断程序的执行。

（4）应用举例　Stop 语句很简单，大家可以上机时输入以下代码进行练习：

```
Private Sub Command1_ Click ( )
  MsgBox    “在 Stop 语句前显示本信息提示”
   Stop      '执行 Stop 语句会在此暂停，F5 继续，F8 逐语调试
  MsgBox    “在 Stop 语句后显示本信息提示”
End Sub
```

程序运行时单击按钮 Command1 会弹出“在 Stop 语句前显示本信息提示”的消息框，如图 7 - 73 所示。单击“确定”按钮后，执行 Stop 语句，此时程序暂停，并自动切换到代码窗口，Stop 语句行以淡黄色底色标出。

此时，可以按 F5 键继续执行程序或按 F8 键逐语句调试。

①若按 F5 键会继续运行程序，顺序执行 Stop 后面的语句，弹出“在 Stop 语句后

显示本信息提示”的消息框，单击“确定”按钮后结束Command1的单击事件过程。

图7－73　消息框

②如果按F8键逐语句调试，则淡黄色底色会移到Stop后面的语句，表明再次按F8键会执行的语句。再按F8键才会执行Stop后面的MsgBox语句，弹出“在Stop语句后显示本信息提示”的消息框；单击“确定”按钮，淡黄色底色移到End Sub处，按F8键，结束此过程。

利用Stop语句（或设置断点）和F8键，可以从怀疑有错误处的首行语句处开始，逐行运行程序以便检查每条命令。在每行命令运行后，可以通过本地窗口（用菜单“视图/本地窗口”打开）或把鼠标移动到代码中的变量或对象名上来查看此命令对变量或对象属性的修改，以便发现错误所在。

7.4.7.5 Move方法

格式　［对象］.Move 左边距离，［上边距离，［宽度，［高度］］］

功能　Move方法用来在程序中移动窗体和控件，并可改变其大小。其中“对象”可以是窗体及除时钟（Timer）、菜单（Menu）之外的所有控件。如果省略对象，则默认其为窗体。“左边距”、“上边距”、“宽度”、“高度”均以twip为单位。如图7－74所示，“宽度”和“高度”表示对象的大小，“左边距”和“上边距”则表示与父对象的相对位置。假设“对象”是窗体，则“左边距”和“上边距”是相对屏幕而言的；而如果“对象”是放置在窗体内的控件，则它是以窗体作为参考坐标。

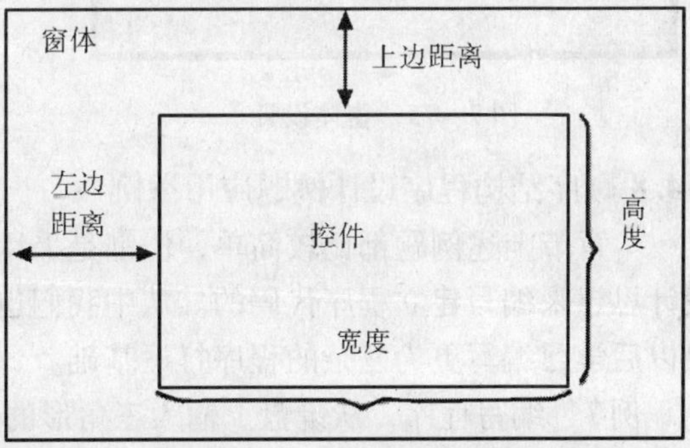

图7－74　Move方法参数设置

例6 在窗体上的任意位置画一个文本框，并在窗体的下面画一命令按钮。编写程序，当点击命令按钮时，改变文本框和命令按钮的大小和位置。

（1）界面设计　设计时的文本框和命令按钮的位置及大小属性如表7－11和图7－75所示。

表7－11　文本框和命令按钮的位置及大小属性

控件名称	Left	Top	Width	Height	
		设计界面属性			
Text1	500	500	1200	600	
Command1	500	1500	1200	600	
		程序运行后单击Command1按钮后属性			
Text1	500	500	1200	1200	
Command1	2000	500	1200	1200	

(2) 代码设计

```
Private Sub Command1_ Click ( )
Text1. Move 500, 500, 1200, 1200          '设置文本框大小及位置
Command1. Move 2000, 500, 1200, 1200 '设置命令按钮的大小及位置
End Sub
```

程序运行后，单击命令按钮 Command1 后，文本框及命令按钮的变化如图 7-76 所示。可以看到，文本框的左边距、上边距、宽度都没有变化，仅仅是高度由 600 变为 1200；而按钮 Command1 的左边距、上边距都改变了，由原来在文本框的下方移动到右方，宽度没有变化，高度由 600 变为 1200。

图 7-75　窗体设计

图 7-76　程序运行后的窗体

7.4.8 顺序结构程序设计例题应用举例

本章节上述例题都比较简单，但都是采用了 VB 程序设计的基本结构——顺序结构设计思想来编写建立程序代码的。从中我们也要建立程序设计的基本概念和思想方法，为以后学习编写更为复杂的程序打下基础。

例 7　编写程序，从键盘上输入三角形的三个边长值，应用计算三角形面积的公式求三角形面积。

$$Area = \sqrt{L(L-a)(L-b)(L-c)}$$

1. 算法分析　首先设计解决问题的方法步骤，即算法，步骤如下：

(1) 定义三个变量 a，b，c，存放三角形的三个边长值；定义变量 Area 存放面积值；定义变量 L 存放半周长值。

因为三角形的边长及最后的面积值都不可能只是整数，所以应该将以上变量都定义为单精度实型变量。

(2) 输入三个边长值。注意构成三角形的条件，任意两边之和大于第三边。

(3) 根据公式求面积，分两步进行：

第一步求出半周长 L：$L = (a + b + c) / 2$

第二步求出面积 $Area = \sqrt{L(L-a)(L-b)(L-c)}$

(4) 输出三角形面积 Area。

2. 程序界面设计　界面设计如图 7-77 所示。在窗体上设置三个文本框控件对象

来接收并显示三个边长。使用命令按钮执行计算操作，各对象的主要属性如表 7 – 12 所示。

表 7 – 12　对象的属性设置

对象	属性	设置
Labell	Caption	A：
Label2	Caption	B：
Label3	Caption	C：
Label4	Caption	输入三边长
Label5	Caption	面积 =
Text1	text	空（不输入任何字符）
Text2	text	空（不输入任何字符）
Text3	text	空（不输入任何字符）
Commandl	Caption	计算面积

设计完成的界面如图 7 – 78 所示。

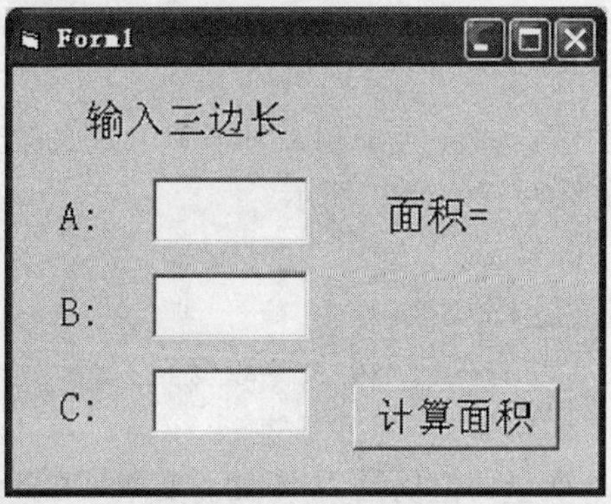

图 7 – 77　启动界面

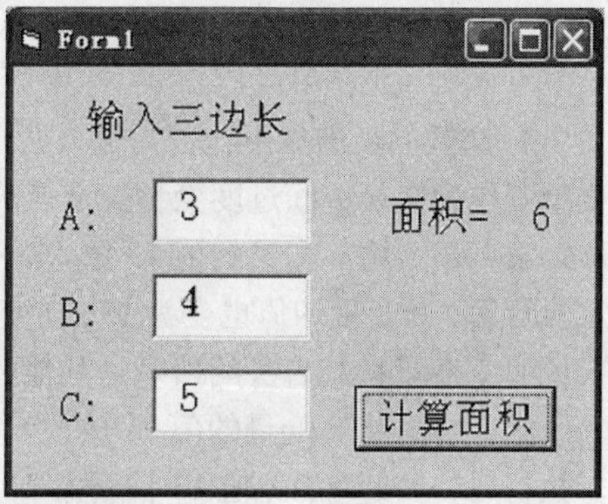

图 7 – 78　演示界面

3. 代码设计　在 Command1 按钮的单击事件中输入代码：

```
Private Sub Commandl_ Click ( )'单击”计算面积”按钮
  Dim a!, b!, c!, L!, Area!
A = Val (Text1. text)          '把在文本框中输入的数字赋值给变量 a
B = Val (Text2. text)          '把在文本框中输入的数字赋值给变量 b
C = Val (Text3. text)          '把在文本框中输入的数字赋值给变量 c
L = (a + b + c) /2
Area = Sqr (L * (L – a) * (L – b) * (L – c))
Label5. caption = ” 面积 = ” & Str (Area)
 End Sub
```

4. 运行程序　依次在三个文本框中输入边长数值，单击“计算面积”按钮，显示面积，如图 7 - 87 所示。

例 8 设计程序，定义两个变量，输入两个变量值，然后交换它们的值。

1. 算法分析 在程序中先对两个变量 a、b 赋值，然后交换它们的值。结果如图 7 - 79（a）所示。

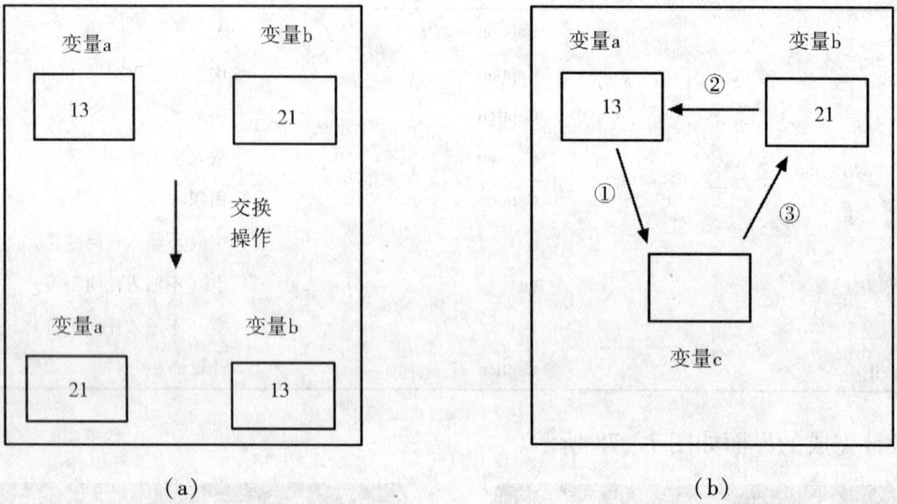

图 7 - 79 结果图

（1）交换的步骤如下：首先输入两个变量的值：如输入 a = 13，b = 21。定义第三个变量 c 作为交换中间过度变量。交换的过程如图 7 - 79（b）所示。

①第一步，将 a 变量的值 13 放入 c 变量中：c = a 。

执行后，c 变量的值也变为 13，a 变量的值仍是 13 不变。

说明：变量将其自身的值赋给其他的变量后，自身的值不会发生改变。

②第二步，将 b 变量的值 21 放入 a 变量中：a = b 。

执行后，a 变量的原值 13 被新值 21 取代，b 变量的值仍是 21 不变。变量 c 在此步骤中没有操作，变量值仍保持为 13 不变。

说明：由此可以看到，变量只有在自身被进行“赋值”后，其值才会改变。

③第三步，将 c 变量的值 13 放入 b 变量中：b = c 。

到此步骤止，变量 a、b 的值被交换过来。

（2）注意

①在交换 a、b 变量值的方法中，引进了第三个变量 c 作为过度，执行的三个步骤合起来就是：c = a : a = b : b = c 。

②不能直接执行语句 a = 21 : b = 13 来进行交换。这样做的虽然结果 a、b 变量中的值变过来了，但这不是“交换两变量的值”操作，而是对 a、b 变量“重新赋值”操作，没有实现题目的要求。

③注意三个步骤的顺序，否则会将变量 a 或 b 中的值“冲掉”而造成数据丢失。

④由于两个变量 a、b 的“地位”是一样的，所以也可以先将 b 变量的值放入 c 中，即在图 7 - 79（b）中按顺时针方向执行操作同样能实现数据的交换：

c = b : b = a : a = c

⑤如果不借助第三变量 c，也能实现 a、b 变量值的交换，如执行如下的操作。

a = a + b : b = a - b : a = a - b

请读者自己画出上面三个语句执行时，变量 a、b 中值的变化图。

2. 程序界面设计　如图 7－80 所示。

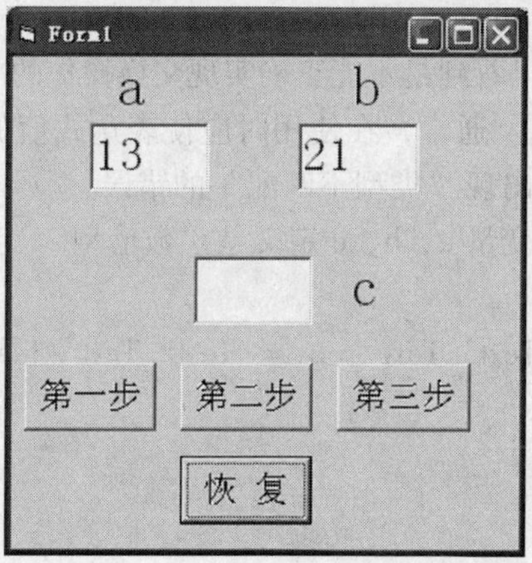

图 7－80

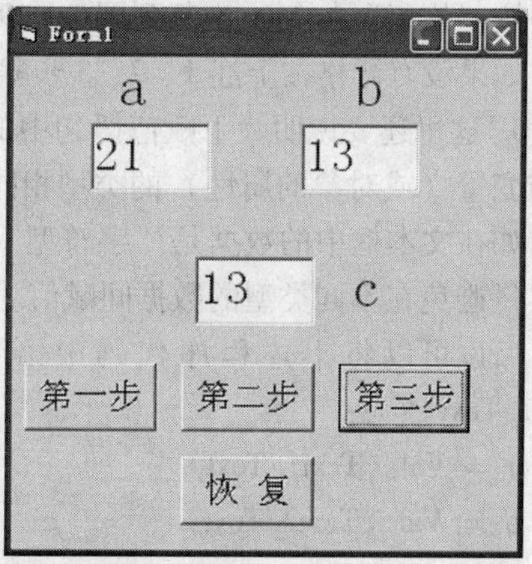

图 7－81

3. 程序代码设计

```
Dim a As Integer, b As Integer, c As Integer
 Private Sub Command1_ Click ( )
  a = Text1. Text
  c = a
  Text3. Text  =  c
End Sub
Private Sub Command2_ Click ( )
  b = Text2. Text
  a = b
  Text1. Text  =  a
End Sub
Private Sub Command3_ Click ( )
  c = Text3. Text
  b = c
  Text2. Text  =  c
End Sub
Private Sub Command4_ Click ( )
  Text1. Text  =  13
  Text2. Text  =  21
```

```
    Text3. Text = ""
End Sub
```

4. 运行程序，在文本框中输入13、21，出现图7－79所示画面。依次单击“第一步”、“第二步”、“第三步”按钮，实现交换a、b变量值的操作，如图7－79所示画面。

按“恢复”按钮，恢复到图7－79（b）所示画面。

如果没有严格按上述1、2、3步骤执行，可以看到是不能正确实现交换操作的。

5. 这里还要说明一下赋值语句中的类型问题。通常，在使用时应使表达式值的类型与变量（或对象的属性）的类型相同，以避免出现“类型不匹配”的错误。

如在文本框中的数据是“字符型”数据，而变量a、b、c定义是“数值型”变量。应尽量避免在不同类型的数据间赋值。

所以可以将上述程序代码中语句：c = Text3. Text 、b = Text2. Text 和 a = Text1. Text 改为：

```
a = Val (Text1. Text)
b = Val (Text2. Text)
c = Val (Text3. Text)
```

以保证数据类型的匹配。

例9　设计程序，演示Print方法的各种功能。

分析：在窗体上设计建立多个按钮，在每个按钮的单击事件过程中编写不同的Print语句，来演示print方法语句的各种输出打印效果。

1. 界面设计　在窗体上建立8个按钮，设置各按钮的Caption属性如图7－82所示。

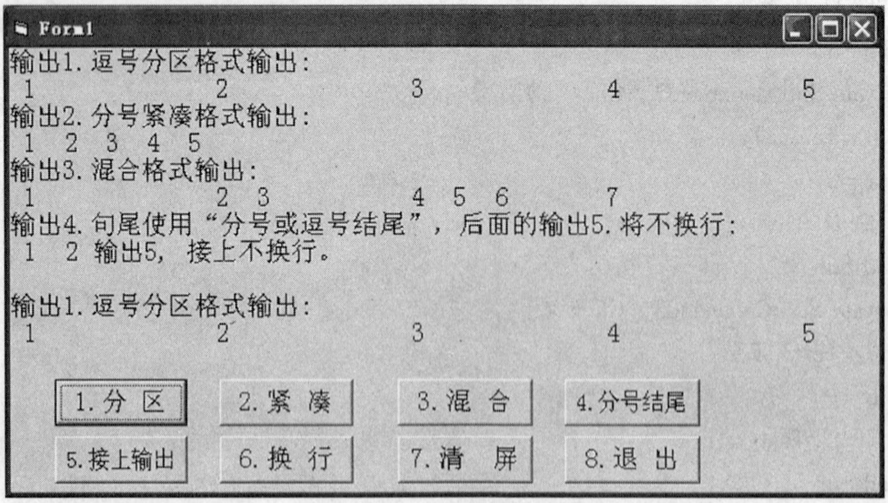

图7－82　程序运行界面

2. 代码设计　双击各个按钮，在代码框架中输入与其 Caption 属性相应的 Print 语句，如下所示：

```
Private Sub Command1_ Click ( )
 Print " 输出 1. 逗号分区格式输出："
 Print 1, 2, 3, 4, 5
 End Sub
Private Sub Command2_ Click ( )
 Print " 输出 2. 分号紧凑格式输出："
 Print 1; 2; 3; 4; 5
End Sub
Private Sub Command3_ Click ( )
Print " 输出 3. 混合格式输出："
Print 1, 2; 3, 4; 5; 6, 7
End Sub
Private Sub Command4_ Click ( )
Print " 输出 4. 句尾使用"分号或逗号结尾"，后面的输出 5. 将不换行："
Print 1; 2;
End Sub
Private Sub Command5_ Click ( )
Print " 输出 5，接上不换行。"
End Sub
Private Sub Command6_ Click ( )
Print
End Sub
Private Sub Command7_ Click ( )
Cls
End Sub
Private Sub Command8_ Click ( )
End
End Sub
```

3. 运行程序，依次单击按钮 1、2、3、4、5、6、1，得到如图 7-82 的程序运行界面。可以看到"输出 5"是紧接着"输出 4"输出，没有换行。而按钮 6 中代码就是空 Print 语句，输出后执行了换行的操作，后面的"输出 1"换到新的一行。

7.5 选择结构程序设计

顺序结构程序只能按语句顺序从上到下依次执行，能够实现的功能有限，只适合解决一些较简单的问题。在处理实际问题时，我们常常会遇到一类问题，它需要根据不同的情况采用不同的处理方法，或者需要对某一操作重复执行多次。在这些情况就需要使用选择结构和循环结构。

选择结构及循环结构是程序设计中的重点内容，学好这两种程序结构，不仅对于掌握 VB 程序设计内容是重要的，而且对于学习其他各种程序设计语言都可以起到触类旁通的效果。

7.5.1 选择结构程序设计概述

选择结构也称条件结构或分支结构，是一种常用的基本结构，其特点是根据所给定的条件取值为真或假来决定从不同操作中选择执行哪一种操作。Visual Basic 中提供了以下几种用来实现选择结构的流程控制语句，即：

行结构条件语句　If…Then…Else…

块结构条件语句　If…Then…Else…End If

多分支条件语句　ElseIf

多分支选择语句　Select Case…End Select

7.5.2 单行结构条件语句

行 if 结构要求把整个语句写在同一行上。行 if 结构有如下两种形式。

第一种形式：单分支的行 if 结构，格式如下。

If 条件表达式 Then 语句组 1

执行过程：首先判断“条件表达式”的取值，若“条件表达式”成立（取值为 True 或为非 0 值），则执行语句组 1 中所有的语句，若“条件表达式”不成立（取值为 False 或 0 值），则不执行任何操作。当前行 IF 语句执行完毕，继续执行该 IF 语句后的下一个语句。执行流程如图 7－83（a）所示。

第二种形式：双分支的行 if 结构，格式如下。

If 条件表达式 Then 语句组 1 Else 语句组 2

执行过程：首先判断“条件表达式”的取值，若“条件表达式”成立（取值为 True 或为非 0 值），则执行语句组 1 中所有的语句，若“条件表达式”不成立（取值为 False 或 0 值），则执行语句组 2 中所有的语句。无论执行完语句组 1 还是语句组 2 后，都转而执行该 IF 语句后的下一个语句。执行流程如图 7－83（b）所示。

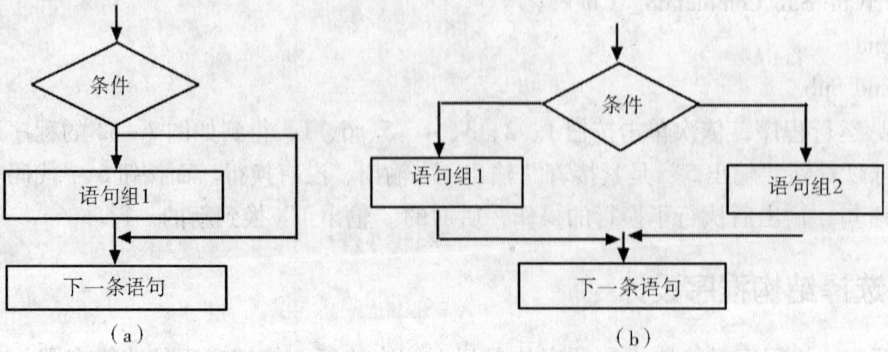

图 7－83　If 语句执行流程

说明

（1）条件表达式　<条件表达式>为必选项，它通常是关系表达式、逻辑表达式，也可以用数值表达式，但表达式的返回结果只能是两种情况：True（真）或 False（假）。有时也称为“条件成立或条件满足”或“条件不成立或条件不满足”。对于数值表达式，Visual Basic 将 0 作为 False，非 0 作为 True 来处理。

（2）语句组　格式中语句组 1 和语句组 2，可以是一个简单的语句，也可以是多个语句组成的语句组，若有多个语句，则语句之间要用语句分隔符冒号（:）分隔。

（3）注意　行 if 结构语句一定要将整个语句写在一行上。如果语句过长超过一行，也可以使用续行标志符号：空格 + 下划线“_”，将其写为多行。

例 10　任意输入三个数 a，b，c，输出其中数值最大的数。

分析：根据题意，首先输入任意三个数，假定这三个数用变量 a、b、c 表示，然后需要比较判断三个数中最大的数，输出最大数。

对于数据的输入，可以采用文本框，也可以使用 inputbox 函数来完成；对于数据的输出，可以在文本框中输出，也可以使用 print 方法直接输出在窗体上；对于数据的大小判断，可以使用选择结构行 IF 语句来对三个数进行依次比较，找到最大数。

7.5.2.1 算法设计

（1）定义四个变量 a，b，c 和 max，前三个变量用来存放输入的任意三个数据，max 用于存放需要输出的最大值。

（2）输入三个任意的数值存放到变量 a，b，c 中。

（3）首先假定变量 a 就是三个数中的最大值，将其取值存放到 max 中。

（4）将 max 与变量 b 比较，将其中较大的数值存放到变量 max 中。此时变量 max 中存放的数据实际上就是变量 a 与 b 中较大的数值。若 b 大于 max，就将变量 b 的值存放到变量 max 中，如果变量 b 的值不大于变量 max 的值，则可以不作任何操作。

（5）将 max 与变量 c 比较，将其中较大的数值存放到变量 max 中。此时变量 max 中存放的数据实际上就是变量 a，b，c 中最大的数值。若 c 大于 max，就将变量 c 的值存放到变量 max 中，如果变量 c 的值不大于变量 max 的值，则可以不作任何操作。

（6）输出 max 的值。

算法的流程图描述如下图 7－84 所示。

此处数据的输入使用 inputbox 函数，最大值的输出使用 print 方法直接输出在窗体上。

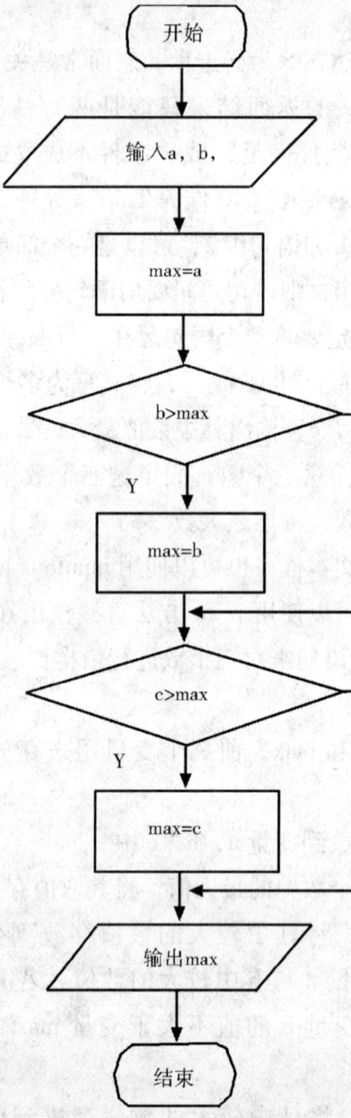

图 7－84　算法的流程图

7.5.2.2 程序界面设计

在窗体上添加一个命令按钮，显示为“计算三个数的最大值”，按钮用于输入数据、比较数据大小、输出三个数中的最大值的全部处理过程。窗体及命令按钮控件属性见表 7－13。

表 7－13 对象及属性

对象	属性	设置
Form1	Caption	求最大值
Command1	Caption	计算三个数的最大值

7.5.2.3 代码设计

按钮的单击事件过程如下。

```
Private Sub Command1_ Click ( )
    Dim a As Single, b As Single, c As Single, max As Single
    '输入三个变量
    a = Val (InputBox (" 请输入第一个数 a:"))
    b = Val (InputBox (" 请输入第二个数 b:"))
    c = Val (InputBox (" 请输入第三个数 c:"))
    '假定 a 为最大值
    max = a
    '将 a、b 中较大的数放入 max 中
    If b > max Then max = b
    '如果 c 最大，则将 c 的值放入 max 中。
    If c > max Then max = c
    Print a; "、"; b; "、"; c; "中最大值是:"; max
End Sub
```

上述程序运行时单击“计算三个数的最大值”按钮，将依次弹出 3 个输入对话框，用来接收 3 个数据，如图 7－85（a）所示。分别输入 23、34、12，之后窗体上将显示出变量 a，b，c 及 max 的值，如图 7－85（b）所示。

（a） 输入数据界面

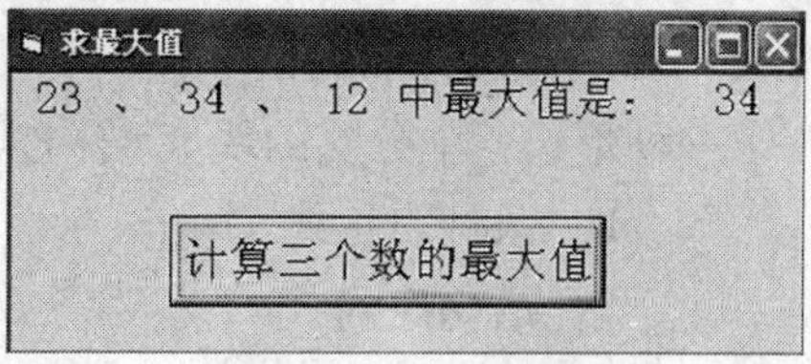

（b） 输出界面

图 7－85 运行图

说明：代码中的斜体部分实现的是求三个数中的最大值，也可以不预先假定最大值，而直接将三个数据依次比较来求出最大值，则斜体部分的代码可以修改为：

```
'将 a、b 中较大的数放入 max 中
If a > b Then max = a Else max = b
'如果 c 最大，则将 c 的值放入 max 中。
If c > max Then max = c
```

例 11　编写程序，实现符号函数 sgn（x）的功能。

分析：符号函数 sgn（x）的功能是：任意输入一个数 X，若 X 是正数则输出 +1；如 X 是负数则输出 -1；若 X 是 0 则输出 0。

数据 X 的输入可以通过 inputbox 函数完成，单击窗体，将对应于 X 所输出的结果直接显示在窗体上。

设置窗体的基本属性如表 7-14 所示。

表 7-14　对象及属性

对象	属性	设置
Form1	Caption	函数 sgn（x）
	FontSize	20

窗体的单击事件过程如下：

```
Private Sub Form_ Click ()
  x = Val (InputBox ( "输入 x:"))
        if x >0 then Print 1
        if x =0 then Print 0
        if x <0 then Print  -1
End Sub
```

运行程序，单击窗体，分别三次输入 25、-56、0，得到如图 7-86 所示的结果。

图 7-86　程序运行结果

7.5.3 块 If 语句

如果在条件满足或不满足时要进行多个语句的操作时，可以使用块结构条件语句，这样能使程序结构更加清晰。一般来说，只要条件分支执行的语句超过一个，最好选择使用块结构条件语句。

块 if 结构有两种形式：

第一种形式：单分支的块 if 结构，格式如下：

```
If  条件表达式 Then
    语句序列 1
End If
```

第二种形式：双分支的块 if 结构，格式如下：

```
If  条件表达式 Then
    语句序列 1
Else
     语句序列 2
End If
```

说明：

（1）块 IF 语句以 If 开始，必须以 End If 表示当前 IF 语句的结束。

（2）块结构 If 语句中 Then 后面的语句不能与其写在同一行上。

（3）在块 if 结构中，语句序列可以是一个语句，也可以是多个语句。

（4）块 if 结构的执行过程与行 if 的执行过程一致。

例 12 火车站行李费的收费标准是 50kg 以内（包括 50kg）0.20/kg，超过部分 0.50/kg。编写程序，要求根据输入的任意重量，计算出应付的行李费。

分析：假定用变量 weight 表示行李重量，pay 表示应付费用，根据题意，行李费的计算公式如下：

$$Pay=\begin{cases}weight\times 0.2 & weight\leqslant 50\\(weight--50)\times 0.5+50\times 0.2 & weight>50\end{cases}$$

程序运行界面如下图 7－87 所示。

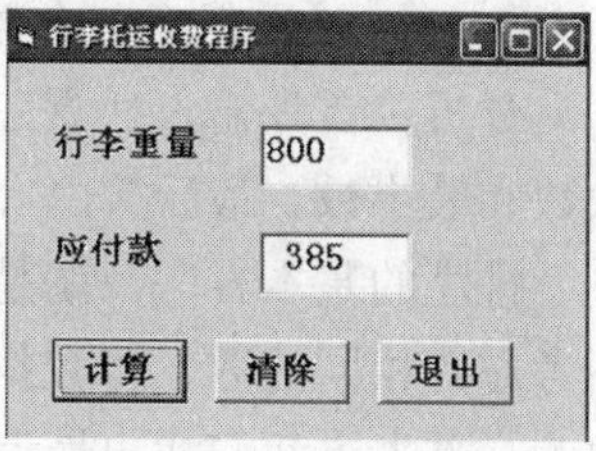

图 7－87 程序运行界面

算法可以简单描述为：获得行李重量——根据重量计算费用——显示费用。

窗体及界面控件属性见表 7－15。

表 7－15 对象及属性

对象	属性	设置
Form1	Caption	行李托运收费程序
Label1	Caption	行李重量
Label2	Caption	应付款
Text1	Text	（空）
Text2	Text	（空）
Command1	Caption	计算
Command2	Caption	清除
Command3	Caption	退出

“计算”按钮的单击事件过程代码如下：

```
Private Sub Command1_ Click (    )
        Dim weight as single, pay as single
         weight = val (Text1. Text)
         If weight > 50 Then
             pay = (weight - 50) * 0.5 + 50 * 0.2
        Else
             pay = weight * 0.2
        End If
        Text2. Text = str ( pay)
End Sub
```

“清除”按钮的单击事件过程代码如下：

```
Private Sub Command2_ Click (    )
```

```
        Text1. Text = ""
        Text2. Text = ""
End Sub
```

“退出”按钮的单击事件过程代码如下：

```
Private Sub Command3_ Click ( )
        End
End Sub
```

例 13　输入任意三个数，要求按由大到小的顺序输出这三个数。

分析：首先输入任意三个数 a、b、c，然后比较它们的大小，找出最大数、第二大数和最小数，最后按由大到小顺序输出。

排序的基本方法，就是比较大小，然后根据比较的结果分别加以处理。此处我们不考虑有相同的数，将数据按照由大到小的顺序依次存放在变量 a，b，c 中。处理过程为：首先，我们找出最大数，将其保存在变量 a 中，然后比较 B、C 大小，将大数放在 b 中，小数放在 c 中。比较中会涉及到两个数据的交换，需要注意程序涉及中数据交换是如何实现的。

Step1：比较 a、b 大小，若 a 小于 b，就交换 a、b 的值，否则不交换。

```
If a < b Then
t = a: a = b: b = t
End If
```

Step2：比较 a、c 大小，若 a 小于 c，就交换 a、c 的值，否则不交换。

```
If a < c Then
t = a: a = c: c = t
End If
```

这样经过这两次比较后，变量 a 中存放的就应该是三个数中最大的一个数了。下一步是将 b、c 按照大小排序。

Step3：比较 b、c 大小，若 b 小于 c，就交换 b、c 的值，否则不交换。

```
If b < c Then
t = b: b = c: c = t
End If
```

经过上述三个步骤，变量 a，b，c 中依次存放了三个数中的最大值，较大值和最小值。最后只需输出 a，b，c 即可。

设计程序界面如图 7－88 所示。其中使用了 6 个文本框，6 个标签，1 个命令按钮。各个对象的属性值见表 7－16。

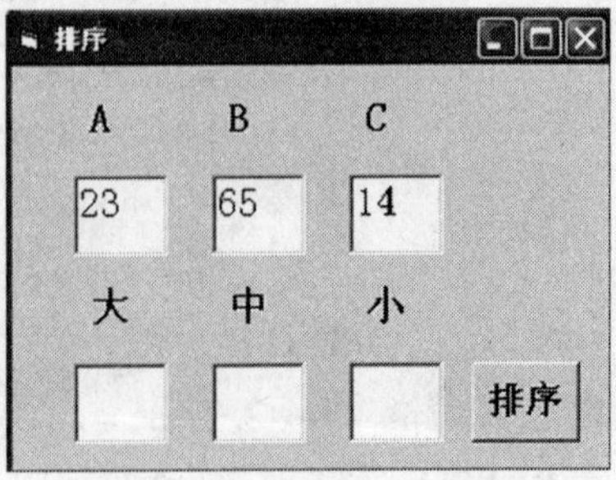

图 7－88　程序运行后的界面

表7－16 对象及属性

对象	属性	设置
Form1	Caption	排序
Text1	Text	（空）
Text2	Text	（空）
Text3	Text	（空）
Text4	Text	（空）
Text5	Text	（空）
Text6	Text	（空）
Label1	Caption	A
Label2	Caption	B
Label3	Caption	C
Label4	Caption	大
Label5	Caption	中
Label6	Caption	小
Command1	Caption	排序

“排序”按钮的单击事件过程代码如下。

```
Private Sub Command1_ Click ( )
  Dim a As Single, b As Single, c As Single
  a = Val (Text1. Text)
  b = Val (Text2. Text)
  c = Val (Text3. Text)
  If a < b Then
    t = a
    a = b
    b = t
  End If
  If a < c Then
    t = a
    a = c
    c = t
  End If
If b < c Then
  t = c
  c = b
  b = t
  End If
```

```
    Text4. Text = Str (a)
    Text5. Text = Str (b)
    Text6. Text = Str (c)
End Sub
```

7.5.4 IIf 函数

在 Visual Basic 中，还提供了一种 IIf 函数。IIf 函数可以用来执行简单的条件判断操作，它是“If…Then…Else…”结构的简写，IIf 是 Immediate If 的缩写。

IIf 函数的格式如下：

Result = IIf（条件表达式，True 部分，False 部分）

Result 是函数的返回值，“条件表达式”是一个逻辑表达式。当“条件表达式”为真时，IIf 函数返回“True 部分”，当“条件表达式”为假时返回“False 部分”。

“True 部分”或“False 部分”可以是表达式、变量或其他函数，但不能是“语句”。

注意，IIf 函数中的 3 个参数都不能省略，而且要求“True 部分”、“False 部分”及结果变量的类型一致。

IIf 函数与双分支 If 语句结构的作用类似。

如例 10 中的代码：

```
If a > b Then max = a Else max = b
```

可以用下面的 IIf 函数来代替：

```
max = iif (a > b, a, b)
```

如例 12 中的代码：

```
If weight > 50 Then
            pay = (weight - 50) * 0.5 + 50 * 0.2
Else
            pay = weight * 0.2
End If
```

可以用下面的 IIf 函数来代替：

```
pay = IIf (weight > 50, (weight - 50) * 0.5 + 50 * 0.2, weight * 0.2)
```

显然，用 IIf 函数在一定情况下可以使程序大为简化。

7.5.5 If 语句的嵌套

简单的 If 结构语句只能解决“二选一”的问题，即从两种情况中选择执行其中的一种情况。但在实际应用中，经常会遇到更复杂的情况选择。如要从两种以上的情况中选择执行其中的一种情况，此时就要使用 If 语句的嵌套来解决问题。

If 语句嵌套是指在上述各种 If 结构语句中的语句组或语句序列部分仍然可以包含另外的块结构 If 语句或行结构 If 语句，并可以层层包含下去。

例如，下面就是一个简单的块结构嵌套的语句：

```
If <条件表达式 1> Then              '外层 if 条件语句开始
```

```
If <条件表达式2> Then                 '内层 if 条件语句开始
  <语句序列1>
Else                                   '内层 if 语句的 else 语句
  <语句序列2>
End If                                 '内层 if 条件语句结束
Else                                   '外层 if 语句的 else 语句
  <语句序列3>
End If                                 '外层 if 条件语句结束
```

上述嵌套的 if 结构语句就是在双分支块结构 if 语句中的 Then 后面紧跟着一个内层的块结构 if 语句（也可以是单行结构的 if 语句）。

语句的执行过程是：首先判断 <条件表达式 1> 是否成立，如果 <条件表达式 1> 不成立，则执行 <语句序列 3>。如果 <条件表达式 1> 成立，则还要再判断 <条件表达式 2> 是否成立，如果成立，则执行 <语句序列 1>，否则执行 <语句序列 2>。

注意，在执行完任何一个语句序列后，都将转向执行外层 End If 后语句。

说明：

（1）使用 if 嵌套结构时，必须保证各个 if 嵌套层的完整性。每一个 Else 必须和一个 If 相对应，避免产生混乱。在书写时，可以将同一层的 If 子句和 Else 子句左对齐，内层的各语句块相对于外层向右缩进若干空格，以使程序结构更加清楚，便于阅读和查错。

（2）每一个块结构都必须以 If 开始，以 End If 结束。且注意 End If 应与同一层的 If 及 else 字句左对齐，便于代码的查看和理解。

（3）Visual Basic 中对 if 嵌套的层数没有限制，在嵌套的块结构中仍然可以继续嵌套 if 结构，但嵌套时外层的 if 结构必须完全“包住”内层的 if 结构，不能相互“骑跨”。

利用块 If 语句的嵌套可以解决“多分支”选择的问题。

例 13　在例 10 中，是将三个数比较后按照由大到小的顺序依次存放在变量 a，b，c 中，改变了原始各变量数据的大小。要求在不改变变量 a，b，c 原始数据的情况下，将输入的 3 个数，按照从大到小的顺序输出。

分析：先比较 a，b 的大小，确定输出时 a 和 b 的位置关系，若 a > b，则输出时 a 在前 b 在后，再来比较 c 与 a 和 b 的大小关系，确定 c 的位置；若 a < b，则输出时 b 在前 a 在后，再来比较 c 与 a 和 b 的大小关系，确定 c 的位置。具体流程和程序运行界面如下图 7－89 所示。

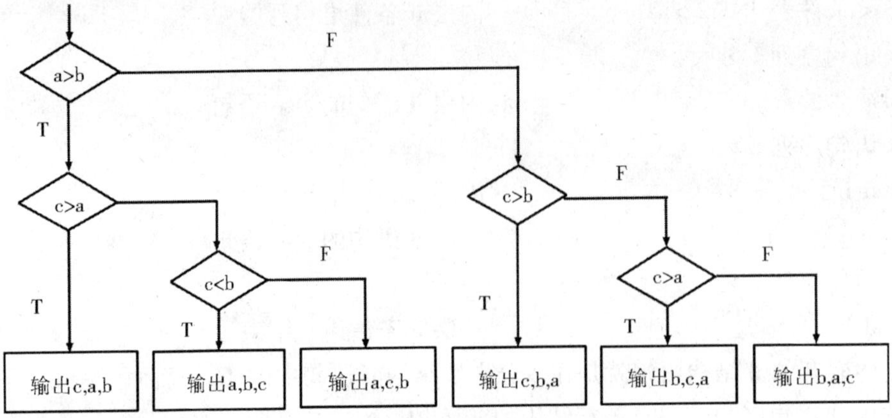

（a） 程序流程图

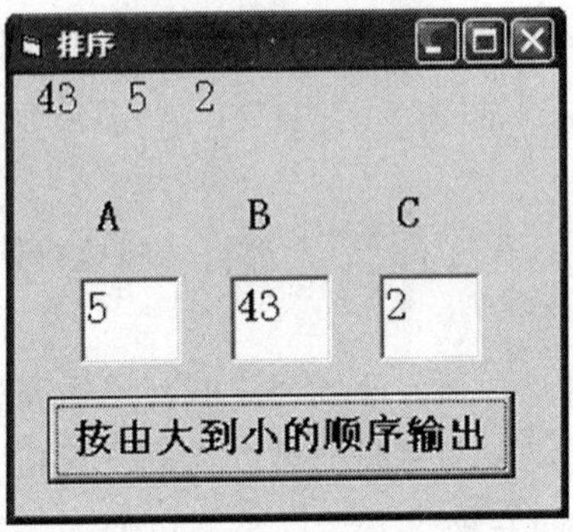

（b） 程序运行后的界面

图 7－89 程序图

其中使用了 3 个文本框，3 个标签，1 个命令按钮。各个对象的属性值见表 7－17。

表 7－17 对象及属性

对象	属性	设置
Form1	Caption	排序
Text1	Text	（空）
Text2	Text	（空）
Text3	Text	（空）
Label1	Caption	A
Label2	Caption	B
Label3	Caption	C
Command1	Caption	按由大到小的顺序输出

按钮的单击事件过程代码如下：

```
Private Sub Command1_ Click（    ）
   Dim a As Single，c As Single，b As Single
   '三个文本框的数据赋值给变量
```

```
    a = Text1.Text : b = Text2.Text : c = Text3.Text
    If a > b Then              'a>b，确定c的位置
        If c > a Then          'c最大
          Print c; a; b
        Else
          If c < b Then        'c<b成立，c最小
            Print a; b; c
          Else                 'c处于中间
            Print a; c; b
          End If
        End If
    Else                       'a<b，确定c的位置
        If c > b Then          'c最大
            Print c; b; a
Else
        If c > a Then          'c处于中间
            Print b; c; a
        Else                   'c<b成立，c最小
            Print b; a; c
        End If
      End If
    End If
End Sub
```

例14 计算三角形的面积。要求判断用户给出的三边长是否满足构成三角形的条件，即任意两条边之和大于第三条边的问题。若满足条件，在窗体上输出三角形的面积，若不满足条件，弹出消息框，给出错误信息。

分析：对于用户输入的三条边长，需要做出两重判断，第一重判断，三边长是否都大于0，若成立再进行第二重判断，若不成立给出错误信息。第二重判断是判断用户所给出的数据是否能够构成三角形，若能够构成三角形，将使用公式 $Area=\sqrt{L(L-a)(L-b)(L-c)}$（其中L为周长的一半）计算三角形面积，若不能构成三角形，则给出错误信息。

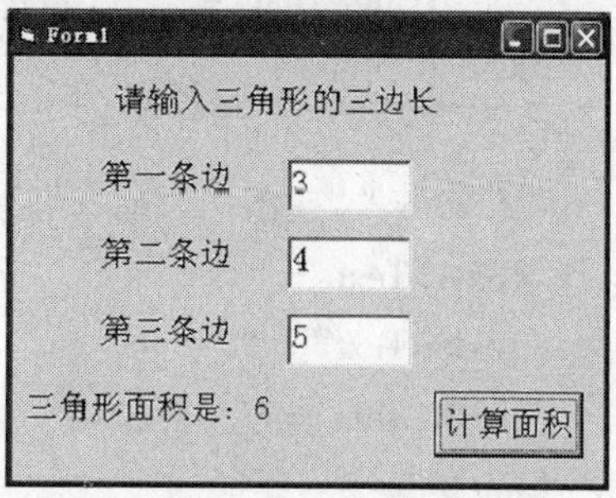

图7-90 程序运行后的界面

程序运行后，在三个文本框中输入数据，并单击“计算”按钮后的界面如下图7-90所示。

其中使用了3个文本框，5个标签，1个命令按钮。各个对象的属性值见表7-18。

表 7-18 对象及属性

对象	属性	设置
Text1	Text	（空）
Text2	Text	（空）
Text3	Text	（空）
Label1	Caption	请输入三角形的三边长
Label2	Caption	a
Label3	Caption	b
Label4	Caption	c
Label5	Caption	（空）
Command1	Caption	计算

"计算"按钮的单击事件过程代码如下：

```
Private Sub Command1_ Click ( )
  Dim A!, B!, C!, L!, Area!
  A = Val (Text1. Text)
  B = Val (Text2. Text)
  C = Val (Text3. Text)
  If A > 0 And B > 0 And C > 0 Then
   If A + B > C And B + C > A And C + A > B Then
      L = (A + B + C) / 2
      Area = Sqr (L * (L - A) * (L - B) * (L - C))
      Label5. Caption = " 三角形面积是:" & Area
  Else
      MsgBox " 所给数据不能构成三角形，任意两边长之和必须大于第三边"
      Text1. Text = ""
      Text2. Text = ""
      Text3. Text = ""
  End If
 Else
  MsgBox " 三条边长必须都大于 0"
  Text1. Text = ""
  Text2. Text = ""
  Text3. Text = ""
 End If
End Sub
```

7.5.6 ElseIf 语句

ElseIf 语句，实际完成的是块 If 的嵌套，它可以对一个问题中多种不同的条件要求进行判断，从而作出不同的处理，它和块 If 嵌套的格式上有很大区别，ElseIf 结构只有一对 If 和 End If 语句。

格式如下：

```
If 条件表达式 1 then
  语句序列 1
ElseIf 条件表达式 2 then
  语句序列 2
ElseIf 条件表达式 3 then
  语句序列 3
…
Else
  语句序列 n +1
End If
```

说明：

（1）可以放置任意多个 ElseIf 子句。

（2）关键字 ElseIf 中间没有空格，不能写成 Else If。

（3）ElseIf 子句和 Else 子句都是可选的，如果省略，则简化为简单的块 If 语句。

（4）执行过程：依次判断条件，如果找到一个满足的条件，则执行其下面的语句块，然后跳过 End If，执行后面的程序。如果所列出的条件都不满足，则执行 Else 语句后面的语句块；如果所列出的条件都不满足，又没有 Else 子句，则直接跳过 End If，不执行任何语句块。

（5）ElseIf 结构的执行过程如图 7－91 所示。

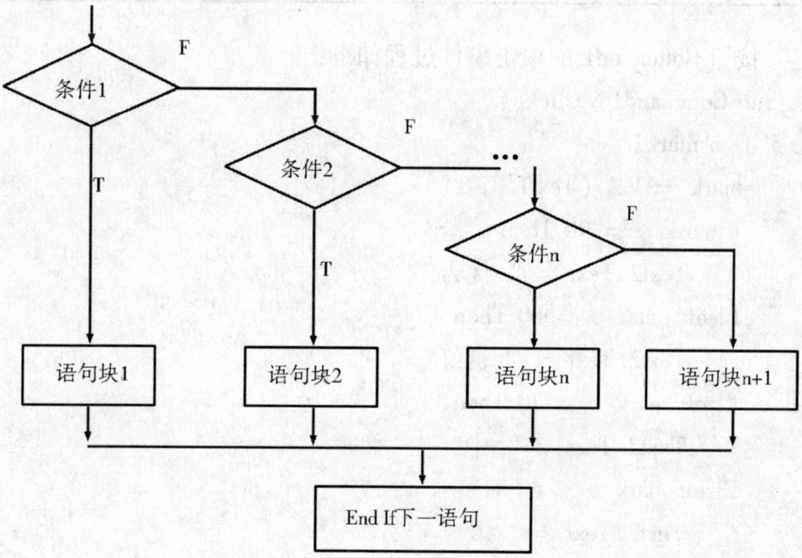

图 7－91　ElseIf 结构的执行过程

注意：

（1）程序只要执行完其中一个语句序列后，其余子句就不再执行。

（2）如果有多个子句中的条件都成立时，也执行最先条件成立的子句。

例 15　输入一个学生的一门课分数 x（百分制），当 x≥90 时，输出“优秀”；当 80≤x＜90 时，输出“良好”；当 70≤x＜80 时，输出“中”；当 60≤x＜70 时，输出“及格”，当 x＜60 时，输出“不及格”。

分析：本例适合用多路分支结构来解决。运行界面如下图 7－92 所示。

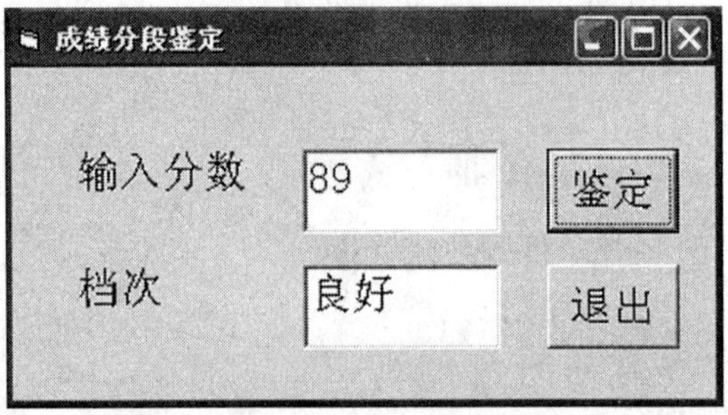

图 7－92　程序运行界面

在窗体上适当位置添加控件，并设置控件属性如表 7－19 所示。

表 7－19　对象及属性

对象	属性	设置
Form1	Caption	成绩分段鉴定
Label1	Caption	输入分数
Label2	Caption	档次
Text1	Text	（空）
Text2	Text	（空）
Command1	Caption	鉴定
Command2	Caption	退出

“鉴定”按钮 Command1 的单击事件过程如下：

```
Private Sub Command1_ Click ( )
        Dim mark!
        mark = Val (Text1. Text)
        If mark > = 90 Then
            Text2. Text = " 优秀"
        ElseIf mark > = 80 Then
            Text2. Text = " 良好"
        ElseIf mark > = 70 Then
            Text2. Text = " 中"
        ElseIf mark > = 60 Then
            Text2. Text = " 及格"
        Else
            Text2. Text = " 不及格"
```

```
        End If
End Sub
```

“退出”按钮 Command1 的单击事件过程如下：

```
Private Sub Command2_ Click ( )
  End
End Sub
```

运行程序，在文本框 text1 中输入数据，如“87”，单击命令按钮“鉴定”，在文本框 2 中显示 87 分对应的考试等级“良好”，如图 7 - 92 所示。

注意：上面的程序代码未考虑对错误输入分数的判断及处理，如成绩输入数值大于 100 分、输入的成绩分数是负值或输入了非分数的字符等等，读者可自行设计修改代码，实现其相应的判断及处理。

也可以将上面程序代码中的 ELSEIF 语句部分替换为下面的代码：

```
If mark < 60 Then
    Text2. Text =" 不及格"
ElseIf mark < 70 Then
    Text2. Text = " 及格"
ElseIf mark < 80 Then
    Text2. Text = " 中"
ElseIf mark < 90 Then
    Text2. Text = " 良"
Else
    Text2. Text = " 优"
End If
```

如果将 ELSEIF 语句部分代码换为下面的形式，读者分析一下，是否能实现成绩的转换？

```
If mark > = 60 Then
    Text2. Text = " 及格"
ElseIf mark > = 70 Then
    Text2. Text = " 中"
ElseIf mark > = 80 Then
    Text2. Text = " 良"
ElseIf mark > = 90 Then
    Text2. Text = " 优"
Else
    Text2. Text = " 不及格"
End If
```

粗略看，各分数段的转换条件好象也能实现题目要求。但我们仔细分析，就可以发现问题了。

如当输入成绩分数为“75”时，条件“mark > = 60”和“mark > = 70”都满足，但“mark > = 60”条件判断排在前面，因而程序执行到此，判断满足条件，设置等级：Text2. Text = " 及格"，之后的情况就不考虑了。

这就是我们在前面讲到的 ELSEIF 语句的特点：如果有多个子句中的条件都成立时，也执行最先条件成立的子句，而之后即使有满足条件的情况也一律跳过。这个问题是特别值得读者注意的。

例 16　已知变量 strC 中存放了一个字符，判断该字符是字母字符、数字字符还是其他字符。

分析：题中对于字符的判断，存在三种情况，考虑用多分支结构实现。对于字母字符，还需要考虑是大写字母还是小写字母，可以使用逻辑表达式来表示，也可以通过 Ucase 或者 Lcase 函数将 strC 中存放的先做处理之后，再进行比较。

参考代码如下：

```
If Ucase（strC） > = " A" And Ucase（strC） < = " Z" Then
        Print strC + " 是字母字符"
ElseIf strC > = " 0" And strC < = " 9" Then
        Print strC + " 是数字字符"
Else
        Print strC + " 其他字符"
End If
```

不管有几个分支，依次判断，当某条件满足，执行相应的语句，其余分支不再执行；若条件都不满足，且有 Else 子句，则执行该语句块，否则什么也不执行。

7.5.7 Select Case 语句

当对一个表达式的不同取值情况作不同处理时，用 ElseIf 语句程序结构显得较为杂乱，而用 Select Case 语句将使程序的结构更清晰，Select Case 语句又称为情况语句。

Select Case 语句格式如下：

```
Select Case 表达式
   Case 表达式列表 1
      语句序列 1
   Case 表达式列表 2
      语句序列 2
   ……
   Case 表达式列表 n
      语句序列 n
   [Case Else
      语句序列 n+1]
   End Select
```

功能：根据“测试表达式”的值，选择第一个符合条件的语句块执行。

Select Case 语句的执行过程是：先求“测试表达式”的值，然后顺序测试该值符合哪一个 Case 子句中情况，如果找到了，则执行该 Case 子句下面的语句块，然后执行 End Select 下面的语句；如果没找到，则执行 Case Else 下面的语句块，然后执行 End Select 下面的语句。

格式说明：

（1）“表达式”可以是数值表达式或字符串表达式。注意不能是“条件表达式”。

（2）“表达式列表”与“表达式”的类型必须相同。

（3）“表达式列表”由表 7－20 所示形式的表达式组成。

（4）可以使用多个表达式组成列表，各表达式之间要用英文逗号“，”隔开。

表 7－20　表达式列表形式

形式	示例	说明
一般表达式	Case " a"	数值或字符串表达式
用逗号分隔的多个值	Case 2，3，5，8	表达式的值等于 2、3、5、8 之一
表达式 1 To 表达式 2	Case 1 TO 10	1≤表达式≤10
Is 关系运算符表达式	Case Is >20	表达式 >20

例 17 用 Select Case 语句代替 ElseIf 语句来实现本节例 15 考试成绩的等级鉴定。保持界面不变，双击“鉴定”按钮，修改代码如下。

```
Private Sub Command1_ Click (     )
    Dim score!
     score  = Val (Text1. Text)
     Select Case score
        Case Is  > = 90
        Text2. Text  =  " 优秀 “
     Case Is  > = 80
        Text2. Text  =  " 良好"
     Case Is  > = 70
        Text2. Text  =  " 中"
     Case Is  > = 60
        Text2. Text  =  " 及格"
     Case Else
        Text2. Text  =  " 不及格"
     End Select
End Sub
```

输入完成后，按 F5 键运行程序。在分数文本框内分别输入各分数段内的分数，单击“鉴定”按钮后，同例 14 程序一样，会在档次文本框内显示相应的评定。

说明：Select Case 语句的表达式列表形式有三种，例 17 中使用了一种，我们根据表 7－8，可以修改上述程序语句如下（假定输入的成绩只能是整数分数值）：

（1）修改：Case Is > = 90 语句

修改后为：Case 90，91，92，93，94，95，96，97，98，99，100

（2）修改：Case Is > = 80 语句

修改后为：Case 80 To 89

（3）修改：Case Is > = 70 语句

修改后为：Case 70，71，72，73 To 76，is > =77

可以看出这种修改是将三种表达式形式放在一个语句中了，之间用逗号分隔。

（4）错误的语句：Case Is > = 70 and < 80

Case score > = 70

例 18　用 Select Case 语句代替 ElseIf 语句来实现例 16 对字符类型的判断。

参考代码：

```
Select Case strC
  Case " a" To " z"," A" To " Z"
        Print strC + " 是字母字符"
  Case " 0" To " 9"
        Print strC + " 是数字字符"
  Case Else
        Print strC + " 其他字符"
End Select
```

通过上面两个例子代码与例 14、例 15 的代码比较，可以看出，在解决多分支选择情况的程序时，采用 Select Case 语句比较方便，并且程序结构清楚，便于阅读和修改。

7.5.8 选择结构程序举例

例 19　在平面坐标系中有 4 个象限，对任意一点 P（X，Y），只要判断出它的 X、Y 坐标值的正负，就能判断出该点在坐标系中哪个象限中。

点所在的象限有以下 4 种情况：

X >0、Y >0：点位于第一象限内

X >0、Y <0：点位于第四象限内

X <0、Y >0：点位于第二象限内

X <0、Y <0：点位于第三象限内

若 X =0 或者 Y =0 提示“该点在坐标轴上”，若 X、Y 都等于 0 提示“该点在原点上”。

7.5.8.1 设计程序界面

建立如图 7－93（a）所示的界面，在窗体上适当位置添加控件，控件属性设置如表 7－21 所示。

表 7－21 对象及属性

对象	属性	设置
Form	Caption	判断输入点象限
Label1	Caption	点的横坐标 X
Label2	Caption	点的纵坐标 Y
Text1	Text	（空）
Text2	Text	（空）
Command1	Caption	判 断

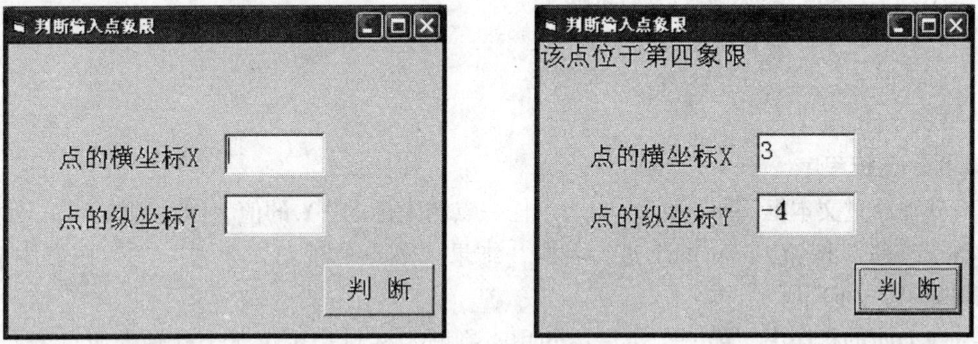

（a） 程序设计界面　　（b） 程序运行界面

图 7－93 程序界面

7.5.8.2 编写程序代码

“判断”按钮 Command1 的单击事件过程如下：

```
Private Sub Command1_ Click ( )
  Cls
x = Val (Textl. Text)
y = Val (Text2. Text)
REM 判断坐标点是否位于坐标轴上
    If x = O and y = O Then
      Print“该点在原点上”
      Exit Sub
End If
    If x = O or y =O Then
      Print“该点在坐标轴上”
      Exit Sub
End If
REM 判断坐标点所在象限
    If x > O Then
    If y > O Then
```

```
        Print"该点位于第一象限"
      Else
        Print"该点位于第四象限"
      End If
    Else
      If y > 0 Then
        Print"该点位于第二象限"
      Else
        Print"该点位于第三象限"
      End If
  End If
  End Sub
```

7.5.8.3 运行程序

分别通过文本框 Text1 和 Text2 输入任一点的坐标 X、Y 的值，如分别输入 5、-7，单击“判断”按钮 Command1 进行判断，结果“该点位于第四象限”显示在窗体上，如图 7-93（b）所示。

在上面的程序中，第一个条件语句用来判断坐标点是否位于坐标轴的原点上，如果条件成立，则给出“该点在原点上”的提示，然后使用 Exit Sub 语句退出事件过程，不再执行后面的语句，该 If 语句没有 Else 部分。

第二个条件语句用来判断坐标点是否位于 X 或 Y 坐标轴上，如果条件成立，则给出“该点在坐标轴上”的提示，然后使用 Exit Sub 语句退出事件过程，不再执行后面的语句。

第三个条件语句中，在 If 部分和 Else 部分又分别嵌套了另外的条件语句，在条件成立（$x>0$）或不成立（$x<0$）的情况下又进一步判断另一个条件（$y>0$ 及 $y<0$）。

此处需要特别注意，由于在第一、二个条件语句中已判断了坐标点是位于坐标轴上的所有情况，即 $x=0$ 和 $y=0$。所以第三个条件语句执行的操作中是不包含 $x=0$ 和 $y=0$ 的情况。

请读者思考，如果在上面第一、二个条件语句中去掉“Exit Sub”语句，程序执行中会遇到什么问题?

如果想修改上面的判断顺序，即先判断输入的点是否位于某个象限中，然后再判断点是否位于坐标轴上，应如何修改程序代码。

例 20　编写程序 求一元二次方程 $ax^2+bx+c=0$ 的根（A 不等于零）。求根的公式如下：

$$x=\frac{-b\pm\sqrt{b^2-4ac}}{2a}$$

分析：在初等数学中，我们都知道要求一元二次方程的根，必须知道方程的三个系数 a、b、c 的值，然后根据判别式 b^2-4ac 的值的情况判断方程的根。有以下三种情况：

当 $b^2-4ac>0$ 时，方程有两个不相等的实根。

当 $b^2-4ac=0$ 时，方程有两个相等的实根。

当 $b^2-4ac<0$ 时，方程有两个虚根。

对于 A 等于零或 b2 -4ac <0 的情况都给出提示信息，不作处理。

1. 设计程序界面　如图 7 -94（a）所示的界面

在窗体上适当位置添加控件，并设置控件属性如设计表 7 -22 所示。

表 7 -22　对象及属性

对象	属性	设置
Form	Caption	求一元二次方程
Label1	Caption	请输入方程系数：
Label2	Caption	A =
Label3	Caption	B =
Label4	Caption	C =
Label5	Caption	方程的解：
Text1	Text	（空）
Text2	Text	（空）
Text3	Text	（空）
Command1	Caption	求解
Command2	Caption	清除

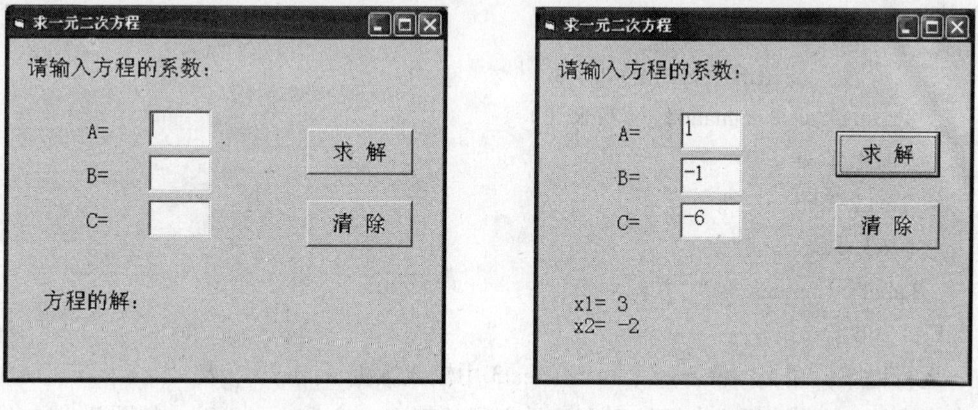

（a）　程序设计界面　　　　（b）　程序运行界面

图 7 -94　程序界面

2. 编写程序代码

“求解” 按钮 Command1 的单击事件过程如下。

```
Private Sub Command1_ Click ( )
Dim a as Single, b as Single, c as Single
Dim x1 as Single, x2 As Single
```

```
Dim p as Single, q As Single
a = Val (Text1. Text)
b = Val (Text2. Text)
c = Val (Text3. Text)
q=b * b - 4 * a * c
REM 判断 a 是否为 0
If a = 0 Then MsgBox " a不能为0": Exit Sub
REM 下面对方程进行求解
If q<0 then
  MsgBox " 根的判别式小于0, 退出": Exit Sub
Else
If q>0 then
  X1 = (-b + Sqr (q)) / (2 * a)
  X2 = (-b - Sqr (q)) / (2 * a)
   Label5. Caption = " x1 = " & X1 & chr (10 ) & " x2 = " & X2
Else
  X1 = -b / (2 * a)
  X2 = -b / (2 * a)
   Label5. Caption = " x1、x2 = " & X1
  Endif
Endif
End sub
```

"清除"按钮的事件代码如下：

```
Private Sub Command2_ C1ick ()
Text1. Text = ""
Text2. Text = ""
Text3. Text = ""
Label5. Caption = " 方程的解:"
End Sub
```

运行程序，在文本框 text1、text2、text3 中输入数据 a、b、c，如"1 、-1、-6"，单击命令按钮"求解"，在标签 5 上显示方程的解"x=3 和 x=-2"，如图 7-94（b）所示；单击命令按钮"清除"，恢复如图 7-94（a）所示的界面。

说明：注意标签 5（Label5）在程序输入数据界面和求解后的界面显示为不同的内容项。

例 21　在前面章节中讲到 MsgBox 函数及语句时时，知道该函数可以根据用户作出的响应决定下一步的操作，即按下不同类型的按钮时，函数将有不同的返回值。现在我们可以对按下不同按钮进行处理了。设有以下事件过程：

```
Private Sub Command1_ Click ()
  msg $  =  " 请检查输入的数据是否正确"
  Title  =  " 提示信息"
  X  =  MsgBox (msg $ , 19, Title)
  If X  =  6 Then
        Print " 按下 (是) 按钮，按钮的返回值是:" ; X
  ElseIf X  =  7 Then
       Print " 按下 (否) 按钮，按钮的返回值是:" ; X
  Else
       Print " 按下 (取消) 按钮，按钮的返回值是:" ; X
  End If
End Sub
```

上述事件过程执行后首先产生一个对话框，如图 7 - 95（a）所示。对话框中有三个按钮，即是（Yes）、否（No）和取消（Cancel）。如果选择“是”，则返回值 X 为 6，在窗体上显示图 7 - 95（b）结果；如果选择“否”，则返回值 X 为 7，在窗体上显示图 7 - 95（c）结果；如果选择“取消”，则返回值 X 为 2，在窗体上显示图 7 - 95（d）结果。

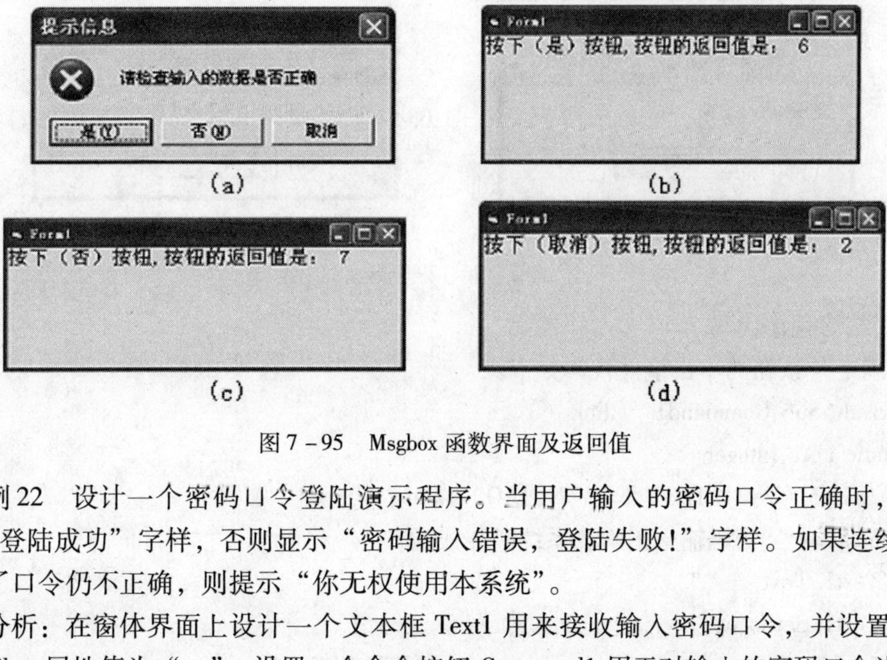

图 7 - 95　Msgbox 函数界面及返回值

例 22　设计一个密码口令登陆演示程序。当用户输入的密码口令正确时，显示“系统登陆成功”字样，否则显示“密码输入错误，登陆失败!”字样。如果连续三次输入了口令仍不正确，则提示“你无权使用本系统”。

分析：在窗体界面上设计一个文本框 Text1 用来接收输入密码口令，并设置 PassWordCher 属性值为“ * ”；设置一个命令按钮 Command1 用于对输入的密码口令进行检查；设置一个标签 Label3 用于显示是否登陆成功的信息。为能记录判断密码输入错误时的登陆次数，可以定义一个静态（Static）局部变量来实现次数的记录。

1. 设计程序界面　如图 7 - 96（a）所示的界面。

在窗体上适当位置添加控件,并设置控件属性如表 7 – 23 所示。

表 7 – 23 对象及属性

对象	属性	设置
Form	Caption	密码口令输入
Label1	Caption	程序系统登陆
Label2	Caption	请输入密码口令
Label3	Caption	信息提示
Text1	Text	(空)
	PassWordChar	*
Command1	Caption	确定
Command2	Caption	退出

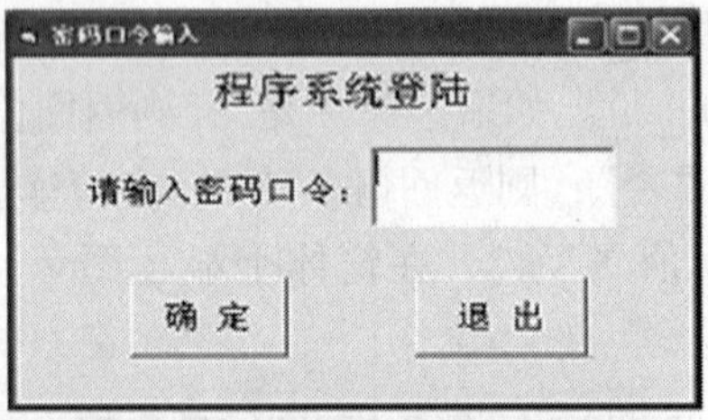

(a)

(b)

(c)

(d)

图 7 – 96 程序界面

2. 编写程序代码

"确定" 按钮的单击事件代码如下:

```
Private Sub Command1_ Click ( )
Static I As Integer
If UCase (Text1. Text) = " NIHAO" Then
  MsgBox " 密码输入正确, 系统登陆成功,"
  Text1. Text = ""
  Text1. SetFocus
  I = 0
ElseIf I = 2 Then
  I = I + 1
  MsgBox " 第 " & I & " 次登陆失败! 你无权使用本系统!!"
  End
```

```
Else
  I = I + 1
  MsgBox " 密码输入错误，第 " & I & " 次登陆失败!"
  Text1. Text = ""
  Text1. SetFocus
 End If
End Sub
```

"退出"按钮的事件代码设计：

```
Private Sub Command2_ Click ( )
 End
End Sub
```

上面程序中定义了一个静态变量I，用于统计输入错误口令的次数。静态变量I在启动程序时被初始化为0，以后每次执行该过程时，如果口令错误，则I的值累加1。如第一次密码输入错误时显示图7-96（c）。当I的值累加为3时，表示用户已经连续三次输入了错误口令，程序执行时将出现如图7-96（d）所示。

Ucase（Text1. Text）用于将输入的口令全部转换成大写字符，这样处理是为了对用户输入的口令不区分大小写。因此无论输入大小写，条件Ucase（Textl. Text）="NIHAO" 总是成立。输入正确口令，显示如图7-96（b）所示界面。

当登陆成功时，静态变量I被重新置0，即令系统返回到初始登陆状态。

为保证在输入密码口令时，不被外人看到密码口令，设置了文本框的PassWordCher属性值为"*"。

使用块结构语句编写的程序结构较灵活，而不是将多条语句放在同一行中，因此程序的可读性较好。

例23　某运输公司为客户运输货物时的收费标准是按运送货物的里程（即远近）的不同分别计价，收费标准如下：（里程单位：公里）

里程>=1000：20元/每吨公里

1000>里程>=500：22元/每吨公里

500>里程>=100：25元/每吨公里

100>里程>=50：28元/每吨公里

50>里程：30元/每吨公里

设计编写一个运送货物的收费程序，要求输入货物的重量和运送里程后，给出货运的收费总价。

分析：设货物重量为W吨，里程为L公里，费率为D，运货费用为F元，设计界面如图7-97（a）所示，各个控件的属性值见表7-24。

表 7-24　对象及属性

对象	属性	设置
Label1	Caption	货运收费程序
Label2	Caption	输入重量（吨）
Label3	Caption	输入里程（公里）
Label4	Caption	费率（元/吨公里）
Label5	Caption	货运费用（元）
Label6	Caption	（由窗体的 Load 事件决定）
Text1	Text	（空）
Text2	Text	（空）
Text3	Text	（空）
Text4	Text	（空）
Command1	Caption	计 算
Command2	Caption	清 除

程序代码设计：

"计算"按钮 Command1 的事件代码如下：

```
Private Sub Command1_ Click ( )
  W = Val (Text1. Text)      ' 输入的重量
  L = Val (Text2. Text)      ' 输入的里程

  Rem 判断是否输入了重量及里程
  If W = 0 Or L = 0 Then MsgBox " 请输入正确的里程及重量": Exit Sub

  Rem 根据里程 L 进行费率的选择
  Select Case L
    Case Is > = 1000
     D = 20
    Case Is > 500
     D = 22
    Case Is > 100
    D = 25
    Case Is > 50
    D = 28
    Case Else
    D = 30
  End Select
  F = Int (W * D * L)
```

```
  Text3. Text = D
  Text4. Text = F
End Sub
```

"清除"按钮 Command1 的事件代码如下。

```
Private Sub Command2_ Click ( )
  Text1 = ""
  Text2 = ""
  Text3 = ""
  Text4 = ""
End Sub
```

"Form1"的 Load ( ) 事件代码如下。

```
Private Sub Form_ Load ( )
  Label6. Caption = " 收费标准 (元/吨公里)" & Chr (10) & _
  " >=1000 公里: 20 元" & Chr (10) & _
  " 999 ~ 500: 22 元" & Chr (10) & _
  " 499 ~ 100: 25 元" & Chr (10) & _
  " 99 ~ 50: 28 元" & Chr (10) & _
  " < 50 公里: 30 元"
End Sub
```

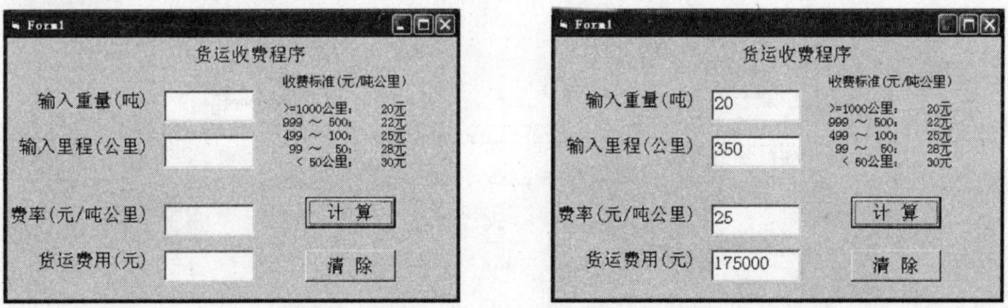

(a) 程序设计界面　　(b) 程序运行界面

图 7-97 程序界面

运行程序，在文本框中输入重量及里程，如 W=20、L=350，程序使用 Select Case 语句对其进行情况判断，根据输入的数据 350 公里判断 Case Is > 100 的条件选择成立，并执行 D 等于 25 的的费率，然后执行 End Select 之后的语句计算并输出费用。计算结果如图 7-97 (b) 所示。

例 24 从键盘上任意输入一个 0 至 99999 之间的正整数，编写程序判断是几位数，并给出相应的信息提示。

分析：要判断一个数是几位数，可以用相应的 10 的几次方幂去整除它，只要得到的结果是0，就可以判断是几位数。如数123是3位数，依次用10^1、10^2、10^3整除，当用10^3整除时结果为0。所以就可以判断是3位数。

1. 界面设计

在窗体上设计一个文本框用于接受输入的数字，设计一个命令按钮对输入的数进行判断，程序设计界面如图7-98（a）所示。

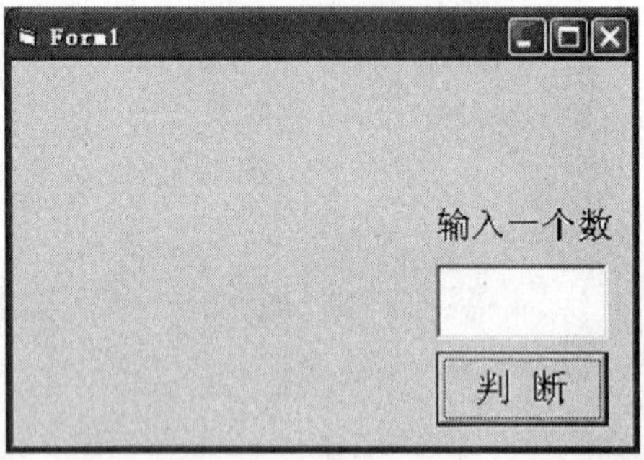

（a） 窗体界面提示信息

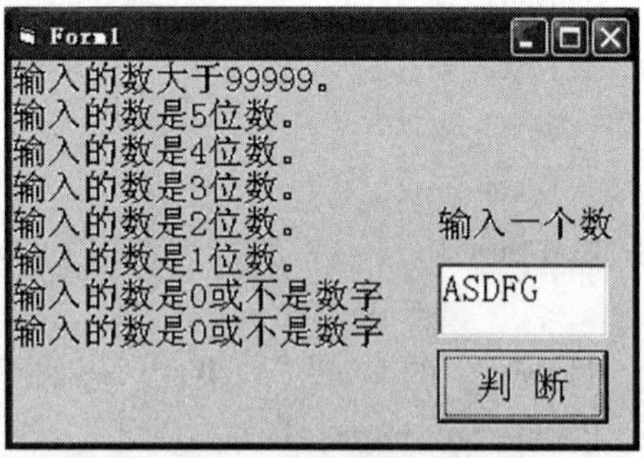

（b） 程序运行界面

图98 程序界面

2. 代码设计

```
Private Sub Command1_ Click ( )
  Dim m As Long, k1 As Integer
  m = Val (Text1. Text)
  If m = 0 Then
   k1 = 0
  ElseIf m \ 10 = 0 Then
   k1 = 1
  ElseIf m \ 100 = 0 Then
   k1 = 2
  ElseIf m \ 1000 = 0 Then
   k1 = 3
  ElseIf m \ 10000 = 0 Then
   k1 = 4
  ElseIf m \ 100000 = 0 Then
   k1 = 5
  Else
   k1 = 6
  End If

Select Case k1
  Case 0
```

```
        Print"输入的数是0或不是数字"
    Case 1
        Print"输入的数是1位数。"
    Case 2
        Print"输入的数是2位数。"
    Case 3
        Print"输入的数是3位数。"
    Case 4
        Print"输入的数是4位数。"
    Case 5
        Print"输入的数是5位数。"
    Case Else
        Print"输入的数大于99999。"
    End Select
End Sub
```

3. 运行程序，出现图7-98（a）程序界面，在文本框中依次输入6、5、4、3、2、1位数和0及"ASDFG"等，单击判断按钮，得到如图图7-98（b）所示的窗体界面提示信息。

7.6 循环结构程序设计

7.6.1 循环结构控制语句概述

在程序设计中，常常遇到一些需要反复多次处理的问题，比如说银行存款利率的计算问题等，VB提供了循环结构控制语句，使用循环语句，可以很方便的实现循环结构程序设计，从而解决上述问题。

所谓循环是指对同一个程序段重复执行若干次，直到指定的条件被满足为止，这段被重复执行的部分被称为循环体，由若干个语句构成。

VB提供了3种循环语句，分别是：计数循环（For...Next循环）、当循环（While…Wend循环）和Do循环（Do…Loop循环）。

7.6.2 For循环

For循环又被称做计数循环，它可以按规定的次数执行循环体。

7.6.2.1 For循环语句的一般格式

For 循环变量 = 初值 To 终值 [Step 步长]

[循环体]

Next [循环变量]

说明：

(1) 循环变量：必须为一个数值型变量。它主要用来控制循环过程，在循环体内也可以被引用和赋值。

（2）初值：循环变量的初始值，可以是数值型常量、变量，也可以是数值表达式。

（3）终值：循环变量的终止值，可以是数值型常量、变量，也可以是数值表达式。

（4）步长：循环变量的增量，可以是数值型常量、变量，也可以是数值表达式。一般来说，其值为正，初值应小于终值（递增循环）；若为负，初值应大于终值（递减循环）。但步长不能是0。若步长为0，且在循环体中没有语句改变循环变量的值，将会造成死循环。如果步长是1，Step 1 可省略不写。

（5）循环体：在 For 语句和 Next 语句之间的语句序列，可以是一个或者多个语句。

（6）Next：循环终端语句，作为循环结构的边界标志。Next 后面的循环变量必须与 For 语句中的循环变量相同。

7.6.2.2 For 循环语句的执行过程如下

（1）系统将初值赋给循环变量，并自动记下终值和步长。

（2）检查循环变量的值是否超过终值。如果超过就结束循环，执行 Next 后面的语句；否则，执行一次循环体。

（3）循环体执行完毕后，执行 Next 语句，将循环变量增加一个步长后的值再赋给循环变量，转到步骤（2）继续执行。

以上执行过程用流程图描述，如图 7－99 所示。

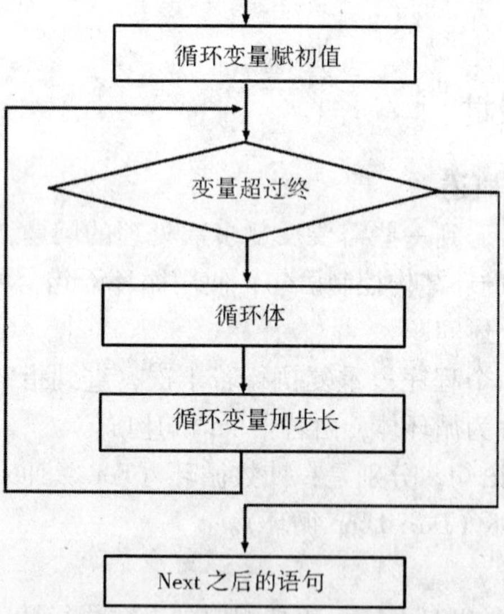

图 7－99　For 循环执行流程

注意：这里所说的“超过”有两种含义，即大于或小于。当步长为正值时，循环变量大于终值称为“超过”；当步长为负值时，循环变量小于终值称为“超过”。

我们通过分析下面的程序来进一步理解 For 语句的执行过程。

```
For n = 1 To 10 Step 3
Print n ,
Next n
```

具体执行情况如下：

N 的取值	与终值比较	是否执行循环体	第几次循环
1	<10	执行	1
4	<10	执行	2
7	<10	执行	3
10	=10	执行	4
13	>10	停止执行	

循环体一共被执行 4 次，上面程序的执行结果为：

1　　4　　7　　10

7.6.2.3 注意事项

（1）For 语句和 Next 语句必须成对出现，缺一不可，且 For 语句必须在 Next 语句之前。

（2）循环次数由初值、终值和步长确定，计算公式为：

循环次数 = Int（（终值 - 初值）/步长） +1

需要注意的是，这个计算公式只适合于循环变量的值在循环体中没有被改变的情况。

例 25 改变循环控制变量对循环的影响。

```
Private Sub Command1_ Click ( )
  j =0
  For i  = 1 To 20 Step 2
     i  = i  + 3
     j  = j  + 1
     Print " 第"; j; " 次循环 i ="; I
  Next i
  Print " 退出循环后 i =" ; i
End Sub
```

执行结果如图 7 - 100 所示。

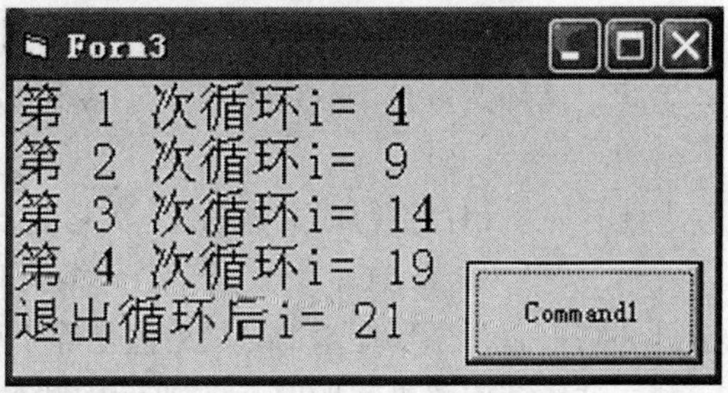

图 7 - 100　程序运行结果

循环体中没有语句“i = i + 3”的情况：i =1，3，5，7，9，11，13，15，17，19

循环次数通过公式计算为：Int（（20 - 1）/2） +1 =10

当前情况：i =4，9，14，19，由于循环体中改变了循环变量的取值，循环次数为 4 次。

（3）For—Next 中的“循环体”是可选项，当该项缺省时，语句也是合法的，不过这时 For—Next 执行的是空循环，即什么也不做。

(4) 可以在循环体内使用 Exit For 来提前退出循环。

下面通过实例来进一步理解 For 循环的执行过程。

以“顺序输出 10 以内的整数”为例，程序语句及执行过程如下：

程序语句：

```
For i =1 To 10 step 1
  Print i
Next i
```

执行过程：①将初值 1 赋给循环变量 i，记下终值 10 和步长 1。②判断 i 是否大于终值 10：I > 10 时则转到⑤，I≤10 时执行循环体 Print i。③执行 Next 语句，循环变量自增，i = i + 1。④转到②，继续执行。⑤结束循环，执行 Next 后面的语句。

上述程序语句在执行时共进行 11 次判断，执行 10 次循环体，分别输出 1、2、3、4、5、6、7、8、9、10 这十个数。

需要特别注意的是，当循环结束时循环变量的最后值是超过终值的。如本例题中，循环结束后，循环变量 I 的最后值是等于 11 的，大于终值 10。

当循环的步长为正时，循环变量的最后取值一定是大于终值；当循环的步长为负时，循环变量的最后取值一定是小于终值的。在后面的学习中我们将会利用循环变量的这个特点来处理一些问题。如在循环中设置一个条件判断语句：当满足条件时就退出循环，这时循环变量的值就不可能超过终值，最后就是根据循环变量的值是否大于终值来判断在循环中设置的条件是否被满足。

我们可以将上面的例子修改为循环步长为负的执行过程：

程序语句：For i = 10 To 1 step -1

```
  Print i
Next i
```

执行过程：①将初值 10 赋给循环变量 i，记下终值 1 和步长 -1。

②判断 i 是否小于终值 1：I < 1 时则转到⑤，I≥1 时执行循环体 Print i。③执行 Next 语句，循环变量自增，i = i - 1。④转到②，继续执行。⑤结束循环，执行 Next 后面的语句。

上述程序语句在执行时共进行 11 次判断，执行 10 次循环体，分别输出 10、9、8、7、6、5、4、3、2、1 这十个数。当循环结束时循环变量的最后值是超过终值的。本例题中循环结束后，循环变量 I 的最后值是等于 0 的，小于终值 1。

利用循环结构解决问题时，需要考虑清楚哪些语句应该作为循环体，循环体的初始值和终值以及步长该如何设置。

例 26　设计程序计算 S = 1 + 2 + 3 + 4 + 5 + 6 + 7 + 8 + 9 + 10

这是程序设计中最常见的“累加求和”问题。在例 20 中，循环执行的 10 次过程中，变量 I 的变化正好是本题中要累加的 10 个数字。也就是说，我们只要将每次循环时的 I 值累加起来就可以。那么如何将上一次的累加值保留下来，并在此基础上继续累加呢？可以使用下面的赋值语句：

S = S + I

S 变量用来存放累加和，该赋值语句的功能就是将 S 的值取出来与 I 做加法，将得到的和赋值给 S，作为其新的取值。

程序代码如下：

```
Private Sub Form_ Click ( )
  Dim s As Integer, i As Integer
  s = 0
  For i = 1 To 10 Step 1          '步长 Step 1 可以省略
     s = s + i
  Next i
  Print " s =" & s
End Sub
```

运行程序，单击窗体，窗体上将显示输出：S=55。

可以看到，用 S = S + I 的公式语句，能很方便的求出有规律的累加求和问题。

那么要求解 100 以内所有“奇数的和”，只需要将 for 语句修改为：

```
For i = 1 To 100 Step 2
  s = s + i
Next i
```

若将初值改为 2，就可以求出 100 以内所有“偶数的和”：

```
For i = 2 To 100 Step 2
  s = s + i
Next i
```

将循环体改为 I * I，则求的是 1 ~ 10 之间的平方和；S =12 +22 +32 +42 +… +102

```
For i = 1 To 10
  s = s + I * I
Next i
```

若是求解 2 +4 +8 +16 +… +1024 的和，则需要将代码再次做些变形：

```
For i = 1 To 10
  s = s + 2^I
Next i
```

如上所述，利用循环结构，配合一些简单的语句，就能解决很多求和的问题。

例 27 编写程序，实现累乘求积：P = 1 ×2 ×3 ×4… ×10。

1. 分析：与上例累加求和进行比较，可以发现只要将循环体中累加求和的算法移植过来，将“ + ”号改为“ × ”号就可以了。

2. 程序代码设计

设变量 P 用来存放乘积，累乘公式为 P = P * I。由于求积结果将远大于 Integer 整型的表示范围，应将 P 应定义为长整型 Long 型，初值设为 1。

```
Private Sub Form_ Click ( )
  Dim P As Long, i As Integer
  P = 1
  For i = 1 To 10
    P = P * i
  Next i
  Print " P =" & P
End Sub
```

运行程序，单击窗体，窗体上将输出：P =3628800。

通过以上程序可以看出，For 循环是一种循环次数固定的循环结构，当确定知道循环体执行的次数时，使用 For 循环最方便。

例 28　找出 1000 以内满足以下条件的最小的一个正整数 S。

S 被 2 除余 1，被 5 除余 1，但能被 7 整除。

分析：从最小的整数 7 开始，对 1000 以内的每一个正整数进行比较判断，看能否满足上面的条件。不满足则 S 就加 1，继续再判断，当第一个满足条件的 S 就是我们要找的数据，此时用 EXIT FOR 来跳出循环。

程序代码设计如下：

```
Private Sub Command1_ Click ( )
Dim s As Integer
  For s = 7 To 1000
    If s Mod 2 = 1 And s Mod 5 = 1 And s Mod 7 = 0 Then Exit For
  Next s
  Print " 满足上述条件的最小正整数是："
  Print " S = "; s
End Sub
```

运行程序，单击“计算”按钮，得到如图 7－101 所示的结果。

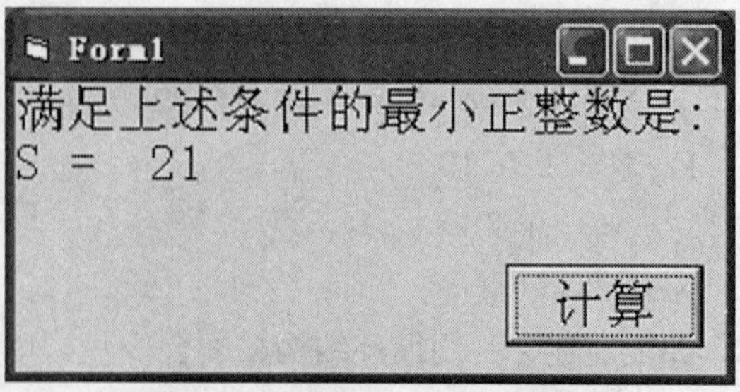

图 7－101　程序运行结果

上例中，事先并不能确定循环次数，循环体执行与否要取决于一定的条件。在这种情况下，使用 While 循环和 Do 循环往往比 For 循环更方便。

7.6.3 While 循环

While 循环通常用于当达到某种条件时就需要执行一些操作的问题，While 循环也称作“当型循环”。

7.6.3.1 While 循环的格式

While <条件表达式>

循环体

Wend

说明：<条件表达式>一般为布尔（逻辑）表达式，也可以是数值和字符表达式，结果为逻辑值 True 或 False，用来表示一个判断条件。

7.6.3.2 While 循环的执行过程

先计算 While 后给定的<条件表达式>的值，若<条件表达式>的结果为 False（或 0 值），则不执行循环体，直接执行 Wend 后面的语句；若<条件表达式>的值为 True（或非 0 值），则执行循环体中所有语句，遇到 Wend 语句时，控制返回并继续对<条件表达式>进行判断，如果仍然为 True，则重复上述过程，直到<条件表达式>的结果为 False（或 0 值）为止，退出循环体。While 循环流程图如图 7－102 所示。

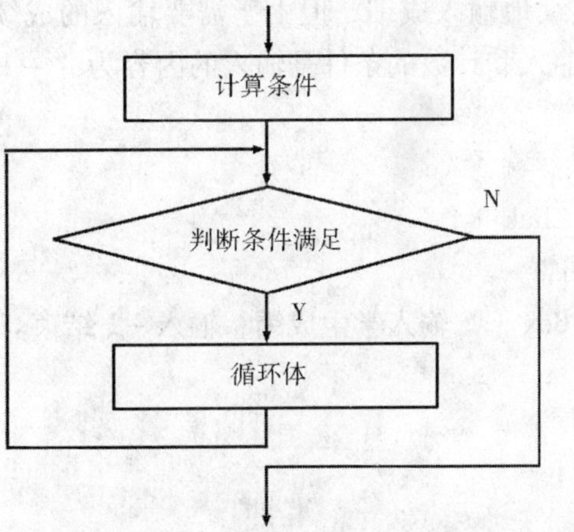

图 7－102　While 循环流程图

结合下面的程序段，我们作进一步的说明：

```
x = 1: s = 0
While x < = 10
S = s + x
x = x + 1
Wend
Print " s = " & s
```

首先将 1 赋值给变量 X，然后执行 While 语句，判断 x < =10 是否成立，此时 X =1 满足 x < =10 的条件，于是执行循环体 s 的取值变为 1，x 的取值变为 2，循环体执行完毕，遇到 wend 语句，再次判断 x < =10 是否成立，此时 X =2，条件成立，执行循环体，循环体执行完毕，第三次进行条件判断，此时 X =3，条件成立，执行循环体……这个过程一直重复 10 次，第十次循环体执行完毕，再转回判断 x < =10，由于此时 X =11，不再满足条件了，于是循环结束。

该程序段的执行结果是：s =55，实现的实际上也是 1 +2 +3 +4 +5 +6 +7 +8 +9 +10 累加求和的功能。

7.6.3.3 While 循环的几点说明

（1）While 循环语句本身不能修改循环条件，所以必须在 While…Wend 语句的循环体内设置相应语句，使得整个循环能趋于结束，以避免死循环。

（2）While 循环语句先对条件进行判断，然后才决定是否执行循环体。如果开始条件就不成立，则循环体一次也不执行。

（3）凡是用 For…Next 循环编写的程序，都可以用 While…Wend 语句实现。反之，则不然。

例 29　从键盘上输入学生的成绩，并对输入的成绩进行统计，当输入内容为“-1”时，表示输入结束，要求统计输入成绩的人数及平均分。

分析：程序要求连续地输入成绩，但由于需要输入的成绩个数没有指定，无法用 For 循环来控制。停止输入和计数的条件是输入的内容为“-1”，可以考虑用 While 循环来实现。

程序代码设计如下：

```
Private Sub Form_ Click ( )
  Dim s% , n% , cj%
  cj = Val (InputBox (" 输入学生成绩，输入 -1 结束。"))
  s = 0
  n = 0
  While cj < > -1
    s = s + cj
    n = n + 1
    cj = Val (InputBox (" 输入学生成绩，输入 -1 结束。"))
  Wend
  Print " 学生人数：" ; n, " 平均成绩：" ; s / n
End Sub
```

例 30　编写程序，找出 100 ~ 500 以内所有 6 的倍数的数，并求出它们的和。

程序代码设计：

```
Private Sub Command1_ Click ( )
Dim s As Integer, n As Integer, m As Integer
  n = 100
  s = 0: m = 0
  While ( n < = 500 )
  If n Mod 6 = 0 Then
    s = s + n
    m = m + 1
    Print n;
    If m Mod 8 = 0 Then Print '每 8 个数打印一行
```

```
    End If
    n = n + 1
  Wend
  Print
  Print " 共有" & m & " 个数满足要求。"
  Print m & " 个数的总和是:"; s
  End Sub
```

按 F5 键运行程序。单击命令按钮，显示结果如图 7 - 103 所示。

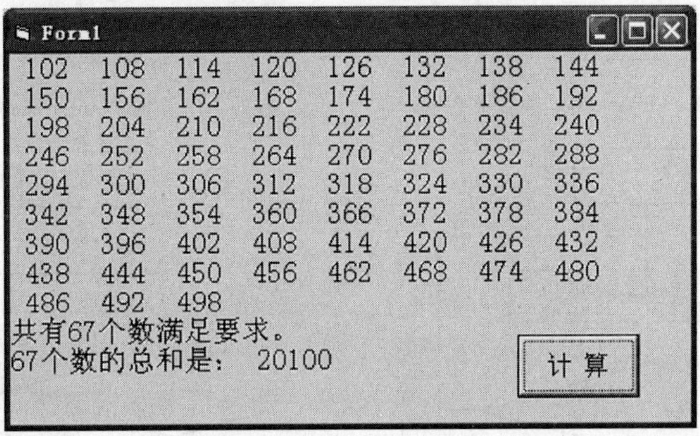

图 7 - 103 程序运行结果

7.6.4 Do 循环

Do 循环语句也是根据条件决定循环的语句。其基本结构形式较灵活：既可以指定循环条件，也能够指定循环终止条件。

格式一：Do While | Until (条件)
　　循环体
　　[Exit Do]
Loop

格式二：Do
　　循环体
　　[Exit Do]
Loop While | Until (条件)

说明：

(1) 两种格式中，当 While (条件) 取值为 True 时就执行循环，取值为 False 时就结束循环；而 Until (条件) 则正好相反，在条件取值为 True 时就结束循环，条件取值为 False 时就执行循环。

(2) 在格式一中 While 和 Until 放在 Do 的后面，表示先判断条件是否满足，再决定是否执行循环体，流程图如图 7 - 104、图 7 - 105 所示。在格式二中，While 和 Until 放在 Loop 后面，表示进入 Do 循环语句后，先执行一次循环体，再判断条件是否满足，以决定是重复循环还是终止循环。其流程图如图 7 - 106、图 7 - 107 所示。

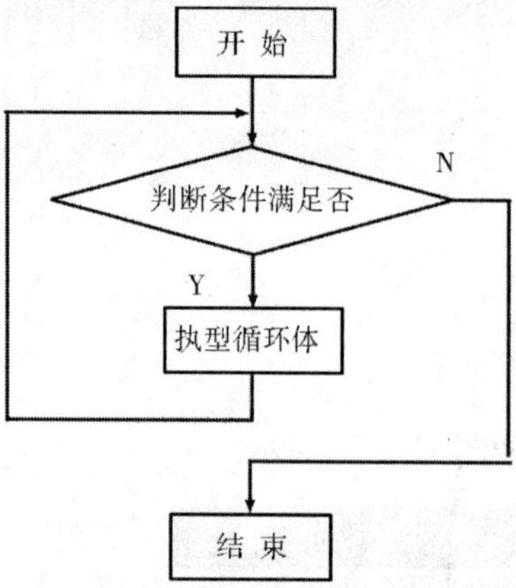

图 7－104 Do While…Loop 执行流程图

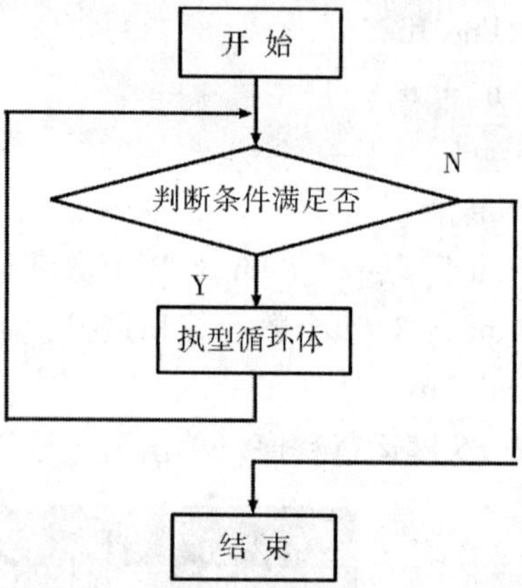

图 7－105 Do Until…Loop 执行流程图

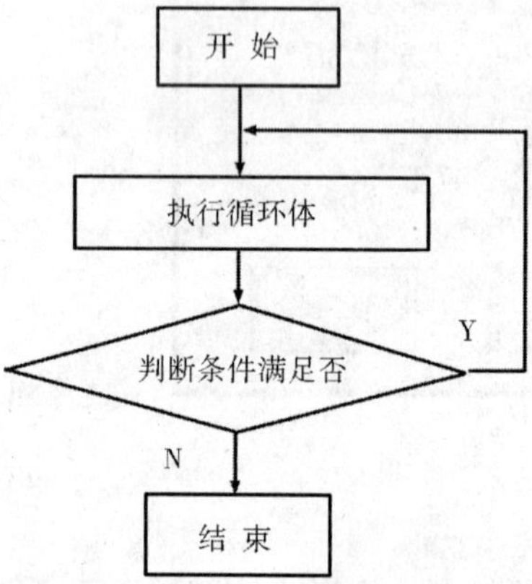

图 7－106 Do…Loop While 执行流程

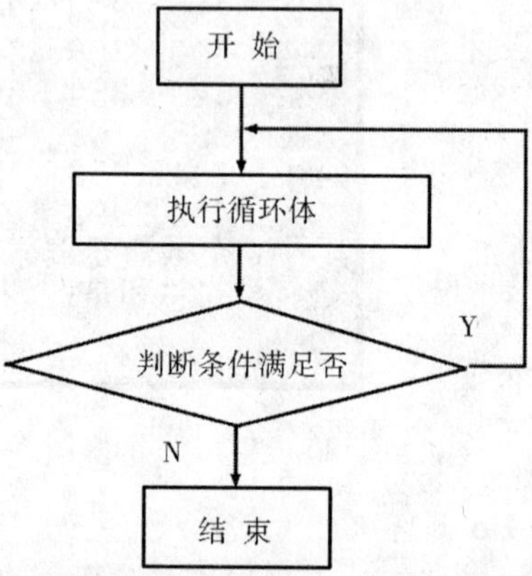

图 7－107 Do…Loop Until 执行流程

（3）While 和 Until 两个关键字是不能同时使用。

（4）如果省略 While（条件）或者 Until（条件），即只有 Do 和 Loop 两个关键字时，其格式简化为：

Do

循环体

Loop

这是 Do 循环最简略的形式。但由于在格式中没有循环判断条件，为能使循环能正常结束，循环体中应有退出循环 Exit Do 语句。

下面以求 1 至 10 的自然数之和为例，比较 Do 循环的几种形式：

① Do While…Loop 循环 N = 1：Sum = 0

Do While N < = 10

Sum = Sum + N

N = N + 1

Loop

```
Print "Sum ="; Sum
```

②Do Until…Loop 循环

```
N = 1: Sum = 0
Do Until N > 10
Sum = Sum + N
N = N + 1
Loop
Print "Sum ="; Sum
```

③ Do…Loop While 循环

```
N = 1: Sum = 0
Do
Sum = Sum + N
N = N + 1
Loop While N < = 10
Print "Sum ="; Sum
```

④Do…Loop Until 循环

```
N = 1: Sum = 0
Do
Sum = Sum + N
N = N + 1
Loop Until N > 10
Print "Sum ="; Sum
```

⑤ Do … Loop 循环

```
N = 1: Sum = 0
Do
Sum = Sum + N
N = N + 1
If N > 10 then exit do
Loop
Print "Sum ="; Sum
```

说明：除上述的几种循环语句形式外，还可以使用 if 条件语句配合转向语句 goto 来形成循环结构。如上述的求自然数之和也可以用下面程序段来完成：

```
   N = 1: Sum = 0
P: Sum = Sum + N
   N = N + 1
   If N < = 10 Then GoTo P
   Print " Sum ="; Sum
```

程序中的 P 是语句标号，标号的命名方式同变量命名方式一样，注意在使用时后面必须跟有冒号“:”标记。语句标号在程序中仅仅只是一个程序代码的位置标记，一般用作转向语句 goto 的转向位置标记。上面程序段的算法思想同前面的 Do … Loop 的 5 种形式完全一样，标号 P 与 if 语句之间的部分就相当于是“循环体”，此处 if 语句的功能作用就是“只要 N < =10，就转向到 P：标号处语句执行”。

由于转向语句 goto 是无条件转向语句，使用不当容易造成程序代码的执行混乱，所以现在一般较少使用。

例 31　编写程序，对任意输入的正整数 N（N≥3）判断其是否素数。

分析：因为素数只能被 1 和自身整除，因此，判断一个整数 N 是否为素数，只要看在 2 到 N－1 之间能否找到一个整数能将 N 整除。如果没有找到，则该数就是素数；如果找到，则该数就不是素数。

使用 Do 循环来进行整除的循环判断，程序设计代码如下：

```
Private Sub Form _ Click ( )
Dim n As Integer, i as Integer
N = val (InputBox ( “请输入一个正整数 ( ≥3)”))
I = 2
Do While I  <  N
    If n Mod i = 0 Then Exit Do
    I = I + 1
Loop
If I  = N Then Print n; “是素数!” Else Print n; “不是素数!”
End Sub
```

程序说明：在程序中，变量 I 的变化范围是从 2 开始，直到 N－1 止。利用条件语句 If n Mod i = 0 Then Exit Do 来判断 N 是否能被 I 整除。有两种情况：①只要出现 N 能被 I 整除（即 N 不是素数），就退出 Do 循环，此时 I 值一定是小于 N。②如果 N 始终未能被循环变量 I 整除，最后循环也会终止，退出循环。但此时变量 I 值是等于 N 的。

Loop 后的条件语句通过判断 I 值是否等于 N 来推断循环是否正常终止。如果正常终止，即 I 等于 N，则可以判断 N 是素数；否则 N 就不是素数。

运行程序，依次输入 5、23、37，得到如图 7－108 所示的结果。

图 7－108　程序运行结果

例 32　编写程序，任意输入两个正整数 M 和 N，求这两个数 M 和 N 的最大公约数。

分析：两数 M 和 N 的最大公约数是指能同时被 M 和 N 整除的最大的正整数。求最大公约数可以用“辗转相除法”。其算法描述如下：①对于已知两正整数 m，n，使得 m > n；②m 除以 n 得余数 r；③若 r = 0，则 n 为最大公约数结束；否则执行（4）；④m/n，n/r，再重复执行（2）。

例如：求 24 和 16 的最大公约数，先将大数 24 作为被除数 m，小数 16 作为除数 n，相除后余数 r 为 8；再将除数（n）16 作为下一次的被除数（m），将得出的余数（r）8 作为下一次的除数（n），再次相除余数（r）为 0。此时最后一次的除数（n）8 就是所求的最大公约数。求解过程参考表 7 - 25。

如果第二次的余数不为 0，则还要依照此方法继续进行下去，直到余数为 0 止。

表 7 - 25　求 24 和 16 的最大公约数

原数	步骤	被除数 m	除数 n	余数 r	结论
24 和 16	(1)	24	16	8	
	(2)	16	8	0	最大公约数是 8

程序代码：

```
Private Sub Form_ Click ( )
  Dim M% , N% , R% , T% , M1% , N1%
  M = val (InputBox ( "清输入第一个整数 M"))
  N =  val (InputBox ( "请输入第二个整数 N"))
  M1 = M: N1 = N
  If M < N Then T = M : M = N : N = T
  R = M Mod N
  DO while R < >0
    M = N
     N = R
     R = M Mod N
  Loop
  Print M1; "和"; N1; "的最大公约数是: "; N
     End Sub
```

程序说明：

语句 If m < n Then t = m ：m = n ：n = t 的作用是保证将较大的一个数放在变量 m 中作为被除数。

语句 M1 = M：N1 = N 的作用是保留初始的 M 和 N 值。因为初始输入的 M、N 值经过循环运算后，都被改变了。

7.6.5 循环的嵌套

通常我们把循环体内不含有循环语句的循环叫做单层循环，而把循环体内又包含了一个或多个完整的循环称之为多重循环或循环的嵌套。在程序设计时，许多问题要用二重或多重循环才能解决。前面学过的 For 循环、While 循环、Do 循环互相之间都可以嵌套，如在 For…Next 的循环体中可以使用 While 循环，而在 While…Wend 的循环体中也可以出现 For 循环等。

我们现在以二重循环为例介绍多重循环，二重循环执行过程是外循环执行一次，内循环执行一遍，在内循环结束后，再进行下一次外循环，如此反复，直到外循环结束。

对于循环的嵌套，要注意以下事项。

（1）在多重循环中，各层循环的循环控制变量不能同名。但并列循环（即在一个循环体内并列存在多个循环）的循环控制变量名可以相同，也可以不同。

（2）外循环必须完全包含内循环，不能骑跨。

例如，以下的嵌套都是允许的：

```
(1) For I = 1 To 10
      For J = 1 To 20
       Next J
      Next I
```

```
(2) Do
      For j = 1 TO 20
      Next J
      Loop While I < = 10
```

```
(3) For I = 1 To 10
      Do While J < = 20
      Loop
      Next I
```

```
(4) Do
      Do While J < = 20
      Loop
      Loop Until I > 10
```

而以下嵌套是不允许的：

```
(1) For I = 1 To 10
      For J = 1 To 20
       Next I
Next J
```

```
(2) Do
      For J = 1 To 20
    Loop While I < = 1 0
Next J
```

```
(3) For I = 1 To 10
      Do While J < = 20
     Next I
     Loop
```

说明：

（1）For 循环嵌套时，且当多个循环的 Next 语句连续出现时，Next 语句可以合并成一条，在其后跟着各循环控制变量。循环变量名不能省略，内层循环变量写在前面，外层循环变量写在后面。例如：

```
For I1 = …
    For I2 = …
   For I3 = …
      …
Next I3, I2, I1
```

（2）在多重循环的任何一层循环中都可以使用 Exit Do 或 Exit For 退出循环，但要注意只能退出 Exit Do 或 Exit For 语句所对应的那一层循环，而不是一次彻底退出多层循环。例如，下面循环的退出后执行的语句如箭头所示：

```
f = 1
```

```
For i = 1 T0 10
  For j = 1 T0 10
    f = f * i * j
    If f > 1000 Then Exit For ─┐
Next j                          │
Print I; j ; f  ◄───────────────┘
Next I
```

例 33　编写程序，制作“九九乘法表”，如图 7－109 所示。

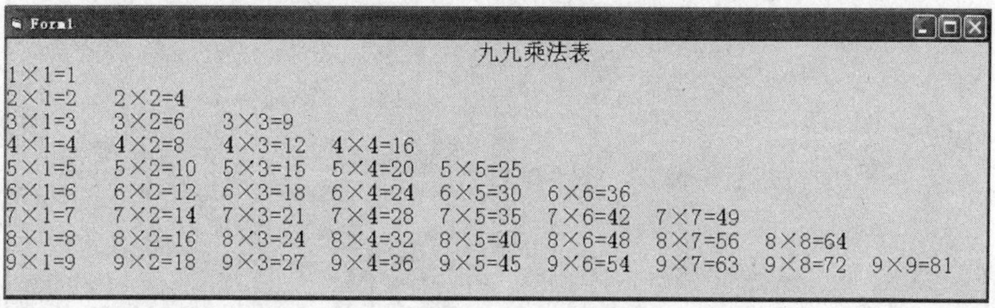

图 7－109　九九乘法表

分析：屏幕的输出特点是先行后列，将第一行的每一列输出完毕后，才会进入第二行内容的输出，根据这个特点，可以设定外循环控制的次数。

“九九乘法表”表中，共有 9 行，那么让外循环次数为 9 次来控制显示打印 9 行数据，可以先考虑使用 For I = 1 to 9 …… Next I 表示；

每一行内容的输出由内层循环来控制，由表中看到，每行的乘式个数与该行的行号相同。即第 1 行 I = 1，打印 1 个乘式；第 2 行 I = 2，打印 2 个乘式；…，第 9 行 I = 9，打印 9 个乘式。所以内循环 J 的变化范围就是从 1 到 I 变化：For J = 1 to I …… Next J

内循环执行的操作：表中的每一个乘式正好是由该行的行号与列标的乘积组成，即 I × J = …。即对应执行的操作是：I；“ * ”；J；“ = ”；I * J

根据以上的分析，可以编写程序如下：

```
Private Sub Form_ Click ( )
Dim I as integer , J As Integer
Print Tab (40)；“九九乘法表”
For i = 1 To 9
  For j = 1 To i
    se = i & "  ×" & j & "  =" & i * j
    Print Tab ( (j - 1) * 9 + 1); se;
  Next j
  Print
```

```
  Next i
End Sub
```

程序运行后，单击窗体，执行打印“九九乘法表”的二重循环，得到图 7－109 的乘法表。

思考：上面的代码完成的“九九乘法表”称为下三角乘法表，如何完成如下图 7－110 所示的上三角乘法表呢?

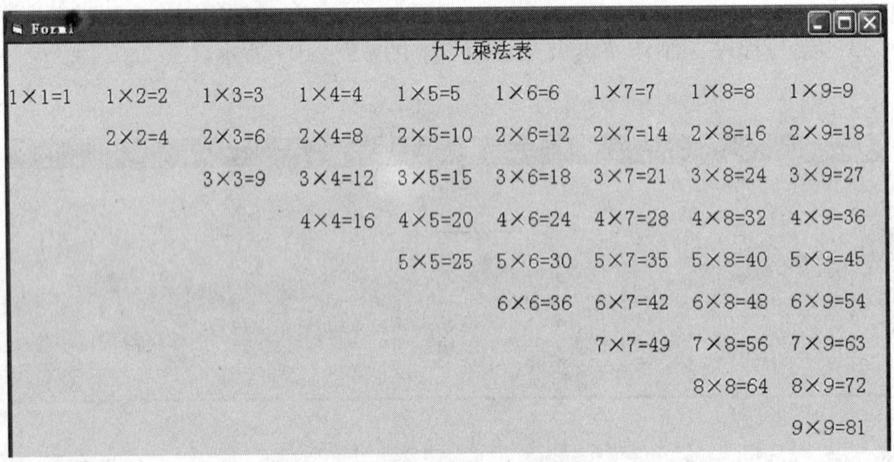

图 7－110　上三角九九乘法表

分析：比较下三角乘法表和上三角乘法表，行数并没有发生变化，每一行输出的乘式数目发生了变化，由 I 变化到 9，但是乘式项的组成规律不变，每一行第一个乘式的输出位置发生了变化，因此，在修改上述代码时需要考虑这一点，参考代码如下：

```
Private Sub Form_ Click ( )
  Dim I As Integer, J As Integer
  Print Tab (40); " 九九乘法表"
  For I  = 1 To 9
      Print Tab (9 * I);
      For J = I To 9
          se = I & "  ×" & J & "  =" & I * J
          Print Tab ( (J - 1)  * 9 + 1); se;
      Next J
    Next I
End Sub
```

例［7－26］用多项式近似公式求自然对数的底 e 的值，要求其误差小于 0.00001。公式为：

（e 的近似值约为 2.71828182845905）

$$e = 1 + \frac{1}{1!} + \frac{1}{2!} + \frac{1}{3!}\cdots + \frac{1}{i!} + \cdots = \sum_{i=0}^{\infty} \frac{1}{2!} \approx 1 + \sum_{i=1}^{m} \frac{1}{i!}$$

分析：该例题涉及两个问题：

(1) 用循环结构求级数和的问题。本例根据某项值的精度来控制循环的结束与否。可考虑使用 DO 循环或者 While 循环。

(2) 累加：$e=e+t$ 循环体外对累加和的变量清零 $e=0$

累乘：$n=n*i$ 循环体外对连乘积变量置1 $n=1$

本问题可以使用双重循环解决。内循环用来求出多项式中的每一项，外层循环则用来将内循环中求的每一项逐项相加。由于每一项的分母为该项 i 值的阶乘，需要进行多次连乘的循环处理。

程序代码设计如下：

```
Private Sub Form_ Click ( )
  Dim i% , n&, t!, e!
  e = 0: i = 0
   t = 1
   Do While t > 0.00001
     e = e + t
     i = i + 1
     n = 1
     For J = 1 To i
       n = n * J
     Next J
     t = 1 / n
  Loop
   Print " 计算了 "; i; " 项的和是 "; e
End Sub
```

运行程序后，单击窗体得到如图 7 - 111 所示的结果。

由于对任一个问题的处理有多种不同的算法，本程序也可以用单层循环来解决问题。修改上例程序代码如下：

```
Private Sub Form_ Click ( )
  Dim i% , n&, t!, e!
  e = 0: n = 1              'e 存放累加和、n 存放阶乘
  i = 0: t = 1              'i 计数器、t 第 i 项的值
  Do While t > 0.00001
    e = e + t: i = i + 1                '累加、连乘
    n = n * i: t = 1 / n
  Loop
  Print " 计算了 "; i; " 项的和是 "; e
End Sub
```

请读者自己分析理解程序是如何实现计算功能的。

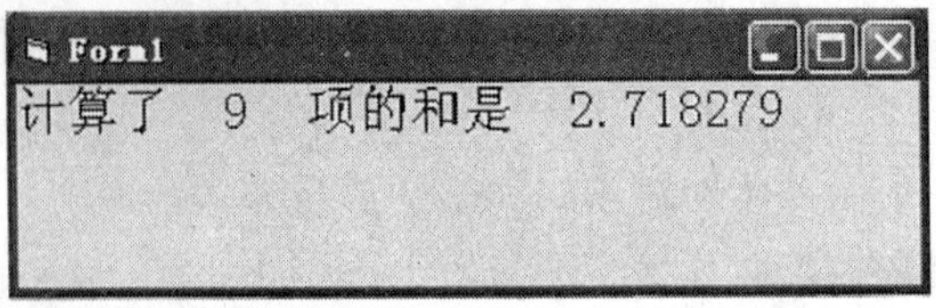

图 7－111　程序运行效果

7.7 常用控件

在第二章中我们介绍了文本框、标签和命令按钮三个最基本的控件对象，本章将进一步学习了解其他的控件对象。只有很好地学习掌握这些控件对象的性能及使用方法，并在程序中正确、灵活地使用，才能设计编制界面美观、功能齐全完整的 VB 程序。

7.7.1 图片框与图像框

图片框控件（PictureBox）和图像框控件（ImageBox）主要用于在窗体的指定位置显示图形信息。VB 6.0 支持 . bmp、. ico、. wmf、. emf、. jpg、. gif 等格式的图形文件。

7.7.1.1 图片框、图像框的常用属性

（1）Picture 属性　图片框和图像框中显示的图片由 Picture 属性决定。图形文件可以在设计阶段装入，也可以在运行期间装入。

①在设计阶段装入　在设计阶段，可以用属性窗口中的 Picture 属性装入图形文件。

②在运行期间装入　在运行期间，可以用 LoadPicture 函数把图形文件装入图片框或图像框中。

语句格式如下：对象名 . Picture = LoadPicture（［filename］）

说明："filename" 是指定被显示图形的文件名，是一个字符串表达式，包括文件的盘符、路径和文件名。如果没有指定文件的盘符和路径，则 LoadPicture 函数将在默认的盘符和路径中查找文件。如果未指定 filename 文件名，即 LoadPicture（　　），执行后将清除对象中的图像。

例如，在名称为 Picture1 图片框中显示"c：\ windows \ bubbles. Bmp" 文件。可以使用下面的 LoadPicture 语句装载图片：

Picture1. picture ＝ LoadPicture（"c：\ windows \ bubbles. Bmp"）

9999 注意，文件名路径的双引号不能少。

如要清除图片框 Picture1 中的图形，可以使用如下语句：

Picture1. Picture ＝LoadPicture（）

或 Picture1. Picture ＝LoadPicture（""）

需要注意的是，若是采用后一种方式，双引号之间不能有任何空格。

（2）AutoSize 属性　该属性用于图片框。决定图片框控件是否自动改变大小以显示图像全部内容。缺省值为 False，此时保持控件大小不变，超出控件区域的图形内容被裁减掉；

若值为 True 时，自动改变控件大小以显示图片全部内容（注意：不是图形改变大小）。

（3）stretch 属性　该属性用于图像框。当该属性的取值为 False 时，图像控件将自动改变大小以显示整个图形；当其值为 True 时，显示在控件中的图像的大小将完全适合于控件的大小，这时，图片可能会变形。

7.7.1.2 图片框、图像框的区别

（1）图片框控件可以作为其他控件的容器。

（2）图片框可以通过 Print 方法接收文本，而图像框则不能接收用 Print 方法输入的信息。

（3）图像框比图片框占用的内存少，显示速度快。

（4）图像框相比图片框，总是能显示完整的图形（但受窗体窗口大小影响）。

总的来说，图像框只能用来显示图像，而图片框的使用功能要丰富的多。

7.7.1.3 应用举例

例 34 在名称为 form1 的窗体上画一个名称为 picture1 的图片框，并可以自动调整自身的尺寸以适应装入图片的大小；再画三个命令按钮，名称分别为 command1、command2、command3，标题分别为“红桃”、“黑桃”、“清除”。程序运行时，单击“红桃”按钮，则在图片框中显示红桃图案，如图 7－112 所示；单击“黑桃”按钮，则在图片框中显示黑桃图案；单击“清除”按钮则清除图片框中的图案。

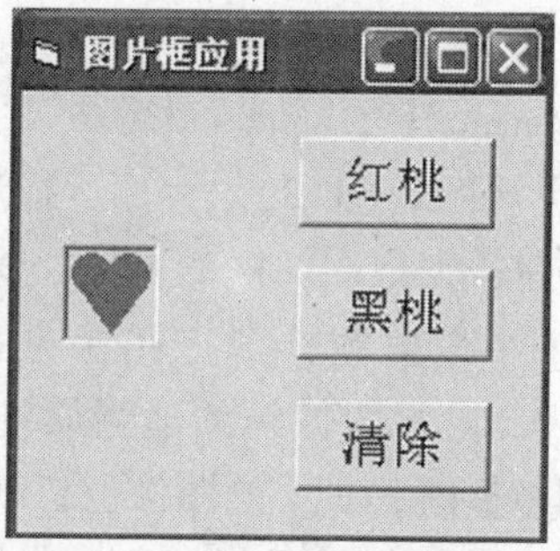

图 7－112　程序设计界面

分析：首先添加一个窗体，在窗体上放置一个图片框和三个命令按钮，按要求依次修改命令按钮的标题，图片框中初始显示的是红桃图案，需要在设计阶段完成 picture 属性的设置。假设两个图片文件都存放在如下的磁盘路径中：E：/vb_ ex/pics 文件夹中，文件的名称是 hongtao. ico、heitao. ico，分别对应“红桃”和“黑桃”两幅图片。（读者可以选用自己电脑中的其他图片来实现本例题的功能，注意图片文件的存放路径）。

题中要求图片框能自动调整自身的尺寸以适应装入图片的大小，故需要设置 AutoSize 属性设为 true。

界面设计：在窗体上添加 1 个图片框、3 个命令按钮，控件的主要属性值见表 7－26 所示。

表 7－26　对象及属性设置

对象	属性	设置
Form1	Caption	图片框应用
Picture1	AutoSize	true
	Picture	E：/vb_ ex/pics/hongtao. ico
Command1	Caption	红桃
Command2	Caption	黑桃
Command3	Caption	清除

编写代码：

依次双击各命令按钮，输入代码如下：

```
Private Sub Command1_ Click ( )
  Picture1. Picture = LoadPicture ( “E: \ vb_ ex \ pics \ hongtao. ico”)
End Sub
Private Sub Command2_ Click ( )
  Picture1. Picture = LoadPicture ( “E: \ vb_ ex \ pics \ heitao. ico”)
End Sub
Private Sub Command3_ Click ( )
   Picture1. Picture = LoadPicture ( “”)
End Sub
```

例 35 在名称为 form1 的窗体上画一个图像框，名称为 Image1，其高、宽分别为 2400、3600，通过属性窗口把 E：\ vb_ ex \ pics 文件夹下的图像文件 sunset. jpg 装入图像框；再画两个命令按钮，名称分别为 Command1、Command2，标题分别为“放大”、“缩小”（图 7－113）。程序运行后，如果单击“放大”按钮，则把图像框的高度、宽度均增加 240；单击“缩小”按钮，则把图像框的高度、宽度均减少 240。设置图像框的适当属性，使得在放大、缩小图像框时，其中的图像也自动放大、缩小。

图 7－113 程序设计界面

分析：此题中，要求放大、缩小图像框时，其中的图像也自动放大、缩小，因此要设置图像框的 Stretch 属性值为 True。

界面设计：在窗体上添加 1 个图像框、2 个命令按钮，控件的主要属性值见表 7－27 所示。

表 7－27 对象及属性设置

对象	属性	设置
Form1	Caption	图像框应用
Image1	Strech	true
	Picture	E：\ vb_ ex \ pics \ sunset. jpg
	Height	2400
	Width	3600
Command1	Caption	放大
Command2	Caption	缩小

编写代码：

```
Private Sub Command1_ Click ( )
  Image1. Width = Image1. Width + 240
```

```
 Image1. Height = Image1. Height + 240
End Sub
Private Sub Command2_ Click ( )
 Image1. Width = Image1. Width - 240
 Image1. Height = Image1. Height - 240
End Sub
```

7.7.2 定时器

Timer 控件也称为计时器或时钟控件。它每隔一定的时间间隔就产生一次 Timer 事件（可理解为报时），用户可以根据这个特性设置时间间隔控制某些操作或用于计时等。

7.7.2.1 属性与事件

（1）属性　定时器控件的属性不是很多，最常用的是 Interval 属性，该属性用来设置触发定时器 Timer 事件的间隔时间。该属性是一个整数值，以 ms 为单位，取值范围是 0 ~ 65535 毫秒（1s = 1000ms），即最大时间间隔为 65535 毫秒，不超过 66s 该属性的缺省值为 0，即定时器控件不起作用。如果希望每秒产生 n 个事件，则应设置属性 Interval 的值为 1000/n。例如我们希望 2 秒钟触发 1 个 Timer 事件，则应设置属性 Interval 的值为 2000；如果希望每秒钟触发 5 个 Timer 事件，则应设置属性 Interval 的值为 1000/5 = 200。

由于受计算机系统硬件的限制，定时器每秒钟最多可产生的 Timer 事件个数随计算机系统硬件性能的高低有很大差别。一般不会多于 100 个。也就是说，实际最小间隔时间大约在 10 毫秒上下。所以，若将 Interval 属性值设为比 10 小的数，一般不会产生预期的效果。

（2）事件　定时器只支持 Timer 事件。对于一个含有定时器控件的窗体，每经过一段由属性 Interval 指定的时间间隔，就触发一次 Timer 事件。

需要注意的是，定时器控件只有在设计时显示，运行时，定时器是不可见的。

7.7.2.2 应用举例

例 36　利用定时器控件来设计一个数字时钟。程序运行后，在窗体上显示当前时间（图 7 - 114）。

图 7 - 114　程序运行界面

分析：在窗体中建立一个图片框，再建立一个计时器。对象属性设置见表 7 - 28 所示。

表 7 - 28　对象及属性设置

对象	属性	设置 Interval
Form1	Caption	定时器的应用
Picture1	fontsize	48
Timer1	interval	1000

程序清单如下：

```
Private Sub Timer1_ Timer ( )
 Picture1. Cls        '清除上一次显示的时间
 Picture1. Print Time ( )        '显示新的时间
End Sub
```

运行程序后，屏幕上将出现一个数字时钟。如图 7 – 114 所示。每隔 1 秒钟，将会触发定时器的 Timer 事件，调用相应的事件过程，使得图片框中的时间自动更新。

7.7.3 滚动条

滚动条（ScrollBar）通常用来附在窗体边上帮助观察数据或确定位置，作为速度、数量的指示器来使用，也可用来作为数据输入的工具。

滚动条分为水平滚动条（HScrollBar）和垂直滚动条（VScrollBar），如图 7 – 115 所示。除方向不一样外，水平滚动条和垂直滚动条的结构与操作是完全相同的。

滚动条的两端各有一个滚动箭头，在滚动箭头之间有一个滚动块。滚动块从一端移至另一端时，其值在不断变化。垂直滚动条的值由上往下递增，水平滚动条的值由左往右递增。其值均以整数表示，取值范围为 – 32768 ~ 32767。最小值和最大值分别在两个端点，其坐标系和滚动条的长度（高度）无关。

7.7.3.1 属性

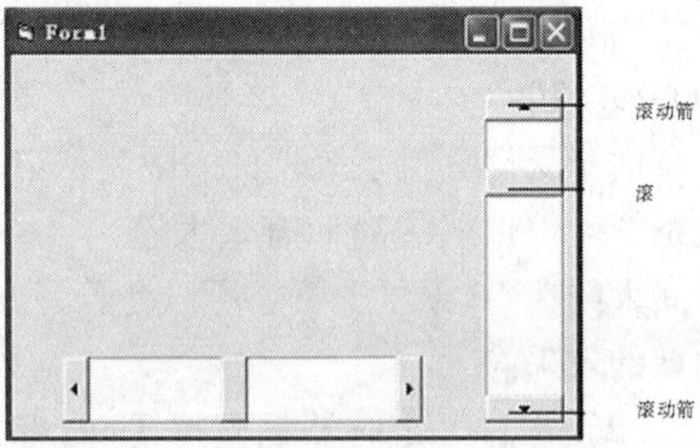

图 7 – 115　水平滚动条和垂直滚动条

（1）Max 属性　滚动条所能表示的最大值。滚动块位于垂直滚动条最底端或是水平滚动条最右端时所代表的值，是一个数值型数据。

（2）Min 属性　滚动条所能表示的最小值。滚动块位于垂直滚动条最上端或是水平滚动条最左端时所代表的值，是一个数值型数据。

（3）Value 属性　表示当前滚动块在滚动条上的位置所代表的值，如果在设计时或程序运行中设置了该属性，则会把滚动块移到 Value 属性所表示的位置。

设置了 Max 和 Min 属性后，滚动条被分为 Max – Min 个间隔。当滚动块在滚动条上移动时，其 Value 值也随之在 Max ~ Min 之间变化。

（4）LargeChange 属性　当用户单击滚动块和滚动箭头之间的区域时，滚动条控件（HScrollBar 或 VScrollBar）的 Value 属性值的改变量，默认值为 1。

（5）SmallChange 属性　当用户单击滚动条两端的箭头时，Value 属性值的增加或减小的量，默认值为 1。

7.7.3.2 事件

滚动条的最常用的是 Change 事件和 Scroll 事件。

只有当在滚动条中拖动滚动块时会触发 Scroll 事件，而无论是单击滚动块和滚动箭头之间的区域还是单击滚动条两端的箭头都不会触发 Scroll 事件；无论用什么方法只要改变了滚动块的位置都会触发 Change 事件。显然 Scroll 事件是用来监视滚动块在滚动条中动态变化的，而 Change 事件用于得到滚动块代表的最后取值。

7.7.3.3 应用举例

例 37 利用滚动条改变文本框中所显示文本的字号大小。要求程序运行效果如下图 7－116 所示。

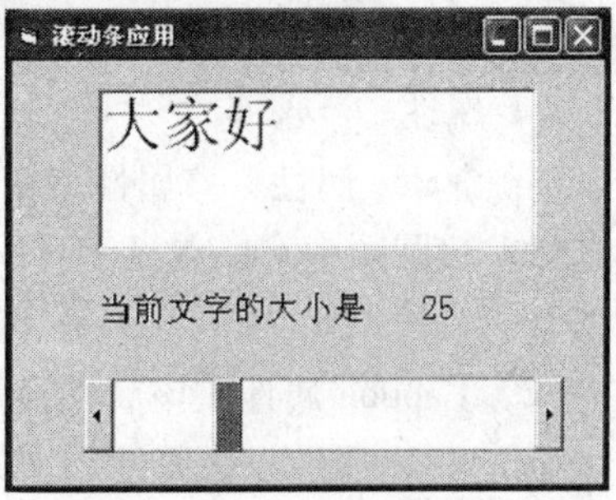

图 7－116 程序运行结果

分析：文本框中文字的字号大小随滚动条的取值发生改变，同时第二个标签中的内容也会随着滚动条的改变而发生变化，需要在代码设计中，完成相应属性的赋值。

界面设计：在窗体上添加 1 个文本框、2 个标签、1 个水平滚动条，控件的主要属性值见表 7－29 所示。

表 7－29 对象及属性设置

对象	属性	设置
Form1	Caption	滚动条应用
Text1	Text	大家好
Label1	Caption	当前文字的大小是
Label2	Caption	（空）
HScroll1	Max	64
	Min	12
	LargeChange	4
	Smallchange	1

代码设计：

```
Private Sub Form_ Load ( )
    Label2. Caption = HScroll1. Value
    Text1. FontSize = HScroll1. Value
End Sub

Private Sub HScroll1_ Change ( )
    Label2. Caption = HScroll1. Value
    Text1. FontSize = HScroll1. Value
End Sub
```

程序运行时，单击两侧的滚动箭头或是滚动块与滚动箭头之间的区域，均会使文字大小和标签中的数字发生变化。

7.7.4 单选按钮

单选钮（OptionButton）通常成组出现，主要用于处理“多选一”的问题。用户在一组单选钮中必须选择一项，并且最多只能选择一项。当某一项被选定后，其左边的圆圈中出现一个黑点。如右图 7－117 所示就是一组单选钮，用户只能在这 3 个单选钮选项中选择一个。

7.7.4.1 属性

（1）Value 属性　该属性表示单选按钮选中或不被选中的状态。True 为选中，此时单选钮左边圆圈中有黑点显示；False 为不被选中，此值为单选按钮默认值，圆圈中没有黑点。

（2）Caption 属性　该属性显示出现在单选钮旁边的文本。

（3）Style 属性　该属性用来设置控件的外观。值为 0 时，控件显示如图 7－127 所示标准样式，是默认值，用圆圈中是否有黑点来表示是否被选择；值为 1 时，控件外观类似命令按钮，用按钮是否被按下来代表是否被选择。由于 Style 属性为 1 时单选按钮的外观形式同“命令按钮”，在程序中为区别两种控件对象，较少使用这种形式的单选按钮。

一般说来，单选钮总是作为一个组（单选钮组）发挥作用的。图 7－127 关于颜色的单选钮就是一个按钮组。

7.7.4.2 事件

单选钮常用事件是 Click 事件。

7.7.4.3 举例

例 38　程序运行后，单击某个单选钮，标签中的文字改变为选定颜色。运行结果如图 7－117 所示。

分析：当选择某一个单选钮后，标签中的文字改变颜色，只需要在单选钮的 click 事件中，编写设置标签前景色属性的相应代码即可。

界面设计：在窗体上添加 1 个标签、3 个单选钮，控件的主要属性值见表 7－30 所示。

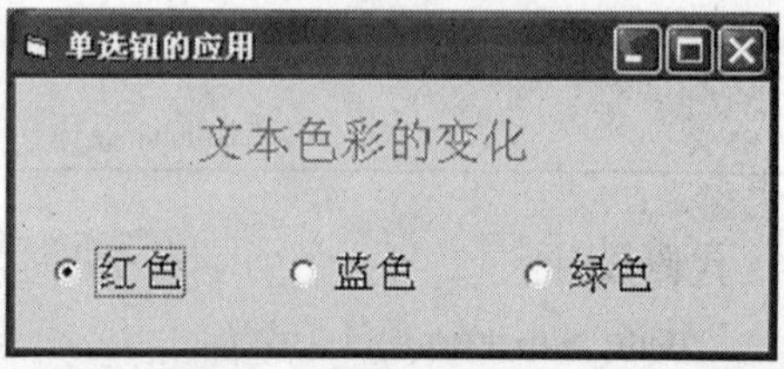

图 7－117　程序运行结果

表 7－30　对象及属性设置

对象	属性	设置
Form1	Caption	单选钮的应用
Label1	Caption	文字色彩的变化
Option1	Caption	红色
Option2	Max	绿色
Option3	Min	蓝色

代码设计：

```
Private Sub Option1_ Click ( )
```

```
  Label1. ForeColor = RGB (255, 0, 0)
End Sub
Private Sub Option2_ Click ()
  Label1. ForeColor = RGB (0, 255, 0)
End Sub

Private Sub Option3_ Click ()
  Label1. ForeColor = RGB (0, 0, 255)
End Sub
```

在程序运行时，可以用以下方法选中一个单选按钮：①使用鼠标单击选择。②使用 Tab 键选择单选按钮组后，使用方向“→、←、↑、↓”选择单选按钮。

注意，对于一组单选按钮，其中只能有一个单选按钮能被选中，并且它会保持其选中状态一直到有另外的单选按钮被选中。

7.7.5 复选框

复选框（CheckBox）也称检查框，单击复选框一次时被选中，左边出现“√”号，再次单击则取消选中，清除复选框中的“√”。可同时使多个复选框处于选中状态，这一点和单选按钮不同。如下图 7－118 所示，有两个复选框。

7.7.5.1 属性

（1）Value 属性　决定复选框的状态。Value 属性有三个可选值：0、1、2，其中：0—未选中，此值为默认值；1—已选中，此时在复选框中会显示“√”号；2—变灰暗。复选框变成灰色，表示禁止用户选择。

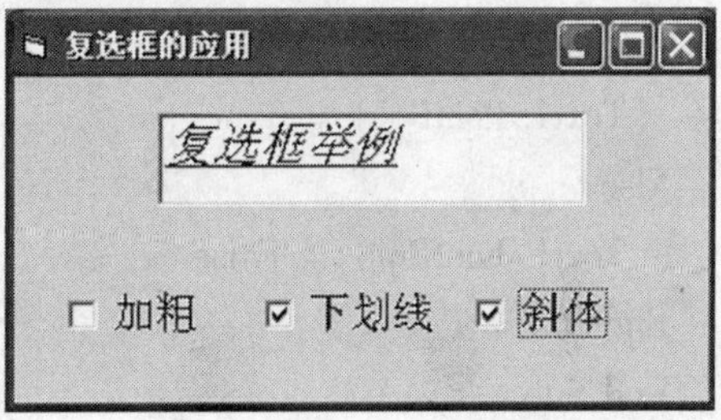

图 7－118　复选框示例

在程序运行中，可以通过使用鼠标单击来选择或取消选择复选框，也可以使用 Tab 键来定位到复选框上，然后按空格键来转变选择和取消选择。

（2）Style 属性　设置控件的外观。值为 0 时，控件显示如图 7－128 所示标准样式，是默认值，用方框中是否出现“√”号标记来代表是否被选择；值为 1 时，控件外观类似命令按钮，用按钮是否被按下来代表是否被选择。当设置复选框为命令按钮外观时，可以通过设置复选框的 Picture、DownPicture、DisabledPicture 三个属性，使复选框分别显示不同的图形来表示 Value 属性的三种状态（未选中、已选中、禁止选择）。

7.7.5.2 事件

复选框常用事件为 Click 事件。

7.7.5.3 举例

例 39　用复选框控制文本是否加下划线和斜体显示。在程序执行期间，如果选定“加下划线”复选框，则文本框中的内容就加上了下划线，如果清除“加下划线”复选框，则文本框中的内容就没有下划线；如果选定“斜体”复选框，则文本框中的文字字形就变成斜体，如果清除“斜体”复选框，则文本框中的文字字形就不是斜体。运行界面如图 7－118 所示。

分析：由于复选框存在三种不同的状态，只有在复选框的状态值为 1 时，才能将文本框中的文本设置为对应的效果。因此，需要对复选框的状态首先做一个判断。

界面设计：在窗体上建立一个文本框，两个复选框。3 个控件的属性如下表 7－31 所示。

表 7－31　对象及属性设置

对象	属性	设置
Form1	Caption	复选框的应用
Text1	Text	复选框举例
Check1	Caption	加粗
Check2	Caption	下划线
Check3	Caption	斜体

代码设计：

```
Private Sub Check1_ Click ()
If Check1. Value = 1 Then
  Text1. FontBold = True
Else
  Text1. FontBold = False
End If
End Sub
Private Sub Check2_ Click ()
If Check2. Value = 1 Then
  Text1. FontUnderline = True
Else
  Text1. FontUnderline = False
End If
End Sub
Private Sub Check3_ Click ()
If Check3. Value = 1 Then
  Text1. FontItalic = True
Else
  Text1. FontItalic = False
End If
End Sub
```

7.7.6 容器与框架

所谓容器，就是可以在其上放置其他控件对象的一种对象。窗体、图片框和框架都是容器。容器内所有控件成为一个组合，随容器一起移动、显示、消失和屏蔽。

在例35中，是在一个窗体上建立一组单选按钮，若要在同一窗体上建立几组相互独立的单选按钮，通常用框架控件（Frame）将每一组单选钮框起来，这样在一个框架内的单选钮成为一组，对一组单选钮的操作不会影响其他组的单选钮。如果不使用框架将两组单选按钮分隔开，则系统会认为它们是一组单选按钮，它们之间只能有一个被选中。删除框架、移动框架时，将连同框架中的所有控件对象一起操作；框架中的对象可以在框架中移动，但不能移到框架之外，可以被删除掉。

在窗体上创建框架及其内部控件时，应先添加框架控件，然后单击工具箱上的控件，用"+"指针在框架中以拖拽的方式添加控件，框架内的控件不能被拖出框架外。不能用双击的方式向框架中添加控件，也不能先画出控件再添加框架。如果要用框架将窗体上现有的控件进行分组，可先选定控件，将它们剪切后粘贴到框架中。

7.7.6.1 属性

（1）Caption 属性　框架的标题，位于框架的左上角，用于注明框架的用途。

（2）Enabled 属性　决定框架中的对象是否可用，通常把 Enabled 属性设置为 True，以使框架内的控件成为可以操作的。

7.7.6.2 事件

Click 和 DblClick。在大多数情况下，我们用框架控件对控件进行分组，没有必要响应它的事件。

7.7.6.3 举例

例40 使用单选钮来改变文本框中文字的颜色和大小。运行结果如下图7－119所示。

分析：为了使文字颜色和文字大小两种功能通过单选钮正常实现，需要将颜色设置和字体大小设置分为两个单选钮组，设置两个框架，再分别添加颜色组和字体大小组的单选钮。

界面设计：在窗体上添加一个文本框控件，一个命令按钮；添加一个框架控件，在框架控件上画上3个单选钮控件（颜色按钮组）；再添加一个框架控件，在框架控件上画上两个单选钮控件（字体大小按钮组）。两个框架的 Caption 属性分别设置为"颜色"和"字体大小"，其他控件属性的设置参照下表7－32所示。

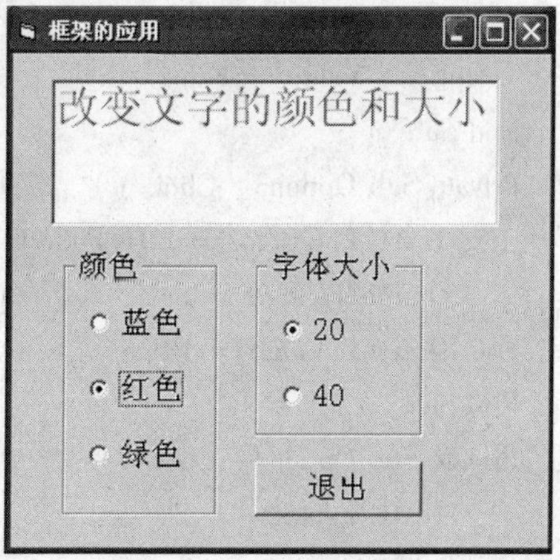

图7－119　程序运行结果

表 7-32　对象及属性设置

对象	属性	设置
Form1	Caption	框架的应用
Text1	Text	改变文字的颜色和大小
Frame1	Caption	颜色
Option1	Caption	蓝色
Option2	Caption	红色
Option3	Caption	绿色
Frame2	Caption	字体大小
Option4	Caption	20
Option5	Caption	40
Command1	Caption	退出

代码编写如下：

```
Private Sub Command1_ Click ( )
  End
End Sub
Private Sub Option1_ Click ( )
  Text1. ForeColor  =  &HFF0000
  Option2. Value  =  False
  Option3. Value  =  False
End Sub
Private Sub Option2_ Click ( )
  Text1. ForeColor  =  &HFF&
  Option1. Value  =  False
  Option3. Value  =  False
End Sub
Private Sub Option3_ Click ( )
    Text1. ForeColor  =  &HFF00&
    Option2. Value  =  False
    Option1. Value  =  False
End Sub
Private Sub Option4_ Click ( )
    Text1. FontSize  =  20
End Sub
Private Sub Option5_ Click ( )
    Text1. FontSize  =  40
```

End Sub

按F5键运行程序。在文本框中输入任意文本，单击“20号”单选按钮，字号变为20号；单击“红色”单选按钮，文字颜色变为红色显示。在设置时可以看到两个框架中的单选按钮互不干涉，对单选按钮的点选只能影响到本框架内的其他单选按钮。

7.7.7 列表框

列表框控件（ListBox）的主要用途在于提供列表式的多个数据项供用户选择。在列表框中放入若干个项的名字，用户可以通过单击某一项或多项来选择自己所需要的项目。如果放入的项较多，超过了列表框设计时可显示的项目数，则系统会自动在列表框边上加一个垂直滚动条，用户可以通过拖动滚动条来查看所有项目。

7.7.7.1 属性

（1）List属性　该属性是一个字符串数组，用来保存列表框中的各个数据项内容，列表框中的每一项数据都对应数组中的一项。List数组的下标从0开始，即List（0）保存表中的第一个数据项的内容。List（1）保存第二个数据项的内容，依次类推，List（ListCount－1）保存表中的最后一个数据项的内容。

在窗体上添加一个列表框，其外观如右图7－120所示，图上所显示的“List1”是控件的名称，而不是列表项中的数据项。

设置列表中的数据项，可在属性窗口中设置List属性。选择属性窗口中的List属性，单击右方的下拉按钮，在弹出的下拉列表框中即可以输入所需的内容。输入方法如下：首先输入第一项内容，完成后按下Ctrl＋Enter键换行，再输入第二项内容，继续按Ctrl＋Enter键换行，直至输入最后一项后，按下Enter键输入结束。

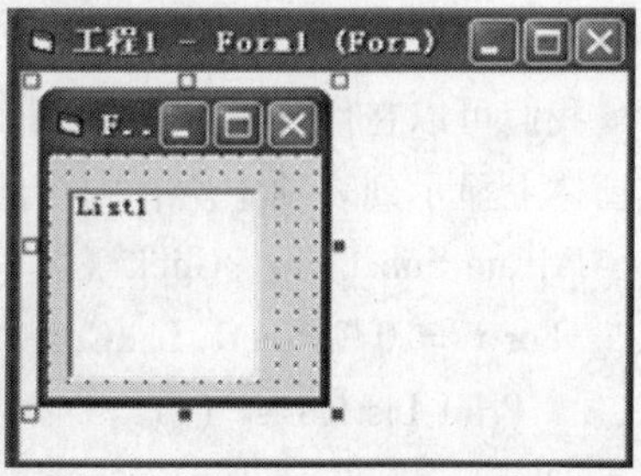

图7－120　设计模式下的列

如图7－121（a）所示，在输入“列表项1”后，按Ctrl＋Enter键换行后再输入“列表项2”，…，最后输入“列表项5”，按Enter键结束输入。程序运行后的列表框显示如图7－121（b）所示的结果。单击列表框中某一项，该项被选中，被选中的列表项呈高亮度蓝色显示。如单击框中第二项“列表项2”，第二项被选中后呈高亮度蓝色显示，如图7－121（c）所示。

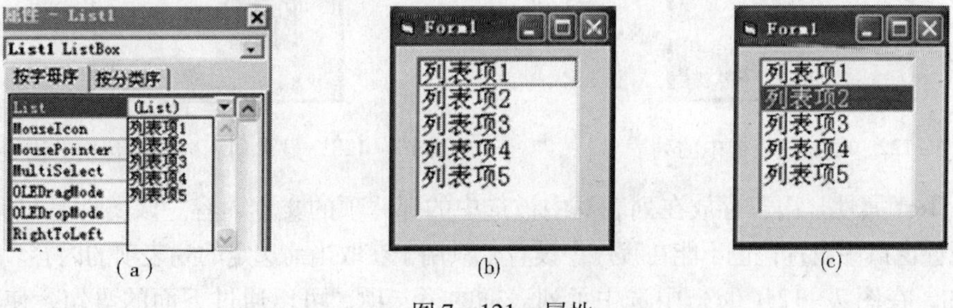

图7－121　属性

需要注意的是，列表框中的项数和该项的下标编号是不同的。如我们选择的是框中第二项，而该项的下标编号是“1”，不是“2”；其 List 属性表示为：List（1），而不是 List（2）。

我们也可以在代码设计中利用 List 属性设置列表项。在代码中设置 List 属性的语句格式为：

列表框名 . List（下标） = 字符串

例如，图 7－121（b）中列表框的显示也可以在窗体加载时用以下语句实现：

```
Private Sub Form_ Load ( )
    List1. List (0) = " 列表项 1"
    List1. List (1) = " 列表项 2"
    List1. List (2) = " 列表项 3"
    List1. List (3) = " 列表项 4"
    List1. List (4) = " 列表项 5"
End Sub
```

（2）ListCount 属性　该属性记录了列表框中的数据项数，该属性只能在程序中引用它。例如图 7－121（b）中列表框中有 5 个列表项，所以 List1. ListCount 属性值为 5。因为列表框中第一项序号（下标）为 0，所以列表框中最后一项的序号就是 ListCount －1。

我们可以在代码设计中利用 ListCount 和 List 属性读取列表项。例如，单击窗体时在窗体上显示列表项中所有内容的代码如下：

```
Private Sub Form_ Click ( )
 For i = 0 To List1. ListCount - 1
   Print List1. List (i)
 Next i
End Sub
```

上述代码的运行结果如图 7－122 所示。

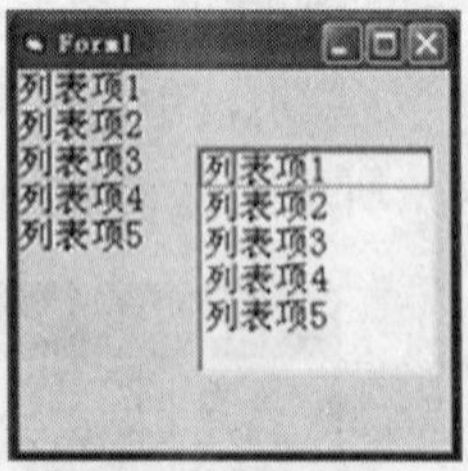

图 7－122　显示列表框中的列表项

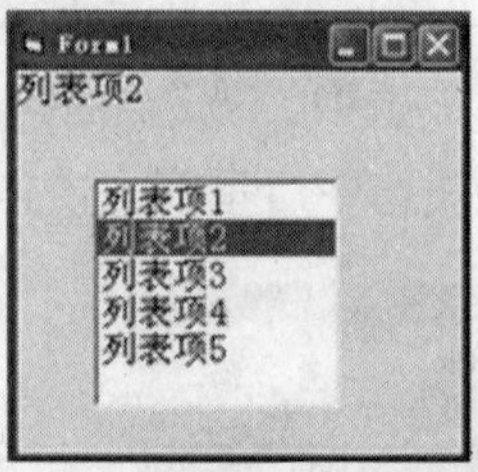

图 7－123　显示列表框中被选中的内容

（3）Text 属性　用于存放在列表框中被选中的那一项的文本内容。该属性是只读的，不能在属性窗口中设置，也不能在程序中设置，只用于获取当前选定的列表项的内容。

例如，在图 7－121（c）中选中了列表框的第二项，可以通过下面的语句，使在窗体上单击时，显示当前列表框中被选中的内容，运行结果如图 7－122 所示：

```
Private Sub Form_ Click ( )
```

```
 Print List1. Text
End Sub
```

（4）ListIndex 属性　该属性是 List 数组中，被选中的列表项的下标值（即索引号）。如果用户选择了多个列表项，则 ListIndex 是最后被选中的那个列表项的索引号；如果用户没有从列表框中选择任何一项，则 ListIndex 为 -1。程序运行时，可以使用 ListIndex 属性判断列表框中哪一项被选中或最后被选中。

例如，在图 7-121（b）中，没有列表项被选中，则 ListIndex 属性值为 -1；在图 7-121（c）中，列表框 List1 中第 2 项被选中，即 List1. List 数组的第 2 项，则 ListIndex 属性值为 1。

ListIndex 属性不能在设计时设置，只有程序运行时才起作用。

图 7-122 的运行效果也可以通过下属代码来实现：

```
Private Sub Form_ Click ( )
 Print List1. List (List1. ListIndex)
End Sub
```

（5）Selected 属性　该属性是一个逻辑数组，其元素对应列表框中相应的列表项。表示相应的列表项在程序运行期间是否被选中。例如，Selected（0）的值为 True，表示第一项被选中，如为 False，表示未被选中。

例如，图 7-121（c）所示的列表框中，共有 5 项列表项，其中只有第二项处于选中状态。则对于这 5 项列表的 Selected 属性有：

第一项未被选中：Selected（0）的值为 False

第二项已被选中：Selected（1）的值为 True

第三项未被选中：Selected（2）的值为 False

第四项未被选中：Selected（3）的值为 False

第五项未被选中：Selected（4）的值为 False

Selected 属性对于列表框中有多项数据项被选中的判断上特别有帮助。

此属性不能在属性窗口中设置，只能在代码中引用。

（6）MultiSelect（多选择列表项）属性　该属性值表明是否能够在列表框控件中进行复选以及如何进行复选。它决定用户是否可以在控件中做多重选择，它必须在设计时设置，运行时只能读取该属性。Multiselect 属性值的说明如下表 7-33 所示。

表 7-33　MultiSelect 属性值的设置

属性	说明
0 - None（缺省值）	表示在列表框中只能进行单项选择
1 - Simple（简单复选）	可同时选择多个项，用鼠标单击或按下 SPACE（空格）键在列表中选中或取消选中项
2 - Extended（扩展复选）	按下 shift 并单击鼠标或按下 shift 以及一个方向键（上箭头、下箭头、左箭头、右箭头）将可以选定连续的多个选项；按下 ctrl 并单击鼠标可在列表中选中或取消选中不连续的多个选项

其中，MultiSelect 属性选择 2 - Extended 后，列表框的选择方式同在资源管理器中选择文件十分类似。

说明：当 MultiSelect 属性值为 1 或 2 时，即列表框处于多项选择状态下时，列表框的 Text 属性值就仅仅只表示列表框中的最后一个被选择项的内容。

(7) SelCount 属性　其值表示在列表框控件中被选中的列表项的项目总数，只有在 MultiSelect 属性值设置为 1（Simple）或 2（Extended）时起作用。此属性通常与 Selected 数组一起使用，以处理控件中的所选项目。

例如，在列表框的 List 属性中添加“列表项 1，列表项 2，……，列表项 5”五个项目，并将列表框的 MultiSelect 的属性设置为 1，运行后列表框的内容及界面还是如图 7 - 121（b）所示。此时图中列表框中的第一项，带有虚线框，此时按下空格键，即可选中该项，再用光标键“↓”移动到第三项，此时第三项也带有虚线框，按下空格键，即选中了该项，被选取的列表项都会高亮度蓝色显示。此时若运行单击窗体，执行以下程序代码：

```
Private Sub Form_ Click ( )
  Print " Text 属性值为:" & List1. Text
  Print " 被选中的有" & List1. SelCount & " 项，分别是:"
  For i = 0 To List1. ListCount - 1
    If List1. Selected (i) = True Then
      Print List1. List (i)
    End If
  Next i
End Sub
```

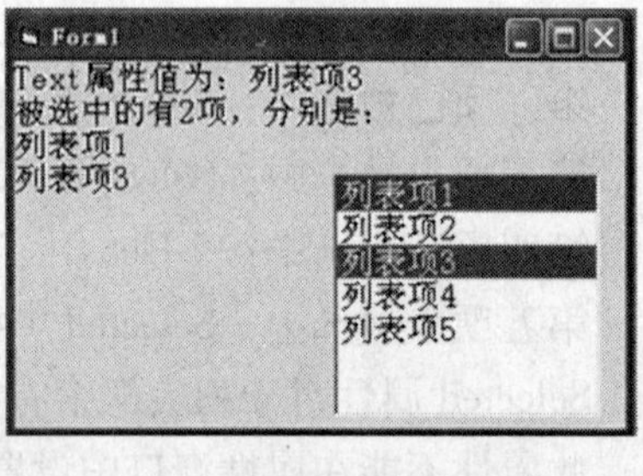

图 7 - 124　程序运行结果

执行结果如图 7 - 124 所示。当用户完成了多项选择后，属性 Text 中存储了最后一个被选中的列表项，SelCount 属性自动具备了值 2，Selected 属性值则存储了所有列表项当前的状态。

7.7.7.2 方法

ListBox 对应的控件方法有：AddItem，Clear 和 RemoveItem。

(1) AddItem 方法　该方法向列表框中添加一个列表项。

其语法是：Listname. AddItem 列表项内容 [，位置索引号]

说明：使用该方法可以在列表框中添加一个项目内容，添加的项目有 2 种情况：①省略“位置索引号”：将新增加的列表项作为当前列表的最后一项添加到列表框；②指定添加“位置索引序号”：位置序号为 0 时，新增加的项目作为整个列表的第一项；位置序号为 1 时，添加的项目为第二项……，依次类推。新的项目添加后，列表框中原位置及以后的所有项目内容都将依次顺序后移一项。

如在图 7 - 121（b）的基础上添加一个列表项：" 列表项 6"，位置在最后。

```
Private Sub Form_ Click ( )
  List1. AddItem " 列表项6"
End Sub
```

添加后的列表框如图7－125（a）所示。

如在图7－122（b）的基础上添加一个新的列表项："列表项2_ 3之间"，位置在列表框中第3项。

```
Private Sub Form_ Click ( )
  List1. AddItem " 列表项2_ 3之间", 2
End Sub
```

添加后的列表框如图7－125（b）所示。

（a）　添加到最后一项　　　　（b）　添加到第三项

图125　添加项

（2）RemoveItem方法　该方法用于删除列表框中的列表项。

其语法是：Listname. RemoveItem index

说明：该方法将指定位置索引号的列表项从列表框中删除。同前面一样，位置索引号是从0开始的，即列表框中第一项的位置序号是0，依次类推。

如在图7－121（b）的基础上删除列表框中第三个列表项："列表项3"。

```
Private Sub Form_ Click ( )
  List1. RemoveItem 2
End Sub
```

删除后的列表框如图7－125（a）所示。

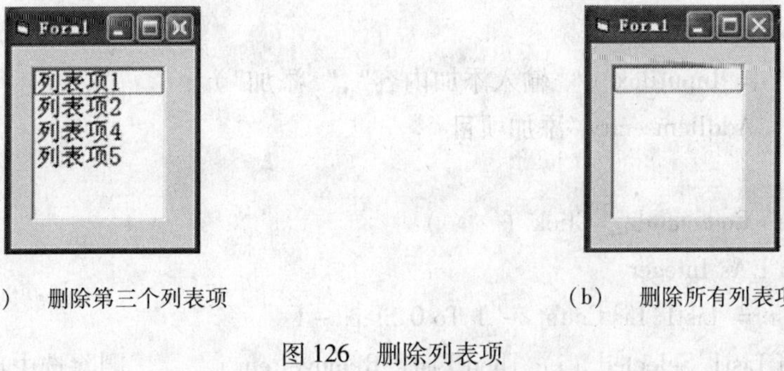

（a）　删除第三个列表项　　　　（b）　删除所有列表项

图126　删除列表项

（3）Clear方法　该方法删除列表框控件中的所有列表项。

其语法是：Listname. Clear

在图 7－121（b）的基础上清除列表框中所有列表项。

```
Private Sub Form_ Click ( )
   List1. Clear
End Sub
```

全部删除后的列表框如图 7－126（b）所示。

7.7.7.3 应用举例

例 41　利用列表框和命令按钮编程，要求程序能够实现添加项目、删除项目、删除全部项目的功能。程序运行界面如下图 7－127 所示。

功能描述如下：①单击“添加项目”按钮，将弹出输入框，提示用户录入列表项内容，新增列表项将被添加到列表框的最后一项；②下能够 shiu 先选中将要删除的项目，再单击“删除项目”按钮，即可删除选定列表项，可以同时删除多项；③单击“全部删除”按钮，列表框中所有项目被删除，没有一个列表项。

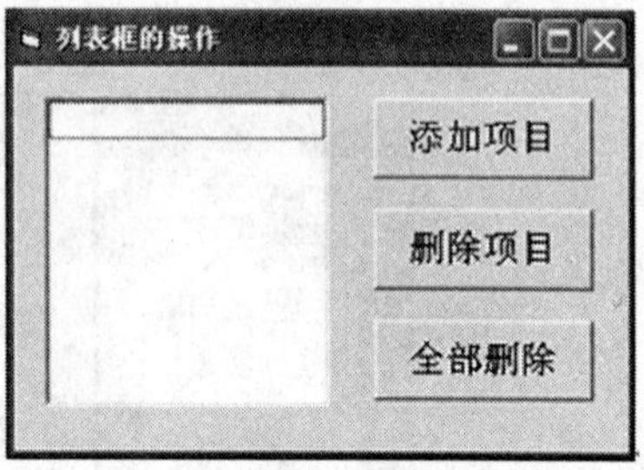

图 7－127　程序运行初始界面

分析：程序界面设计如下：在窗体上添加一个列表框（ListBox）控件，3 个命令按钮。各对象的属性设置如下表 7－34 所示。

表 7－34　对象及属性设置

对象	属性	设置
Form1	Caption	列表框的操作
List1	MultiSelect	2
Command1	Caption	添加项目
Command2	Caption	删除项目
Command3	Caption	全部删除

在程序中添加如下代码：

```
Private Sub Command1_ Click (      )
      Dim entry
      entry = InputBox (" 输入添加内容"," 添加")
      List1. AddItem entry '添加项目
End Sub
Private Sub Command2_ Click (      )
      Dim i As Integer
      For i = List1. ListCount - 1 To 0 Step -1
        If List1. Selected (i) Then List1. RemoveItem i        '删除选中项目
      Next i
```

```
End Sub

Private Sub Command3_ Click (        )
        List1. Clear                    '全部删除
End Sub
```

需要注意的是，在“删除项目”按钮的代码设计中，对被选中列表项的遍历过程中，下标的表示范围是 List1. ListCount -1 到 0，而不是从 0 到 List1. ListCount -1，读者可以自己考虑一下，两者在程序的运行上有何差别?

7.7.8 组合框

组合框（ComoBox）是一种兼有列表框和文本框的功能的控件。它可以像列表框一样，让用户通过鼠标选择所需要的项目；也可以像文本框一样，用键入的方式选择项目。

7.7.8.1 属性和方法

（1）Style 属性　这是组合框的一个重要属性，其取值为 0，1，2，它决定了组合框 3 种不同的类型，分别为下拉式组合框、简单组合框和下拉式列表框，默认值为 0。如下图 7 - 128 所示。

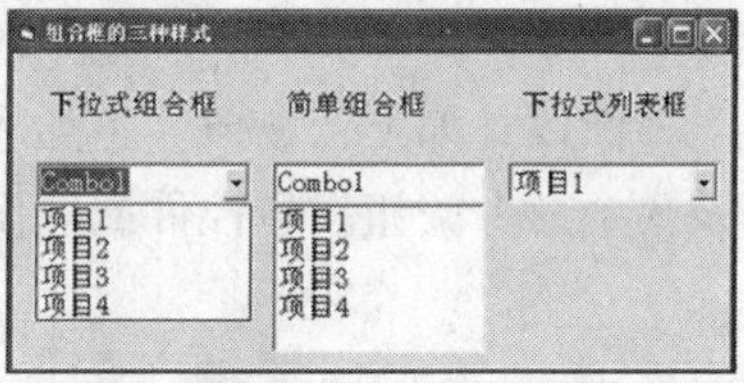

图 7　128　组合框的三种形式

0 - Dropdown Combo（下拉式组合框）：该状态类似一个下拉列表框，如图 7 - 128 中左边一个。单击右端向下箭头，则下拉显示所有列表项以供选择。可以在文本框中输入文本内容，输入的内容项即成为下拉式组合框的当前值（即 Text 的值）。可以用 AddItem 方法将输入的内容添加到组合框中。

1 - Simple Combo（简单组合框）：此种类型的组合框，在其中的列表项目将始终可见，文本框右侧无下拉按钮。当列表项数超过框的高度，将会出现一个垂直滚动条。

2 - Dropdown List Box（下拉式列表框）：该下拉式列表框基本使用形式同下拉式组合框。不同的是下拉式列表框不能在列表框中输入内容项。

（2）Text 属性　该属性值是用户所选择的项目的文本或直接从编辑区输入的文本。

（3）其他属性和方法　组合框的其他部分属性和方法与列表框相同，比如组合框的内容项目，用 List 数组表示；Text 属性值确定组合框当前选项；AddItem 方法可以将项目加入到组合框列表中；RemoveItem 方法将组合框中选定的项目删除等等。

7.7.8.2 应用举例

例 42　设计一个简单的报名窗口，要求界面如下图 7 - 129（a）所示，从文本框中输入学生姓名，在“班级”旁边的组合框中选择其所属班级（提供 4 种默认班级：药学 20091、药学 20092、医学检验 20091、医学检验 20092，用户可以输入其他的班级名）。然后单击“加入”按钮，可将学生姓名和班级添加到列表框中。用户可以删除列表框中所选择的项目，也可以把整个列表框清空。

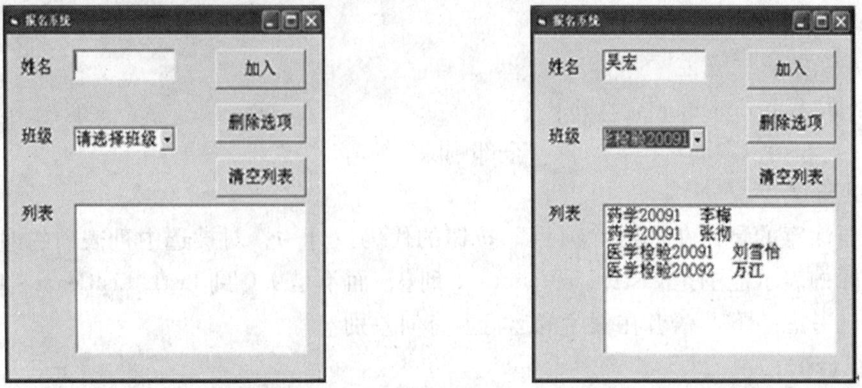

(a) 程序运行初始界面　　　　(b) 程序运行结果

图 129 程序运行界面

分析：此题是对列表框和组合框的综合应用，涉及到对列表项目的添加和删除。报名时姓名班级信息的录入是无序的，在列表中查看相关信息在有序情况下会比较方便，因此，需要对列表中的信息进行排序，可以通过列表框的 sorted 属性来完成简单的排序。

界面设计如下：在窗体上加入 3 个标签，一个文本框，一个组合框，一个列表框，以及 3 个命令按钮。各控件属性设置如下表 7－35 所示。

表 7－35 对象及属性设置

对象	属性	设置
Form1	Caption	报名系统
Label1	Caption	姓名
Label2	Caption	班级
Label3	Caption	列表
Text1	Text	（空）
Combo1	Style	0
List1	Multiselect	2
	Sorted	True
Command1	Caption	加入
Command2	Caption	删除选项
Command3	Caption	清空列表

相关代码如下：

```
Private Sub Command1_ Click ( )
  If ( (Text1. Text < > "") And (Combo1. Text < > "") ) Then
      List1. AddItem Text1. Text + " " + Combo1. Text
      Text1. Text = ""‘添加完成后，清空文本框，方便下一个姓名的录入
```

```
        Combo1. Text = Combo1. List (0)
    Else
        MsgBox (" 请输入添加内容!")
    End If
End Sub

Private Sub Command3_ Click ( )
  List1. Clear        '清空列表
End Sub

Private Sub Command2_ Click ( )
    Dim i As Integer
    If List1. ListIndex > = 0 Then
      For i = List1. ListCount - 1 To 0 Step -1
        If List1. Selected (i) Then List1. RemoveItem i      '删除被选中的项目
      Next i
    End If
End Sub

Private Sub Form_ Load ( )
    Combo1. AddItem " 请选择班级"
    Combo1. AddItem " 药学 20091"
    Combo1. AddItem " 药学 20092"
    Combo1. AddItem " 医学检验 20091"
    Combo1. AddItem " 医学检验 20092"
    Combo1. Text = Combo1. List (0)
End Sub
```

程序运行后，开始录入数据，依次录入信息为：

姓名：张彻　　班级：药学 20091

姓名：李梅　　班级：药学 20091

姓名：万江　　班级：医学检验 20092

姓名：刘雪怡　班级：医学检验 20091

并在每条信息录入后，单击“加入”按钮，则上述 4 条信息显示在列表框中，图 7-139（b）为已经录入 4 人信息，正在录入第五个人的信息，还未点击“加入”按钮的效果图。

7.7.9 多窗体程序设计

当应用程序功能较强，分类较多，用户与程序的交互频繁时，如果只用一个窗体和用户进行交互，一方面难以对界面进行美观的设计，另一方面分类工作很难，设计出来的界面不友好，不方便用户操作。这时最好使用多窗体程序设计，增强程序界面的友好性。

多窗体（Multi_ Form）指的是应用中有多个窗体，它们之间没有绝对的从属关系。每个窗体的界面设计与单窗体的完全一样，只是在设计之前应先建立窗体，这可以通过菜单“工程”——“添加窗体”命令实现。程序代码是针对每个窗体编写的，当然，窗体之间也会存在相互调用的关系。多重窗体实际上是单一窗体的集合，而单一窗体是多窗体程序设计的基础。

一般说来，多窗体的设计基本分成以下几个步骤：①分析应用要求，将其功能划分为不同的几部分；②分别创建各个窗体、模块；③在创建窗体时，除各窗体自身要完成的功能外，还要考虑窗体之间的调用关系；④点击［工程］——［属性］菜单，在［启动对象］中选择应用运行时首先执行的对象；⑤运行应用程序，检验应用及各窗体的运行情况。

7.7.9.1 添加窗体

可以通过“工程”菜单中的“添加窗体”命令添加新的窗体对象。

（1）选择“工程”菜单中的“添加窗体”命令，打开“添加窗体”对话框；

（2）选择“新建”选项卡中的“窗体”选项，可以建立一个新的窗体；或在“现存”选项卡中选择一个已经存在的窗体，可以把该窗体添加到当前的工程文件中来。

注意：建立一个新的窗体或添加一个已经存在的窗体到当前文件中来时，新的窗体与工程中已有的窗体的 Name 属性不能相同，否则添加不能成功。

再一点特别要注意的就是，添加进来的现存窗体可能属于另一工程或由多个工程共享，对此窗体的更改，将会影响到共享该窗体的所有工程。

7.7.9.2 切换窗体

每添加一个窗体，除了在工程设计的大窗口中显示一个窗体外，还会在工程资源管理器窗口的窗体文件夹中出现一个对应的窗体图标，如图 7 - 130 所示。当前工程包含 3 个窗体，若要对各个窗体进行界面或代码的设计，可以在工程资源管理器窗口中通过双击各个窗体名图标来显示某个窗体，实现窗体之间的切换。譬如，要查看或编辑、修改名称为 Form3 的窗体，只需在工程资源管理器中双击对应名称的窗体图标，就会使窗体 Form3 成为当前被编辑窗体。

7.7.9.3 删除窗体

若要删除工程中不需要的窗体，要在工程资源管理器选中该窗体，在待删除的窗体图标上右击，在弹出菜单中选择“移除该窗体”即可。实际上删除窗体仅仅是将窗体文件从工程文件中移去，并不是真正从存储设备（如硬盘等）上删除窗体文件。

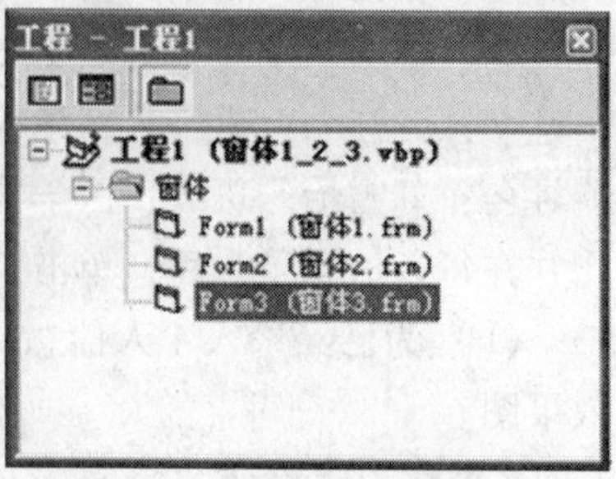

图 7 - 130　工程资源管理器窗口

7.7.9.4 保存窗体

保存包含有多窗体的工程文件时，VB 会连续出现多个保存文件的对话框，要求用户给每个窗体文件都要设定一个窗体文件名，默认的窗体文件名会按照窗体添加的顺序依次命名为 Forml. frm、Form2. frm……等。

7.7.9.5 多窗体的启动

对于只有一个窗体的工程文件，程序启动后，一般就会直接显示该窗体文件。对于有多个窗体的工程文件，运行时显示哪一个窗体可以由用户设置，首先显示的窗体叫启动窗体。

默认情况下，在设计时添加建立的第一个窗体为启动窗体。若要更改其他窗体为启动窗体，可以按照下面的方法步骤设置。

（1）单击“工程”菜单中的“工程属性”菜单命令，打开“工程属性”对话框窗口，如图 7－131 所示，或在工程资源管理器中选中“工程 1”，右击，在弹出菜单中选择“工程 1 属性”；

（2）在“通用”选项卡中选择“启动对象”下拉列表框，在列表项中选择要作为启动的窗体名称，如图 7－131 所示选择了“Form2”作为启动时的主窗体；

（3）单击“确定”按钮，完成对启动窗体的设置操作。

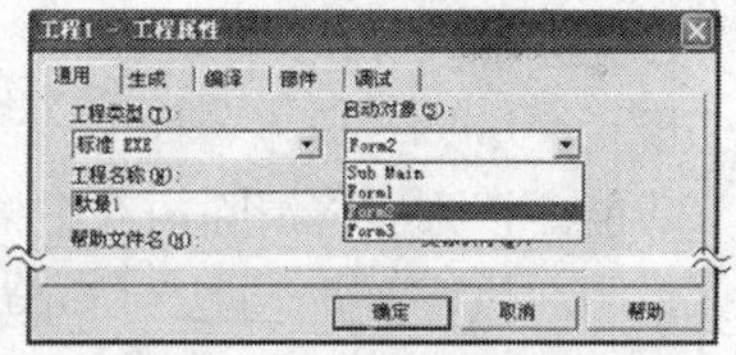

图 7－131　启动窗体的设置

7.7.9.6 多窗体程序设计常用语句与方法

在集成开发环境中，使用“工程”——“添加窗体”菜单，就可以在一个工程中使用多个窗体。被设置为启动对象的窗体在程序运行之初会被自动加载和显示，但是只能在工程属性中设置一个窗体模块为启动对象。当启动对象是 Sub Main 过程时，要显示窗体或当显示一个窗体后再显示其他的窗体，就要考虑窗体的加载、显示、隐藏和卸载问题。

程序运行时，启动窗体先要被装入内存（Load），然后才能在屏幕上显示（Show）。对于其他窗体，可以执行 Load 语句将其装入内存，使用 Show 方法进行显示；暂时不需要的窗体，可以用 Hide 方法隐藏起来；对于不再使用的窗体，可以执行 Unload 语句将其在内存中卸载。

（1）Load 语句

格式：Load 窗体名称

功能：加载指定的窗体到内存。

说明：加载窗体只是将这个窗体对象装入内存，但并不显示这个窗体对象。一个窗体只有装入内存后才能进行显示和操作。Load 语句只是需要在初始化时加载所有的窗体并在以后需要它们的时候显示。当 VB 加载窗体时，先把窗体的各属性设置为初始值，再执行 Load 事件。

需要注意的是，“窗体名称”是窗体的 Name 属性。

（2）. Show 方法

格式：[窗体名称 .] Show [模式]

功能：该方法用于显示一个窗体。若省略窗体名称项，表示对当前窗体进行显示。

说明：Show 方法是显示窗体的方法，但同时具有装入窗体的功能。即在调用 Show 方法时，如果此时显示的窗体没有在内存中，则 Show 方法会先将窗体装入内存，然后再显示该窗体。

[模式] 选项用来确定窗体的状态，选择 0 时，表示该窗体为“非模式型”窗体，选择 1 时，表示该窗体为“模式型”窗体。

(3) Hide 方法

格式：[窗体名称.] Hide

功能：该方法将指定的窗体隐藏起来。

说明：隐藏窗体并不把窗体从内存中卸载，只是变得不可见。在使用 Visible 属性或 Hide 方法隐藏窗体时，如果窗体尚未加载，则 VB 会加载该窗体，但不会让它显示出来。

(4) Unload 语句

格式：Unload 窗体名称

功能：该方法将清除内存中指定的窗体。

说明：执行 Hide 方法和 Unload 语句后，窗体都会从屏幕上消失，但两者是有区别的：使用 Hide 方法隐藏窗体后，窗体仍还保留在内存中。使用 Show 方法时，随时可以调用该窗体迅速显示出来。使用 Unload 方法后，屏幕上显示的窗体或没有显示仅保存在内存中的窗体都将全部消失并从内存中卸载。

7.7.9.7 应用举例

例 43　设计一个程序，完成类似 windows 红心大战游戏的部分功能。该程序包含两个窗体，第一个窗体为欢迎窗体，运行界面如图 7－132（a）所示，用于显示欢迎信息，用户可以查看欢迎信息，5 秒后将自动进入游戏界面，如图 7－132（b）所示，也可以点击欢迎界面上的按钮直接进入游戏界面。第二个窗体是游戏界面，如图 7－132（b）所示，用户输入姓名后，单击“确定”按钮后可以开始游戏（本例中不实现该按钮的功能），也可以单击“退出”按钮返回第一个窗体。

（a）　第一个窗体

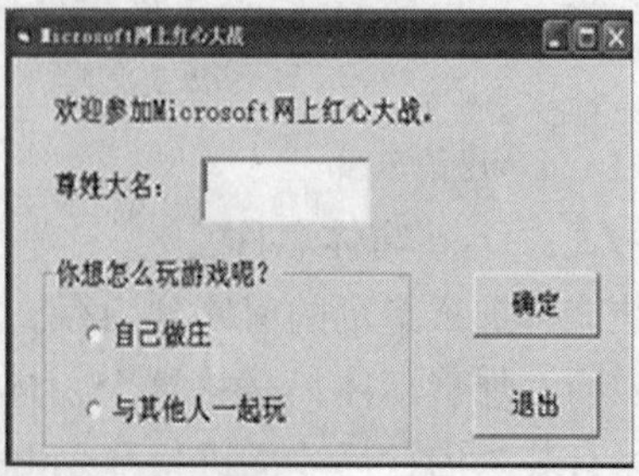

（b）　第二个窗体

图 132　红心大战

分析：本程序包含两个窗体，先完成第一个窗体的界面设计，再完成第二个窗体的界面设计，然后分别完成两个窗体的代码设计，实现两个窗体间的互相调用。

界面设计：

（1）在 VB 开发环境中新建一个工程，该工程将自动包含一个窗体 form1，在该窗体上添加 2 个标签控件，1 个按钮控件，1 个定时器控件。各对象的属性设置如下表 7 –36 所示。

表 7 –36 对象及属性设置

对象	属性	设置
Label1	Caption	欢迎进入游戏空间
Label1	Font	黑体，初号
Label2	Caption	等待 5 秒钟或单击下方按钮直接进入游戏
Command1	Caption	直接进入游戏
Timer1	Interval	5000

（2）添加另一个窗体，默认名为 form2，在该窗体上 2 个标签，1 个文本框，1 个框架，2 个单选钮，2 个命令按钮。各对象的属性设置如下表 7 –37 所示。

表 7 –37 对象及属性设置

对象	属性	设置
Form2	Caption	Microsoft 网上红心大战
Label1	Caption	欢迎参加 Microsoft 网上红心大战。
Label2	Caption	尊姓大名：
Text1	Text	（空）
Frame1	Caption	你想怎么玩游戏呢？
Option1	Caption	自己做庄
Option2	Caption	与其他人一起玩
Command1	Caption	确定
Command2	Caption	退出

代码设计：分别为 form1 和 form2 中的控件编写相应的事件过程。在 form1 中，等待 5 秒与单击按钮都可以隐藏当前窗体（form1）并显示第二个窗体（form2），因此在设计模式下，form1 作为当前窗口时，双击窗体进入代码窗口，编写如下代码。

```
Private Sub Command1_ Click ()
  Form1. Hide
  Form2. Show
End Sub

Private Sub Timer1_ Timer ()
  Form1. Hide
  Form2. Show
End Sub
```

在 form2 中，单击“取消”按钮将隐藏当前窗口（form2）并显示第一个窗体（form1），在工程资源管理器中，双击 form2，使 form2 作为当前窗口，双击窗体进入代码窗口，只需要编写按钮的相应事件过程即可，代码如下：

```
Private Sub Command2_ Click ( )
   Form2. Hide
   Form1. Show
End Sub
```

编写完成后，按 F5 键运行程序，屏幕显示启动窗体 Form1，单击 Form1 中的命令按钮或是等待 5 秒钟，Form1 将会隐藏，并显示窗体 Form2。在窗体 2 中单击命令按钮 2 “退出”，窗体 Form2 将被隐藏，窗体 Form1 将会显示。

该游戏程序的其他功能并未实现，读者可以自行完成后续的设计。

习 题

7. 1

一、单项选择题

1. Visual Basic 中的控件分为两类，一类是 ActiveX 控件，另一类是（　　）。

A. 文本控件　　B. 标准控件

C. 基本控件　　D. 图形控件

2. 窗体文件的扩展名是（　　）。

A. . bas　　B. . cls　　C. . res　　D. . frm

3. 下列说法正确的是（　　）。

A. 属性的一般格式为对象名_ 属性名称，可以在设计阶段赋予初值，也可以在运行阶段通过代码来更改对象的属性：

B. 对象是有特殊属性和行为方法的实体

C. 属性是对象的特性，所有的对象都有相同的属性

D. 属性值的设置只可以在属性窗口中设置

4. 下列说法正确的是（　　）。

A. 在活动窗体中只能通过拖动右上角和左下角的小方块来在高度和宽度上缩放控件

B. 若一个控件上有 4 个黑色的小方块，表明该控件是活动的

C. 窗体中活动控件只能有一个

D. 非活动控件在窗体是隐藏的

5. 在 Visual Basic 中，被称为对象的是（　　）。

A. 窗体　　B. 控件

C. 控件和窗体　　D. 窗体、控件和属性

6. Visual Basic 标题栏上显示了应用程序的（　　）。

A. 大小　　B. 状态　　C. 位置　　D. 名称

7. Visual Basic 程序设计采用的编程机制是（　　）。

A. 可视化　　B. 面向对象

C. 事件驱动　　D. 过程结构化

8. Visual Basic 6.0 分为 3 种版本，不属于这 3 种版本的是（　　）。

A. 学习版　　B. 专业版

C. 企业版　　D. 业余版

9. 确定窗体控件启动位置的属性是（　　）。

A. Width 和 Height　　B. Width 或 Caption

C. StartUpPositon　　D. Top 和 Left

10. 新建一个窗体，其 BorderStyle 属性设置为 Fixed Single，但运行时却没有最大化和最小化按钮，可能的原因是 v

A. BorderStyle 的值设为 Fixed. Single，此项设置值的作用即禁止最大化和最小化按钮

B. 窗体的 MaxButton 和 MinButton 值设为 False

C. 正常情况下新建的窗体都没有最大化和最小化按钮

D. 该窗体可用鼠标拖动边框的方法改变窗体的大小

11. 下列说法错误的是（　　）。

A. 标准模块也称程序模块文件，扩展名是 . bas

B. 标准模块由程序代码组成

C. 标准模块只用来定义一些通用的过程

D. 标准模块不附属于任何一个窗体

12. 在设计阶段，当双击窗体上的某个控件时，打开的窗口是（　　）。

A. 工程资源管理器窗口

B. 工具箱窗口

C. 代码窗口

D. 布局窗口

13. 下列说法错误的是（　　）。

A. Caption 为只读属性，运行时对象的名称不能改变

B. 设置 Height 或 Width 的数值单位为 twip，是 1 点的 1/20

C. Icon 属性用来设置窗体最小化时的图标

D. 用来激活属性窗口的快捷键是 F4 键

14. 下列说法不正确的是（　　）。

A. 对象的操作由对象的属性、事件和方法来描述

B. Visual Basic 是面向对象的程序设计，Visual Basic 中只有窗体和控件两种对象

C. 属性是对象的特征，不同的对象有不同的属性

D. 对象事件在代码窗口中体现过程

15. 建立一个新的标准模块，应该选择（ ）菜单下的“添加模块”命令？

A. “工程”菜单　　B. “文件”菜单

C. “工具”菜单　　D. “编辑”菜单

16. 下列可以启动 Visual Basic 的方法是（ ）。

A. 打开“我的电脑”，找到存放 Visual Basic 所在系统文件的硬盘及文件夹，双击“VB6. exe”图标

B. 在 DOS 窗口中，键入 Visual Basic 的路径，执行 Visual Basic 可执行文件

C. 利用“开始”菜单中的“程序”命令可启动 Visual Basic

D. A 和 C

17. 激活菜单栏的快捷键是（ ）。

A. F4　　B. F10　　C. F5　　D. Ctrl

18. 一个工程一般包含的文件的类型是（ ）。

A. *. vbp *. frm *. frx

B. *. vbp *. cls *. bas

C. *. bas *. ocx *. res

D. *. frm *. cls *. bas

19. 在代码编辑器中，续行符是用来换行书写同一个语句的符号，表示续行符的是（ ）。

A. 一个空格加一个下划线“_”

B. 一个下划线“_”

C. 一个造字符“-”

D. 一个空格加一个连字符“-”

20. 下列说法错误的是（ ）。

A. 标准模块的扩展名是. bas

B. 标准模块由程序代码组成

C. 标准模块只用来定义一些通用的过程

D. 标准模块不附属于任何一个窗体

二、填空题

1、Visual Basic 6. 0 共有（ ）种版本，它们分别是：（ ）。

2、与传统的程序设计语言相比，Visual Basic 的两个最显著的特点是（ ）和（ ）。

3、Visual Basic 6. 0 的集成开发环境主要由 5 个窗口组成，这 5 个窗口是：系统主窗口、工具箱窗口、工程设计窗口、（ ）和（ ）。

4、使用 Visual Basic 进行 Windows 编程所涉及到的 3 个关键概念是：（ ）、

（ ）和（ ）。

5、Visual Basic 应用程序可以在 3 种不同的状态下进行浏览，这 3 种状态指的是：（ ）、（ ）和（ ）。

7.2

一、单项选择题

1. 确定控件在窗体上左边距位置的属性是（ ）。

A. Height　　B. Width　　C. Left　　D. Top

2. 在窗体上画一个名称为 Text1 的文本框和一个名称为 Command1 的命令按钮，然后编写如下事件过程：

```
    Private Sub Command1_ Click ( )
  Text1. Text = "  Visual"
        Me. Text1 = "  Basic"
        Text1 = "  Program"
  End Sub
```

程序运行后，如果单击命令按钮，则在文本框中显示的是（ ）。

A. Visual　　B. Basic　　C. Program　　D. 出错

3. 标签控件能够显示文本信息，文本内容只能用（ ）属性来设置？

A. Alignment　　B. Caption　　C. Visible　　D. BorderStyle

4. 下列说法中，不正确的是（ ）。

A. Cls 方法中的对象，可以是窗体或图片框，如果省略则清除当前窗体中显示的内容。

B. 当前窗体中用 Picture 属性装入的图形，不可以用 Cls 方法清除

C. Move 方法用来移动窗体和控件，不能改变大小

D. Cls 可以清除由 Print 方法显示的文本，并把光标移到对象的左上角（0，0）

5. 当一个命令按钮的 Default 属性为 True 时，按（ ）与单击该命令按钮作用相同。

A. Insert　　B. 回车　　C. Break　　D. Shift

6. 如果要将文本框作为密码框使用时，应设置的属性为（ ）。

A. Name　　B. Caption　　C. PasswordChar　　D. Text

7. 使“计算机技术”在当前窗体上输出的语句是（ ）。

A. Print“计算机技术”

B. Picture. Print“计算机技术”

C. Printer. Print“计算机技术”

D. Debug. Print“计算机技术”

8. 用来设置文本框有无滚动条的属性是（ ）。

A. ScrollBars　　B. MultiLine　　C. SelText　　D. SelLength

9. 当 Esc 键与单击该命令按钮作用相同时，此命令按钮的（　　）属性被设置为 True？

A. Style　　B. Default　　C. Caption　　D. Cancel

10. 在 Visual Basic 种，要使标签的标题栏靠右显示，则将其 Alignment 属性设置为（　　）。

A. 0　　B. 2　　C. 1　　D. 3

11. 属性 BorderColor 的作用是（　　）。

A. 设置直线颜色和形状边界颜色

B. 设置直线或形状背景颜色

C. 设置直线或形状边界线的线型

D. 设置形状的内部颜色

12. 在属性窗口中设置（　　）属性，可以把指定的图形放入当前对象中。

A. Current Y　　B. Picture　　C. Current X　　D. Stretch

13. 在使用应用程序时，常常用作在单击时执行指定的操作的控件是（　　）。

A. 命令按钮　　B. 图片框

C. 复选框　　D. 单选按钮

14. Print 方法可以在对象上输出数据，这些对象包括（　　）。

A. 图片框　　B. 状态栏

C. 标题栏　　D. 代码窗口

15. 使“Microsoft”在当前窗体上输出的语句是（　　）。

A. Picture. Print "　Microsoft"

B. Print "　Microsoft"

C. Printer. Print "　Microsoft"

D. Debug. Print "　Microsoft"

16. 如果将文本框控件设置成只有垂直滚动条，则需要将 ScrollBars 属性设置为（　　）。

A. 0　　B. 1　　C. 2　　D. 3

二、填空题

1. Visual Basic 的对象主要分为（　　）和（　　）两大类。

2. 在 Visual Basic 中，用来描述一个对象外部特征的量称之为对象的（　　）。

3. 在 Visual Basic 中，设置或修改一个对象的属性的方法有两种，它们分别是（　　）和（　　）。

4. 在 Visual Basic 中，每个对象一般者能感知和接收多个不同的事件，并能对这些事件作出响应，其响应方式就是通过调用执行一个与之相应的（　　）来实现的。

5. 在 Visual Baisc 中，事件过程的名字由（　　）、（　　）和（　　）所构成。

6. 若用户单击了窗体 Form1，则此时将被执行的事件过程的名字应为（　　）。

7. 若要将窗体 Form1 隐藏起来，可调用其方法（　　）来实现，具体调用格式为（　　）。

三、编程操作题

（1）在名称为 Form1 的窗体上建立一个名称为 Text1 的文本框，一个名称为 Cmd1，标题为"输出"的命令按钮，如题图 1 所示。要求程序运行后，在文本框输入几个字符，单击"输出"按钮，则在窗体上显示文本框中的文字。

注意：在程序中不能使用任何变量。

（2）在名称为 Form1 的窗体上建立两个名称分别为 Cmd1 和 Cmd2，标题为“按钮一”和“按钮二”的命令按钮，如题图 2 所示。要求程序运行后，如果单击“按钮一”，则把“按钮二”移到“按钮一”上，使两个按钮重合，如题图 3 所示。

注意：在程序中不得使用任何变量

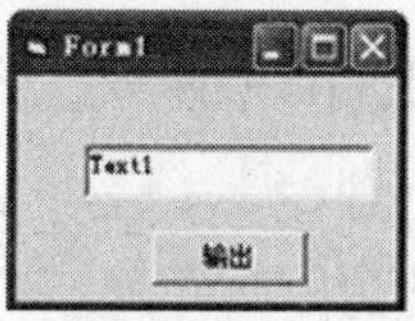

题图 1

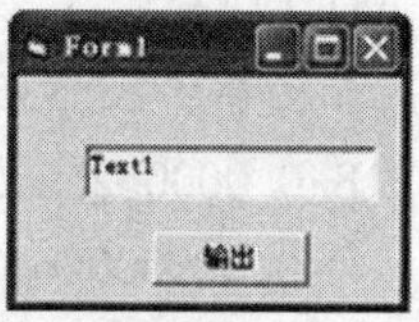

题图 2

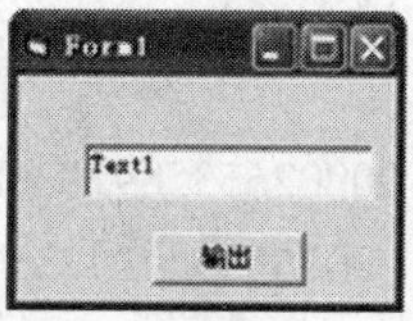

题图 3

7.3

一、单项选择题

1. 下列变量名中，不合法的变量名是（　　）。

A. Print_ Num1　　B. Abc%

C. Dim　　D. X1_ Y2_ Z3

2. 下列可作为 Visual Basic 的变量名的是（　　）。

A. 4Delta　　B. Alpha　　C. ＊ABC　　D. AB｛｝

3. 下列可作为 Visual Basic 的变量名的是（　　）。

A. Filename　　B. A（A+B）

C. 254D　　D. Print

4. 下面（　　）表示变体类型数据。

A. Double　　B. Currency　　C. Boolean　　D. Variant

5. 下列（　　）。日期型数据。

A. @January，10，1997@　　B. #January，10，1997#

C. “January，10，1997”　　D. &January，10，1997&

6. 常量 2.4237D －02 的类型是（　　）。

A. 整型　　B. 单精度　　C. 字符型　　D. 双精度

7. 设 a=3，b=5，则以下表达式值为真的是（　　）。

A. a > = b And b > 10

B. (a>b) Or (b>0)

C. (a<0) Eqv (b>0)

D. (-3 +5 >a) And (b>0)

8. 下列几项中，属于合法的日期型常量的是（　　）。

A. "10/10/02"　　B. 10/10/02

C. {10/10/02}　　D. #10/10/02#

9. 下列不可作为 Visual Basic 中所允许的形式的数是（　　）。

A. ±25. 74　　B. 3. 457E -100

C. 368　　D. 1. 87D +50

10. 下列可作为 Visual Basic 中所允许的形式的数是（　　）。

A. 10 * ^ (1. 256)　　B. D32

C. 2. 5E　　D. 12E3

11. 下面（　　）数写成普通的十进制数是：2. 65358979335278D -006。

A. 0. 0000265358979335278　　B. 0. 00000265358979335278

C. 0. 000265358979335278　　D. 0. 000000265358979335278

12. 下面（　　）数写成普通的十进制的数是：1. 2157654590569D +018。

A. 1215765459056900　　B. 12157654590569000

C. 121576545905690000　　D. 1215765459056900000

13. 下面（　　）数写成普通的十进制数是：8. 6787E +8。

A. 86787000　　B. 867870000

C. 8678700　　D. 8678700000

14. 下面（　　）数写成普通的十进制数是：2. 567E -12。

A. 0. 000000000002567　　B. 0. 0000000002567

C. 0. 000000002567　　D. 0. 00000000002567

15. 设 a=2，b=3，c=4，d=5，下列表达式的值是：a>b AND c< =d OR 2 * a >c（　　）。

A. True　　B. False　　C. -1　　D. 1

16. 设 a=2，b=3，c=4，d=5，下列表达式的值是：3 >2 * b OR a = c AND b< >c OR c>d（　　）。

A. 1　　B. True　　C. False　　D. -1

17. 设 a=2，b=3，c=4，d=5，下列表达式的值是：NOT a< =c OR 4 * c = b^2 AND b< >a + c（　　）。

A. -1　　B. 1　　C. True　　D. False

18. Visual Basic 中的数值可以用十六进制或八进制表示，十六进制数的开头符是 &H，八进制数的开头符号是（　　）。

A. $O　　B. &O　　C. $E　　D. &E

19. 实现将小写字母转换大写字母的函数是（　　）。

A. Str（　　）　　B. Upper（　　）

C. Ucase（　　）　　D. Lcase（　　）

20. 如果一个变量未经定义就直接使用，则该变量的默认类型为（　　）。

A. Variant　　B. Byte　　C. Boolean　　D. Integer

二、填空题

1. VB 数据类型有 6 大类型，它们分别是（　　）、（　　）、（　　）、（　　）、（　　）、（　　）。

2. 用户自定义 VB 常量的基本格式：（　　）常量名 As 类型 =（　　）。

3. 下列 Visual Basic 表达式有错误，其正确的形式是（　　）。

（8 +6）^（4 ÷ −2） + SIN（2 * π）

4. 下列 Visual Basic 表达式有错误，其正确的形式是（　　）。

［（x + y） + z］ ×80 −5（C + D）.

5. 与下列数学式子对应的 Visual Basic 表达式是（　　）。

$\cos^2(c+d)$

6. 与下列数学式子对应的 Visual Basic 表达式是（　　）。

$5+(a+b)^2$

7. 与下列数学式子对应的 Visual Basic 表达式是（　　）。

Cos（x）（sin（x） +1）

8. 与下列数学式子对应的 Visual Basic 表达式是（　　）。

e^2+2

9. 与下列数学式子对应的 Visual Basic 表达式是（　　）。

2a（7 + b）

10. 与下列数学式子对应的 Visual Basic 表达式是（　　）。

$8e^3 \times \ln 2$

11. 表达式 Str（Len（“123”）） + Str（77.7）的值是（　　）。

12. 可以描述 x > y 和 y > z 同时成立的 VB 表达式为（　　）。

13. 表达式“12” + “3” ı 45 的值是（　　）。

14. 简述 VB 中的基本数据类型，并写出他们所对应的关键字。

15. 设 I = 1，J = 0，X =2，Y =2，则表达式 X = 2 Or Not Y > 0 And X − Y）/ I < > 0 的值是（　　）。

16. 执行以下语句后，输出结果是（　　）、（　　）。

```
a = “Good”
b = “Morning”
Print a + b
Print Right（a + b，4）
```

17. 执行以下语句后，输出结果是（　　）、（　　）。

    s = “ABCDEFGHIJK”
    Print Left（s，4）
    Print Right（s，4）

18. 执行以下语句后，输出结果是（　　）、（　　）。

    s = “ABCDEFGHIJK”
    Print Mid（s，3，4）
    Print Len（s）

19. 执行以下语句后，输出结果是（　　）、（　　）。

    s = “ABCDEFGHIJK”
    print Instr（s，" efg"）
    print Lcase（s）

20. 假定当前日期为2012年4月18日，星期三，则执行以下语句后，输出结果是（　　）、（　　）、（　　）、（　　）。

    print day（now）
    print month（now）
    print year（now）
    print weekday（now）

7.4

一、单项选择题

1. 下列关于算法的叙述不正确的是（　　）。

   A. 算法是解决问题的有序步骤
   B. 算法具有确定性、可行性、有限性等基本特征
   C. 一个问题的算法都只有一种
   D. 常见的算法描述方法有自然语言、图示法、伪代码等

2. 确定一个控件在窗体上的位置的属性是（　　）。

   A. Width 和 Left　　B. Width 或 Top
   C. Top 和 Height　　D. Top 和 Left

3. 如果要显示 VB 中的输入对话框，需要调用 Visual Basic 提供的（　　）函数。

   A. MsgBox　　B. Open
   C. Output　　D. InputBox

4. 把 InputBox 的返回值转换为数值型数据应该使用的函数是（　　）。

   A. Log　　B. Str　　C. Len　　D. Val

5. 在 Visual Basic 代码中，将多个语句合并在一行上的并行符是（　　）。

   A. 撇号（'）　　B. 冒号（:）
   C. 感叹号（!）　　D. 问号（?）

6. 可用于设置系统当前时间的语句是（　　）。

A. Date　　B. Date $　　C. Time　　D. Timer

7. 能够接受 Print 方法的对象是（　　）。

A. 事件、标题栏、图片框、打印机

B. 窗体、标签、立即窗口、代码窗口

C. 窗体、立即窗口、图片框、打印机

D. 窗体、标签、图片框、代码窗口

8. 下面叙述中正确的是（　　）。

A. Spc 函数既能用于 Print 方法中，也能用于表达式

B. Space 函数既能用于 Print 方法中，也能用于表达式

C. Spc 函数与 Space 函数均生成空格，没有区别

D. 以上的说法都不正确

9. 如果 Tab 函数的参数小于 1，则打印位置在第（　　）列。

A. 0　　B. 1　　C. 2　　D. 3

10. InputBox 函数返回值的类型是（　　）。

A. 数值　　B. 字符串

C. 变体　　D. 数值或字符串（视输入数据而定）

11. 以下关于 MsgBox 的叙述，错误的是（　　）。

A. MsgBox 函数可以返回一个整数

B. 通过 MsgBox 函数可以设置信息框中图标和按钮的类型

C. MsgBox 语句没有返回值

D. MsgBox 函数的第二个参数是一个整数，该参数只能够确定对话框中显示的按钮数量

12. 下列各赋值语句，语法不正确的是（　　）。

A. x + y = 5　　B. iNumber = 15

C. Labell. caption = time　　D. sLength = x + y

13. 在窗体上画一个命令按钮，名称为 Command1，然后编写如下事件过程：

```
Private Sub Command1_ Click ( )
    a = " software and hardware"
    b = Right (a, 8)
    c = Mid (a, 1, 8)
    MsgBox a, , b, c, 1
End Sub
```

运行程序，单击命令按钮，则在弹出的信息框的标题栏中显示的是（　　）。

A. software and hardware

B. software

C. hardware

D. 1

14. 在窗体上画一个命令按钮和一个文本框，其名称分别为 Command1 和 Text1，把文本框的 Text 属性设置为空白，然后编写如下事件过程：

```
Private Sub Command1_ Click (    )
    a = InputBox (" Enter an integer")
    b = InputBox (" Enter an integer")
    Text1. Text = b + a
End Sub
```

程序运行后，单击命令按钮，如果在输入对话框中分别输入 8 和 10，则文本框中显示的内容是（　　）。

A. 108　　B. 18　　C. 810　　D. 出错

15. 假定有如下的窗体事件过程：

```
Private Sub Form_ Click (    )
    a = " Microsoft Visual Basic"
    b = Right (a, 5)
    c = Mid (a, 1, 9)
    MsgBox a, 34, b, c, 5
End Sub
```

程序运行后，单击窗体，则在弹出的信息框的标题栏中显示的信息是（　　）。

A. Microsoft Visual　　B. Microsoft

C. Basic　　D. 5

16. 为了使命令按钮（名称为 Command1）右移 200，应使用的语句是（　　）。

A. Command1. Move －200

B. Command1. Move 200

C. Command1. Left = Command1. Left + 200

D. Command1. Left = Command1. Left - 200

17. 在窗体上画一个文本框，然后编写如下事件过程：

```
Private Sub Form_ Click (    )
    x = InputBox ("请输入一个整数")
    Print x + Text1. Text
End Sub
```

程序运行时，在文本框中输入 456，然后单击窗体，在输入对话框中输入 123，单击"确定"按钮后，在窗体上显示的内容为（　　）。

A. 123　　B. 456123　　C. 579　　D. 123456

18. 在窗体上画一个名称为 Command1 的命令按钮，然后编写如下事件过程：

```
Private Sub Command1_ Click (    )
    Move 500, 500
```

```
End Sub
```

程序运行后，单击命令按钮，执行的操作为（　　）。

A. 命令按钮移动到距窗体左边界、上边界各500的位置

B. 窗体移动到距屏幕左边界、上边界各500的位置

C. 命令按钮向左、上方向各移动500

D. 窗体向左、上方向各移动500

19. 在窗体上画一个命令按钮，其名称为Command1，然后编写如下事件过程：

```
Private Sub Command1_ Click（　　）
    a = 12345
    Print Format $ （a，" 000. 00"）
End Sub
```

程序运行后，单击命令按钮，窗体上显示的是（　　）。

A. 123. 45　　B. 12345. 00

C. 12345　　D. 00123. 45

20. 以下能在窗体Form1的标题栏中显示"VisualBasic窗体"的语句是（　　）。

A. Form1. Name = "VisualBasic 窗体"

B. Form1. Title = "VisualBasic 窗体"

C. Form1. Caption = "VisualBasic 窗体"

D. Form1. Text = "VisualBasic 窗体"

二、填空题

1. 算法的描述方法常见的有：（　　）、（　　）、（　　）。

2. 结构化程序设计：（　　）、（　　）、（　　）。

3. Visual Basic 的赋值语句既可给（　　）赋值，也可给对象的（　　）赋值。

4. Visual Basic 的注释语句采用（　　）；Visual Basic 的续行符采用（　　）；若要在一行书写多条语句，则各语句间应加分隔符，Visual Basic 的语句分隔符为（　　）。

5. 在VB中，用于产生输入对话框的函数是（　　），其返回值类型为（　　），若要利用该函数接收数值的数据则可利用（　　）函数对其返回值进行转换而得到。

6. 在VB中，若要产生一消息框，则可用语句（　　）来实现。

7. 如何在立即窗口使用Print方法输出字符串："hello!"，请填空

8. 设窗体中输出行的宽度为100，当使用Tab函数与Print方法一起输出时，若Tab函数中的参数N>100，则输出位置是（　　）

9. 在程序中设置Label控件的字体属性为宋体时，使用语句为（　　）

10. 当在Print方法中使用Format函数时，格式字符串中的"#"表示一个数字位，它的个数决定（　　）的长度，若要显示的数据位数大于这个长度，则显示的数据按（　　）显示。

11. 在文本框Text1、Text2中输入成绩，将成绩相加后转换成字符串数据，在文本

框“Text3”中输出，请填空。

```
Private Sub command1_ click ( )
    num1 = (      ) (text1. text)
    num2 = (      ) (text2. text)
   chenji = (      )
   text3. text = (      )
End sub
```

三、编程操作题

1. 设计窗体用控件如题图 4 所示，在文本框中输入内容，然后单击命令按钮，在文本框中输入的内容同时显示在标签和命令按钮上。

2. 设计一个收款计算程序如题图 5 所示，用户输入商品的“单价”后按 Tab 键输入“数量”和“折扣”，单击“计算”按钮或按回车键将显示“应付款”，单击“清除”按钮或按 Esc 键清除文本框中所有数据。

3. 已知半径 r = 10，求圆面积、球表面积和球体积。

4. 在窗体上建立两个命令按钮（名称）分别为 Command 1 和 Command 2 ，设置它们的 Font 属性，字体修饰为斜体，字号为 20 号，使其运行后界面如题图 6 所示。

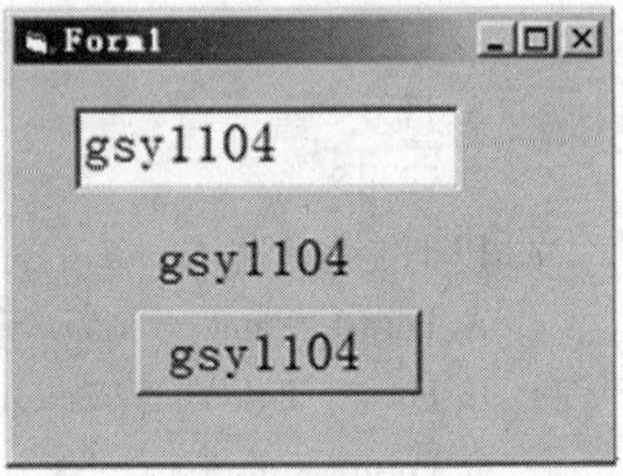

题图 4

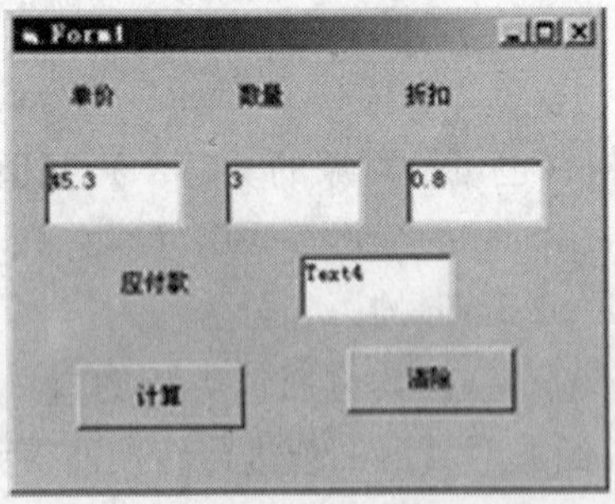

题图 5

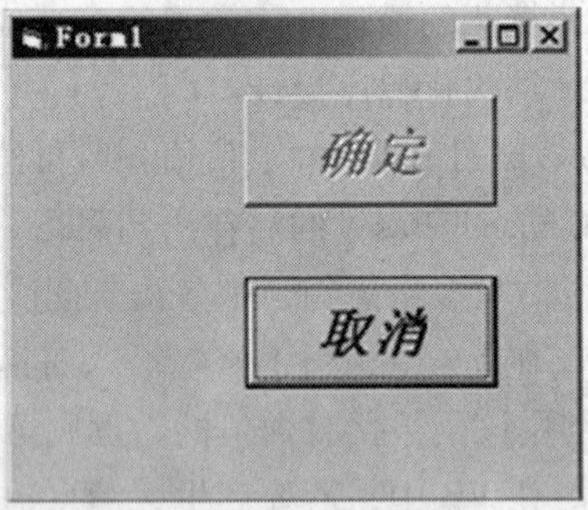

题图 6

7.5

一、选择题

1. 假定有以下循环结构：

```
Do until 条件
     循环体
Loop
```

则正确的描述是（　　）。

A. 如果“条件”是一个为0的常数，则一次循环体也不执行

B. 如果“条件”是一个为0的常数，则至少执行一次循环体

C. 如果“条件”是一个不为0的常数，则至少执行一次循环体

D. 不论“条件”是否为“真”，至少要执行一次循环体

2. 假定有以下程序段：

```
For I = 1 To 3
    For J = 5 To 1 Step -1
        Print i * J
Next J, i
```

则语句 Print i * j 的执行次数是（　　）。

A. 15　　B. 16　　C. 17　　D. 18

3. 以下 Select Case 语句中错误的 Case 表达式是（　　）。

A. Case 0 To 10　　B. Case Is > 10

C. Case Is > 10 And Is < 50　　D. Case 3, 5, Is > 10

4. 在 VB 运行时，如果程序陷入死循环，可以采用下列哪种方式终止（　　）。

A. Ctrl + Break　　B. 关机

C. Pause 暂停　　D. Stop 停止

5. 执行运行循环程序段“For i = 1 to 15 Step 4”以后，i 的值等于（　　）。

A. 13　　B. 15　　C. 16　　D. 17

6. 在调试时（中断模式），按哪一个键可以让程序逐句运行（　　）。

A. F5　　B. F8　　C. CTRL + F8　　D. Enter

7. 以下哪一个语句可以退出 For 循环（　　）。

A. End　　B. Exit For　　C. End For　　D. Break

8. 若要将控制权交还给操作系统，则实现的语句为（　　）。

A. Do Events　　B. End　　C. Exit Sub　　D. Exit Do

9. 下列程序的执行结果为（　　）。

```
a = 10
b = 20
If a < > b Then a = a + b Else b = b - a
Print a, b
```

A. 20　20　　B. 30　20

C. 30　40　　D. 15　15

10. 运行下列程序段后，显示的结果为（　　）。

```
J1 = 63
J2 = 36
If J1 < J2 Then Print J2 Else Print J1
```

A. 63　　B. 36　　C. 55　　D. 2332

11. 下列程序段的执行结果为（　　）。

```
a = 95
If a > 60 Then degree = 1
If a > 70 Then degree = 2
If a > 80 Then degree = 3
If a > 90 Then degree = 4
Print " degree = "; degree
```

A. degree = 1　　B. degree = 2

C. degree = 3　　D. degree = 4

12. 下列关于 For …next 语句的说法正确的是（　　）。

A. 循环变量、初值、终值和步长都必须为数值型

B. step 后的步长只为正数

C. 初值必须小于终值

D. 初值必须大于终值

13. 下列程序段的执行结果为（　　）。

```
a = 6
For k = 1 To 0
    a = a + k
Next k
Print k; a
```

A. -1 6　　B. -1 16

C. 1 6　　D. 11 21

14. 有如下程序：

```
Private Sub Command1_ Click ( )
 a = " A WORKER IS HERE"
 x = Len (a)
 For i = 1 To x - 1
   b = Mid (a, i, 3)
   If b = " WOR" Then S = S + 1
 Next
 Print S
End Sub
```

单击命令按钮，程序运行结果为（　　）。

A. 1　　B. 2　　C. 3　　D. 5

15. 设有下面的循环：

```
i = 0
```

```
While i < =1
    i=i + 3
    Print i
Wend
```

则运行后的输出结果是（ ）。

A. 1　　B. 2　　C. 3　　D. 4

16. 设有下面的循环：

```
i=1
  Do
I=i+3
Print i
Loop Until I> （ ）
```

程序运行后要执行3次循环体，则条件中I的最小值为（ ）。

A. 6　　B. 7　　C. 8　　D. 9

17. 在窗体上画一个名称为Command1的命令按钮和一个名称为Text1的文本框，然后编写如下事件过程：

```
Private Sub Command1_ Click（ ）
 n=Val（Text1. Text）
 For i = 2 To n
  For j = 2 To Sqr（i）
   If i Mod j = 0 Then
    Exit For
   Next j
  If j > Sqr（i） Then Print i
 Next i
End Sub
```

该事件过程的功能是（ ）。

A. 输出n以内的奇数　　B. 输出n以内的偶数

C. 输出n以内的素数　　D. 输出n以内能被j整除的数

18. 若整型变量a的值为2、b的值为3，则下列程序段执行后整型变量c的值为（ ）。

```
Private Sub Command1_ Click（ ）
a = 2: b = 3
If a > 5 Then
   If b < 4 Then c = a - b Else c = b - a
Else
   If b > 3 Then c = a * b Else c = a Mod b
```

```
End If
Print c
End Sub
```

A. 2　　B. －1　　C. 1　　D. 6

19. 在窗体上画一个命令按钮，然后编写如下事件过程：

```
Private Sub Command _ Click (    )
s =0
Do
s = (s + 1) * (s + 2)
Number = Number + 1
Loop Until s > =30
Print Number, s
End Sub
```

程序运行后，输出的结果是（　　）。

A. 2 3　　B. 3 182

C. 5 12　　D. 10 20

20. 下列程序执行后，整型变量 n 的值为（　　）。

```
n =0
for I =1 to 100
if I mod 4 =0 then n =n +1
next I
```

A. 5050　　B. 25　　C. 26　　D. 33

21. 下面程序段的运行结果是（　　）。

```
a =1
b =1
Do
a =a + 1
b =b + 1
Loop Until b > 5
Print " k ="; a; Spc (4); " b ="; b + a
```

A. k =7 b =14　　B. k =6 b =6

C. k =4 b =8　　D. k =6 b =12

22. 下面程序段执行结果为（　　）。

```
x = Int (Rnd (    ) + 3)
Select Case x
Case 5
Print " excellent"
Case 4
```

```
    Print " good"
  Case 3
    Print " pass"
  Case Else
    Print " fail"
End Select
```

A. excellent B. good C. pass D. fail

23. 下列程序段的执行结果为（　　）。

```
a = 1
b = 5
Do
  a = a + b
  b = b + 1
Loop While a < 10
Print a; b
```

A. 1 5 B. 12 7 C. a b D. 10 25

24. 下列程序段的执行结果为（　　）。

```
I = 4
x = 5
Do
I = I + 1
x = x^ 2
Loop Until I > =7
Print " I = "; I
Print " x = "; x
```

A. I = 4x = 258694 B. I = 7x = 256987

C. I = 6 x = 365840 D. I = 7x = 390625

25. 下列关于 Do…Loop 语句的叙述不正确的是（　　）

A. Do…loop 语句采用逻辑表达式来控制循环体执行的次数。

B. 当 Do while 或 Do until 中的 while 或 until 后的表达式的值为 true 或非零时，循环继续。

C. Do… Loop while 语句与 Do…Loop until 语句都至少执行一次循环体。

D. Do while …Loop 语句与 Do until…Loop 语句可能不执行循环体。

二、填空题

1. 下面的程序段实现交换两个数据 a、b 的值，请填空。

```
Dim a% , b%
```

```
A =20：B =35
A =a +b
B =a -b
A = (     )
Print "a ="; a," b ="; b
```

2. 如下程序运行后，单击窗体，输出结果为（　　）。

```
Private Sub Form_ Click ( )
  Dim i As Integer, sum As Integer
  sum  =  0
  For i  =  2 To 10
  If i Mod 2  < >  0 And i Mod 3  =  0 Then
  sum  =  sum  +  i
  End If
  Next i
  Print sum
End Sub
```

3. 设 a = " a", b = " b", c = " c", d = " d", 执行语句 x = IIf ((a < > d)," A"," B") 后，x 的值为（　　）。

4. 执行以下程序段）后，x 的值为（　　）。

```
Private Sub Command1_ Click ( )
  Dim i As Integer, x As Integer
  x =0
  For i  =  20 To 1 Step  -2
    x  =  x  +  i  \  5
  Next
  Print x
End Sub
```

5. 以下程序段执行后整型变量度 n 的值为（　　）。

```
Private Sub Command1_ Click ( )
  n =0
  For l  =  1 To 20 Step 5
    n  =  n  +  1
    Print n
  Next l
End Sub
```

6. 以下程序段中 Do. . . Loop 循环执行的次数为（　　）。

```
Private Sub Command1_ Click ( )
```

```
  n = 5
  Do
  If n Mod 2 = 0 Then
   n = n \ 2
  Else
   n = n * 3 + 1
  End If
  Loop Until n = 1
End Sub
```

7. 执行下面的程序段后，s 的值为（　　）。

```
s = 5
For I = 2.6 To 4.9 Step 0.6
  S = S + 1
Next I
```

8. 以下程序段的输出结果是（　　）。

```
num = 0
While num < = 2
 num = num + 1
 Print num
Wend
```

9. 下列程序段的执行结果为（　　）。

```
a = 75
If a > 60 Then I = 1
If a > 70 Then I = 2
If a > 80 Then I = 3
If a < 90 Then I = 4
Print " I = "; I
```

10. 下列程序段的执行结果为（　　）。

```
X = 2
Y = 5
If X * Y < 1 Then Y = Y - 1 Else Y = -1
Print Y - X > 0
```

三、编程操作题

1. 用 InputBox 函数输入三个数，选出其中的最大数和最小数，分别显示在窗体上。
2. 输入三角形的三条边，判断是否能构成三角形。
3. 计算下列分段函数的值。

$$Y = 0.9x \quad (0 < x < 100)$$
$$= 0.85x \quad (100 \leq x < 300)$$
$$= 0.82x \quad (X \geq 300)$$

4. 从键盘任意输入 10 次字符，每次一个，分别统计字符“A”、“B”、“C”的个数。如果中途连续输入三个“Q”，则结束程序。(说明，字母输入不区分大小写)

5. 有一分数序列 2/1，3/2，5/3，8/5，……，求出这个序列的前 20 项的和。

6. 有一袋球（100 到 200 之间），如果一次数 4 个，则剩 2 个；一次数 5 个，则剩 3 个；一次数 6 个，则正好数完，求该袋球的个数。

7. 假设某乡镇企业现有产值 2376000 元，如果保持年增长率为 13.45%，试问多少年后该企业的产值可以翻一番。

8. 请分别用两种方法来实现在窗体上输出如下的图形。

```
* * * * * * * * *   *
* * * * * * *   * * *
* * * * *   * * * * *
* * *   * * * * * * *
*   * * * * * * * * *
```

9. 分别用两种方法编写计算学生平均成绩的程序。程序功能分别为：

（1）单击“输入成绩、输出平均分”命令按钮，依次弹出三个输入框，分别提示用户输入英语、计算机、数学成绩，输入完成后，窗体上输出平均成绩。

（2）用户在三个文本框中分别输入英语、计算机、数学成绩，单击命令按钮后，平均成绩显示在标签控件上。

10. 编一帐号和密码输入的检验程序。对输入的帐号和密码规定如下：

（1）帐号不超过 6 位数字，密码 4 位字符，在本题中，密码假定为“Gong”。

（2）密码输入时在屏幕上不显示输入的字符，而以“*”代替。

（3）当输入不正确，如帐号为非数字字符、密码不正确等。显示有关信息，见题图 7、8，若选择“重试”按钮，则清除原输入的内容，焦点定位在原输入的文本框，再输入，若选择“取消”按钮，则停止程序的运行。

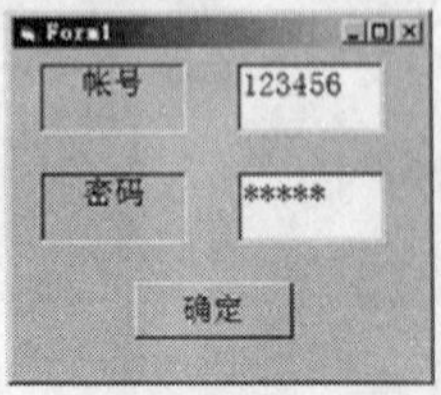

题图 7 运行界面

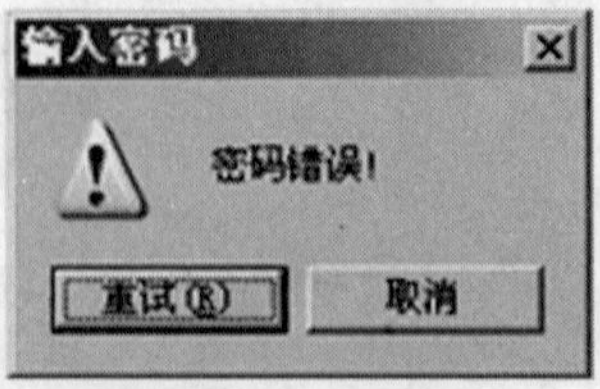

题图 8 错误界面显示信息

7.6

一、单项选择题

1. 确定复选框是否选中，应访问的属性是（　　）。

A. Selected　　B. Checked　　C. Visible　　D. Value

2. Visual Basic 6.0 应用程序提供的一组单选按钮所具有的功能是（　　）。

A. 选择一次　　B. 选择多次

C. 选择多次，单一选择　　D. 选择多次，多个选择

3. 下列说法错误的是（　　）。

A. 框架控件有名称　　B. 框架控件是容器

C. 框架控件有属性　　D. 框架控件不能在其中添加其他控件

4. 按钮的 Caption 属性值的类型是（　　）。

A. 整数型　　B. 长整数型

C. 字符常数　　D. 逻辑类型

5. 以下选项中，不是 Visual Basic 6.0 控件的是（　　）。

A. 单选按钮　　B. 命令按钮

C. 标签框　　D. 窗体

6. 在程序运行中，要想使可操作的按钮变成看得见但不可操作，则应设置 False 的属性是（　　）。

A. Visible　　B. Enabled　　C. Default　　D. Cancled

7. 在程序运行中，要想使可操作的按钮变成不可见，则应设置 False 的属性是（　　）。

A. Visible　　B. Enabled　　C. Default　　D. Cancled

8. 下面控件中不能接收焦点的是（　　）。

A. 命令按钮　　B. 标签框　　C. 文本框　　D. 单选按钮

9. 设置组合框的风格，可用的属性是（　　）。

A. List　　B. ListCount　　C. Style　　D. Sorted

10. 下面选项中，不能用于列表框控件的方法是（　　）。

A. RemoveItem　　B. AddItern　　C. Clear　　D. Cls

11. 假定 Bln1 是列表框，给列表框增加一个列表项的正确方法是（　　）。

A. Bln1 = Add“计算机”　　B. Bln1. Add“计算机”

C. Bln1 = AddItem“计算机”　　D. Bln1. AddItem“计算机”

12. 只能用来显示字符信息的控件是（　　）。

A. 图像框　　B. 图片框　　C. 标签框　　D. 文本框

13. 不能作为容器使用的对象是（　　）。

A. 窗体　　B. 框架　　C. 图片框　　D. 图像框

14. 能自动按图形大小而改变的控件是（　　）。

A. 图像框　　B. 图片框　　C. 文本框　　D. 框架

15. 下面选项中，不能将图像装入图片框和图像框的方法是（　　）。

A. 在界面设计时，手工在图片框和图像框中绘制图形

B. 在界面设计时，通过 Picture 属性装入

C. 在界面设计时，利用剪贴板把图像粘贴上

D. 在程序运行期间，用 LoadPicture 函数把图形文件装入

16. 要设置计时器控件的定时时间，需要设置的属性是（　　）。

A. Interval　　B. Enabled　　C. Value　　D. Text

17. 有计时器控件，如果希望每秒产生 10 个事件，则要将其 Interval 属性的值设置为（　　）。

A. 100　　B. 200　　C. 300　　D. 400

18. 在设计一个计算器时，必须要使用的控件是（　　）。

A. 滚动条　　B. 图片框　　C. 文本框　　D. 单选框

19. 如果要求设置定时器时间间隔为 1 秒钟，那么它的 Interval 属性值应该等于（　　）。

A. 1000　　B. 100　　C. 10　　D. 1

20. 下列控件中可自动设置滚动条是（　　）。

A. 复选框　　B. 框架　　C. 文本框　　D. 标签框

21. 能够改变复选框中背景颜色的属性是（　　）。

A. Value　　B. Fontcolor　　C. Backcolor　　D. Font

22. 以下选项中，不属于单选按钮属性的是（　　）。

A. Enabled　　B. Caption　　C. Name　　D. Min

23. Visual Basic 提供的复选框（CheckBox）具有的主要功能是（　　）。

A. 多重选择　　B. 单一选择　　C. 选择多次　　D. 选择一次

24. 下列哪个属性是每个控件都有的（　　）。

A. Name　　B. Caption　　C. Font　　D. Interval

25. 以下关于图片框控件的说法中，错误的是（　　）。

A. 可以通过 Print 方法在图片框中输出文本

B. 清空图片框控件中图形的方法之一是加载一个空图形

C. 图片框控件可以作为容器使用

D. 用 Stretch 属性可以自动调整图片框中图形的大小

26. 在窗体上画一个列表框和一个命令按钮，其名称分别为 List1 和 Command1，然后编写如下事件过程：

```
Private Sub Form_ Load (    )
    List1. AddItem " Item 1"
    List1. AddItem " Item 2"
```

```
    List1. AddItem " Item 3"
End Sub
Private Sub Command1_ Click ( )
    List1. List (List1. ListCount) = " AAAA"
End Sub
```

程序运行后，单击命令按钮，其结果为（ ）。

A. 把字符串“AAAA”添加到列表框中，但位置不能确定

B. 把字符串“AAAA”添加到列表框的最后（即“Item 3”的后面）

C. 把列表框中原有的最后一项改为“AAAA”

D. 把字符串“AAAA”插入到列表框的最前面（即“Item 1”的前面）

27. 假定在图片框 Picture1 中装入了一个图形，为了清除该图形（不删除图片框），应采用的正确方法是（ ）。

A. 选择图片框，然后按 Del 键

B. 执行语句 Picture1. Picture = LoadPicture ("")

C. 执行语句 Picture1. Picture =""

D. 选择图片框，在属性窗口中选择 Picture 属性条，然后按回车键

28. 在窗体上画一个名称为 List1 的列表框，一个名称为 Label1 的标签，列表框中显示若干个项目。当单击列表框中的某个项目时，在标签中显示被选中项目的名称。下列能正确实现上述操作的程序是（ ）。

A. Label1. Caption = List1. ListIndex

B. Label1. Name = List1. ListIndex

C. Label1. Name = List1. Text

D. Label1. Caption = List1. Text

29. 设窗体上有一个列表框控件 List1，且其中含有若干列表项。则以下能表示当前被选中的列表项序号的是（ ）。

A. List1. List　　B. List1. Text

C. List1. Index　　D. List1. ListIndex

30. 下列各组控件都具有 Caption 属性的是（ ）。

A. 窗体、文本框　　B. 标签、定时器

C. 窗体、标签　　D. 文本框、定时器

31. 若想要建立一个学生管理的输入界面，其中要求选择学生的性别/政治面貌（党/团/群众）及选课情况（共有 5 门课，可任选），应如何在窗体中利用单选钮和选择框来实现（ ）。

A. 将 5 门课程用一组 5 个选择框来表示，将性别和政治面貌用 5 个单选钮来表示。

B. 将 5 门课程用一组 5 个选择框来表示，用两个框架分别将性别用 2 个单选钮，政治面貌用 3 个单选钮来表示。

C. 将5门课程用一组5个单选钮来表示，将性别和政治面貌用5个选择框来表示。

D. 用一组10个选择框来表示课程、性别和政治面貌。

二、填空题

1. 代码设计阶段，向列表框添加项目，使用的方法是（　　）。

2. 代码设计阶段，从列表框中删除项目，使用的方法是（　　）。

3. 代码设计阶段，从列表框中删除所有的项目，使用的方法是（　　）。

4. 希望在程序运行期间把图形文件装入图片框或图像框中，所用的函数是（　　）。

5. 若要设置定时器控件的时间属性，应通过（　　）属性来实现。

6. 若要关闭定时器，应通过设置（　　）属性为False来实现。

7. 图片框或图像框中显示图形，由对象的（　　）属性来决定。

8. 若要获得滚动条当前的值，可以通过滚动条控件的（　　）属性来得到。

9. 当拖动滚动块时，将触发滚动条控件的（　　）事件。

10. 若要设置列表框中列表项的选择方式，可以通过设置（　　）属性来解决。

11. 在程序运行中，如果框架的（　　）属性设为False，则框架的标题呈灰色，表示框架中的所有对象均被屏蔽，不能操作。

12. 列表框中列表项目的序号是从（　　）开始的，（　　）表示列表框中最后一项的序号。

13. 组合框是结合了文本框和列表框的特性而形成的一种控件。（　　）风格的组合框不允许用户输入列表框中没有的项目。

14. 滚动条响应的主要事件有（　　）和（　　）。

15. 在文本框中，用户键入一个字符，能同时引发（　　）事件和（　　）事件。

16. 为了使计时器控件Timer1每隔0.5秒触发一次Timer事件，应将Timer1控件的（　　）属性设置为（　　）。

17. 将C盘根目录下的图形文件sun.jpg装入图片框Picture1的语句是（　　）。

18. 复选框和单选框的标题文字对齐方式可以通过（　　）属性来设置。

19. 在窗体上画一个命令按钮和一个文本框，然后编写命令按钮的Click事件过程。程序运行后，在文本框中输入一串英文字母（不区分大小写），单击命令按钮，程序可找出未在文本框中输入的其他所有英文字母，并以大写方式降序显示到Text1中。例如，若在Text1中输入的是abDfdb，则单击Command1按钮后Text1中显示的字符串是ZYXWVUTSRQPONMLKJIHGEC。请填空。

```
Private Sub Command1_ Click ( )
  Dim StrSR As String, StrSC As String, StrC As String
  StrSR = UCase (Text1)
  StrSC = ""
```

```
StrC = " Z"
While StrC > = " A"
    If InStr (StrSR, StrC) = 0 Then
        StrSC = StrSC + StrC
    End If
    StrC = Chr (________)
Wend
If StrSC < > "" Then
    Text1 = StrSC
End If
End Sub
```

20. 如题图 9 所示，在列表框 List1 中已经有若干人的简单信息，运行时在 Text1 文本框（即“查找对象”右边的文本框）输入一个姓或姓名，单击“查找”按钮，则在列表框中进行查找，若找到，则把该人的信息显示在 Text2 文本框中。若有多个匹配的列表项，则只显示第 1 个匹配项；若未找到，则在 Text2 中显示“查无此人”。请填空。

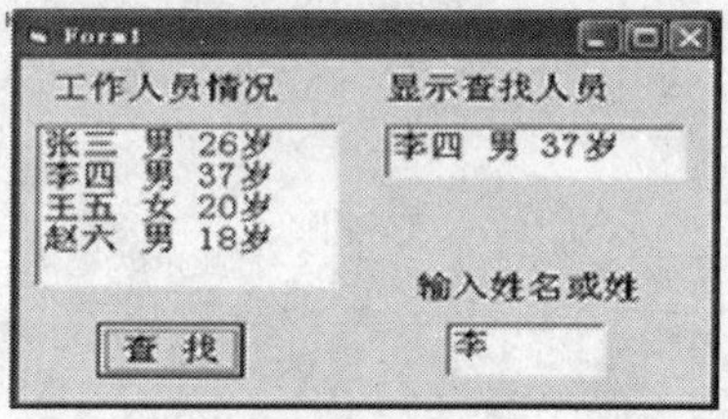

题图 9

```
Private Sub Command1_ Click (   )
    Dim k As Integer, n As Integer, found As Boolean
    found = False
    n = Len (________)
    k = 0
    While k < List1. ListCount And Not found
      If Text1 = Left (________) Then
        Text2 = List1. List (k)
        found = True
      End If
      k = k + 1
    Wend
    If Not found Then
      Text2 = " 查无此人"
    End If
End Sub
```

三、设计题

1. 请设计一个电子时钟程序。

2. 设计一个能实现加法、减法功能的程序。要求由随机函数自动产生任意 2 个数，显示在屏幕上，然后由用户输入计算结果，程序对计算结果给出相应的提示，如“计算正确，请继续努力!”或“计算错误，还要加强学习!”等语句。

3. 编写程序，实现按秒计时，要求具有“开始计时”和“停止计时”功能。例如：执行开始计时功能后，经过两分钟，用户执行停止计时功能时，屏幕显示120秒。

4. 利用图像框和定时器控件设计一个简单的动画程序。

5. 编写程序，实现用单选按钮控制图像框中显示的图形。例如：单击名为“哭脸”、“笑脸”、“大笑”的单选按钮时，图像框中显示有相应的图形。

6. 编写程序，利用两个复选框实现对自身标题样式的设置，即是否加粗和倾斜。

程序运行时：随着对两个复选框的选中或取消选中，复选框的标题字体也会应用或取粗、倾斜样式。

7. 编写程序，实现对列表框中的爱好进行添加、删除和清除功能。

8. 编写程序，要求图片框和图像框中的图形可以实现互换。

9. 编写程序，利用两组单选按钮分别控制文本框的字体和背景颜色。

可以按个人喜好设置颜色选项，Color常数有：vbwhite（白色）、vbBlack（黑色）、vbRed色）、vbGreen（绿色）、vbYellow（黄色）、vbBlue（蓝色）、vbMagenta（紫红色）、vbCvan（青色）。

习题参考答案

习题1　信息技术基础知识

[单项选择题]

1. C　2. C　3. D　4. C　5. A　6. D　7. B　8. D　9. C　10. D　11. C　12. A　13. A
14. A　15. B　16. B　17. D　18. B　19. D　20. C　21. D　22. C　23. C　24. B
25. C　26. C　27. B　28. C

[填空题]

1. 128　　2. 255　　3. 6. 325　　4. 9. 125
5. ① $(1111011.01)_2$ $(173.2)_8$ $(7B.4)_{16}$ $(100100011.00100101)_{8421BCD}$
② $(11111100.101)_2$ $(374.6)_8$ $(FC.A)_{16}$ $(1001010010.011000100101)_{8421BCD}$
6. 1010110. 11101　　7. 10010110111100. 10101101　　8. 66. 64　36. D
9. 55. 44　2D. 9

[判断]

1. ×　2. √　3. √　4. ×　5. √　6. ×　7. ×　8. √　9. √　10. √

习题2　计算机操作系统

2. 1

[选择题]

1. D　2. A　3. C　4. A　5. C　6. D　7. B　8. A　9. B　10. A　11. B　12. D　13. B
14. D　15. B　16. A　17. A　18. C　19. B　20. A　21. B　22. B　23. C　24. B
25. D　26. B　27. B　28. C　29. C　30. C　31. B　32. D　33. B　34. C　35. C
36. C　37. D　38. A　39. A　40. B　41. A　42. B　43. C　44. D　45. D　46. B
47. A　48. D　49. C　50. A　51. B　52. B　53. A　54. A　55. D　56. B　57. A
58. C　59. C　60. A　61. C　62. D　63. A　64. B　65. D　66. A　67. D　68. B
69. C　70. B　71. D　72. C　73. D　74. C　75. B　76. D　77. B　78. C

[填空题]

1. 应用程序 2. 桌面 3. 图形 4. 255 5. Alt + F4 6. 文档 7. 双击 8. DEL 9. 磁盘碎片管理程序 10. 我的电脑 11. 添加与删除程序 12. 打开 13. 窗口图标 14. Exit 15. 删除 16. 开始 17. 附件 18. 任务栏 19. 磁盘 20. 资源管理器 21. 剪切 22. 回收站 23. 取消 24. Shift 25. 全部选定 26. 自动排列 27. 开始 28. Alt + PrintScreen 29. Printscreen 30. 控制面板 31. 文件夹列表 32. 任务栏空白处 33. 平铺式 34. 当前 35. 传递信息 36. 程序 37. 编辑 38. 文件 39. 3 40. 文件 41. 前台、后台 42. 还原 43. 查找 44. 树型 45. 撤销 46. 启动 47. Ctrl + Z 48. 工具\ 文件夹选项 49. 文件 50. 快速复制或移动 51. 没有 52. 移动 53. 最小化 54. Enter 55. ESC 56. 单击 57. 子 58. 安装 59. 暂存 60. 启动程序 61. 显示 62. 查看

2.2

[单项选择题]

1. B 2. B 3. D 4. A 5. C 6. C 7. C 8. A 9. A 10. D 11. B 12. D 13. D 14. C 15. B 16. A 17. B 18. B 19. A 20. C 21. C 22. C 23. C 24. D 25. B 26. B 27. C 28. C 29. C 30. C 31. A 32. D 33. D 34. C 35. D 36. C 37. C 38. B 39. A 40. D 41. A 42. B 43. D 44. A 45. B 46. D 47. C 48. C 49. B 50. C

[多项选择题]

1. A. B 2. A. B. D 3. B. C. D 4. A. B. C 5. B. C. D 6. A. B. C 7. A. C. D 8. A. B. C 9. A. B. D 10. A. B. C. D 11. A. B. D 12. A. C. D 13. A. B. D 14. A. C. D 15. A. B. D 16. A. B. C

[填空题]

1. 通信子网、资源子网 2. 网络协议 3. 局域网、城域网、广域网 4. 信息交换、资源共享、分布式处理 5. 计算机网络协议 6. 带宽 7. 网络号、主机号 8. 广播、网络 9. IP 地址、域名 10. 128 11. 通用域、国家域 12. 域名服务器 13. ICP 14. 上网、通话 15. ADSL 16. 浏览器 17. URL 18. HTTP 19. 超链接、HTML、HTM 20. 下载、上传 21 非匿名访问、匿名访问 22 SMTP 服务器、POP3 服务器

[判断题]

1. √ 2. × 3. √ 4. × 5. × 6. √ 7. √ 8. √ 9. √ 10. × 11. × 12. √ 13. × 14. √ 15. × 16. √ 17. × 18. × 19. √ 20. ×

习题 3　Word 2003 操作基础

[单项选择题]

1. A　2. C　3. D　4. D　5. B　6. A　7. C　8. D　9. C　10. C　11. C　12. D　13. B
14. D　15. A　16. A　17. D　18. B　19. A　20. D　21. C　21. C　23. C　24. B
25. C　26. C　27. B　28. B　29. A　30. D　31. C　32. A　33. B　34. B　35. A
36. D　37. D　38. D　39. B　40. C　41. B　42. A　43. A　44. C　45. D　46. C
47. D　48. A

[填空题]

1. 加粗、加粗倾斜　2. CTRL　3. 表格　4. 页面　5. 回车键“Enter”
6. 格式工具栏　7. CTRL + P　8. ESC　9. 插入、符号　10. 段落　11. 可以
12. 保存文件　13. Ctrl + C 、CTRL + V　14. 单实线　15. 右上角、最小化
16. 长宽　17. 名称、位置、类型　18. 分栏　19. 保存　20. 打印

习题 4　Excel 2003 操作基础

[单项选择题]

1. D　2. C　3. C　4. B　5. A　6. B　7. B　8. D　9. B　10. C　11. C　12. D　13. D
14. D　15. B　16. B　17. D　18. C　19. C　20. B　21. D　22. A　23. A　24. C
25. D　26. B　27. C　28. D　29. B　30. D　31. A　32. B　33. C　34. C　35. D
36. B　37. B　38. C　39. A　40. A　41. C　42. D　43. C　44. C　45. D　46. B
47. D　48. A　49. B　50. B　51. C　52. B　53. B　54. A　55. B　56. D　57. D
58. A　59. D　60. D　61. B　62. A　63. A　64. D　65. C　66. B　67. C　68. B
69. C　70. B　71. A　72. D　73. C　74. A　75. B　76. D　77. D　78. D　79. C
80. A　81. B　82. B　83. C　84. D　85. D　86. A　87. C　88. C　89. B　90. B
91. D　92. A　93. B　94. B　95. D　96. B　97. C　98. B　99. B　100. B

[多项选择题]

1. A　B　C　2. A　C　D　3. A　D　4. A　B　C　D　5. B　D　6. A　B　7. A
B　C　8. A　B　C　9. A　C　10. A　B　C　D　11. A　D　12. A　B　C
13. B　C　D　14. A　C　D　15. A　C　D　16. A　B　C　D　17. A　B　C　D
18. A　B　C　D

[填空题]

1. 自动填充　2. 工作簿　3. 相对引用　4. 奖学金　5. 1/3　6. 排序　7. 页面设置

8. 分类汇总 9. ‘ 10. 10 11. 65536 12. 32 13. 3 14. 3 15. 右对齐 16. F4 17. 256 18、xls

[判断题]

1. × 2. √ 3. √ 4. √ 5. √ 6. × 7. × 8. √ 9. √ 10. × 11. √ 12. √ 13. × 14. √ 15. √ 16. √ 17. √ 18. × 19. √ 20. ×

习题 5 PowerPoint 2003 操作基础

[单项选择题]

1. B 2. D 3. B 4. B 5. C 6. D 7. B 8. D 9. D 10. A 11. D 12. A 13. A 14. C 15. A 16. D 17. A 18. B 19. D 20. C 21. D 22. D 23. A 24. B 25. C 26. C 27. B 28. B 29. A 30. B 31. B 32. B 33. B 34. B 35. B

[填空题]

1. 观看放映 2. 插入 3. 粘贴 4. 另存为 5. 确定 6. 选中 7. F5 8. 确定 9. F1 10. 普通视图 11. 填充颜色 12. 渐变、纹理、图案 13. 自定义动画 14. Windows 15. 视图 16. 当前

习题 6 数据库应用——Access 2003

[单项选择题]

1. A 2. B 3. C 4. C 5. C 6. C 7. B 8. D 9. A 10. D 11. A 12. D 13. C 14. D 15. A 16. D 17. D 18. D

[多项选择题]

1. BCD 2. ABD 3. AB 4. AC 5. ABC 6. AC 7. AB 8. ACD 9. AB 10. AB

[判断题]

1. √ 2. √ 3. × 4. √ 5. √ 6. √ 7. √ 8. √ 9. × 10. √ 11. √

习题 7 VB 程序设计基础知识

7. 1

[单项选择题]

1. B 2. D 3. B 4. C 5. C 6. D 7. C 8. D 9. C 10. B 11. C 12. C 13. A

14. B　15. A　16. D　17. B　18. A　19. A　20. C

［填空题］

1. 3种、VB 6.0学习版、VB 6.0企业版、VB 6.0专业版　2. 面向对象编程，事件驱动机制　3. 工程视图窗口，属性窗口　4. 窗体，事件，消息　5. 设计状态，执行状态，断点状态

7.2

［单项选择题］

1. C　2. C　3. B　4. C　5. B　6. C　7. A　8. A　9. D　10. C　11. A　12. B　13. A
14. A　15. B　16. C

［填空题］

1. 预定义对象和自定义对象　2. 属性　3. 通过属性窗口、通过程序代码　4. 事件过程　5. 对象名、下划线、事件名　6. Form_ click　7. hide、form1. hide

［编程操作题］

略

7.3

［单项选择题］

1. C　2. B　3. A　4. D　5. B　6. D　7. B　8. D　9. A　10. D　11. B　12. D　13. B
14. A　15. B　16. C　17. D　18. B　19. C　20. A

［填空题］

1. 字符型、数值型、逻辑型、日期型、对象型、变体型　2. Const 表达式　3. (8+6) ^ (4/ (-2)) + Sin (2 * 3.14159)　4. ((x+y) +z) * 80 - 5 * (C+D)　5. (cos (c+d)) ^2　6. 5 + (a+b) ^2　7. Cos (x) * (sin (x) +1)　8. Exp (2) +2　9. 2 * a * (7+b)　10. 8 * exp (3) * log (2)　11. 3 77.7　12. x > y and y > z　13. 168　14. 参看课本变量类型表　15. True　16. GoodMorning、ning　17. ABCD、HIJK　18. CDEF、11　19. 0、abcdefghijk　20. 18、4、2012、4

7.4

［单项选择题］

1. C　2. D　3. D　4. D　5. B　6. C　7. C　8. B　9. B　10. B　11. D　12. A　13. C

14. A　15. C　16. C　17. D　18. B　19. B　20. C

[填空题]

1. 自然语言、流程图、N－S 图　2. 顺序结构、选择结构、循环结构　3. 变量、属性　4. 单撇号"'"、空格＋下划线"_"、冒号":"　5. inputbox 函数、string 类型、val　6. Msgbox　7. Debug. print　"hello！"8. N mod 100 列　9. label1. FontName ＝"宋体"　10. 显示串、原位数。　11. Val、Val、num1＋num2、str（chenji）

[编程操作题]

略

7.5

[单项选择题]

1. B　2. A　3. C　4. A　5. D　6. B　7. B　8. B　9. B　10. A　11. D　12. A　13. C　14. A　15. C　16. B　17. C　18. A　19. B　20. B　21. D　22. C　23. B　24. D　25. B

[填空题]

1. a－b	2. 12	3. A	4. 18
5. 4	6. 5	7. 9	
8. 1，2，3	9. I＝4	10. False	

[编程操作题]

略

7.6

[单项选择题]

1. D　2. C　3. D　4. C　5. D　6. B　7. A　8. B　9. C　10. D　11. D　12. C　13. D　14. B　15. A　16. A　17. A　18. C　19. A　20. C　21. C　22. D　23. A　24. A　25. D　26. B　27. B　28. D　29. D　30. C　31. B

[填空题]

1. AddItem　2. RemoveItem　3. Clear　4. LoadPicture　5. Interval　6. Enabled　7. Picture　8. Value　9. Scroll　10. MultiSelect　11. Enabled　12. 0，ListCount－1　13. 2－Dropdown ListBox　14. Scroll 和 Change　15. Change KeyPress　16. Interval ＝500

17. Picture1. Picture = LoadPicture（" c：\ moon. jpg"） 18. Alignment 19. Asc（StrC） -1 20. Text1 List1. List（k），n

[编程操作题]

略